Dieter Vollath

Nanowerkstoffe für Einsteiger

Beachten Sie bitte auch weitere interessante Titel zu diesem Thema

Dieter Vollath

Nanowerkstoffe für Einsteiger

Autor

Dieter Vollath
NanoConsulting
Primelweg 3
76297 Stutensee
Deutschland

Umschlagbild
Mit Erlaubnis von Springer.
[A.N. Georgobiani, A.N. Gruzintsev, V.I. Kozlovskii, Z.I. Makovei, A.N. Red'kin, Ya.K. Skasyrskii (2006) Luminescence of ZnO nanorods grown by chemical vapor deposition on (111) Si substrates. *Inorganic Materials*, **42** (7), 750–755].

Bibliografische Information der Deutschen Nationalbibliothek
Die Deutsche Nationalbibliothek verzeichnet diese Publikation in der Deutschen Nationalbibliografie; detaillierte bibliografische Daten sind im Internet über http://dnb.d-nb.de abrufbar.

Umschlaggestaltung Gunther Schulz, Fußgönheim
Typesetting le-tex publishing services GmbH, Leipzig
Druck und Bindung Strauss GmbH, Mörlenbach

Print ISBN 978-3-527-33458-2
ePDF ISBN 978-3-527-67076-5
ePub ISBN 978-3-527-67075-8
Mobi ISBN 978-3-527-67074-1

Gedruckt auf säurefreiem Papier

Inhaltsverzeichnis

Vorwort

Nano*teilchen*, Nano*materialien* und Nano*irgendwas* beginnen zunehmend Teile des Alltages zu werden. Dieses Buch will dem interessierten Bürger, Schüler und Studenten Grundbegriffe der Nano*werkstoffe* vermitteln. Beim Schreiben dieses Buches wurde bewusst auf viel Theorie und Mathematik verzichtet. Dort, wo es wirklich notwendig war, komplexe Sachverhalte zu erläutern, die zum Teil bis in die Quantentheorie reichen, wurden diese bewusst in einem eher narrativen Stil dargestellt. Die Verwendung anthropologisierender Vergleiche war dabei manchmal unumgänglich. Und, um die Lesbarkeit zu erhöhen, wurden Boxen eingerichtet (Ergänzungen), in denen das Thema vertieft dargestellt wird. Das erhöht die Lesbarkeit für den Leser, der nur einen Überblick gewinnen will.

Jedes Kapitel beginnt mit einem kurzen Überblick über den Lernstoff (*In diesem Kapitel/Abschnitt ...*) und endet mit einer Zusammenfassung dessen, was man nach der Lektüre wissen sollte (*Wichtig zu wissen*).

Der Umfang dieses Buches ist notwendigerweise begrenzt. Daher mussten aus der Vielzahl der Möglichkeiten einige Themen gefunden werden, deren Auswahl sich nach ihrer grundsätzlichen Bedeutung, dem möglichen wirtschaftlichen Einfluss und nicht zuletzt nach meiner persönlichen Erfahrung richtete.

Vielen Fachkollegen muss ich für das Zurverfügungstellen unveröffentlichter Bilder und mancher Hinweise danken. Mein ganz besonderer Dank gebührt meiner Gattin Renate für ihr Verständnis beim Schreiben dieses Buches und meine Leidenschaft für die Wissenschaften. Im Hause WILEY-VCH bin ich Frau Dr. Waltraud Wüst für ihre Unterstützung und Ratschläge sehr verpflichtet.

Stutensee, Mai 2014 *Dieter Vollath*

1
Einführung

In diesem Kapitel …
Nanowerkstoffe sind schon immer in der Natur und auch seit Jahrhunderten im Gebrauch des Menschen. Es gibt grundsätzlich zwei mögliche Definitionen für Nanoteilchen, eine die sich auf geometrische Größen beschränkt und eine zweite, die funktionale Gesichtspunkte mit einbezieht. Auch für die Herstellung von Nanostrukturen gibt es grundsätzlich zwei Wege: Der Aufbau aus Atomen oder Molekülen oder das Herausarbeiten aus einem größeren Teil, Wege, die als additive oder subtraktive Verfahren bekannt sind.

Jedermann spricht über Nanowerkstoffe. Zu Nanowerkstoffen gibt es viele Publikationen, Bücher und Zeitschriften die sich genau diesem Thema widmen; das ist nicht erstaunlich, da die ökonomische Bedeutung dieser Werkstoffe ständig im Steigen begriffen ist. Dabei tut sich aber ein Problem auf: Interessierte Personen ohne spezielle Vorbildung auf diesem Gebiet haben kaum eine Chance diese Technologien, ihren Hintergrund und deren Anwendungen zu verstehen. Dieses Buch will helfen, es handelt von den speziellen Phänomenen die bei Nanowerkstoffen gefunden werden und versucht Erklärungen zu geben, die allerdings auf einem Niveau sind, dass sie auch ein wissenschaftlich nicht vorgebildeter Mensch verstehen kann.

Fragt man nach einer Definition von Nanomaterialien, so kann man zwei unterschiedliche Antworten erhalten:

- Die erste und allgemeinste Definition sagt, dass alle Materialien oder Teilchen, bei denen wenigstens eine Dimension kleiner als 100 nm ist, zu den Nanomaterialien zu rechnen ist.
- Die zweite Definition ist strenger, sie fordert, dass neben der Kleinheit auch Eigenschaften vorliegen, die spezifisch für die Teilchenkleinheit sind.

Die zweite, engere Definition ist, wegen des im Allgemeinen recht hohen Preises der Nanowerkstoffe, die angemessenere.

Zunächst ist es einmal wesentlich, dass man sich klar macht wie groß, oder besser gesagt, wie klein Nanoteilchen sind. Stellen wir uns einen Tennisball mit einem Durchmesser von etwas mehr als 6 cm $= 6 \times 10^{-2}$ m vor, vergleicht man diesen

Nanowerkstoffe für Einsteiger, Erste Auflage. Dieter Vollath.

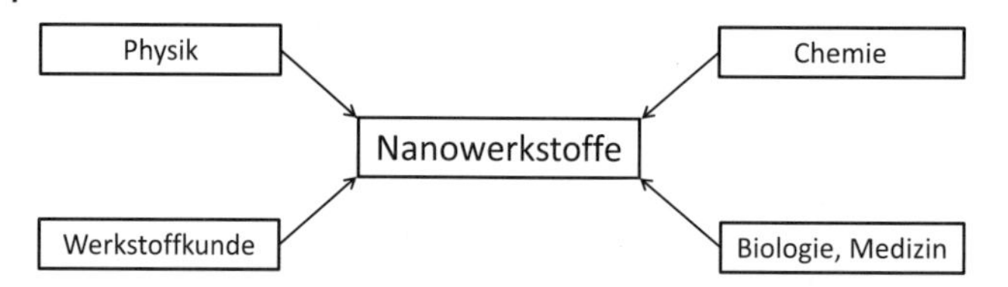

Abb. 1.1 Um die Anwendungen und Eigenschaften von Nanowerkstoffen zu verstehen, sind neben der Kenntnis der Werkstoffkunde auch Grundlagenkenntnisse der Physik und Chemie notwendig. Da viele Anwendungen in Richtung Biologie und Medizin gehen, sind Kenntnisse in diesen Gebieten von Vorteil.

Ball mit einem Nanoteilchen mit einem Durchmesser von 6 nm = 6×10^{-9} m, so haben diese beiden Objekte ein Durchmesserverhältnis von 10^7. Ein Objekt welches 10^7 mal größer ist als ein Tennisball, hat einen Durchmesser von etwa 600 km. Dieser einfache Vergleich macht eines klar: Nanoteilchen sind wirklich klein.

Die Schwierigkeit bei dem Verstehen der Eigenschaften von Nanowerkstoffen kommt aus der Tatsache, dass, und das ist im Kontrast zu konventionellen Werkstoffen, die Kenntnis der Werkstoffkunde alleine bei Weitem nicht hinreichend ist. Neben Grundkenntnissen der Werkstoffkunde sind in diesem Zusammenhang Kenntnisse, vielleicht sogar vertiefte Kenntnisse, der Physik und der Chemie nötig und bei vielen modernen Anwendungen sind Grundkenntnisse der Biologie und Medizin von großem Vorteil. Dieses ist schematisch in Abb. 1.1 dargestellt.

Für den Verbraucher ist die Situation aber nicht so schwierig, wie sie aussehen mag, da die Zahl der zusätzlichen Phänomene, die verstanden werden sollten, nicht allzu groß sind. Anders liegen die Dinge bei dem industriellen Nutzer dieser Werkstoffe; der sollte schon ein tieferes Verständnis der Physik und der Chemie dieser Materialien haben. Grundsätzlich anders liegen die Dinge im Hinblick auf die Biologie und Medizin. Bei konventionellen Werkstoffen ergibt sich die Verbindung aus der Anwendung. Das kann bei Nanowerkstoffen anders sein, da biologische Moleküle, wie Proteine oder DNS (DNA) Stränge, häufig als Bausteine für Materialien verwendet werden, die außerhalb von Medizin und Biologie Anwendung finden.

Vergleicht man Nanotechnologien mit konventionellen Technologien, so findet sich ein weiterer wesentlicher Unterschied: Konventionelle Technologien sind subtraktive (top-down) Technologien, das heißt, dass man im Allgemeinen von einem größeren Stück ausgeht und durch mechanische oder chemische Verfahren das gewünschte Werkstück herstellt (Abb. 1.2).

Im Bereich der Nanotechnologien bedient man sich nach Möglichkeit der additiven (bottom-up) Prozesse, d. h., dass man das gewünschte Objekt aus Atomen oder Molekülen, z. B. durch chemische Synthesen, direkt herstellt. Dieses ist in Abb. 1.3 grafisch dargestellt. Zu den additiven Prozessen müssen allerdings auch Verfahren gezählt werden, die sich der Selbstorganisation bedienen.

Der wesentliche Unterschied zwischen den beiden Verfahrensweisen sei anhand der Herstellung eines Pulvers dargestellt. Man kann größere Teilchen oder

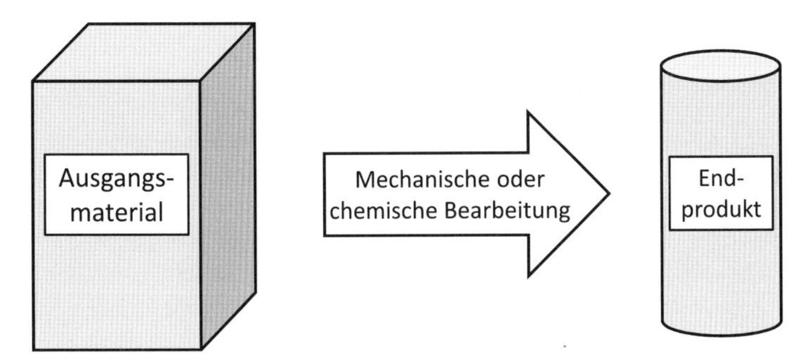

Abb. 1.2 Konventionell benutzt man subtraktive (top-down) Verfahren, man geht von größeren Teilen aus und stellt die gewünschte Form unter Anwendung mechanischer oder chemischer Verfahren her.

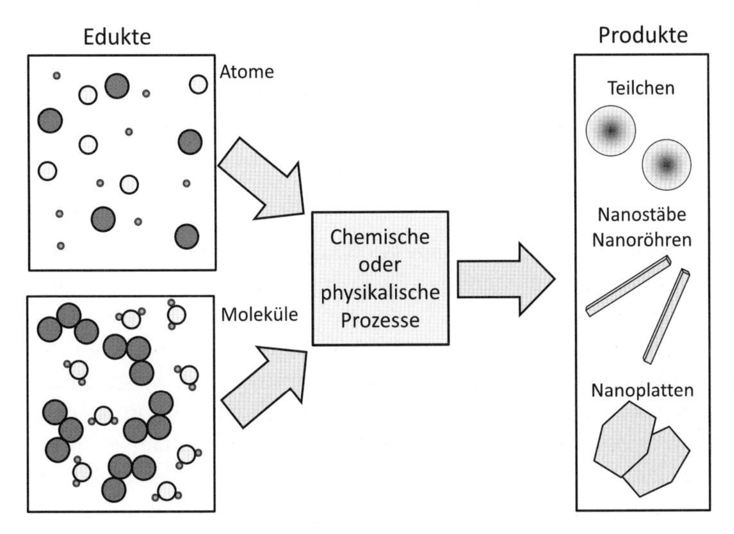

Abb. 1.3 Die chemische Synthese ist das Musterbeispiel für einen additiven (bottom-up) Prozess. Man fertigt Teilchen, Stäbchen oder auch Schichten bzw. Plättchen aus Atomen oder Molekülen.

Brocken in einer Mühle zu Pulver mahlen. Das ist ein subtraktives Verfahren. Dieses Pulver kann aber auch in einem additiven Verfahren chemisch synthetisiert werden. In Allgemeinen wird man feststellen, dass das durch Mahlen hergestellte Pulver gröber ist als das, welches über eine chemische Synthese erhalten wurde.

Additive und subtraktive Verfahren haben bestimmte Größenbereiche, in denen deren Anwendung optimal ist. Diese Bereiche sind in der Abb. 1.4 dargestellt. In diesem Graphen ist die Häufigkeit der Anwendung als Funktion der Strukturgrößen dargestellt. Wie nicht anders zu vermuten, gibt es einen breiten Bereich der Überlappung, in dem beide Verfahren mit Vorteil angewandt werden können. Von besonderem Interesse ist die Kurve, die den Anwendungsbereich fortgeschrittener subtraktiver Prozesse beschreibt. Solche Prozesse, zumeist fotolithografische Verfahren, die sich des extremen UV-Lichts oder der Röntgenstrah-

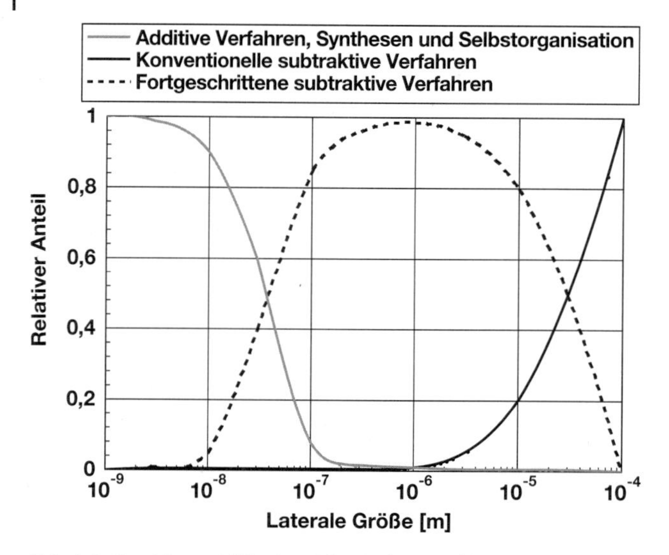

Abb. 1.4 Geschätzte Größenbereiche, in denen additive und subtraktive Verfahren mit Vorteil angewandt werden. Neue, fortschrittliche subtraktive Verfahren sind aber längst in Größenbereiche vorgedrungen, die typisch für additive Prozesse waren.

len bedienen, beherrschen heute durchaus Größenbereiche, die bis vor Kurzem additiven Verfahren vorbehalten waren.

Durch die Verwendung von Nanowerkstoffen ist die industrielle Fertigung neuer oder zumindest verbesserter Produkte möglich. Der Geschäftserfolg hängt aber nicht zuletzt vom Preis des Produktes ab. Das kann schwierig sein, da Nanowerkstoffe häufig recht teuer sind. Hier muss man grundsätzlich zwei Fälle unterscheiden: Durch die Verwendung von Nanowerkstoffen wird ein Produkt verbessert aber auch teurer. Da stellt sich die Frage, ob die Verbesserungen den erhöhten Preis rechtfertigen. Man kann dies auch allgemeiner formulieren: Immer dann, wenn ein bestehendes Produkt durch die Verwendung von Nanowerkstoffen verbessert wird, trifft es auf eine harte preisliche Konkurrenz, die den finanziellen Erfolg infrage stellt. Das ist anders, wenn es durch die Verwendung von Nanowerkstoffen möglich wird, ein völlig neues Produkt zu entwickeln. Da dieses Produkt dann kaum auf Konkurrenz trifft, ist die Wahrscheinlichkeit eines geschäftlichen Erfolges größer. Ganz allgemein kann man sagen, dass man im Falle von Nanowerkstoffen eher Wissen und nicht Tonnen verkauft. Diese Feststellung schließt nicht aus, dass es Nanowerkstoffe, wie z. B. Ruß oder amorphes Siliciumdioxid („weißer Ruß"), gibt, die in Tausenden Tonnen pro Jahr gefertigt werden.

Nanowerkstoffe und Nanoteilchen sind weder neu noch unnatürlich, neu ist jedoch, dass diese Materialien heute verstanden und daher auch in verstärktem Maße industriell verwertet werden. In der Natur verwenden Vögel und auch einige Mammalia magnetische Nanoteilchen zur Orientierung, ein Sinn, der Magnetozeption genannt wird. Pflanzen nutzen nanostrukturierte Oberflächen zur Selbstreinigung, ein Mechanismus, der unter der Bezeichnung „Lotuseffekt" bekannt wurde. Dieser Effekt wird heute für selbstreinigende Oberflächen von Gläsern oder auch Sanitärkeramik genutzt. Die erste schriftlich dokumentierte Anwendung von Nanoteilchen begann vor mehr als 2500 Jahren bei den Sumerern. Damals wurden Gold-Nanoteilchen als rotes Pigment in Glasuren für die Töpferei eingeschmolzen. Erst Ende des 19. Jahrhunderts begann man zu verstehen, dass diese rote Färbung von Gold-Teilchen mit Größen im Bereich von etwa 50 nm verursacht wird. In China wurde bereits vor mehr als 4000 Jahren feinteiliger Ruß mit Teilchengrößen unter 100 nm als schwarzes Pigment für Tuschen hergestellt.

Ergänzung 1.1: Der Lotuseffekt

Als Beispiel für ein natürliches, makroskopisch beobachtbares Phänomen, das seine Ursache in einer nanostrukturierten Oberfläche hat, sei der Lotuseffekt erläutert. Es ist wohlbekannt und auch Ursache einer besonderen Verehrung, dass die Blätter der Lotuspflanze immer sauber sind. Diese Selbstreinigung hat ihren Ursprung in der Tatsache, dass die Lotusblätter nicht befeuchtet werden können; sie sind hydrophob. Jeder Tropfen Wasser läuft unmittelbar ab und nimmt die im Allgemeinen hydrophilen Staubteilchen mit. Daher sind diese Blätter immer sauber.

Der Lotuseffekt wird durch eine scheinbare Vergrößerung des Kontaktwinkels der Wassertropfen mit dem Blatt verursacht. Die grundsätzliche Situation eines Tropfens auf einer ebenen Fläche ist in Abb. 1.5 dargestellt.

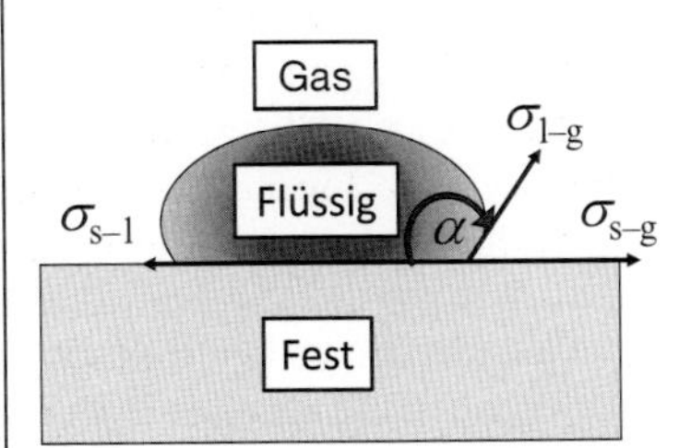

Abb. 1.5 Kontaktwinkel an der Grenze zwischen einer ebenen Fläche und einem Wassertropfen sowie die zugehörigen Oberflächenspannungen.

Der Kontaktwinkel an der Grenzfläche zwischen einem Wassertropfen und einer ebenen Fläche ist maximal 110°. Dieser Winkel ergibt sich aus dem Gleichgewicht der Oberflächenspannungen:

$$\sigma_{s-g} - \sigma_{s-l} = \sigma_{l-g} \cos \alpha \tag{1.1}$$

In Gl. (1.1) steht die Größe σ_{s-g} für die Oberflächenspannung an der Grenzfläche fest–gasförmig, σ_{s-l} für die an der Grenzfläche fest–flüssig und schließlich

σ_{l-g} für die an der Grenzfläche flüssig–gasförmig; α steht für den Kontaktwinkel.[1)]

Die Oberfläche eines Lotusblattes ist mit etwa 10–20 μm hohen Warzen (Papillen) bedeckt, die jeweils 10–15 μm voneinander entfernt sind. Die Oberfläche der Papillen ist nun ihrerseits wieder mit kleinen nanostrukturierten Papillen bedeckt. Dies ist in der Abb. 1.6 dargestellt.

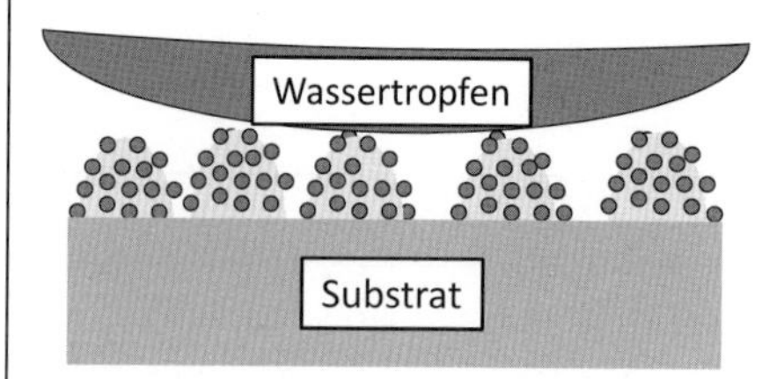

Abb. 1.6 Der Lotuseffekt. Die Skizze zeigt einen Wassertropfen auf einer doppelt gewellten Oberfläche. Da das Wasser wegen seiner Oberflächenspannung nicht in die Räume zwischen den Papillen eindringen kann, vermittelt diese Anordnung den Eindruck eines deutlich vergrößerten Kontaktwinkels. Betrachtet man jedoch jedes einzelne Teilchen an der Oberfläche der Papillen, so findet man exakt den erwarteten Kontaktwinkel.

Wegen der Oberflächenspannung kann nun das Wasser nicht in den Raum zwischen den kleineren und auch den größeren Papillen eindringen. Es kann also nur ein sehr kleiner Teil der Blattoberfläche vom Wasser benetzt werden. Die Anordnung vermittelt den Eindruck als wäre der Kontaktwinkel viel größer als der zwischen einem Tropfen und einer ebenen Fläche.

Wichtig zu wissen

Die Tierwelt benutzt magnetische Nanoteilchen zur Orientierung im Raum (Magnetozeption). Synthetisch wurden Nanoteilchen für die Verwendung als rotes Pigment schon vor mehr als 2000 Jahren hergestellt; die Verwendung von nanoskaligen Rußteilchen in der Tusche hat in China eine noch längere Tradition.

Die Herstellung von Nanoteilchen kann mittels additiver oder subtraktiver Verfahren erfolgen. Je kleiner die Strukturen werden, umso mehr rücken die additiven Verfahren in den Vordergrund.

Oberflächen, die mit Nanoteilchen belegt sind, zeigen zum Teil neue und auf den ersten Blick scheinbar den Naturgesetzen widersprechende Eigenschaften.

1) Mathematisch exakt müsste die Oberflächenspannung durch Vektoren beschrieben werden; für diese eher kursorische Betrachtungen ist es korrekt, mit den Absolutbeträgen der Vektoren zu rechnen.

2 Nanomaterialien

2.1 Nanoteilchen – Nanokomposite

In diesem Kapitel ...
Ein wesentliches Merkmal von Nanoteilchen ist deren Dimensionalität. Man unterscheidet:

- Nulldimensionale Teilchen, diese werden in erster grober Näherung als kugelförmig beschrieben.
- Eindimensionale Teilchen, das sind Stäbchen und Röhrchen.
- Zweidimensionale Teilchen, das sind Plättchen. Diese können elektrisch neutral oder aber auch geladen sein.

Nanokomposite werden hergestellt um die Anwendbarkeit von Nanoteilchen zu verbessern. Nanokomposite sind besonders interessant, wenn diese zu multifunktionalen Teilchen führen. Des Weiteren erlauben es Nanokomposite, durch Einbringen von Nanoteilchen in eine Matrix makroskopische Werkstücke mit besonderen Eigenschaften herzustellen.

Nanoteilchen können in nulldimensionale – Nanoteilchen schlechthin –, ein- und zweidimensionale Objekte eingeteilt werden. Nulldimensionale Teilchen sind in erster Näherung kugelförmig oder facettierte Kugeln. Stäbchen und Röhrchen werden in die Gruppe der eindimensionalen Teilchen und alle Typen von plattenförmigen Teilchen in die der zweidimensionalen Teilchen eingeteilt. Ein typisches Beispiel für nulldimensionale Teilchen ist in Abb. 2.1 dargestellt. Es handelt sich um die elektronenmikroskopische Aufnahme der Teilchen eines Zirkonoxid (ZrO_2) Pulvers. Die Teilchen des dargestellten Produktes sind im Mittel etwa 7 nm groß. Es ist ein Charakteristikum dieses Produkts, dass die Größenverteilung der Teilchen recht eng ist. Bei speziellen Anwendungsfällen kann das ein entscheidendes Qualitätskriterium sein, da manche Eigenschaften stark von der Teilchengröße abhängen.

Nanowerkstoffe für Einsteiger, Erste Auflage. Dieter Vollath.

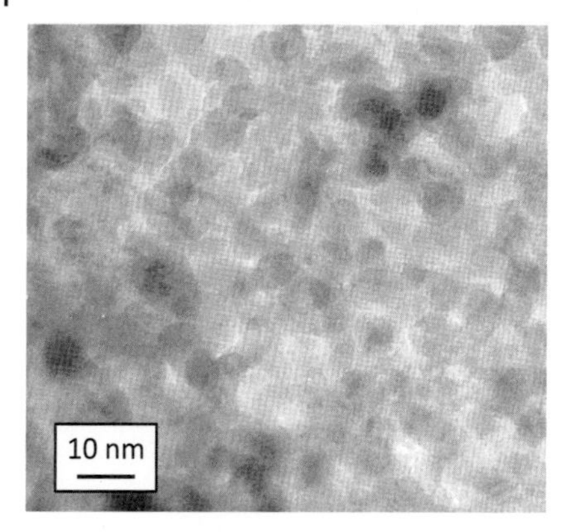

Abb. 2.1 Elektronenmikroskopische Aufnahme der Teilchen eines Zirkonoxid-Pulvers. Es ist ein besonderes Charakteristikum dieses Materials, dass die Teilchengrößenverteilung recht eng ist [1]. (Mit Erlaubnis von Imperial College Press Co.)

Die Teilchengrößenverteilung des in Abb. 2.1 dargestellten Produktes ist recht eng. Solche Produkte sind im Allgemeinen recht teuer und häufig nicht nötig. Es gibt sogar Fälle, in denen eine breite Verteilung der Größen und damit der Eigenschaften wünschenswert ist. Die Abb. 2.2 stellt zwei alternative Produkte dar. Das in Abb. 2.2a dargestellte Produkt Fe_2O_3, bestehend aus verschiedenen Phasen, zeigt eine recht breite Teilchengrößenverteilung, die wohl im Bereich zwischen 5 und 50 nm liegt. Solches Material wird vorwiegend als UV-Absorber oder auch als Pigment eingesetzt. Völlig anders ist das in Abb. 2.2b dargestellte Produkt. Auch hier handelt es sich um Fe_2O_3, allerdings mit einer Teilchengröße von etwa 3 nm. Aufgrund der Teilchenkleinheit ist dieses Material nicht kristallisiert (siehe auch Kapitel 7). Wegen seiner großen Oberfläche eignet sich dieses Pulver in besonderer Weise zur Verwendung als Katalysator.

Es gibt zwei Arten von eindimensionalen Nanoteilchen: Nanostäbchen (nanorods) und Nanoröhrchen (nanotubes). Diese beiden Typen haben eine Reihe von interessanten Eigenschaften, sei es im Hinblick auf Lumineszenz, elektrische Leitfähigkeit oder auch Magnetismus. Abbildung 2.3 zeigt elektronenmikroskopische Aufnahmen solcher eindimensionaler Nanoobjekte. Abbildung 2.3a zeigt Nanostäbchen aus ZnO, die mehrere Mikrometer lang sind und eine Stärke von 50–200 nm haben. Die SiO_2 Nanoröhrchen in Abb. 2.3b sind im Vergleich dazu wesentlich kleiner, diese haben eine Länge von etwa 300 nm und einen Durchmesser in einem Bereich zwischen 30 und 50 nm. Die Wandstärke dieser Röhrchen ist im Bereich von etwa 10 nm.

Als Beispiel für zweidimensionale Nanoteilchen sind in Abb. 2.4 Nanoplättchen (nanoplates) aus Gold dargestellt. An der dreieckigen bzw. hexagonalen Form kann man unschwer erkennen, dass diese Plättchen in $\langle 111 \rangle$-Richtung orientiert sind.[1] Diese Orientierung kann bei der Synthese vorgeben werden.

1) Die hier benutzten *Miller*'schen Indizes sind im Kapitel 12 im Detail erläutert.

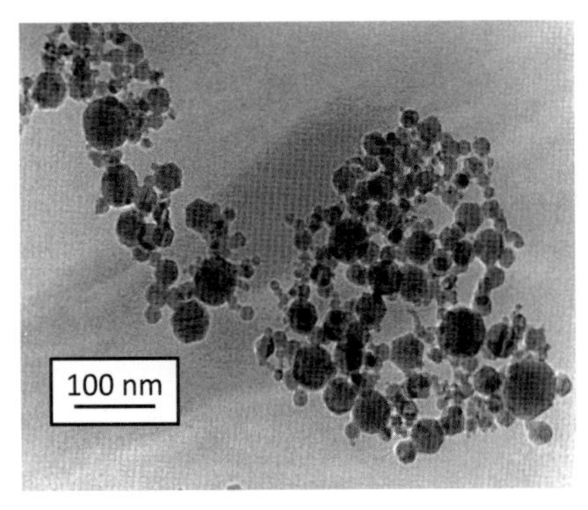

(a) (b)

Abb. 2.2 Zwei stark verschiedene Typen von Fe_2O_3-Nanopulvern. (a) Industriell hergestelltes Produkt mit breiter Teilchengrößenverteilung. Typische Anwendungen solcher Produkte finden sich im Bereich des UV-Schutzes oder der Pigmente. (Courtesy Nanophase, Nanophase Technologies Corporation, 1319 Marquette Drive, Romeoville, IL 60446); (b) Nanopulver bestehend aus amorphen Teilchen mit Größen von etwa 3 nm. Die wichtigste Anwendung dieses Produktes ist als Katalysator oder auch als UV-Absorber. (Courtesy MACH I, Inc. 340 East Church Road, King of Prussia, PA 19406 USA).

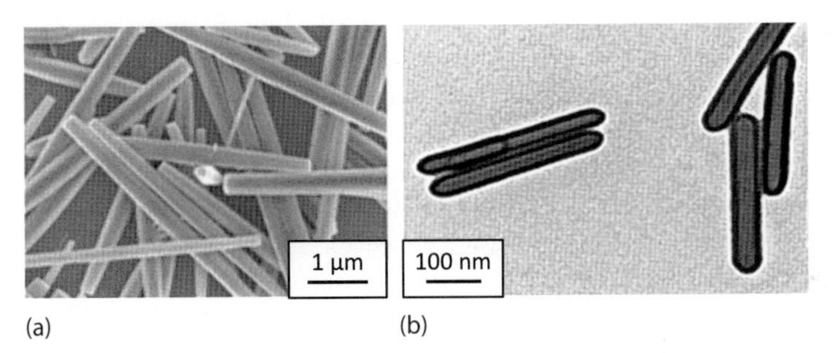

(a) (b)

Abb. 2.3 Eindimensionale Nanoteilchen. Im Teilbild (a) sind ZnO-Nanostäbchen [2] und in Abbildung (b) Nanoröhrchen aus SiO_2 [3] dargestellt. (Mit Erlaubnis von Fan Ren, Univ. of Florida (a) und Elsevier (b).)

Manche Eigenschaften von Nanoteilchen, die von der Teilchengröße abhängen, verändern sich, wenn sich die Teilchen zu nahe kommen oder gar berühren. Will man aus den Teilchen einen makroskopischen Körper herstellen, so muss man die Teilchen pressen und anschließend sintern. Da kleine Teilchengrößen energetisch ungünstig sind, wird bei diesen Verfahrensschritten sofort ein Kornwachstum einsetzen. Dieses kann man durch Hinzufügen einer zweiten, nicht löslichen Phase verhindern. Versucht man dieses durch einfaches Mischen, so wird der Erfolg recht begrenzt sein; man kann grundsätzlich kein homogenes Mischprodukt erwarten. Denn, nimmt man an, dass ein Mischprozess rein zufällig abläuft und in einer solchen Pulvermischung der Anteil der „aktiven" nanostrukturierten Phase c wäre, so ist die Wahrscheinlichkeit p_n, dass sich n dieser Teilchen berühren $p_n = c^n$, $n \in \mathbb{N}$. Die Konsequenzen aus dieser einfachen Relation sind schwer-

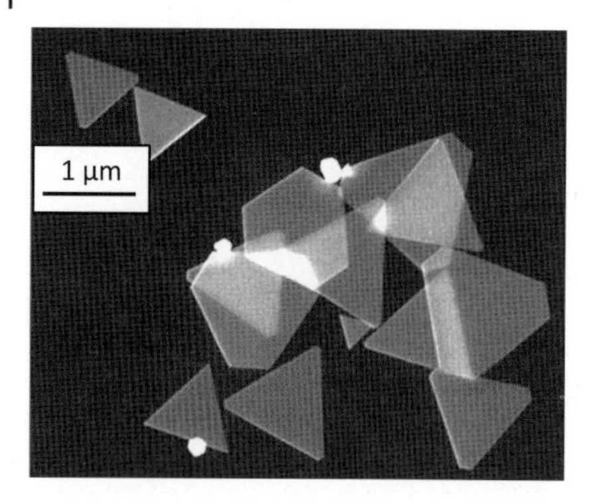

Abb. 2.4 Zweidimensionales Nanoobjekt; in diesem Falle handelt es sich um Gold-Plättchen, die in ⟨111⟩-Richtung orientiert sind [4]. (Mit Erlaubnis von Wiley-VCH.)

wiegend: Nimmt man z. B. einen Anteil von 0,3 an, so ist die Wahrscheinlichkeit, dass sich zwei dieser Teilchen berühren 0,09 und für drei Teilchen 0,027. Daraus muss man den Schluss ziehen, dass durch einfaches Mischen, nicht einmal im Idealfall, ein gegenseitiges Berühren der Teilchen ausgeschlossen werden kann. Dieses macht weitere Maßnahmen notwendig.

Ein Ausweg aus dem beschriebenen Problem ist, die Teilchen mit einer Abstandhalterphase zu beschichten. Die Dicke dieser Beschichtung hängt letztlich von der Art der Wechselwirkung ab, die unterbunden werden soll. Will man lediglich Kornwachstum oder das Tunneln von Elektronen unterbinden, so kann die Beschichtung recht dünn sei, muss man jedoch eine Dipolwechselwirkung oder eine Interdiffusion unterbinden, so sind deutlich dickere Schichten notwendig. Hat man jedoch einmal die technischen Möglichkeiten einzelne Nanoteilchen zu beschichten, so gibt es eine Reihe weiterer technischer oder wissenschaftlicher Probleme, die auf diese Art gelöst werden können. So besteht die Möglichkeit, die Beschichtung nicht nur als Abstandhalter zu benutzen, sondern auch zusätzliche Eigenschaften in das Teilchen zu integrieren, die von Natur aus in einem Material nicht möglich sind. Ein typisches Beispiel dafür wären magnetische Teilchen, die mit einer lumineszierenden Schicht umhüllt sind [5]. In den meisten Fällen ist noch mindestens eine weitere Schicht notwendig, die bei der Anwendung den Kontakt zum umgebenden Medium vermitteln soll. Diese Schicht wird man so wählen, dass diese entweder hydrophil oder hydrophob ist. Schematisch ist so ein, aus mehreren Schichten aufgebautes, multifunktionales Teilchen (core-shell particle) in Abb. 2.5 dargestellt.

Der Schichtenaufbau, wie er in Abb. 2.5 dargestellt ist, ist typisch für hochkomplexe Anwendungen, wie man sie in der Biologie oder der Medizin vorfindet. Speziell bei medizinischen Anwendungen wird man die äußerste Schicht häufig zusätzlich mit Proteinen oder Enzymen, die für bestimmte Zellen charakteristisch sind, funktionalisieren (Schlüssel-Schloss-Prinzip). In diesem Falle ist dann die Zusammensetzung dieser spezifischen Schicht ein zentrales Problem bei der Entwicklung der Anwendungen. Um eine solche Schicht an der Oberfläche eines Teil-

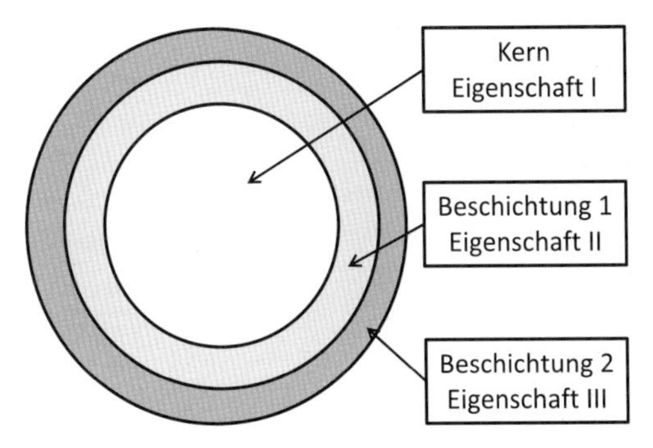

Abb. 2.5 Typischer Aufbau eines aus mehreren Schichten aufgebauten, multifunktionalen Teilchens (core-shell particle). Die Materialien für den Kern und die erste Schicht werden so gewählt, dass das Teilchen die geforderten physikalischen Eigenschaften erhält. Die äußerste Schicht, in diesem Fall die zweite, wird im Hinblick auf die Wechselwirkung mit der Umgebung ausgewählt. So kann diese z. B. hydrophil oder hydrophob sein [5].

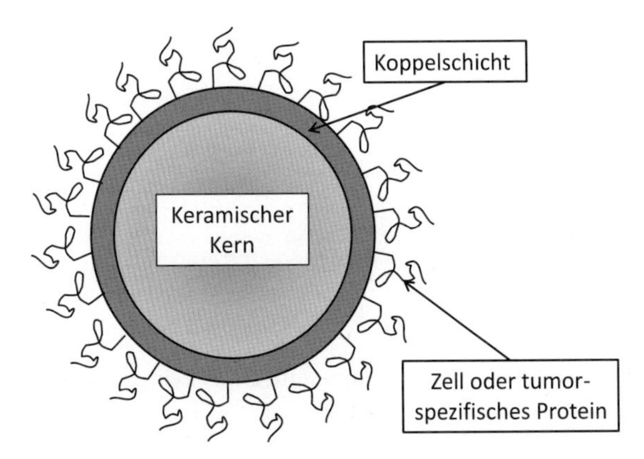

Abb. 2.6 Nanokompositteilchen, wie es häufig in der Biologie oder der Medizin verwendet wird. Der Kern des Teilchens kann magnetisch, lumineszierend oder aber auch bifunktional sein. Die tumorspezifischen Proteine oder Enzyme werden mithilfe einer Kopplungsschicht an das Teilchen gebunden.

chens anzubringen, ist häufig eine spezielle Kopplungsschicht erforderlich. Diese besteht zumeist aus einem geeigneten Polymer oder Glukose, in manchen Fällen ist auch eine Schicht aus hydroxyliertem SiO_2 hinreichend. Abbildung 2.6 zeigt den typischen Aufbau eines solchen Teilchens.

In Abb. 2.7 werden elektronenmikroskopische Aufnahmen von drei typischen Kompositteilchen gezeigt. In Abb. 2.7a sind ZrO_2 Teilchen zu sehen, die mit Al_2O_3 beschichtet sind. Charakteristisch für diese Teilchen ist, dass das ZrO_2 kristallisiert ist, erkennbar an der Abbildung des Kristallgitters (lattice fringes), während das Al_2O_3 amorph ist. Zusätzlich sieht man, dass sich das Teilchen in der Mitte des Bildes aus zweien zusammensetzt. Offensichtlich sind diese Teilchen vor dem Beschichten koaguliert. Abbildung 2.7b zeigt Fe_2O_3 Teilchen, die

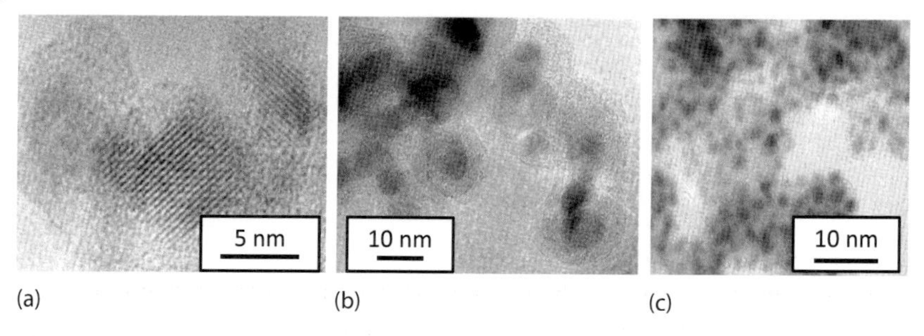

Abb. 2.7 Drei Typen von Nanokompositteilchen mit keramischem Kern: Ein Kompositteilchen kann eine keramische Hülle (a) oder eine Hülle aus einem Polymer (b) haben. Eine Beschichtung mit einem Metall ist nicht so ohne Weiteres möglich. Aus Gründen der Oberflächenenergie bilden sich zunächst isolierte Cluster auf der Oberfläche [1, 6]. (Mit Erlaubnis von Imperial College Press Co.)

mit einem Polymer (PMMA) beschichtet wurden.[2] Schließlich ist in Abb. 2.7c ein TiO_2 Teilchen dargestellt, das mit Pt-Clustern dekoriert ist.[3] Solche dekorierten Teilchen werden vorwiegend als Katalysatoren verwendet.

Wichtig zu wissen

Abhängig von ihrer Geometrie klassiert man Nanoteilchen in

- nulldimensionale Teilchen, das Teilchen schlechthin,
- eindimensionale Teilchen, die als Stäbchen oder Röhrchen auftreten und
- zweidimensionale Teilchen, das sind Plättchen, die aus einer oder auch vielen Atomlagen bestehen können.

Im Hinblick auf die Anwendung verwendet man häufig Nanokomposite. Das können

- beschichtete Teilchen sein oder
- makroskopische Körper, in die Nanoteilchen eingearbeitet sind.

Nanokomposite erlauben es

- multifunktionale Teilchen oder auch
- makroskopische Werkstücke mit den besonderen Eigenschaften von Nanoteilchen herzustellen.

Bei der Herstellung makroskopischer Körper, die mit Nanoteilchen gefüllt sind, hat es sich als besonders günstig herausgestellt, beschichtete Nanoteilchen zu verwenden, da so ein gegenseitiger Kontakt von Teilchen, was sich negativ auf die Eigenschaften auswirken kann, vermieden wird.

2) In diesem Fall ist die Polymerbeschichtung – aus Gründen der Darstellung – relativ dick; eine dünnere Beschichtung würde im Elektronenmikroskop keinen ausreichenden Kontrast für die Demonstration geben.

3) Aus Gründen der unterschiedlichen Oberflächenenergie bilden Metalle auf der Oberfläche von Oxid-Teilchen keine Schichten, sondern isolierte Cluster. Erst wenn die Metallmenge so groß wird, dass sich die Cluster gegenseitig berühren, beginnt die Ausbildung einer geschlossenen Schicht.

2.2 Elementare Konsequenzen der kleinen Teilchengrößen

2.2.1 Oberfläche von Nanoteilchen

In diesem Abschnitt ...
Wegen ihrer geringen Größe haben Nanoteilchen ein großes Verhältnis von Oberfläche zu Volumen. In vielen Fällen ist die geometrische Oberfläche jedoch von vornherein bedeutungslos. Wesentlich ist vielmehr das Verhältnis des von der Oberfläche beeinflussten Volumens zum Gesamtvolumen. Diese Größen werden im Folgenden hergeleitet.

Die zuerst ins Auge springende Eigenschaft von Nanoteilchen ist deren große Oberfläche. Um einen Eindruck von deren Bedeutung zu bekommen, sei zunächst das Verhältnis von Oberfläche zu Volumen diskutiert. Um die Diskussion zu vereinfachen, wird von kugelförmigen Teilchen ausgegangen.

Die Oberfläche a einer Kugel mit dem Durchmesser d ist gegeben durch

$$a = \pi d^2$$

Das Volumen v dieser Kugel ist dann

$$v = \frac{\pi}{6} d^3$$

Für thermodynamische Betrachtungen wesentlich ist die Oberfläche A je Mol

$$A = Na = \frac{M}{\rho \frac{\pi d^3}{6}} \pi d^2 = \frac{6M}{\rho d} \tag{2.1}$$

In Gl. (2.1) ist N die Anzahl der Teilchen pro Mol, M das Molekulargewicht und ρ die Dichte der Teilchen.

Das Verhältnis R von Oberfläche zu Volumen eines Teilchens ergibt sich aus

$$R = \frac{a}{v} = \frac{6}{d} \tag{2.2}$$

Dieses Verhältnis ist ebenso wie die Oberfläche pro Mol invers proportional zum Teilchendurchmesser.

Um einen Eindruck über die Größe der Oberflächen von Nanoteilchen zu erhalten ist in Abb. 2.8 die spezifische Oberfläche von Kügelchen aus Al_2O_3 (Dichte $3{,}5 \times 10^3\ \mathrm{kg\,m^{-3}}$) gegen die Teilchengröße aufgetragen. Die spezifische Oberfläche ist die Oberfläche von einem Gramm Teilchen in Quadratmetern (siehe Kapitel 12).

In Abb. 2.8 ist die Oberfläche in $\mathrm{m^2\,g^{-1}}$ angegeben. Obwohl das keine SI-Einheit ist, wird sie dennoch verwendet, da diese die einzige international gebräuchliche Einheit für die spezifische Oberfläche ist. Der Abbildung ist zu entnehmen,

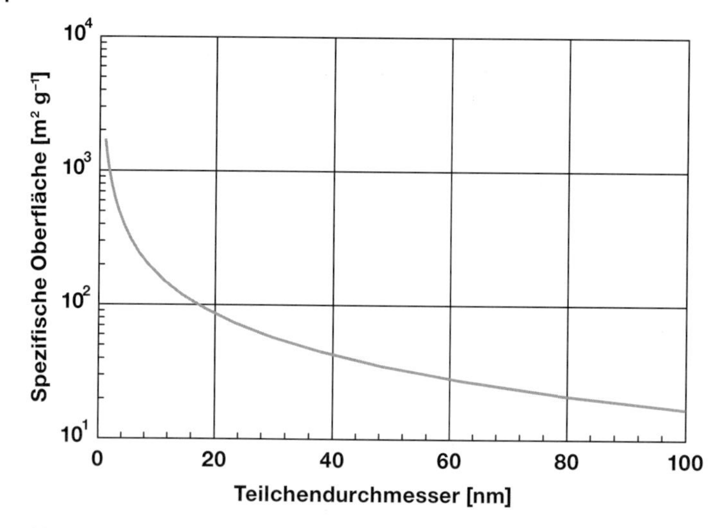

Abb. 2.8 Geometrische Relation zwischen der spezifischen Oberfläche und dem Teilchendurchmesser. Experimentell werden so große Oberflächen nicht ermittelt, da die Teilchen agglomerieren und so die freie Oberfläche reduzieren.

dass die Oberfläche bei Teilchen mit Durchmessern unter etwa 10 nm weit über 100 $m^2\,g^{-1}$ steigt. Solche großen Oberflächen werden bei diesen Werkstoffen experimentell nie gemessen. Die Ursache für diese Diskrepanz liegt in der, mit abnehmender Teilchengröße zunehmenden, Tendenz zur Agglomeration. Die Ursache für diese, bei kleinen Teilchen zunehmenden Agglomerationsneigung sind die *van der Waals*-Kräfte.[4] Die größten Oberflächen werden bei Aktivkohle mit bis zu 2000 $m^2 g^{-1}$ gemessen.

Die Oberfläche, die mit Gl. (2.1) definiert wurde und zum Konzept der spezifischen Oberfläche führte, ist eine geometrische Größe, die die physikalische Realität kaum beschreibt. Betrachtet man die physikalischen Eigenschaften von Nanoteilchen, so stellt man fest, dass weniger die geometrische Oberfläche bedeutsam ist, sondern das Volumen des Teilchens, das von der Oberfläche beeinflusst ist und andere Eigenschaften hat als das Innere des Teilchens. Abhängig von der Eigenschaft, die man gerade betrachtet, beträgt die Dicke dieser Oberflächenschicht 0,5–2 nm. Anstelle des Verhältnisses (geometrische) Oberfläche zu Volumen muss man das Verhältnis (oberflächenbeeinflusstes) Volumen zu Gesamtvolumen betrachten. Die Abb. 2.9 zeigt diese Verhältnisse für zwei verschiedene Dicken (0,5 und 1,0 nm) dieser Oberflächenschicht. Aus Gründen der Einfachheit wurden kugelförmige Teilchen angenommen.

Eine detaillierte Analyse von Abb. 2.9 zeigt, dass z. B. bei einem Teilchen mit einem Durchmesser von 5 nm die Dicke der von der Oberfläche beeinflussten

4) *van der Waals*-Kräfte sind schwache Wechselwirkungen zwischen Molekülen oder kleinen Teilchen mit geringer Reichweite. Diese Kräfte haben ihre Ursache in einer quantendynamischen Wechselwirkung. Es handelt sich also nicht um elektrostatische Kräfte oder dipolare bzw. kovalente Wechselwirkungen.

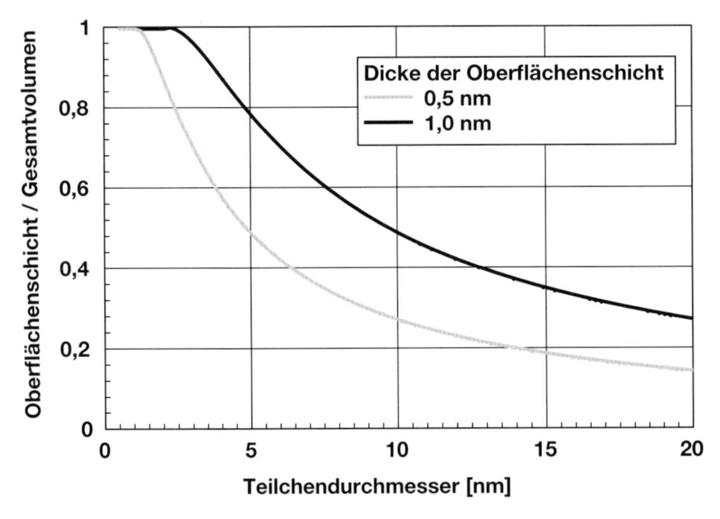

Abb. 2.9 Verhältnis des Volumens einer Oberflächenschicht mit einer Dicke von 0,5 und 1,0 nm zum Gesamtvolumen.

Schicht 49 bzw. 78 % des gesamten Volumens einnimmt. Im Falle kleinerer Teilchen wird dieses Verhältnis naturgemäß größer, während bei Teilchen mit einer Größe von 100 nm oder mehr diese Schicht vernachlässigt werden kann. Es gibt nun eine Reihe von Eigenschaften, bei denen die Bildung einer Oberflächenschicht bedeutsam ist. Nimmt man z. B. die Sättigungsmagnetisierung magnetischer Teilchen. Diese hängt vom Volumen der Teilchen ab. Jedes dieser Teilchen hat aber eine Oberflächenschicht von etwa 1 nm, die zur Magnetisierung keinen Beitrag liefert. Bei einem 5 nm großen magnetischen Teilchen kann man daher nur etwa 20–25 % der Sättigungsmagnetisierung erwarten, wie man sie bei grobkörnigem Material findet (siehe Kapitel 8).

Ergänzung 2.1: Physikalische Oberfläche von Nanoteilchen

Betrachtet man die physikalischen Eigenschaften von Nanoteilchen, ist zumeist weniger die geometrische sondern eher die „physikalische Oberfläche“ wesentlich. Die folgenden Betrachtungen beziehen sich wieder auf kugelförmige Teilchen mit dem Durchmesser d. Die physikalische Oberfläche ist gegeben durch das Volumen einer oberflächlichen Kugelschale mit der Dicke δ, $2\delta \leq d$. Anstelle des Verhältnisses Oberfläche zu Volumen benutzt man realistischer Weise das Verhältnis des Volumens dieser Kugelschale zum Gesamtvolumen. Das Volumen der Kugelschale ist gegeben durch

$$v_{\text{Schale}} = \frac{\pi}{6}d^3 - \frac{\pi}{6}(d-\delta)^3 = \frac{\pi}{6}[d^3 - (d-2\delta)^3] \tag{2.3}$$

Damit lässt sich ein dimensionsloses Verhältnis R^* definieren:

$$R^* = \frac{v_{\text{Schale}}}{v_{\text{Kugel}}} = \frac{\frac{\pi}{6}[d^3 - (d - 2\delta)^3]}{\frac{\pi}{6}d^3} = 1 - \left(\frac{d - 2\delta}{d}\right)^3 \tag{2.4}$$

Da immer $2\delta \leq d$ sein muss ergibt sich die Grenzbedingung

$$R^* = 1 \; \forall \; d \leq 2\delta$$

Wegen der Wichtigkeit der Oberfläche im Hinblick auf die Eigenschaften von Nanoteilchen werden der Oberfläche und deren Probleme ein ganzes Kapitel gewidmet.

Wichtig zu wissen

Die auf 1 Mol bezogene Oberfläche von Nanoteilchen ist dem Kehrwert der Teilchengröße proportional (Annahme kugelförmiger Teilchen). Auch das Verhältnis der geometrischen Oberfläche zum Volumen der Teilchen folgt dieser Proportionalität. Die so berechneten Oberflächen sind außerordentlich groß, jedoch kann die mithilfe einfacher Annahmen berechnete geometrische Oberfläche, wegen der unvermeidlichen Agglomeration der Teilchen, experimentell nie verifiziert werden. Im Hinblick auf physikalische Eigenschaften ist das Verhältnis des von der Oberfläche beeinflussten Volumens zum Gesamtvolumen entscheidend. Die Dicke der in die Rechnung einzubeziehenden Oberflächenschicht hat, abhängig von der betrachteten physikalischen Eigenschaft, eine Dicke im Bereich zwischen 0,5 und 2 nm.

2.2.2 Thermische Phänomene

In diesem Abschnitt ...

Jedes Teilchen hat eine mit zunehmender Temperatur steigende thermische Energie. Ist das Teilchen groß, so fällt diese recht kleine Energiemenge nicht ins Gewicht. Werden die Teilchen jedoch klein, so kann der Fall auftreten, dass dieser Energiebetrag größer wird als eine andere das Teilchen beeinflussende energetische Größe. Das ist die Voraussetzung für thermische Fluktuationen. Während dieser Fluktuationen befindet sich das Teilchen vorübergehend in einem Ungleichgewichtszustand.

Jedes materielle Objekt, in diesem Fall ein Nanoteilchen oder auch ein Ensemble von Nanoteilchen, hat die thermische Energie kT, wobei k die *Boltzmann*-Konstante und T die absolute Temperatur in *Kelvin* ist. Jedes Objekt hat die Tendenz sich in den Zustand der niedrigsten Gesamtenergie zu begeben, wobei in diesem Falle die Summe aller Energien zu betrachten ist. Dieses Gesetz ist immer gültig, allerdings nur für dem Mittelwert eines Ensembles. Wenn die Objekte sehr klein werden, kann man Abweichungen beobachten, solche Objekte können fluk-

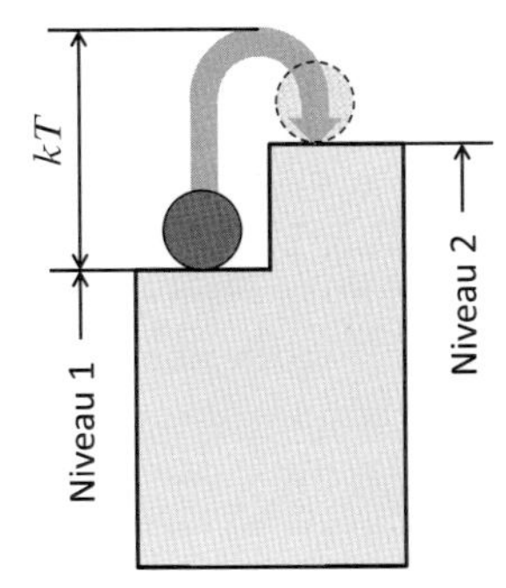

Abb. 2.10 Schematische Darstellung des Fluktuierens zwischen zwei Energieniveaus. In dem angenommenen Fall ist die Differenz der beiden Energieniveaus geringer als die thermische Energie kT.

tuieren. Wenn die thermische Energie ausreicht, um das Teilchen auf ein höheres Energieniveau zu bringen, so kann dieser Fall eintreten. Selbstverständlich wird, in einem weiteren Schritt das Teilchen wieder auf das niedrigere Energieniveau zurückfallen. Das Teilchen fluktuiert zwischen zwei oder mehreren Zuständen unterschiedlicher Energie. Dabei kann es sich um Zustände potenzieller Energie handeln, das Teilchen bewegt sich also auf einer Unterlage oder aber um Transformationen zwischen zwei Phasen, wie Schmelzen und Kristallisieren. Aus dieser, eher anschaulichen Beschreibung des Fluktuationsprozesses ergibt sich auch eine strenge Definition:

Unter einer Fluktuation versteht man den thermisch aktivierten Übergang von einem Gleichgewichtszustand zu einem Zustand höherer Energie (Ungleichgewichtszustand), gefolgt von einer Rückkehr in den Zustand niedrigster Energie.

Schematisch ist das Fluktuieren zwischen zwei Energieniveaus in Abb. 2.10 dargestellt.

Ergänzung 2.2: Thermische Instabilitäten

Die thermische Energie u_{th} eines einzelnen Teilchens ist gegeben durch

$$u_{th} = kT$$

Dabei ist k die *Boltzmann*konstante und T die Temperatur. Nimmt man nun z. B. eine volumen- oder massenabhängige Energie $u(v)$ an, so ist das System nicht mehr stabil, wenn die Bedingung

$$u(v) \leq kT \tag{2.5}$$

erfüllt ist. Das System kann fluktuieren.

Ein einfaches Beispiel: Die Energie, die nötig ist, um ein Teilchen mit dem Volumen v und der Dichte ρ um den Betrag x anzuheben, ist $u(v) = \rho v x$. Ist die Bedingung (2.5) erfüllt,

$$\rho v x \leq kT \quad \text{oder} \quad T \geq \frac{\rho v}{k} x \tag{2.6}$$

so wird sich ein solches Teilchen thermisch bewegen, es könnte hypothetisch um den Betrag x in die Höhe springen.

Nimmt man an, ein solches Teilchen bestünde aus Zirkonoxid ($\rho = 5{,}6 \times 10^3\,\mathrm{kg\,m^{-3}}$), so könnte man fragen, wie groß ein solches Teilchen sein darf, damit es bei Raumtemperatur durch die thermische Energie gerade um seinen Durchmesser angehoben wird. Diese Größe liegt bei 1100 nm. Fragt man weiter, wie hoch ein Teilchen mit einem Durchmesser von 5 nm springen könnte, so liegt die Antwort bei mehr als 1 m. Natürlich sind das reine Zahlenspiele ohne realistischen physikalischen Hintergrund. Aber dennoch haben diese Instabilitätsphänomene harte realistische Auswirkungen. Hat man z. B. auf dem Probenträger im Elektronenmikroskop solche Teilchen in extrem sauberer Umgebung liegen, so wird man im Elektronenmikroskop sehen, dass sich die Teilchen wie Ameisen hin und her bewegen. Das kann die Elektronenmikroskopie extrem schwierig machen.

Wichtig zu wissen

Wird die thermische Energie eines Teilchens größer als eine andere, die Thermodynamik oder die Eigenschaften dieses Teilchens beeinflussende Energie, so kann sich eine thermische Instabilität einstellen. Das heißt, das Teilchen kann sich spontan in einen Ungleichgewichtszustand begeben, um anschließend wieder in den Ausgangszustand zurückzukehren. Das Teilchen fluktuiert. Das kann sich dabei um physikalische Eigenschaften, die Phase oder auch die Lage des Teilchens handeln.

2.2.3 Das Maßstabsgesetz der Diffusion

In diesem Abschnitt ...

Die Diffusion ist die Ursache für Homogenisierungsvorgänge, Veränderungen in der Zusammensetzung von Körpern. Die für solche Vorgänge notwendige Zeit wird von den Diffusionswegen bestimmt, die letztlich von den Teilchengrößen abhängen. Werden die Teilchengrößen klein, so werden die Zeiten kurz. Das hat eine Reihe von weitreichenden Konsequenzen, die auch technisch vorteilhaft genutzt werden.

Die Diffusion folgt den *Fick*'schen Gesetzen. Die Lösungen der aus diesem Gesetz hergeleiteten Differenzialgleichungen, die für die Nanotechnologie von großer Bedeutung sind, besagen, dass das Quadrat des mittleren Diffusionsweges der Zeit proportional ist. Um dies als Beispiel in Zahlen zu fassen, muss man sich klarmachen, dass eine Verdopplung des Diffusionsweges zu einer Vervierfachung der Zeit führt.

Ergänzung 2.3: Zeit und Größenabhängigkeit der Diffusion

Mathematisch gesehen wird die Diffusion durch die beiden *Fick*'schen Gesetze beschrieben, die ihrerseits zu einem System von partiellen Differenzialgleichungen führen. Eine Lösung, die die Weg- und die Zeitabhängigkeit beschreibt führt zu

$$\langle x \rangle^2 \propto Dt \tag{2.7}$$

Die spitze Klammer ⟨ ⟩ steht für den Mittelwert eines Ensembles; die Größe x für den Diffusionsweg und $\langle x \rangle^2$ beschreibt deshalb das Quadrat des mittleren Diffusionsweges, D ist der Diffusionskoeffizient und t die Zeit. Das Quadrat des mittleren Diffusionsweges ist demnach proportional zur Zeit, d. h., dass bei kleinen Teilchen die Homogenisierungszeiten sehr schnell abnehmen. Die Abhängigkeit des Diffusionskoeffizienten von der Temperatur wird bei thermisch aktivierten Prozessen durch die Formel

$$D \propto \exp\left(-\frac{q}{kT}\right) \tag{2.8}$$

beschrieben. Die Größe q ist die zur Aktivierung des Prozesses nötige Energie. Gleichung (2.5) besagt, dass der Diffusionskoeffizient exponentiell mit der Temperatur zunimmt.

Das Maßstabsgesetz für die Diffusion hat dramatische Auswirkungen, wenn man Vorgänge in Nanoteilchen betrachtet. So betragen beispielsweise die Homogenisierungszeiten beim Glühen konventioneller Werkstoffe mit Korngrößen im Bereich von 10 µm mehrere Stunden. Geht man in den Bereich von 10 nm, reduziert also die linearen Dimensionen um drei Größenordnungen (10^3) so reduzieren sich die Homogenisierungszeiten um sechs ($(10^3)^2 = 10^6$) Größenordnungen. Mit anderen Worten: Homogenisierungszeiten, die konventionell im Bereich mehrerer Stunden liegen, sind bei Nanowerkstoffen im Bereich von Millisekunden. Solche Homogenisierungen laufen demnach praktisch unmittelbar ab. In diesem Zusammenhang spricht man von unmittelbarer Legierungsbildung (instantaneous alloying).

Die Möglichkeit der nahezu unmittelbaren Einstellung eines Diffusionsgleichgewichtes bei Nanoteilchen wird technisch bei Gassensoren genutzt. Dabei nutzt man die Veränderung der elektrischen Leitfähigkeit von Übergangsmetalloxiden durch Verändern der Stöchiometrie.[5] Wegen der geringen Teilchengrößen stellt sich die Stöchiometrie nahezu ohne Verzögerung beim Verändern des Sauerstoffpotenzials der umgebenden Atmosphäre ein. Bei solchen Sensoren ist daher die Zeitverzögerung weniger durch die Sauerstoffdiffusion im Oxid bestimmt, sondern eher durch die Diffusion des umgebenden Gases in den engen Kanälen zwischen den Nanoteilchen. Die Abb. 2.11 zeigt einen möglichen Aufbau eines solchen Gassensors.

Gassensoren, wie sie in Abb. 2.11 dargestellt sind, sind auf einer elektrisch leitfähigen Schicht aufgebracht, die sich auf einer Trägerplatte befindet. Als

5) Die Stöchiometrie eines Oxides wird durch das Sauerstoff-zu-Metall-Verhältnis beschrieben.

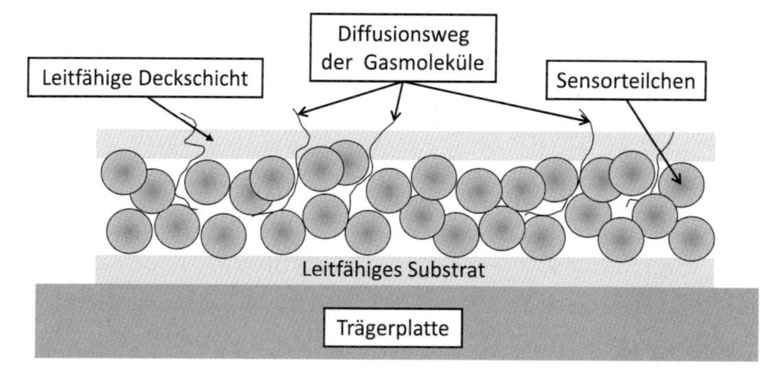

Abb. 2.11 Prinzipieller Aufbau eines Gassensors mit Nanoteilchen. Der Sensor besteht aus einer Schicht von z. B. SnO_2-Nanoteilchen, die auf einer elektrisch leitfähigen Unterlage aufgebracht ist. Der Sensor ist mit einer permeablen Schicht aus einem elektrisch leitfähigen Material abgedeckt. Der zeitbestimmende Schritt ist, im Gegensatz zu konventionellen Sensoren mit Teilchengrößen im Bereich mehrerer Mikrometer, nicht die Diffusion innerhalb der Sensorteilchen, sondern die Diffusion im offenen Porennetzwerk zwischen den Teilchen.

Übergangsmetalloxide, die als Sensorteilchen geeignet sind, kommen unter anderen TiO_2, SnO_2, Fe_2O_3 infrage. Die Oxidschicht wird mit einer gaspermeablen Schicht abgedeckt, die elektrisch leitfähig ist. Bei einer Veränderung des Sauerstoffpotenzials in der umgebenden Atmosphäre ändert sich die Stöchiometrie des Oxides und damit auch dessen elektrische Leitfähigkeit. Dieser Vorgang ist reversibel.

Die Abb. 2.12 zeigt einen schematischen Vergleich des Signals bei einem Gassensor mit konventionellen Teilchen (Teilchengrößen im Bereich mehrerer Mikrometer) und mit Nanoteilchen als Sensoroxid.

Analysiert man das Signal der beiden Sensoren, das in Abb. 2.12 dargestellt ist, so fällt auf, dass der mit Nanoteilchen ausgerüstete Sensor wesentlich schneller reagiert als der konventionelle Sensor. Ruft man sich jedoch Gl. (2.4) ins Gedächtnis, so hätte man einen noch deutlich schnelleren Anstieg des Messsignals erwartet. Diese Verzögerung hat ihre Ursache in der langsamen Diffusion des Gases im offenen Porennetzwerk der Sensorschicht und der porösen elektrisch leitfähigen Deckschicht.

Die Abb. 2.13a,b zeigen eine alternative Konstruktion eines Gassensors, der ohne die leitfähige Deckschicht aufgebaut ist, da diese zu einem verzögerten Ansprechen führen kann; allerdings sind die Wege, die der elektrische Strom in dieser Konstruktion zurücklegen muss, länger. Daher benötigen solche Systeme zumeist höhere Spannungen. Im Hinblick auf eine Serienfertigung ist diese Konstruktion günstiger, da die Trägerplatte mit den Kontakten mit den Standardverfahren, wie sie in der Elektronik üblich sind, hergestellt werden kann. Die Sensorschicht wird entweder durch Sputtern oder mit nasschemischen Methoden aufgebracht.

Die in Abb. 2.13 dargestellte Konstruktion hat neben der Tatsache, dass die Teile mithilfe von Standardverfahren, wie sie in der Elektronik üblich sind, miniaturisiert hergestellt werden können, noch den weiteren Vorteil der Möglichkeit viele identische Elemente auf einem Bauteil unterzubringen. Das ermöglicht es,

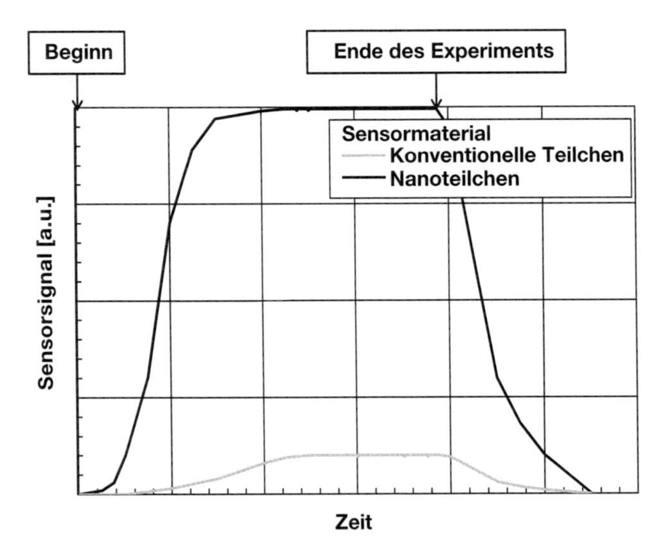

Abb. 2.12 Vergleich des Sensorsignales zwischen einem Sensor bestückt mit Teilchen im Mikrometerbereich und einem mit Nanoteilchen. Man erkennt die wesentlich schnellere Reaktion des aus Nanoteilchen aufgebauten Sensors.

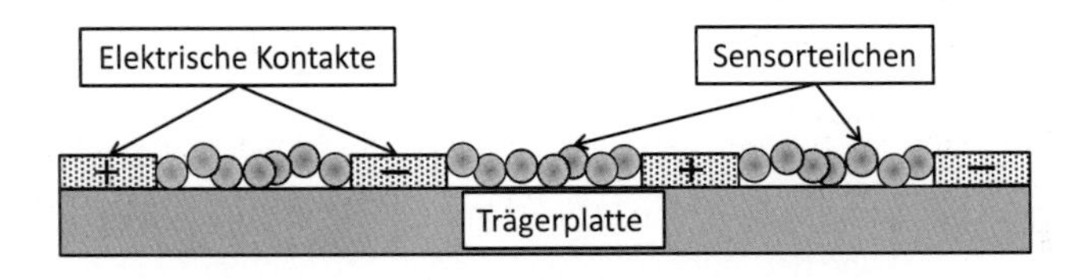

(a)

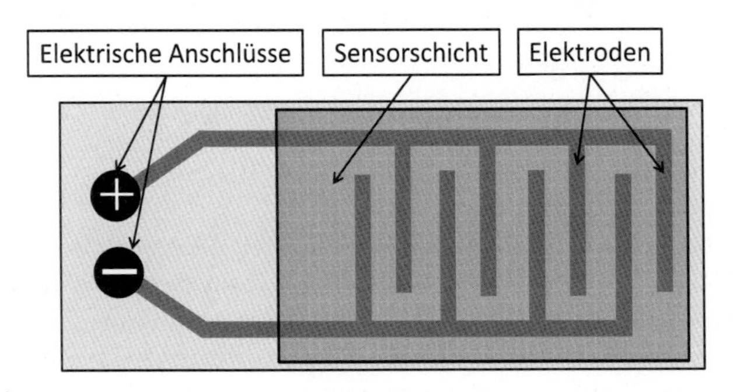

(b)

Abb. 2.13 Alternativer Aufbau eines Gassensors. Bei dieser Konstruktion sind alle Elektroden auf einer Trägerplatte aufgebracht (a). In dieser Abbildung sind die Elektroden mit „+" und „−" für die Gleichspannungsanschlüsse gekennzeichnet. (b) Draufsicht auf den Sensor. Solche Sensoren können in großer Stückzahl gefertigt werden, diese Konstruktion hat weiterhin den Vorteil, dass mehrere auf einem Träger aufgebracht werden können.

im einfachsten Fall, das Signal mehrerer Sensorelemente zu mitteln, was zu einer größeren Sicherheit des Signals führt. Des Weiteren kann man die Sensoren mit einer zusätzlichen Diffusionsschicht, z. B. bestehend aus Aluminium- oder Siliciumoxid, bedecken. Variiert man die Dicke dieser Diffusionsschicht von Element zu Element und erwärmt die einzelnen Zellen unterschiedlich, so hat man, nach einer empirischen Eichung, über die unterschiedliche Zeitverzögerung die Möglichkeit, qualitative Aussagen über die Zusammensetzung des Gases zu machen.

Wichtig zu wissen

Die für eine Homogenisierung nötigen Zeiten nehmen invers quadratisch mit der Teilchengröße ab. Das hat zur Folge, dass Diffusionsprozesse, die bei konventionellen Korngrößen in Stunden ablaufen, nur wenige Millisekunden benötigen. Man spricht von unmittelbarer Homogenisierung bzw. Legierungsbildung (instantaneous alloying). Technisch wird die deutliche Reduzierung der Diffusionszeiten bei Gassensoren genutzt. Unter geschickter Ausnutzung aller physikalischen Gesetze, kombiniert mit einer Eichung, können solche Gassensoren auch die Gasspezies identifizieren.

2.3 Makroskopische Nanowerkstoffe

In diesem Abschnitt …

Will man makroskopische Teile aus Nanowerkstoffen fertigen, so sind wegen der inhärenten thermodynamischen Instabilität[6] besondere Maßnahmen notwendig. Am häufigsten erreicht man Stabilität durch die Herstellung eines Nanokomposites. Das Einbringen von Nanoteilchen in eine Matrix hat häufig den großen Vorteil, dass die Wechselwirkung der Teilchen untereinander reduziert wird. In Einzelfällen verbessert das die Eigenschaften wesentlich. Die Teilchen in einen solchen Komposit können zufällig oder auch mehr oder minder streng angeordnet sein. Das hat einen großen Einfluss auf die Eigenschaften. Wegen der zum Teil herausragenden Eigenschaften nanokristalliner Stoffe oder auch von Nanogläsern werden diese trotz ihrer mangelnden Stabilität benutzt.

Fügt man eine große Zahl von Nanoteilchen zu einem Teil zusammen, so erhält man einen makroskopisch anwendbaren Werkstoff. Wie bei jedem polykristallinen Material unterscheidet man auch in diesem Falle Körner und Korngrenzen. Während bei konventionellen Werkstoffen das Volumen des in den Korngrenzen befindlichen Materials vernachlässigbar ist, ist dieser Anteil des Volumens im Falle von Korngrößen im Nanometerbereich signifikant. Da die Breite der Korngrenzen etwa 1 nm ist, gelten grundsätzlich die gleichen Betrachtungen zu den Mengenanteilen, wie sie für einzelne Nanoteilchen angestellt wurden. Die durch

6) Kleine Teilchen sind fernab vom Gleichgewicht.

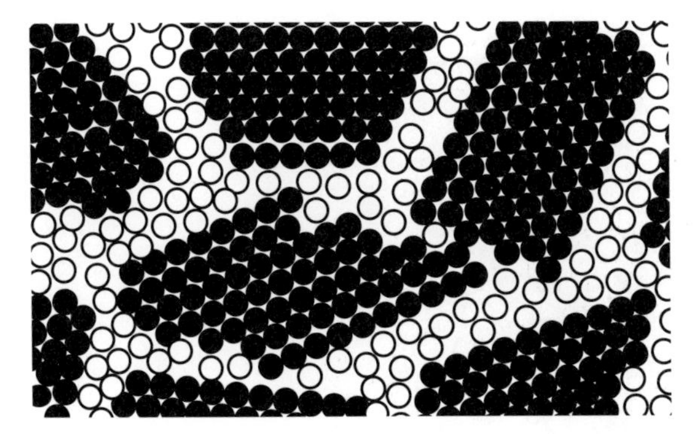

Abb. 2.14 Nanokristallines Material. Die gefüllten Kreise sollen die Atome in den kristallisierten Bereichen, die offenen Kreise die Atome an den Korngrenzen darstellen. Auch wenn die Atome an den Korngrenzen unterschiedlich dargestellt sind, so sind diese nicht notwendigerweise von denen in den kristallisierten Bereichen verschieden.

Gl. (2.4) beschriebenen Relationen und in Abb. 2.9 dargestellten Mengenverhältnisse sind demnach auch hier gültig.

Die Abb. 2.14 soll die Verhältnisse in einem polykristallinen Nanowerkstoff vereinfacht wiedergeben. Man erkennt die kristallisierten Körner, die von Korngrenzen umgeben sind, in denen die Ordnung wesentlich geringer ist. In erster Näherung kann man die Korngrenzensubstanz als „flüssigkeitsähnlich" bezeichnen. Diese unterschiedlichen Strukturen an Korngrenzen und in den Körnern haben großen Einfluss auf die physikalischen Eigenschaften. So ist z. B. die spezifische Wärme einer Flüssigkeit wegen der größeren Anzahl von Schwingungsfreiheitsgraden größer als die von kristallisiertem Material. Wegen des großen Volumenanteils von Korngrenzen ist dieser Effekt auch experimentell belegt (siehe Kapitel 7).

Neben kristallisierten Werkstoffen gibt es auch Gläser. Nanoteilchen sind nicht zwingend kristallisiert. Nach einer Idee von *Gleiter* [7] können solche amorphen Nanoteilchen wie kristallisierte ebenfalls zu Formkörpern verarbeitet werden. Das führt zu „Nanogläsern". Die Abb. 2.15 zeigt den prinzipiellen Aufbau solcher Nanogläser. Auch Nanogläser enthalten Korngrenzen, jedoch unterscheiden sich diese von den Bereichen der Körner lediglich durch ihre geringere Dichte. Die Eigenschaften solcher Nanogläser unterscheiden sich zum Teil grundlegend von denen amorpher Vollmaterialen (siehe z. B. Kapitel 8 und 9).

Wegen der hohen Energien, die bei einem Nanowerkstoff (Abb. 2.14) an den Korngrenzen gespeichert sind, sind solche Materialien im Allgemeinen nicht stabil. Das System versucht sich über Kornwachstum dem energetischen Minimum anzunähern. Da aber viele Eigenschaften gerade von den besonders kleinen Korngrößen abhängen, sind technische Maßnahmen zur Unterdrückung des Kornwachstums notwendig. Des Weiteren gibt es das Problem, dass viele der attraktiven Eigenschaften von Nanoteilchen solche von einzelnen isolierten Teilchen sind. Ermöglicht man einen Austausch zwischen den Teilchen, z. B. durch Dipol-Dipol-Wechselwirkung zwischen benachbarten Teilchen, verhalten sich diese wie

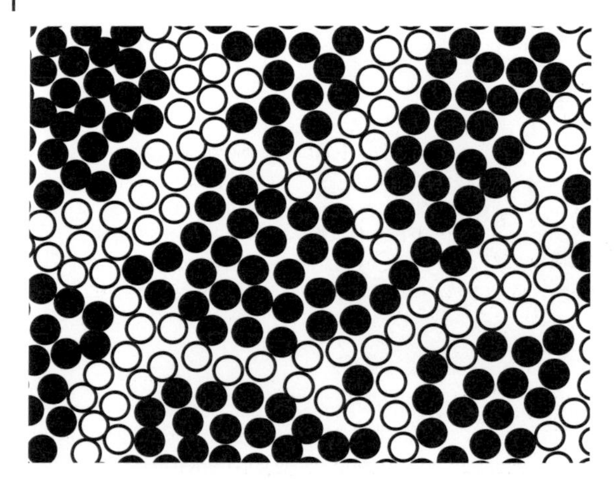

Abb. 2.15 Nanoglas nach Gleiter [7]. Bei einem Nanoglas sind sowohl die Körner als auch die Korngrenzen amorph; sie unterscheiden sich lediglich durch ihre Dichte. Auch wenn in dieser Abbildung Körner und Korngrenzen verschieden gezeichnet sind, so enthalten diese nicht notwendigerweise verschiedene Atome.

ein großes Teilchen und verlieren die besonderen, an die Teilchenkleinheit gebundenen Eigenschaften. Beide Probleme können durch die Verwendung von Nanokompositen gelöst werden. In vorliegendem Fall ist es, wenn es das Produkt preislich erlaubt, am besten, wenn die einzelnen Teilchen vor einer Weiterverarbeitung mit einer zweiten Phase beschichtet werden (siehe Abb. 2.7a,b). Andernfalls muss man eine zweite Phase zumischen, eine Verfahrensweise, die im Allgemeinen nicht zu den besten Resultaten führt. Neben der Art der Zumischung muss bei der Auswahl der zweiten Phase darauf geachtet werden, dass die beiden Phasen keine gegenseitige Löslichkeit aufweisen.

Ein typisches Beispiel für ein solches Komposit ist in Abb. 2.16 dargestellt. In diesem Falle handelt es sich um Zirkonoxid-Teilchen, die in eine Matrix aus Aluminiumoxid eingebettet sind. Das Ausgangspulver (Abb. 2.7a) war beschichtet, das stellt sicher, dass sich die einzelnen Teilchen nicht berühren.[7)]

Bei Nanokompositen ist die zweite, dispergierte Phase im allgemeinen nanostrukturiert und Träger der besonderen Eigenschaft der Nanoteilchen. Bei Nanoteilchen unterscheidet man null-, ein- und zweidimensionale Objekte. Ähnlich geht man bei Nanokompositen vor. Komposite, bei denen die Nanophase annähernd kugelförmig ist, nennt man nulldimensional (Abb. 2.17). Sind die eingebetteten Teilchen Stäbchen, nennt man dies eindimensionale Komposite. Besteht die nanostrukturierte Phase aus Plättchen, ist dies ein zweidimensionales Nanokomposit. Die Verteilung der zweiten, nanostrukturierten Phase ist im Allgemeinen zufällig. Die Abb. 2.17 zeigt diese Typen schematisch.

7) Obwohl ein Produkt dieser Zusammensetzung von der Anwendung her recht bedeutungslos ist, wurde es gewählt, weil im Elektronenmikroskop der Kontrast zwischen den beiden Phasen sehr groß ist.

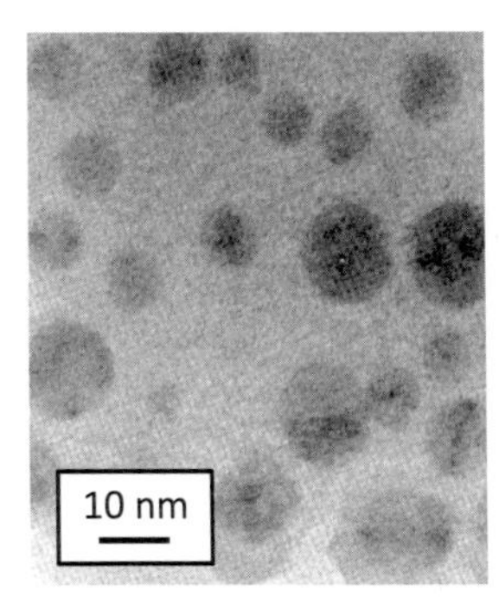

Abb. 2.16 Transmissionselektronenmikroskopische Aufnahme eines Nanokomposites, bestehend aus Zirkonoxid-Teilchen in einer Matrix aus Aluminiumoxid. Da die Zirkonoxid-Teilchen mit dem Aluminiumoxid beschichtet waren, können sich die einzelnen Teilchen nicht berühren. Dort, wo es diesen Eindruck erweckt, liegen die Teilchen in verschiedenen Ebenen [1]. (Mit Erlaubnis von Imperial College Press Co.)

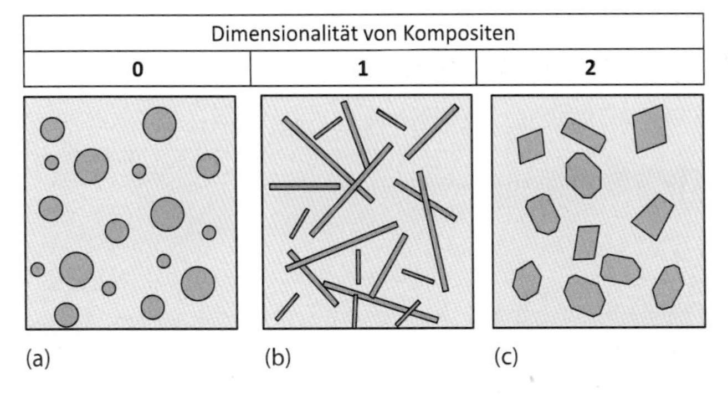

Abb. 2.17 Drei Typen von Nanokompositen: (a) Komposit, in dem nulldimensionale Nanoteilchen eingebettet sind – im Idealfall sind die Komposite so hergestellt, dass sich die einzelnen Nanoteilchen nicht berühren; (b) eindimensionales Nanokomposit – in einem solchen Komposit besteht die zweite Phase aus Nanostäbchen oder Nanoröhrchen; (c) zweidimensionales Nanokomposit in dem die nanostrukturierte Phase aus Plättchen besteht.

Im Hinblick auf Anwendungen wird man nulldimensionale Nanokomposite vorwiegend bei magnetischen Materialien finden und ein- oder zweidimensionale Nanokomposite dort, wo man z. B. die mechanischen oder elektrischen Eigenschaften eines Polymers verbessern will. Ein- und zweidimensionale Nanokomposite, mit eingelagerten elektrisch leitfähigen Teilchen, werden unter anderem zur Herstellung optisch transparenter elektrisch leitfähiger Werkstoffe benutzt. Bei diesen Anwendungen geht man von einer zufälligen Verteilung der Orientierung der Nanoteilchen aus. Im Hinblick auf mechanische Eigenschaften erbringen Komposite, bei denen die zweite Phase zufällig verteilt ist, nicht die angestrebte Verbesserung. Bei diesen Anwendungen haben sich Komposite, bei denen die zweite Phase geordnet vorliegt, bewährt. Beispiele solcher geordneter Nanokomposite sind in den Abb. 2.18a,b dargestellt.

Ein typisches Beispiel für ein zweidimensionales Nanokomposit, ein Komposit bestehend aus Nylon-6 als Matrix und einem Anteil von 3 Gew.-% Ton (Montmorillonit) ist in Abb. 2.19 dargestellt [8]. In diesem elektronenmikroskopischen Bild erkennt man die parallel ausgerichteten Tonplättchen in der Polymermatrix. Die Tonplättchen haben eine Länge im Bereich von 100–150 nm.

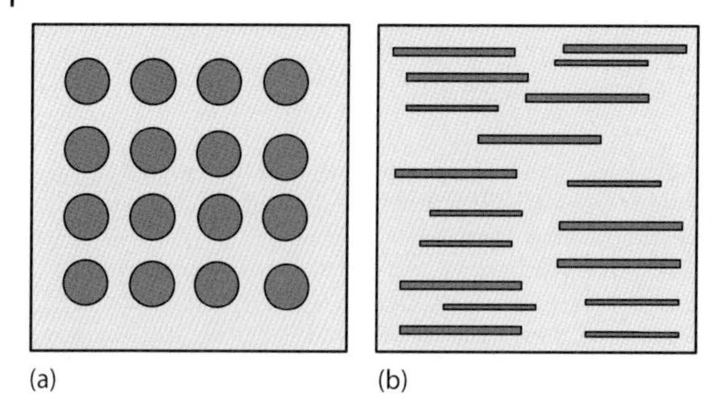

Abb. 2.18 Typische Beispiele geordneter Nanokomposite. Im Falle nulldimensionaler Teilchen (a) ist es notwendig, dass alle Teilchen etwa die gleiche Größe haben. Das ermöglicht das Einstellen einer Ordnung durch Selbstorganisationsprozesse. Im Falle von ein- oder zweidimensionalen Kompositen (b) erreicht man die parallele Ausrichtung der eingelagerten Teilchen häufig durch mechanisches Verformen.

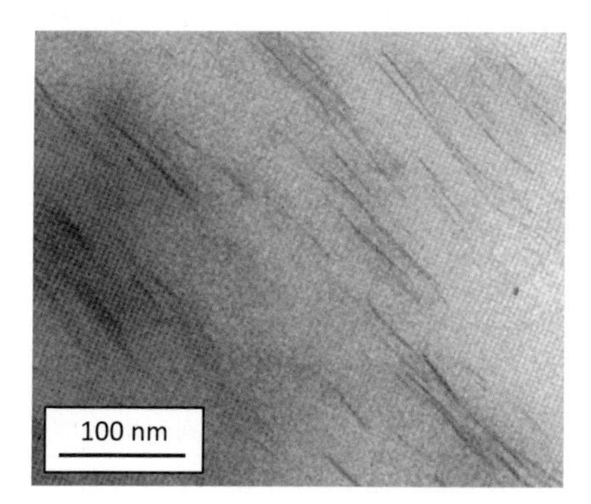

Abb. 2.19 Zweidimensionales Nanokomposit bestehend aus Nylon 6 als Matrix gefüllt mit 3 Gew.-% Plättchen aus Montmorillonit [8]. (Mit Erlaubnis vom Engineering Journal, Faculty of Engineering, Chulalongkorn University, Bangkok, Thailand.)

Ein Großteil der Nanokomposite für technische Anwendungen benutzen ein Polymer als Matrix. In diesem Falle kann die Wechselwirkung zwischen der Matrix und den Nanoteilchen im Allgemeinen vernachlässigt werden. Die Dinge liegen anders, wenn die Matrix aus einer Keramik oder einem Glas besteht. In diesen Fällen muss man darauf achten, dass zwischen dem Material der Matrix und den Nanoteilchen keine gegenseitige Löslichkeit besteht. Im Falle einer Löslichkeit würden die kleinen Nanoteilchen bei der zur Herstellung nötigen thermischen Behandlung sofort aufgelöst werden. Kann eine gegenseitige Löslichkeit nicht vermieden werden, so ist es notwendig, die Nanoteilchen mit einer Diffusionsbarriere einzuhüllen. Diese Vorgehensweise ist auch aus der Kolloidchemie bekannt; dort spricht man von einem Kolloidstabilisator. Der Aufbau eines solchen Nanokomposites ist in Abb. 2.20 dargestellt.

Das Goldrubinglas ist das älteste von Menschen erzeugte Nanokomposit, seine Herstellung wurde bereits von den *Sumerern* im 7. Jahrhundert vor Christus

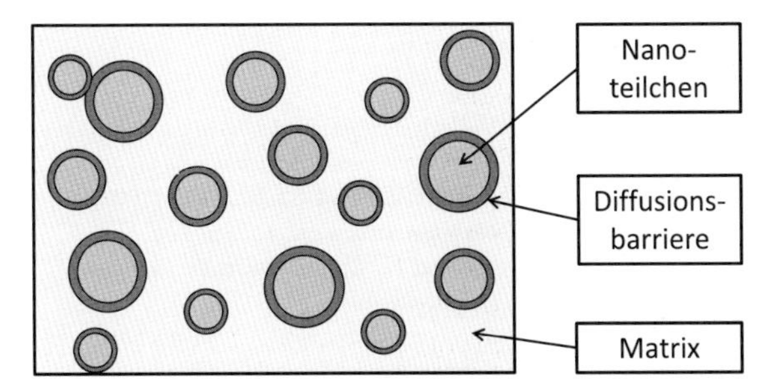

Abb. 2.20 Nulldimensionaler Nanokomposit bei dem die Nanoteilchen von einer Diffusionsbarriere umgeben sind. Ein solcher Aufbau ist notwendig, wenn zwischen Matrix und Nanoteilchen eine gegenseitige Löslichkeit besteht. Das klassische Beispiel eines solchen Nanokomposites ist das Goldrubinglas.

schriftlich dokumentiert. Es wurde im 17. Jahrhundert von *Kunkel* in Leipzig erneut erfunden. Die rote Farbe dieses Glases wird durch Gold-Nanoteilchen erzeugt. Da diese Gold-Teilchen jedoch in Glas löslich sind, müssen diese durch eine Umhüllung aus Zinnoxid geschützt werden. Die von *Kunkel* entwickelte Rezeptur entspricht sehr genau der von den Sumerern benutzten Zusammensetzung und ist praktisch identisch mit der auch heute benutzten Rezeptur. Unmittelbar nach der Herstellung ist das Goldrubinglas farblos und durchsichtig, da sowohl das Gold als auch das Zinnoxid in der Glasmatrix gelöst sind. Die Färbung erfolgt bei einem Glühprozess, der zur Ausscheidung der Gold-Teilchen, die für die Färbung verantwortlich sind, sowie deren Stabilisierung durch das Zinnoxid führt.

Qualitativ hochwertige makroskopische eindimensionale Nanokomposite können praktisch nur mit beschichteten Teilchen hergestellt werden. Die Umhüllung verhindert sicher das gegenseitige berühren der Nanoteilchen und damit das Teilchenwachstum während der pulvermetallurgischen Herstellung eines Formkörpers. Zusätzlich kann über die Dicke der Beschichtung der Abstand zwischen den Teilchen eingestellt werden. Solche Beschichtungen werden auch bei den mehrdimensionalen Nanokompositen angewandt. Dort haben diese allerdings zumeist den Zweck die Bindung zwischen den Nanoteilchen und einer Polymermatrix zu verbessern bzw. überhaupt erst zu ermöglichen.

Wichtig zu wissen

Nanokristalline Teile sind zumeist thermodynamisch instabil. Daher wird man solche Werkstoffe nur verwenden, wenn die Eigenschaften dieses Materials auf anderem Wege nicht erzielbar sind. Ähnliches gilt auch für Nanogläser. Das sind Werkstoffe, die aus amorphen Nanoteilchen aufgebaut sind. Im Allgemeinen wird man jedoch Nanokomposite verwenden. Diese können so aufgebaut werden, dass die Wechselwirkung der Teilchen untereinander reduziert wird. In vielen Fällen ermöglicht dies die besonderen Eigenschaften von Nanoteilchen auch in makroskopischen Werkstücken zu erhalten. Die einzelnen Teilchen können in einem Nanokomposit zufällig oder streng geordnet eingebettet sein. Der Grad der Ordnung beeinflusst in vielen Fällen die Eigenschaften signifikant.

Literatur

1 Vollath, D. und Szabó, D.V. (2002) *Innovative Processing of Films and Nanocrystalline Powders*, (Hrsg. K.-L. Choi), Imperial College Press, London, pp. 219–287.
2 Ren, F., University of Florida, Department of Chemical Engineering, Gainsville, USA; private Mitteilung.
3 Hu, K.-W., Hsu, K.-C. und Yeh, C.-S. (2010) *Biomaterials*, **31**, 6843–6848.
4 Xie, J., Lee, J.Y., Wang, D.I.C. und Ting, Y.P. (2007) *small*, **3**, 672–682.
5 Vollath, D. (2010) *Adv. Mater.*, **22**, 4410–4415.
6 Vollath, D. und Szabó, D.V. (1999) *J. Nanoparticle Res.*, **1**, 235–242.
7 Gleiter, H. (2013) *Beilstein Journal of Nanotechnology*, **4**, 517–533.
8 Somwangthanaroj, A., Tantiviwattanawongsa, M. und Tanthapanichakoon, W. (2012) *Eng. J.*, **16**, 93–106, doi:10.4186/ej.2012.16.2.93.

3
Oberflächen von Nanowerkstoffen

3.1
Allgemeine Betrachtungen

In diesem Kapitel ...
Oberfläche ist ein wesentliches Thema bei der Diskussion der Eigenschaften von Nanoteilchen. Betrachtet man die Oberflächenenergie im Rahmen der Thermodynamik, so bezieht man sich immer auf die geometrische Oberfläche. Die für eine weitergehende thermodynamische Betrachtung maßgeblichen molaren Größen werden hergeleitet.

Die Oberfläche bildet die Grenze zwischen einem Teilchen und dem umgebenden Medium. Dieses kann unter anderem ein Gas, eine Flüssigkeit oder aber auch eine Matrix sein, aus der dieses Teilchen ausgeschieden wurde. In letzterem Falle handelt es sich um eine Korngrenze. In der Mathematik ist die Oberfläche eines dreidimensionalen Körpers klar definiert. Diese Definition fließt auch bei Pulvern in das Konzept der spezifischen Oberfläche ein (siehe Kapitel 12). Im einfachsten Falle eines kugelförmigen Teilchens ist das Verhältnis dieser Oberfläche zum Volumen des Teilchen indirekt proportional zum Durchmesser des Teilchens. Kleine Teilchen haben also, bezogen auf ihr Volumen, eine größere Oberfläche (siehe Kapitel 2). Betrachtet man jedoch physikalische Eigenschaften, so stößt man mit der geometrisch definierten Oberfläche häufig an Grenzen. Man erkennt, dass man in vielen Fällen eine Oberflächenschicht mit endlicher Dicke, also ein von der Oberfläche beeinflusstes Volumen betrachten muss. Eine solche Oberflächenschicht beeinflusst die Eigenschaften bis in eine Tiefe von 0,5–2,0 nm. Eine solche Dicke hat zur Folge, dass bei kleinen Teilchen ein erheblicher Teil des Volumens (siehe Abb. 2.9) die Eigenschaften der Oberfläche hat. Bei Eigenschaften, die an das ungestörte Volumen gebunden sind, hat dies erhebliche Konsequenzen (siehe auch Kapitel 8). Da die geometrischen Verhältnisse ähnlich sind, gelten diese Überlegungen sinngemäß auch für polykristallines Material, bei dem die Korngrenzen ebenfalls einen erheblichen Teil des Volumens einnehmen können. Dies

Nanowerkstoffe für Einsteiger, Erste Auflage. Dieter Vollath.

umso mehr, als man in einer groben Näherung das Material an den Korngrenzen als amorph oder ähnlich einer Flüssigkeit bezeichnen kann.

Die Bildung von Oberflächen oder Korngrenzen benötigt Energie, diese ist proportional zur Oberfläche. Bei thermodynamischen Betrachtungen zur Oberflächenenergie bedient man sich der geometrischen Oberfläche.

Ergänzung 3.1: Oberflächenenergie von Teilchen

Betrachtet man ein kugelförmiges Teilchen mit der geometrischen Oberfläche $a = \pi d^2$ und der spezifischen Oberflächenenergie γ so hat dieses eine Oberflächenenergie von

$$u_{\text{Oberfläche}} = a\gamma \tag{3.1}$$

Bei thermodynamischen Betrachtungen benötigt man die Oberflächenenergie pro Mol. Die Anzahl von Teilchen pro Mol N mit der Dichte ρ und dem Molekulargewicht M ist $N = \frac{M}{\rho v}$, wobei $v = \frac{\pi}{6} d^3$ das Volumen eines Teilchens ist. Die Oberflächenenergie erhält man aus

$$U_{\text{Oberfläche}} = N\gamma a = \frac{M}{\rho v}\gamma a = \frac{M}{\rho}\frac{6}{\pi d^3}\gamma \pi d^2 = 6\gamma \frac{M}{\rho}\frac{1}{d} \tag{3.2}$$

Gleichung (3.2) lehrt, dass die Oberfläche pro Mol indirekt proportional zur Teilchengröße ist. Mit abnehmender Teilchengröße nimmt demnach die an den Oberflächen gespeicherte Energie zu, um bei sehr kleinen Teilchen das energetische Geschehen zu dominieren.[1]

Es ist wichtig noch einmal darauf hinzuweisen, dass ähnlich wie das Verhältnis Oberfläche zu Volumen auch die Oberflächenenergie pro Mol indirekt proportional zur Teilchengröße ist.

Wichtig zu wissen

Die Oberfläche von Nanoteilchen pro Mol ist dem Teilchendurchmesser indirekt proportional. Die „physikalische" Oberfläche ist eine dünne von der Oberfläche beeinflusste Schicht. In dieser Schicht ist, bei kristallisierten Teilchen, die Ordnung des Gitters weniger streng. Das hat weitreichende Folgen im Hinblick auf die physikalischen Eigenschaften.

1) Wie bereits in diesem Abschnitt sichtbar, werden in diesem Buch Größen, die sich auf einzelne Teilchen beziehen mit Kleinbuchstaben, solche, die sich auf 1 Mol beziehen, mit Großbuchstaben geschrieben.

3.2 Oberflächenenergie

In diesem Abschnitt ...
Es wird ein einfaches Modell präsentiert, das das Zustandekommen der Oberflächenenergie bildlich erklärt. Durch konsequente Anwendung der Thermodynamik ist es grundsätzlich möglich, alle Einflüsse der Oberflächenenergie auf das Verhalten von kleinen Teilchen zu analysieren. Die präsentierten Ergebnisse zeigen die relative Größe der Oberflächenenergie in Bezug auf die Enthalpieänderung bei Phasentransformationen, den Aufbau eines hydrostatischen Druckes innerhalb der Teilchen sowie die thermischen Effekte bei der Koagulation von Teilchen auf. Die von der Oberfläche eingebrachten Einflüsse haben einen signifikanten Einfluss auf die Gitterkonstante kleiner Teilchen, ein Effekt, der sich bei metallischen und oxidischen Teilchen in völlig verschiedener Weise auswirkt.

Jedes Modell, das den Ursprung der Oberflächenenergie beschreiben will, muss von einem unendlich ausgedehnten, massiven Körper ausgehen. Als ersten Schritt nimmt man die Zerteilung dieses Körpers in kleinere Stücke an. Um das machen zu können, müssen die Bindungen zwischen jeweils zwei benachbarten Atomen gelöst werden.[2] Um die Bindung zwischen zwei benachbarten Atomen aufzubrechen benötigt man die Energie u. Dieses ist in Abb. 3.1 dargestellt.

Nach dem Aufbrechen sind zwei neue Oberflächen entstanden. Für jedes Atom auf beiden Seiten wurde demnach die Hälfte der Bindungsenergie, also $\frac{u}{2}$ aufgewandt. Im Inneren der Teilchen werden die Atome durch mechanische Bindungskräfte in ihrer Lage fixiert. Diese Bindungskräfte sind in Abb. 3.2 durch Pfeile symbolisiert. Es ist aber offensichtlich, dass den Atomen an den Oberflächen Nachbarn fehlen, daher entsteht eine Kraft senkrecht zur Oberfläche.

Bei einer ebenen Fläche[3] führt dies jedoch, gegen jede Intuition, nicht zu einem hydrostatischen Druck im Teilchen, sondern zu einer Spannung in der Ebene der

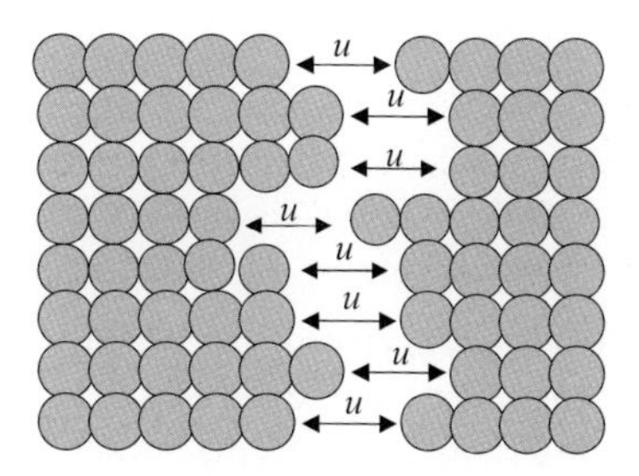

Abb. 3.1 Herstellen neuer Oberflächen durch Aufbrechen der Bindung zwischen je zwei benachbarten Atomen. Für jede aufgebrochene Bindung wurde die Energie u aufgewandt.

2) Im Rahmen dieser einfachen Einführung wird das Wort „Atom" für jede Art von elementaren Gitterbausteinen, also auch für Ionen, Molekülen, etc. benutzt.

3) Mathematisch exakt: Bei einer ebenen Fläche, die einen unendlichen Halbraum begrenzt.

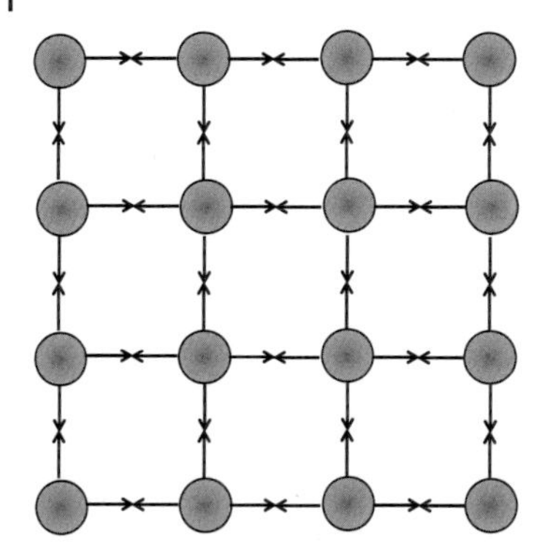

Abb. 3.2 Kräfte, die zwischen den Atomen eines Gitters wirken. Wegen der reduzierten Anzahl von Nachbarn entsteht eine Kraft, die von der Oberfläche nach innen wirkt. Dies führt aber nicht zu einem hydrostatischen Druck in den Teilchen. Dieser entsteht erst durch eine Krümmung der Oberfläche.

Oberfläche. Im Falle einer gekrümmten Oberfläche liegen die Verhältnisse anders. Durch die Krümmung verursacht die Spannung an der Oberfläche eine Kraft, die senkrecht auf die Oberfläche wirkt. In dem Teilchen entsteht ein hydrostatischer Druck, der vergleichbar ist mit einem, der von einer unter Druck stehenden Flüssigkeit, die das Teilchen umgibt, verursacht wird. Dieser Mechanismus erlaubt es, ein Teilchen so zu beschreiben, als wäre es mit einem elastischen Material überzogen (rubber skin model).

Ergänzung 3.2: Über den Ursprung der Oberflächenenergie

Zerbricht man ein Stück eines Materials, so entstehen zwei Teile mit jeweils n geöffneten Bindungen. Die Bindungsenergie u pro Atom wird nun jeweils zur Hälfte auf beiden Seiten der Bruchfläche gespeichert. Insgesamt ist für das Aufbrechen die Energie $u_{\text{Bruch}} = nu$ erforderlich; damit ergibt sich für jedes Bruchstück die Oberflächenenergie $u_{\text{Oberfl}} = n\frac{u}{2}$. Bezogen auf die Flächeneinheit erhält man für die spezifische Oberflächenenergie γ_0 oder die Oberflächenenergie schlechthin

$$\gamma_0 = N^* \frac{u}{2} \tag{3.3}$$

Die Größe N^* steht für die Anzahl der geöffneten Bindungen pro Flächeneinheit. Wegen der nicht kompensierten Bindungen an der Oberfläche entsteht eine Kraft f senkrecht zur Oberfläche. Ist a die Fläche eines Atoms an der Oberfläche, so erhält man eine Spannung

$$\sigma = \frac{f}{a} \tag{3.4}$$

Die Spannung σ bewirkt eine Oberflächendehnung ε_s. Beide Größen wirken in der Tangentialebene des Teilchens.[4] Diese Spannung führt zu dem Beitrag γ_s zur Oberflächenenergie.

$$\gamma = \gamma_0 + \gamma_s \tag{3.5}$$

Der Beitrag γ_0 existiert nur bei Festkörpern. Bei Flüssigkeiten ist $\gamma_0 = 0$.

Die Oberflächenspannung σ erzeugt im Inneren des Teilchen den hydrostatischen Druck, bei kugelförmigen ist dieser gegeben durch

$$p = 4\frac{\sigma}{d} \tag{3.6}$$

Die genaue Herleitung aller Größen mit einer exakten mathematischen Beschreibung ist in einer Übersichtsarbeit von Fischer *et al.* [1] zu finden.

Die Oberflächenphänomene können physikalisch und mathematisch zufriedenstellend beschrieben werden. Leider ist die experimentelle Situation nicht befriedigend. Das gilt insbesondere im Hinblick auf keramische Teilchen, wie z. B. Oxide. Experimentell ist es in den meisten Fällen nicht möglich zwischen der gesamten Oberflächenenergie und der Oberflächenspannung zu unterscheiden. Messungen des Kontaktwinkels geben nur Werte für die Oberflächenspannung. Hier wird bei manchen veröffentlichten Daten nicht hinreichend genau unterschieden. Eine mögliche Methode zur Messung der gesamten Oberflächenenergie, allerdings ohne die Möglichkeit zwischen den beiden Beiträgen zu unterscheiden, ist die Messung der Energiefreisetzung beim Kornwachstum während des Sinterns. Allerdings ist das genau der Wert, der für thermodynamische Betrachtungen notwendig ist.

Im Falle anisotroper Strukturen sind die Verhältnisse insofern komplexer, da die Oberflächenenergie richtungsabhängig ist. Die unterschiedliche Oberflächenenergie der verschiedenen Gitterebenen ist dann auch der Grund dafür, dass manche Stoffe als Nadeln oder Platten kristallisieren. Durch Hinzufügen oberflächenaktiver Substanzen bei der Synthese von Teilchen aus isotropen Materialien kann dieser Effekt künstlich herbeigeführt werden.

Da die Oberflächenenergie der Oberfläche proportional ist und diese mit abnehmender Teilchengröße, bezogen auf eine Volumeneinheit, zunimmt, wird beim Koagulieren von zwei oder mehreren Teilchen Energie freigesetzt, die zu einer Erwärmung der Teilchen führt. Die Abb. 3.3 zeigt den Temperatursprung der auftritt, wenn zwei gleich große Teilchen koagulieren. Dabei wurde voraus-

4) Mathematisch exakt sind σ und ε_s Vektoren in der Tangentialebene an jedem Punkt der Oberfläche des Teilchens. Aus Gründen der Vereinfachung werden diese vektoriellen Größen durch ihre Absolutbeträge ersetzt, was bei dieser vereinfachten Betrachtung zulässig ist.

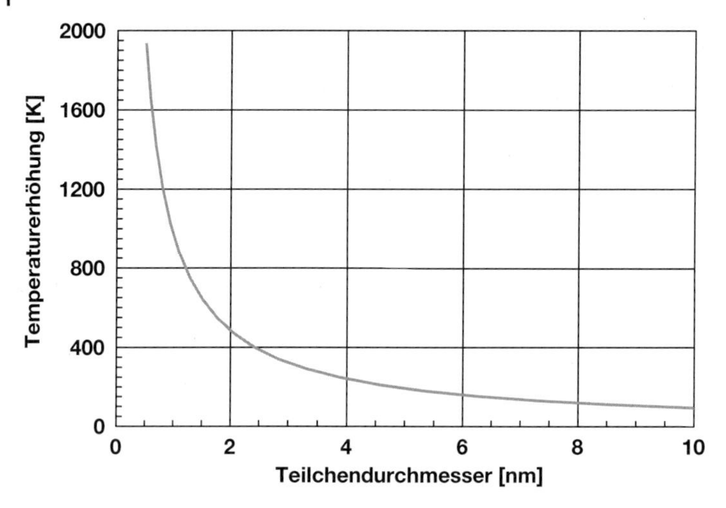

Abb. 3.3 Temperaturerhöhung beim Koagulieren von Zirkonoxid-Teilchen gleicher Größe. Den Rechnungen liegt ein adiabatisches System zugrunde.

gesetzt, dass die Ausgangsteilchen und das Endprodukt kugelförmig sind. Die Rechnungen wurden für Zirkonoxid durchgeführt.[5]

In Abb. 3.3 erkennt man, dass beim Koagulieren von kleinen Teilchen leicht eine Temperaturerhöhung von mehreren Hundert *Kelvin* auftreten kann. Letztlich ist diese Temperaturerhöhung beim Koagulieren auch die Ursache dafür, dass kleine Teilchen zumeist kugelförmig sind, da die Beweglichkeit der Atome bei erhöhter Temperatur exponentiell zunimmt. Die für diese Rechnungen angenommene Oberflächenenergie von $1\,\mathrm{J\,m^{-2}}$ ist ein sehr konservativer Wert. Neuere Experimente führen zu Werten von 3 und mehr $\mathrm{J\,m^{-2}}$. So hohe Werte führen noch zu weit deutlicheren Effekten beim Koagulieren.

Ergänzung 3.3: Temperaturerhöhung beim Koagulieren von Teilchen

Durch Koagulieren von zwei Teilchen mit dem Durchmesser d und der Oberfläche $2a_{\mathrm{start}}$ entsteht ein neues Teilchen mit dem Durchmesser d_{result} und der Oberfläche a_{result}.

$$\begin{aligned} a_{\mathrm{start}} &= 2\left(\pi d^2\right) \\ a_{\mathrm{result}} &= \pi d^2_{\mathrm{result}} \end{aligned} \tag{3.7}$$

Die Oberfläche des koagulierten Teilchens ist dann kleiner als die Summe der beiden Ausgangsteilchen. Der Durchmesser des resultierenden Teilchens er-

5) Dichte $\rho = 5{,}6 \times 10^3\,\mathrm{kg\,m^{-3}}$, Oberflächenenergie $\gamma = 1\,\mathrm{J\,mol^{-1}}$, Wärmekapazität $C_p = 56{,}2\,\mathrm{J\,mol^{-1}\,K^{-1}} \mathrel{\widehat{=}} 781\,\mathrm{J\,kg^{-1}}$. Das sind die Materialdaten für Zirkonoxid mit Korngrößen im Mikrometerbereich; die Daten für Teilchen im Nanometerbereich fehlen.

rechnet sich aus dem Vergleich der Volumina v_{start} und v_{result}

$$v_{\text{result}} = 2v_{\text{start}} \Rightarrow \frac{\pi}{6}d^3_{\text{result}} = 2\frac{\pi}{6}d^3 \Rightarrow d_{\text{result}} = 2^{\frac{1}{3}}d \tag{3.8}$$

Die Oberfläche des koagulierten Teilchen ist dann $a_{\text{result}} = \pi d^2_{\text{result}} = \pi 2^{\frac{2}{3}} d^2$. Das führt zu der freigesetzten Oberflächenenergie

$$\Delta u = \gamma \Delta a = \gamma \left(2\pi d^2 - \pi d^2_{\text{result}}\right) = \gamma \pi d^2 \left(2 - 2^{\frac{2}{3}}\right) \tag{3.9}$$

Bezogen auf 1 Mol sind das bei $N = \frac{M}{\rho v_{\text{start}}}$ Teilchen pro Mol (ρ: Dichte, M: Molekulargewicht) $\Delta U = N \Delta u$. Unter der Annahme eines adiabatischen Einschlusses errechnet man einen Temperaturanstieg

$$\begin{aligned} \Delta T &= \frac{\Delta U}{C_p} = \frac{N \Delta u}{C_p} = \frac{M}{\rho v_{\text{start}}} \frac{\Delta u}{C_p} = \frac{M}{\rho} \frac{6}{\pi d^3} \gamma \pi d^2 (2 - 2^{\frac{2}{3}}) \\ &= \frac{M}{C_p \rho} 6 \gamma (2 - 2^{\frac{2}{3}}) \frac{1}{d} \end{aligned} \tag{3.10}$$

Die Gl. (3.10) zeigt als wesentliches Ergebnis, dass ΔT mit abnehmender Teilchengröße zunimmt.

Die Temperaturerhöhung beim Koagulieren nimmt indirekt proportional mit zunehmendem Durchmesser ab. Das erklärt auch das Entstehen seltsam geformter Teilchen im Größenbereich über etwa 3–4 nm. Das alles ist nicht pure Theorie. Sicherlich kann man die Temperaturerhöhung nicht direkt messen, man kann aber den Koagulationsprozess direkt im Elektronenmikroskop beobachten. Die Abb. 3.4 zeigt den Prozess der Koagulation von zwei Gold-Teilchen (J. Ascencio, private Mitteilung). In dieser exzellenten Serie von Bildern sieht man zwei Teilchen, die so zum Elektronenstrahl orientiert sind, dass man eine Abbildung des Gitters (lattice fringes) sieht. Die Teilchen bewegen sich auf dem Probenträger aus Kohlenstoff. Kommen sich die Teilchen bei ihrer, vom Zufall bestimmten Wanderung so nahe, dass sie sich berühren, setzt eine Rotation der Teilchen ein; dieser Prozess geht so lange, bis die Orientierung beider Teilchen gleich ist. Dann beginnt die Koagulation, ein Prozess, bei dem sich die Form des nun koagulierten Teilchens immer mehr dem der Kugel annähert.[6] Die dazu nötige Energie wird durch die Verringerung der Oberfläche bereitgestellt. Während des gesamten Koagulationsprozesses ist keine Korngrenze zu beobachten; das wäre energetisch ungünstig, da zur Bildung einer Korngrenze wieder Energie benötigt wird. Diese Temperaturerhöhung bei der Koagulation kleinster Teilchen hat auch einen wesentlichen Einfluss bei der Entstehung der Teilchen bei der Gasphasensynthese.

6) Die vorliegende Bilderserie endet bei einem eiförmigen Teilchen.

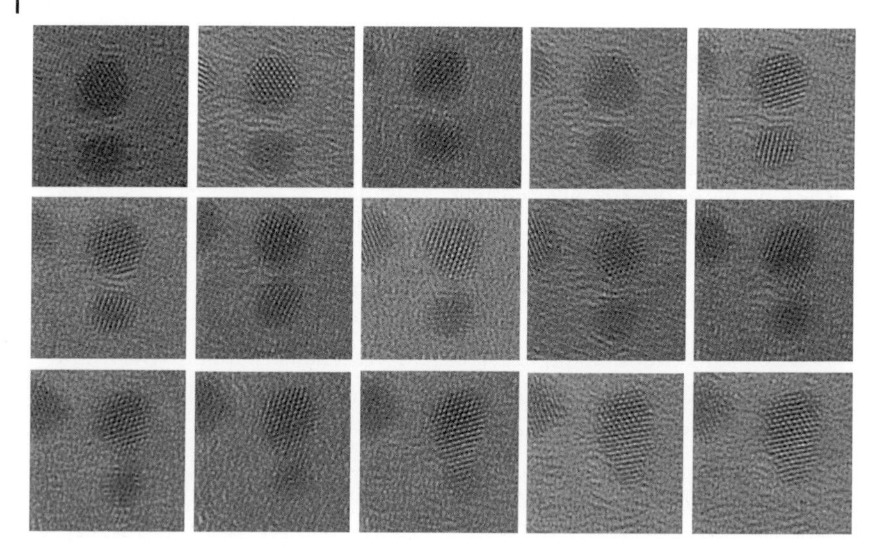

Abb. 3.4 Serie von elektronenmikroskopischen Bildern, die die Koagulation zweier Gold-Teilchen visualisiert (J. Ascencio, Institute of Physical Science, Universidad Nacional Autónoma de México, 2013; private Mitteilung). Beide Teilchen sind gegenüber dem Elektronenstrahl so orientiert, dass man eine Gitterabbildung (lattice fringes) erkennt. Es ist von entscheidender Wichtigkeit, dass während des gesamten Koagulationsprozesses keine Korngrenze gebildet wird. Das ist auch verständlich, da zur Bildung einer Korngrenze zusätzliche Energie benötigt wird.

Um den Betrag der Oberflächenenergie in Relation zu anderen Energien zu setzen, sind – für das Beispiel Zirkonoxid – in Abb. 3.5 neben der Oberflächenenergie U_{Oberfl} als Funktion der Teilchengröße auch die freie Bildungsenthalpie $\Delta G_{\mathrm{ZrO_2}}$ sowie die Enthalpie der Transformation monoklin-tetragonal $\Delta G_{\mathrm{monocl\text{-}tetr}}$ eingezeichnet. Bei dieser Phasentransformation ändert sich das Volumen um etwa 4 %; die zugehörige Änderung der Oberflächenenergie $U_{\mathrm{Oberfl\text{-}Diff}}$ ist ebenfalls dargestellt. In Ermangelung besserer Werte wurden auch hier die thermodynamischen Daten für grobkörniges Material verwendet. Für die spezifische Oberflächenenergie wurde wieder der Wert $1\,\mathrm{J\,m^{-2}}$ verwendet.

Analysiert man Abb. 3.5, so sieht man, dass bei Teilchen, die kleiner als etwa 2 nm sind, die Oberflächenenergie größer wird als die freie Bildungsenthalpie. Betrachtet man die Daten für die Phasentransformation, so erkennt man, dass selbst die Differenz der Oberflächenergie bei beiden Phasen größer wird als die der Transformation zuzuordnenden freien Enthalpie. Sieht man diese Relationen, so ist es nicht verwunderlich, dass die Teilchengröße einen wesentlichen Einfluss bei Phasentransformationen hat (siehe Kapitel 7).

Durch die Krümmung der Oberfläche erzeugt die Oberflächenspannung einen hydrostatischen Druck in einem Teilchen (siehe Gl. (3.6)) Dieser Druck, der im Übrigen auch die Ursache dafür ist, dass Flüssigkeitstropfen kugelförmig sind, kann bei kleinen Teilchen erhebliche Ausmaße annehmen, er steigt mit der inversen Teilchengröße. Die Abb. 3.6 zeigt den Verlauf des hydrostatischen

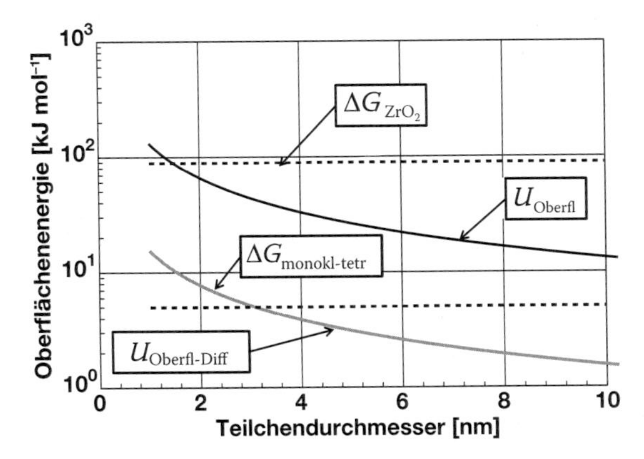

Abb. 3.5 Oberflächenenergie von Zirkonoxid als Funktion der Teilchengröße. Zum Vergleich ist noch die freie Bildungsenthalpie sowie die freie Enthalpie der Transformation monoklin-tetragonal eingezeichnet. Da sich bei der Transformation monoklin-tetragonal auch das Volumen verändert, wurde zusätzlich die Differenz der Oberflächenenergie eingetragen.

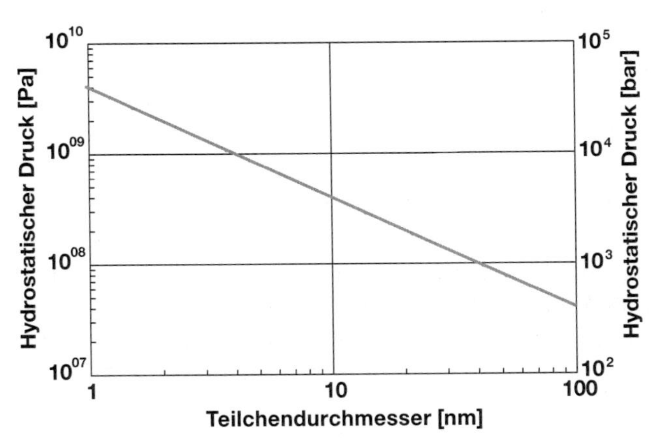

Abb. 3.6 Hydrostatischer Druck in einem kugelförmigen Nanoteilchen als Funktion der Teilchengröße. Die Oberflächenspannung σ wurde zu 1 N m angenommen.

Druckes in einem Teilchen als Funktion der Teilchengröße. Für die Oberflächenspannung wurde wieder der häufig verwendete Wert $1\,\mathrm{J\,m^{-2}}$ ($1\,\mathrm{N\,m} \mathrel{\hat{=}} 1\,\mathrm{J\,m^{-2}}$) angesetzt. Sieht man sich die Werte in Abb. 3.6 an, so erkennt man, dass bereits bei einer Teilchengröße von 5 nm der hydrostatische Druck in einem Teilchen $4 \times 10^8\,\mathrm{Pa} \mathrel{\hat{=}} 4 \times 10^3$ bar beträgt. Das ist ein wirklich sehr hoher Wert; so ist es nicht erstaunlich, dass Phasentransformationen, bei denen sich das Volumen ändert, sehr stark von der Teilchengröße beeinflusst werden.

Man kann nun erwarten, dass ein so hoher Druck die Nanoteilchen verformt. Dieses Phänomen kann man bei Metallen experimentell über die Messung der Gitterkonstanten durch Röntgenbeugung nachweisen. Die Abb. 3.7 zeigt solche Messergebnisse an den Beispielen von Nanoteilchen aus Gold [2] und Palladium [3].

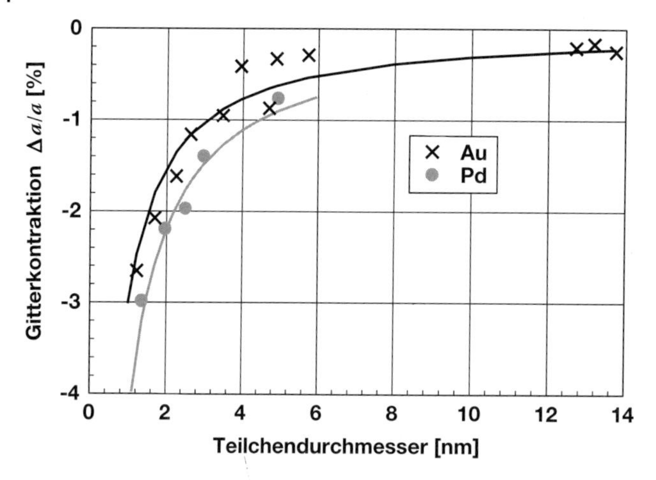

Abb. 3.7 Experimentelle Werte zum Verlauf der Gitterkonstante von Gold [2] und Palladium [3] als Funktion der Teilchengröße. Man erkennt deutlich die starke Kontraktion von Teilchen mit Durchmessern unter etwa 5 nm.

Oxidische Teilchen verhalten sich anders. In diesem Falle ist die Kontraktion durch den hydrostatischen Druck, der durch die Oberflächenspannung verursacht wird, durch eine deutlich stärkere Expansion des Gitters überlagert. Experimentelle Daten zu diesem Phänomen für γ-Fe_2O_3 [4] sind in Abb. 3.8 dargestellt. Man fragt sich nun, wie es zu diesem Unterschied kommt. Die Antwort findet sich in der Tatsache, dass sich an der Oberfläche eines Oxides nie Metallionen befinden. An der Oberfläche eines Oxides sind Metallionen zumeist mit einem Sauerstoffion, O^{2-}, oder einen Hydroxydion, $(OH)^-$, abgeschlossen. Die Oberfläche ist also mit Ionen gleichen Vorzeichens besetzt. Diese stoßen sich ab. Diese Abstoßung führt zu einer Expansion des Gitters [5], da die elektrostatischen Kräfte größer sind als die Wirkung der Oberflächenspannung.

Wichtig zu wissen

Ein einfaches Modell zum Ursprung der Oberflächenenergie geht von der Aufspaltung eines unendlich ausgedehnten Festkörpers aus. Hat man Teilchen vorliegen, so bildet sich als Konsequenz der Krümmung der Oberfläche ein hydrostatischer Druck im Teilchen aus. Dieser Druck ist invers proportional dem Teilchendurchmesser; steigt also bei Verringerung der Teilchengröße. Dieser hydrostatische Druck führt bei metallischen Teilchen zu einer Verringerung der Gitterkonstanten. Dieses Phänomen wird bei Oxiden nicht beobachtet, da vergrößert sich die Gitterkonstante bei kleiner werdenden Teilchen. Die Ursache für dieses abweichende Verhalten ist in der Belegung der Oberfläche mit Ionen gleichen Ladungsvorzeichens zu finden.

Bei kleinen Teilchen ist die Oberflächenenergie in der Größenordnung der für eine Phasenumwandlung nötigen Energie. Daher hat die Teilchengröße einen bestimmenden Einfluss auf die Temperatur der Phasenumwandlung. Koagulieren zwei oder mehrere Teilchen, so steigt während dieses Prozesses die Temperatur an, da die Oberfläche des neuen koagulierten Teilchens geringer ist als die der beiden Ausgangsteilchen.

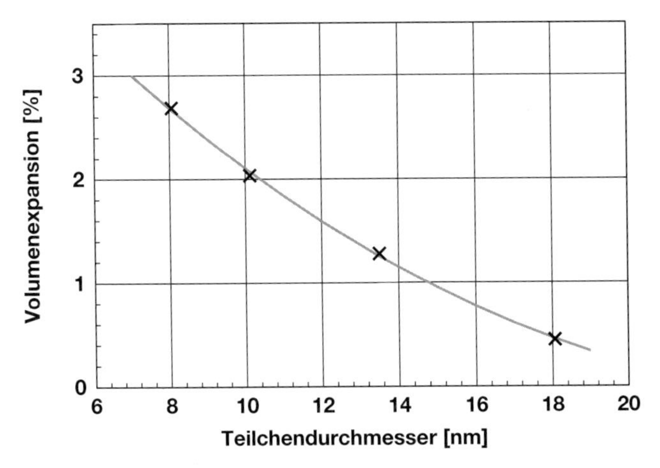

Abb. 3.8 Volumenexpansion von γ-Fe_2O_3-Nanoteilchen als Funktion der Teilchengröße. Man beobachtet eine zunehmende Dilatation des Volumens mit abnehmender Teilchengröße. Dies ist eine Konsequenz der Abstoßung gleichsinnig geladener Ionen an der Oberfläche des Oxides [4].

3.3 Einfluss der Krümmung auf den Dampfdruck – Dampfdruck kleiner Teilchen

In diesem Abschnitt …
Die Krümmung der Oberfläche beeinflusst nicht nur den hydrostatischen Druck im Inneren eines Teilchens, sondern auch den Dampfdruck. Diese von *Kelvin* hergeleitete Beziehung hat eine Reihe von Konsequenzen, die diskutiert werden. Für diese Diskussion ist es notwendig, zwischen konvexen und konkaven Oberflächen zu unterscheiden. Technisch bedeutsam ist dieser Effekt bei allen Sinterprozessen. Das wird anhand eines Beispiels belegt. In diesem Zusammenhang wird auch erläutert, dass es einen Zusammenhang zwischen dem Dampfdruck eines Materials und der bei einer Gasphasensynthese beobachteten Teilchengröße und dem Habitus gibt.

Aus der *Clausius-Clapeyron* Gleichung leitete Lord *Kelvin* eine Formel für den Dampfdruck gekrümmter Flächen in Abhängigkeit vom Krümmungsradius ab. Diese Formel kann auch unmittelbar auf den Dampfdruck kleiner Teilchen angewandt werden. Im Hinblick auf die Interpretation experimenteller Ergebnisse ist es wesentlich, zwischen konvexen (positive Krümmung) und konkaven (negative Krümmung) Oberflächen zu unterscheiden. Im einfachsten Fall ist die Krümmung einer Fläche definiert als der inverse Radius einer Kugel, die am Berührungspunkt die gleiche Tangentialebene besitzt. Basierend auf dieser Definition ist die Krümmung einer konvexen Fläche positiv, die einer konkaven Fläche negativ.

Ergänzung 3.4: Dampfdruck einer gekrümmtem Fläche

Die *Kelvin*-Gleichung[7] verbindet den Dampfdruck einer gekrümmten Fläche p mit deren Oberflächenenergie γ. Für ein Teilchen mit dem Durchmesser d gilt

$$\ln\left(\frac{p}{p_\infty}\right) = \frac{4\gamma}{d}\frac{V_\mathrm{m}}{RT} \Rightarrow p = p_\infty \exp\left(\frac{4\gamma}{d}\frac{V_\mathrm{m}}{RT}\right) \quad (3.11)$$

In Gl. (3.11) sind p_∞ der Dampfdruck über einer ebenen Fläche und V_m das Molvolumen[8], R die Gaskonstante und T die Temperatur.

Bei konstanter Temperatur gilt für den Dampfdruck über einer gekrümmten Fläche die Proportionalität

$$p \propto \exp\left(\frac{1}{d}\right) \quad (3.12)$$

Die *Kelvin*-Gleichung in ihrer vereinfachten Darstellung gemäß Gl. (3.12) sagt aus, dass der Dampfdruck eines Teilchen bei abnehmendem Durchmesser exponentiell zunimmt. Dieses physikalische Verhalten ist letztlich auch die Ursache dafür, dass in der freien Natur zur Bildung von Wolken oder Nebel Kondensationskeime, z. B. Staub in der Atmosphäre, notwendig sind.

Die Abb. 3.9 zeigt den Verlauf des Dampfdruckes für Teilchen aus Zink und Gold als Funktion des Teilchendurchmessers. Um zu einer besseren Vergleichbarkeit zu kommen, wurde nicht der absolute Dampfdruck, sondern das Verhältnis des Dampfdruckes eines Teilchens p_Teilchen zu dem einer ebenen Fläche p_eben aufgetragen. Als Temperatur wurde der Schmelzpunkt gewählt.

Der Graph in Abb. 3.9 zeigt den drastischen Anstieg des Dampfdruckes mit abnehmender Teilchengröße; dieses Verhalten hat eine Reihe von technischen Konsequenzen:

- Die Gasphasensynthese von Nanoteilchen erfolgt bei erhöhten Temperaturen. Da wegen des hohen Dampfdruckes zur Teilchenbildung Keime einer gewissen Mindestgröße erforderlich sind, kann es bei Substanzen mit hohem Dampfdruck unter Umständen schwierig sein, eine hohe Ausbeute an Nanoteilchen zu erhalten. Wegen der möglicherweise geringen Zahl von Keimen ist es in vielen Fällen schwierig, kleine Teilchen zu erhalten. Dieses Problem kann sich bei Substanzen mit extrem niedrigem Dampfdruck umkehren. Aus solchen Materialien, wie z. B. ZrO_2 oder HfO_2, kann man bei hinreichend niedrigen Temperaturen relativ leicht kleine Teilchen in größeren Mengen herstellen.

7) Manchmal auch *Thomson*-Gleichung genannt. Das ist wohl korrekter, da *Thomson* diese Formel bereits vor seiner Nobilitierung zum Lord *Kelvin* veröffentlichte.

8) Das ist das Volumen eines Mols der infrage stehenden Substanz.

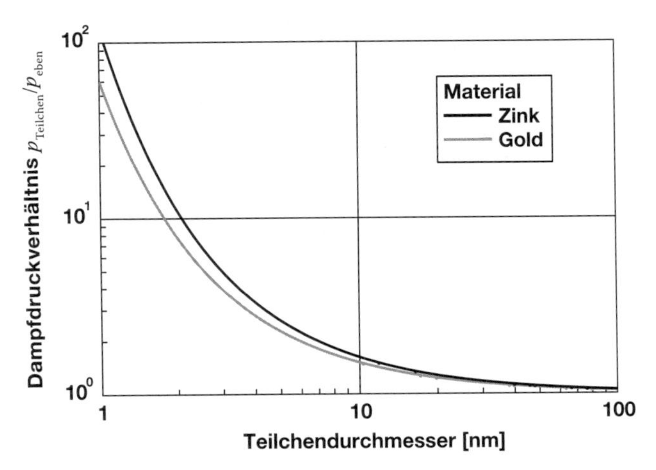

Abb. 3.9 Verhältnis des Dampfdruckes eines Teilchens $p_{Teilchen}$ zu dem einer ebenen Fläche p_{eben} für Gold und Zink. Als Temperatur wurde der jeweilige Schmelzpunkt gewählt. ($\gamma_{Au} = 1{,}13\,J\,m^{-2}$, $\gamma_{Zn} = 0{,}77\,J\,m^{-2}$ [6, 7]). Es ist wesentlich darauf hinzuweisen, dass der Maßstab für beide Koordinaten logarithmisch ist.

- Der Dampfdruck beeinflusst auch die Form der Teilchen. Je nachdem, ob der Einfluss der Oberflächenenergie oder der des Dampfdruckes überwiegt, erhält man eher kugelförmige oder facettierte Teilchen. Gerade bei Systemen mit extrem niedrigem Dampfdruck können sich die Unterschiede der Oberflächenenergie in Abhängigkeit von der Orientierung der Gitterebenen stark bemerkbar machen. Ein typisches Beispiel, Nanoteilchen aus Ceroxid, ist in Abb. 3.10 dargestellt. Die Teilchen in diesem Bild sind im Gegensatz zu denen z. B. in Abb. 2.1 dargestellten aus Zirkonoxid nicht kugelförmig.

Abb. 3.10 Facettierte Teilchen aus Ceroxid (CeO_2). Diese Teilchen wurden aus der Gasphase synthetisiert. Die gut sichtbare Facettierung ist nur bei extrem niedrigen Dampfdrücken und hohen Temperaturen bei der Synthese möglich. (Mit Erlaubnis der Nanophase Technologies Corporation, USA.)

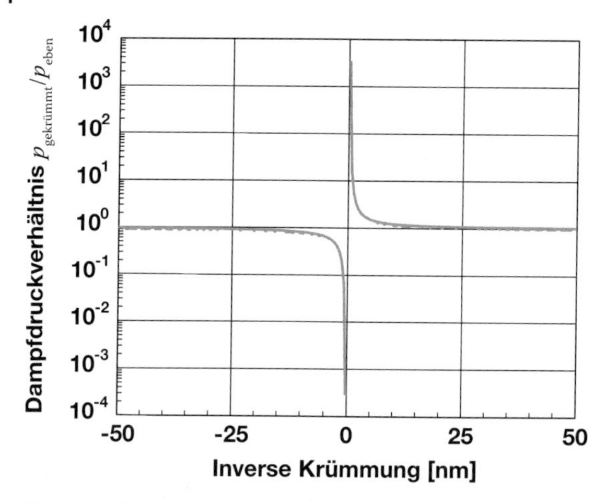

Abb. 3.11 Verhältnis des Dampfdruckes einer gekrümmten Fläche zu dem einer ebenen Fläche am Beispiel von Zink. Eine positive Krümmung bezieht sich auf konvexe, eine negative auf konkave Flächen.

- Als drittes Beispiel für den Einfluss der Krümmung einer Oberfläche auf den Dampfdruck sei das Sintern genannt. Um jedoch die Vorgänge beim Sintern von Teilchen zu verstehen, muss der Bereich, in dem der Dampfdruck diskutiert wird, auch auf den Bereich negativer Krümmungen, d. h. auf konkave Flächen ausgedehnt werden. Dies ist in Abb. 3.11 am Beispiel von Zink dargestellt. In dieser Abbildung ist das Verhältnis der Dampfdrücke gegen die inverse Krümmung, also den Teilchenradius, dargestellt.

In Abb. 3.11 erkennt man, dass der Dampfdruck einer konkaven Fläche immer deutlich geringer ist als der einer konvexen. Das hat Auswirkungen auf den Materialtransport beim Sintern. Da wird zu Beginn des Sinterprozesses, bei einem gepressten Pulverhaufwerk, Material über die Dampfphase von den konvexen Flächen zu den konkaven Bereichen transportiert. Es sammelt sich also Material in den Zwickeln zwischen den Körnern an. Dieser Vorgang ist schematisiert in Abb. 3.12 dargestellt.

Der in Abb. 3.12 dargestellte Vorgang ist nicht nur reine Theorie, er kann auch experimentell verifiziert werden. Dieses sei am Beispiel des Sinterns zweier Teilchen aus Aluminiumoxid in Abb. 3.13 dargestellt. In dieser Abbildung sieht man in einer elektronenmikroskopischen Aufnahme ein kleines und ein größeres Teilchen. Beide Teilchen sind, wie man an der Gitterabbildung erkennt, kristallisiert. Besonders in Abb. 3.13b erkennt man sehr gut, dass sich Material in dem Zwickel zwischen den beiden Teilchen sammelt. Betrachtet man die Aufnahmen im Detail, so erkennt man, dass bei beiden Teilchen die Oberfläche wohl nicht kristallisiert ist. Auch bei dem im Zwickel kondensierten Material ist keine Gitterabbildung zu erkennen.

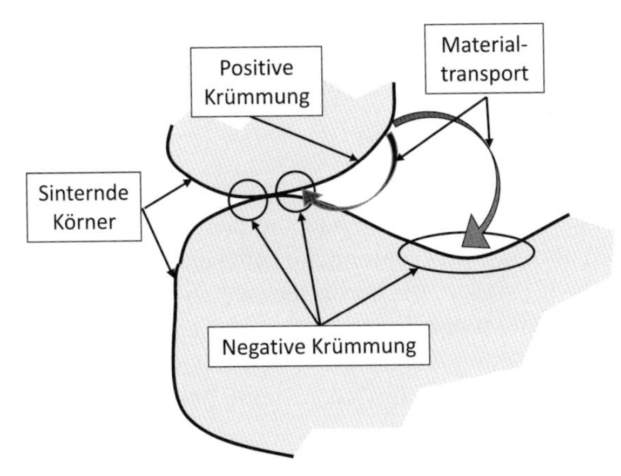

Abb. 3.12 Materialtransport beim Sintern eines Pulverhaufwerkes. Wegen der stark unterschiedlichen Dampfdrücke wird durch Verdampfung Material von den konvexen Flächen in die konkaven Bereiche transportiert, wo es kondensiert. Dieser Vorgang läuft zu Beginn des Sinterprozesses ab und führt zu einer ersten Verfestigung des gepressten Teiles.

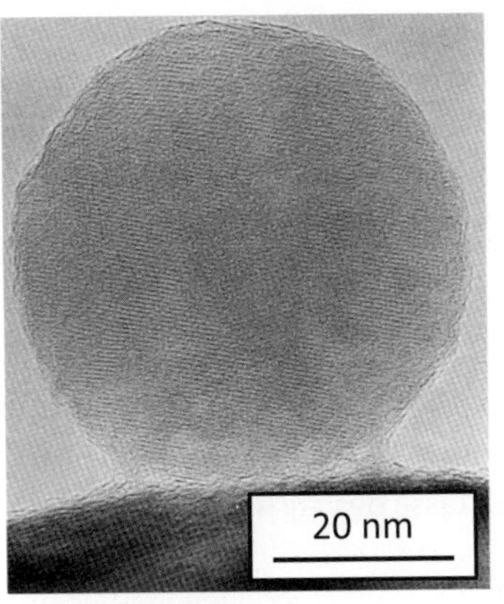

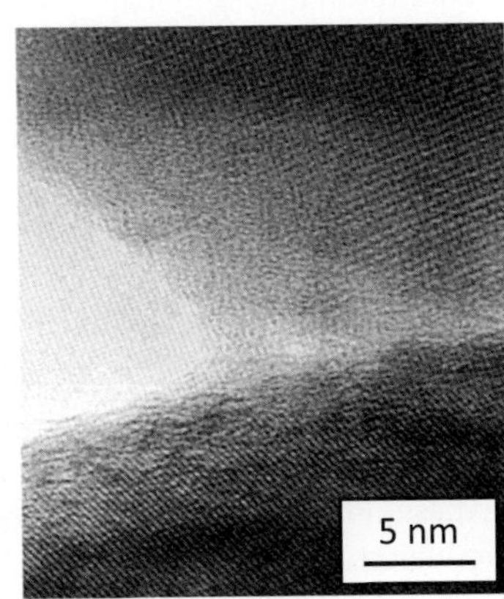

Abb. 3.13 Zwei Teilchen aus Aluminiumoxid, die im Sintern begriffen sind. Man erkennt, dass Material, das von den konvexen Oberflächen verdampft ist, im konkaven Bereich des Zwickels zwischen den Teilchen kondensiert. In den Zwickeln sieht man keine Gitterabbildung. Dort ist das Material amorph. (Mit Erlaubnis von D. Vollath, K.E. Sickafus, Los Alamos National Laboratory.)

Wichtig zu wissen

Die *Kelvin*-Gleichung beschreibt den Zusammenhang zwischen der Krümmung einer Oberfläche und deren Dampfdruck. Der Teilchenradius geht mit seinem Kehrwert exponentiell in diese Formel ein. Bei der Anwendung dieser Gleichung ist es wesentlich, zwischen Flächen positiver und negativer Krümmung zu unterscheiden. Bei positiver Krümmung (konvex) steigt, bei negativer Krümmung (konkav) fällt der Dampfdruck mit abnehmendem Krümmungsradius. Diese Gesetzmäßigkeit erklärt die Vorgänge in der Anfangsphase des Sinterns. Auch sind Korngröße und Habitus von Teilchen, die man bei einer Gasphasensynthese erhält, fast unmittelbar über die Größenabhängigkeit des Dampfdruckes zu erklären.

3.4
Technische Anwendung der Oberflächenenergie – Hypothetische Nanomotoren

In diesem Abschnitt ...
Im Hinblick auf eine technische Anwendung von Phänomenen, die von der Oberflächenenergie abhängen, wurden hypothetische Nanomotoren gewählt. Hypothetisch, weil diese Motoren noch nicht zur Anwendung kommen, experimentell sind diese Vorrichtungen bereits realisiert. Die den ausgewählten Vorrichtungen zugrunde liegende Phänomene sind spontane Koagulation von Teilchen und die Effekte, die durch die Richtungsabhängigkeit der Oberflächenenergie bei anisotropen Werkstoffen hervorgerufene, gerichtete Größenänderung bei Materialtransport.

Es gibt eine Reihe von Untersuchungen, die bei der Koagulation zweier Teilchen freiwerdende Energie oder auch die unterschiedliche Oberflächenenergie anisotroper Materialien technisch nutzbar zu machen.

So wurden Nanomotoren vorgeschlagen, die auf dem Prinzip der Koagulation beruhen [8, 9]. Dabei geht man z. B. von zwei metallischen Tropfen, einem größeren und einen kleineren, aus, die auf einem elektrisch leitfähigen Kohlenstoff-Nanoröhrchen (carbon nanotube) sitzen. Fließt Gleichstrom durch den Leiter, so werden auf der Oberfläche des Kohlenstoffröhrchens Metallatome, in diesem Beispiel Indium, transportiert (Elektromigration). Diese sammeln sich dann, zumindest zum Teil, in dem zweiten metallischen Tröpfchen. Dadurch wächst dieses. Es wächst so lange, bis sich die beiden Tropfen berühren. Dann koagulieren die beiden Tropfen, das ganze Material befindet sich dann im größeren Tropfen. Diese Veränderung der Geometrie wird als mechanische Bewegung wahrgenommen und kann als solche genutzt werden. Bleibt der elektrische Strom eingeschaltet, so wiederholt sich dieser Prozess. So lange sich die Masse des vorhandenen Metalls nicht zu stark reduziert, kann dieser Vorgang fortgesetzt werden. Die Abb. 3.14 zeigt das Prinzip der beschriebenen Anordnung in drei verschiedenen Stadien des Vorganges.

Der Prozess der Größenänderung infolge des Materialtransportes durch Elektromigration auf der Oberfläche eines Nanoröhrchens sowie die nachfolgende Koagulation lässt sich auch im Elektronenmikroskop beobachten. Eine entsprechende Bilderserie ist in Abb. 3.15 gezeigt. Es ist wesentlich darauf hinzuweisen, dass die Geschwindigkeit des Materialtransportes durch Variation der angelegten elektrischen Spannung eingestellt werden kann. Die Koagulation selbst benötigt etwa 200 ps.

Hat die auf Koagulation beruhende Anordnung den Nachteil, dass nur eine Bewegungsrichtung voll kontrollierbar ist, so ist dieses Problem bei der in Abb. 3.16 dargestellten Konstruktion, die die Richtungsabhängigkeit der Oberflächenenergie anisotroper Metalle nutzt, nicht gegeben [10]. Als zu transportierendes Material wird wieder Indium benutzt. Indium kristallisiert tetragonal; die Oberflächenenergie der Mantelflächen von Indium unterscheidet sich deutlich von der

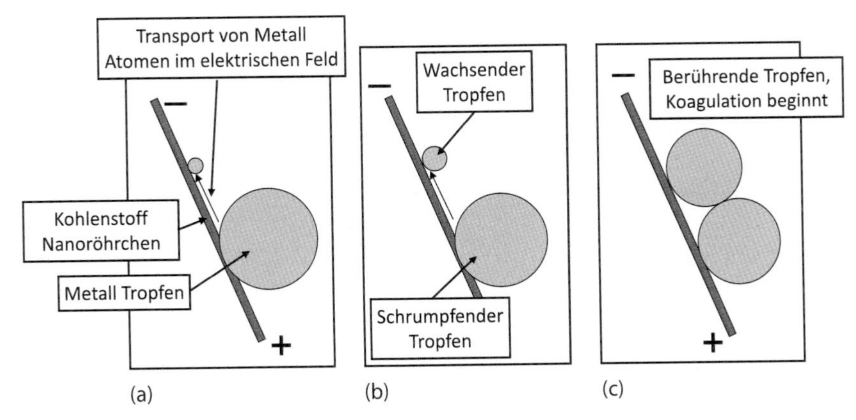

Abb. 3.14 Nanomotor der auf dem Prinzip der Koagulation beruht und elektrisch angetrieben wird [8, 9]. Diese Vorrichtung besteht aus einem mehrwandigen Kohlenstoff-Nanoröhrchen, auf dem zwei Metalltropfen (Indium) unterschiedlicher Größe sitzen (a). Das Nanoröhrchen ist an eine Gleichspannungsquelle angeschlossen. Infolge des Potenzialgradienten auf den elektrischen Leiter wird auch Metall von einem Tropfen zum nächsten transportiert. Dadurch schrumpft ein Tropfen, der andere wächst jedoch (b). Wenn sich bei Fortschreiten dieses Prozesses die beiden Tropfen berühren, tritt Koagulation ein; die Größe der Tropfen ändert sich schlagartig (c). Diese Größenänderung kann als mechanische Bewegung genutzt werden. Solange diese Vorrichtung an einer Stromquelle angeschlossen ist, wird diese pulsierende Bewegung fortgesetzt.

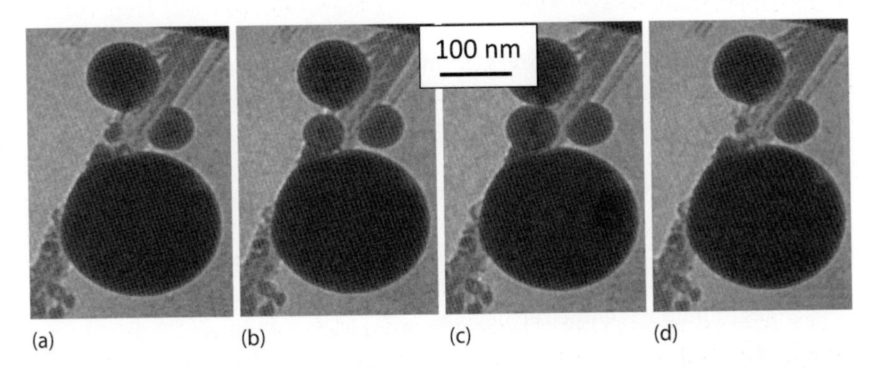

Abb. 3.15 Serie elektronenmikroskopischer Aufnahmen eines oszillierenden Systems als Basiselement eines Nanomotors [8, 9]. Es besteht aus einem elektrisch leitfähigen mehrwandigen Kohlenstoff-Nanoröhrchen, auf dem zwei Indiumtropfen sitzen. Legt man an das Nanoröhrchen eine elektrische Spannung an, so wandern Indiumatome durch Elektromigration von einem Tropfen zum nächsten. Dieser wächst so lange (a–c) bis sich die Tropfen berühren und koagulieren (d). Diese Größenänderung ist eine mechanische Bewegung, die nutzbar ist. (Mit Erlaubnis von AIP Publishing LLC und American Chemical Society 2005.)

der Basisfläche. Daher ist ein anisotropes Aufwachsen beim Zuführen von zusätzlichem Material zu erwarten. Die in Abb. 3.16 skizzierte Vorrichtung besteht aus zwei elektrisch leitenden Kohlenstoff-Nanoröhrchen, die durch ein Indiumkriställchen verbunden sind. Zusätzlich befindet sich auf einem der beiden Na-

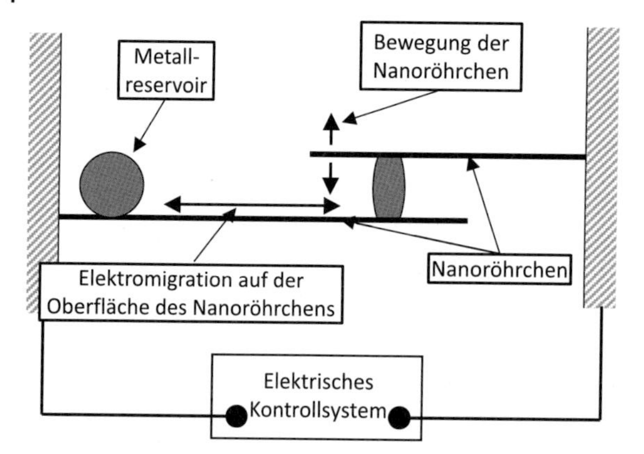

Abb. 3.16 Prinzip eines Nanomotors, der die Anisotropie von kristallisiertem Indium nutzt [10]. Durch Elektromigration wird ein Metall, im vorliegenden Beispiel Indium, entweder vom Reservoir zu einen Metallstück zwischen den Nanoröhrchen oder davon wegtransportiert. Dadurch entsteht wegen der Anisotropie des Indiums eine Relativbewegung der beiden Nanoröhrchen gegeneinander.

noröhrchen ein Indiumreservoir. Wird nun vermittels Elektromigration Material zu dem verbindenden Indium-Teilchen transportiert, so wird dieses in der Länge wachsen. Beim Umkehren der Richtung des elektrischen Stromes wird dieses Wachstum rückgängig gemacht.

Die Abb. 3.17 zeigt die experimentell ermittelte Charakteristik einer Vorrichtung gemäß Abb. 3.16. Durch Anlegen einer elektrischen Spannung von etwa 1 V dehnt sich infolge des Materialtransportes das Indiumstück zwischen den beiden Nanoröhrchen aus; eine Umkehrung der Richtung des Stromflusses macht diese Ausdehnung wieder rückgängig. Die Geschwindigkeit der Bewegung kann mithilfe der angelegten Spannung in weiten Grenzen eingestellt werden. Eine typische Geschwindigkeit ist im Bereich von 1 nm s^{-1}. Die untere Grenze ist durch die elektrische Spannung gegeben, bei der die Verlustwärme nicht mehr ausreicht die Indiumatome thermisch zu aktivieren. Die obere Grenze ist bei der Spannung, bei der das Indium zu schmelzen beginnt.

Wichtig zu wissen

Die Größenänderung bei der spontanen Koagulation zweier Tropfen stellt eine mechanische Bewegung dar, die für einen hypothetischen Motor genutzt werden kann. Energiezufuhr und Materialtransport erfolgen dabei elektrisch über Elektromigration auf der Oberfläche eines Kohlenstoff-Nanoröhrchens. Eine Vorrichtung, die auf diesem Prinzip arbeitet führt eine pulsierende Bewegung aus.

Ein zweites vorgestelltes Prinzip beruht auf der Richtungsabhängigkeit der Oberflächenenergie bei einer anisotropen Substanz. Eine Vorrichtung auf diesem Prinzip kann über die Richtung der Elektromigration voll reversibel, mit in gewissen Grenzen wählbarer Geschwindigkeit, betrieben werden.

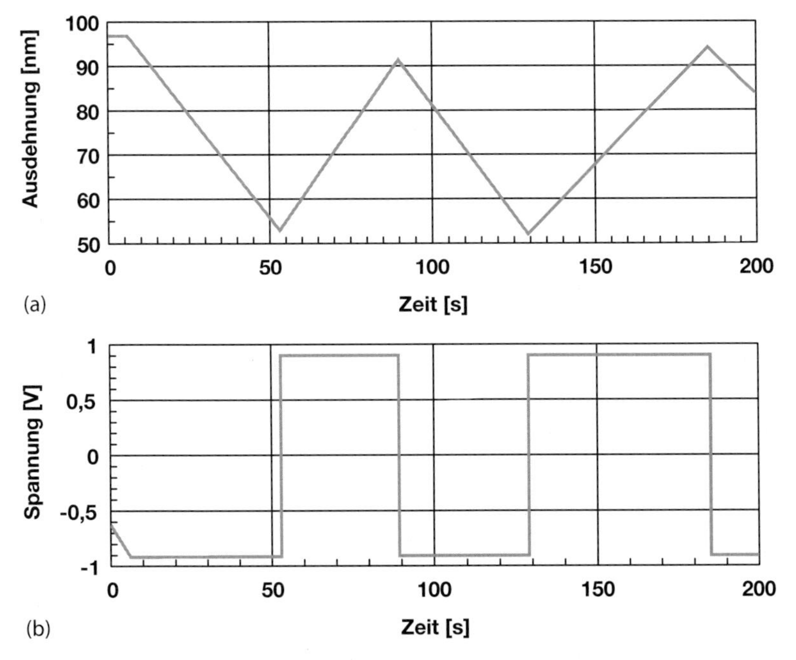

Abb. 3.17 Charakteristik eines Nanomotors gemäß Abb. 3.16. Das Diagramm (a) zeigt die Ausdehnung des Indium-Abstandhalter bei Anlegen einer elektrischen Spannung, wie sie in (b) dargestellt ist. Man erkennt, dass dieser Prozess in beide Richtungen gleich abläuft [10].

Literatur

1 Fischer, F.D., Waitz, T., Vollath, D. und Simha, K. (2008) *Progr. Mater. Sci.*, **53** 481–527.

2 Mays, C.W., Vermaak, J.S. und Kuhlmann-Wilsdorf, D. (1968) *Surf. Sci.*, **12**, 134–137.

3 Lamber, R., Wetjen, S. und Jaeger, I. (1995) *Phys. Rev. B*, **51**, 10968–10971.

4 Ayyub, P. Multani, M., Barma, M., Palkar, V.R. und Vijayaraghavan, R. (1988) *J. Phys. C*, **21**, 2229–2245.

5 Ayyub, P., Palkar, V.R., Chattopadhyay, S. und Multani, M. (1995) *Phys. Rev.*, **51**, 6135–6138.

6 Miedema, A.R. und Boom, R. (1978) *Z. Metallkd.*, **69**, 183–190.

7 Miedema, A.R. (1978) *Z. Metallkd.*, **69**, 287–292.

8 Regan, B.C., Aloni, S., Jensen, K., Ritchie, R.O. und Zettl, A. (2005) *Nano Lett.*, **5**, 1730–1733.

9 Regan, B.C., Aloni, S., Jensen, K. und Zettl, A. (2005) *Appl. Phys. Lett.*, **86**, 123119 1–3.

10 Regan, B.C., Aloni, S., Ritchie, R.O., Dahmen, U. und Zettl, A. (2004) *Nature* **428**, 924–927.

4
Gasphasensynthese von Nanoteilchen und Nanokompositen

In diesem Kapitel ...
Gasphasenverfahren sind die ältesten und in mancher Hinsicht erfolgreichsten Verfahren zur Synthese von Nanoteilchen. Sie sind sowohl für hochspezialisierte Systeme, wie z. B. beschichtete Teilchen als auch für die Produktion großer Mengen im industriellen Maßstab geeignet. Um das Potenzial dieser Verfahren abschätzen zu können, ist es notwendig, die grundlegenden Gesetze der Entstehung der Teilchen und physikalischen Randbedingungen der verschiedenen Verfahren zu verstehen.

4.1
Grundlegende Betrachtungen

Die ersten Nanoteilchen wurden mithilfe von Gasphasensyntheseverfahren hergestellt. Man sollte aber nicht übersehen, dass schon wesentlich früher Nanoteilchen als Ausscheidungen von übersättigten Lösungen oder im Rahmen der Kolloidchemie als Suspensionen hergestellt wurden. Beide Verfahren haben das Problem, dass es kaum möglich ist, vereinzelbare, also nicht agglomerierte Teilchen zu erhalten. Nicht vergessen sollte man in diesem Zusammenhang, dass in China bereits vor mehr als 4000 Jahren für Tinten und Tusche nanopartikulärer Ruß hergestellt wurde. Allerdings sind die Teilchen des Rußes stark agglomeriert.

4.1.1
Kinetik der Teilchenbildung

In diesem Abschnitt ...
Bevor man in die Diskussion der verschiedenen Verfahren zur Gasphasensynthese eintreten kann, ist es notwendig, die Kinetik und die Thermodynamik der Teilchenbildung zu diskutieren. Es werden also die Vorgänge der Teilchenbildung und die Statistik des Teilchenwachstums in der Gasphase diskutiert. Auf dieser Basis werden die verschiedenen Methoden für eine gezielte Beeinflussung des Teilchenwachstums diskutiert. Das Wachstum der Teilchen in der Gasphase ist, wie gezeigt wird, ein Zufallsprozess, die resultierende Teilchengrößenverteilung folgt demnach der *Poisson*-Verteilung.

Nanowerkstoffe für Einsteiger, Erste Auflage. Dieter Vollath.

Bei der Gasphasensynthese geht man von einer übersättigten Dampfphase aus. Die Moleküle oder Atome dieser Dampfphase, die in der umgebenden Gasatmosphäre übersättigt ist, bilden dann durch Kondensation und Koagulation die Teilchen. Abhängig von den Synthesebedingungen erhält man vereinzelte Teilchen oder aber auch Agglomerate, die aus vielen Teilchen bestehen.

Zur Beschreibung der Vorgänge bei der Teilchenbildung in der Gasphase nimmt man eine Übersättigung des Trägergases mit Molekülen oder Atomen an. Des Weiteren wird vorausgesetzt, dass zwischen den Bausteinen, aus denen die Teilchen gebildet werden sollen, keine Wechselwirkung besteht. Eine solche Übersättigung tritt im Allgemeinen schon bei sehr geringen Konzentrationen ein. Das sind auch die Voraussetzungen für einen Zufallsprozess (*Poisson*-Prozess). Unter diesen Voraussetzungen lässt sich die Bildung von Teilchen durch die folgenden vier Vorgänge beschreiben:

- *Keimbildung*: Ein Keim ist die kleinste stabile Einheit. Da der Dampfdruck umgekehrt proportional zum Teilchendurchmesser ist, müssen die Keime eine Mindestgröße haben, um nicht unmittelbar wieder zu verdampfen (siehe auch Kapitel 3). Im Allgemeinen nimmt man an, dass ein Gebilde, das bei einem Dreierstoß entsteht, hinreichend stabil ist um wachsen zu können. Dieses Wachstum erfolgt durch
- *Kondensation* weiterer Atome oder Moleküle auf diesem Keim. Mit zunehmender Kondensation von weiterem Material wächst dieser Keim; es bildet sich ein Cluster und später ein Teilchen. Auch der Vorgang der Kondensation ist ein Zufallsprozess, der von der Geometrie und der Gasdynamik bestimmt wird. Haben sich viele Cluster gebildet, steigt die Wahrscheinlichkeit für eine Kollision. Anschließend an eine solche Kollision bilden die Cluster durch
- *Koagulation* neue, größere Teilchen. Bei der Koagulation bildet sich durch den Austausch von Oberflächenenergie ein neues, größeres Teilchen. Sobald die neuen Teilchen eine gewisse Größe erreicht haben, wird eine weitere Koagulation unmöglich, da die Änderung der Oberflächenenergie zu gering ist. Jetzt setzt die
- *Agglomeration* ein. Die agglomerierten Teilchen bestehen aus zwei oder mehr individuellen Teilchen. Man unterscheidet zwischen harten Agglomeraten, die zusammengesintert sind, und weichen Agglomeraten, die durch *van der Waals*-Kräfte gebunden sind. Wenn überhaupt, lassen sich nur die weichen Agglomerate zerteilen, sodass man vereinzelte Teilchen erhält.

Da der Prozess des Sinterns durch höhere Temperaturen gefördert wird, steigt das Risiko der Bildung harter Agglomerate mit steigender Temperatur bei der Synthese. Lassen sich solche hohen Temperaturen nicht vermeiden, so muss der Gasstrom, der die Teilchen enthält, so rasch wie möglich abgekühlt werden. Für diesen Vorgang hat sich der Begriff des Abschreckens eingebürgert (quenching step).

Kondensation, Koagulation und Agglomeration sind Zufallsprozesse, deren Wahrscheinlichkeit mit der steigender Größe der Kollisionspartner zunimmt. Daher erhält man, wenn man in diese Zufallsprozesse nicht eingreift, breite, unsymmetrische Teilchengrößenverteilungen, die sich auf der Seite der größeren Teilchen sehr weit erstrecken kann. Da es sich bei der Teilchenbildung um Zufallsprozesse handelt, folgen die Teilchengrößen einer *Poisson*-Verteilung. Die *Poisson*-Verteilung ist mathematisch und numerisch etwas unbequem bei der Handhabung. Mit hinreichender Genauigkeit kann man diese Verteilung bei der Auswertung experimenteller Daten durch die Log-Normalverteilung ersetzen. Andere Größenverteilungen erhält man, wenn man in den Vorgang der Teilchenbildung eingreift. Das ist möglich durch eine Abschreckstufe im Gasstrom oder aber auch durch Belegen der Teilchen mit elektrischen Ladungen gleichen Vorzeichens.

Ergänzung 4.1: Funktionen zur Beschreibung der Teilchengrößenverteilung

Da die Teilchenbildung auf einem Zufallsprozess beruht, wird die Teilchengrößenverteilung (Klassenhäufigkeit, Wahrscheinlichkeit) $p_\mu(n)$ am Besten durch die *Poisson*-Verteilung beschrieben. Diese folgt der Gleichung

$$p_\mu(n) = \frac{\mu^n}{n!}\exp(-\mu) \quad \text{mit} \quad \mu \in \mathbb{R}\,, \quad \mu > 0 \quad \text{und} \quad n \in \mathbb{N}_0 \tag{4.1}$$

Die Größe μ steht für den Mittelwert, der bei dieser Verteilung zugleich der häufigste Wert und auch gleich der Varianz[1] ist; n ist eine ganze Zahl, die die Größe der Teilchen beschreibt. Für größere Werte von n werden $n!$ und μ^n sehr große Zahlen, deren Hantierung bei der numerischen Auswertung Probleme bereiten kann. Deshalb nähert man, bei der Auswertung experimenteller Daten für die Teilchengrößenverteilung, die *Poisson*-Verteilung gerne mit der Log-Normalverteilung $p(x)$ an.

$$p(x) = \frac{1}{\sigma x(2\pi)^{0,5}}\exp\left[-\frac{(\ln x - \mu)^2}{2\sigma^2}\right] \quad \text{mit} \quad \mu, \sigma, x \in \mathbb{R} \tag{4.2}$$

In Gl. (4.2) steht μ für den Mittelwert, σ für die Standardabweichung und x für die Größe der Teilchen. Im Gegensatz zur *Poisson*-Verteilung wird bei der Log-Normalverteilung die Teilchengröße durch eine reelle Zahl und nicht durch eine ganze Zahl beschrieben. Diese Approximation ist in Abb. 4.1 grafisch dargestellt.

Studiert man die in Abb. 4.1 dargestellte Näherung im Detail, so erkennt man eine recht gute Annäherung. Lediglich bei Teilchengrößen, die etwas größer als der häufigste Wert sind, ist eine Abweichung merkbar. Im Hinblick auf die im Allgemeinen große Streubreite der experimentellen Daten ist dieser Unterschied jedoch vernachlässigbar.

1) Varianz = Quadrat der Standardabweichung σ.

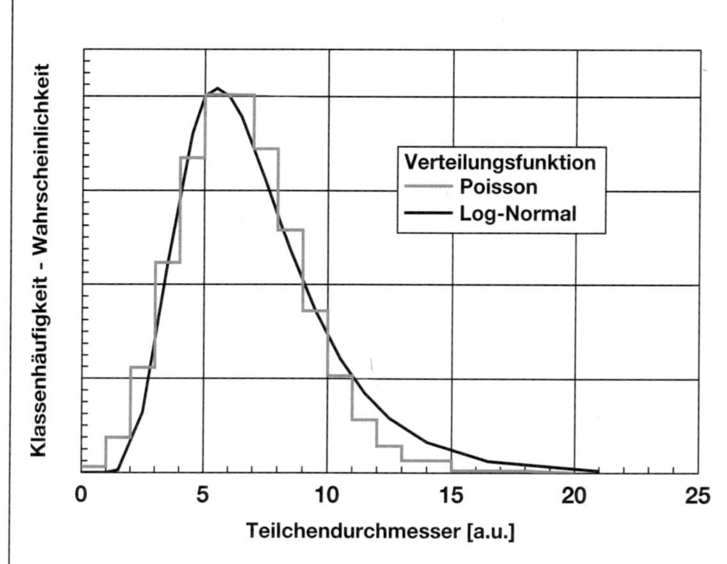

Abb. 4.1 Näherung einer *Poisson*-Verteilung durch eine Log-Normalverteilung. Wie man schon der Definition für die Teilchengröße in den Gl. (4.1) und (4.2) entnehmen kann, verläuft die *Poisson*-Verteilung in Stufen, während die Log-Normalverteilung eine differenzierbare Funktion beschreibt.

Um das Wachstum der Teilchen durch Kondensation und Koagulation zu verstehen, ist es notwendig zunächst einmal die Kollisionswahrscheinlichkeit zweier Teilchen zu berechnen. Dazu ist es notwendig abzuschätzen, wie groß die Wahrscheinlichkeit dafür ist, im Zeitintervall Δt zwei Teilchen im gleichen Volumenelement zu finden. Die Größe dieses Volumenelementes ist gleich der Größe des Volumens, das ein Teilchen in genau diesem Zeitintervall durchquert. Um die Wahrscheinlichkeit abzuschätzen, ein Teilchen in diesem Volumenelement zu finden, muss die Größe dieses Volumenelementes mit dem Volumen des Reaktionsgefäßes in Verbindung gebracht werden. Für ein Teilchen ist diese Wahrscheinlichkeit gleich dem Quotienten dieser Volumina; um zwei Teilchen an diesem Ort anzutreffen, müssen, da es sich um unabhängige Ereignisse handelt, diese beide Wahrscheinlichkeiten multipliziert werden. Diese Überlegungen sind so lange gültig, als die freie Weglänge im umgebenden Gas deutlich größer ist als der Durchmesser der Teilchen, jedoch kleiner als die Gefäßdimension. Diese Voraussetzung ist jedoch bei nahezu allen Experimentieranordnungen gegeben.

Ergänzung 4.2: Wahrscheinlichkeit der Kollision zweier Teilchen

Um die Wahrscheinlichkeit der Kondensation aus der Gasphase bzw. der Kollision zweier Teilchen abzuschätzen ist es notwendig, die Geometrie und Dynamik der Teilchen zu betrachten. Die folgenden Betrachtungen sind erlaubt, so lange die freie Weglänge in dem umgebenden Gas kleiner ist als die Durchmesser d_1 und d_2 der kollidierenden Teilchen. Die Geometrie, die für die Kollision angenommen wird, ist in Abb. 4.2 dargestellt [1].

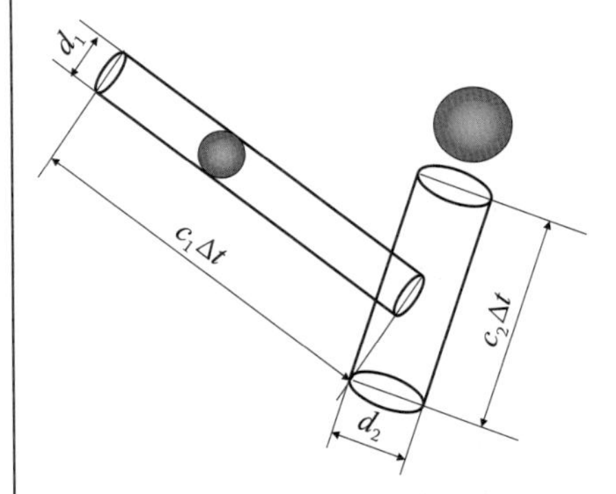

Abb. 4.2 Geometrisches Modell zur Abschätzung der Kollisionswahrscheinlichkeit zweier Teilchen mit den Durchmessern d_1 und d_2. In dieser Abbildung geben die Linien die Begrenzung des Raumes, der von den Teilchen im betrachteten Zeitintervall Δt durchmessen wird.

Ein Teilchen mit dem Durchmesser d und der Masse m hat bei der Temperatur T eine mittlere Geschwindigkeit c von

$$c = 2\left(\frac{2kT}{\pi m}\right)^{0,5} \tag{4.3}$$

In Zeitintervall Δt durchquert dieses Teilchen das Volumen

$$v = \frac{\pi}{4}d^2 c\Delta t = \frac{\pi}{4}d^2 2\left(\frac{2kT}{\pi m}\right)^{0,5}\Delta t = \frac{\pi}{4}d^2 2\left(\frac{2kT}{\pi\rho\frac{\pi}{6}d^3}\right)^{0,5}\Delta t$$
$$= \left(\frac{3kT}{\rho}d\right)^{0,5}\Delta t \tag{4.4}$$

Die Wahrscheinlichkeit p_i das Teilchen mit der Nummer i, $i \in \{1, 2\}$ und dem Durchmesser d_i und der Dichte ρ an einem bestimmten Ort im Volumen V_{total} des Reaktionsgefäßes zu finden ist

$$p_i = \frac{v_i}{V_{\text{total}}} = \frac{1}{V_{\text{total}}}\left(\frac{3kT}{\rho}d_i\right)^{0,5}\Delta t\,, \quad i \in \{1, 2\} \tag{4.5}$$

Da sich die beiden Teilchen unabhängig voneinander bewegen, ist die Wahrscheinlichkeit diese beiden Teilchen während des Zeitintervalls Δt im gleichen Volumenelement zu finden, also die für eine Kollision

$$p_{1-2} = p_1 p_2 = \frac{1}{V_{\text{total}}} \left(\frac{3kT}{\rho} d_1 \right)^{0,5} \Delta t \frac{1}{V_{\text{total}}} \left(\frac{3kT}{\rho} d_2 \right)^{0,5} \Delta t \quad (4.6)$$

Fasst man alle konstanten Größen zusammen, so erhält man

$$p_{1-2} = \text{konst}\,(d_1 d_2)^{0,5}\, T \quad (4.7)$$

Gleichung (4.7) lehrt, dass die Kollisionswahrscheinlichkeit mit der Temperatur zunimmt. Will man möglichst kleine Teilchen erhalten, so wird dies mit steigender Temperatur ungünstiger. Darüber hinaus steigt mit steigender Temperatur auch der Dampfdruck, das führt zu einer Verminderung der Übersättigung in der Dampfphase und als Folge zu einer verminderten Keimzahl. Auch das führt zu einer Bildung größerer Teilchen. Bei konstanter Temperatur steigt die Kollisionswahrscheinlichkeit mit der Wurzel aus dem Produkt der Teilchendurchmesser. Die Wahrscheinlichkeit für eine Kollision und damit für die Bildung größerer Teilchen nimmt demnach mit dem Teilchendurchmesser zu. Der Ausdruck $(d_1 d_2)^{0,5}$, der die Kollisionswahrscheinlichkeit beschreibt, ist so zentral, dass er als „Kollisionsparameter“ zur Analyse von Gasphasensynthesen genutzt wird.

Auf der Grundlage der oben aufgeführten Wahrscheinlichkeitsüberlegungen lässt sich ein Kollisionsparameter angeben, der ein Maß für die Kollisionswahrscheinlichkeit ist. Für neutrale Teilchen, die keinen weiteren Zwängen unterliegen, wird er durch die Wurzel aus dem Produkt der Durchmesser der kollidierenden Teilchen ausgedrückt. Gaskinetische Überlegungen führen weiterhin zu einer Proportionalität zwischen der Kollisionswahrscheinlichkeit und der Temperatur. Will man also möglichst kleine Teilchen herstellen, so sollte man

- die Temperatur möglichst niedrig halten und
- das Teilchenwachstum durch Koagulation weitgehend einschränken. Das erreicht man durch Reduktion der Zeit, in der Koagulation möglich ist, z. B. durch rasches Abkühlen des Gases nach der Reaktion. In diesem Zusammenhang hat sich die Verwendung einer Abschreckstufe bewährt.

Um einen visuellen Eindruck von der Abhängigkeit der Kollisionswahrscheinlichkeit von den Teilchengrößen zu geben, ist in Abb. 4.3 der Kollisionsparameter als Funktion der Teilchengröße dargestellt. Diese Rechnungen wurden für drei Größen der Kollisionspartner durchgeführt.

Eine detaillierte Analyse der Abb. 4.3 zeigt, wie erwartet, dass der Kollisionsparameter mit zunehmender Größe der Teilchen zunimmt. Je größer die Teilchen sind, umso stärker ist diese Tendenz ausgeprägt. Diese Grafik zeigt ganz deutlich, wie wesentlich das Einhalten der oben aufgeführten Punkte zum Erzielen kleiner Teilchen ist. Offenbar muss man die Reaktionsbedingungen so wählen, dass

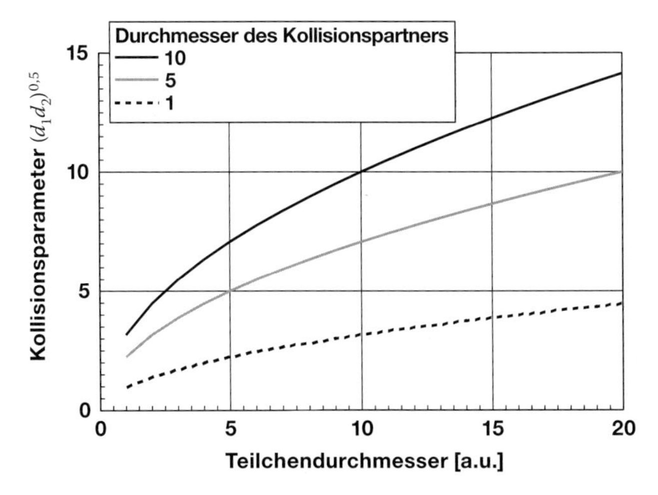

Abb. 4.3 Kollisionsparameter als Funktion des Teilchendurchmessers für drei Größen des Kollisionspartners.

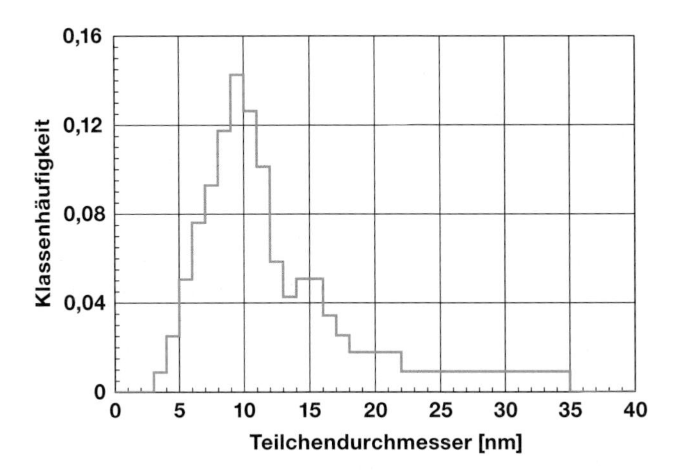

Abb. 4.4 Teilchengrößenverteilung von Zirkonoxid (ZrO_2), das mithilfe der Inertgas-Kondensation hergestellt wurde [2]. Die asymmetrische Häufigkeitsverteilung ist typisch für ein Produkt, das mithilfe eines Zufallsprozesses hergestellt wurde. Eine solche Verteilung lässt sich gut mit einer Log-Normalverteilung approximieren.

möglichst viele wachstumsfähige Keime entstehen. Als Konsequenz der Zunahme der Kollisionswahrscheinlichkeit mit der Teilchengröße erhält man eine unsymmetrische Teilchengrößenverteilung, die bei den größeren Teilchen nur langsam gegen null strebt. Ein typisches Beispiel für eine solche experimentell bestimmte Verteilung ist in Abb. 4.4 dargestellt. Es handelt sich dabei um die Teilchengrößenverteilung von Zirkonoxid, das mithilfe der Inertgas-Kondensation hergestellt wurde. Die Teilchengrößenverteilung wurde auf der Basis elektronenmikroskopischer Aufnahmen bestimmt.

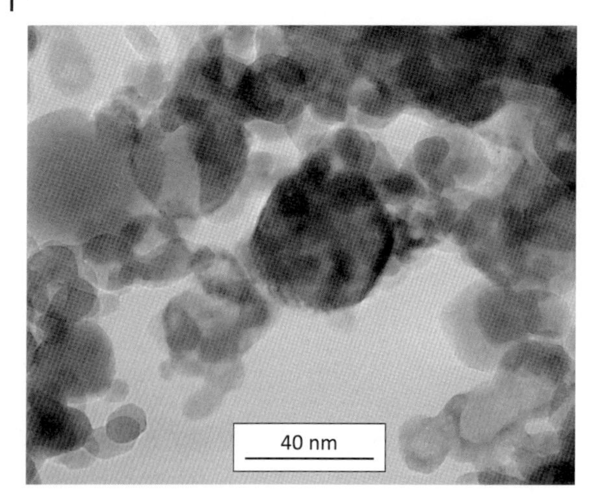

Abb. 4.5 Elektronenmikroskopische Aufnahme von Titanoxid (TiO_2) mit einer Korngrößenverteilung zwischen 5–50 nm. (D. Vollath, K. Sickafus, Los Alamos National Laboratory, USA, 1992.)

Die Unsymmetrie der Teilchengrößenverteilung, wie sie in Abb. 4.4 zu erkennen ist, ist, wie ja auch die Rechnungen zeigen, sehr allgemein. Sie tritt immer dann auf, wenn Teilchen durch einen Zufallsprozess entstehen. Das erkennt man auch sehr gut an der in Abb. 4.5 dargestellten elektronenmikroskopischen Aufnahme von Titanoxid. Bei diesem Produkt findet man Teilchengrößen im Bereich zwischen 5–50 nm.

Man kann die Frage stellen, ob es zusätzlich zu den bereits beschriebenen Maßnahmen zur Verhinderung der Bildung größerer Teilchen noch weitere Möglichkeiten gibt, das Teilchenwachstum zu begrenzen. In diesem Zusammenhang ist das Aufbringen elektrischer Ladungen auf die Teilchen wohl die erfolgreichste Möglichkeit. Wenn alle Teilchen elektrische Ladungen gleichen Vorzeichens tragen, dann stoßen sich die Teilchen ab. Das vermindert die Wahrscheinlichkeit einer Agglomeration.

Ergänzung 4.3: Elektrische Ladung kleiner Teilchen

Elektrische Ladung kleiner Teilchen wird seit Langem in der Aerosolphysik studiert. Zur Analyse der Möglichkeit kleine Teilchen elektrisch zu laden, betrachtet man diese zunächst als Kugelkondensator. Die Kapazität C eines Kugelkondensators mit dem Durchmesser d ist

$$C = d \tag{4.8}$$

Die elektrische Ladung Q eines solchen Kugelkondensators ist

$$Q = CV = dV \tag{4.9a}$$

daraus

$$V = \frac{Q}{d} = \text{konst} \tag{4.9b}$$

dabei ist V das elektrische Potenzial.

Betrachtet man ein Aerosol, in dem Teilchen verschiedener Größe sind, so ist es offensichtlich, dass alle Teilchen, unabhängig von ihrer Größe, das gleiche Potenzial haben müssen, ansonsten würde es sofort zu einem Potenzialausgleich kommen. Diese theoretische Überlegung ist experimentell gut bestätigt [3]. Betrachtet man die Angelegenheit genauer, so muss auch die quantisierte Natur der elektrischen Ladungen berücksichtigt werden. Es muss also einen maximalen Durchmesser d_0 geben, bis zu dem die Ladung aus einem einzigen Elektron besteht. Die Gl. (4.9a) muss daher umgeschrieben werden zu

$$\begin{aligned} &d \le d_0 \Rightarrow Q = Q_0 \\ &d > d_0 \Rightarrow Q = Q_0 + \kappa(d - d_0) \end{aligned} \tag{4.10}$$

In der physikalischen Realität ist die minimale elektrische Ladung $Q_0 = e$, die eines Elektrons. Betrachtet man isolierte Teilchen, so muss der Faktor κ eine ganze Zahl sein, da es ja nur ganzzahlige Vielfache der Elektronenladung geben kann. Da man es in der experimentellen Realität immer mit Verteilungen von Durchmessern zu tun hat, wird κ wohl immer eine reelle Zahl sein.

Die Ladung eines kleinen Teilchens ist immer proportional dem Teilchendurchmesser. Dieses Gesetz kommt aus der Forderung, dass das elektrische Potenzial aller Teilchen gleich sein muss. Ist das Potenzial nicht gleich, so kommt es zu einem Potenzialausgleich zwischen den Teilchen. Tragen alle Teilchen elektrische Ladungen gleichen Vorzeichens, so stoßen sich diese ab. Da die Ladung mit zunehmendem Durchmesser der Teilchen zunimmt, ist dieses Phänomen umso stärker, je größer die Teilchen sind. Diese Überlegung verspricht eine Begrenzung des Teilchenwachstums. Zur Quantifizierung ist es notwendig, den Kollisionsparameter neu zu berechnen.

Ergänzung 4.4: Kollisionsparameter elektrisch geladener Teilchen

Zwischen zwei gleichsinnig elektrisch geladenen Teilchen mit den Durchmessern d_i, $i \in \{1, 2\}$, die die Ladungen Q_i tragen und sich im Abstand r befinden, wirkt die Kraft F

$$F = \frac{Q_1 Q_2}{r^2} = \frac{\kappa_2}{r^2} \frac{1}{d_1 d_2} \tag{4.11}$$

In Gl. (4.11) wird die Proportionalität zwischen Ladung und Teilchendurchmesser bereits berücksichtigt. Diese Kraft verursacht bei zwei sich annähernden Teilchen eine Verzögerung. Durch die verminderte Geschwindigkeit wird das im Zeitintervall Δt passierte Volumen kleiner. Das reduziert auch die Kollisionswahrscheinlichkeit. In einer ersten Näherung kann man annehmen, dass dieses Volumen um den Faktor $\frac{1}{Q_1 Q_2} \propto \frac{1}{d_1 d_2}$ vermindert wird. Setzt man dies in Gl. (4.7) ein, so erhält man als Näherung für die Kollisionswahrscheinlichkeit gleichsinnig geladener Teilchen

$$p_{1-2} = p_1 p_2 = \text{konst}\ T(d_1 d_2)^{0,5} \frac{1}{d_1 d_2} = \text{konst}\ T(d_1 d_2)^{-0,5} \quad (4.12)$$

Analog zu dem Vorgehen bei neutralen Teilchen lässt sich aus Gl. (4.12) der Kollisionsparameter $(d_1 d_2)^{-0,5}$ herausziehen. Analysiert man nun diese Gleichung, so stellt man fest, dass der Kollisionsparameter wie im Falle neutraler Teilchen mit der Temperatur zunimmt; demnach ist es auch im Falle gleichsinnig geladener Teilchen günstig, die Temperatur so weit wie möglich zu reduzieren. Das wesentliche Ergebnis ist jedoch, dass die Kollisionswahrscheinlichkeit mit zunehmender Teilchengröße abnimmt. Das reduziert die Wahrscheinlichkeit der Bildung großer Teilchen wesentlich.

Der Kollisionsparameter für geladene Teilchen ist genau wie der neutraler Teilchen der Temperatur direkt proportional. Es ist demnach auch in diesem Fall zweckmäßig, die Temperatur niedrig zu halten.[2] Der entscheidende Unterschied liegt in der Teilchengrößenabhängigkeit. Bei gleichsinnig geladenen Teilchen ist der Kollisionsparameter $(d_1 d_2)^{-0,5}$ indirekt proportional der Wurzel aus dem Produkt der Durchmesser der kollidierenden Teilchen. Der Kollisionsparameter und damit die Kollisionswahrscheinlichkeit nimmt demnach mit zunehmendem Durchmesser der Teilchen ab. Das ist in Abb. 4.6, in der die Abhängigkeit des Kollisionsparameters von der Größe der kollidierenden Teilchen dargestellt ist, sichtbar.

Die Abb. 4.7a,b stellen die Entwicklung der Teilchengrößen während der Synthese dar. In diesen Graphen sind die Verhältnisse bei elektrisch neutralen und gleichsinnig geladenen Teilchen gegenübergestellt [4]. In beiden Fällen wurde die Rechnung mit der gleichen Zahl von Teilchen beim Start der Reaktion sowie der gleichen Zahl von Reaktionen durchgeführt. Auf den ersten Blick fällt auf, dass bei neutralen Teilchen (Abb. 4.7a), wie es auch zu erwarten ist, eine stark unsymmetrische Teilchengrößenverteilung entstanden ist. Auffällig ist der lange Schwanz in Richtung der großen Teilchen. Des Weiteren ist bemerkenswert, dass noch eine merkliche Zahl unreagierter Teilchen zurückgeblieben ist. Die häufigste Teilchengröße liegt bei etwa 40. Das ist grundlegend anders bei gleichsinnig geladenen Teilchen. Zumindest bei der gewählten Anzahl von Reaktionen fehlt der Schwanz auf der Seite der großen Teilchen völlig. Die Zahl der unreagierten Teilchen ist et-

2) Wie bei den Plasmaverfahren gezeigt werden wird, gibt es eine Reihe physikalischer Gründe dafür, dass die Temperatur weiter abgesenkt werden kann als bei Verfahren, die mit neutralen Teilchen arbeiten.

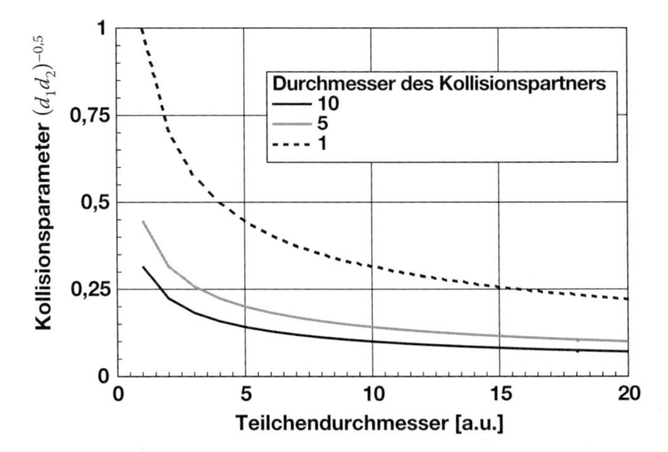

Abb. 4.6 Kollisionsparameter für Teilchen die elektrische Ladungen gleichen Vorzeichens tragen als Funktion der Teilchengröße für drei verschieden große Kollisionspartner. Da die Kollisionswahrscheinlichkeit mit zunehmender Teilchengröße abnimmt, ist es in einer solchen Konstellation eher möglich sehr kleine Teilchen herzustellen.

wa gleich groß; im Gegensatz zu dem Verlauf bei den ungeladenen Teilchen bilden diese jedoch kein separates Maximum. In diesem Falle liegt die häufigste Teilchengröße bei weniger als 10. Fasst man die Ergebnisse dieses Vergleiches zusammen, so muss man feststellen, dass bei gleichsinnig geladenen Teilchen das entstehende Produkt bei wesentlich geringerer Teilchengröße eine deutlich engere Teilchengrößenverteilung aufweist.

Die Vorteile von gleichsinnig geladenen Teilchen können bei den verschiedensten Verfahren genutzt werden. An erster Stelle sind hier Plasmaverfahren zu nennen; auch bei der Flammensynthese mit zusätzlichen äußeren elektrischen Feldern können die beschriebenen Effekte wirksam werden. Es muss jedoch darauf hingewiesen werden, dass die thermische Ionisation der Teilchen selbst bei hohen Synthesetemperaturen nicht ausreicht um diesen Effekt zu erzielen.

Wichtig zu wissen

Teilchen entstehen durch eine Folge von klar beschreibbaren Vorgängen:

- Keimbildung
- Kondensation
- Koagulation
- Agglomeration

Da dies Zufallsprozesse sind, folgt auch die Größenverteilung des Produktes den Gesetzen des Zufalls und damit der *Poisson*-Verteilung. Für den praktischen Gebrauch ist es allerdings zweckmäßiger die Größenverteilungen durch eine Log-Normalverteilung zu approximieren.

Die Größenverteilung im Produkt lässt sich beeinflussen durch:

- rasches Abkühlen (Abschrecken) nach der Reaktionszone,
- Aufbringen elektrischer Ladungen auf die Teilchen.

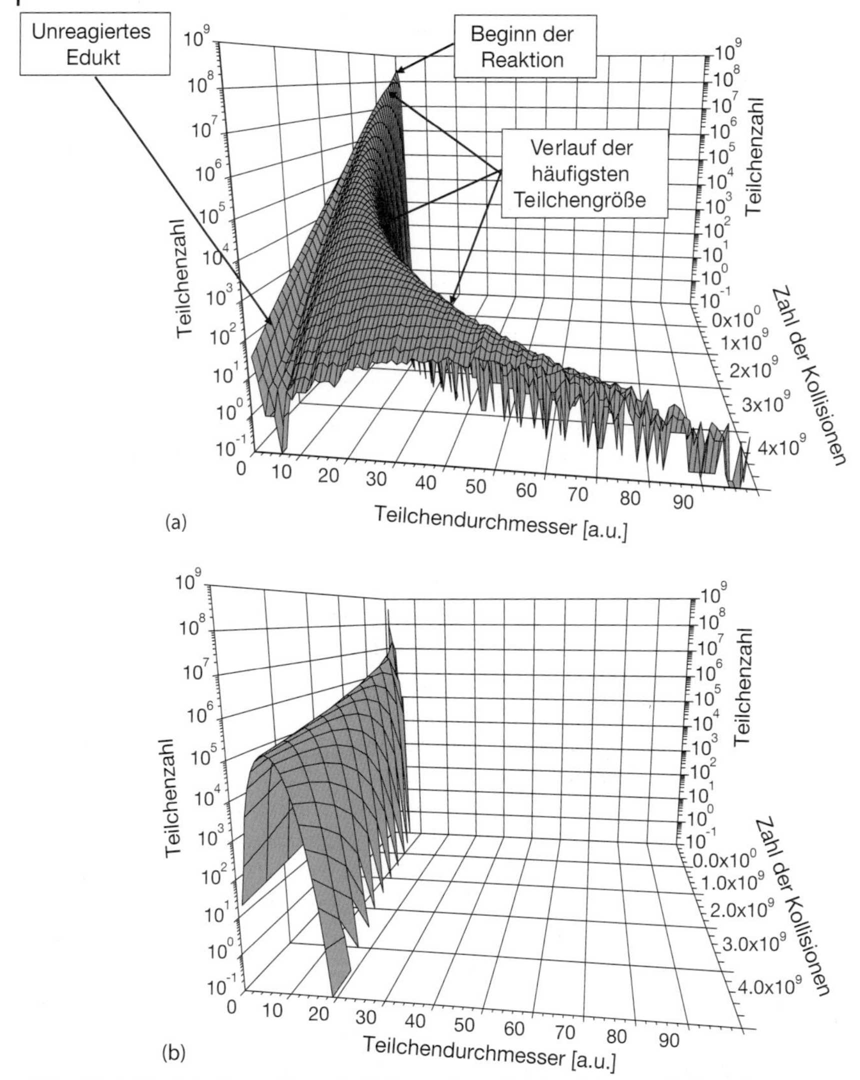

Abb. 4.7 (a) Zeitliche Entwicklung der Teilchengrößenverteilung im Falle neutraler Teilchen [4]. Die Zahl der Kollisionen und die der Teilchen sind in einem logarithmischen Maßstab dargestellt. Da in einem logarithmischen System der Wert null nicht darstellbar ist, wurde anstelle dessen der Wert 10^{-1} benutzt. (b) Zeitliche Entwicklung der Teilchengrößenverteilung im Falle elektrisch gleichsinnig geladener Teilchen [4]. Die Zahl der Kollisionen und die der Teilchen sind in einem logarithmischen Maßstab dargestellt. Wie im Teilbild (a) wurde anstelle der Null der Wert 10^{-1} benutzt. Die Rechnung wurde für diesen Fall für die gleiche Anzahl von Reaktionen (Kollisionen) durchgeführt, wie in dem Beispiel das in Abb. 4.7a dargestellt ist.

Die elektrische Ladung von kleinen Teilchen ist wegen der Notwendigkeit des gleichen elektrischen Potenzials auf allen Teilchen dem Durchmesser der Teilchen proportional.

Die Kollisionswahrscheinlichkeit zweier Teilchen

- steigt mit der Teilchengröße bei ungeladenen Teilchen,
- fällt mit der Teilchengröße bei gleichsinnig geladenen Teilchen,
- steigt mit zunehmender Temperatur.

Diese einfachen Gesetzmäßigkeiten können zur Optimierung bestehender und zur Entwicklung neuer Syntheseverfahren benutzt werden.

4.1.2 Geladene Teilchen in einem oszillierenden elektrischen Feld

In diesem Abschnitt...
Die Analyse des Kollisionsprozesses von Teilchen hat gezeigt, dass es von Vorteil sein kann, wenn die Teilchen elektrische Ladungen tragen. Da bei der Synthese von Pulvern häufig oszillierende elektrische Felder, deren Frequenzen von der Netzfrequenz bis in den Gigahertzbereich reichen, verwendet werden, ist es notwendig das Verhalten, dabei insbesondere die Energieübertragung und die Wechselwirkung der verschiedenen geladenen Teilchen untereinander, zu diskutieren. Diese Diskussion führt zu klaren Aussagen über Frequenzen und Gasdrücke, die für Synthesen zweckmäßig sein können.

Gasphasensynthesen, bei denen die Teilchen im Mittel keine Ladung tragen, bevorzugen die Agglomeration großer Teilchen. Das führt zu einer unsymmetrischen Teilchengrößenverteilung, die sich auf der Seite der größeren Teilchen sehr weit ausdehnen kann. Das ist anders bei Teilchen, die elektrische Ladungen gleichen Vorzeichens tragen. Diese stoßen sich ab. Dieser Effekt nimmt mit zunehmender Teilchengröße zu, da die elektrische Ladung der Teilchen dem Durchmesser proportional ist.

Bedingungen, bei denen die Teilchen elektrische Ladungen gleichen Vorzeichens tragen, lassen sich mit dem Plasmaverfahren realisieren. Vollath [5] entwickelte einen Mikrowellenplasmaprozess, bei dem genau diese Bedingungen erreicht werden können. Später wurden mit einem Verfahren, das im Bereich der Radiofrequenzen arbeitet, vergleichbare Ergebnisse erzielt [6, 7].

In einem Plasma befinden sich freie Elektronen und Ionen, letztere sind dissoziierte Gas- und Eduktmoleküle, sowie neutrale Moleküle. In einem elektrischen Feld wird Energie nur auf geladene Teilchen übertragen. Ist das Feld oszillierend, so nimmt die übertragende Energie proportional zur Masse ab. Das heißt, dass auf die massearmen Elektronen einige Tausend Mal mehr Energie übertragen wird als auf die Ionen. Da die Energieübertragung umgekehrt proportional dem Quadrat der Frequenz ist, wirkt sich der Masseneffekt bei Mikrowellen noch deutlicher aus. In einem Mikrowellenfeld wird nahezu keine Energie auf die Ionen übertragen, nahezu die gesamte Energie findet sich in den Elektronen. Diese Betrachtungen gelten für einzelne Elektronen oder Ionen bzw. für geladene Objekte, die sich in einem sehr verdünnten Medium befinden, sodass Kollisionen unwahr-

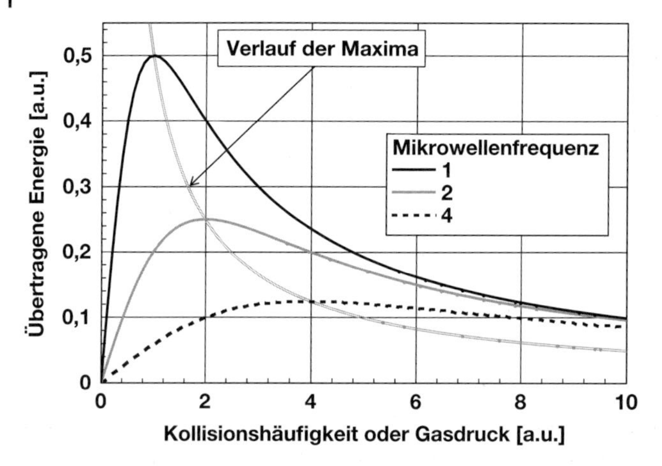

Abb. 4.8 Energie, die in einem Mikrowellenplasma auf geladene Teilchen übertragen wird als Funktion der Kollisionshäufigkeit, die dem Gasdruck proportional ist. Diese Kurven wurden für drei verschiedene Frequenzen berechnet. Zusätzlich ist noch der Verlauf der Maxima der übertragenen Energie eingetragen.

scheinlich sind. In einem Plasma ist das anders. Da finden regelmäßig Kollisionen zwischen den verschiedenen Teilchen statt, die freie Weglänge der Teilchen ist begrenzt. Dadurch wird auch die Energieaufnahme der geladenen Teilchen begrenzt. Die Häufigkeit der Kollisionen steigt mit dem Gasdruck im System. Die Abb. 4.8 zeigt den Verlauf der in einem Plasma übertragenen Energie als Funktion der Kollisionshäufigkeit, die dem Gasdruck proportional ist.

Wie man der Abb. 4.8 entnehmen kann, hat die übertragene Energie ein Maximum bei der Kollisionsfrequenz, die gleich der anregenden Frequenz des elektrischen Feldes ist. Dieses Maximum wird mit steigender Frequenz des elektrischen Feldes weniger ausgeprägt.

Ergänzung 4.5: Energietransfer in einem Plasma

In einem oszillierenden elektrischen Feld mit der Frequenz f wird auf ein einzelnes Teilchen mit der Masse m und der Ladung Q die Energie u übertragen.

$$u \propto \frac{Q}{m f^2} \tag{4.13}$$

Da die Masse eines Elektrons viele Tausend Mal kleiner ist als die der Ionen wird nahezu keine Energie auf die Ionen übertragen. In einem Plasma ist die Bewegung durch Kollisionen mit anderen Teilchen begrenzt. Das begrenzt auch die Möglichkeit der Energieaufnahme im elektrischen Feld. Ist z die Kollisionsfrequenz im Plasma, so errechnet sich die Energieaufnahme eines geladenen Teilchens in einem Plasma aus [8]

$$u \propto \frac{Q}{m} \frac{z}{f^2 + z^2} \tag{4.14}$$

Vergleicht man die Gl. (4.13) und (4.14), so erkennt man, dass die Massenabhängigkeit der Energieübertragung auf geladene Teilchen gleich ist. Die mathematische Analyse von Gl. (4.14) lehrt, dass für $f = z$ der Energietransfer vom elektrischen Feld auf die geladenen Teilchen maximal ist. Für $f < z$ steigt die Energieübertragung und für $f > z$ vermindert sich der Energietransfer mit größer werdender Kollisionsfrequenz (steigendem Gasdruck) im System.

Will man die Energie u abschätzen, die auf ein geladenes Teilchen übertragen wird, so muss man zunächst die freie Weglänge λ bei dem betrachteten Gasdruck berechnen. Kennt man die freien Weglängen und die elektrische Feldstärke E im System und die Ladung Q der Teilchen, so kann man die maximal übertragbare Energie aus

$$u_{\text{max}} = Q\lambda E \tag{4.15}$$

abschätzen. Geht man davon aus, dass sich die elektrische Feldstärke im Bereich von $10^6\,\text{V m}^{-1} \mathrel{\hat{=}} 10^4\,\text{V cm}^{-1}$ befindet und, unter Vakuumbedingungen, die freie Weglänge im Bereich mehrerer Zentimeter, so kann man für die Elektronen von einer Energie im Bereich mehrerer Kiloelektronenvolt (keV) ausgehen, während maximal nur Millielektronenvolt (meV) auf die Ionen übertragen werden.

Aus diesen Erläuterungen geht hervor, dass ein Plasma in einem oszillierenden elektrischen Feld im Sinne der Thermodynamik nicht im Gleichgewicht ist. Man kann den Elektronen, den Ionen und den neutralen Teilchen jeweils eine andere mittlere Energie, also auch eine andere Temperatur zuordnen. Aus diesem Grund wäre die Angabe einer Temperatur sinnlos. Eine Temperatur lässt sich also nur dann definieren, wenn das Plasma abgeschaltet und das System im Gleichgewicht ist. Bezogen auf das Experiment heißt das, dass man z. B. bei einem, von einem Plasma durchströmten System, die Temperatur erst nach der Plasmazone definieren und damit auch messen kann.

Experimente zeigen, dass in Plasmasystemen, die im Bereich niedrigerer Frequenzen ($< 10^6$ Hz) arbeiten, Temperaturen von 10^4 K erreicht werden, während man, vor allem bei reduziertem Gasdruck in Mikrowellenplasmen, Temperaturen im Bereich von 400–1200 K reproduzierbar einstellen kann.

Der Energietransfer in einem oszillierenden elektrischen Feld kann durch den Gasdruck, die Frequenz des Feldes und nicht zuletzt durch die Feldstärke, also durch die Leistung des Hochfrequenzgenerators, eingestellt werden. Somit hat man eine Reihe von Parametern, mit denen man die Bedingungen im Plasma an die für ein bestimmtes Produkt optimalen Werte anpassen kann. Über den Gasdruck kann bei Vakuumanlagen die freie Weglänge im Bereich von 10^{-3}–10^{-2} m eingestellt werden. Das führt zu Elektronenenergien von wenigen eV bis in den keV-Bereich, während auf die Ionen nur bis zu 100 meV übertragen wird. Das hat eine Reihe von Konsequenzen für die Syntheseprozesse. Geht man zunächst von Elektronenenergien von wenigen eV aus, dann zeigen die Experimente, dass sich Elektronen mit so geringen Energien an der Oberfläche der Teilchen anlagern. Die Teilchen werden einheitlich negativ geladen. Diese Bedingungen treten bei hö-

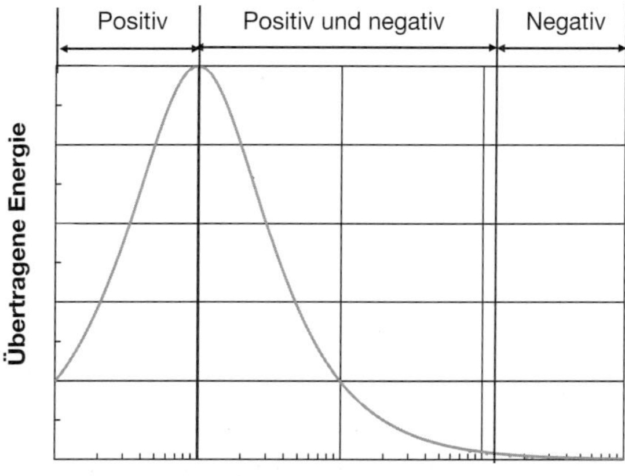

Abb. 4.9 Energie, die in einem oszillierenden elektrischen Feld auf geladene Teilchen übertragen wird. Im Bereich niedriger Kollisionshäufigkeit ist die Energie der Elektronen hoch, daher sind diese in der Lage die Teilchen zu ionisieren. Im Bereich hoher Kollisionshäufigkeit ist die Energie der Elektronen so gering, dass sich diese auf der Oberfläche der Teilchen anlagern können. Die Teilchen erhalten eine negative Ladung. Dazwischen liegt ein breiter Bereich, in dem sowohl positiv als auch negativ geladene Teilchen zu finden sind.

heren Gasdrücken bzw. nicht zu hohen Frequenzen auf. Im anderen Extremfall, wenn die Elektronen Energien bis in den keV-Bereich hineintragen, werden diese die Teilchen ionisieren[3]. Die Teilchen erhalten einheitlich positive Ladungen. In dem großen Bereich zwischen diesen Extremen tragen die Teilchen positive oder negative Ladungen. Das ist ein Bereich, in dem eine besonders starke Agglomeration zu erwarten ist. In diesem Fall kann man qualitativ hochwertige Produkte nur durch eine Abschreckstufe unmittelbar nach der Reaktionszone erhalten.

Die obigen Überlegungen sind in Abb. 4.9 in einer Grafik zusammengefasst. Es handelt sich im Wesentlichen um den gleichen Graphen wie in Abb. 4.8, jedoch ist die Abszisse in einem logarithmischen Maßstab. Das macht es möglich, die Bereiche in denen die Teilchen nur positiv bzw. negativ geladen sind einzutragen. Zwischen diesen beiden Randbereichen liegt der große Bereich, in dem Teilchen beider Ladungsvorzeichen auftreten.

Wichtig zu wissen

Die in einem oszillierenden elektrischen Feld aufgenommene Energie ist umgekehrt proportional zur Masse der geladenen Teilchen, daher nehmen Elektronen viel mehr Energie auf als Ionen. Ein Maximum an Energie wird übertragen, wenn die Frequenz des elektrischen Feldes gleich der Kollisionsfrequenz im Gas ist.

Ist der Gasdruck gering, so ist die Energie der Elektronen so groß, dass sie in der Lage sind Elektronen aus der Oberfläche der Teilchen herauszuschlagen. Die Teilchen erhalten eine positive Ladung. Ist der Gasdruck groß, so ist die Elektronenenergie so

3) Elektronen aus der Oberfläche herausschlagen.

gering, dass sich diese auf der Oberfläche der Teilchen anlagern – die Teilchen erhalten eine negative Ladung. Dazwischen ist ein breiter Bereich, in dem sowohl positiv als auch negativ geladene Teilchen vorliegen.

4.2
Syntheseverfahren ohne zusätzliches elektrisches Feld

4.2.1
Inertgas-Kondensationsverfahren

In diesem Abschnitt ...
Das erste Verfahren, das gezielt zur Synthese von nanoskaligen Teilchen entwickelt wurde, beruht auf der Kondensation von Metallatomen in der Dampfphase nach einer Thermalisierung durch Stöße mit Atomen eines Inertgases. Das Sammeln des Produktes erfolgt an einem mit flüssigem Stickstoff gekühlten Finger durch Thermodiffusion. Da bei diesem Verfahren in die Zufallsprozesse bei der Bildung der Teilchen nicht eingegriffen wird, erhält man eine sehr breite Teilchengrößenverteilung. Dieses Verfahren, mit dem man Teilchen höchster Reinheit herstellen kann, eignet sich bei vorsichtiger Oxidation des Produktes auch zur Herstellung von Oxiden.

Der erste Gasphasenprozess, und für spezifische Anwendungen noch heute unverzichtbar, ist das Inertgas-Kondensationsverfahren, das auch unter der Bezeichnung Verdampfungs- und Kondensationsverfahren bekannt ist. Bei diesem Verfahren verdampft man in einem Schiffchen ein Metall. In der den Verdampfer umgebenden Inertgas-Atmosphäre verlieren die Metallatome durch Kollisionen mit den Edelgasatomen ihre thermische Energie. Die nun thermalisierten Atome sind in der Lage Kondensationskeime zu bilden, die im weiteren Verlauf zu Teilchen heranwachsen. Diese Teilchen wandern durch Thermodiffusion (Thermophorese) zu einem, mit flüssigem Stickstoff gekühlten Finger und werden dort abgeschieden. Die Abb. 4.10 zeigt den Aufbau eines solchen Systems.

Will man Oxid- und nicht Metallteilchen herstellen, so werden die auf dem Kühlfinger abgeschiedenen Teilchen durch Erhöhung des Sauerstoffpartialdruckes im Gefäß vorsichtig oxidiert. Dieser Prozess muss sehr langsam erfolgen, um eine Überhitzung und, damit verbunden, ein Sintern der Teilchen zu vermeiden. Das Inertgas-Kondensationsverfahren ist ein reiner Zufallsprozess. Daher zeigt das Produkt auch eine sehr breite Teilchengrößenverteilung. Eine experimentell bestimme Teilchengrößenverteilung eines solchen Produktes ist in Abb. 4.4 dargestellt. Bei diesem Prozess ist es nicht möglich durch Abschrecken Einfluss auf die Teilchengrößenverteilung im Produkt zu nehmen.

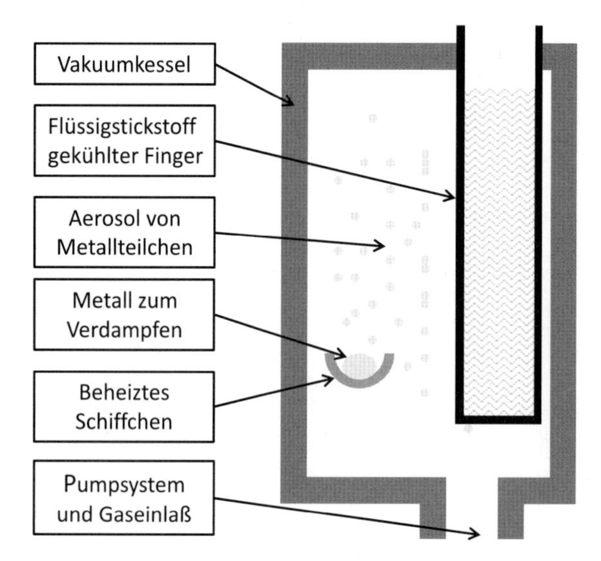

Abb. 4.10 Aufbau einer Anlage zur Synthese von Nanoteilchen nach dem Inertgas-Kondensationsverfahren. Das Edukt, zumeist ein Metall, wird von einem beheizten Schiffchen verdampft. Durch Kollisionen mit den Edelgasatomen verliert der Metalldampf so viel Energie (er wird thermalisiert), dass die Bildung von Teilchen möglich wird. Diese werden im Temperaturgradienten durch Thermodiffusion zu einem gekühlten Finger transportiert und dort abgeschieden.

Wichtig zu wissen

Das Inertgas-Kondensationsverfahren ist einer der wenigen Prozesse, die zur Herstellung metallischer Nanopulver geeignet sind. Bei diesem Verfahren erfolgt die Bildung der Teilchen durch einen Zufallsprozess, daher ist die Größenverteilung sehr breit. Die experimentelle Anordnung erlaubt die Synthese von Teilchen höchster Reinheit. Neben metallischen Teilchen können auch oxidische Teilchen hergestellt werden.

4.2.2
Physikalische und chemische Dampfphasensyntheseverfahren

In diesem Abschnitt ...

Das Inertgas-Kondensationsverfahren liefert zwar hochreine Produkte, aber dessen Struktur und die Teilchengrößen sind kaum beeinflussbar. Verwendet man anstelle des stagnierenden ein strömendes Gas, so bekommt man eine Reihe von Parametern, mit denen das Produkt besser den Anforderungen angepasst werden kann. Als Edukt wird bei der Variante „physical vapor synthesis" (PVS) ein Metall verwendet, das z. B. durch einen Lichtbogen oder einen Dauerstrichlaser verdampft wird. Verwendet man anstelle eines Metalls eine verdampfbare chemische Verbindung (chemical vapor synthesis, CVS), so gewinnt man zusätzliche Freiheitsgrade bei den

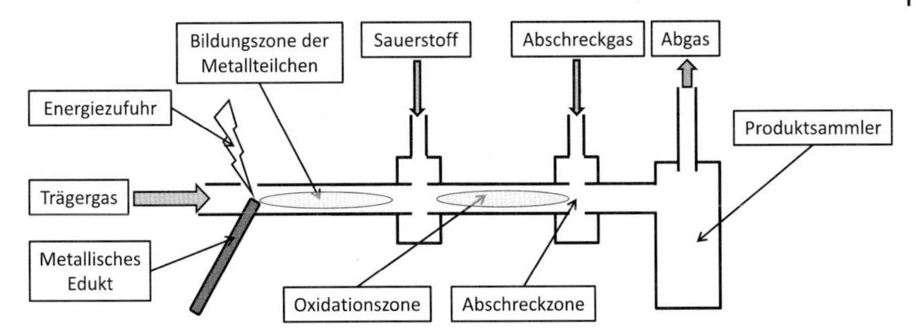

Abb. 4.11 Aufbau einer PVS-Anlage. Das metallische Edukt wird durch einen elektrischen Lichtbogen oder einen Laser verdampft. Dieser Metalldampf wird durch einen Inertgas-Strom abtransportiert. Während dieses Transportprozesses verliert der Metalldampf so viel Energie, dass die Bildung von Teilchen möglich wird. Will man z. B. Oxid-Teilchen herstellen, so wird als nächstes Sauerstoff zugegeben. Zur Begrenzung des Teilchenwachstums kann, vor dem Einsammeln des Produktes, das Trägergas rasch abgekühlt (abgeschreckt) werden.

Prozessparametern. Beide Verfahren sind zur Produktion im industriellen Maßstab geeignet.

Das Inertgas-Kondensationsverfahren hat zu einer großen Zahl von Varianten geführt. Vom Inertgas-Kondensationsverfahren unterscheiden sich diese Varianten dadurch, dass sie mit einem strömenden und nicht mit einem stagnierenden Gas arbeiten. Das ermöglicht eine größere Flexibilität und vor allem auch größere Produktionsmengen. Bei der physikalischen Variante (physical vapour synthesis, PVS) wird ein Metall verdampft, dieser Dampf wird einem strömenden Trägergas transportiert. Die Energiezufuhr zum Verdampfen des metallischen Eduktes kann durch einen elektrischen Lichtbogen oder einen Dauerstrichlaser (cw-Laser) erfolgen. Zur Begrenzung der Teilchengröße kann dem Gasstrom kaltes Gas zum Abschrecken hinzugefügt werden. Will man Oxid-Teilchen herstellen, so werden, nachdem sich aus dem Metalldampf Teilchen gebildet haben, diese durch Zugabe von Sauerstoff in den Gasstrom oxidiert. Die Abb. 4.11 zeigt ein Schema einer solchen Anlage.

Ein typisches, industriell hergestelltes Produkt, nanokristallines Eisenoxid (Fe_2O_3) das mit dem PVS-Verfahren hergestellt wurde, ist in Abb. 4.12 zu sehen.

Das in Abb. 4.12 dargestellte Produkt zeigt alle Charakteristika eines Produktes, das durch einen Zufallsprozess hergestellt wurde. Es hat eine breite Teilchengrößenverteilung. Typische Anwendungen findet ein solches Produkt als Pigment oder auch als UV-Absorber. Bei solchen Anwendungen ist die breite Größenverteilung durchaus von Vorteil.

Verwendet man anstelle eines metallischen Ausgangsstoffes eine verdampfbare Verbindung, so hat man es mit einer chemischen Dampfphasensynthese zu tun (chemical vapor synthesis, CVS). Bei dem CVS-Verfahren muss die Temperatur der Reaktionszone so gewählt werden, dass die gewünschte chemische Reaktion

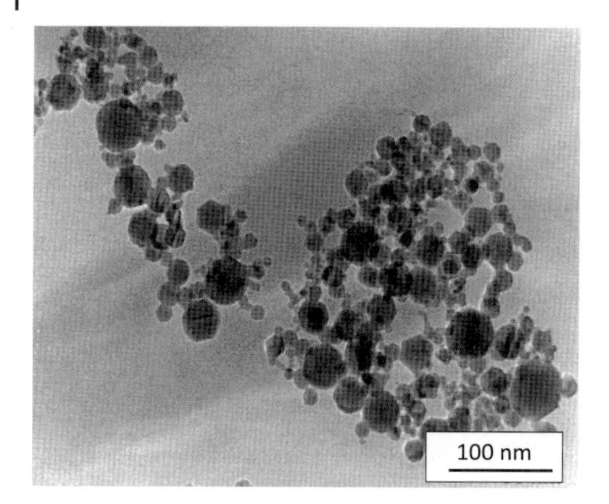

Abb. 4.12 Eisenoxidpulver, industriell hergestellt mit dem PVS-Verfahren. Man erkennt die, für ein Produkt das mit einem Zufallsprozess hergestellt wurde, typische breite Teilchengrößenverteilung, die von etwa 5–50 nm reicht. Ein solches Material eignet sich besonders gut als Pigment oder UV-Absorber. (Mit Erlaubnis der Nanophase, Nanophase Technologies Corporation, 1319 Marquette Drive, Romeoville, IL 60446, USA.)

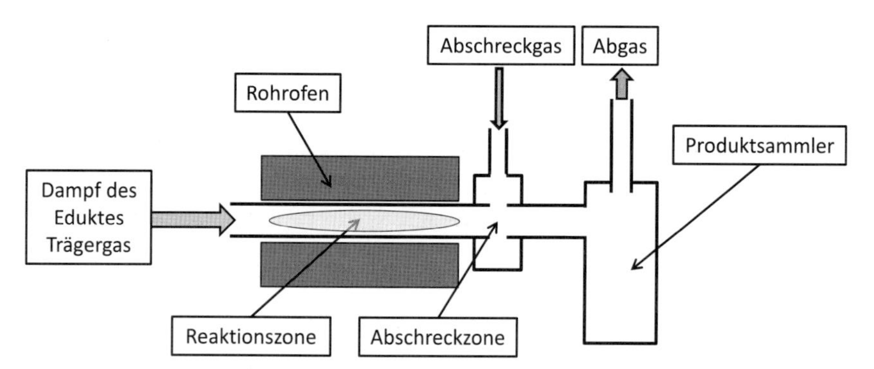

Abb. 4.13 Aufbau einer CVS-Anlage. Bei diesem Verfahren verwendet man leicht verdampfbare Verbindungen, die das gewünschte Metall enthalten. Die Temperatur in der Reaktionszone hängt von der angestrebten chemischen Reaktion ab.

stattfinden kann und möglichst keine Reste des Eduktes im Produkt verbleiben. In diesem Falle setzt man dem Trägergas zusätzlich zum Dampf der Edukte auch das Reaktionsgas, z. B. Sauerstoff, zu. Der grundsätzliche Aufbau einer solchen Anlage ist in Abb. 4.13 dargestellt.

Die Temperatur in der Reaktionszone hängt von der gewählten chemischen Reaktion ab. Benutzt man z. B. flüchtige Chloride zur Synthese von Oxiden, so sind Temperaturen im Bereich zwischen 1100–1500 K erforderlich. Existiert jedoch eine Verbindung, die sich bereits bei niedrigeren Temperaturen umsetzen lässt, reichen oft schon 500–700 K aus. Als Beispiel sei hier die Synthese von Eisenoxid (Fe_2O_3) aus dem Carbonyl ($Fe(CO)_5$) genannt. In diesem Falle kann man die Reaktion bereits bei weniger als 600 K durchführen. Wegen der niedrigen Temperatur erhält man dann ein extrem feines Produkt mit Teilchengrößen um 3 nm, das

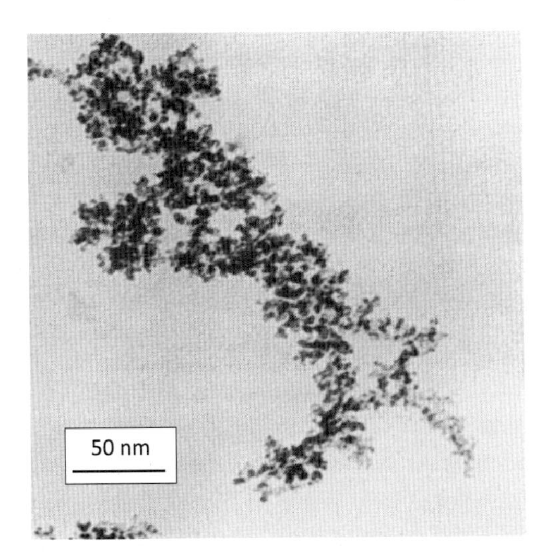

Abb. 4.14 Fe_2O_3-Pulver, das nach der chemischen Dampfphasensynthese hergestellt wurde. Da als Edukt das leicht oxidierbare Carbonyl verwendet wurde, reichen als Reaktionstemperatur 500–700 K aus. Wegen der niedrigen Reaktionstemperatur ist die Teilchengröße mit etwa 3 nm extrem gering. Das Produkt ist nicht kristallisiert und daher auch nicht ferromagnetisch. (Mit der Erlaubnis der MACH I, Inc. 340 East Church Road, King of Prussia, PA 19406 USA.)

nicht kristallisiert ist. Eine elektronenmikroskopische Aufnahme eines solchen, industriell hergestellten Produkts ist als Beispiel in Abb. 4.14 dargestellt. Dieses Produkt, das wegen seiner geringen Korngröße eine extrem große Oberfläche hat, eignet sich besonders gut als Katalysator.

Ergänzung 4.6: Reaktionen anwendbar bei der chemischen Dampfphasensynthese

Zur Synthese von Oxiden verwendet man gerne Chloride. Chloride sind im Allgemeinen die preiswertesten Verbindungen, die sich als Edukte eignen. Um ein Metalloxid MeO_y zu erhalten, benutzt man die Reaktion

$$\mathrm{MeCl}_x + \frac{y}{2}\mathrm{O}_2 \Rightarrow \mathrm{MeO}_y + \frac{x}{2}\mathrm{Cl}_2 \tag{4.16}$$

In den meisten Fällen läuft diese Reaktion bei Temperaturen im Bereich zwischen 1200–1500 K ab. Fügt man dem Reaktionsgas Wasser zu, so reduziert sich die Reaktionstemperatur deutlich

$$\mathrm{MeCl}_x + \frac{x}{2}\mathrm{H}_2\mathrm{O} + \frac{2y-x}{2}\mathrm{O}_2 \Rightarrow \mathrm{MeO}_y + x\mathrm{HCl} \tag{4.17}$$

Die Synthese nach den Reaktionen (4.16) und (4.17) bringt das Problem mit sich, dass korrosive Gase, Chlor oder Salzsäure, freigesetzt werden. Zusätzlich besteht die Möglichkeit, dass diese Stoffe an den großen Oberflächen der

Nanoteilchen angelagert werden. Ein Ausweg aus dieser Situation ist die Verwendung von Carbonylen, Nitrosylcarbonylen oder auch Carbonylchloriden. Die Verwendung dieser Edukte hat zusätzlich den Vorteil, dass die Reaktionstemperatur deutlich abgesenkt werden kann. So läuft die Reaktion

$$2Fe(CO)_5 + \frac{13}{2}O_2 \Rightarrow Fe_2O_3 + 10CO_2 \tag{4.18}$$

bereits bei Temperaturen von etwa 500 K ab. Neben den erwähnten Verbindungen gibt es noch eine Reihe von organischen Verbindungen, die als Ausgangsstoffe für die Synthese durchaus geeignet sind. Zu erwähnen ist in diesem Zusammenhang die große Gruppe der Acetylacetonate.

Wegen ihrer geringeren Stabilität und Oxidationsempfindlichkeit ist die Synthese von Carbiden und Nitriden deutlich schwieriger, daher ist auch die Auswahl der Edukte mit größter Vorsicht durchzuführen. Als Beispiel sei in diesem Zusammenhang die Synthese von Siliciumcarbid (SiC) aus Trimethylchlorsilan angeführt.

$$(CH_3)_3ClSi \Rightarrow SiC + 2CH_4 + HCl \tag{4.19}$$

Auch wenn diese Reaktion (4.19) sehr einfach aussieht, so muss die Reaktionstemperatur doch sehr sorgfältig gewählt werden, da diese Reaktion dazu neigt, anstelle von reinem SiC auch elementares Silicium und Ruß zu bilden.

Grundsätzlich kann man Nitride auch aus den Chloriden synthetisieren. Da aber Chloride stabiler sind als Nitride, muss man das Gleichgewicht durch Zugabe von Wasserstoff oder Ammoniak in Richtung der Nitride verschieben. Es bieten sich also die Reaktionen

$$MeCl_n + \frac{m}{2}N_2 + \frac{n}{2}H_2 \Rightarrow MeN_m + nHCl \tag{4.20a}$$

$$MeCl_n + \frac{m}{2}NH_3 \Rightarrow MeN_m + nHCl + \frac{3m-n}{n}H_2 \tag{4.20b}$$

an. Die Reaktion (4.20b) hat zwar den Vorteil bei etwas niedrigerer Temperatur anzulaufen, dafür muss man aber, bei ungünstiger Wahl der Reaktionsbedingungen, die Bildung von NH_4Cl in Kauf nehmen. Das Ammoniumchlorid ist ein Feststoff, der anschließend aus dem Produkt wieder entfernt werden muss.

Bei der Wahl der Ausgangsstoffe für die Synthese muss eine Reihe von Gesichtspunkten beachtet werden. Als Wichtigste sind dabei zu nennen:

- Qualität und Reinheit des Produktes. Hierbei muss besonders auf eine eventuelle Adsorption von unerwünschten Stoffen, wie z. B. HCl an der Oberfläche, geachtet werden. Vor allem adsorbierte chlorhaltige Verbindungen können bei einer späteren Funktionalisierung der Oberfläche mir organischen oder biologischen Verbindungen zu erheblichen Problemen führen. Zusätzlich muss darauf geachtet werden, dass die Verwendung von Chloriden zu Chlor oder Salzsäure im Abgas führt.

- Temperaturbereich der Reaktion. Aus Gründen der Energieeffizienz und der Teilchengröße sind hier möglichst niedrige Temperaturen anzustreben. Gerade der Abhängigkeit der Teilchenmorphologie von der Reaktionstemperatur ist besonderes Augenmerk zu schenken.
- Sicherheit bei der Hantierung. In diesem Zusammenhang stellen instabile oder an Luft selbstentzündliche Verbindungen ein besonderes Risiko dar.
- Der Preis, schließlich muss das Produkt auch konkurrenzfähig sein. Aus dieser Sicht heraus wird man, wenn immer möglich, Chloride verwenden. Es bieten sich aber auch durchaus preiswerte Alkoxide und, besonders bei Elementen der zweiten Hauptgruppe und den Seltenen Erden, Acetylacetonate an.

Wichtig zu wissen

Die beiden Dampfphasensyntheseverfahren sind, da sie mit einem strömenden Trägergas arbeiten, recht flexibel einsetzbar. Beide Verfahren beruhen auf zufälligen Kollisionen in der Dampfphase, die Teilchengrößen des Produkts zeigen daher eine *Poisson*-Verteilung. Durch die weitgehend lineare Anordnung der Syntheseanlagen besteht allerdings die Möglichkeit die Agglomeration der Teilchen durch eine Abschreckstufe zu begrenzen. Speziell bei der chemischen Dampfphasensynthese (chemical vapour synthesis, CVS), das vorwiegend bei der Synthese von Oxiden eingesetzt wird, ist die Auswahl an Ausgangsstoffen sehr groß. Diese Verfahren werden sowohl im Labor als auch im industriellen Maßstab eingesetzt.

4.2.3 Laserablationsverfahren

In diesem Abschnitt ...

Die bisher diskutierten Verfahren eignen sich nur für relativ einfach zusammengesetzte Produkte. Verwendet man jedoch anstelle eines Lichtbogens oder eines Dauerstrichlasers einen gepulsten Laser, so besteht die Möglichkeit ein komplex zusammengesetztes Edukt, eventuell sogar eine mechanische Mischung von Ausgangsstoffen, kongruent zu verdampfen. Dieser Dampf muss dann in einem Trägergasstrom zu einem Pulversammler transportiert werden. Wenn auch die Vorgänge in der durch den Laser hervorgerufenen Dampfwolke, einem dichten Plasma, nicht streng den bisher diskutierten statistischen Gesetzen folgen, so ist die Größenverteilung dieser Produkte doch relativ breit mit einem langen Schwanz in Richtung der größeren Teilchen. Bei ungünstig gewählten Synthesebedingungen können jedoch auch Ketten oder netzartige Strukturen anstelle von separierbaren Teilchen entstehen.

Bei den Laserablationsverfahren verwendet man gepulste Laser als Energiequelle. Dieses Verfahren ist sowohl für Metalle als auch für Oxide geeignet. Auch bei der Wahl des Eduktes besteht große Freiheit, es können, da während des kurzen Verdampfungsvorganges kaum eine Entmischung stattfindet, Metalle, Oxide oder auch fast beliebige Mischungen verwendet werden. Auch im Falle komplex zusammengesetzter Ausgangsstoffe findet sich, wegen der kurzen Aufheizzeiten, die korrekte Zusammensetzung im verdampften Material wieder. So vielversprechend die Grundidee auch ist, so schwierig ist es, qualitativ hochwertige Produkte zu erhalten. Als Energiequelle wird häufig ein frequenzkonvertierter Nd:YAG- oder ein Excimerlaser mit Impulslängen im Bereich von Nanosekunden verwendet. Die Wechselwirkung eines solchen Laserpulses führt, insbesondere bei Oberflächen mit guter Wärmeleitung, zur Bildung einer flüssigen Phase, bevor die Verdampfung einsetzt. Das kann bei komplex zusammengesetzten Ausgangsstoffen zu Entmischungen führen. Dieses Problem wird durch Verwendung eines Pikosekundenlasers vermieden. In diesem Falle verdampft das Material unmittelbar, eine flüssige Phase wird nicht gebildet. In der Dampfwolke ist, unmittelbar nach ihrer Bildung, die Konzentration sehr hoch. Ist die Expansionsgeschwindigkeit nicht hinreichend groß, so werden anstelle einzelner Teilchen fraktale Gebilde oder netzartige Strukturen entstehen. Dieser unerwünschte Effekt kann durch eine geeignete Wahl der Syntheseparameter unterdrückt werden.

Das Grundprinzip eines Laserablationssystems ist in Abb. 4.15 dargestellt. Der Strahl des gepulsten Lasers wird durch ein optisches System auf die Oberfläche des Ausgangsmaterials gelenkt. Während des kurzzeitigen Energieeintrages verdampft Material von der Oberfläche. Ist die Energie des Lasers hinreichend hoch, so bildet sich in dieser Dampfwolke, die sich mit Überschallgeschwindigkeit ausbreitet, ein Plasma aus. Die Temperatur in dieser Plasmawolke kann einige Tausend *Kelvin* betragen. Diese Dampfwolke expandiert adiabatisch in den umliegenden Raum und kühlt sich dabei ab. Während der Abkühlung werden Teilchen gebildet die durch das Trägergas abtransportiert werden. Dem Trägergas können noch reaktive Komponenten, für Oxide Sauerstoff, für Nitride Ammoniak und für Carbide Methan, hinzugefügt werden. Um größere Mengen herstellen zu können, wurden Anlagen mit rotierenden Haltern für das Edukt konstruiert.

Da die Teilchen während der adiabatischen Expansion der Dampfwolke gebildet werden, muss man einen starken Einfluss des Druckes des umgebenden Gases auf das Reaktionsprodukt erwarten. Diese Überlegung ist experimentell verifiziert. Die Abb. 4.16 zeigt den mittleren Durchmesser von Co_3O_4 Teilchen [9] als Funktion des Gasdruckes im System.

Der Verlauf der Teilchengrößen als Funktion des Gasdruckes im Reaktionsgefäß, wie er in Abb. 4.16 dargestellt ist, gibt einen guten Einblick in die Vorgänge bei der Bildung der Teilchen. Die expandierende Dampfwolke ist übersättigt. Die Dauer der Übersättigung ist aber durch die rasche adiabatische Expansion der Dampfwolke limitiert, daher hat der äußere Gasdruck einen entscheidenden Einfluss auf die Keimbildung sowie das anschließende Teilchenwachstum. Bei niedrigem Gasdruck erfolgt die Expansion sehr rasch; die gebildeten Keime haben nur wenig Zeit zu wachsen. Das begrenzt die Teilchengröße im Reaktionsprodukt. Bei höherem Gasdruck ist die Zeit der Übersättigung länger und die Teilchen haben mehr Zeit zum Wachsen; die Teilchengröße nimmt zu. Dieser Vorgang ist aber begrenzt, da bei noch weiter steigendem Gasdruck mehr Zeit für die Keimbildung

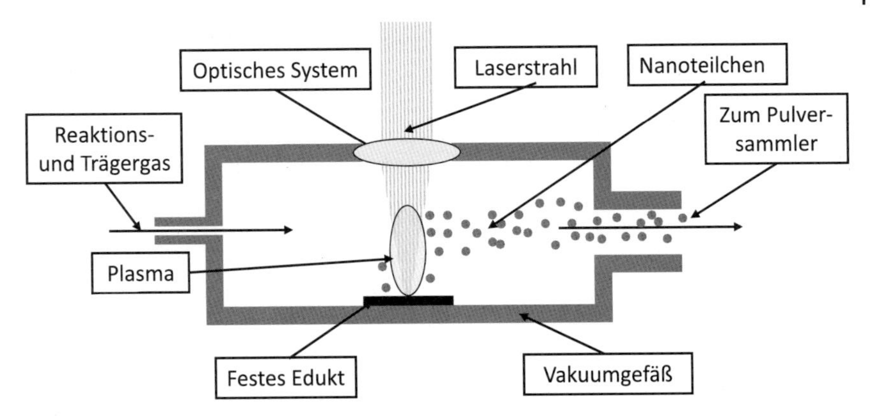

Abb. 4.15 Aufbau eines Systems zur Synthese von Nanoteilchen nach dem Laserablationsverfahren. Der Strahl des gepulsten Lasers wird durch ein optisches System auf die Oberfläche des Ausgangsmaterials fokussiert. Das Edukt verdampft während des Energieeintrages; es bildet sich ein Plasma aus. In diesem Plasma entstehen Teilchen, die durch die Strömung des Trägergases abtransportiert werden.

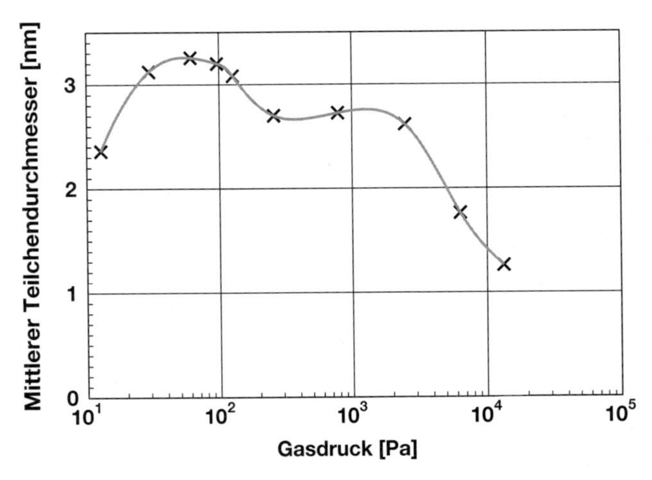

Abb. 4.16 Einfluss des Gasdruckes in der Reaktionskammer bei dem Laserablationsverfahren auf den mittleren Teilchendurchmesser von Co_3O_4 [9].

bleibt, da sich die Dampfwolke etwas langsamer ausdehnt. Das führt im weiteren Verlauf zu einer reduzierten Teilchengröße. Da aber in letzterem Fall die Teilchen in einem recht kleinen Volumen entstehen, nimmt die Wahrscheinlichkeit der Bildung von Agglomeraten zu.

Als Beispiel für eine erfolgreiche Synthese ist in Abb. 4.17 eine Teilchengrößenverteilung von Fe_2O_3 dargestellt. Als Ausgangsmaterial diente ein Draht aus reinem Eisen. In völlig atypischer Weise wurde ein Nd:YAG-Laser mit einer Wellenlänge von 1064 nm und einer Pulslänge im Bereich zwischen 0,3–20 ms benutzt. Das Produkt hat Teilchengrößen im Bereich zwischen 5–90 nm wobei ein nur geringer Anteil des Materials Korngrößen größer als 55 nm aufwies.

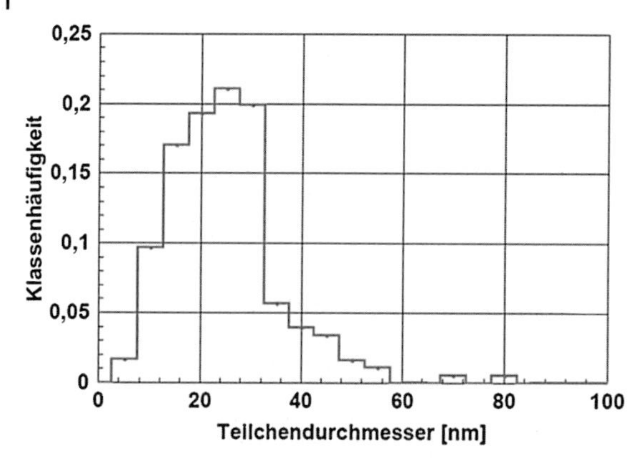

Abb. 4.17 Eisenoxid (Fe_2O_3) hergestellt mithilfe der Laserablation. Als Ausgangsstoff diente ein Draht aus reinem Eisen. Wie es bei einer Teilchenbildung mit einem Zufallsprozess zu erwarten ist, ist die Teilchengrößenverteilung stark unsymmetrisch [10].

Wichtig zu wissen
Grundsätzlich sollten sich Ablationsverfahren, die mit gepulsten Lasern arbeiten, für die Herstellung komplex zusammengesetzter Produkte eignen. Dieses Potenzial lässt sich allerdings kaum verwirklichen. Es ist sogar sehr schwierig, Produkte mit vereinzelbaren Teilchen zu erhalten. Wenn Produkte mit vereinzelbaren Teilchen entstehen, so ist deren Größenverteilung zumeist recht breit.

4.3
Plasmaverfahren

In diesem Abschnitt ...
Wenn auch beim Laserablationsverfahren im Fokus des Laserstrahles direkt an der Oberfläche des Edukts ein Plasma entsteht, so wird dieses, da es letztlich eine Variante des PVS-Verfahrens ist, nicht zu den Plasmaverfahren gerechnet. Bei den Plasmaverfahren im engeren Sinne geht man davon aus, dass das Plasma, das von einer Quelle mit Gleich- oder Wechselstrom versorgt wird, kontinuierlich brennt. Plasmaverfahren haben den Vorteil außerordentlich flexibel zu sein. Das bezieht sich sowohl auf die Energieversorgung als auch auf die Auswahl und Zuführung des Eduktes. Plasmaverfahren werden auch bei der industriellen Produktion von Nanopulvern eingesetzt.

4.3.1
Plasmaverfahren mit geladenen Teilchen gleichen Vorzeichens

In diesem Abschnitt ...
Wie bei der statistischen Behandlung der Kollisionsprozesse bereits gezeigt wurde,

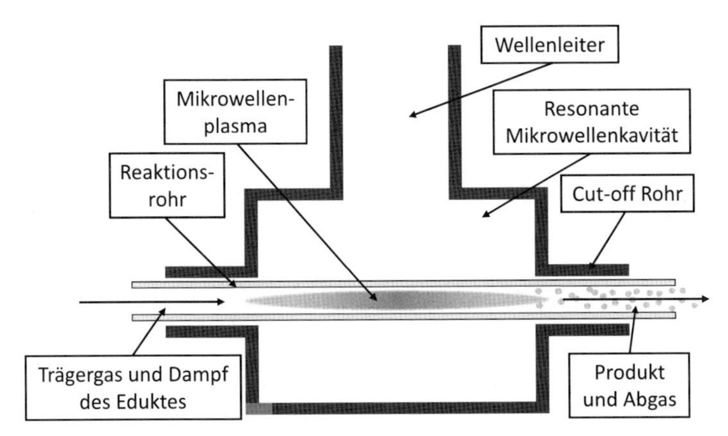

Abb. 4.18 Aufbau eines Mikrowellensystems zur Synthese von Nanoteilchen. Bei geeigneter Auswahl der Synthesebedingungen kann sichergestellt werden, dass alle Teilchen positive elektrische Ladungen tragen. Die Mikrowellenkavität, in der sich das Reaktionsrohr und auch das Plasma befinden, muss elektrisch genau abgestimmt sein. Um ein Austreten von Mikrowellen aus dem System zu vermeiden, muss sich an beiden Enden der Kavität ein Dämpfungsrohr (cut-off tube) befinden. Das Edukt wird dampfförmig zugeführt.

hat das Aufbringen von elektrischen Ladungen gleichen Vorzeichens auf Nanoteilchen eine Reihe von Vorteilen. Gleichsinnig geladene Teilchen stoßen sich ab. Da wegen des im Mittel konstanten elektrischen Oberflächenpotenzials aller Teilchen die Ladung der Teilchen mit zunehmendem Durchmesser zunimmt, nimmt auch die Abstoßung der Teilchen mit zunehmendem Durchmesser zu. Das vermindert die Bildung großer Teilchen. Als Ergebnis wird die Teilchengrößenverteilung enger und damit die der physikalischen Eigenschaften. Bei Anwendungen für Produkte mit hoher Wertschöpfung ist das ein entscheidender Vorteil.

Um Produkte mit enger Teilchengrößenverteilung zu erhalten wählt man zweckmäßigerweise Verfahren, bei denen alle Teilchen elektrische Ladungen gleichen Vorzeichens tragen. Das erreicht man mit Plasmaverfahren, die man weder unter Bedingungen betreibt, bei denen die Kollisionsfrequenz deutlich kleiner ist als die des anregenden Feldes oder man wählt den Gasdruck so, dass die Kollisionsfrequenz deutlich größer ist als die des elektrischen Feldes. Im ersten Fall tragen die Teilchen positive, im zweiten negative Ladungen.

Die Abb. 4.18 zeigt den Aufbau einer Mikrowellensyntheseanlage für Nanoteilchen. Wählt man den Gasdruck hinreichend niedrig, d. h. in einem Bereich unter 10^4 Pa (100 mbar), so sind die Bedingungen für einheitlich positiv geladene Teilchen in idealer Weise erfüllt. Als Frequenz wählt man für Experimentieranlagen kleinerer Leistung 2,45 GHz („Küchenfrequenz"), eine Frequenz, für die sehr preiswerte Komponenten auf dem Markt sind, oder für größere Anlagen 0,915 GHz. Für diese Frequenz stehen auch Generatoren großer Leistung zur Verfügung.

Bei der in Abb. 4.18 skizzierten Anlage befindet sich das Reaktionsrohr, in dem das Plasma brennt, in einer resonanten Mikrowellenkavität. Eine optimale Abstimmung der Kavität bei brennendem Plasma ist von besonderer Bedeutung, da ansonsten eine unwirtschaftlich hohe Leistung des Generators benötigt wird. Die Mikrowellenkavität ist über einen Hohlwellenleiter und ein Abstimmsystem an einen Mikrowellengenerator angeschlossen [5]. An der Durchführung für das Reaktionsrohr in die Mikrowellenkavität wird zur Vermeidung eines unerwünschtes Austrittes von Mikrowellen ein Dämpfungsrohr (cut-off tube) benötigt. Das Reaktionsrohr besteht, um parasitäre Absorption von Mikrowellen zu vermeiden, aus Quarzglas. Darüber hinaus ist die hohe Temperaturwechselbeständigkeit dieses Werkstoffes von großer Bedeutung.

Während der Synthese werden die verdampften Edukte mit einem Trägergas, dem auch reaktive Komponenten, wie z. B. Sauerstoff oder Ammoniak, beigemischt sein können, in die Reaktionszone gebracht. Die Gasströmung stellt man zweckmäßigerweise so ein, dass die Verweilzeit im Plasma nicht länger als 10 ms ist. Die nach der Plasmazone im Gasstrom gemessenen Temperaturen stellt man, abhängig von den Erfordernissen der Reaktion, im Bereich zwischen 400–800 K ein. Diese, im Vergleich zum CVS-Verfahren extrem niedrigen Reaktionstemperaturen sind möglich, weil das Edukt in der Plasmazone bereits dissoziiert und ionisiert vorliegt. Daher ist eine thermische Aktivierung der Reaktion nicht mehr notwendig.

Als Beispiel für ein Produkt, das mithilfe einer solchen Mikrowellenanlage hergestellt wurde, ist in Abb. 4.19 eine elektronenmikroskopische Aufnahme eines Zirkonoxidpulvers (ZrO_2) gezeigt. Ausgangsprodukt war in diesem Fall wasserfreies Zirkonchlorid ($ZrCl_4$). Man erkennt deutlich eine recht einheitliche Teilchengröße im Bereich von etwa 5 nm. Des Weiteren erkennt man an der Gitterabbildung[4], dass die Teilchen kristallisiert sind. Durch Optimieren der Synthesebedingungen und bei Verwendung geeigneter Edukte kann man auch Produkte mit mittleren Teilchengrößen im Bereich von 2–3 nm erhalten.

Die chemischen Reaktionen, die man bei der Mikrowellenplasmasynthese benutzt, sind im Wesentlichen die gleichen wie beim CVS-Verfahren. Die Synthese unterscheidet sich nur durch die wesentlich niedrigeren Temperaturen. Es muss aber darauf geachtet werden, dass keine Nebenprodukte auftreten, die die elektrische Ladung der Teilchen verändern oder gar löschen könnten. Ein typisches Beispiel für das Auftreten einer unerwünschten Nebenreaktion wird bei der Zugabe von Wasser beobachtet. Dabei ist es unerheblich, ob das Wasser zur Reduktion der Reaktionstemperatur[5] zugesetzt wurde oder ob es sich dabei um Kristallwasser oder ein Zersetzungsprodukt einer organischen Verbindung handelt. In jedem Fall entstehen dabei $(OH)^-$-Ionen, die die positive Ladung der Teilchen neutralisieren. Damit kann der wachstumsbegrenzende Effekt von Ladungen gleichen Vorzeichens auf den Ladungen nicht mehr wirken. Ein wesentlicher Vorteil des Mikrowellenplasmaverfahrens geht damit verloren. Dass diese Überlegungen nicht nur Spekulation sind, wird in Abb. 4.20 am Beispiel von Zirkonoxid belegt,

4) Das sind die feinen Linien, die man in den Teilchen sieht, „lattice fringes“.

5) Das ist bei einem Plasmaverfahren ohnehin nicht nötig.

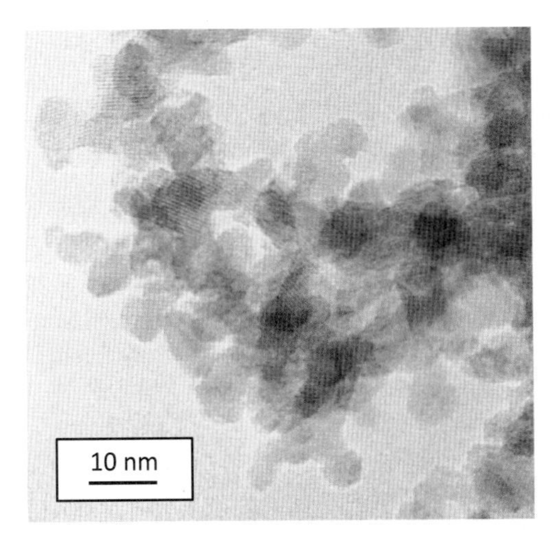

Abb. 4.19 Zirkonoxid hergestellt mit einer Mikrowellensynthese. Ausgangsprodukt war $ZrCl_4$. Die recht einheitliche Teilchengröße ist charakteristisch für Produkte, die nach einem Verfahren hergestellt wurden, bei dem alle Teilchen elektrische Ladungen gleichen Vorzeichens tragen.

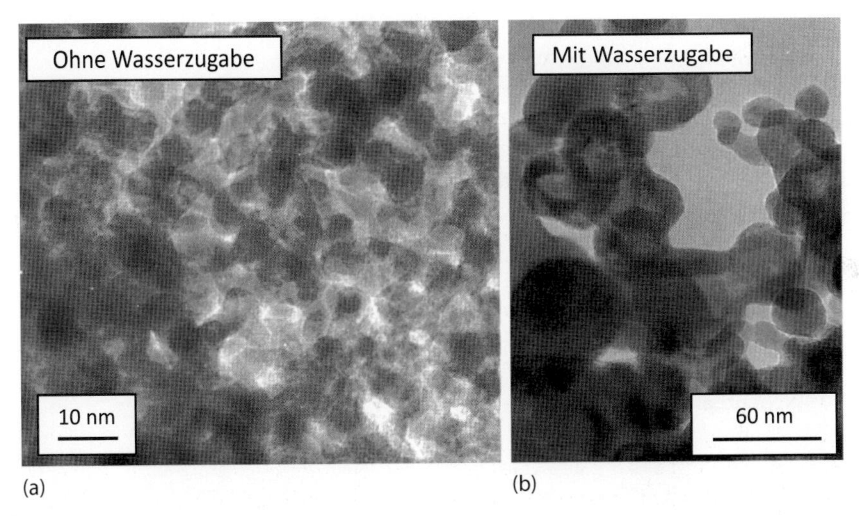

Abb. 4.20 Zirkonoxid-Nanoteilchen hergestellt nach dem Mikrowellenplasmaverfahren. Man erkennt deutlich die einheitliche Teilchengröße im Bereich von etwa 8 nm in (a) in Gegensatz zu der breiten Teilchengrößenverteilung in (b), die im Bereich zwischen 10–50 nm liegt. Bei der Synthese des in (b) dargestellten Produktes wurde die elektrische Ladung der Teilchen durch Zugabe von Wasser neutralisiert [1]. (Mit Erlaubnis von Springer.)

das aus dem Chlorid hergestellt wurde. Dabei handelt es sich um die Gegenüberstellung von zwei Reaktionsprodukten, die unter den gleichen Bedingungen hergestellt wurden. Der Unterschied lag lediglich in der Zugabe von Wasser bei einem der Versuche. Das in Abb. 4.20a dargestellte Produkt zeichnet sich durch eine recht einheitliche Teilchengröße im Bereich von etwa 8 nm aus. Bei dem in Abb. 4.20b dargestellten Produkt findet man eine breite Teilchengrößenverteilung im Bereich zwischen 10–50 nm. Der große Unterschied der beiden Produkte belegt in eindeutiger Weise die Gültigkeit des hier dargestellten Modells.

Ergänzung 4.7: Chemische Reaktionen im Plasma

In einem Plasma liegen die Reaktanten zum größten Teil dissoziiert und ionisiert vor. Das ermöglicht das Durchführen der Reaktionen bei wesentlich erniedrigten Temperaturen, da eine thermische Aktivierung der Reaktion nicht notwendig ist. Andererseits muss man auch darauf achten, dass keine Reaktionsprodukte entstehen, die die Ladung der Teilchen löschen könnten. Ein typisches Beispiel für eine solche Reaktion, die in einer konventionellen Umgebung besonders vorteilhaft ist, soll im Folgenden diskutiert werden.

Als Edukt für die Synthese eines Oxides benutzt man gerne Chloride. Um die Reaktionstemperatur zu senken setzt man Wasser zu. Das führt zu der Reaktionsgleichung

$$\mathrm{MeCl}_x + \frac{x}{2}\mathrm{H_2O} + \frac{2y-x}{2}\mathrm{O_2} \Rightarrow \mathrm{MeO}_y + x\mathrm{HCl} \tag{4.21}$$

In einem Plasma wird das Wasser dissoziieren

$$\mathrm{H_2O} \Rightarrow \mathrm{H^+} + (\mathrm{OH})^- \tag{4.22}$$

Das führt zusätzlich zu den folgenden Reaktionen:
Nebenreaktion I

$$\begin{aligned} &\mathrm{MeCl}_n + (m+x)(\mathrm{OH})^- + (m+x)\mathrm{H^+} \Rightarrow \\ &\quad \mathrm{MeO}_m + x\mathrm{HClO} + (n-x)\mathrm{HCl} + \left(m + x - \frac{n}{2}\right)\mathrm{H_2} \quad x \ll n \end{aligned} \tag{4.23}$$

Unter der Annahme, dass die Teilchen positive Ladungen tragen, erfolgt die Nebenreaktion II

$$\begin{aligned} &\mathrm{H_2O} \Rightarrow \mathrm{H^+} + (\mathrm{OH})^- \\ &\quad \mathrm{Teilchen}^{n+} + n(\mathrm{OH})^- \Rightarrow (\mathrm{Teilchen}^{n+} + n(\mathrm{OH})^-)^{\mathrm{neutral}} \end{aligned} \tag{4.24}$$

Diese zweite Nebenreaktion neutralisiert die Teilchen. Durch die Zugabe des Wassers tragen die Teilchen keine elektrischen Ladungen mehr, der Vorteil des Mikrowellenplasmaverfahrens ist somit verloren.

So lange das Produkt elektrisch nicht leitend ist, kann man mit diesem Verfahren nahezu alle Arten von Nanoteilchen herstellen. Die Einschränkung auf Nichtleiter ist wegen des möglichen Niederschlages des Reaktionsproduktes auf der Innenseite des Reaktionsrohres; das führt bei Metallen zu einer Abschirmung der Mikrowellen. Dennoch ist es möglich Komposite herzustellen, deren Oberfläche mit Metallclustern belegt ist (siehe auch Abb. 2.7c). Als Beispiel für ein nicht oxi-

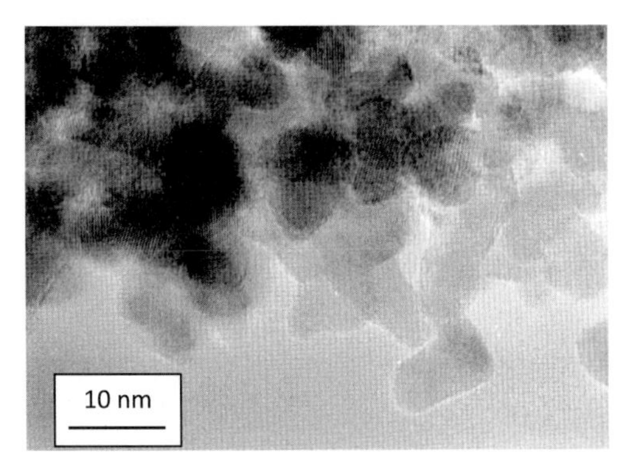

Abb. 4.21 Zirkonnitrid (ZrN) hergestellt aus dem Chlorid als Edukt und einem Gemisch von Stickstoff und Ammoniak als Trägergas [11]. (Mit Erlaubnis von Elsevier.)

disches Teilchen zeigt die Abb. 4.21 Zirkonnitrid. Auch dieses Produkt wurde aus dem Chlorid hergestellt. Reaktions- und Trägergas war eine Mischung aus Stickstoff und Ammoniak [11]. Wie diese elektronenmikroskopische Aufnahme zeigt, liegen auch in diesem Falle die Teilchengrößen in einem sehr engen Bereich; die mittlere Teilchengröße ist etwa 10 nm. Daraus kann man schließen, dass die Teilchen während der Synthese elektrische Ladungen gleichen Vorzeichens trugen.

Es sind auch Synthesen möglich, bei denen alle Teilchen negative Ladungen tragen. Dazu ist es notwendig, die Frequenz des Hochfrequenzfeldes deutlich zu reduzieren. Typische Syntheseanlagen arbeiten z. B. mit einer Frequenz von 13,56 MHz und einem Gasdruck im Bereich von 0,3 Pa [7]. Unter diesen Bedingungen war die Energie der Elektronen im Plasma im Bereich von 3 eV. Elektronen so geringer Energie können die Teilchen nicht ionisieren, sie lagern sich an der Oberfläche an. Der experimentelle Aufbau ist besonders interessant, da ein gepulster Hochfrequenzgenerator verwendet wurde. Das macht es möglich, die Teilchengröße über die Länge der Pulse einzustellen. Ein Schema einer solchen Anlage ist in Abb. 4.22 dargestellt.

Bei der in Abb. 4.22 skizzierten Anlage brennt zwischen den beiden permeablen Elektroden ein Plasma.[6] Durch das Reaktionsrohr wird ein Gemisch aus Trägergas und verdampftem Edukt zugeführt. Die Strömungsgeschwindigkeit und die Stärke des elektrischen Feldes sind so eingestellt, dass die gebildeten Teilchen, die eine negative Ladung tragen, im Zwischenraum zwischen den Elektroden gehalten werden. So kann man über die Dauer des Pulses des Hochfrequenzgenerators die Teilchengröße einstellen. Als Beispiel ist die Abhängigkeit der Größe von FePt-Teilchen von der Pulsdauer in Abb. 4.23 dargestellt.

Es ist eine Besonderheit dieses Verfahrens, dass man auch metallische Teilchen herstellen kann. Die Abb. 4.24 zeigt eine elektronenmikroskopische Aufnahme eines solchen Produktes. Man erkennt, dass die Größe der Teilchen in diesem Produkt sehr einheitlich ist.

6) Im Gegensatz zu dem vorher beschriebenen elektrodenlosen Mikrowellenverfahren benutzt man diese Elektroden.

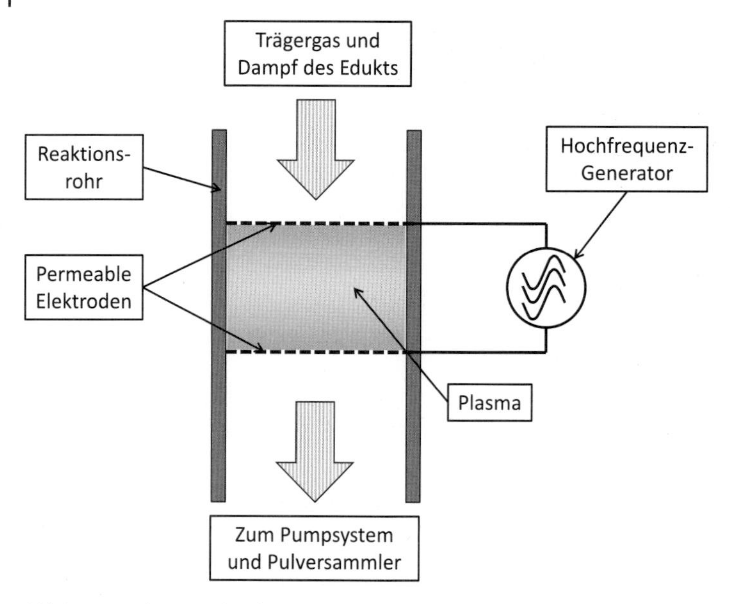

Abb. 4.22 Anlage zur Synthese von Nanoteilchen. Gasdruck und Frequenz des Hochfrequenzgenerators sind so gewählt, dass alle Teilchen negative Ladungen tragen. Strömungsgeschwindigkeit und Feldstärke sind so gewählt, dass die Teilchen so lange zwischen den permeablen Elektroden bleiben, wie die Hochfrequenz eingeschaltet ist [7, 8].

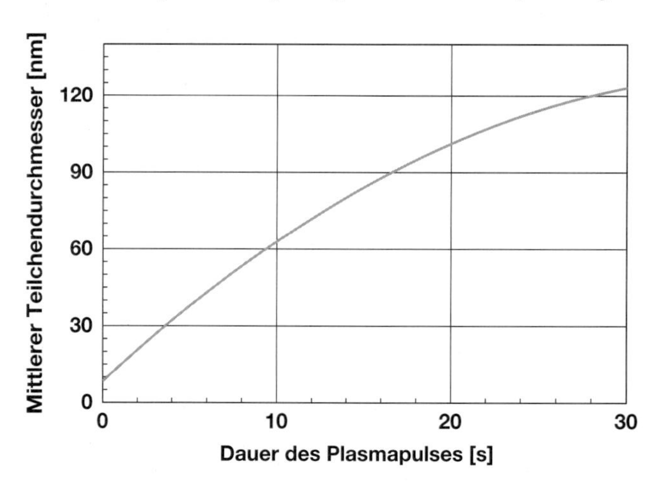

Abb. 4.23 Abhängigkeit der Größe von FePt-Teilchen von der Pulsdauer der Hochfrequenz bei der Synthese in einer Anlage gemäß Abb. 4.22 [7].

Wichtig zu wissen

Man kann die Bedingungen für Plasmaprozesse so wählen, dass alle Teilchen entweder positiv oder negativ geladen sind. Das hat den Vorteil, dass sich die Teilchen mit zunehmendem Durchmesser immer stärker abstoßen. Abhängig von der Frequenz des elektrischen Feldes und dem Gasdruck erhält man positiv oder negativ gelade-

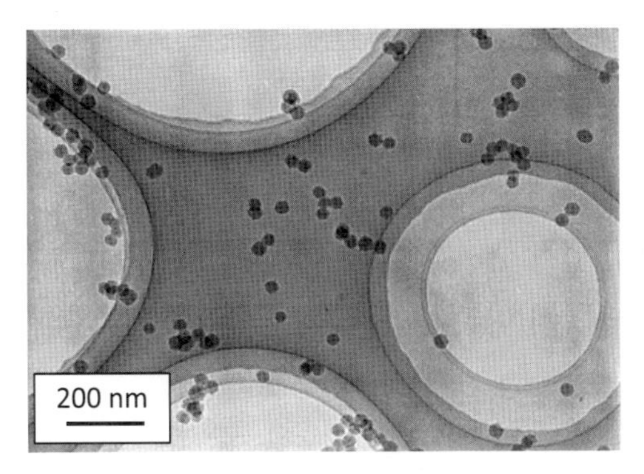

Abb. 4.24 Hartmagnetische FePt-Teilchen, die in einer Anlage gemäß Abb. 4.22 hergestellt wurden. Die einheitliche Größe der Teilchen ist bemerkenswert und auf die einheitlich negative Ladung der Teilchen zurückzuführen [7]. (Mit Erlaubnis von Springer.)

ne Teilchen. Als Ergebnis erhält man eine sehr enge Teilchengrößenverteilung, bei der vor allem die sehr großen Teilchen fehlen. Ein besonderes Kennzeichen dieser Verfahren, insbesondere bei Bedingungen, die zu positiv geladenen Teilchen führen, sind die niedrigen Prozesstemperaturen, die 600 K nicht notwendigerweise überschreiten müssen. Das ist deshalb möglich, weil die Reaktanten dissoziiert und ionisiert vorliegen; daher müssen die chemischen Reaktionen nicht thermisch aktiviert werden. Bei der Auswahl der Reaktionsbedingungen, des Trägergases und der Edukte muss darauf geachtet werden, dass keine Nebenprodukte entstehen, die die geladenen Teilchen neutralisieren könnten. Grundsätzlich sind die Verfahren geeignet nahezu alle Verbindungen zu synthetisieren. Es ist auch möglich den experimentellen Aufbau so zu wählen, dass metallische Teilchen mit gezielt eingestelltem Teilchendurchmesser entstehen.

4.3.2 Plasmaverfahren mit geladenen Teilchen beider Vorzeichen

In diesem Abschnitt ...
Diese Gruppe von Plasmaverfahren ist die am häufigsten angewandte. Im Hinblick auf den Gasdruck, die Frequenz des elektrischen Feldes und die Einbringung der Edukte haben diese Verfahren die wenigsten einengenden Randbedingungen. Grundsätzlich ist es möglich und technisch auch angewandt, dass das Plasma zwischen Elektroden, oder elektrodenlos (induktiv), erzeugt wird. Dadurch, dass die Teilchen elektrische Ladungen beiderlei Vorzeichens tragen können, zeigen die Produkte zumeist eine sehr breite Verteilung der Teilchengrößen. Durch die Verwendung einer Abschreckstufe kann aber das Teilchenwachstum begrenzt werden. Wegen der universellen Einsetzbarkeit dieser Verfahren hat sich diese bei der industriellen Anwendung durchgesetzt.

Plasmaprozesse, bei denen die Teilchen elektrische Ladungen mit beiden Vorzeichen tragen, sind sehr verbreitet. Ein zentraler Vorteil dieser Verfahren ist in der

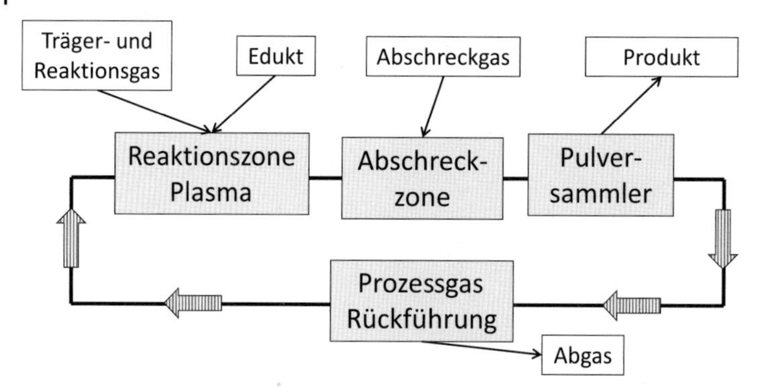

Abb. 4.25 Prozessschema einer Produktionsanlage für Hochtemperaturplasmaverfahren. Wegen des vergleichsweise hohen Preises für das Trägergas, zumeist Argon, ist eine Rezyklierung notwendig.

Tatsache zu finden, dass diese zumeist auch für größere Produktionsmengen geeignet sind. Grundsätzlich können diese Verfahren mit einem breiten Spektrum von Energiequellen, die von Gleichstrom bis in den Bereich der Radiofrequenzen reichen, für das Plasma arbeiten. Da diese Verfahren durchwegs mit sehr hohen Temperaturen arbeiten, ist eine rasche Abkühlung des Reaktions- und Trägergases nach dem Passieren der Reaktionszone (= Plasmazone) notwendig. Als Trägergas wird zumeist Argon verwendet. Da, im industriellen Maßstab, Argon recht teuer ist, ist ein Rezyklieren des Trägergases notwendig. In vielen Fällen müssen jedoch zuvor unerwünschte Nebenprodukte der Reaktionen, wie z. B. HCl, entfernt werden. Diese Randbedingungen führen zu dem in Abb. 4.25 gezeigten Aufbau einer solchen Produktionsanlage.

Anlagen zur Hochtemperaturplasmasynthese können mit Elektroden oder aber auch elektrodenlos aufgebaut sein. Der Betrieb elektrodenloser Anlagen, die induktiv gekoppelt sind, benötigt Frequenzen im Bereich der Radiofrequenzen. Anlagen mit Elektroden sind da nicht festgelegt, diese können auch mit Gleichspannung arbeiten. Der Aufbau von Anlagen mit Elektroden lässt sich im Wesentlichen auf zwei Konstruktionen zurückführen, die in Abb. 4.26 dargestellt sind. Bei diesem Aufbau kann das Edukt entweder axial oder radial zugeführt werden. An das Edukt werden nur relativ geringe Anforderungen gestellt: Es kann gasförmig, in einer Flüssigkeit gelöst oder auch ein Pulver sein. Zumeist sind die Temperaturen im Plasma so hoch, dass auch ein pulverförmiges Edukt verdampft.

Die in Abb. 4.26 dargestellten Konstruktionen stellen hohe Anforderungen an die Werkstoffe für die Elektroden, da das Produkt nicht mit dem Material der Elektroden verunreinigt werden darf. In dieser Hinsicht sind induktiv gekoppelte, elektrodenlose Anlagen besser. Der Aufbau einer solchen Anlage ist in Abb. 4.27 dargestellt. Bei dieser Konstruktion sind die Einspritzdüse und die Induktionsspule koaxial angeordnet. Als Edukt werden, wie im vorhergehenden Fall, Gase, flüssige Lösungen oder auch Pulver verwendet, die von einem Trägergas transportiert werden. Da die Induktionsspule der Strahlung des Plasmas direkt ausgesetzt

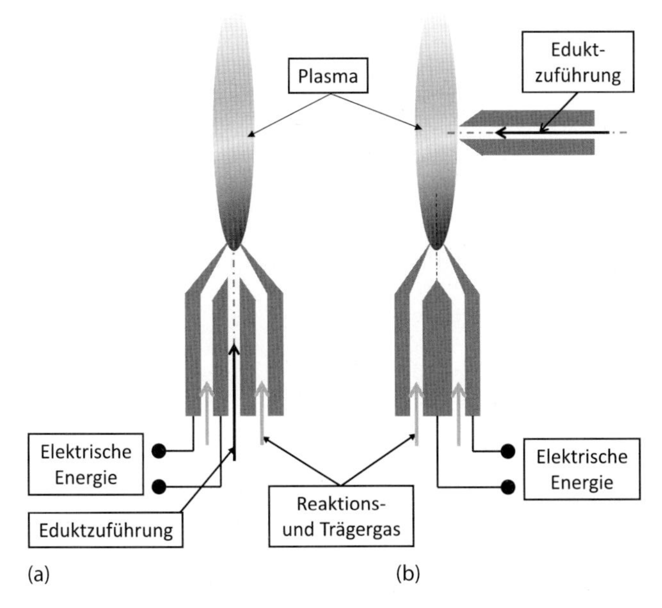

Abb. 4.26 Aufbau von Plasmabrennern mit Elektroden zur Synthese von Nanoteilchen. Die beiden Konstruktionen unterscheiden sich durch die Art der Zuführung des Eduktes, die entweder axial (a) oder radial (b) direkt in die Plasmaflamme sein kann.

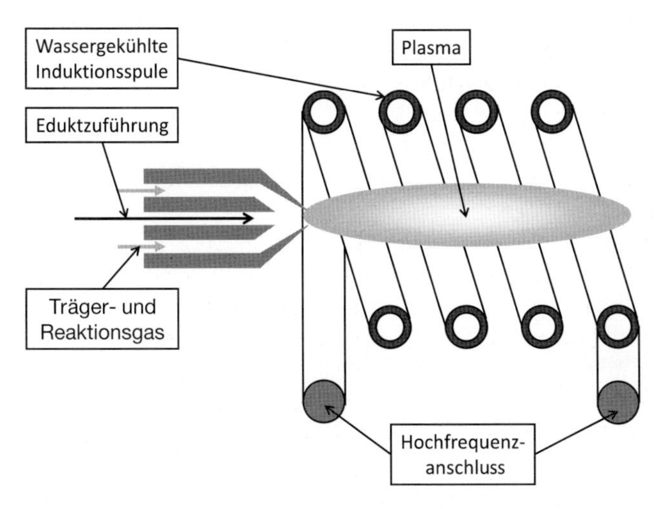

Abb. 4.27 Elektrodenloses Plasmasystem, bei dem die Energie induktiv eingekoppelt wird. Das Edukt wird in der Achse der Induktionsspule eingebracht.

ist, muss diese gekühlt werden. Die Prozesstemperaturen sind bei den elektrodenlosen Systemen ähnlich hoch wie bei den Systemen mit Elektroden.

Systeme, wie sie in Abb. 4.27 dargestellt sind, werden industriell verwendet. Solche Anlagen haben Produktionskapazitäten bis zu mehreren Kilogramm pro

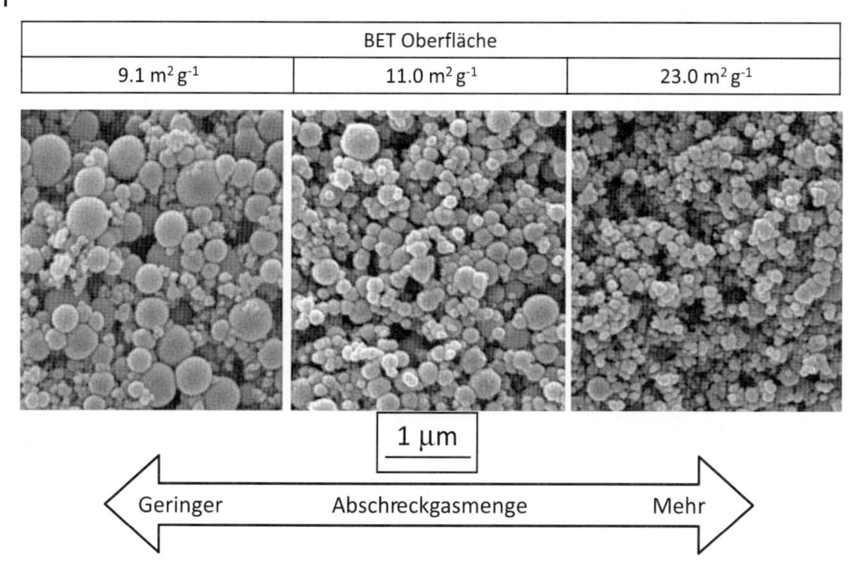

Abb. 4.28 GeO-Nanopulver, das mithilfe eines elektrodenlosen Systems industriell hergestellt wurde. In dieser Serie von Bildern ist der Einfluss der Abschreckbedingungen auf die Morphologie des Produktes dargestellt. Als Maß für die Teilchengröße wurde die spezifische Oberfläche gewählt. (Mit Erlaubnis von Tekna Plasma Systems Inc., Sherbrooke, Québec, J1L 2T9, Canada.)

Stunde. Um ein Produkt hoher Qualität zu erhalten, ist unmittelbar nach der Reaktionszone eine wirksame Kühlung des Gases mit dem Produkt notwendig. Der Einfluss der Abschreckbedingungen auf das Produkt ist in einer Serie von elektronenmikroskopischen Aufnahmen in Abb. 4.28 zu sehen.

Die Bilder in Abb. 4.28 zeigen den Einfluss einer raschen Abkühlung des Syntheseproduktes unmittelbar nach der Plasmazone. Man erkennt, dass die Teilchengröße mit zunehmender Menge des zum Abschrecken verwendeten Gases abnimmt. Zusätzlich wird auch die Teilchengröße einheitlicher. In dieser Abbildung wurde die spezifische Oberfläche (siehe Kapitel 12) als Maß für die Teilchengröße verwendet. Optimierte Systeme dieser Art sind in der Lage, große Mengen von Pulvern mit Teilchengrößen unter 100 nm herzustellen. Solche Anlagen sind auch für die Herstellung metallischer Pulver geeignet. Allerdings muss in diesem Zusammenhang darauf hingewiesen werden, dass, mit Ausnahme der Edelmetalle, alle Metallpulver pyrophor sind. Es ist daher dringend angeraten, die Handhabung solcher Produkte nur in einer Schutzgasatmosphäre oder besser noch in Handschuhkästen vorzunehmen.

Wichtig zu wissen

Plasmaverfahren, bei denen aufgrund der Prozessparameter Teilchen sowohl positiv als auch negativ geladen sein können, werden häufig verwendet. Wegen der großen Flexibilität dieser Verfahren im Hinblick auf die Konstruktion der Anlage, Betriebsbedingungen und Edukte finden diese breite Anwendung, vor allem bei der industriellen Fertigung. Grundsätzlich kann bei diesen Prozessen die Energie vermittels Elektroden oder induktiv eingebracht werden. Die Betriebsbedingungen sind im Allgemeinen so, dass die Temperaturen im Bereich mehrerer Tausend *Kelvin* liegen können. Da sich die Teilchen mit elektrischen Ladungen unterschiedlichen Vorzeichens gegenseitig anziehen, besteht die Tendenz zur Bildung einer sehr breiten Teilchengrößenverteilung mit einem erheblichen Anteil großer Teilchen. Diese Produktcharakteristik ist nicht immer erwünscht. Daher werden diese Verfahren häufig mit einer Abschreckstufe kombiniert.

4.4 Flammensynthesen

In diesem Abschnitt ...
Flammensynthesen werden primär industriell zur Produktion großer Mengen, bis zu einigen Hunderttausend Jahrestonnen, eingesetzt. Der Aufbau entsprechender Anlagen und die Auswahl der verwendeten Edukte haben einen großen Grad an Freiheit und kann somit in idealer Weise dem gewünschten Produkt und seiner Charakteristik angepasst werden. Die Morphologie der Produkte ist sehr stark von den Betriebsbedingungen abhängig, daher müssen diese sehr sorgfältig ausgewählt werden. Es ist möglich die Agglomeration der Teilchen durch die Verwendung einer Abschreckstufe nach der Reaktionszone teilweise zu unterbinden. Die Temperatur in den Flammen liegt zumeist deutlich über 1400 K. Daher ist ein erheblicher Teil der Teilchen thermisch ionisiert. Durch Überlagern der Flamme mit einem elektrischen Feld kann die Teilchenbildung beeinflusst werden.

Seit mehr als 4000 Jahren wird in China nanopartikulärer Ruß als Pigment für Tinten und Tusche hergestellt. Allerdings handelt es sich dabei um stark agglomerierte Teilchen. Bis heute sind Flammensynthesen, bei großen Produktionsmengen bis in den Bereich von Hunderttausenden Jahrestonnen, die Verfahren der Wahl. Als Beispiele seien hier Ruß, pyrogene Kieselsäure oder auch Titanoxid genannt. Auch wenn dieser Prozess schon sehr alt ist und in großem Umfang angewandt wird, so hat er noch immer ein erhebliches Entwicklungspotenzial im Hinblick auf neue nanoskalige Produkte hoher Wertschöpfung mit einem geringem Grad an Agglomeration. Das hat zu einer großen Zahl von Prozessvarianten geführt, die im Hinblick auf besonders ausgewählte Zusammensetzungen oder Morphologien der Produkte optimiert sind. Zusammenfassende Darstellungen wurden von S. Pratsinis [12] und M.S. Wooldrige [13] veröffentlicht.

Die Abb. 4.29a,b zeigen die beiden grundsätzlich möglichen Konstruktionen eines Flammenreaktors. Im einfachsten Fall wird das Edukt, das zumeist gasförmig ist, radial in eine primäre Flamme eingeblasen (Abb. 4.29a). Die Flamme wird mit einem Gemisch aus Wasserstoff oder Methan mit Sauerstoff versorgt. Andere Systeme nutzen ein Feld primärer Flammen, in dem koaxial das Edukt, im Allgemeinen verdünnt mit einem Trägergas, eingeblasen wird (Abb. 4.29b). Als Edukt verwendet man z. B. bei der Synthese von pyrogener Kieselsäure Silan, SiH_4, oder Siliciumtetrachlorid, $SiCl_4$. Um bestimmte Produkteigenschaften zu erreichen,

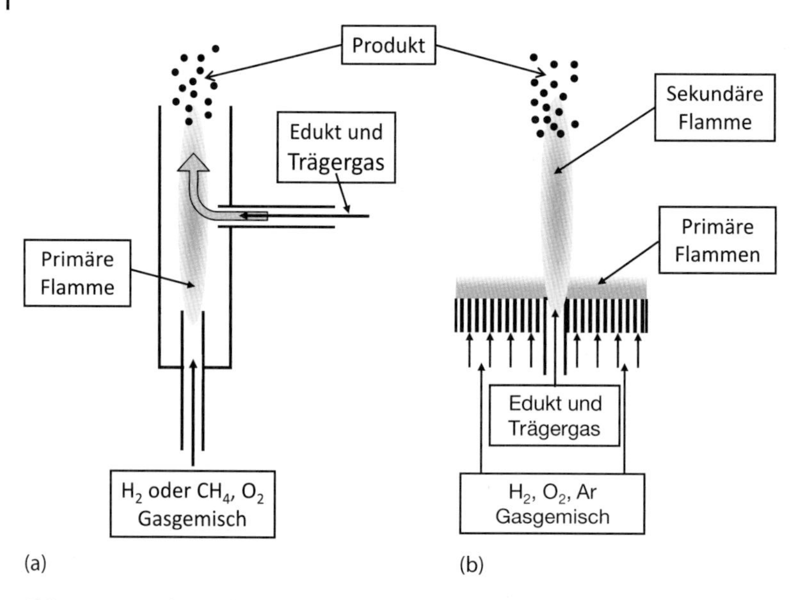

Abb. 4.29 Anordnung der Flammen und der Zuführung des Eduktes bei Flammensynthesen. Das Edukt kann entweder radial (a) oder koaxial (b) in die Flamme eingeblasen werden. Das Edukt wird im Allgemeinen mit einem Trägergas verdünnt. Der Grad der Verdünnung hat entscheidenden Einfluss auf die Morphologie des Produktes.

wird gelegentlich auch Chlortrimethylsilan, $(CH_4)_3SiCl$, oder Hexamethyldisiloxan, $((CH_3)_3Si)_2O$, verwendet.

Qualitativ hochwertige und reproduzierbare Produkte kann man nur mit einer sehr stabilen Flamme erhalten. Die kritische Größe, die die Stabilität der Flamme beeinflusst, ist der Sauerstoffgehalt im Brenngas. Dies sei am Beispiel der Synthese von Siliciumdioxid-Teilchen (SiO_2) dargestellt. Die Abb. 4.30 zeigt die Bilder von drei Flammen, die mit unterschiedlichen Mengen von Sauerstoff versorgt wurden. Als Brenngas wurde Methan, CH_4, als Edukt wurde Hexamethyldisiloxan, $((CH_3)_3Si)_2O$, verwendet.

Die in Abb. 4.30 dargestellten Flammen machen den Einfluss des Sauerstoffgehaltes im Brenngas zunächst visuell deutlich; mit zunehmendem Sauerstoffgehalt wird die Flamme kürzer, bei dem geringsten Sauerstoffgehalt flackert die Flamme. Des Weiteren ist festzuhalten, dass die Flammentemperatur mit zunehmendem Sauerstoffgehalt zunimmt. Dieses Verhalten hat Einflüsse auf das Produkt. Eine kürzere Flamme bedeutet eine kürzere Verweilzeit der Teilchen in der Flamme. Daher ist mit zunehmendem Sauerstoffgehalt eine Reduzierung der mittleren Teilchengröße zu erwarten. Gleichzeitig ist bei zunehmender Temperatur die Bildung harter Agglomerate eher wahrscheinlich. Diese grundsätzlichen Überlegungen sind experimentell gut bestätigt. Die Abb. 4.31 zeigt eine Serie von drei Bildern, die den drei in Abb. 4.30 gezeigten Flammen zuzuordnen sind. Erwartungsgemäß sind die Teilchen in Abb. 4.31a am größten. Gleichzeitig erkennt man auch, dass die Größe der Teilchen in einem sehr weiten Bereich schwankt. Die

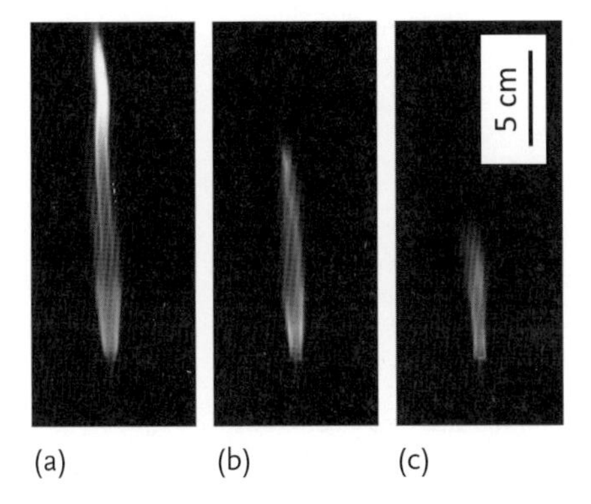

Abb. 4.30 Einfluss des Sauerstoffgehaltes im Brenngas auf das Aussehen der Flamme bei der Synthese von SiO_2. Als Brennstoff wurde Methan (CH_4), als Edukt Hexamethyldisiloxan, ($((CH_3)_3Si)_2O$), benutzt. Die Menge des zugesetzten Sauerstoffes stieg von (a) über (b) nach (c) an. Die Flamme mit dem geringsten Sauerstoffgehalt war instabil, sie flackerte. Die Temperatur in der Flamme steigt mit zunehmendem Sauerstoffgehalt an [14]. (Mit Erlaubnis von Elsevier.)

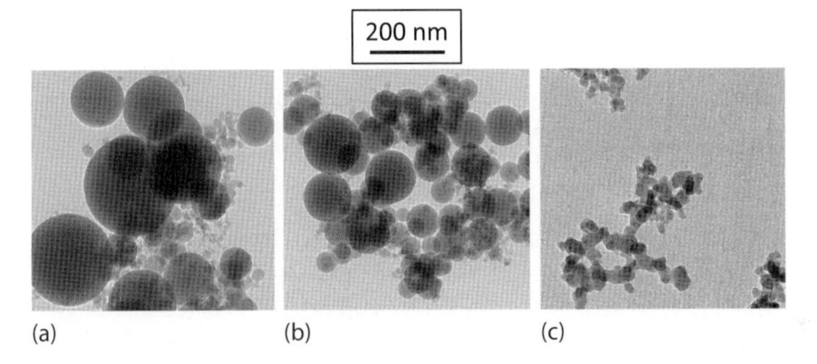

Abb. 4.31 Siliciumdioxidpulver hergestellt mit Flammen verschiedenen Sauerstoffgehaltes. Die Menge des Sauerstoffes im Brenngas steigt von (a) über (b) bis (c). Wegen der mit steigendem Sauerstoffgehalt kürzeren Flamme reduziert sich die Verweildauer der Teilchen in der Flamme. Das führt zu einer Reduzierung der Teilchengröße. Wegen der gleichzeitig zunehmenden Temperatur sind die bei höherem Sauerstoffgehalt entstandenen kleineren Teilchen zu Agglomeraten zusammengesintert [14]. (Mit Erlaubnis von Elsevier.)

Bandbreite der Teilchengröße ist in Abb. 4.31b geringer, auch ist die Größe der Teilchen deutlich reduziert. Die kleinsten Teilchen, mit der geringsten Streubreite der Durchmesser, finden sich in Abb. 4.31c. Allerdings bilden diese Teilchen zusammengesinterte Ketten. Das ließe sich eventuell durch eine Abschreckstufe unmittelbar nach der Flamme vermindern.

Wie man den in Abb. 4.31 dargestellten Produkten entnehmen kann, ist es bei Flammenverfahren schwierig feine, nicht agglomerierte Pulver herzustellen. Deshalb gibt es eine Reihe von Versuchen, die mit der Flammensynthese verbundenen Probleme zu reduzieren. Grundsätzlich besteht die Möglichkeit, wie bei allen anderen Verfahren, eine nach der Flammensynthese eine Abschreckstufe nachzu-

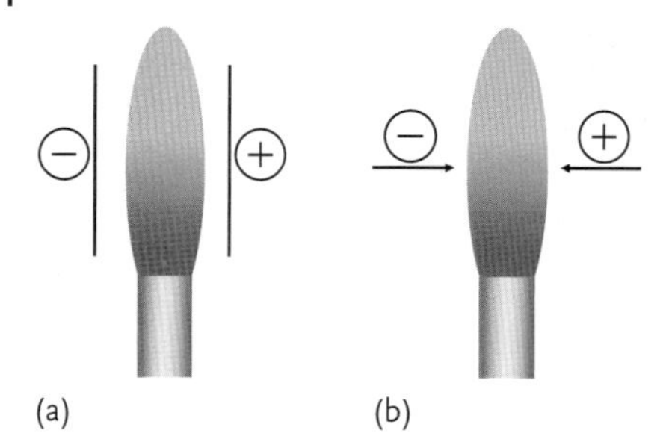

Abb. 4.32 Zwei experimentelle Anordnungen zur Analyse der Wechselwirkung zwischen einem elektrischen Feld und einer Flamme bzw. den Teilchen in einer der Flamme. Es handelt sich einmal um Plattenelektroden (a) und um Spitzenelektroden (b). Im Falle der Spitzenelektroden ist bei hinreichend hohen Feldstärken Elektronenemission möglich.

schalten. Langfristig erfolgversprechender ist es jedoch, die physikalischen Eigenschaften der Flamme zu analysieren und dort Wege zur Verbesserung zu suchen. Wie in Abb. 4.31 gezeigt, erhält man mit steigendem Sauerstoffgehalt der Flamme kleinere Teilchen bei deutlich erhöhten Temperaturen. Eine höhere Temperatur ist jedoch gleichzeitig verbunden mit einem höheren thermischen Ionisationsgrad.[7] Dieser hohe Ionisationsgrad bietet sich zur Nutzung an. Experimente in dieser Richtung wurden erfolgreich durchgeführt [15, 16]. Bei diesen Experimenten wurden zwei Versuchsanordnungen verwendet, die in Abb. 4.32 dargestellt sind.

Bei hohen Temperaturen erwartet man Elektronenemission von den Teilchen. Da die Energie dieser Elektronen (im thermischen Bereich) deutlich unter 1 eV liegt, können sich diese Elektronen an den Teilchen anlagern. Aus dieser Überlegung heraus kann man eine Mischung aus positiv und negativ geladenen Teilchen erwarten. Dies wird vom Experiment bestätigt. Die Abb. 4.33 zeigt eine Flamme, die zwischen zwei Plattenelektroden brennt. Die Feldstärke in diesem System war auf $2\,\text{kV}\,\text{cm}^{-1}$ eingestellt. Wie es aufgrund der vorhergehenden Überlegungen zu erwarten war, haben sich Teilchen auf beiden Elektroden niedergeschlagen.

Die Abb. 4.33 zeigt deutlich, dass die Teilchen in der Flamme elektrische Ladungen beider Vorzeichen tragen; anders wäre es nicht möglich, dass auf beiden Elektroden Teilchen niedergeschlagen sind. Die Teilchen wurden vom elektrischen Feld aus der Flamme herausgezogen. Das reduziert die Zeit in der Flamme, was zu kleineren Teilchen führt, und vermindert naturgemäß auch die Wahrscheinlichkeit der Bildung fester Agglomerate. Verwendet man Spitzenelektroden, so ist der Mechanismus, der zu einer Verkleinerung der Teilchengröße führt, ein anderer. In diesem Falle muss die Feldstärke so weit erhöht werden, bis an der Kathodenspitze Elektronenemission auftritt. Das System erreicht seine maximale Wirkung, wenn alle Teilchen eine negative Ladung tragen. Dieser hier skizzierte Mechanismus lässt sich experimentell verifizieren. Die Abb. 4.34 zeigt den Einfluss eines äußeren elektrischen Feldes auf die mittlere Teilchengröße. In diesem Graphen wurden die Ergebnisse bei Platten- und bei Spitzenelektroden gegenübergestellt.

7) Aus gutem Grund werden Flammen häufig als „dünne Plasmen“ bezeichnet.

Abb. 4.33 Flamme zwischen zwei Plattenelektroden. Die Feldstärke war auf 2 kV cm^{-1} eingestellt. Das synthetisierte Produkt, TiO_2, hat sich zu etwa gleichen Teilchen auf beiden Platten niedergeschlagen. Daraus muss man schließen, dass zu etwa gleichen Teilen Teilchen mit positiver und negativer elektrischer Ladung vorliegen [16]. (Mit Erlaubnis von Elsevier.)

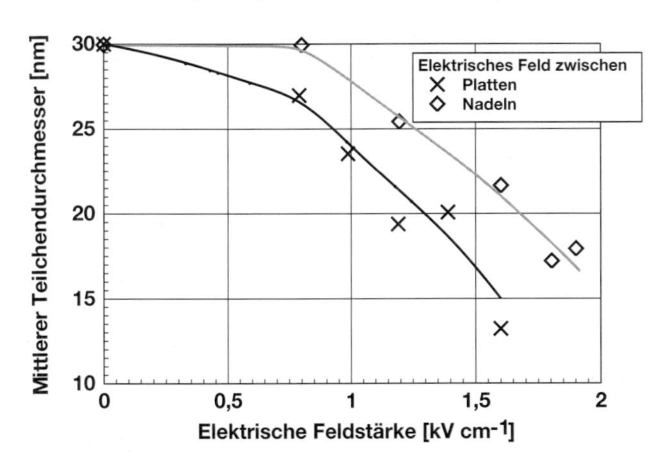

Abb. 4.34 Einfluss eines elektrischen Feldes auf die Größe von TiO_2-Teilchen aus $TiCl_4$-Teilchen, hergestellt in experimentellen Anordnungen gemäß Abb. 4.33. Vergleicht man die Wirkung der beiden Systeme, so erkennt man, dass die Wirkung von Plattenelektroden schon bei relativ geringen Feldstärken zu beobachten ist. Spitzenelektroden werden erst wirksam, wenn die Feldstärke so hoch ist, dass an der Kathode Elektronen austreten [15, 16].

Wie man Abb. 4.34 entnehmen kann, setzt die Wirkung eines äußeren elektrischen Feldes bei Spitzenelektroden erst bei deutlich höheren Feldstärken ein. Offensichtlich wirkt die Spitzenelektrode erst dann, wenn eine Koronaentladung einsetzt, also Elektronen aus der Kathode austreten. Die volle Wirksamkeit erreicht ein System mit Spitzenelektroden erst, wenn alle Teilchen negative Ladungen tragen. In diesem Fall wirkt auch die Abstoßung gleichsinnig geladener Teilchen im Sinne einer Reduzierung der Teilchengröße und Verminderung der Agglomeration.

Im Hinblick auf weitere Varianten des Flammenprozesses sei noch auf die Varianten hingewiesen, bei denen in einem flüssigen Brennstoff das Edukt gelöst ist. Als Beispiel seien hier Lösungen wasserfreier Chloride in Acetonitril (CH_3CN) oder Lösungen von Acetylacetonaten (z. B. $(C_5H_8O_2)_3Al$) in geeigneten organischen Lösungsmitteln genannt. Bei der Auswahl der Lösungsmittel ist darauf zu achten, dass diese rußfrei verbrennen. Unter diesem Gesichtspunkt ist z. B. Benzol (C_6H_6) in vielen Fällen problematisch.

Wichtig zu wissen
Flammenverfahren sind die zur Synthese von Nanopulvern in der Industrie am häufigsten genutzten Verfahren. Die Produktionsmengen überschreiten bei einigen Produkten mehrere Hunderttausend Jahrestonnen. Die Konstruktion der Anlagen ist sehr vielfältig und zumeist exakt an das angestrebte Produkt angepasst. Die Morphologie und auch die Qualität des Produktes sind stark von den Betriebsbedingungen abhängig. Dabei spielt vor allem der Sauerstoffgehalt des Brenngases eine entscheidende Rolle. Die Flammentemperatur liegt zumeist über 1400 K. Daher wird nach der Reaktionszone häufig eine Abschreckstufe eingesetzt, die die weitere Agglomeration der Teilchen reduziert. Die hohe Flammentemperatur führt zu einer thermischen Ionisation der Teilchen. Dieses Phänomen kann vermittels einer Überlagerung der Flamme mit einem elektrischen Feld zu einer Verbesserung des Produktes benutzt werden.

4.5 Synthese beschichteter Teilchen

In diesem Abschnitt …
Bei der Herstellung beschichteter Teilchen muss man darauf achten, dass die Teilchen vereinzelt sind, ansonsten würde man Agglomerate und nicht die Teilchen beschichten. Nur wenn alle Teilchen eine elektrische Ladung gleichen Vorzeichens tragen, kann diese Forderung erfüllt werden. Experimentell realisiert wurde die Beschichtung vereinzelter Teilchen bisher mit dem Mikrowellenplasmaverfahren unter Betriebsbedingungen, bei denen alle Teilchen elektrisch positiv geladen sind. Bei dem Material, mit dem beschichtet wird, muss man zwischen einer Beschichtung mit einer Keramik und einem Polymer unterscheiden. Die Beschichtung mit von Keramikteilchen mit einer dünnen Metallschicht ist nicht möglich, es bilden sich isolierte Metallcluster auf der Oberfläche der Teilchen. Will man Keramikteilchen mit einem Polymer beschichten, so muss die Temperatur so niedrig sein, dass das entsprechende Edukt nicht zerstört wird. Synthesen mit so niedrigen Temperaturen sind ebenfalls nur mit Mikrowellenplasmaprozessen möglich.

Für viele Anwendungen von Nanoteilchen oder Nanowerkstoffen benötigt man Komposite. Häufig sind die besonderen Eigenschaften von Nanoteilchen Eigen-

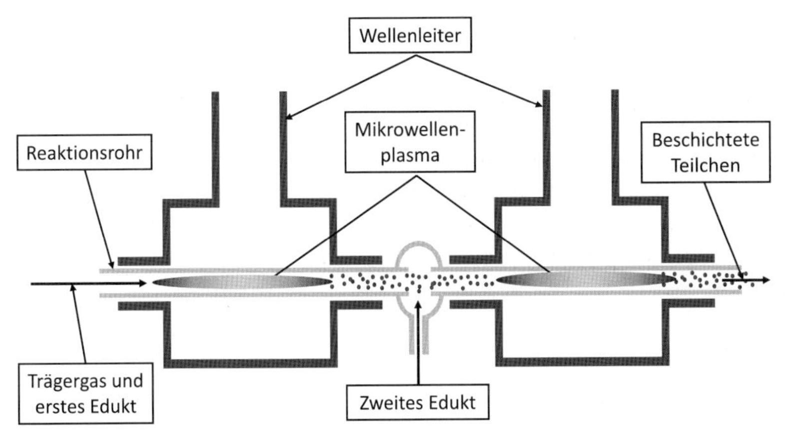

Abb. 4.35 Anlage zur Synthese von beschichteten keramischen Nanoteilchen nach *Vollath* [18, 19]. Diese Anlage, die erste mit der man beschichtete Nanoteilchen in größeren Mengen herstellen konnte, stellt im Wesentlichen eine Verdopplung der in Abb. 4.18 gezeigten Anlage dar.

schaften einzelner Teilchen, die sich verändern oder gar verschwinden, wenn sich die Teilchen berühren oder anderweitig zu nahe kommen. Für diese Fälle ist es notwendig, die einzelnen Teilchen mit einer „Abstandshalterphase" auf Distanz zu halten. Es werden Komposite benötigt. Grundsätzlich ist es durch Mischen nahezu unmöglich Komposite herzustellen, bei denen sich die einzelnen Nanoteilchen nicht berühren (siehe auch Kapitel 2). Nahezu perfekte Komposite kann man herstellen, wenn man die, die geforderte Eigenschaften tragenden Teilchen, mit der Abstandshalterphase beschichtet. Zusätzlich ist es auch möglich den Teilchen mit der Umhüllung eine weitere Eigenschaft hinzuzufügen. Das führt dann zu bi- oder auch zu multifunktionalen Teilchen [17]. Der erste Prozess, mit dem es gelungen ist beschichtete Teilchen herzustellen, war das Mikrowellenplasmaverfahren [18, 19]. Das Mikrowellenplasmaverfahren ist deshalb für diese Aufgabe besonders geeignet, weil durch die gleichsinnige Ladung aller Teilchen eine Agglomeration weitgehend vermieden werden kann. Wäre dem nicht so, würde man Agglomerate beschichten. Die Abb. 4.35 zeigt das Schema einer solchen Anlage, die letztlich eine Verdopplung der in Abb. 4.18 gezeichneten Anlage ist.

Die in Abb. 4.35 skizzierte Anlage wurde entwickelt, um keramische Nanoteilchen mit einer keramischen Beschichtung zu versehen. Wesentlich ist, dass der Abstand der beiden Reaktionszonen möglichst gering ist, ansonsten könnten die in der ersten Stufe entstandenen Teilchen ihre Ladung verlieren und damit würde sich die Wahrscheinlichkeit einer Koagulation erhöhen. Besonders gute Erfolge erzielt man, wenn die freie Weglänge möglichst groß, also der Gasdruck möglichst niedrig ist. Man muss davon ausgehen, dass die Energie der Elektronen im Bereich von 1 keV liegt und die Elektronen bei jeder Kollision etwa 10–15 eV verlieren. Deshalb sind für die Elektronen maximal etwa 100 Kollisionen erlaubt bis ihre Energie so gering ist, dass sie sich an den Teilchen anlagern können. Da sich aber die Elektronen in alle Richtungen beliebig bewegen und in Strömungsrich-

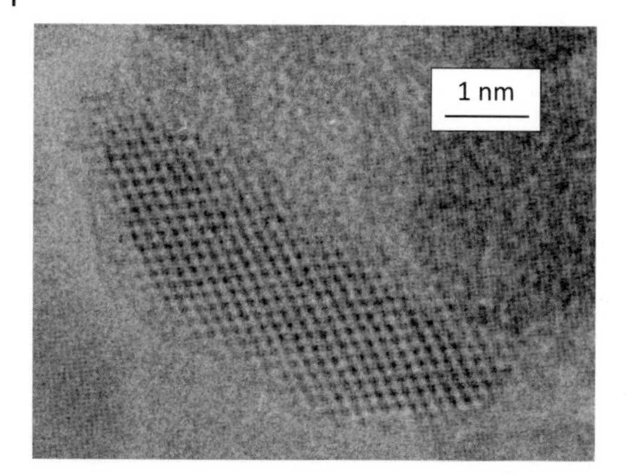

Abb. 4.36 Zirkonoxid-Teilchen, das mit Aluminiumoxid beschichtet wurde. Dieses Material wurde mit einer Anlage gemäß Abb. 4.35 hergestellt. An der Struktur (Gitterabbildung) erkennt man, dass der Zirkonoxidkern kristallisiert ist, während die Umhüllung aus Aluminiumoxid amorph ist [18, 19]. (Mit Erlaubnis von Springer.)

tung eher nur eine Driftbewegung ausführen, ist es theoretisch nur sehr schwer möglich einen maximalen Abstand der beiden Reaktionszonen anzugeben.

Ein typisches Beispiel für ein keramisch beschichtetes Keramikteilchen ist in Abb. 4.36 gezeigt. Es handelt sich um Zirkonoxid-Teilchen, das mit Aluminiumoxid beschichtet wurde.

Am Beispiel des mit Aluminiumoxid beschichteten Zirkonoxid-Teilchens, das in Abb. 4.36 dargestellt ist, lassen sich einige interessante Phänomene bei Nanoteilchen studieren. Im Kern des Teilchens sieht man eine Abbildung des Gitters des Zirkonoxides. Umhüllt ist das Teilchen mit einer Schicht aus Aluminiumoxid, die nicht kristallisiert ist. Das ist nicht erstaunlich, denn Aluminiumoxid kristallisiert erst ab einer Teilchengröße von etwa 25 nm. Das Teilchen ist nicht kugelförmig oder auch nur annähernd kugelförmig. Daraus muss man schließen, dass das in Abb. 4.36 dargestellte Teilchen aus der Koagulation von zwei Teilchen entstanden ist. Neben solchen keramisch beschichteten Keramikteilchen kann man mit einer Anlage gemäß Abb. 4.35 auch Keramikteilchen herstellen, die mit Edelmetallclustern dekoriert sind. Die Abb. 2.7c zeigt als typisches Beispiel Titanoxid-Teilchen dekoriert mit Platin. Produkte mit diesem Aufbau eignen sich vorzüglich als Katalysatoren.

Nicht immer ist eine Beschichtung mit einer zweiten Keramik sinnvoll. Will man dem als Kern benutzten Teilchen eine oder auch mehrere zusätzliche Eigenschaften hinzufügen, so bietet sich eine Beschichtung mit organischem Material an. Als Beispiele kommen in diesem Zusammenhang lumineszierende Verbindungen infrage. Das würde bei Verwendung eines magnetischen Kernes die Kombination Magnetismus-Lumineszenz ermöglichen. Diese Kombination von Eigenschaften ist bei einphasigen Materialien nicht möglich. Da organische Verbindungen bei erhöhten Temperaturen sehr oxidationsempfindlich sind, ist eine solche Beschichtung nur mit dem Mikrowellenplasmaverfahren möglich, das bei hinreichend niedrigen Temperaturen arbeiten kann. Der typische Aufbau ei-

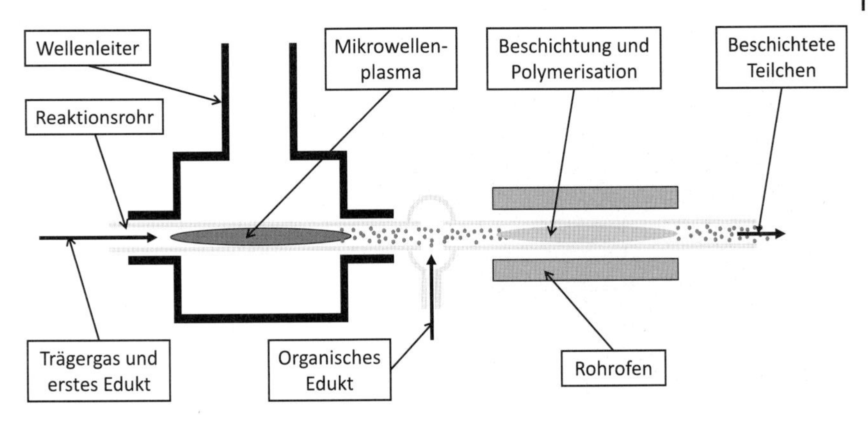

Abb. 4.37 Aufbau einer Anlage zur Herstellung von keramischen Nanoteilchen, die mit organischem Material beschichtet sind. Die Anlage besteht aus einem Plasmareaktor zur Synthese der keramischen Kerne sowie einem konventionell beheizten Teil, in dem die Beschichtung aufgebracht wird [20].

ner Anlage zur Synthese von Nanoteilchen mit organischer Beschichtung ist in Abb. 4.37 dargestellt.

Will man z. B. Oxidnanoteilchen mit einem Polymer beschichten, so muss zunächst ein passendes Edukt ausgewählt werden. Das hängt von den gewünschten Eigenschaften der Polymerbeschichtung ab. Als Edukt wählt man ein Monomer oder Oligomer, das gut verdampfbar ist und auf der Oberfläche des Oxid-Teilchens kondensiert. Dieses Kondensat soll anschließend unter dem Einfluss der Temperatur und der UV-Strahlung des Plasmas polymerisieren. Diese notwendigen Vorgänge schränken die Auswahl des Eduktes allerdings etwas ein. Darüber hinaus muss das Edukt bei den Betriebstemperaturen stabil sein. Diese Bedingungen sind für die Monomere von PMMA (Polymethylacrylat), HPMMA (hydroxyliertes PMMA) und ähnliche Polymere erfüllt. Des Weiteren besteht die Möglichkeit, die Oberfläche der Nanoteilchen mit einer lumineszierenden Verbindung zu beschichten. Dadurch kann man den Teilchen eine zusätzliche Eigenschaft aufbringen. Anschließend an die Zuführung der organischen Verbindung muss die Reaktionszone (Beschichtungszone) mithilfe eines Rohrofens beheizt werden. Das ist nötig, um die geforderte Temperatur zu halten und Teilchenverluste durch Thermophorese an die kalten Flächen zu vermeiden.

Ein typisches Beispiel für ein Teilchen, das mit einem Polymer beschichtet ist, ist in Abb. 4.38 dargestellt. Der Kern dieses Teilchens besteht aus dem ferrimagnetischen Eisenoxid, γ-Fe_2O_3, die Umhüllung aus PMMA. Wegen der geringen Sichtbarkeit der Polymerumhüllung neben dem Eisenoxid in der elektronenmikroskopischen Aufnahme wurde zur Demonstration die Beschichtung relativ dick ausgeführt.

Weitere Beispiele multifunktionaler beschichteter Komposite sind in den Kapiteln 8 und 9 bei deren optischen und magnetischen Eigenschaften zu finden.

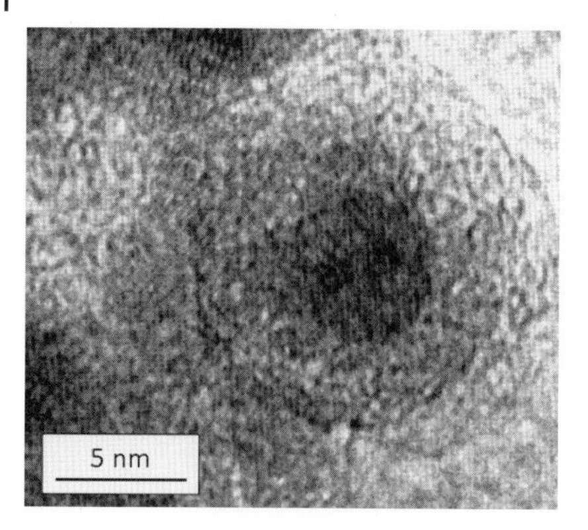

Abb. 4.38 Eisenoxid-Nanoteilchen, das mit PMMA beschichtet ist. Dieses Produkt wurde in einer Anlage, wie sie in Abb. 4.37 dargestellt ist, hergestellt [20]. (Mit Erlaubnis von Elsevier.)

Wichtig zu wissen

Das Beschichten einzelner Teilchen, die nicht agglomeriert sind, ist praktisch nur mit einem Verfahren möglich, bei dem alle Teilchen elektrische Ladungen gleichen Vorzeichens tragen. Darüber hinaus muss der Abstand zwischen der Zone der Teilchensynthese und der Beschichtung so gering sein, dass die Teilchen ihre Ladung nicht verlieren. Hilfreich ist in diesem Zusammenhang ein möglichst niedriger Gasdruck. Das schränkt allerdings die Produktionskapazität etwas ein. Die Beschichtung keramischer Teilchen ist mit einer zweiten Keramik oder auch mit einer organischen Verbindung, z. B. einem Polymer oder einem Lumophor, möglich. Die Beschichtung der Teilchen ermöglicht es, Teilchen mit reduzierter Wechselwirkung (z. B. magnetische Dipol-Dipol-Wechselwirkung) oder multifunktionale Teilchen, die zwei oder mehrere verschiedene Eigenschaften tragen, herzustellen. Gerade für die Synthese von Teilchen mit einer Beschichtung aus einem organischen Material sind niedrige Reaktionstemperaturen, wie sie nur mit Plasmaverfahren möglich sind, unabdingbare Voraussetzung.

Literatur

1. Vollath, D. (2008) *J. Nanopart. Res.*, **10**, 39–57.
2. Nitsche, R., Rodewald, M., Skandan, G., Fuessl, H. und Hahn, H. (1996) *Nanostruct. Mater.*, **7**, 535–546.
3. Ziemann, P.J., Kittelson, D.B. und McMurry, P.H. (1996) *J. Aerosol Sci.*, **27**, 587–606.
4. Vollath, D. (2011) *J. Nanopart. Res.*, **13**, 3899–3909.
5. Vollath, D. und Sickafus, K.E. (1992) *Nanostruct. Mater.*, **1**, 427–438.
6. Buss, R.J. (1997) RF-plasma Synthesis of Nanosize Silicon Carbide and Nitride, SAND97-0039.
7. Matsui, I. (2006) *J. Nanopart. Res.*, **8**, 429–443.
8. MacDonald, A.D. (1966) *Microwave Breakdown in Gases*, John Wiley & Sons, New York.
9. Li, Q., Sasaki, T. und Koshizaki, N. (1999) *Appl. Phys. A*, **69**, 115–118.
10. Wang, Z., Liu, Y. und Zeng, X. (2006) *Powder Technol.*, **161**, 65–68.

11 Vollath, K. und Sickafus, E. (1993) *Nanostruct. Mater.*, **2**, 451–456.

12 Pratsinis, S. (1998) *Prog. Energy Combust. Sci.*, **24**, 197–219.

13 Wooldrige, M.S. (1998) *Prog. Energy Combust. Sci.*, **24**, 63–87.

14 Mueller, R., Kammler, H.K., Pratsinis, S.E., Vital, A., Beaucage, G. und Burtscher, P. (2004) *Powder Technol.*, **140**, 40–48.

15 Pratsinis, S.E. (1998) *Prog. Energy Combust. Sci.*, **24**, 197–219.

16 Kammler, H.K., Pratsinis, S.E., Morrison Jr., P.W. und Hemmerling, B. (2002) *Combust. Flame*, **128**, 369–381

17 Vollath, D. (2010) *Adv. Mater.*, **22**, 4410–4415.

18 Vollath, D. und Szabó, D.V. (1994) *Nanostruct. Mater.*, **4**, 927–938.

19 Vollath, D. und Szabó, D.V. (1999) *J. Nanopart. Res.*, **1**, 235–242.

20 Vollath, D., Szabó, D.V. und Fuchs, J. (1999) *Nanostruct. Mater.*, **12**, 433–438.

5
Ein- und zweidimensionale Nanoteilchen

5.1
Grundsätzliche Betrachtungen

In diesem Abschnitt ...
Der unvoreingenommene Betrachter fragt, wie es denn möglich ist, dass thermodynamisch stabile ein- und zweidimensionale Nanoteilchen entstehen können, wo doch die Kugel die geringste Oberfläche und damit die kleinste Oberflächenenergie hätte. Diese simple Betrachtung wird inkorrekt, wenn man an anisotrope Substanzen denkt. In diesem Fall hängt die spezifische Oberflächenenergie stark von den kristallografischen Ebenen ab. Das führt zu Teilchenformen, in denen sich die Anisotropie des Kristallgitters widerspiegelt. Sinngemäß ist die gleiche Betrachtung auch bei der Koagulation anisotroper Teilchen gültig. Bei plättchenförmigen Teilchen spielt das Verhältnis Umfang zu Fläche eine ähnliche Rolle wie das Verhältnis Oberfläche zu Volumen bei eher kugeligen Teilchen.

Während eher kugelförmige Nanoteilchen als nulldimensional bezeichnet werden, fallen Nanoröhrchen (nanotubes) und -stäbchen (nanorods) in die Kategorie der eindimensionalen Teilchen. Entsprechend sind Plättchen zweidimensionale Teilchen (nanoplates). Gerade die beiden höherdimensionalen Gruppen sind im Hinblick auf Wissenschaft und Wirtschaft von ganz besonderer Bedeutung. Obwohl Fullerene als eher kugelförmige Teilchen in die Gruppe der nulldimensionalen Objekte gehören, werden diese, weil diese in ihrer Chemie, Geometrie und Bindung unmittelbar mit den Kohlenstoff-Nanoröhrchen und dem Graphen verwandt sind, in diesem Kapitel behandelt. Um die Ursachen für die Bildung von stäbchen- und plättchenförmigen Teilchen zu verstehen, muss man deren kristalline Struktur, Chemie und deren Synthese verstehen.

Die äußere Form von Teilchen wird im Wesentlichen durch die Oberflächenenergie bestimmt. So haben z. B. in einem kubischen System die Würfelflächen die niedrigste Oberflächenenergie, daher werden solche Materialien, ohne weitgehenden Einfluss von außen, durch oberflächenaktive Substanzen nicht als Plätt-

Nanowerkstoffe für Einsteiger, Erste Auflage. Dieter Vollath.

chen oder Stäbchen kristallisieren. In nicht kubischen Systemen muss man Plättchen oder Stäbchen erwarten, da die verschiedenen kristallografischen Ebenen verschieden große Oberflächenenergien haben. Nimmt man in einem tetragonalen System mit einer quadratischen Basis an, dass die Oberflächenenergie der Basisebenen größer ist als die der Seitenfläche, so erhält man Prismen. Entsprechend erhält man Platten, wenn die Größen der Oberflächenenergien umgekehrt sind. Diese einfache Regel ergibt sich aus dem thermodynamischen Prinzip, dass jedes System die Konfiguration des Energieminimums aufsucht.

Nimmt man eine Kantenlänge a der quadratischen Grundfläche und die Länge c der Seitenfläche an, wobei die einzelnen Flächen die Oberflächenenergien γ_a und γ_c haben, ist die gesamte Oberflächenenergie u_{Oberfl} eines solchen Prismas

$$u_{\text{Oberfl}} = 4\gamma_a ac + 2\gamma_c a^2 \tag{5.1}$$

Das Verhältnis $\frac{a}{c}$ des bei der Kristallisation entstehenden Prismas berechnet sich aus dem Minimum der Energie der gesamten Oberfläche mit der Randbedingung eines konstanten Volumens v

$$v = a^2 c \Rightarrow c = \frac{v}{a^2} \Rightarrow u_{\text{Oberfl}} = 4\gamma_a \frac{v}{a} + 2\gamma_c a^2$$

Das Minimum der Oberflächenenergie ergibt sich aus

$$\frac{\partial u_{\text{Oberfl}}}{\partial a} = -4\gamma_a \frac{v}{a^2} + 4\gamma_c a = -4\gamma_a c + 4\gamma_c a = 0$$

Daraus erhält man die wichtige Relation

$$\frac{\gamma_a}{\gamma_c} = \frac{a}{c} \tag{5.2}$$

die besagt, dass das Seitenverhältnis eines tetragonalen Prismas immer gleich dem Verhältnis der Oberflächenenergien ist. Das ist der thermodynamische Hintergrund der Kristallisation in Stäben oder Platten. Für $\gamma_a = \gamma_c$ erhält man $a = c$, einen kubischen Kristall (Würfel). Im Falle einer hexagonalen Struktur ist sinngemäß die gleiche Herleitung für das Achsenverhältnis möglich. Diese Herleitung zeigt, welche Form ein einzelner Kristall annimmt. Man kann nun fragen, ob durch Koagulationsprozesse nicht doch wieder angenähert kugeligen Formen entstehen können.

Auch bei der Koagulation muss das Prinzip der Energieminimierung eingehalten werden. Das führt zu der Frage, wie je zwei Stäbchen oder Plättchen koagulieren, sodass die Energie des koagulierten Produktes ein Minimum wird. Die grundsätzlichen Möglichkeiten eines solchen Koagulationsprozesses sind in Abb. 5.1 dargestellt.

Die Konfiguration A, die in Abb. 5.1 gezeigt ist, hat die Oberflächenenergie

$$u_{\text{Oberfl-A}} = 8\gamma_a ac + 2\gamma_c a^2 \tag{5.3}$$

und die als B bezeichnete Anordnung

$$u_{\text{Oberfl-B}} = 6\gamma_a ac + 4\gamma_c a^2 \tag{5.4}$$

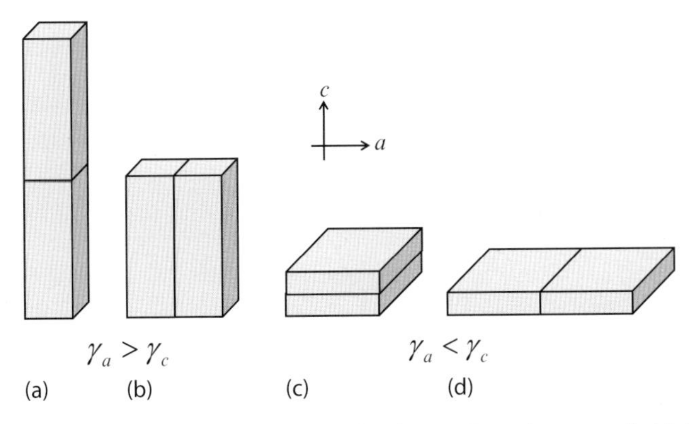

Abb. 5.1 Zwei Stäbchen oder Plättchen können auf jeweils zwei Arten koagulieren. Man kann nun fragen, welche der beiden Möglichkeiten die wahrscheinlichere ist, welche also die geringste Oberflächenenergie hat. Betrachtet man die Minima der Oberflächenenergie, so wird eine Koagulation gemäß den Teilbildern a und d stattfinden. Die Anordnungen b und c sind energetisch ungünstiger.

Vergleicht man die Energien für die beiden Konfigurationen und berücksichtigt dabei $a < c$ so erhält man

$$8\gamma_a ac + 2\gamma_c a^2 < 6\gamma_a ac + 4\gamma_c a^2 \Rightarrow \frac{\gamma_a}{\gamma_c}\frac{c}{a} < 1$$

oder

$$\frac{\gamma_a}{\gamma_c} < \frac{a}{c} \tag{5.5a}$$

Die Gl. (5.5a) ist äquivalent zu Gl. (5.2). Analog erhält man für die Konfigurationen C und D

$$\frac{\gamma_a}{\gamma_c} > \frac{a}{c} \tag{5.5b}$$

Aus den Gln. (5.5a) und (5.5b) kann man den Satz ableiten, dass bei der Koagulation von anisotropen Kristallen Formen entstehen, die die Anisotropie noch verstärken. Das heißt, dass sich zwei Stäbchen so zusammenfügen, dass das Reaktionsprodukt länger und nicht breiter wird. Sinngemäß umgekehrt verläuft dieser Prozess bei Platten. Es werden also die in Abb. 5.1 dargestellten Kombinationen A und D entstehen; die Kombinationen B und C sind energetisch ungünstiger.

Bei Verbindungen, die in Schichtengittern kristallisieren und daher eine natürliche Tendenz zur Bildung von plättchenförmigen Teilchen haben, müssen zusätzlich die Verhältnisse im Umfang dieser Teilchen betrachtet werden. Ein Modell eines Kristalls, der aus unabhängigen Schichten aufgebaut ist, zeigt die Abb. 5.2. Es handelt sich dabei im Wesentlichen um unabhängige Schichten, die gestapelt sind (Abb. 5.2a). Jede dieser Schichten hat, über den Umfang verteilt, offene (nicht abgesättigte) Valenzen (dangling bonds; Abb. 5.2b).

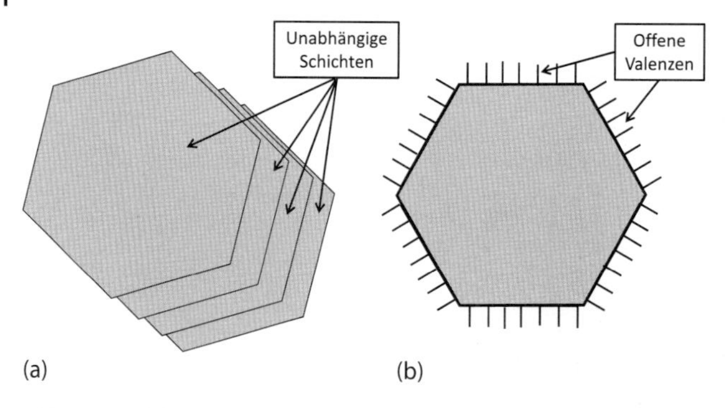

Abb. 5.2 Teilchen, das aus unabhängigen Schichten aufgebaut ist (a). Betrachtet man eine vereinzelte (delaminierte) Schicht (b), so erkennt man die über den Umfang verteilten offenen Valenzen (nicht abgesättigte Bindungen).

Da die offenen Bindungen energetisch ungünstig sind, beeinflussen diese das Verhalten delaminierter Teilchen. Es ist daher notwendig, deren Anteil im Verhältnis zur Fläche der Teilchen abzuschätzen. Dazu werden der Einfachheit halber kreisförmige Teilchen angenommen. Der Umfang c eines Teilchens (Platte) mit dem Durchmesser d ist gegeben durch $c = \pi d$. Die Fläche dieser Platte ist $a = \frac{\pi}{4}d^2$. Daraus erhält man das Verhältnis von Umfang zu Fläche einer Platte.

$$R = \frac{\pi d}{\frac{\pi}{4}d^2} = 4\frac{1}{d} \tag{5.6}$$

Dieses Verhältnis ist umgekehrt proportional zum Teilchendurchmesser, daher nimmt mit abnehmendem Teilchendurchmesser die Zahl der offenen Valenzen bezogen auf die Fläche zu. Das ist energetisch ungünstig. Das Verhältnis Umfang zu Fläche ist unter der Annahme kreisförmiger Teilchen dem Plattendurchmesser indirekt proportional. Bei kleinen Teilchen besteht daher verstärkt die Tendenz diese Bindungen abzusättigen. Dieses Absättigen kann durch geeignete Agglomeration einzelner Teilchen oder durch Einrollen erfolgen; dabei bilden sich Nanoröhrchen.

Wichtig zu wissen

Nanoteilchen aus Substanzen mit anisotropen Strukturen bilden nicht kugelförmige Nanoteilchen. Bei anisotropen Strukturen ist die Oberflächenenergie eine Funktion der kristallografischen Orientierung. Abhängig davon, welche kristallografische Ebene die geringste Oberflächenenergie aufweist, bilden sich Stäbchen oder Plättchen. Bei der Koagulation anisotroper Teilchen verstärkt sich die Anisotropie der Teilchen, d. h., Stäbchen verlängern sich, bei Plättchen wird die Fläche größer.

Bei Verbindungen, die in Schichten kristallisieren, befinden sich am Umfang offene Bindungen. Das ist energetisch ungünstig. Bei diesen Strukturen spielt, energetisch betrachtet, das Verhältnis Umfang zu Fläche eine vergleichbare Rolle wie das Verhältnis Oberfläche zu Volumen bei isotropen Verbindungen. Daher besteht die Tendenz diese Bindungen durch die Bildung von Clustern oder Röhrchen abzusättigen.

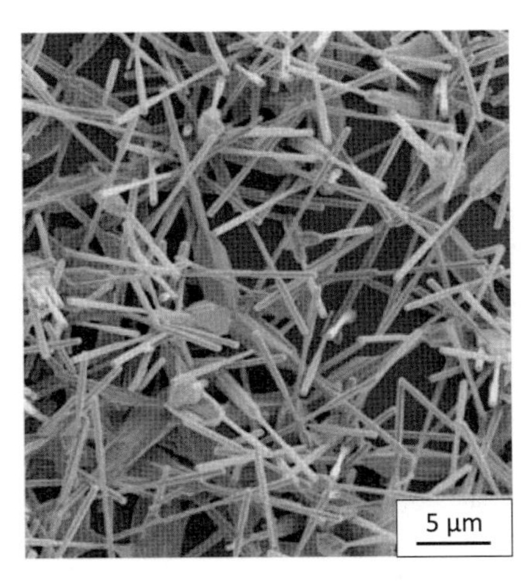

Abb. 5.3 Elektronenmikroskopische Aufnahme von ZnO-Stäbchen [1]. Diese Stäbchen wurden nach einem Gasphasenverfahren hergestellt; darauf weist die Verdickung an einem Ende hin. (Mit Erlaubnis von Springer.)

5.2 Beispiele ein- und zweidimensionaler Teilchen

In diesem Abschnitt ...
Anisotrope Substanzen bevorzugen die Kristallisation in ein- oder zweidimensionale Nanoteilchen. Durch geschickt gewählte Additive bei der Synthese ist es aber auch möglich, Stäbchen oder Plättchen aus z. B. kubisch kristallisierenden Verbindungen zu erhalten. Zusätzlich muss man bei der Betrachtung mehrdimensionaler Nanoteilchen auch solche betrachten, die durch Delamination von Teilchen entstanden sind, die in Schichten kristallisieren. Diese sind im Hinblick auf viele technischen Anwendungen von besonderem Interesse. Darüber hinaus gibt es bei diesen Verbindungen eine Reihe von Möglichkeiten, die offenen Bindungen am Umfang abzusättigen.

Die Abb. 5.3 zeigt ein Beispiel von ZnO-Stäbchen. Zinkoxid kristallisiert hexagonal, ein stark anisotropes Gitter. Die dargestellten Stäbchen haben eine Länge von etwa 15 µm und eine Dicke im Bereich von 120–140 nm.[1] Die Stäbe zeigen jeweils an einem Ende eine Verdickung. Das weist darauf hin, dass diese Stäbchen über einen Gasphasenprozess hergestellt wurden. Zinkoxid ist wegen seiner Lumineszenzeigenschaften im Bereich des sichtbaren und des UV-Lichtes ein technisch bedeutsamer Werkstoff.

Die hier dargestellten Mechanismen gelten für „saubere" Oberflächen. Durch zufällige oder gezielte Verunreinigung der Oberfläche sind völlig andere Formen möglich. Durch gezieltes Funktionalisieren mit oberflächenaktiven Molekülen kann nahezu jede beliebige Form hergestellt werden. So ist es z. B. möglich, aus

1) Streng genommen sind das – nach der gängigen Definition – keine Nanoteilchen, da bei diesen Objekten alle linearen Dimensionen größer als 100 nm sind. Da dieses Bild aber so perfekt ist, wurde es dennoch ausgewählt.

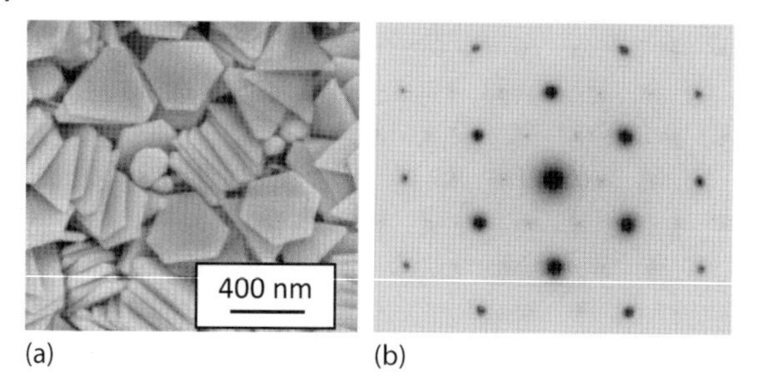

Abb. 5.4 Gold-Plättchen mit hexagonaler Geometrie. Diese Geometrie wurde bei der Synthese durch gezielte Funktionalisierung der Oberfläche durch Zugabe von Polyvinylpyrrolidon zur Ausgangslösung erreicht [2]. Die Dicke der in (a) dargestellten Plättchen liegt im Bereich von 25–60 nm. Die Elektronenbeugungsaufnahme (b) zeigt eindeutig die hexagonale Symmetrie der {111}-Ebene. (Mit Erlaubnis von AIP Publishing LLC.)

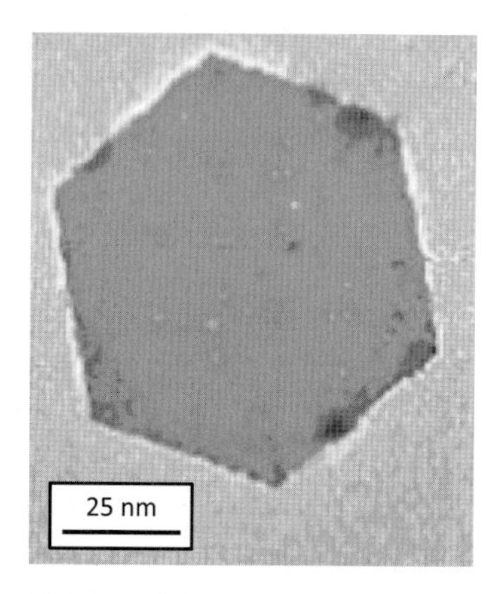

Abb. 5.5 Elektronenmikroskopische Aufnahme eines $CuFe_2O_4$-Plättchens, das nach ⟨111⟩ orientiert ist. Diese Ferrite kristallisieren in der kubischen Spinellstruktur [3].

dem kubischen Gold Stäbchen oder Plättchen herzustellen. Solche plättchenförmigen Gold-Teilchen sind in Abb. 5.4 dargestellt [2]. Die Dicke dieser, nach {111} orientierten Plättchen liegt im Bereich von 25–60 nm.[2] Im kubisch flächenzentrierten Gitter des Goldes haben die {111}-Ebenen hexagonale Symmetrie. Es ist daher nicht erstaunlich, dass alle Teilchen genau diese Symmetrieelemente aufweisen. Diese Symmetrie findet sich auch an der Elektronenbeugungsaufnahme (Abb. 5.4b) wieder. Goldplättchen dieser Größe werden in der Nanotechnologie als Ausgangsmaterial für kleine Bauteile benutzt.

Das Verändern des Habitus während der Synthese durch oberflächenaktive Substanzen ist nicht nur bei Metallen, sondern auch bei keramischen Stoffen möglich. Als Beispiel zeigt Abb. 5.5 ein Ferritplättchen ($CuFe_2O_4$). Diese Ferrite kristallisieren in der kubischen Spinellstruktur. Wie im Falle des Beispieles, das in Abb. 5.4 dargestellt ist, ist auch dieses Plättchen nach ⟨111⟩ orientiert [3].

2) Die *Miller*'schen Indizes, die die Kristallografie zur Beschreibung von Richtungen und Ebenen benutzt, werden im Kapitel 12 behandelt.

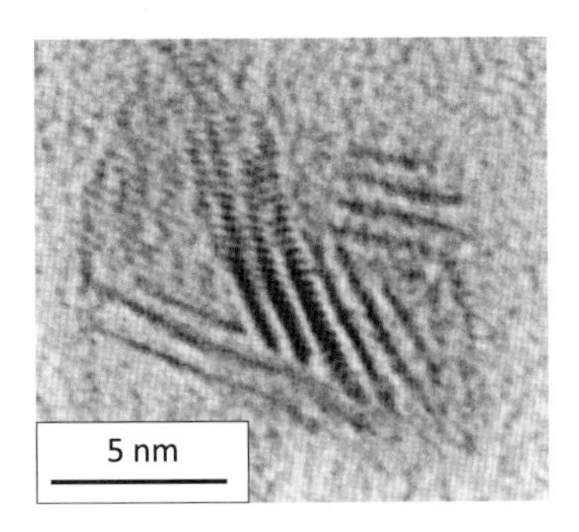

Abb. 5.6 Drei WS_2-Nanoteilchen, die zum Absättigen ihrer offenen Valenzen verbunden sind. Jedes dieser Teilchen besteht nur aus wenigen Gitterebenen (Szabó, D.V. und Vollath, D. (1998) unveröffentlichte Ergebnisse).

Sieht man sich die in den Abb. 5.4 und 5.5 dargestellten Bilder genauer an, so fallen die nahezu atomar glatten Oberflächen auf. Das ist nicht weiter verwunderlich, wenn man bedenkt, dass jede Unebenheit die Oberfläche und damit die Oberflächenenergie vergrößert. Die in diesen beiden Bildern dargestellten Strukturen sind durch äußere Eingriffe während der Synthese hergestellte Artefakte. Natürlich, also ohne zusätzliche Eingriffe während der Synthese, erwartet man ein- und zweidimensionale Strukturen nur bei Verbindungen, die entweder stark anisotrop oder a priori in Schichten kristallisieren. In diesem Zusammenhang sind vor allem solche Stoffe interessant, bei denen zwischen den einzelnen Schichten keine chemische Bindungen bestehen; diese werden nur durch *van der Waals*-Kräfte zusammengehalten. Typische Beispiele sind BN, WS_2, MoS_2, WSe_2, $MoSe_2$ und, ganz besonders wichtig, Graphit. Innerhalb der Schichten sind die Gitterbausteine kovalent gebunden. Erwähnt werden müssen auch die Schichtsilicate (Phyllosilicate, z. B. Glimmer). Diese unterscheiden sich von den vorher genannten Verbindungen dadurch, dass in diesem Falle die einzelnen Schichten elektrostatisch durch Alkaliionen, die zwischen den Schichten eingelagert sind, zusammengehalten werden. Innerhalb dieser Schichten sind auch in diesem Fall die Bindungen kovalent. Allen diesen Verbindungen ist gemeinsam, dass am Umfang der einzelnen Schichten die Valenzen offen sind. Das ist energetisch ungünstig, folglich besteht eine starke Tendenz diesen Zustand, der weit entfernt ist vom Gleichgewicht, zu verändern.

Die Natur hat eine Reihe von Systemen entwickelt, die diese Bindungen absättigen. Man kann sich z. B. vorstellen, dass Teilchen, die sich bei der Synthese entlang des Umfanges berühren, sofort diese offenen Bindungen absättigen. Die Teilchen verbinden sich. Ein Beispiel für einen solchen Fall ist in Abb. 5.6 wiedergegeben. Dabei handelt es sich um drei WS_2-Teilchen, die ihre Bindungen am Umfang weitgehend absättigen.

Eine weitere Möglichkeit wäre, dass sich an der Oberfläche andere Ionen anlagern. Die bei Weitem wichtigste Art der Absättigung ist jedoch, dass sich die einzelnen Ebenen zu Röhrchen zusammenrollen. Das führt zu den Nanoröhrchen und Fullerenen. Diese Art der Absättigung ist so wichtig, dass die daraus folgenden Strukturen in einem eigenen Abschnitt diskutiert werden.

Nanoröhrchen oder Stäbchen kann man auch aus eindimensional kristallisierenden Verbindungen erhalten. Die bekannteste Substanz aus dieser Gruppe ist der Imogolit. Der Imogolit ist ein Mineral aus der Gruppe der Allophane; dabei handelt es sich um Aluminosilicate, die in einem breiten Band von Zusammensetzungen die der Formel $Al_2O_3 \cdot (SiO_2)_x \cdot (H_2O)_y$, mit $1{,}3 < x < 2$ und $2{,}5 < y < 3$ folgen. Im Allgemeinen kristallisieren Allophane in Spherulen (kleine Kügelchen) mit einem Durchmesser von 3–5 nm, die aber, abhängig von der Zusammensetzung und den Synthesebedingungen, auch in Form von hohlen Fäden mit einem Durchmesser im Bereich von 2–5 nm kristallisieren können, wobei der Durchmesser mit dem Gehalt an Aluminium eingestellt werden kann. Das ist die Form des Imogolites, der für die Nanotechnologie von Bedeutung ist. Darüber hinaus ist es möglich einen Teil des Aluminiums durch Atome gleicher Wertigkeit, z. B. Eisen, zu ersetzen. Das verändert die Farbe und auch die magnetischen Eigenschaften.

Vergleicht man die Verfahren zur Herstellung eindimensionaler Nanostrukturen im Hinblick auf deren technische Anwendung, so sind jene, die auf der Basis von Schichtverbindungen aufbauen, die Wichtigsten.

Ergänzung 5.1: Imogolit, ein eindimensional kristallisierendes Silicat

In der Gruppe der eindimensional kristallisierenden Silicate ist, in der Nanotechnologie, der Imogolit mit der Zusammensetzung $(Al_2O_3) \cdot (SiO_2)_x \cdot (H_2O)_y$ wohl die wichtigste Verbindung. Bei dieser Zusammensetzung erhält man Fäden mit einem Durchmesser von etwa 2 nm. Der Innendurchmesser ist etwa 1 nm. Beide Größen können über das Silicium-Aluminium-Verhältnis etwas variiert werden. Die Struktur des Imogolit ist durch konzentrische Ringe, die von Innen nach Außen aus Sauerstoff, Silicium, Aluminium und $(OH)^-$ Ionen bestehen, gekennzeichnet. Die $(OH)^-$ Ionen können auch durch andere, vorwiegend organische Verbindungen ersetzt werden. In diesem Falle spricht man von Funktionalisieren. Der Querschnitt eines Imogolitfadens ist in Abb. 5.7 dargestellt.

Imogolit kann über nasschemische Verfahren in Fäden hergestellt werden. Dabei erhält man Fäden, deren Länge bis in den Bereich von vielen Mikrometern wachsen kann. Als Beispiel zeigt die Abb. 5.8 ein solches Fadenbündel dessen einzelne Fäden Durchmesser im Bereich von 5–30 nm haben. Die spezifische Oberfläche dieses Produktes wurde experimentell mit $1000 \pm 100\,m^2\,g^{-1}$ bestimmt.

Wegen der geringen Festigkeit und *Mohs*härte (2–3) dieser Fäden eignen sich diese kaum als Füller für Polymere, um deren Festigkeit zu erhöhen.

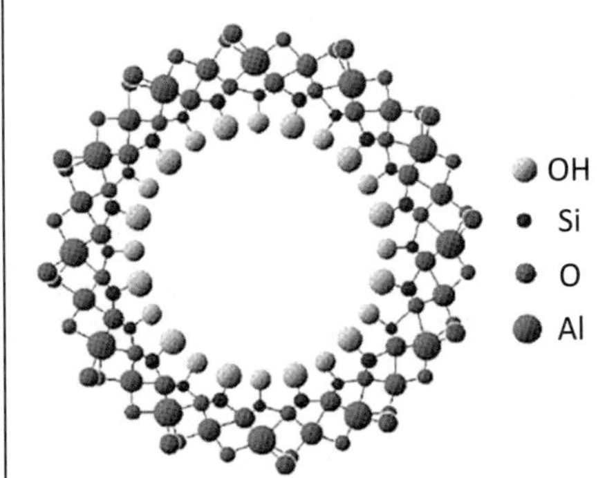

Abb. 5.7 Querschnitt eines Imogolitfadens. Der Innendurchmesser eines solchen Fadens ist etwa 1 nm, der äußere 2 nm, er kann durch Variation des Silicium-Aluminium-Verhältnisses beeinflusst werden [4]. Mit Erlaubnis der Koreanischen Chemischen Gesellschaft.)

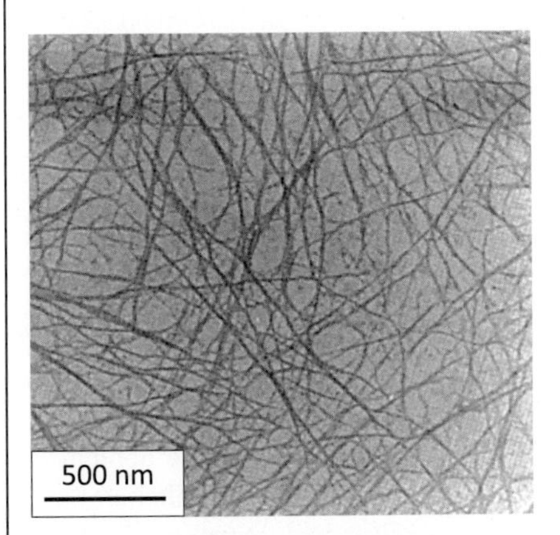

Abb. 5.8 Ein Bündel von Imogolitfäden, die nasschemisch hergestellt wurden. Die Durchmesser dieser Fäden sind im Bereich von 5–30 nm [5]. (Mit Erlaubnis von Elsevier.)

Wichtig zu wissen

Anisotrop kristallisierende Verbindungen bilden anisotropen Strukturen. Solche Strukturen können Stäbchen oder Röhrchen (eindimensional) oder Plättchen (zweidimensional) sein. Durch geeignete Zusätze bei der Synthese ist es aber auch möglich, aus isotrop kristallisierenden Materialien anisotrope Teilchen herzustellen. Des Weiteren gibt es Verbindungen, die in Schichten kristallisieren. Diese Schichten haben am Umfang energetisch ungünstige offene Bindungen. Es besteht daher die Tendenz diese offenen Bindungen anzusättigen. Das kann durch Agglomeration gleichartiger Teilchen entlang des Umfanges oder durch die Bildung von Röhrchen erfolgen.

5.3
Nanostrukturen aufgebaut aus in Schichten kristallisierenden Materialien

5.3.1
Nanoteilchen aus Kohlenstoff und Bornitrid

In diesem Abschnitt ...
Einzelne Schichten des Graphit, reiner Kohlenstoff, nennt man Graphen. Isostrukturell zum Graphen ist Bornitrid. Da gibt es aber dennoch wesentliche Unterschiede: Graphen ist ein elektrischer Leiter, Bornitrid ein Isolator. Wie es bei solchen Schichtenstrukturen energetisch günstig sein kann, sind beide Verbindungen in der Lage Nanoröhrchen zu bilden. Diese Nanoröhrchen können auf verschiedenste Weise gebildet werden. Abhängig von den Schraubenlinien (Chiralität), die sich auf der Oberfläche der Kohlenstoff-Nanoröhrchen bilden, sind diese in der Lage, den elektrischen Strom zu leiten oder nicht. Zum Verständnis dieser Verhältnisse wird die Kristallografie des Graphen und der daraus gebildeten Nanoröhrchen im Detail erläutert. Solche Kohlenstoff-Nanoröhrchen können ein- oder mehrlagig sein. Die Bauelemente der Graphitstruktur sind Sechsecke. Wenn man im Graphen einige dieser Sechsecke durch Fünfecke ersetzt, entstehen dreidimensionale Gebilde, die auch geschlossene Körper, Fullerene, bilden können. Mit Ausnahme der Fullerene können mit Bornitrid direkt vergleichbare Strukturen hergestellt werden. Den Fullerenen ähnliche Körper aus Bornitrid sind zwar theoretisch möglich, experimentell jedoch noch nicht nachgewiesen.

Die wichtigsten ein- und zweidimensionalen Nanostrukturen sind aus Kohlenstoff aufgebaut. Die Abb. 5.9 zeigt die hexagonale Struktur des Graphites. Innerhalb der einzelnen Schichten liegt eine kovalente Bindung und zwischen den Schichten eine *van der Waals*-Bindung vor. Eine einzelne isolierte Schicht des Graphits nennt man Graphen. Graphen hat eine Reihe von erstaunlichen Eigenschaften. Bornitrid hat sinngemäß die gleiche Struktur. In der Struktur des Bornitrids sind die Schichten so gegeneinander versetzt, dass jeweils ein Bor- und ein Stickstoffatom gegenüber sind. Daher ist zwischen den Lagen eine Dipolbindung.

Um die spezifischen Eigenschaften von Graphen und dem entsprechenden Analogon aus Bornitrid zu verstehen, muss man die Bindungsverhältnisse untersuchen. In Abb. 5.10 sind die Bindungsverhältnisse von Graphen und Bornitrid gegenübergestellt. Kohlenstoff ist vierwertig, im Graphen hat jedes Kohlenstoffatom jedoch nur drei Nachbarn. Daher hat jedes Kohlenstoffatom zwei Einfach- und eine Doppelbindung. Ein Elektron dieser Doppelbindung ist aber nicht, wie in Abb. 5.10 gezeichnet, an einem bestimmten Ort, es ist delokalisiert und somit frei beweglich. Diese delokalisierten Elektronen sind für die elektrische Leitfähigkeit des Graphit oder des Graphen verantwortlich. Da sich diese freien Elektronen in den Schichten aufhalten, ist Graphit in Richtung senkrecht zu den hexagonalen Ebenen ein Isolator. Das ungebundene Elektron kann auch für eine chemische Funktionalisierung genutzt werden. In diesem Zusammenhang sei das Graphan

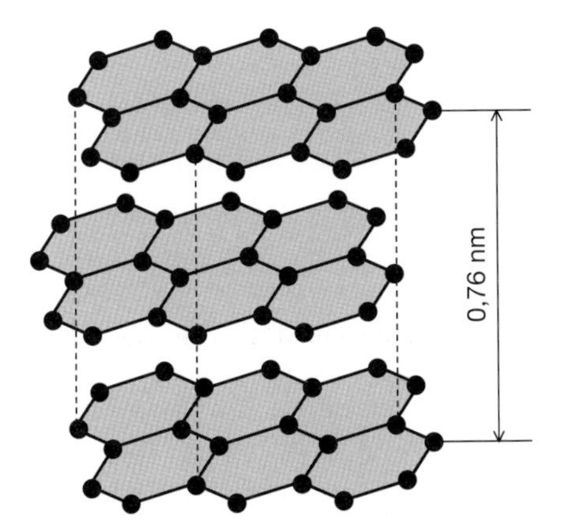

Abb. 5.9 Modell der Graphit-Struktur. Eine vereinzelte Schicht nennt man Graphen. Die einzelnen Schichten sind unabhängig von einander, sie sind nur durch *van der Waals*-Kräfte verbunden. Die Struktur von Bornitrid ist identisch, jedoch sind die Schichten so gegeneinander versetzt, dass jeweils ein Bor- und ein Stickstoffatom gegenüber angeordnet sind.

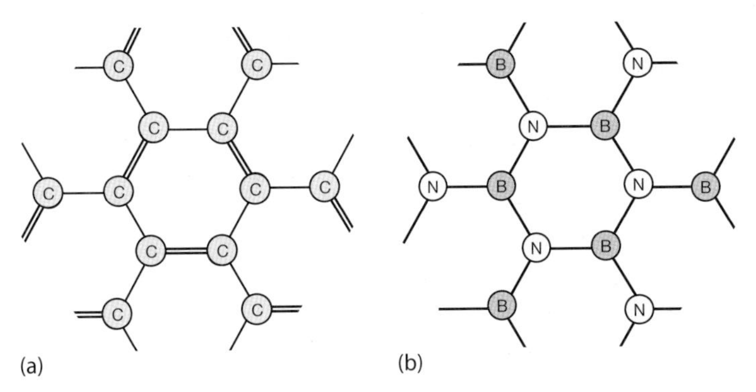

Abb. 5.10 Struktur und Bindung bei Graphen (a) und Bornitrid (b). Im Gegensatz zum Graphen hat Bornitrid keine Doppelbindung. Bei Graphen ist ein Elektron der Doppelbindung delokalisiert, also frei beweglich. Bei Bornitrid ist ein Elektronenpaar bei dem Stickstoffatom lokalisiert. Daher ist Graphen ein elektrischer Leiter, Bornitrid ein Isolator.

erwähnt, das ist Graphen, bei dem an jedes Kohlenstoff- ein Wasserstoffatom gebunden ist. Graphan hat demnach keine freien Elektronen. Beim Bornitrid gibt es keine freien Elektronen, da Bor dreiwertig ist und von den fünf Elektronen des Stickstoffes zwei direkt bei dem Stickstoff lokalisiert sind. Da es keine freien Elektronen gibt, ist Bornitrid ein Isolator, seine Farbe ist weiß.[3)]

3) Neuere Untersuchungen zeigen allerdings, dass Bornitrid, genau genommen, ein Halbleiter mit großer Bandlücke ist. Siehe Kapitel 10.

Ergänzung 5.2: Synthese von Graphen

Graphen wird aus Graphit hergestellt. Dazu müssen die einzelnen Schichten des Graphites vereinzelt (delaminiert) werden. *Geim*, der erste Forscher der sich mit Graphen vertieft befasste, sagte, dass man mit jedem Strich eines Bleistiftes viele einzelne Graphenplättchen auf ein Papier aufbringt [6]. Das ist zwar korrekt, so kann man aber Graphen nicht hinreichend definiert herstellen, sodass es für wissenschaftliche Arbeiten geeignet ist.

Im Graphen hat jedes Kohlenstoffatom zwei Einfach- und eine Doppelbindung. Letztere eignen sich für eine Funktionalisierung, d. h., man kann bei jedem Kohlenstoffatom eine weitere Verbindung anhängen. Das wird zur Vereinzelung genutzt. Das geschieht durch eine gezielte Abfolge eines Oxidations- und eines Reduktionsprozesses.[4] Im einfachsten Fall stellt man eine Suspension des Graphites in Ameisensäure (HCOOH) her. Diese kleinen Moleküle reagieren mit dem Graphen an den Doppelbindungen. Man erhält ein Graphenoxid (GO), dadurch vergrößert sich der Abstand zwischen den einzelnen Lagen. Das Vereinzeln erfolgt in einem zweiten Schritt, in dem der Suspension Alkalien zugesetzt werden. Für die abschließende Reduktion, bei der die Vereinzelung erfolgt, verwendet man Hydrazin (N_2H_4). Anstelle der hier beispielhaft beschriebenen chemischen Reduktion ist auch eine thermische Reduktion möglich.

Eine breite Übersicht über die vielen Verfahren zur Graphensynthese wurde von Choi *et al.* [7] gegeben.

In der organischen Chemie sind hexagonale Strukturen in aromatischen Verbindungen wohlbekannt; das Grundelement ist das Benzol, C_6H_6, daher wird Graphen häufig auch als unendlich ausgedehnte organische Struktur bezeichnet. In entsprechender Weise ist das Borazin, $B_3N_3H_6$ („anorganisches Benzol"), das Grundelement für die Struktur des Bornitrides.

Wie bei jeder Kristallisation können auch bei der Bildung des Graphen Fehler entstehen. Der häufigste Fehler, gleichzeitig Basiselement für neue Strukturen, ist die Bildung eines Fünfeckes. Hängt man an jede Seite dieses Fünfeckes ein Sechseck an, so bleiben Lücken, die Ebene wird nicht vollständig abgedeckt. Um die Struktur zu schließen, ist es notwendig, die Sechsecke etwas aus der Ebene zu heben. Es entsteht eine dreidimensionale Struktur, die das elementare Strukturelement für die Bildung der Fullerene ist. Diese Verhältnisse sind in Abb. 5.11 dargestellt.

Kombiniert man eine größere Zahl von Strukturelementen gemäß Abb. 5.11, eventuell mit zusätzlichen Sechsecken, so erhält man sphärische Strukturen, die Fullerene. Die Geometrie solcher Polyeder wurde zuerst von *L. Euler* diskutiert. Die ersten Fullerene, bestehend aus 60 Kohlenstoffatomen, C_{60}, wurden von Kroto

4) Die Begriffe Oxidation und Reduktion werden in diesem Zusammenhang in ihrer allgemeinsten Bedeutung verwendet: Oxidation = Elektronenabgabe, Reduktion = Elektronenaufnahme.

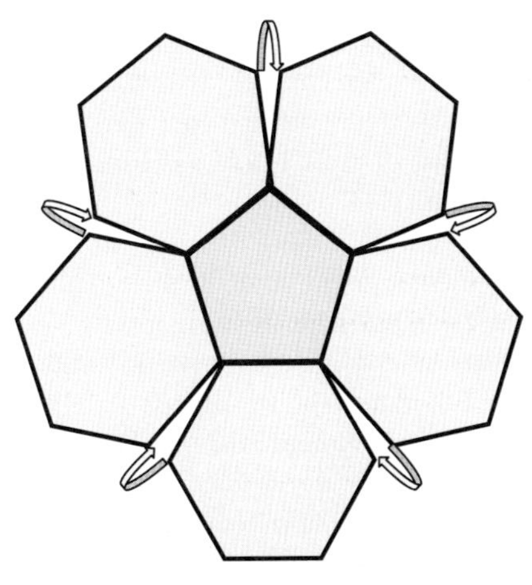

Abb. 5.11 Anordnung von Sechsecken um ein Fünfeck. Um die Figur zu schließen ist es notwendig, die Sechsecke aus der Ebene zu heben. Es entsteht eine dreidimensionale Struktur, die auch gleichzeitig das Strukturelement der Fullerene ist.

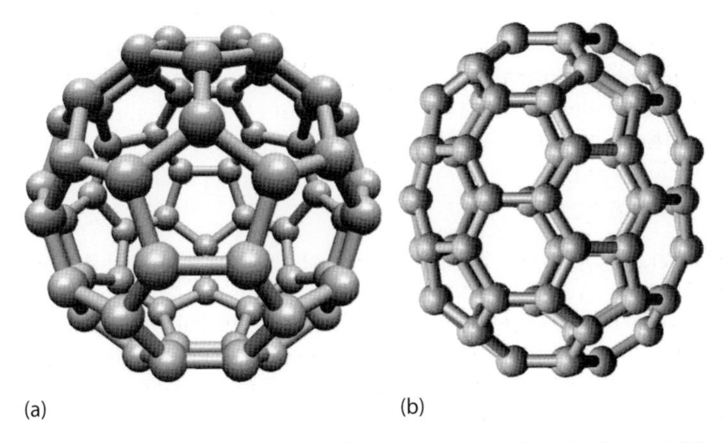

Abb. 5.12 Fullerene C_{60} (a) und C_{70} (b). Die Sechs- und Fünfecke sind bei diesen Gebilden deutlich zu sehen. Der Durchmesser des C_{60}-Moleküles ist 0,7 nm. Auch wenn die Durchmesser dieser beiden Moleküle unterschiedlich sind, so wurden sie doch aus Gründen der Darstellung gleich groß gezeichnet [9]. (Mit Erlaubnis von Steffen Weber.)

und Smalley [8] beschrieben. Das nächstgrößere Fulleren besteht aus 70 Atomen, C_{70}. Die Abb. 5.12 zeigt diese beiden Fullerene.

Neben den Fullerenen C_{60} und C_{70} gibt es noch eine Reihe anderer größerer und kleinerer Fullerene. Die Größten bestehen aus 120 und mehr Kohlenstoffatomen, die Kleinsten, experimentell verifizierten, haben ihre Grenze bei 20 Kohlenstoffatomen [10]. Fullerene sind jedoch nur dann stabil, wenn jede Seite eines Fünfeckes an ein Sechseck grenzt. In diesem Sinne ist das C_{60}, das „Fußballmolekül", das kleinste stabile Fulleren. Das C_{20} besteht nur aus Fünfecken, ist daher instabil.

Fullerene können auch mehrfach ineinander verschachtelt werden, wie eine „russische Puppe“ (Matrjoschka). Diese verschachtelten Fullerene haben aber nur eine begrenzte Stabilität, da mit steigender Anzahl der Schichten auch der Druck im Inneren zunimmt. Wird die Zahl der Schalen zu groß, bricht das Innere zusammen. Es bildet sich ein Diamant im Zentrum [11].

Ähnlich wie bei dem Graphen befinden sich auf der Oberfläche der Fullerene Einfach- und Doppelbindungen; letztere können zum Funktionalisieren genutzt werden. In dem Sinne, als man Graphen als zweidimensionale aromatische Verbindung bezeichnen kann, sind Fullerene dreidimensionale Aromaten. Ähnlich wie beim Kohlenstoff könnte man sich auch Fullerene beim Bornitrid vorstellen, diese sind aber bisher noch nicht nachgewiesen. Da in diesem Fall jede Fläche, zur Erhaltung der strengen Stöchiometrie, eine gerade Anzahl von Ecken haben muss, sind Fünfecke nicht möglich. Theoretische Rechnungen führen zu Vierecken als Strukturelemente, die eine räumliche Krümmung ermöglichen. In weiterer Folge führt das zu Geometrien, die sich von der der Kohlenstoff-Fullerene grundlegend unterscheiden.

Ergänzung 5.3: Geometrie der Fullerene

Fullerene bilden Polyeder, die den Euler'schen Polyedern zuzuordnen sind. Diese wiederum sind eine Unterklasse der archimedischen Körper, die sich dadurch auszeichnen, dass sie konvex sind und aus regelmäßigen Vielecken aufgebaut sind. Auf jede Ecke trifft die gleiche Zahl von Kanten. Für Euler'sche Polyeder gilt die Formel

$$E - K + F = 2 \tag{5.7}$$

In dieser Formel ist E die Zahl der Ecken (die in Falle der Fullerene gleich der Zahl der Kohlenstoffatome N ist), K die Zahl der Kanten und F die Zahl der Flächen. Für die Polyeder der Fullerene, die aus Fünf- und Sechsecken bestehen, gilt weiterhin

$$N = 2i\,, \quad i \geq 12\,, \quad i \in \mathbb{N} \tag{5.8}$$

Auf Basis dieser Bedingungen ist das kleinste experimentell nachgewiesene Fulleren C_{20} kein Euler'scher Polyeder, da der kleinste Körper gemäß Gl. (5.8) aus 24 Atomen bestehen sollte. Das Fulleren C_{60} ist das Molekül mit der höchsten Symmetrie, man kann 120 Symmetrieoperationen ausführen, die das Molekül in sich selbst überführen.

Die Zahl der am Rande eines Graphenplättchens nicht abgesättigten Valenzen kann nicht nur durch die Bildung eines Polyeders, sondern auch durch Einrollen bzw. das Bilden einer Röhre, genannt Kohlenstoff-Nanoröhrchen, vermindert werden. Dieses Einrollen kann auf verschiedene Arten durchgeführt werden; so, dass eine definierte Mantellinie auf dem Graphen unterschiedliche Helices

(Schraubenlinien) bildet. Diese Helices können rechts- oder linksdrehend sein. Mathematisch wird die Helix eines Nanoröhrchens durch den Chiralitätsvektor beschrieben.

Ergänzung 5.4: Geometrie von Graphen und Kohlenstoff-Nanoröhrchen

Die Graphenstruktur wird in einem hexagonalen Koordinatensystem mit den Einheitsvektoren $\boldsymbol{e}_1$ und $\boldsymbol{e}_2$ beschrieben. Dieses Koordinatensystem ist in Abb. 5.13 gezeichnet. Zur besseren Orientierung sind für einige Punkte dieses Gitters die Koordinaten angegeben. Der Chiralitätsvektor $\boldsymbol{c}$ ist im allgemeinsten Fall

$$\boldsymbol{c} = i\boldsymbol{e}_1 + j\boldsymbol{e}_2 \,, \quad i \in \mathbb{N} \,, \quad j \in \mathbb{Z} \tag{5.9}$$

Das Vorzeichen von j bestimmt, ob das System rechts- oder linksdrehend ist. Die Größen i und j sind die Koordinaten in Richtung der Einheitsvektoren. Das System ist rechtsdrehend, wenn $j > 0$, und linksdrehend, wenn $j < 0$ ist. Das System ist nicht helikal (achiral) wenn $i = j$ oder $j = 0$ ist.

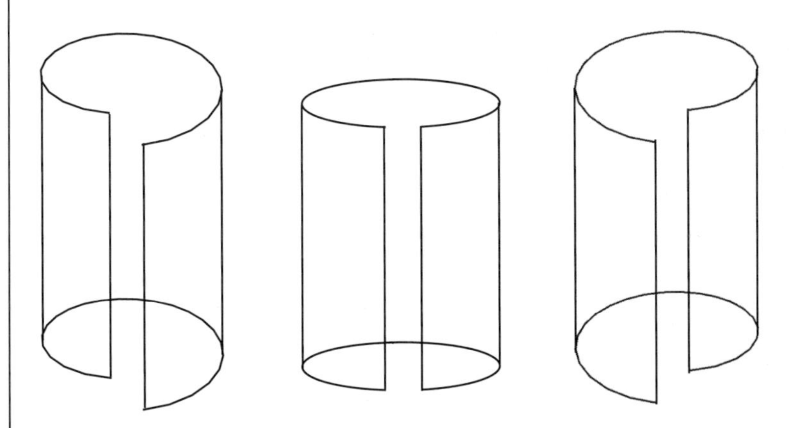

Rechtsdrehend	Achiral	Linksdrehend
$j > 0 \quad i > 0$	$i = j$ oder $j = 0$	$j < 0 \quad i > 0$

Abb. 5.13 Die drei Möglichkeiten ein Blatt einzurollen. Für jede dieser Möglichkeiten sind die Koordinaten des hexagonalen Chiralitätsvektors angegeben.

Da die Eigenschaften der Nanoröhrchen nicht vom Drehsinn abhängen, hat sich die Konvention

$$\boldsymbol{c} = n\boldsymbol{e}_1 + m\boldsymbol{e}_2 \,, \quad n, m \in \mathbb{N} \tag{5.10}$$

durchgesetzt. Des Weiteren werden die Richtungen der Einheitsvektoren so gewählt, dass $0 \leq m \leq n$ ist. In dieser Weise werden die Nanoröhrchen charakterisiert. Die Abb. 5.14 zeigt das hexagonale Koordinatensystem von Graphen. Zur besseren Orientierung sind die Einheitsvektoren eingezeichnet. Für einige Punkte in diesem System sind die Koordinaten eingetragen. Die Röhrenachse ist immer senkrecht auf den Chiralitätsvektor.

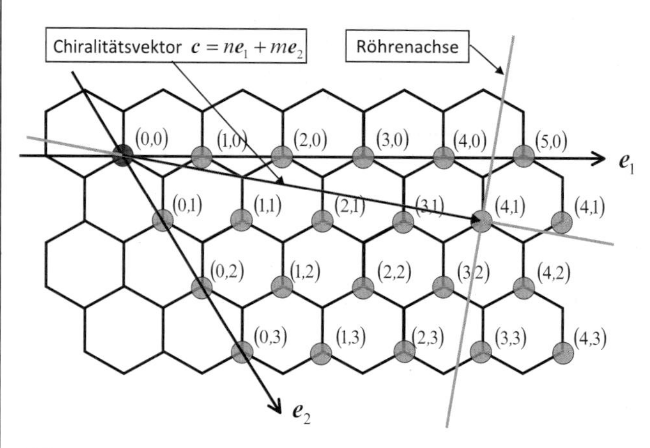

Abb. 5.14 Hexagonales System des Graphen. In diesem Bild sind das hexagonale Muster des Graphen sowie die Richtung der Einheitsvektoren eingezeichnet. Zur besseren Übersicht sind für einige Punkte die Koordinaten angegeben. Des Weiteren ist als Beispiel der Chiralitätsvektor (4,1) und die dazugehörige Achse der Röhre eingezeichnet.

Es gibt zwei achirale Chiralitätsvektoren, den Vektor $\boldsymbol{c} = (n, 0)$ der zur „zig-zag“-Struktur und den Vektor $\boldsymbol{c} = (n, n)$, der zu der „armchair“-Struktur führt. Die Chiralität bestimmt die Eigenschaften von Kohlenstoff-Nanoröhrchen. Mithilfe des Chiralitätsvektors und des bekannten Abstandes zweier Kohlenstoffatome $a_{\text{C–C}} = 0{,}14\,\text{nm}$ kann man den Durchmesser d eines Kohlenstoff-Nanoröhrchens

$$d = \frac{\sqrt{3}}{\pi} a_{\text{C-C}} (n^2 + m^2 + nm)^{0{,}5} = 0{,}0783 (n^2 + m^2 + nm)^{0{,}5} \quad [\text{nm}] \tag{5.11}$$

und den Chiralitätswinkel δ, das ist der Winkel zwischen dem Einheitsvektor $\boldsymbol{e}_1$ und dem Chiralitätsvektor $\boldsymbol{c}$ berechnen

$$\delta = \arctan\left[\sqrt{3}\frac{m}{2n + m}\right] \tag{5.12}$$

Bei den Sonderfällen $\boldsymbol{c} = (n, 0)$ und $\boldsymbol{c} = (n, n)$, ist der Chiralitätswinkel 30° bzw. 0°. Wegen der nicht lokalisierten Elektronen beim Graphen erwartet man auch bei den Kohlenstoff-Nanoröhrchen elektrische Leitfähigkeit. Diese tritt auf, wenn die Komponenten des Chiralitätsvektors die Bedingung

$$\frac{2n + m}{3} = q\,, \quad q \in \mathbb{N} \tag{5.13}$$

erfüllen.

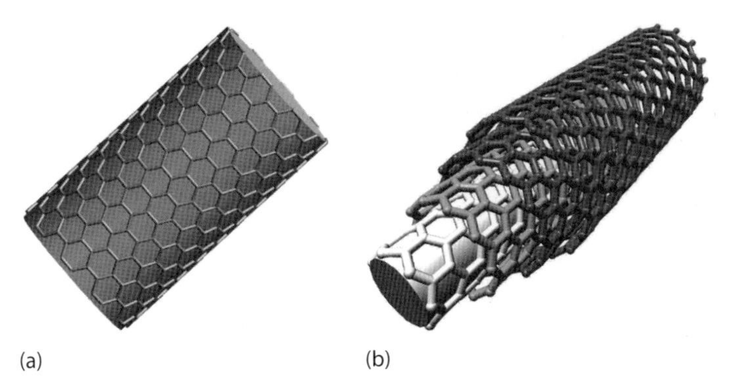

Abb. 5.15 Modell eines einfachen Nanoröhrchens mit dem Chiralitätsvektor (10,10) und einem Durchmesser von 1,35 nm (a) sowie eines vierfachen Nanoröhrchen vom Typ [7,0], [10,0], [13,0] und [16,0] mit einem Durchmesser von 1,25 nm (b) [12]. (Mit Erlaubnis von Steffen Weber.)

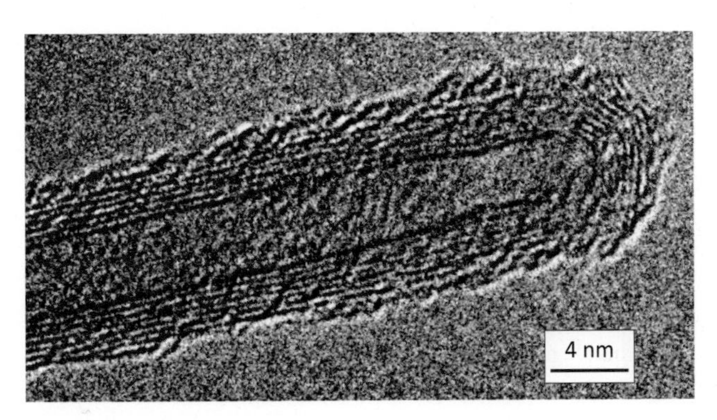

Abb. 5.16 Abgeschlossene mehrwandige Kohlenstoff-Nanoröhrchen. (Ritschel M. und Leonhardt A. (2007), private Mitteilung, unveröffentlichte Ergebnisse, IFW Dresden.)

Ähnlich wie bei den Fullerenen existieren auch konzentrische Mehrfachröhrchen. Die Abb. 5.13 zeigt diese beiden Möglichkeiten der einfachen und der mehrfachen konzentrischen Nanoröhrchen.

Die üblichen Herstellungsprozesse für Kohlenstoff-Nanoröhrchen liefern ein Gemisch von ein- und mehrwandigen Nanoröhrchen. Durch eine geschickte Wahl des Katalysators kann man zwar das Gleichgewicht etwas in die eine oder andere Richtung verschieben, das ändert aber nichts an der Tatsache, dass man im Produkt ein Gemisch verschiedenster Arten vorliegen hat.

Eine elektronenmikroskopische Aufnahme eines mehrwandigen Kohlenstoff-Nanoröhrchens zeigt die Abb. 5.16. Betrachtet man dieses Bild genauer, so fällt der Abschluss jeder einzelner dieser Röhrchen mit einer Halbkugel auf. Diese Halbkugeln sind in guter Näherung jeweils eine Hälfte eines Fullerenes. Diese Art des Abschlusses der Röhrchen vermeidet offene Bindungen an den Enden und vermindert damit die Energie des Systems.

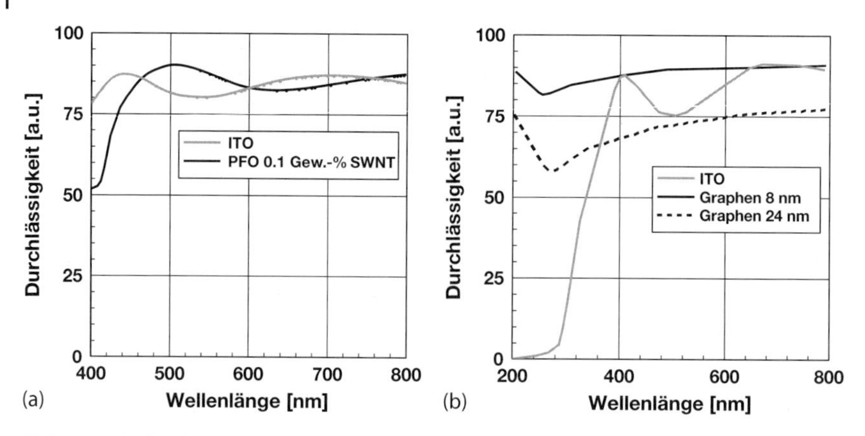

Abb. 5.17 Spektrale optische Durchlässigkeit von polymerbasierten Kompositen mit einwandigen Kohlenstoff-Nanoröhrchen (a) [13] oder Graphen (b) [14] als elektrischer Leiter. In beiden Fällen wurde ITO als Vergleichsmaterial herangezogen.[5)]

Kohlenstoff-Nanoröhrchen haben eine große Palette realisierter und potenzieller Anwendungen. Bei diesen Anwendungen werden die große Steifigkeit und Festigkeit oder die elektrische Leitfähigkeit genutzt. Viele dieser Anwendungen benutzen die Nanoröhrchen als Zusatz zu einem Polymer zum Verbessern der mechanischen Festigkeit oder um eine elektrische Leitfähigkeit zu erhalten. Einzelne Nanoröhrchen werden als Sonden bei der Rasterkraftmikroskopie oder als Leiter für Feldeffekttransistoren verwendet.

Für elektronische Anzeigen benötigt man optisch transparente, elektrische Leiter, die auch den Farbeindruck nicht verfälschen dürfen. Das Standardmaterial, das heute verwendet wird, ist ITO (indium tin oxide). ITO besteht zu etwa 90 Gew.-% aus In_2O_3 und zu 10 Gew.-% SnO_2. Trotz seiner guten elektrischen und optischen Eigenschaften hat ITO eine Reihe von Nachteilen, die die Anwendung einschränken: ITO ist spröde, kann daher kaum auf flexiblen Substraten eingesetzt werden, und ITO wird durch Sputtern auf dem Substrat aufgebracht. Sputtern ist ein teurer Prozess, für den man zumeist Hochvakuum verwenden muss, um Niederschläge hoher Qualität zu erhalten. Diese Nachteile sollte ein Komposit auf der Basis eines Polymers mit Graphen oder Kohlenstoff-Nanoröhrchen als elektrische Leiter nicht haben. Bei entsprechender Auswahl des Polymers und der Fertigungsbedingungen sollten solche Komposite auch auf elastischen Folien druckbar sein. Die offene Frage ist in diesem Zusammenhang, ob solche elektrisch leitfähige Komposite auch eine hinreichend gute Transparenz aufweisen. Die Abb. 5.17 zeigt die Transparenz solcher Komposite im Vergleich mit ITO als Standard.

Das Komposit, dessen spektrale optische Durchlässigkeit in Abb. 5.17a dargestellt ist besteht aus 0,1 Gew.-% einwandigen Kohlenstoff-Nanoröhrchen und PFO (poly2,7-9,9-[di(oxy-2,5,8-trioxadecane)]fluorene) als Matrix. Man erkennt

5) Elektrische Eigenschaften siehe Kapitel 10.

nur geringe Unterschiede im Vergleich zu ITO. Die geringere Transmission bei Wellenlängen unterhalb von 450 nm führen die Autoren auf das ausgewählte Polymer zurück. Noch günstiger liegen die Verhältnisse bei der Verwendung von Graphen als elektrischen Leiter in einer Polyethylen-Matrix (Abb. 5.17b). Zumindest im Bereich des sichtbaren Lichtes (400 bis 800 nm) sind die wellenlängenabhängigen Unterschiede geringer als bei ITO. Betrachtet man den Einfluss der Schichtdicke, so erkennt man, dass in diesem Punkt Vorsicht geboten ist. Zusammenfassend muss man feststellen, dass die optischen Eigenschaften der beschriebenen Komposite sicherlich nicht schlechter sind als die von ITO. Diese Materialien haben ein hohes Entwicklungs- und Anwendungspotenzial.

Wichtig zu wissen

Graphit und Bornitrid kristallisieren in der gleichen hexagonalen Schichtenstruktur. In beiden Fällen ist es möglich, durch Delaminieren einzelne freie Schichten herzustellen. Gedanklich können diese Schichten zu Röhrchen eingerollt werden, die in beiden Fällen experimentell nachgewiesen wurden. Neben dieser strukturellen Ähnlichkeit sind einige wesentliche Unterschiede zu beobachten:

- Graphit ist ein elektrischer Leiter, Bornitrid nicht.
- Bei Graphit ist zwischen den einzelnen Lagen eine *van der Waals*-Bindung, bei Bornitrid eine Dipolbindung.
- Kohlenstoff kann auf der Basis der hexagonalen Struktur, kombiniert mit Fünfecken, dreidimensionale Körper, die Fullerene, bilden. Bei Bornitrid wäre dies hypothetisch nur mit Vierecken als zweites Strukturelement möglich. Bei Bornitrid wurden noch keine den Fullerenen verwandte Strukturen nachgewiesen.

5.3.2
Nicht kohlenstoffbasierte ein- und zweidimensionale Nanoteilchen

In diesem Abschnitt ...

Die Verbindungen von Molybdän und Wolfram mit Schwefel, Selen und Tellur kristallisieren in mehrlagigen Schichten. Zwischen diesen Schichtpaketen besteht eine *van der Waals*-Bindung, innerhalb der Schichten ist die Bindung kovalent. Wie nahezu alle Verbindungen, die aus Schichten aufgebaut sind, können auch diese Nanoröhrchen und fullerenartige Strukturen bilden. Die Sulfide dieser Gruppe werden seit Langem als Festschmierstoffe genutzt. Verwendet man diese Verbindungen in Form der fullerenartigen Strukturen, so sind die tribologischen Eigenschaften gegenüber denen der Teilchen mit planarem Aufbau signifikant verbessert.

Die Sulfide, Selenide sowie einige Oxide von Molybdän und Wolfram kristallisieren in Schichtenstrukturen. Im Gegensatz zu z. B. Bornitrid besteht in diesen Fällen jede Schicht aus drei Lagen: In der Mitte die Metalle und außen die Nichtmetalle. Innerhalb der Schichten liegt eine kovalente, zwischen den Schichten eine *van der Waals*-Bindung vor. Die schwache Bindung zwischen den Schichten ist

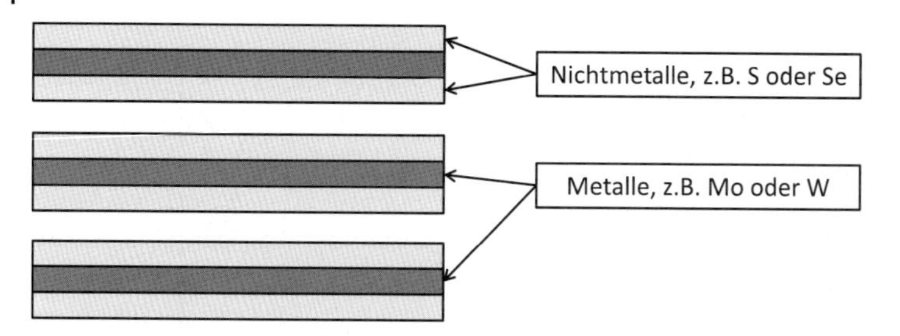

Abb. 5.18 Stark vereinfachtes Strukturmodell der Schichtenstrukturen, wie sie z. B. bei den Sulfiden und Seleniden von Molybdän und Wolfram gefunden werden. Innerhalb der Schichten ist die Bindung kovalent; zwischen den Schichten liegt eine *van der Waals*-Bindung vor.

der Grund dafür, dass diese Verbindungen als Festschmiermittel geeignet sind. Das Schema dieser Strukturen ist in Abb. 5.18 dargestellt.

Es ist allgemein akzeptiertes Wissen, dass alle Verbindungen, die in *van der Waals* verbundenen Schichten kristallisieren Nanoröhrchen und fullerenartige Strukturen bilden können. Die ersten kohlenstofffreien Nanoröhrchen wurden aus MoS_2 und WS_2 synthetisiert [17]. Als Beispiele für eine fullerenartige Struktur bei Sulfiden ist in Abb. 5.19a ein solches Teilchen aus WS_2 gezeigt und in Abb. 5.19b einige MoS_2-Nanoröhrchen. Betrachtet man diese Bilder, so fällt auf, dass diese einen wesentlich besseren Kontrast aufweisen als vergleichbare Bilder bei den äquivalenten Strukturen aus Kohlenstoff. Die Ursache dafür liegt in der Tatsache, dass bei elektronenmikroskopischen Aufnahmen der Kontrast mit dem Quadrat der Ordnungszahl der Atome zunimmt. Wegen des großen Unterschiedes in den Ordnungszahlen sind jedoch die Schwefelatome nicht zu sehen. In beiden Bildern erkennt man, dass es sich um mehrwandige Objekte handelt. Das WS_2-Teilchen weicht, besonders bei den inneren Lagen, sehr stark von der Kugelform ab, bei der die Oberflächenenergie ein Minimum wäre. Von diesem energetischen Gesichtspunkt aus ist diese Form nicht ohne Weiteres zu verstehen.

Der Idee folgend, dass alle *van der Waals* gebundenen Schichtenstrukturen fullerenartige Teilchen oder Nanoröhrchen bilden können, wurden solche Strukturen auch bei den Seleniden von Molybdän und Wolfram gefunden [17]. Als Beispiel für ein fullerenartiges Teilchen wird in Abb. 5.20 ein mehrlagiges Teilchen aus $ZrSe_2$ gezeigt. Im Gegensatz zu dem in Abb. 5.19a gezeigten Teilchen ist Form dieses Objektes sehr nahe an der einer Kugel.

Die Schichtenverbindungen MoS_2 und WS_2 werden technisch als Festschmierstoffe verwendet. Dabei nutzt man die Tatsache, dass sich die einzelnen Schichten wegen der vergleichsweise schwachen *van der Waals*-Bindung leicht gegeneinander verschieben lassen. Zusätzlich bilden die Teilchen auch eine Trennschicht, sodass sich die beiden aufeinander gleitenden Flächen nicht berühren. Das ist besonders dann von Bedeutung, wenn, bei großen Lasten, der Schmierstoff, also das Öl oder Fett, aus dem Lager hinausgedrückt wird. Während des Betriebes eines solchen Lagers werden im Laufe der Zeit auch einzelne Schmierstoffteilchen mit der Metalloberfläche reagieren und die offenen Bindungen absättigen.

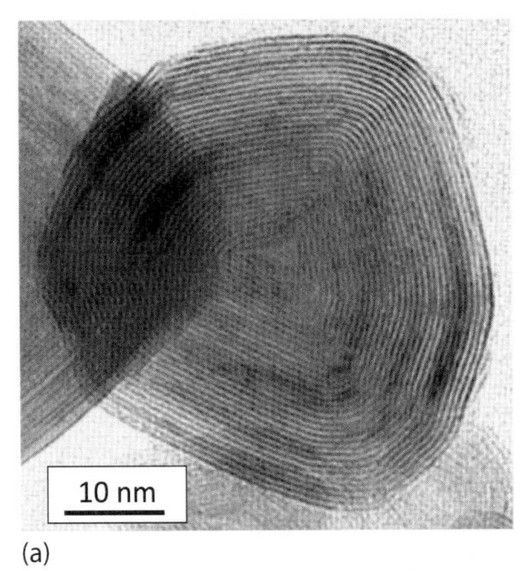

(a)

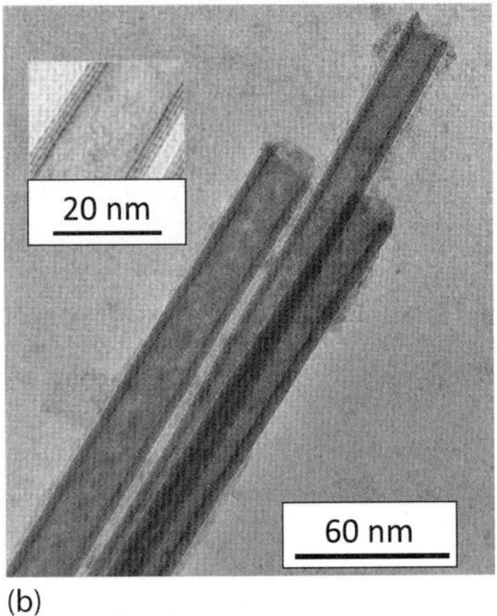

(b)

Abb. 5.19 Fullerenartige Strukturen bei WS_2 (a) und Nanoröhrchen aus MoS_2 (b). In beiden Fällen handelt es sich um mehrwandige Strukturen [16]. Bei dem fullerenartigen Teilchen fällt auf, dass vor allem die inneren Schichten sehr stark von der Kreisform abweichen. (Mit Erlaubnis von R. Tenne.)

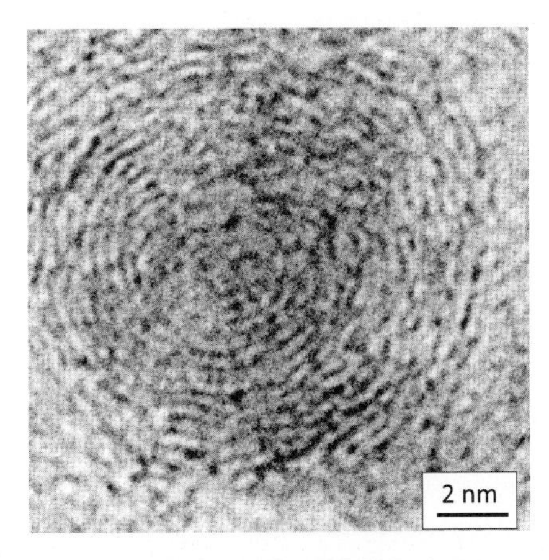

Abb. 5.20 Fullerenartiges Teilchen aus $ZrSe_2$. Die Form dieses mehrlagigen Teilchens kommt der einer Kugel sehr nahe [18]. (Mit Erlaubnis von Elsevier.)

Fullerenartige Teilchen aus MoS_2 oder WS_2 wirken wie Kugeln eines Kugellagers. Das bringt eine Reihe von Vorteilen mit sich. Zunächst muss festgehalten werden, dass diese Teilchen in Ermangelung freier Valenzen nicht mit dem Metall der Bauteile reagieren. Das verlängert in jedem Falle die Betriebsdauer einer Schmierstofffüllung [19]. Die Wirkung von Schmierstoffen mit Zusätzen von fullerenartigen MoS_2-Teilchen ist der Abb. 5.21 zu entnehmen. In dieser Abbildung ist der Reibungskoeffizient als Funktion der Last für drei verschiedene Schmierstoffe – reines Fett, Fett mit MoS_2-Plättchen und Fett mit fullerenartigen Teilchen aus MoS_2 –, aufgetragen. Reines Fett ist am wenigsten günstig. Bis zu einer Last von etwa 1800 N verhält sich das Fett etwa gleich wie die mit den beiden

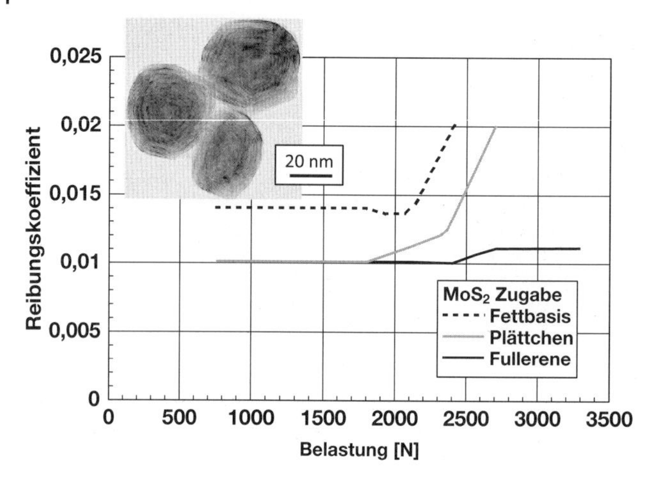

Abb. 5.21 Reibungskoeffizient verschieden zusammengesetzter Schmiermittel. Man erkennt, dass sich die Zugabe von MoS_2 in jedem Fall positiv auswirkt. Sind die Teilchen fullerenartig, so beobachtet man bis zu einer Belastung von etwa 3300 N keine katastrophale Zunahme des Reibungskoeffizienten [16]. Das eingesetzte Bild zeigt die verwendeten Teilchen, die einer industriellen Produktion entstammen [16]. (Mit Erlaubnis von R. Tenne.)

Festschmierstoffen ergänzten Mischungen. Bei höheren Belastungen verhält sich der Schmierstoff mit den fullerenartigen Teilchen wesentlich günstiger. Anders ausgedrückt: Bei der Zugabe von MoS_2-Plättchen darf die Belastung 188 N nicht überschreiten; bei der Zugabe der Kügelchen ist bis zu einer Belastung von 3300 N noch keine katastrophale Zunahme des Reibungskoeffizienten zu beobachten. Die elektronenmikroskopische Aufnahme zeigt drei solcher fullerenartiger Teilchen mit einer Größe von etwa 50 nm, die aus der industriellen Produktion stammen.

Vergleichbare Verbesserungen der Reibung werden auch mit WS_2-Teilchen erreicht. Diese verwendet man auch als Schmiermittel bei der spanabhebenden Präzisionsfertigung, wie Bohren oder Drehen. Der Vorteil dieser Zugaben macht sich zweifach bemerkbar: Durch die reduzierte Reibung werden die notwendigen Kräfte und die Temperaturzunahme vermindert. Das ist im Falle der Präzisionsfertigung, bei der es auf geringste Toleranzen ankommt, von entscheidender Bedeutung. Wegen der verminderten Reibung und der reduzierten Temperatur steigt, durch den verminderten Verschleiß, auch die Lebensdauer der verwendeten Werkzeuge.

Wichtig zu wissen

Die Sulfide, Selenide und Telluride sowie einige Oxide von Molybdän und Wolfram kristallisieren in Schichtenstrukturen. In diesem Fall bilden sich Pakete aus je drei Lagen, eine zentrale Schicht bestehend aus den Metallen, die auf beiden Seiten von den Nichtmetallen umgeben ist. Zwischen den Schichtpaketen besteht eine *van der Waals*-Bindung. Das ist auch der Grund dafür, dass diese Materialien, vor allem die Sulfide, als Festschmierstoffe verwendet werden. Diese Verbindungen können auch Nanoröhrchen und fullerenartige Strukturen bilden, die mit Vorteil als Schmierstoffe benutzt werden.

5.3.3
Komposite aus Phyllosilicaten mit einer Polymermatrix

In diesem Abschnitt ...
Eine Reihe von Silicaten, Phyllosilicate, kristallisieren in Schichten. Diese Gruppe von Silicaten ist unter dem Sammelbegriff Glimmer allgemein bekannt. Die Schichtsilicate unterscheiden sich von den anderen Schichtverbindungen dadurch, dass die Nettoladung der einzelnen Schichten nicht null, zumeist negativ, ist. Zwischen den Schichten befinden sich Ionen zum Ladungsausgleich, die auch die Bindung zwischen den Schichten herstellen. Phyllosilicate können mithilfe chemischer Verfahren delaminiert werden. Im Allgemeinen erfolgt dies gleichzeitig mit einer Suspendierung in einem Polymer. Auch Schichtsilicate können die freien Bindungen an den Rändern vereinzelter Schichten durch die Bildung von Röhrchen absättigen. Solche Röhrchen sind auch in der Natur (Asbest, Halloysit, Imogolit etc.) zu finden.

Phyllosilicate (auch Blattsilicate) sind natürliche Silicate, die in Schichten kristallisieren. Im Gegensatz zu den im vorherigen Abschnitt diskutierten Schichtkristallen werden bei den Phyllosilicaten die Schichten durch elektrostatische Kräfte und nicht durch *van der Waals*-Bindungen zusammengehalten. Die elektrostatischen Kräfte kommen von positiv geladenen Ionen, zumeist Alkaliionen, z. B. Natrium, die zwischen den negativ geladenen Silicatschichten platziert sind. Die Silicatschichten bestehen aus Silicattetraedern sowie Aluminium oder Magnesium und etwas Lithium in wechselnden Mengen. Innerhalb dieser Schichten ist die Bindung kovalent. Diese Schichten sind etwa 1 nm dick; der Abstand zwischen den Schichten ist 0,2 nm. Natürliche Phyllosilicate sind z. B. Montmorillonit, Hectorit oder Saponit. Darüber hinaus gibt es auch eine Reihe synthetischer Phyllosilicate (z. B. Hydrotalcit), darunter auch solche, bei denen die Ladungsverhältisse umgekehrt sind. Zur Verwendung in einem Komposit müssen die Schichten der Silicat-Teilchen vereinzelt (delaminiert) werden. Die laterale Größe der vereinzelten Schichten liegt im Bereich von einige Hundert Nanometern.

Der Vorgang der Vereinzelung ist in Abb. 5.22 dargestellt. Ausgangsmaterial sind kleine Teilchen der Phyllosilicate. Die Vereinzelung beginnt mit dem Austausch der Alkaliionen zwischen den Schichten gegen gleichartig geladene, organische Moleküle in einem geeigneten Lösungsmittel. Dadurch erweitert sich der Abstand zwischen den Schichten auf etwa 2–3 nm (Abb. 5.22a). Im weiteren Verlauf dieses Prozesses zerfällt das nunmehr aufgeweitete Silicat-Teilchen; die Schichten sind vereinzelt (Abb. 5.22b).

Der in Abb. 5.22 dargestellte Vorgang ist nicht reine Theorie, er kann experimentell verifiziert werden. So zeigt die Abb. 5.23 zwei elektronenmikroskopische Aufnahmen, die den Prozess der Vereinzelung deutlich sichtbar machen. Es handelt sich um ein Komposit bestehend aus 4 Gew.-% Montmorillonit in einer Polypropylen-Matrix [20]. Neben einigen weitgehend vereinzelten Schichten ist ein Teilchen zu sehen, bei dem dieser Vorgang wohl gerade erst eingesetzt hat. Man erkennt deutlich, wie sich bei diesem Teilchen die Enden auffächern. In

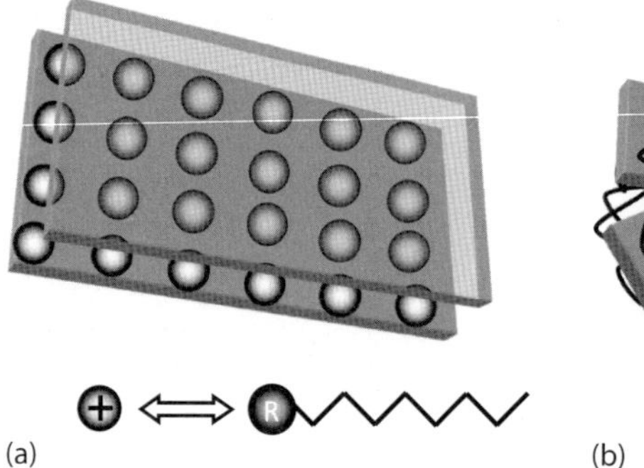

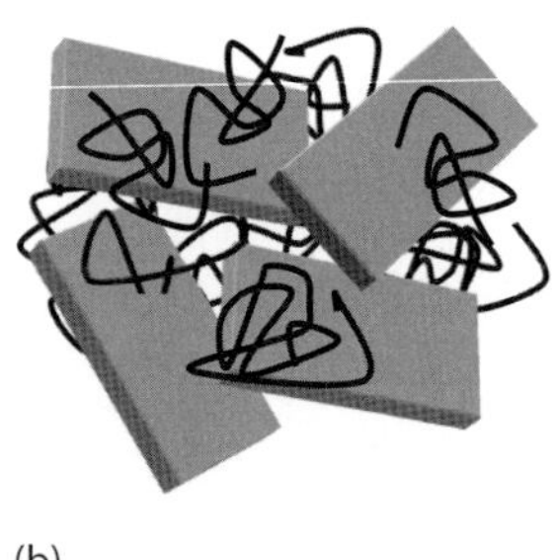

Abb. 5.22 Prozess der Vereinzelung bei Schichtsilicaten. Die zwischen den negativ geladenen Silicatschichten liegenden positiven Alkaliionen werden durch gleichsinnig geladene organische Moleküle ersetzt (a).[6] Dieser Vorgang findet in einem geeigneten Lösungsmittel statt, das auch das später benötigte Polymer enthalten kann. Bei dem Austausch der Ionen vergrößert sich der Abstand der Schichten auf 2–3 nm. Damit geht auch die Bindung zwischen den Schichten verloren; die Schichten werden vereinzelt (b). Diese Schichten sind nun in einem Polymer eingebettet.

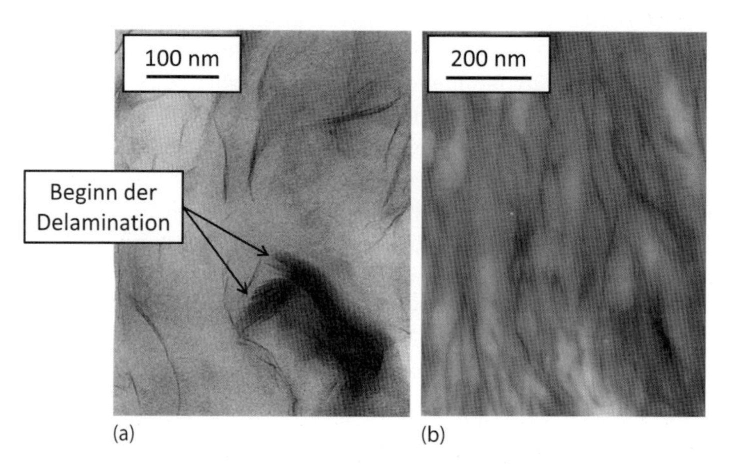

Abb. 5.23 Komposite bestehend aus einem Schichtsilicat und einem Polymer. Im Teilbild (a) erkennt man ein Teilchen, bei dem die Vereinzelung gerade eingesetzt hat (4 Gew.-% Montmorillonit in einer Polypropylen-Matrix) [20]. Das Auffächern, das zur Vereinzelung führt, ist bei einem Teilchen deutlich zu erkennen. Dieser Vorgang war bei der im Teilbild (b) dargestellten Probe schon weitgehend abgeschlossen (5,6 Gew.-% Montmorillonit in einer Polystyren-Matrix) [21]. In dieser Probe waren die einzelnen Silicatschichten weitgehend parallel ausgerichtet. Das kommt der Idealstruktur bereits sehr nahe. (Mit Erlaubnis der American Chemical Society 2000 (a) und Elsevier (b).)

Abb. 5.23b ist dieser Prozess schon weitgehend abgeschlossen (5,6 Gew.-% Montmorillonit in einer Polystyren-Matrix) [21]. Neben den vereinzelten Schichten erkennt man wahrscheinlich einige, bei denen sich die letzten Paare öffnen. Es ist wesentlich darauf hinzuweisen, dass in diesem Fall die einzelnen Lagen weitge-

6) In dieser Abbildung ist die obere Lage transparent dargestellt.

hend parallel ausgerichtet sind. Das kommt der „Idealstruktur", wie sie in Kapitel 11 erläutert wird und für optimale mechanische Eigenschaften benötigt wird, schon recht nahe.

Wichtig zu wissen
Schichtsilicate, Phyllosilicate, zeichnen sich dadurch aus, dass die einzelnen Schichten eine elektrische Ladung, zumeist negativ, tragen. Zwischen den Schichten sind Ionen, die diese Ladung kompensieren. Sind die Schichten negativ geladen, wird deren Ladung durch Alkaliionen kompensiert. Diese Ionen können durch entsprechend geladene, organische Moleküle ausgetauscht werden. Das wird zur Delaminierung genutzt; dabei geht man so vor, dass die entstehenden Schichten gleichzeitig in ein Polymer eingebaut werden. Das führt zu Nanokompositen hoher Festigkeit mit verminderter Entflammbarkeit.

5.3.4
Synthese von Nanoröhrchen, Nanostäbchen und Fullerenen

In diesem Abschnitt ...
Nanoröhrchen, Nanostäbchen und ähnliche eindimensionale Teilchen werden günstig über die Gasphase hergestellt. Wesentlich bei der Herstellung sind geeignete Edukte und Katalysatoren. Ein begrenzendes Problem bei der Synthese ist nicht zuletzt die Vergiftung der Katalysatorteilchen, die Ausgangspunkt für die Synthesen sind. Grundsätzlich, z. B. bei Kohlenstoff-Nanoröhrchen, besteht die Möglichkeit der Synthese in einem Lichtbogen. Bei dieser Vorgehensweise entsteht ein Gemisch verschiedenster Produkte, die anschließend getrennt werden müssen. Besser sind Verfahren, die gezielter arbeiten. Bei geeigneter Vorbereitung von Substraten ist es sogar möglich, eindimensionale Nanoteilchen gezielt lokalisiert aufwachsen zu lassen. Die komplexen Vorgänge bei der Synthese dieser Produkte können auch im Elektronenmikroskop *in situ* beobachtet werden.

Kleine Anteile von Kohlenstoff-Nanoröhrchen und Fullerenen findet man immer im Ruß. Größere Mengen erzeugt man mithilfe eines elektrischen Lichtbogens zwischen zwei Kohleelektroden oder auch durch Laserablation. Grundsätzlich kann in allen erwähnten Fällen die Ausbeute durch Zugabe eines Katalysators bestehend aus Eisen, Nickel oder Legierungen auf Grundlage dieser Metalle, deutlich erhöht werden. Darüber hinaus verbessern einzelne Legierungselemente die Ausbeute eines ganz spezifischen Produktes. So ist z. B. bei Zusätzen von Yttrium zum Katalysator bekannt, dass diese die Ausbeute einwandiger Nanoröhrchen verbessern.

Hochtemperatursynthesen mit Lichtbogen und mit Lasern, bei denen Temperaturen von 5000 K und mehr erreicht werden, arbeiten über die Dampfphase und, nicht zuletzt, auch über eine flüssige Phase. Dies kann experimentell nachgewiesen werden, da diese Produkte manchmal mit amorphen Tröpfchen belegt sind [22]. Bei den Hochtemperaturverfahren stellt das gesuchte Produkt nur einen geringen Teil des Reaktionsproduktes dar. Um ein reines Produkt zu erhalten, wird das Reaktionsprodukt bei 1000–1100 K vorsichtig oxidiert. Da der Ruß ge-

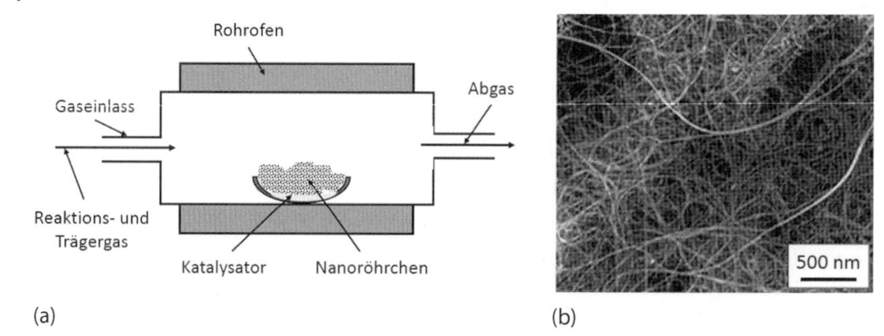

Abb. 5.24 Synthese von Kohlenstoff-Nanoröhrchen in einem System mit Rohrofen. Die verwendeten Temperaturen liegen im Bereich von 1300 K. Als Katalysatoren werden Eisen, Nickel sowie Legierungen dieser Metalle mit spezifischen Zusätzen verwendet (a). Ein typisches Reaktionsprodukt ist im Teilbild (b) dargestellt. (Ritschel M. und Leonhardt A. (2007), private Mitteilung, unveröffentlichte Ergebnisse, IFW Dresden.)

gen Oxidation empfindlicher ist als die Kohlenstoff-Nanoröhrchen kann man so eine saubere Trennung erhalten. Bei der Synthese von Fullerenen nutzt man zur Abtrennung vom Ruß die Tatsache, dass Fullerene, im Gegensatz zum Ruß, in einigen organischen Flüssigkeiten, z. B. Benzol, löslich sind.

Neben den Hochtemperaturverfahren gibt es noch Syntheseverfahren, die bei mäßiger Temperatur, im Bereich von etwa 1300 K, in einem Rohrofen arbeiten. Ähnlich wie bei den Hochtemperaturverfahren benötigt man auch da einen Katalysator, wobei die gleichen Metalle oder Legierungen wie bei den Hochtemperaturverfahren verwendet werden. Als Edukte kommen flüchtige Kohlenwasserstoffe, wie z. B. im einfachsten Fall Methan, infrage. Verfahren, wie dies z. B. in Abb. 5.24a schematisch dargestellte, produzieren keinen oder nur sehr wenig Ruß. Ein typisches Reaktionsprodukt ist in Abb. 5.24b zu sehen.

In gleicher Weise, wie man Kohlenstoff-Nanoröhrchen herstellt, kann man auch vergleichbare Strukturen anderer Verbindungen synthetisieren. Im Folgenden seien einige typische Produkte sowie Hinweise auf deren Herstellung zusammengestellt:

- Kohlenstoff-Nanoröhrchen: Reaktionsgas ist ein Gemisch aus Methan und Wasserstoff verdünnt mit Argon; Katalysatoren sind metallisches Eisen oder Nickel sowie Legierungen mit z. B. Yttrium oder Molybdän mit diesen Basismetallen.
- MoS_2- oder WS_2-Nanoröhrchen und fullerenartige Strukturen: Edukte sind z. B. die Carbonyle oder Oxide sowie H_2S als Träger für den Schwefel in einem Gemisch von Argon oder Stickstoff mit Wasserstoff als Trägergas.
- GaN-Nanostäbchen: Gallium-Dimethylamid ($Ga_2[N(CH_3)_2]_6$) als Galliumträger. Der Katalysator, Eisen, wird in Form des gasförmigen Ferrocenes, $Fe(C_5H_5)_2$, zugeführt. Reaktions- und Trägergas ist ein Gemisch von Stickstoff und Ammoniak.

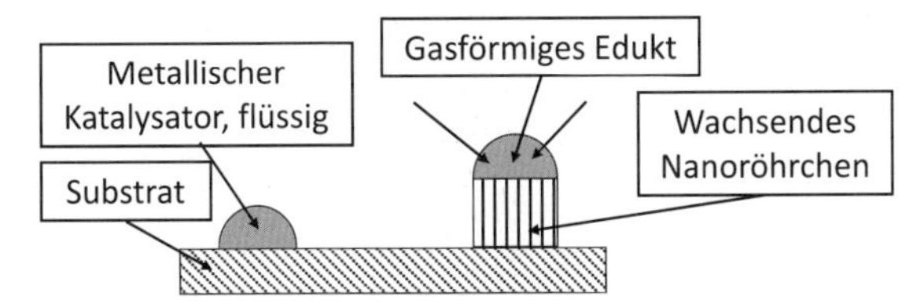

Abb. 5.25 Aufwachsen eines Nanoröhrchens oder -stäbchens aus einem Katalysatortropfen. Das gasförmige Edukt reagiert mit dem Katalysator, die darin enthaltenen Metallatome lösen sich darin. Nach dem Überschreiten der maximalen Löslichkeit scheidet sich das Metall in Form eines Stäbchens oder Röhrchens, das auf dem Substrat festsitzt, ab. Der Katalysatortropfen wird angehoben.

Will man z. B. Kohlenstoff-Nanoröhrchen gezielt positionieren, wie es die Anwendung in einem Feldemissionsbildschirm nötig macht, so muss man den Katalysator gezielt in Form kleiner Tropfen aufbringen. Das kann durch Aufdampfen oder Drucken erfolgen. Bei dieser Vorgehensweise kann man erreichen, dass die Nanoröhrchen senkrecht zur Oberfläche aufwachsen. Die Vorgänge bei einem solchen Verfahren sind in Abb. 5.25 grafisch zusammengestellt.

Die Bildung eindimensionaler Nanoteilchen erfolgt in einem komplexen Prozess von Dissoziation des gasförmigen Eduktes auf der Oberfläche des Katalysators, Lösen der bei der Dissoziation freigesetzten Atome im Katalysator sowie, nach dem Überschreiten der Löslichkeitsgrenze, Abscheidung auf dem Substrat. Bei diesem Prozess kann sich auch noch ein weiterer Stoff im Katalysator lösen, sodass eine Verbindung abgeschieden, wird. Diese Abscheidung erfolgt in Form eines Stäbchens, das auf dem Substrat festsitzt. Das entstehende Nanoröhrchen oder -stäbchen wächst so lange, wie das Edukt zugeführt wird. Aus der vorgehenden Beschreibung geht hervor, dass diese Synthese mit Diffusionsprozessen im Katalysator verbunden ist. Die Geschwindigkeit dieser Prozesse steigt mit der Temperatur, weshalb die Anwendung einer möglichst hohen Temperatur von Vorteil ist. Wegen der höheren Diffusionsgeschwindigkeiten ist es günstig, die Temperatur so zu wählen, dass der Katalysator flüssig ist. Da bei vielen potenziellen Katalysatoren die Schmelztemperaturen sehr hoch liegen, empfiehlt sich die Verwendung eutektischer Legierungen. Als Beleg für die Gültigkeit dieser Beschreibung sind experimentelle Ergebnisse, wie sie in den in Abb. 5.26 gezeigten elektronenmikroskopischen Aufnahmen gipfeln. Dieses Bild zeigt ein mehrwandiges Kohlenstoff-Nanoröhrchen, das an einem Ende ein metallisches Teilchen trägt [23]. Das ist das erstarrte Katalysatorteilchen. Dieses Bild zeigt zusätzlich zwei Einfügungen: Einen stark vergrößerten Ausschnitt des Bereiches, in dem der Katalysator auf dem Teilchen sitzt, in diesem Bild sieht man auch gut die Mehrwandigkeit des Röhrchens. Man erkennt, dass das Nanoröhrchen wohl außen zu wachsen beginnt, da der Katalysator auch im Inneren des Teilchens zu sehen ist. Die zweite Einfügung zeigt eine Elektronenbeugungsaufnahme. Wie zu erwarten, zeigt diese das hexagonales Muster des Graphen.

Bei der Diskussion des Gasphasenverfahrens zur Synthese eindimensionaler Nanoobjekte wurde angemerkt, dass die Objekte so lange wachsen, wie Edukt zu-

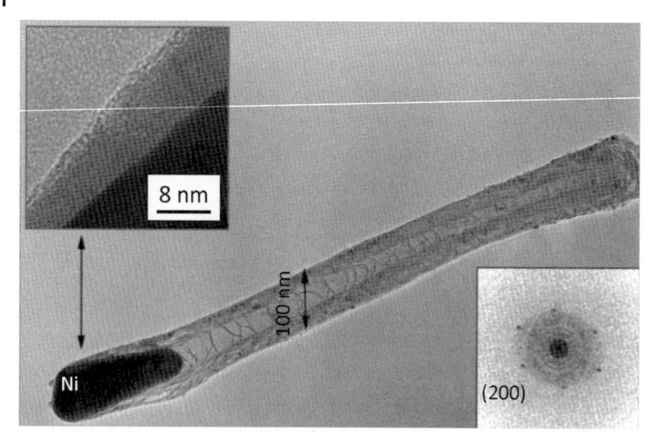

Abb. 5.26 Experimenteller Nachweis des in Abb. 5.25 dargestellten Mechanismus zur Bildung von eindimensionalen Nanoteilchen aus der Gasphase am Beispiel eines Kohlenstoff-Nanoröhrchens. Man erkennt, dass der Katalysator, in diesem Falle Nickel, an einem Ende sitzt und in das Röhrchen hineinreicht [23]. Das eingefügte Elektronenbeugungsmuster zeigt die hexagonale Struktur des Graphen, den Grundbaustein der Kohlenstoff-Nanoröhrchen. Die Mehrwandigkeit des Nanoröhrchens ist in der zweiten eingefügten elektronenmikroskopischen Aufnahme gut zu erkennen. (Mit Erlaubnis von Wiley-VCH.)

geführt wird. Das ist nur bedingt richtig. Diese Feststellung verliert ihre Gültigkeit dann, wenn der Katalysator seine Wirkung verliert. Das kann durch eine „Vergiftung“ aufgrund einer Verunreinigung oder aber auch durch eine passivierende, oberflächliche Reaktion erfolgen. Eine Begrenzung des Wachstums durch einen dieser Prozesse zeigt die Abb. 5.27 [24]. Dieser Graph zeigt den typischen Verlauf des Wachstums eines eindimensionalen Nanoobjektes wieder am Beispiel von Kohlenstoff-Nanoröhrchen. Zunächst findet kein und anschließend nur ein sehr langsames Wachstum statt. In dieser Inkubationsperiode löst sich der Kohlenstoff im Katalysatortropfen, in diesem Falle Nickel, bis zur Sättigung. Ist die Sättigung erreicht, beginnt die Periode des maximalen Wachstums. Im Laufe der Zeit vermindert sich dann, bei unveränderter Verfügbarkeit des Eduktes, die Wachstumsrate. Ursache dafür ist eine beginnende Vergiftung des Katalysators. Diese Vergiftung kann zwei Ursachen haben: Verunreinigungen im Edukt, Ethin (C_2H_2), das bekanntlich Spuren von phosphor- und schwefelhaltigen Verbindungen aufweisen kann, oder die Anlagerung einer Kohlenwasserstoffverbindung, die die aktive Oberfläche reduziert.

Am Beispiel der Synthese eines Germanium-Nanostäbchens war es sogar möglich das Wachstum nach einem Mechanismus, wie er in Abb. 5.25 skizziert wurde, im Elektronenmikroskop *in situ* zu beobachten. Darüber hinaus ist dies ein Beispiel für die Herstellung eines eindimensionalen Nanoteilchens aus einem Stoff, der nicht in Schichten sondern kubisch kristallisiert. Es belegt weiterhin auch die Tatsache, dass das in Abb. 5.25 skizzierte Herstellungsverfahren nahezu immer angewandt werden kann. Die Abb. 5.28 zeigt eine Serie entsprechender Bilder, die in einem Temperaturbereich von 1000–1200 K aufgenommen wurden [25]. Als Edukt wurde verdampftes GeJ_2 und als Katalysator Gold verwendet.

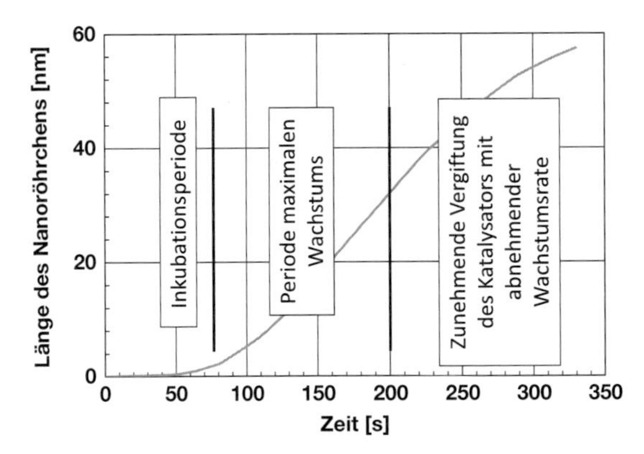

Abb. 5.27 Zeitliche Entwicklung der Länge eines Kohlenstoff-Nanoröhrchens bei der Synthese. Nach einer Inkubationsphase, in der der Katalysator mit Kohlenstoff gesättigt wird, schließt sich eine Periode mit maximaler Wachstumsgeschwindigkeit an. Die Wachstumsgeschwindigkeit wird in dem Maße geringer, als sich die Aktivität des Nickel-Katalysators reduziert. Der Katalysator kann durch Verunreinigungen im Reaktionsgas Ethin vergiftet oder die aktive Oberfläche durch die Bildung stabiler Kohlenstoffverbindungen reduziert werden.

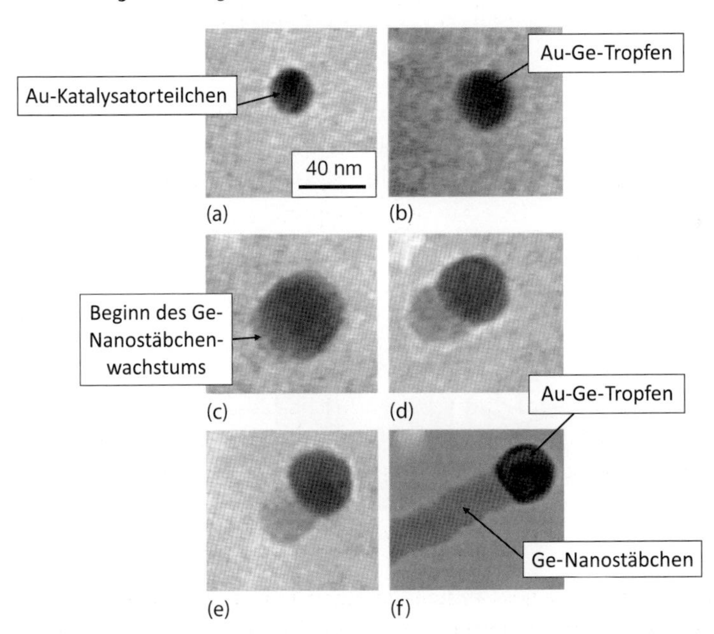

Abb. 5.28 Zeitliche Entwicklung eines Germanium-Nanostäbchens, dargestellt durch eine Serie elektronenmikroskopischer Aufnahmen. Das Wachstum setzt an einem Gold-Katalysatorteilchen (a) an. Das Edukt, gasförmiges GeJ_2, zersetzt sich an der Oberfläche des Goldes; das Germanium wird im Gold gelöst, die Größe des Teilchens nimmt zu (b). Wenn die Grenze der Löslichkeit überschritten ist, wird das überschüssige Germanium als Stäbchen (b) ausgeschieden (c). Von nun an wächst das Stäbchen so lange wie Material zugeführt wird. Dabei schiebt das Stäbchen das Katalysatorteilchen immer vor sich her (d–f) [25]. (Mit Erlaubnis von American Chemical Society 2001.)

Die Bilder zeigen deutlich, wie die Größe des Gold-Teilchens durch Lösen von Germanium, das durch die Zersetzung des Eduktes an der Oberfläche entstanden ist, zunimmt.[7] Nach dem Überschreiten der Löslichkeit von Germanium in der Legierungsschmelze scheidet sich Germanium in Form eines Stäbchens aus. Dieses wächst so lange, wie Germanium zugeführt wird. Man erkennt in den Bildern, dass das Stäbchen den Katalysatortropfen immer vor sich her schiebt.

Ergänzung 5.5: Synthese von ZnO-Nanoröhrchen

Als Beispiel für die Synthese von Nanoröhrchen aus einem Material, das nicht in Schichten kristallisiert, sei die Herstellung eines ZnO-Nanoröhrchens erläutert. Dieses Beispiel zeigt zusätzlich, dass ein geschicktes Nutzen der Anisotropie der Oberflächenenergie sehr hilfreich sein kann. Sowohl Zink als auch Zinkoxid kristallisieren hexagonal. Bei hexagonalen Kristallen haben die hexagonalen Flächen zumeist eine geringere Oberflächenenergie als die Mantelflächen. Daher wird ein Zinkembryo auf einem Substrat die Form eines hexagonalen Plättchens haben. Oxidiert man diesen Embryo bei 700–800 K vorsichtig, so wird die Oxidation an den weniger stabilen Seitenflächen einsetzen; das Oxid wächst also senkrecht zur hexagonalen Basisebene. Es bildet sich ein hexagonales Röhrchen, dessen Innenseiten durch die Größe des Ausgangsembryos bestimmt ist. Da der Dampfdruck von metallischem Zink deutlich größer ist als der des Oxides, wächst das oxidische Röhrchen auf Kosten des Metalles so lange wie noch Metall zur Verfügung steht. In deutlich vereinfachter Weise ist dieser Prozess in Abb. 5.29 dargestellt.

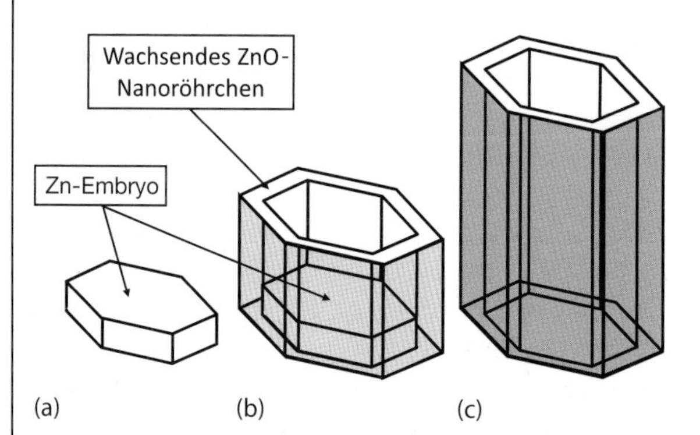

Abb. 5.29 Bildung eines hexagonalen ZnO-Röhrchens aus einen ebenfalls hexagonalen Plättchen (Embryo) aus metallischem Zink (a) [26]. Das Röhrchen bildet sich durch Oxidation der Seitenflächen (b). Es wächst so lange, wie noch ein Vorrat an metallischem Zink vorhanden ist (c).

7) Im Bereich makroskopischer Proben hat das System Au-Ge eine eutektische Temperatur von 630 K, die Löslichkeit von Germanium in einer Au-Ge Schmelze ist bei 1000 K etwa 65 At. %, bei 1200 K nahezu 100 At. %.

Die Abb. 5.30a,b zeigen zwei elektronenmikroskopische Aufnahmen solcher hexagonaler Zinkoxid-Nanoröhrchen. Das in Abb. 5.30a dargestellte Röhrchen hat eine Schlüsselweite von etwas mehr als 1 µm und eine Wandstärke von etwa 200 nm [27], ist also streng genommen eher ein Mikro- als ein Nanoröhrchen. Das zweite in Abb. 5.30b dargestellte Röhrchen hat eine Schlüsselweite von etwa 200 nm und eine Wandstärke im Bereich von 50 nm. Diese beiden Bilder demonstrieren, in welch großer Bandbreite das in Abb. 5.29 dargestellte Verfahren funktioniert. Es ist noch interessant darauf hinzuweisen, dass man bei dem kleineren Röhrchen vermuten kann, dass es ähnlich wie ein Whisker in einer Schraubenlinie gewachsen ist.

Abb. 5.30 Zwei hexagonale Nanoröhrchen aus Zinkoxid mit stark unterschiedlicher Größe. Diese beiden Röhrchen belegen den in Abb. 5.29 skizzierten Mechanismus des Wachstums ((a) [27], (b) [28]). Man erkennt in (b), dass das Wachstum wahrscheinlich in Spiralen erfolgt, so, wie man es auch bei Whiskern kennt. (Mit Erlaubnis von Wiley-VCH (a) und Elsevier (b).)

Wichtig zu wissen
Nanoröhrchen auf Kohlenstoffbasis kann man in einem Lichtbogen ungezielt herstellen. Die Zugabe von Katalysatoren verbessert die Ausbeute am gewünschten Produkt. Günstiger ist es, gezielte Gasphasensynthesen anzuwenden; auch diese Verfahren benötigen Katalysatoren. Für Kohlenstoff-Nanoröhrchen ist dies Eisen mit speziellen Dotierungen, die es ermöglichen, weitgehend das angestrebte Produkt zu erhalten. Grundsätzlich kann man nahezu alle Arten von Nanoröhrchen und Nanostäbchen mit einem Gasphasenverfahren herstellen. Bei allen Prozessen ist es notwendig darauf zu achten, dass die Edukte und die umgebende Gasatmosphäre möglichst rein sind, um ein vorzeitiges Vergiften des Katalysators zu vermeiden.

Literatur

1 Georgobiani, A.N., Gruzintsev, A.N., Kozlovskii, V.I., Makovei, Z.I., Red'kin, A.N. und Skasyrskii, Y.K. (2006) *Neorg. Mater.*, **42**, 830–835.

2 Yun, Y.J., Park, G., Ah, C.S., Park, H.J., Yun, W.S. und Haa, D.H. (2005) *Appl. Phys. Lett.*, **87**, 233110–233113.

3 Du, J., Liu, Z., Wu, W., Li, Z., Han, B. und Huang, Y. (2005) *Mater. Res. Bull.*, **40**, 928–935.

4 Lee, Y., Kim, B., Yi, W., Takahara, A. und Sohn, D. (2006) *Bull. Kor. Chem. Soc.*, **27**, 1817–1824.

5 Koenderink, G.H., Kluijtmans, S.G.J.M. und Philipse, A. (1999) *J. Colloid Interf. Sci.*, **216**, 429–431.

6 Geim, A.K. und MacDonald, A.H. (2007) *Phys. Today*, **60**, 35–41.

7 Choi, W., Lahiri, I., Seelaboyina, R. und Kang, Y. (2010) *Crit. Rev. Solid State Mater. Sci.*, **35**, 52–71.

8 Kroto, W., Heath, J.R., O'Brien, S.C., Curl, R.F. und Smalley, R.E. (1985) *Nature*, **318**, 162–163.

9 Weber, S., http://www.jcrystal.com/steffenweber/pb/swpb2.pdf, 06.06.2014.

10 Prinzbach, H., Weiler, A., Landenberger, P., Wahl, F., Wörth, J., Scott, L.T., Gelmont, M., Olevano, D. und v. Issendorff, B. (2000) *Nature*, **407**, 60–63.

11 Banhardt, F. und Ajayan, P.M. (1996) *Nature*, **382**, 433–435.

12 Weber, S., http://www.jcrystal.com/steffenweber/pb/swpb1.pdf, 06.06.2014.

13 Zhang, T., Simens, A., Minor, A. und Liu, G. (2006) Carbon nanotube-conductive polymer composite electrode for transparent polymer light emitting device application, *PMSE*.

14 Weber, C.M., Eisele, D.M., Rabe, J.P., Liang, Y., Feng, X., Zhi, L., Müllen, K., Lyon, J.L., Williams, R., Vanden Bout, D.A. und Stevenson, K.J. (2010) *small*, **6**, 184–189.

15 Tenne, R., Margulis, L., Genut, M. und Hodes, G. (1992) *Nature*, **360**, 444–446.

16 Tenne, R., Weizmann Institute of Science, Rehovot; private Mitteilung.

17 Vollath, D. und Szabó, D.V. (1998) *Mater. Lett.*, **35**, 236–244.

18 Vollath, D. und Szabó, D.V. (2000) *Acta Mater.*, **48**, 953–967.

19 Rapoport, L., Fleischer, N. und Tenne, R. (2005) *J. Mater. Chem.*, **15**, 1782–1788.

20 Gilman, J.W., Jackson, C.L., Morgan, A.B., Harris Jr., R., Manias, E., Giannelis, E.P., Wuthenow, M., Hilton, D. und Phillips, S.H. (2000) *Chem. Mater.*, **12**, 1866–1873.

21 Fu, X. und Qutubuddin, S. (2001) *Polymer*, **42**, 807–813.

22 Ren, F., University of Florida, Department of Chemical Engineering, Gainsville, USA; private Mitteilung.

23 Rybczynski, K.J., Huang, Z., Gregorczyk, K., Vidan, A., Kimball, B., Carlson, J., Benham, G., Wang, Y., Herczynski, A. und Ren, Z. (2007) *Adv. Mater.*, **19**, 421–426.

24 Lin, M., Tan, J.P.Y., Boothroyd, C., Tok, E.S. und Foo, Y.-L. (2006) *Nano Lett.*, **6**, 3449–3452.

25 Wu, Y. und Yang, P. (2001) *J. Am. Chem. Soc.*, **123**, 3165–3166.

26 Xing, Y.J., Xi, Z.H., Zhang, X.D., Song, J.H., Wang, R.M., Xu, J., Xue, Z.Q. und Yu, D.P. (2004) *Solid State Commun.*, **129**, 671–675.

27 Gao, P.X., Lao, C.S., Ding, Y. und Wang, Z.L. (2006) *Adv. Funct. Mater.*, **16**, 53–62.

28 Liu, J. und Huang, X. (2006) *J. Solid State Chem.*, **179**, 843–848.

6
Nanofluide

6.1
Grundlagen

In diesem Abschnitt …
Nanofluide gehören zu den erfolgreichsten Anwendungen von Nanoteilchen. Es ist nicht leicht, stabile Nanofluide herzustellen, dazu sind Maßnahmen nötig, die bereits im Rahmen der Kolloidchemie entwickelt wurden. Es müssen zum Teil entgegen gerichtete Phänomene, wie die der *Brown*'schen Molekularbewegung, Sedimentation und der Neigung zur Agglomeration, so beeinflusst werden, dass das Fluid über längere Zeiten stabil bleibt.

Nanofluide sind stabile Suspensionen von Nanoteilchen in einer Flüssigkeit, zumeist Wasser oder ein Öl. Solche Suspensionen („kolloidale Lösungen") sind häufig nicht stabil, der Feststoffanteil hat die Tendenz zu sedimentieren. Dieses unerwünschte Phänomen wird durch die Zugabe von Kolloidstabilisatoren (Tenside) unterdrückt. Es gibt eine Reihe von Wirkungsweisen, wie Tenside kolloidale Lösungen stabilisieren. Die beiden wichtigsten Typen sind in Abb. 6.1 dargestellt. Es handelt sich dabei um die sterische und die elektrostatische Stabilisierung. Bei der sterischen Stabilisierung werden an der Oberfläche der Nanoteilchen große organische Moleküle angebracht. Diese Moleküle wirken als Abstandshalter und verhindern so die Agglomeration der Teilchen. Die Moleküle, die als Abstandshalter wirken, sind auf der Oberfläche weitgehend geordnet gebunden. Fehlt diese Ordnung teilweise, so hat man den Übergang zu einem Gelnetzwerk vorliegen. Bei der elektrostatischen Stabilisierung werden polare Moleküle an die Oberfläche der Teilchen gebunden. Dabei ist es so, dass immer Ladungen gleichen Vorzeichens auf dem Teilchen angebracht sind. Dadurch entsteht eine elektrische Doppelschicht, die aber die Gesamtladung des Teilchens nicht verändert. Da sich Ladungen gleichen Vorzeichens abstoßen, stabilisiert eine solche elektrische Doppelschicht die Suspension.

Nanowerkstoffe für Einsteiger, Erste Auflage. Dieter Vollath.

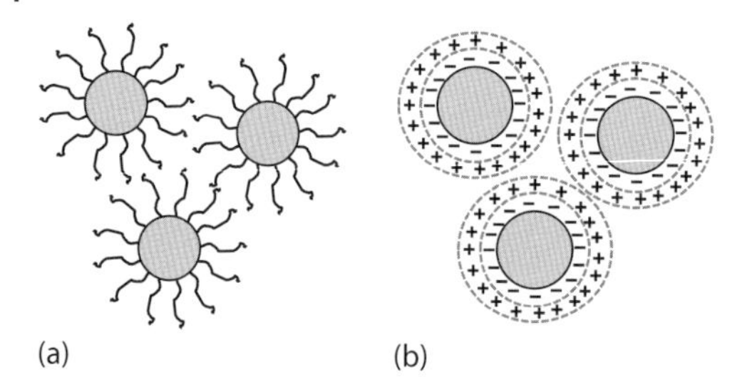

Abb. 6.1 Die beiden wichtigsten Prinzipien zur Stabilisierung einer Suspension: Anbringen von Abstandhaltermolekülen (a) oder polaren Molekülen, die eine elektrische Doppelschicht bilden, auf der Oberfläche (b). Bei der elektrostatischen Stabilisierung bleibt die Gesamtladung jedes Teilchens unverändert null. Da aber alle Teilchen Oberflächenladungen gleichen Vorzeichens haben, stoßen sich diese gegenseitig ab. Bei der sterischen Stabilisierung ist es charakteristisch, dass die Abstandhaltermoleküle geordnet auf der Oberfläche gebunden sind, ansonsten bekommt man einen Übergang zu einem Gelnetzwerk.

Die Stabilisierung der Suspensionen muss die Bildung von *van der Waals* gebundenen Aggregaten zuverlässig verhindern und darf, zur Vermeidung einer Sedimentation, die *Brown*'sche Molekularbewegung nicht unterdrücken. Man kann davon ausgehen, dass stabile Nanofluide etwa 10 Vol.-% Teilchen und etwa den gleichen Anteil von Tensiden enthalten.

Wichtig zu wissen

Nanofluide werden durch die Zugabe von Tensiden (Kolloidstabilisatoren) stabilisiert. Die wichtigsten Prinzipien zur Stabilisierung von Nanofluiden sind die

- sterische Stabilisierung mithilfe von Molekülen, die als Abstandshalter fungieren und die
- elektrostatische Stabilisierung, bei der die Oberfläche der Teilchen mit polaren Molekülen belegt wird.

Daneben gibt es noch eine Vielzahl von Varianten, die angepasst an den Anwendungsfall ausgewählt werden können.

6.2 Nanofluide zur Verbesserung des Wärmeüberganges

In diesem Abschnitt ...

Eine wichtige technische Anwendung von Nanofluiden sind Kühlmittel, deren Wärmeleitfähigkeit durch die Zugabe von Nanoteilchen deutlich verbessert werden kann. Bei dieser Anwendung muss man allerdings beachten, dass die Nanoteilchen nicht nur die Wärmeleitfähigkeit, sondern auch die Viskosität verändern. Das erfordert eine genaue Abwägung bei der Festlegung des Feststoffanteiles, um die positiven und negativen Einflüsse der Nanoteilchen zu optimieren.

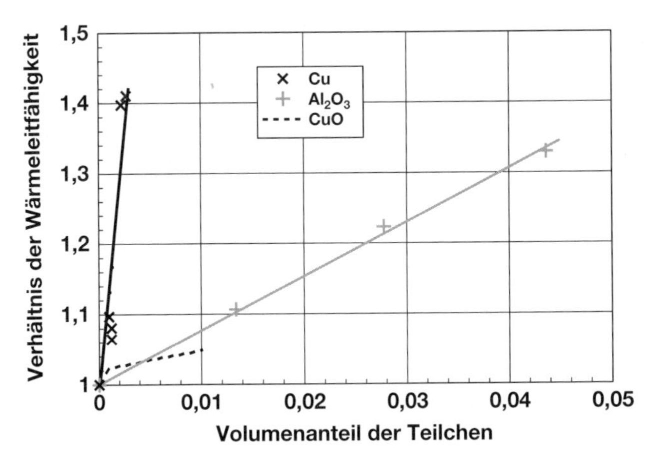

Abb. 6.2 Experimentelle Daten für die Wärmeleitfähigkeit von Nanofluiden auf der Basis von Ethylenglykol. In diesem Graphen ist das Verhältnis der Wärmeleitfähigkeiten des Nanofluids zu der des reinen Ethylenglykols gegen den Volumenanteil von Nanoteilchen aufgetragen. Die zugesetzten Teilchen bestanden aus Kupfer [1, 2], Aluminiumoxid [3] oder Kupferoxid [4].

Wärmekapazität und Wärmeleitung eines Nanofluids sind größer als die der reinen Flüssigkeiten. Das macht Nanofluide technisch als Kühlmittel interessant, wenn Fragen nach der Langzeitstabilität und Verträglichkeit befriedigend beantwortet werden können. Besonders deutlich ist die Verbesserung bei der Wärmeleitfähigkeit. Das wird in Abb. 6.2 demonstriert. In dieser Abbildung sind experimentelle Daten für Zusätze von Kupfer [1, 2], Aluminiumoxid- [3] sowie Kupferoxid-Teilchen [4] eingetragen. Da die Wärmeleitfähigkeit von Kupfer besser ist als die von Aluminium- oder Kupferoxid, ist es nicht weiter erstaunlich, dass sich dieses in den Messdaten widerspiegelt. Erstaunlich ist aber die Größe des Einflusses auf die Wärmeleitfähigkeit.

Verständlicherweise haben die Zusätze von Nanoteilchen nicht nur Einfluss auf die Wärmeleitfähigkeit, sondern auch auf die rheologischen Eigenschaften. Letzterer Einfluss ist in Abb. 6.3 am Beispiel von Kupferoxid-Teilchen in Ethylenglykol dargestellt [4]. Die Abbildung zeigt die dynamische Viskosität η als Funktion des Volumenanteils c von Nanoteilchen. Diese Ergebnisse sind für die Anwendung von großer Bedeutung; sie zeigen, dass die dynamische Viskosität bis zu einem Volumenanteil von $c = 10^{-3}$ (= 0,1 %) praktisch nicht beeinflusst wird. Bei höheren Konzentrationen steigt die dynamische Viskosität mit der dritten Potenz der Konzentration $\eta \propto c^3$. Der in Abb. 6.3 sichtbare unmittelbare Übergang von dem Bereich der konstanten zu dem mit exponentiellen Anstieg ist nur eine „optische Täuschung", hervorgerufen durch die doppelt-logarithmische Auftragung der experimentellen Daten.

Analysiert man die in den Abb. 6.2 und 6.3 zusammengestellten experimentellen Daten, so erkennt man das große technologische Potenzial von Nanofluiden. Anwendungen als Kühlmittel kann man sich speziell in der Mikrotechnik und im

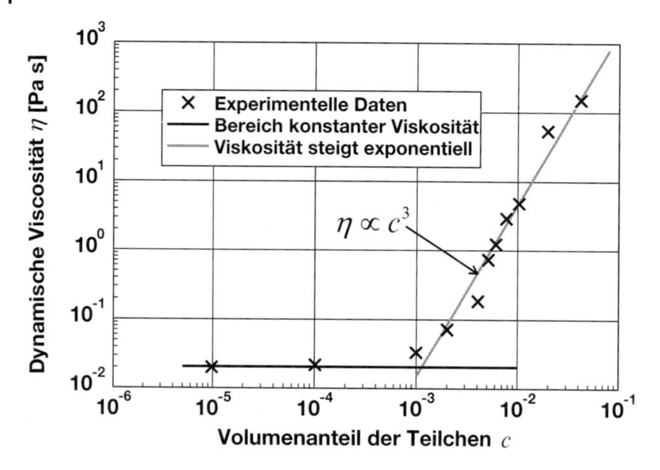

Abb. 6.3 Dynamische Viskosität von Nanofluids auf der Basis von Ethylenglykol mit unterschiedlichen Zusätzen von Kupferoxid-Nanoteilchen [4]. Es ist bemerkenswert, dass die dynamische Viskosität bis zu einem Volumenanteil von $c = 10^{-3}$ praktisch nicht beeinflusst ist, während sie bei höheren Konzentration mit der dritten Potenz der Konzentration zunimmt, $\eta \propto c^3$.

Automobilbau vorstellen. Begrenzend sind allerdings die steigende dynamische Viskosität bei Konzentrationen, die größer als 10^{-3} sind und die potenzielle Tendenz zur Sedimentation und Thermophorese. Gerade im Bereich der Automobiltechnik ist die Langzeitstabilität von herausragender Bedeutung.

Wichtig zu wissen

Das Suspendieren von Nanoteilchen in einer Flüssigkeit führt zu einer erheblichen Verbesserung der Wärmeleitfähigkeit. Übersteigt jedoch die Menge der suspendierten Teilchen eine Grenze, die im Bereich einer Konzentration von 10^{-3} liegt, so führen diese Nanoteilchen zu Vergrößerung der Viskosität. Dies kann sich bei der Anwendung nachteilig auswirken. Problematisch kann auch eine fehlende Langzeitstabilität sein.

6.3 Ferrofluide

6.3.1 Eigenschaften der Ferrofluide

In diesem Abschnitt ...

Ferrofluide sind stabile Suspensionen magnetischer Nanoteilchen in einer Flüssigkeit. Abhängig von der Anwendung kann es sich dabei um eine Suspension in Öl oder Wasser handeln. In allen Fällen ist eine Stabilisierung mithilfe eines Tensides notwendig. Anwendungen findet man in der Technik, z. B. bei Lagern, Stoßdämpfern oder Hochleistungslautsprechern oder in der medizinischen Diagnostik als

Kontrastmittel bei der Kernspinresonanztomografie. Die Viskosität eines Ferrofluides kann mithilfe eines äußeren Magnetfeldes der jeweiligen Anwendung angepasst werden.

Ferrofluide sind eine spezielle Untergruppe der Nanofluide. Als Nanoteilchen werden zumeist superparamagnetische Teilchen (siehe Kapitel 8), suspendiert in Wasser oder Öl, verwendet. Wegen der vielen bereits eingeführten und potenziellen Anwendungen in Ingenieurswesen, Medizin und Biotechnologie haben diese Nanofluide eine überragende Bedeutung. Wie alle Nanofluide werden auch Ferrofluide mit etwa 10 Vol.-% Tensiden stabilisiert. Dabei muss die Stabilisierung der Ferrofluide noch die Dipol-Dipol-Wechselwirkung zwischen den magnetischen Teilchen unterdrücken; ansonsten würden sich die Teilchen zusammenklumpen. Dies kann nur durch einen hinreichend großen Abstand zwischen den suspendierten Teilchen geschehen. Neben der Segregation durch Sedimentation und Thermophorese muss auch darauf geachtet werden, dass ein äußeres Magnetfeld keine Segregation bewirken kann. Magnetische Entmischung kann vermieden werden, wenn man die Teilchengröße hinreichend klein wählt, sodass die *Brown*'sche Molekularbewegung kompensierend wirkt. Andererseits nimmt das magnetische Moment der Teilchen überproportional mit deren Volumen ab. Je nach Anwendungsfall muss also ein Kompromiss zwischen den magnetischen Eigenschaften und der Neigung zur Segregation gefunden werden. Nicht zuletzt deshalb ist der Feststoffanteil in Ferrofluiden mit 3–8 Vol.-% recht gering.

Bei Abwesenheit eines äußeren Magnetfeldes ist das magnetische Moment eines Ferrofluides null. Bringt man ein Ferrofluid in ein Magnetfeld, so orientieren sich dessen magnetische Dipole tangential zu den Feldlinien, um sich nach Abschalten des Magnetfeldes wieder regellos zu verteilen. Die Dynamik dieses Prozesses ist unter der Bezeichnung „*Brown*'scher Superparamagnetismus" bekannt (siehe Kapitel 8). *Rosenzweig* [5] gibt eine vollständige Theorie der Ferrofluide und sagt eine Reihe von Phänomenen vorher, die auch unter seinem Namen bekannt wurden. Das bekannteste der Rosenzweig-Phänomene ist in Abb. 6.4 dargestellt. Es zeigt die Oberfläche eines Ferrofluides in einem inhomogenen Magnetfeld. Der unvoreingenommene Beobachter erwartet, dass das Ferrofluid, vom Magneten angezogen, eine konvexe Fläche ausbildet. Die Dinge sind aber etwas komplexer; man hat es hier mit einem Wechselspiel der Kräfte in einem inhomogenen Magnetfeld, der Oberflächenenergie und der Schwerkraft zu tun. Es bildet sich eine eher „stachelige" Oberfläche aus, deren Spitzen in die Richtung des Gradienten des Magnetfeldes zeigen. Die Kräfte, die auf das Ferrofluid wirken, sind dem Gradienten des Magnetfeldes proportional.

Ferrofluide haben eine Reihe von technischen Anwendungen. Um diese korrekt Einordnen zu können, ist es notwendig, den Einfluss eines externen Magnetfeldes auf die Viskosität zu betrachten. Die Abb. 6.5 zeigt den Einfluss eines Magnetfeldes auf die Viskosität eines Ferrofluides bestehend aus Kerosin und Magnetit-Teilchen (Fe_3O_4). Unter der Annahme einer Log-Normalverteilung der Teilchengrößen lag die mittlere Teilchengröße bei etwa 13 nm. Um die experimentellen Ergebnisse zu verallgemeinern, zeigt die Abb. 6.5 keine Absolutwerte, sondern re-

Abb. 6.4 *Rosenzweig*-Phänomen. Das Bild stellt die Wechselwirkung eines Ferrofluids mit einem inhomogenen Magnetfeld, der Schwerkraft und der Oberflächenenergie dar [6]. (Mit Erlaubnis von Steve Jurvetson.)

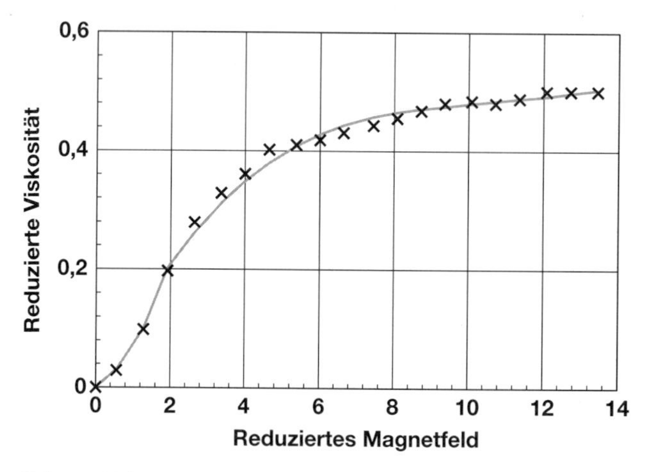

Abb. 6.5 Viskosität eines Ferrofluides bestehend aus Kerosin als Flüssigkeit und Magnetit-Nanoteilchen [7]. Das Magnetfeld H ist temperaturreduziert $H_{\text{red}} = a\frac{H}{T}$, die reduzierte Viskosität ist auf den asymptotischen Wert der Viskosität bei unendlicher Feldstärke $\eta_{H=\infty}$ bezogen $\eta_{\text{red}} = \frac{\eta_H}{\eta_{H=\infty}}$ (für $H = 0$, gilt $\eta_{H=0} = 0$).

duzierte Werte für die Viskosität η_{red} und die magnetische Feldstärke H. Es wurden die Reduktionen $\eta_{\text{red}} = \frac{\eta_H}{\eta_{H=\infty}}$ für die Viskosität η_H im magnetischen Feld bei der Feldstärke H mit dem asymptotischen Wert $\eta_{H=\infty}$ bei unendlicher Feldstärke durchgeführt. Per definitionem wurde für η_H der Wert $\eta_{H=0} = 0$ festgelegt. Das Magnetfeld wird temperaturreduziert angegeben, weil für superparamagnetisches Material der Quotient $\frac{H}{T}$ temperaturabhängig ist (siehe Kapitel 8). Für die Abszisse wurden die Werte zusätzlich mit dem Faktor $\alpha = \frac{m}{k}$ (m: magnetisches Moment eines Teilchens, k: die *Boltzmann*-Konstante) multipliziert.[1])

Analysiert man die Daten in Abb. 6.5 im Detail, so erkennt man, insbesondere im Bereich kleinerer magnetischer Feldstärken, dass der Einfluss eines statischen externen Magnetfeldes auf die Viskosität eines Ferrofluides ganz erheblich ist. Im

1) Näherungsweise kann man, in diesem Beispiel, das Magnetfeld in Tesla abschätzen, indem man die Werte der Abszisse durch 100 dividiert.

Falle von magnetischen Wechselfeldern ist die Situation komplexer. Während der Einfluss bei niedrigen Frequenzen gering ist, kann bei hohen Frequenzen sogar das Vorzeichen der Änderung wechseln.

Ergänzung 6.1: Viskosität eines Ferrofluides in einem magnetischen Wechselfeld

Es entspricht der Intuition, wenn man beobachtet, dass die Viskosität eines Ferrofluides mit zunehmender Stärke eines externen statischen Magnetfeldes zunimmt. Im Falle eines magnetischen Wechselfeldes sind die Verhältnisse jedoch komplexer, da die Veränderung der Viskosität abhängig ist von der magnetischen Feldstärke und der Frequenz. Wenn die Feldstärken nicht zu hoch sind, beobachtet man durchwegs eine Abnahme der Viskosität, die sich erst bei höheren Feldstärken wieder zu einer Zunahme umkehrt. Das ist in Abb. 6.6 anhand experimenteller Daten, ermittelt an dem Ferrofluid bestehend aus einer Suspension von 20 Vol.-% $CoFe_2O_4$ in Wasser, grafisch dargestellt [8]. Die mittlere Teilchengröße lag bei 10 nm. In diesem Graph ist die Differenz der „reduzierten Viskosität“, definiert durch

$$\Delta\eta_{\text{red}} = \frac{\eta_{H,f} - \eta_{H=0,f=0}}{\eta_{H=0,f=0}} \tag{6.1}$$

dargestellt. Die Größe $\eta_{H,f}$ steht für die Viskosität bei der Feldstärke H und der Frequenz f, $\eta_{H=0,f=0}$ steht für die Viskosität bei dem magnetischen Feld $H = 0$ und der Frequenz $f = 0$.

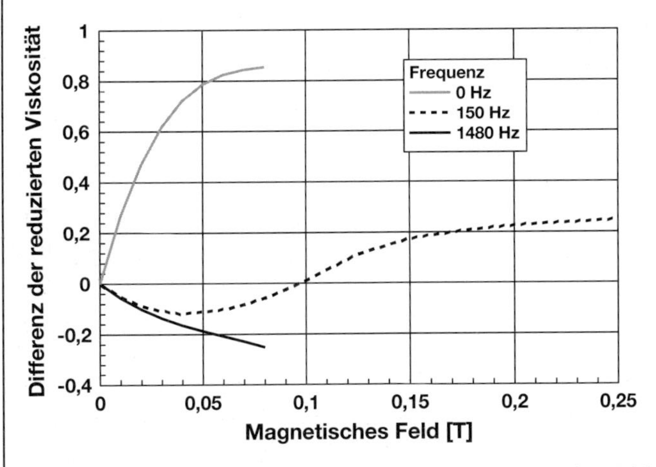

Abb. 6.6 Einfluss der Frequenz und der Stärke eines magnetischen Feldes auf die Viskosität eines Ferrofluides. Das Ferrofluid enthielt 20 Vol.-% $CoFe_2O_4$ in Wasser [8]. Der Graph zeigt die gemäß Gl. (6.1) definierte Differenz der reduzierten Viskosität.

Der Kobaltferrit, an dem die der Abb. 6.6 zugrunde liegenden Messergebnissen ermittelt wurde, hat eine hohe magnetische Anisotropie (siehe Kapitel 8). Daher zeigten die Teilchen nicht den *Néel*'schen Superparamagnetismus sondern den *Brown*'schen; es verändert sich beim Wechsel der Richtung des Magnetfeldes also nicht die Richtung der Magnetisierung im Teilchen, sondern es dreht sich das Teilchen als Ganzes, um sich in die Richtung des Magnetfeldes zu drehen. So lange die Teilchen in der Lage sind dem Wechsel des Magnetfeldes zu folgen, dreht sich, in guter Näherung, eine Hälfte der Teilchen im Uhrzeigersinn und die andere Hälfte gegen den Uhrzeigersinn um dem Wechsel der Richtung des Magnetfeldes zu folgen. Daraus folgt, dass für einen Beobachter, der sich außerhalb des Ferrofluides befindet, keine Rotation zu beobachten ist. Jede lokale Fluktuation führt jedoch lokal zu einer Wirbelbildung und damit zu einer nicht verschwindenden resultierenden Winkelgeschwindigkeit im System, die eine Reduktion der Viskosität zur Folge hat [9].

Im Hinblick auf die Anwendung sind zwei Eigenschaften der Ferrofluide von besonderer Bedeutung:

- Die Möglichkeit die Viskosität mithilfe eines externen Magnetfeldes einzustellen und
- die Tatsache, dass mit den Ferrofluiden ein Magnetwerkstoff zur Verfügung steht, der nahezu beliebig formbar ist.

Die Möglichkeit die Viskosität einzustellen kann unter anderem dazu genutzt werden, Stoßdämpfer an die jeweiligen Anforderungen anzupassen. Das können Stoßdämpfer für hochwertige CD- oder DVD-Geräte sein, bei denen eine Anpassung im Bereich weniger Millisekunden nötig ist. In diesem Falle werden wesentlich teurere Piezobauelemente ersetzt oder bei Stoßdämpfern für Kraftfahrzeuge, bei denen Leistungen von vielen Kilowatt mit wenigen Watt nachgeregelt werden. Die bekannteste Anwendungen im Maschinenbau sind gasdichte Durchführungen bei Lagern. Bei diesen Anwendungen wirkt das Ferrofluid sowohl als Dichtung als auch als Schmiermittel. Die Abb. 6.7 zeigt das Prinzip solcher Konstruktionen. In den Fällen, in denen diese Konstruktion angewandt werden kann, ist sie zuverlässiger als ein konventionelles Lager mit Dichtringen aus Gummi oder einem Polymer.

Zu den kommerziell erfolgreichsten Anwendungen zählt die Verwendung in Hochleistungslautsprechern. Bei dieser Anwendung erfüllt das Ferrofluid gleich mehrere Aufgaben: Es füllt den Luftspalt in dem die Schwingspule des Lautsprechers positioniert ist. Dadurch erhöht sich das Magnetfeld, in dem die Spule schwingt und vermindert dadurch die benötigte elektrische Leistung, das reduziert die ohmschen Verluste der Spule und damit die benötigte elektrische Leistung im System. Gleichzeitig dämpft das Öl des Ferrofluides unerwünschte Schwingungen, reduziert also den Klirrfaktor, und führt die Verlustwärme der Spule besser ab als die Luft in einem Luftspalt.

Eine weitere Anwendung mit steigender ökonomischer Bedeutung ist die als Kontrastmittel bei der Kernspintomografie. Bei dieser Anwendung beeinflusst

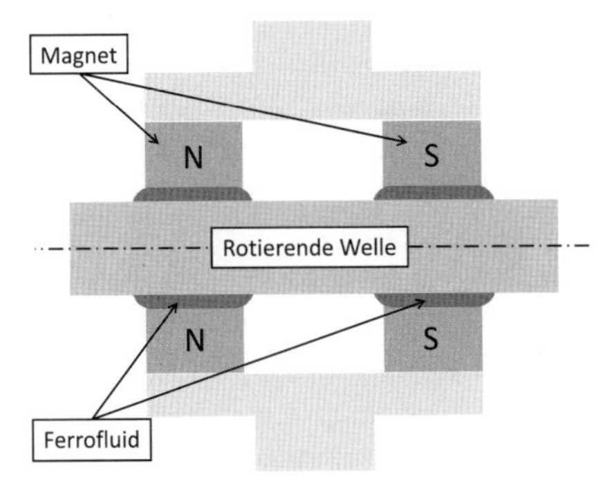

Abb. 6.7 Gasdichte Durchführung einer rotierenden Welle durch ein hydrodynamisches Lager, das mit einem Ferrofluid, dessen Viskosität durch ein Magnetfeld erhöht ist, abgedichtet wird. In diesem Fall wirkt das Ferrofluid als Schmier- und Dichtmittel. Durch den Einbau zumeist permanenter Magnete wird das Ferrofluid in seiner Lage fixiert.

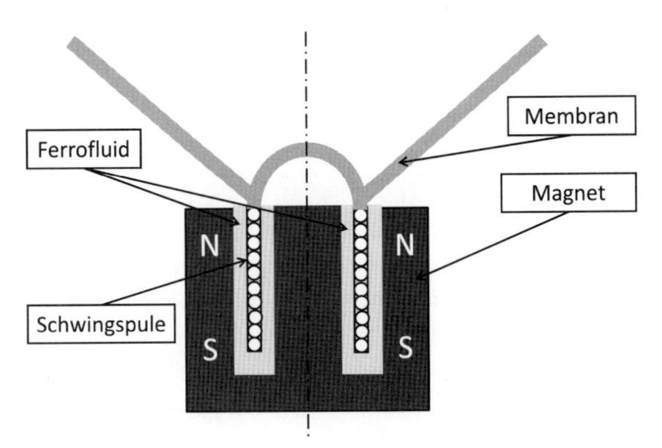

Abb. 6.8 Konstruktion eines Hochleistungslautsprechers mit einem Ferrofluid.

die Anwesenheit einer magnetischen Substanz lokal die magnetische Feldstärke. Bei der Kernspinresonanz misst man die Resonanzfrequenz der Protonen (*Lamor*frequenz). Da diese vom Magnetfeld abhängt, beeinflusst jede lokale Änderung der magnetischen Suszeptibilität die Resonanzfrequenz. Praktisch geht man dabei so vor, dass die Probe, im Allgemeinen ein Patient, in einer großen Spule liegt, die ein statisches Magnetfeld erzeugt. Eine zweite Spule erzeugt ein hochfrequentes Feld, das das statische Feld überlagert. Im statischen Feld sind die Spins der Protonen entweder parallel oder antiparallel zum Feld ausgerichtet. Das überlagerte hochfrequente Feld verursacht ein teilweises Umklappen der Spins. Die Resonanzfrequenz des Umklappens, die vom lokalen Feld abhängt, ist das gesuchte Signal. Das Tomografiebild gibt also die Konzentration der Protonen sowie das lokale Feld wieder. Da das Ferrofluid in den Blutkreislauf gespritzt wird, werden die Blutgefäße bzw. die mehr oder weniger durchbluteten Gewebe sichtbar. Funktionalisiert man die Oberfläche der magnetischen Teilchen zusätzlich mit einem Protein, das für ein bestimmtes Organ oder einen Tumor charakteristisch ist, so wird lokal der Kontrast erhöht. Ein Beispiel für eine solche Kontrastverstärkung

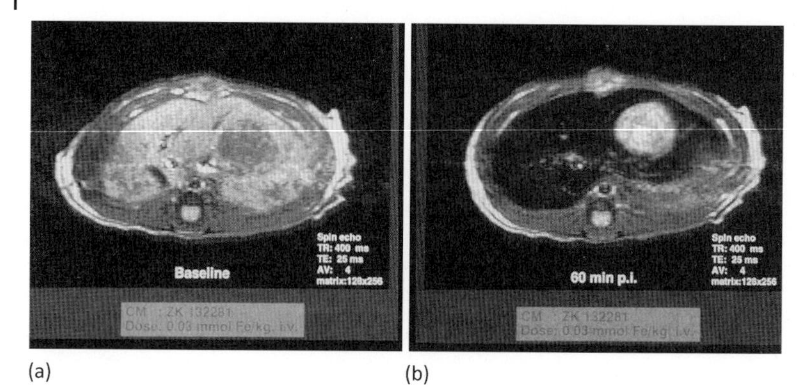

Abb. 6.9 Vergleich zweier Kernspintomografien, einmal ohne (a) einmal mit (b) Kontrastverstärkung durch ein Ferrofluid. Es handelt sich in diesem Fall um einen Lebertumor (*Novikoff*-Hepatoma) einer Ratte [10]. Das Ferrofluid enthielt γ-Fe_2O_3-Nanoteilchen. (Mit Erlaubnis des Apothekerverlags.)

ist in Abb. 6.9 gezeigt. In dieser Abbildung sind zwei Bilder, einmal ohne und einmal mit Kontrasterhöhung durch ein Ferrofluid, gezeigt.

Eine weitere Anwendung in der Medizin und der medizinischen Diagnostik finden Ferrofluide, die bifunktionale Teilchen [11] enthalten. Diese bifunktionalen Teilchen haben neben den magnetischen Eigenschaften noch eine zweite Funktion, sie zeigen Lumineszenz. Für viele Anwendungen in der medizinischen Diagnostik ist dies ein wesentlicher Vorteil. Abschließend soll noch auf Anwendungen bei der Qualitätskontrolle von Schweißnähten und Gussteilen von eisenhaltigen Werkstücken hingewiesen werden. Dabei werden in sehr empfindlicher Weise magnetische Strukturen und deren Störungen (Fehler) sichtbar gemacht.

Wichtig zu wissen

Ferrofluide, stabile Suspensionen magnetischer Nanoteilchen in Wasser oder Öl, enthalten bis zu 10 Vol.-% Nanoteilchen und etwa die gleiche Menge an Tensiden zur Stabilisierung. Bringt man ein Ferrofluid in ein statisches Magnetfeld, so steigt dessen Viskosität bis zu einem asymptotischen Wert mit der Feldstärke an. In einem magnetischen Wechselfeld sind diese Verhältnisse wesentlich komplexer. Abhängig von der Frequenz und der Feldstärke kann in diesem Fall die Viskosität steigen oder sinken.

Diese Beeinflussung der Viskosität durch ein äußeres Magnetfeld ist wesentlich bei allen technischen Anwendungen. Eine bedeutsame Anwendung findet sich in der Medizin als Kontrastmittel für die Kernspintomografie als Ersatz für die bisher verwendeten Gadoliniumsalze.

Literatur

1 Keblinski, P., Phillpot, S.R., Choi, S.U.S. und Eastman, J.A. (2002) *Int. J. Heat Mass Transf.*, **45**, 855–863.

2 Eastman, J.A., Choi, S.U.S., Li, S., Yu, W. und Thomson, L.J. (2001) *Appl. Phys. Lett.*, **78**, 718.

3 Masuda, H., Ebata, A., Teramae, K. und Hishinuma, N. (1993) *Netsu Bussei*, **4**, 227-233.
4 Kwak, K. und Kim, C. (2005) *Korea-Australia Rheology J.*, **17**, 35.
5 Rosenzweig, R.E. (1985) *Ferrohydrodynamic*, Cambridge University Press, Cambridge.
6 http://www.flickr.com/photos/jurvetson/136481113/. Mit Erlaubnis von Steve Jurvetson.
7 Patel, R., Upadhyay, R.V. und Metha, R.V. (2003) *J. Colloid Interf. Sci.*, **263**, 661.
8 Bacri, J.C., Perzynski, R., Shliomis, M.I. und Burde, G.I. (1995) *Phys. Rev. Lett.*, **75**, 2128–2132.
9 Shliomis, M.I. und Morozov, K.I. (1994) *Phys. Fluids*, **6**, 2855–2861.
10 Kresse, M., Pfefferer, D. und Lawaczeck, R. (1994) *Dtsch. Apoth. Ztg.*, **134**, 3079–3089.
11 Vollath, D. (2010) *Adv. Mater.*, **15**, 4410–4415.

7
Thermodynamik von Nanoteilchen

7.1
Thermodynamik kleiner Teilchen

In diesem Abschnitt …
Je kleiner die Teilchen sind, umso größer wird, bezogen auf das Volumen, die Oberfläche der Teilchen. Damit nimmt auch der auf die Oberfläche bezogene Anteil der Enthalpie zu. Die Energie der Oberfläche ist bei hinreichend kleinen Teilchen in der Größenordnung der Bildungsenthalpie bzw. der Änderung der Enthalpie bei Phasentransformationen. Es sind daher wesentliche Einflüsse der Teilchengröße auf Phasentransformationen zu erwarten.

Das Verhältnis Oberfläche zu Volumen nimmt mit abnehmender Teilchengröße zu (siehe Kapitel 3). Da jeder Oberfläche eine Oberflächenenergie zuzuordnen ist, müssen Betrachtungen der Thermodynamik kleiner Teilchen diesen Faktor, der bei konventionellen Teilchengrößen im Allgemeinen vernachlässigbar ist, berücksichtigen. Bedenkt man, dass die Wärmekapazität eines Festkörpers sich in Schwingungen des Gitters manifestiert, so ist es vorstellbar, dass auch die Wärmekapazität von der Teilchengröße beeinflusst wird, da die Anzahl der möglichen Schwingungsmoden direkt von der Teilchengröße abhängt. Ähnliche Überlegungen, wie sie für isolierte Teilchen angestellt werden, gelten auch für polykristalline Festkörper. Dort muss man den größeren Anteil von Korngrenzen bei den Betrachtungen zur freien Enthalpie berücksichtigen.

Die freie Enthalpie, die *Gibbs*'sche Enthalpie, g eines Teilchens ist definiert als

$$g = u - Ts + \gamma a \tag{7.1a}$$

In Gl. (7.1a) ist u die Enthalpie, T die Temperatur, s die Entropie, γ die spezifische Oberflächenenergie und a die Fläche eines Teilchens. Bezogen auf 1 Mol schreibt man die größenabhängigen Variablen (extensive Größen) mit Großbuchstaben

$$G = U - TS + \gamma A \tag{7.1b}$$

Nanowerkstoffe für Einsteiger, Erste Auflage. Dieter Vollath.

Die Oberflächenenergie γ ist zwar unabhängig von der Anzahl der Teilchen, es gibt aber starke Hinweise darauf, dass sie von der Teilchengröße abhängt. Ähnliches wird auch für die Werte der Enthalpie und Entropie angenommen. Da es dafür aber keine belastbaren Daten gibt, benutzt man üblicherweise, in erster Näherung, die Daten für konventionelles Material. Mithilfe der Umrechnungsformeln

$$u = \frac{U}{N} = U\frac{\rho \pi d^3}{6M} \tag{7.2a}$$

$$s = \frac{S}{N} = S\frac{\rho \pi d^3}{6M} \tag{7.2b}$$

$$a = \frac{A}{N} = A\frac{\rho \pi d^3}{6M} \tag{7.2c}$$

$$a = \pi d^2 \tag{7.2d}$$

können die Gln. (7.1) auch in Abhängigkeit von der Teilchengröße dargestellt werden. In diesen Gleichungen ist N die Zahl der Teilchen pro Mol, d der Durchmesser der Teilchen, ρ die Dichte und M das Molekulargewicht. Für die freie Enthalpie gilt dann

$$g = U\frac{\rho \pi d^3}{6M} - TS\frac{\rho \pi d^3}{6M} + \gamma d^2 \pi \tag{7.3a}$$

$$G = U - TS + \gamma \frac{M}{\rho v} a = U - TS + \gamma \frac{M}{\rho} \frac{6}{d} \tag{7.3b}$$

Analysiert man die auf 1 Mol bezogene Gl. (7.3b), so erkennt man, dass der Term für die Oberflächenenergie umgekehrt proportional zur Teilchengröße ist. Werden die Teilchen also sehr klein, kann die Oberflächenenergie der bestimmende Energieanteil werden. Gut zu sehen ist dies am Beispiel von Gold, das in Abb. 7.1 dargestellt ist.

In Abb. 7.1 sind die Oberflächenenergien im festen und flüssigen Zustand sowie die Differenz dieser beiden Größen eingezeichnet. Als Vergleich ist die Schmelzenthalpie angegeben.[1] Man erkennt, dass, insbesondere im Bereich der kleineren Teilchengrößen, die Oberflächenenergie wegen ihrer absoluten Größe eine zentrale Stellung hat. Selbst die Differenz der Oberflächenenergien in den beiden betrachteten Aggregatzuständen ist nur wenig kleiner als die Schmelzenthalpie. Aus diesem Grund muss man einen wesentlichen Einfluss der Oberflächenenergie, d. h. der Teilchengröße auf das Schmelzen, erwarten. Diese Feststellung gilt nicht nur für die Transformation kristallin–flüssig, sondern für jede Phasentransformation.

Eine hervorragende Zusammenfassung aller Aspekte der Thermodynamik kleiner Systeme sind in einem Buch von Hill [1] zu finden.

1) Alle Größen wurden als teilchengrößenunabhängig angenommen.

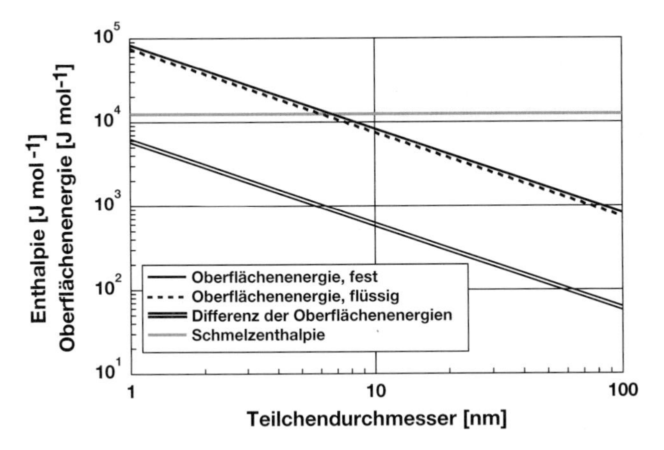

Abb. 7.1 Oberflächenenergie von festem und flüssigem Gold als Funktion der Teilchengröße. Zusätzlich sind noch die Differenz der beiden Oberflächenenergien sowie die Schmelzenthalpie eingetragen. Die bei kleinen Teilchen relative geringe Größe der Schmelzenthalpie im Vergleich zur Oberflächenenergie ist bemerkenswert.

Wichtig zu wissen
Die Oberfläche in 1 Mol Nanoteilchen ist indirekt proportional zur Teilchengröße. Je kleiner die Teilchen sind, umso stärker wird der Einfluss der Oberfläche auf das thermodynamische Verhalten. Da die Oberflächenenergie bei kleinen Teilchen die Größe der Umwandlungsenthalpie bei Phasentransformationen haben kann, ist ein signifikanter Einfluss der Teilchengröße auf Phasentransformationen zu erwarten und auch experimentell verifiziert.

7.2 Phasentransformationen bei Nanoteilchen

In diesem Abschnitt ...
Der Einfluss der Teilchengröße auf die Temperatur einer Phasenumwandlung lässt sich durch konsequente Anwendung der Thermodynamik gut abschätzen. Allerdings zeigt es sich, dass es notwendig ist, solche einfachen Rechnungen durch geeignete Modifikation der Modelle mit der Realität in Übereinstimmung zu bringen. In diesem Zusammenhang ist es notwendig, den Anteil des Volumens eines Teilchens gesondert zu berücksichtigen, der wegen des Einflusses der Oberfläche eine verringerte Ordnung aufweist.

Die Frage nach dem Einfluss der Teilchengröße auf das Schmelzen ist schon alt. Die erste thermodynamisch exakt hergeleitete Antwort wurde bereits Ende des 19. Jahrhunderts gegeben. Um den Einfluss der Teilchengröße auf die Temperatur einer Phasentransformation zu berechnen, muss man zunächst das Gleichgewicht zwischen der bestehenden Phase, diese erhält den Index „alt", und der

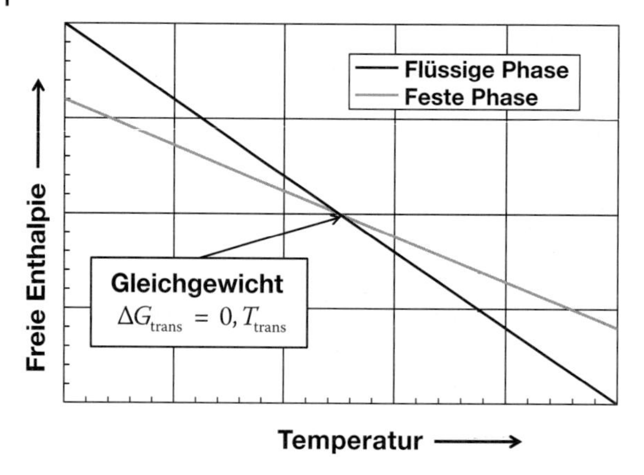

Abb. 7.2 Freie Enthalpie von zwei Phasen. Die Temperatur, bei der die freie Enthalpie beider Phasen gleich ist, ist die Transformationstemperatur.

neuen Phase, mit dem Index „neu", berechnen. Bei der Gleichgewichtstemperatur, der Temperatur der Phasenumwandlung, gilt die Relation

$$G_{alt} = G_{neu} \tag{7.4}$$

Die Abb. 7.2 stellt dies am Beispiel des Schmelzens bzw. Kristallisierens dar. Die Temperatur, bei der die Gl. (7.4) gültig ist, ist die Transformationstemperatur T_{trans}. Bei dieser Temperatur ist die Differenz der freien Enthalpie ΔG_{trans} der beiden Phasen null.

Ergänzung 7.1: Entropie verschiedener Phasen

In Abb. 7.2 erkennt man, dass die Entropie (verantwortlich für die Neigung der Geraden) für die flüssige Phase größer ist als die der festen Phase. Das gilt grundsätzlich: Die Entropie der bei der jeweils höheren Temperatur stabilen Phase ist immer größer als die der bei der niedrigeren Temperatur stabilen. Höhere Entropie kennzeichnet – in der statistischen Physik – einen Zustand höherer Symmetrie. Das heißt, eine Flüssigkeit ist in einem Zustand höherer Symmetrie als ein Kristall. Das klingt zunächst unlogisch. Hier muss man sich jedoch vom Symmetriebegriff der Geometrie oder Kristallografie lösen, bei dem Punkte durch Symmetrieoperationen zur Deckung gebracht werden. In einem statistischen Sinne ist eine Flüssigkeit oder ein Gase ein Zustand hoher Symmetrie, weil jeder beliebige Punkt als Symmetriezentrum für jede denkbare Symmetrieoperation dienen kann. Es ist dabei unwesentlich, ob die Punkte tatsächlich besetzt sind. Es sind diese Operationen, die im statistischen Mittel möglich sind.

Unter der Annahme isothermer Bedingungen gilt bei der Transformationstemperatur T_{trans}

$$U_{\text{alt}} - T_{\text{trans}} S_{\text{alt}} + \gamma_{\text{alt}} A_{\text{alt}} = U_{\text{neu}} - T_{\text{trans}} S_{\text{neu}} + \gamma_{\text{neu}} A_{\text{neu}} \tag{7.5}$$

Benutzt man die Differenzen $\Delta U_{\text{trans}} = U_{\text{neu}} - U_{\text{alt}}$, und $\Delta S_{\text{trans}} = S_{\text{neu}} - S_{\text{alt}}$, so vereinfacht sich die Gl. (7.5) auf

$$\Delta G_{\text{trans-nano}} = \Delta U_{\text{trans}} - T_{\text{trans}} \Delta S_{\text{trans}} + \gamma_{\text{neu}} A_{\text{neu}} - \gamma_{\text{alt}} A_{\text{alt}} = 0 \tag{7.6}$$

Unter Berücksichtigung der Tatsache, dass für die Enthalpie und die Entropie die Werte konventioneller Materialien eingesetzt werden und unter Benutzung der Gl. (7.3) erhält man für die Transformationstemperatur $T_{\text{trans-nano}}$ von kleinen Teilchen

$$T_{\text{trans-nano}} = T_{\text{trans-mass}} - \alpha \frac{1}{d_{\text{neu}}} = T_{\text{trans-mass}} - \Delta T_{\text{trans}} \tag{7.7}$$

Die Größe $T_{\text{trans-mass}}$ steht für die Transformationstemperatur konventioneller Materialien. Die Berechnung der Größe α erfolgt im folgenden Abschnitt. Die Gl. (7.7) ist unter dem Namen *Thomson*-Gleichung[2] bekannt.

Ergänzung 7.2: Einfluss der Teilchengröße auf die Temperatur der Phasentransformation

Die folgende Abschätzung wird der Einfachheit halber für kugelförmige Teilchen ausgeführt. Um die Rechnungen und das Ergebnis übersichtlich zu gestalten, werden Einflüsse zweiter Ordnung, wie z. B. Wärmeausdehnung, vernachlässigt. Diese Vereinfachungen ändern nichts an der physikalischen Aussage, sie machen aber die Ergebnisse lesbarer.[3]

Ausgangspunkt ist das in Gl. (7.6) definierte Gleichgewicht; dieses enthält alle Faktoren, die das Gleichgewicht beeinflussen. Für sphärische Teilchen gilt für die Oberfläche pro Mol $A = \frac{6M}{\rho d}$; des Weiteren erhält man aus einfachen geometrischen Überlegungen

$$\frac{d_{\text{neu}}}{d_{\text{alt}}} = \left(\frac{\rho_{\text{alt}}}{\rho_{\text{neu}}} \right)^{\frac{1}{3}}$$

Setzt man dies in Gl. (7.6) ein und benutzt die Relation $\Delta U_{\text{trans}} = T_{\text{trans}} S_{\text{trans}}$, so erhält man

$$\Delta G_{\text{trans-nano}} = \Delta U_{\text{trans}} - T_{\text{trans}} \Delta S_{\text{trans}} + \gamma_{\text{neu}} \frac{6M}{\rho_{\text{neu}} d_{\text{neu}}} - \gamma_{\text{alt}} \frac{6M}{\rho_{\text{neu}} d_{\text{neu}}} \left(\frac{\rho_{\text{neu}}}{\rho_{\text{alt}}} \right)^{\frac{2}{3}} \tag{7.8}$$

2) Manchmal auch *Gibbs-Thomson*-Gleichung genannt.
3) Eine Herleitung, bei alle Einflussfaktoren berücksichtigt wurden, findet sich bei Castro *et al.* [2].

Bei der Gleichgewichtstemperatur gilt $\Delta G_{\text{trans-nano}} = 0$, das führt im Ergebnis zu

$$T_{\text{trans}} = \frac{\Delta U_{\text{trans}}}{\Delta S_{\text{trans}}} + \frac{6M\gamma_{\text{neu}}}{\rho_{\text{neu}} d_{\text{neu}} \Delta S_{\text{trans}}} \left[1 - \left(\frac{\gamma_{\text{alt}}}{\gamma_{\text{neu}}}\right)\left(\frac{\rho_{\text{neu}}}{\rho_{\text{alt}}}\right)^{\frac{2}{3}}\right]$$
$$= T_{\text{mass}} + \frac{6M\gamma_{\text{neu}}}{\rho_{\text{neu}} d_{\text{neu}} \Delta S_{\text{trans}}} \left[1 - \left(\frac{\gamma_{\text{alt}}}{\gamma_{\text{neu}}}\right)\left(\frac{\rho_{\text{neu}}}{\rho_{\text{alt}}}\right)^{\frac{2}{3}}\right] \qquad (7.9)$$

wobei $T_{\text{mass}} = \frac{\Delta U_{\text{trans}}}{\Delta S_{\text{trans}}}$ die Transformationstemperatur grobkörniger Materialien ist. Die Größe α, die in Gl. (7.7) eingeführt wurde, ist demnach

$$\alpha = -6M \frac{T_{\text{mass}}}{\Delta U_{\text{trans}}} \frac{\gamma_{\text{neu}}}{\rho_{\text{neu}}} \left[1 - \left(\frac{\gamma_{\text{alt}}}{\gamma_{\text{neu}}}\right)\left(\frac{\rho_{\text{neu}}}{\rho_{\text{alt}}}\right)^{\frac{2}{3}}\right] \qquad (7.10)$$

Aus den Gln. (7.9) und (7.10) kann man entnehmen, dass die Erniedrigung der Transformationstemperatur umgekehrt proportional zur Teilchengröße ist. Das heißt, je kleiner die Teilchen sind, umso niedriger ist die Transformationstemperatur. Betrachtet man speziell den Phasenübergang fest–flüssig, so gilt für die Terme in der eckigen Klammer von Gl. (7.10)[4] immer

$$\left(\frac{\gamma_{\text{alt}}}{\gamma_{\text{neu}}}\right)\left(\frac{\rho_{\text{neu}}}{\rho_{\text{alt}}}\right)^{\frac{2}{3}} > 1 \qquad (7.11a)$$

weil alle bekannten Materialdaten zu der Relation

$$\left(\frac{\gamma_{\text{alt}}}{\gamma_{\text{neu}}}\right) > \left(\frac{\rho_{\text{neu}}}{\rho_{\text{alt}}}\right)^{\frac{2}{3}} \qquad (7.11b)$$

führen. Diese Feststellung gilt auch in den Ausnahmefällen, in denen beim Schmelzen eine Volumenreduktion stattfindet. Die Tab. 7.1 zeigt einige typische Fälle. Man erkennt, dass der Ausdruck in der eckigen Klammer immer negativ ist. Da gleichzeitig $\Delta U_{\text{trans}} = U_{\text{flüssig}} - U_{\text{fest}} > 0$, ist der zweite Term in Gl. (7.9) immer negativ. Daher ist die Größe α immer positiv.

Die *Thomson*-Gleichung (7.7) ist, in ihrem noch zu definierenden Anwendungsbereich, thermodynamisch gut begründet und experimentell mehrfach verifiziert. Als Beispiel für eine experimentelle Verifizierung zeigt die Abb. 7.3 die Abhängigkeit der Schmelztemperatur von Gold-Teilchen als Funktion der Teilchengröße [2]. Diese experimentellen Daten zeigen aber ein komplexeres Bild als es nach der *Thomson*-Gleichung zu erwarten wäre. Die experimentellen Daten zeigen zwei deutlich separierte Bereiche. Der mit Bereich I bezeichnete Bereich

4) Beachten Sie bitte: alt = fest, neu = flüssig

Tab. 7.1 Parameter der Gl. (7.10) für einige Elemente.

	$\frac{\gamma_{fest}}{\gamma_{flüssig}}$	$\left(\frac{\rho_{flüssig}}{\rho_{fest}}\right)$	$\left(\frac{\rho_{flüssig}}{\rho_{fest}}\right)^{\frac{2}{3}}$	$\frac{\gamma_{fest}}{\gamma_{flüssig}}\left(\frac{\rho_{flüssig}}{\rho_{fest}}\right)^{\frac{2}{3}}$
Kupfer	1,11	0,9	0,93	1,03
Silber	1,22	0,89	0,92	1,12
Gold	1,15	0,9	0,93	1,08
Germanium	1,35	1,05	1,03	1,39
Bismut	1,32	1,16	1,1	1,45

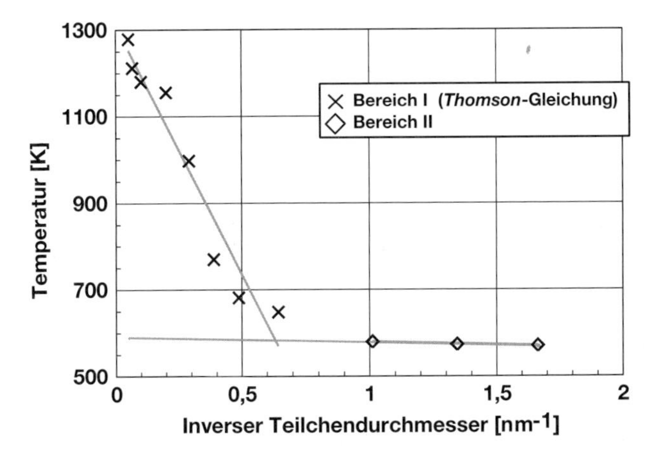

Abb. 7.3 Schmelztemperatur von Gold-Nanoteilchen als Funktion der Teilchengröße [2]. Um die *Thomson*-Gleichung verifizieren zu können, wurde für die Abszisse die inverse Teilchengröße gewählt. Man erkennt, dass der invers lineare Zusammenhang im Gegensatz zu Bereich I bei Teilchengrößen unter etwa 1,6 nm ($= 0{,}63\,\text{nm}^{-1}$; Bereich II) nicht mehr gilt.

folgt – im Rahmen der experimentellen Genauigkeit – sehr exakt der Gl. (7.7). Im Bereich II jedoch, bei Teilchengrößen unter etwa 1,6 nm ($= 0{,}63\,\text{nm}^{-1}$) ist die Schmelztemperatur von der Teilchengröße praktisch unabhängig. Bei so kleinen Teilchen gilt die invers lineare Beziehung der Schmelztemperatur offensichtlich nicht mehr.

Nicht nur bei zu kleinen Teilchen ist Gl. (7.7) nicht anwendbar, es gibt auch eine obere Grenze der Anwendbarkeit. Letztere wird demonstriert am Beispiel von Nanoteilchen aus Blei. Die Abb. 7.4 zeigt die Schmelztemperatur von Blei als Funktion der Teilchengröße. In Abb. 7.4a ist die Schmelztemperatur von Blei-Teilchen gegen die Teilchengröße aufgetragen. Man erkennt deutlich die Absenkung der Schmelztemperatur bei den kleineren Teilchengrößen sowie den asymptotischen Übergang zu der bei massiven Proben gemessenen Temperatur. In Abb. 7.4b erfolgte die Auftragung gegen die inverse Teilchengröße. In diesem Graphen erkennt man deutlich, dass bei den kleineren Teilchen die invers linea-

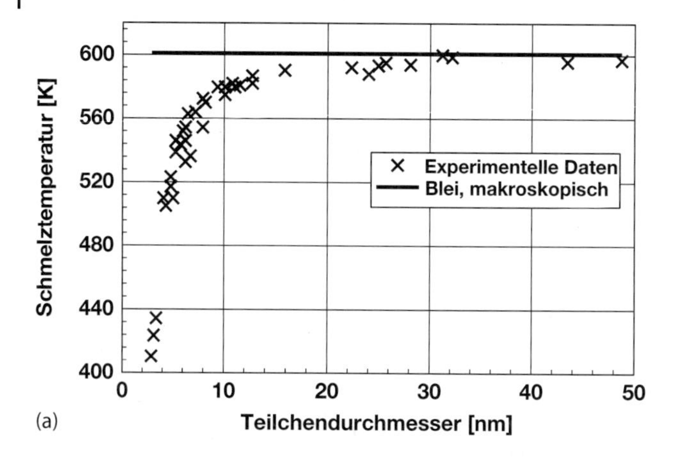

(a)

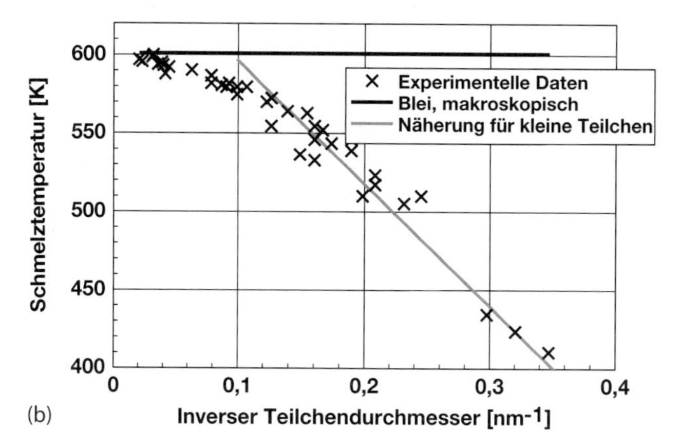

(b)

Abb. 7.4 Schmelztemperatur von Blei als Funktion der Teilchengröße [3]. Bei der Auftragung gegen die Teilchengröße (a) erkennt man sehr gut, wie sich die Schmelztemperatur bei größeren Teilchen asymptotisch der des massiven Materials annähert. Trägt man die Schmelztemperatur gegen die inverse Teilchengröße auf (b), so erkennt man, dass sich die Schmelztemperatur bei etwa 6,5 nm (= 0,154 nm^{-1}) von der eingezeichneten invers linearen Gesetzmäßigkeit entfernt.

re Beziehung gültig ist. Die Abweichung von diesem Gesetz beginnt bei etwa 6,5 nm (= 0,154 nm^{-1}). Bei größeren Teilchen ist die *Thomson*-Beziehung offensichtlich nicht mehr gültig.

Die in Abb. 7.4 dargestellten Ergebnisse werden mit der Annahme einer etwa 3 nm starken Oberflächenschicht, in der das Schmelzen beginnt, gedeutet [3]. Das passt auch gut zu der Teilchengröße im Bereich von etwa 6,5 nm, bei der Abweichung von dem invers linearen Gesetz sichtbar wird. Nach dem Schmelzen dieser Oberflächenschicht beginnt der Rest des Teilchens zu schmelzen. Offenbar gilt die Gl. (7.7) nur bei Teilchen, deren Radius gleich oder kleiner der Dicke dieser Oberflächenschicht ist.

Der Beginn des Schmelzprozesses in einer Oberflächenschicht legt nahe, dass es in dieser Schicht wohl strukturelle Besonderheiten gibt, die ein Schmelzen erleichtern, denn nur so lässt sich das Versagen der einfachen thermodynamischen Betrachtungen erklären. Dem ist in der Tat so. Die Oberfläche kleiner Teilchen weist einen geringeren Ordnungsgrad auf, als man ihn in der Mitte der Teilchen findet [4]. Für den Grad der Ordnung kann man den *Landau*-Ordnungsparameter als Funktion der Teilchengröße und der Position im Teilchen benutzen. Der *Landau*-Ordnungsparameter M ist so definiert, dass er bei perfekter Ordnung eins und bei völliger Abwesenheit von Ordnung null ist. Die Abb. 7.5a,b [4] zeigen den Verlauf dieses Parameters als Funktion der radialen Position für drei verschiedene Teilchengrößen von Zinn und – im Zusammenhang mit der Diskussion der Schmelztemperaturen besonders wichtig – eben diesen Ordnungsgrad in der Mitte und am Rand eines Teilchens als Funktion des Teilchenradius. Betrachtet man beispielsweise in Abb. 7.5a den Verlauf des Ordnungsparameters für das 10 nm-Teilchen, so erkennt man eine Oberflächenschicht mit einer Dicke von etwa 3 nm, die eine deutlich verminderte Ordnung aufweist. Diese Erscheinung ist bei einem Teilchen mit einem Radius von 5 nm noch deutlich stärker ausgeprägt. Werden die Teilchen noch kleiner (z. B. Radius 2 nm), so findet man nicht einmal im Zentrum des Teilchens perfekte Ordnung, man hat den Eindruck, dass die Struktur solcher kleiner Teilchen der einer Flüssigkeit ähnlicher ist als der eines Kristalls. Im Lichte dieser theoretischen Ergebnisse sind die experimentellen Ergebnisse, die an Blei gemessen wurden (Abb. 7.4a,b), durchaus verständlich, ja nahezu erwartbar. Analysiert man unter diesem Gesichtspunkt Abb. 7.5b, so ist es nicht weiter verwunderlich, dass bei kleinen Teilchen der Prozess des Schmelzens anders abläuft als bei größeren.

Analysiert man die Konsequenzen der in Abb. 7.5 dargestellten Ergebnisse, so muss man zu dem Schluss kommen, dass Materialien, die als gröbere Teilchen perfekt kristallisieren, als Nanoteilchen durchaus nicht die Neigung haben, ähnlich geordnet zu kristallisieren. Ähnliches findet man auch bei Oxiden. So ist z. B. bekannt, dass Maghämit, γ-Fe_2O_3, bei Teilchengrößen unter 3 nm nicht kristallisiert, also amorph ist.

Verringert sich der Durchmesser der Teilchen, so ändert sich nicht nur der Schmelzpunkt, sondern auch die Schmelzwärme. In beiden Fällen besteht eine inverse Proportionalität mit der Teilchengröße. Um den Zusammenhang bei der Schmelzwärme zu verstehen, muss man den gesamten Energieumsatz $\Delta U_{\text{trans-nano}}$ beim Schmelzen betrachten, der sich aus der Enthalpie der Phasenumwandlung und der Änderung der Oberflächenenergie zusammensetzt. In Anlehnung an die Herleitung von Gl. (7.8) erhält man

$$\begin{aligned}\Delta U_{\text{trans-nano}} &= \Delta U_{\text{trans}} + \gamma_{\text{neu}} A_{\text{neu}} - \gamma_{\text{alt}} A_{\text{alt}} \\ &= \Delta U_{\text{trans}} - 6M \frac{\gamma_{\text{neu}}}{\rho_{\text{neu}}} \frac{1}{d_{\text{neu}}} \left[1 - \left(\frac{\gamma_{\text{alt}}}{\gamma_{\text{neu}}} \right) \left(\frac{\rho_{\text{neu}}}{\rho_{\text{alt}}} \right)^{2/3} \right] \end{aligned} \tag{7.12}$$

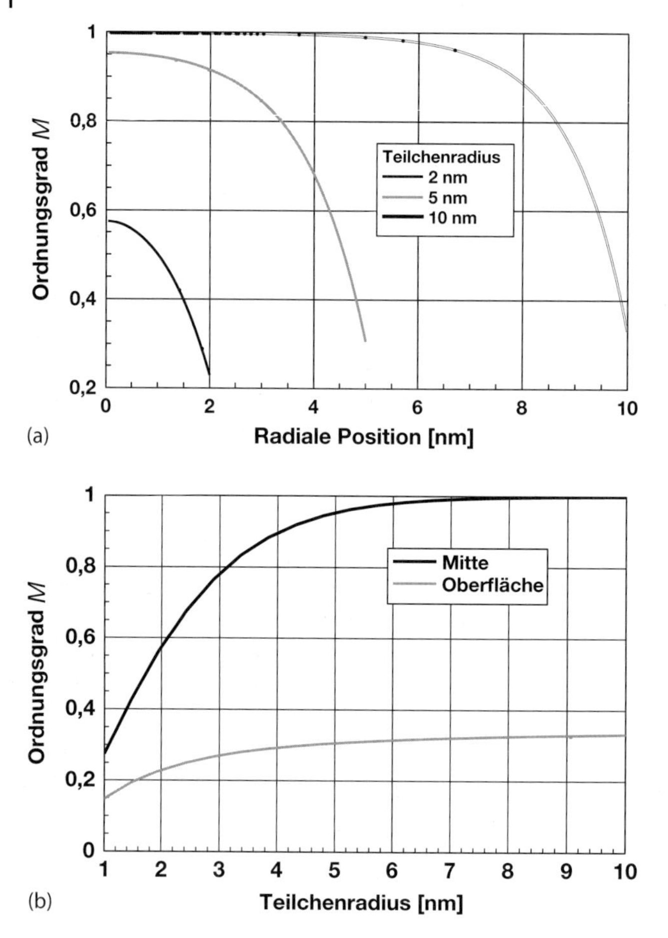

Abb. 7.5 Ordnungsgrad von Zinn-Teilchen als Funktion der radialen Position für drei Teilchengrößen (a) sowie der Ordnungsgrad im Inneren und an der Oberfläche von Zinn-Teilchen als Funktion des Teilchenradius [4]. Der hier verwendete *Landau*-Ordnungsparameter *M* ist bei vollkommener Unordnung (Flüssigkeit) null, bei vollkommener Ordnung (Kristall) eins.

Ähnlich wie bei der *Thomson*-Formel kann man auch diese Gleichung vereinfachen zu

$$\Delta U_{\text{trans-nano}} = \Delta U_{\text{trans}} - \kappa \frac{1}{d} \tag{7.13}$$

Die Größe κ ist ein Proportionalitätsfaktor. So weit es überhaupt möglich ist, ist auch die Gl. (7.13) experimentell verifiziert.

Der Zusammenhang zwischen Teilchengröße, Schmelztemperatur und Energieumsatz beim Schmelzen wird in den Abb. 7.6 und 7.7 am Beispiel von Aluminium demonstriert. Die Abb. 7.6 zeigt die Schmelztemperatur von Aluminium-Teilchen als Funktion der inversen Teilchengröße [5]. Man sieht deutlich, wie gut sich die experimentellen Daten mit einer Geraden approximieren lassen. Bei die-

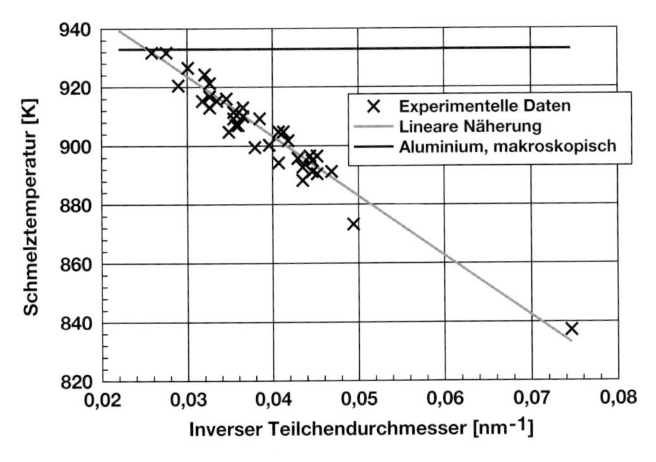

Abb. 7.6 Schmelztemperatur von Aluminium-Teilchen [5] aufgetragen gegen den invertierten Teilchendurchmesser. Wie man sieht, folgen auch diese Teilchen, im Rahmen der Messgenauigkeit, recht gut der *Thomson*-Gleichung.

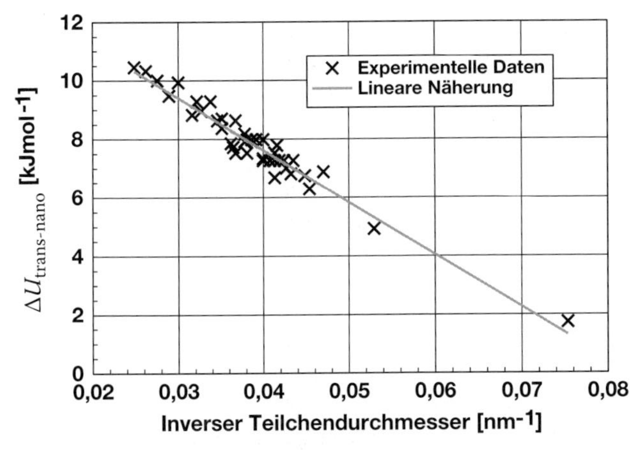

Abb. 7.7 Energieumsatz beim Schmelzen von Aluminium-Nanoteilchen, die durch Mahlen hergestellt wurden [5]. Man sieht deutlich, dass die inverse Proportionalität, wie sie durch Gl. (7.13) gefordert wird, gut erfüllt ist.

sen experimentellen Daten ist der asymptotische Übergang des Größenbereiches, in dem die *Thomson*-Gleichung anwendbar ist, zu den Größen, bei denen die Reduktion der Schmelztemperatur nicht beobachtet wird, nicht so deutlich ausgeprägt, wie im vorhergehenden Beispiel. Das hat seine Ursache möglicherweise in der Tatsache, dass die verwendeten Nanoteilchen durch einen Mahlprozess hergestellt wurden. Beim Mahlen werden aber die Teilchen nicht nur verkleinert, sondern auch plastisch deformiert. Das führt zu einer Speicherung von Verformungsenergie in den Teilchen. Diese speziellen Bedingungen bei der Herstellung sind sicher auch für das Fehlen einer Oberflächenschicht, ähnlich wie beim Blei (Abb. 7.4), verantwortlich.

Die Ergebnisse dieser zusätzlichen kalorimetrischen Messungen zum Schmelzen dieser Aluminium-Teilchen sind in Abb. 7.7 dargestellt [5]. Zunächst erkennt man, dass die invers lineare Relation, wie sie wegen Gl. (7.13) zu erwarten ist, nahezu perfekt erfüllt wird. Extrapoliert man nun die experimentellen Daten, dargestellt in Abb. 7.7 gegen $d \to \infty$[5], also für massive Proben, so findet man eine Schmelzenthalpie von 14,7 kJ mol^{-1}, ein Wert der deutlich über dem experimentell nachgewiesenen Wert von 10,7 kJ mol^{-1} für massives Aluminium liegt.[6] Auch dieser Unterschied ist durch die bei der Herstellung gespeicherte Verzerrungsenergie erklärbar.

Die Gl. (7.9) ist allgemein gültig. Sie beschreibt nicht nur das Schmelzen oder Kristallisieren isolierter Teilchen, sondern z. B. auch die Keimbildung in einer Schmelze. In letzterem Fall muss man lediglich die Oberflächenenergie durch die Energie der Phasengrenze flüssig–fest ersetzen. Letztlich beschreibt die *Thomson*-Gleichung auch – in sehr vereinfachter Weise – die Notwendigkeit einer Unterkühlung, die zur Bildung der ersten Kristallkeime nötig ist (homogene Keimbildung). In diesem Falle muss die Temperatur der Schmelze so weit reduziert werden, dass die Kristallisation der ersten Keime möglich wird.

Die hier dargestellten Relationen gelten für alle Phasentransformationen. Am einfachsten zugänglich sind Schmelzen und Kristallisieren; unter den Phasentransformationen, bei denen beide Phasen kristallisiert sind, ist, im Bezug auf Nanoteilchen, die Transformation tetragonal-monoklin des Zirkonoxides wohl am besten untersucht. Grobkristallines Zirkonoxid kann in drei Modifikationen auftreten. Von Raumtemperatur bis 1450 K ist Zirkonoxid monoklin, im anschließenden Temperaturbereich bis etwa 2740 K tetragonal und bei höheren Temperaturen bis zum Schmelzpunkt bei etwa 2950 K kubisch. Im Hinblick auf die mechanischen Eigenschaften ist die Transformation tetragonal–monoklin, bei der eine Volumenexpansion stattfindet, von besonderem Interesse. Die tetragonale Phase kann durch Zusätze geringer Mengen von Yttrium oder Magnesium bei Raumtemperatur stabilisiert werden. Es ist auch bekannt, dass das Vermindern der Korngröße ebenfalls in Richtung einer Stabilisierung der tetragonalen Phase wirkt. Diese Eigenschaften machen die Analyse des Verhaltens von nanokristallinem Zirkonoxid besonders interessant. Die Abb. 7.8 zeigt die Transformationstemperatur von Zirkonoxid als Funktion der Teilchengröße für drei verschiedene Gehalte an Yttriumoxid [6, 7].

Wie man der Abb. 7.8a entnehmen kann, wirkt eine Verringerung der Korngröße ähnlich, wenn auch nicht so stark ausgeprägt, wie die Zugabe von Yttriumoxid. Man erkennt weiterhin, dass mit abnehmender Teilchengröße die Umwandlungstemperatur absinkt. Um zu sehen, ob auch die Phasenumwandlung der *Thomson* -Formel folgt, wurden dieselben experimentellen Daten auch gegen die inverse Teilchengröße aufgetragen. (Abb. 7.8b) Die Abbildung zeigt, dass auch bei dieser Phasentransformation im festen Zustand die Gl. (7.7) anwendbar ist. Die tetra-

5) Das entspricht $\frac{1}{d} = 0$.

6) Der Vergleich dieses extrapolierten Wertes mit der Schmelzenthalpie ist zulässig, weil die Extrapolation den Wert für eine Probe mit der Oberfläche null ermittelt.

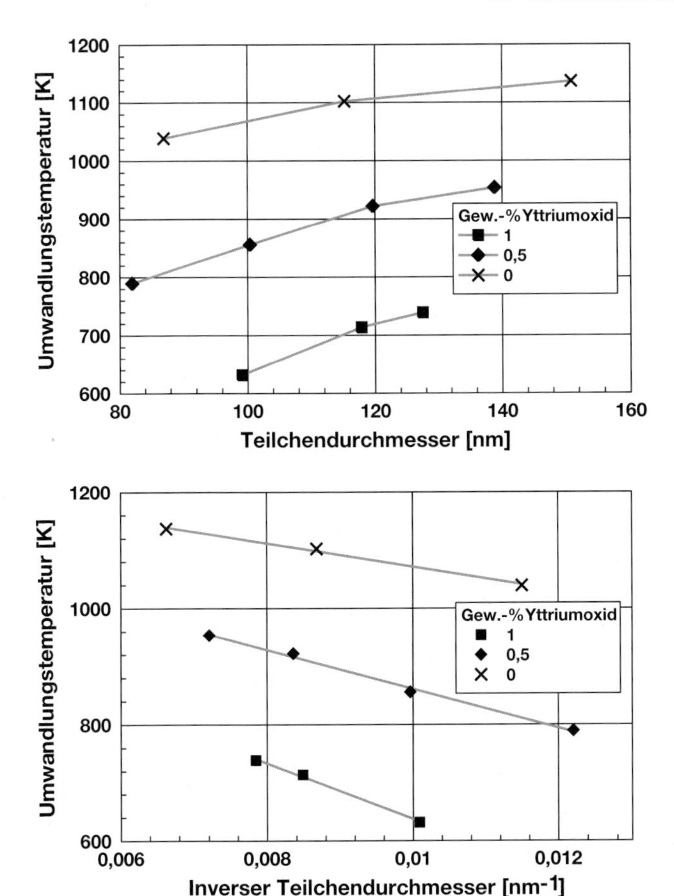

Abb. 7.8 Umwandlungstemperatur von reinem und yttriumdotiertem Zirkonoxid als Funktion der Teilchengröße [6, 7]. Diese Abbildung zeigt, dass, im Hinblick auf die Transformationstemperatur, eine Reduktion der Korngröße ähnlich wirkt wie eine Zugabe von Yttriumoxid (a). Um zu demonstrieren, dass auch bei dieser Transformation die *Thomson*-Formel anwendbar ist, zeigt das Bild (b) die gleichen experimentellen Daten, jedoch aufgetragen gegen die inverse Teilchengröße.

gonal–monoklin Transformation ist martensitisch. Ob auch diffusive Transformationen demselben Gesetz folgen, bleibt zunächst offen. Diesen Nachweis zu führen wäre, experimentell gesehen, wesentlich aufwendiger.

Wichtig zu wissen

Die Teilchengröße beeinflusst über die mit kleiner werdenden Teilchen zunehmende Oberflächenenergie die Phasentransformationen. Der Übergang fest–flüssig, also der Schmelzpunkt, sinkt invers linear mit der Teilchengröße. Beschrieben wird dieses Verhalten mit der *Thomson*-Gleichung. Diese gilt jedoch nur bei recht kleinen Teilchen. Die Ursache für dieses Verhalten ist in dem von der Oberfläche beeinflussten Schicht der Teilchen mit verminderter Ordnung zu finden. Diese Schicht hat eine Dicke von etwa 3 nm. Auch wenn die Teilchen nur aus wenigen Atomlagen bestehen, wenn sie also kleiner als etwa 1,5 nm sind, ist die *Thomson*-Gleichung nicht mehr gültig.

7.3 Wärmekapazität von Nanoteilchen

In diesem Abschnitt ...
Die thermische Energie eines Festkörpers ist die Summe der Energien der Gitterschwingungen. Bei einem kristallisierten Körper ist nur eine begrenzte Zahl solcher Schwingungen möglich. Die Wärmekapazität eines Festkörpers ist demnach auch von der Teilchengröße abhängig. Ist der Ordnungsgrad geringer, z. B. an Korngrenzen, oder das Material amorph, so ist eine größere Zahl von Schwingungen möglich; die Wärmekapazität ist demnach größer.

Die Wärmekapazität C eines Objektes ist definiert als die Wärmemenge ΔE die nötig ist, um die Temperatur dieses Objektes um ΔT zu erhöhen

$$C = \frac{\Delta E}{\Delta T} \tag{7.14}$$

Die tabellierten Werte für die Wärmekapazität sind entweder für jeweils 1 g (spezifische Wärmekapazität) oder 1 Mol angegeben (molare Wärmekapazität). Im Hinblick auf Nanoteilchen benutzt man oft die Wärmekapazität pro Teilchen. Bei Gasen muss man die Wärmekapazität bezogen auf konstantes Volumen bzw. bezogen auf konstanten Druck unterscheiden. Wegen der geringen Kompressibilität ist diese Unterscheidung bei Festkörpern unwesentlich.

Die Wärmekapazität von Festkörpern ist gut verstanden, es ist die Summe der Energien aller angeregten Gitterschwingungen. Da sich die Atome in einem kristallisierten Festkörper auf festgelegten Plätzen mit regelmäßigen Abständen befinden, ist nur eine begrenzte Anzahl von quantisierten Gitterschwingungen, die Phononen, möglich. Es ist offensichtlich, je länger die Wellenlänge der Phononen ist, umso niedriger ist deren Energie und je mehr Phononen zum Schwingen angeregt werden um so höher ist die thermische Energie in einem Kristall. Da Nanoteilchen klein sind, ist die Anzahl der möglichen Phononen geringer, wobei dies vor allem die langwelligen Gitterschwingungen betrifft. Es ist daher bei Nanoteilchen eine verminderte Wärmekapazität zu erwarten; diese Verminderung sollte vor allem im Bereich der niedrigen Temperaturen zu beobachten sein. Es gibt aber noch ein zweites Phänomen, das in diesem Zusammenhang zu beachten ist: Ein Atom in einem Gitter kann nur in der vom Gitter vorgegebenen Weise schwingen. Ein Atom in einem ungeordneten System hingegen hat wesentlich mehr Freiheitsgrade zum Schwingen. Aus diesem Grund haben Flüssigkeiten eine höhere Wärmekapazität als kristallisierte Festkörper. Ähnliches gilt natürlich auch für amorphe oder andere ungeordnete Materialien. Wie schon im Kapitel 3 ausführlich dargestellt wurde, kann ein nanokristalliner Festkörper einen erhebli-

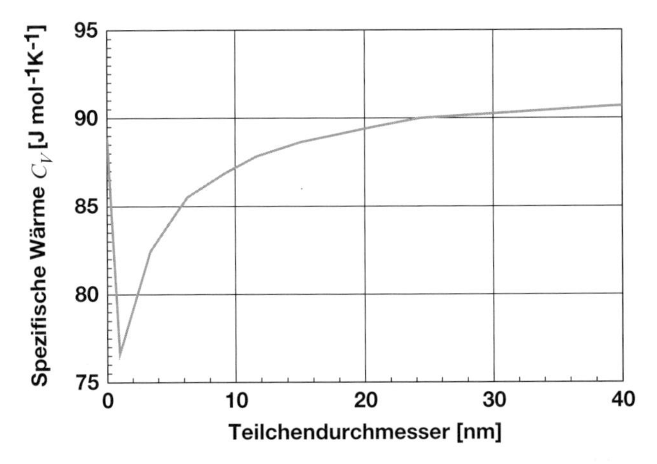

Abb. 7.9 Berechnete Werte der Wärmekapazität von Indiumoxid (In_2O_3) [8]. Als Referenztemperatur für die Rechnungen wurde 298 K gewählt. Diese Ergebnisse zeigen, dass bei abnehmender Teilchengröße auch die Wärmekapazität abnimmt, jedoch nur bis zu der Größe (circa 1,5 nm), unterhalb derer das Teilchen praktisch nur mehr aus weniger geordneter Oberfläche besteht. Wegen der größeren Zahl von Freiheitsgraden nimmt dann die spezifische Wärme wieder zu.

chen Anteil des Volumens in Korngrenzen haben. In einem solchen Fall kann der Einfluss der Korngrenzen überwiegen.

Diese einfachen Überlegungen spiegeln sich auch in den Ergebnissen theoretischer Rechnungen zur Wärmekapazität wider. Rechnungen an Indiumoxid, In_2O_3 [8], lieferten die in Abb. 7.9 dargestellten Ergebnisse. Diese Abbildung zeigt die molare Wärmekapazität als Funktion der Teilchengröße. Dabei fallen zwei Phänomene auf: Die Wärmekapazität sinkt erwartungsgemäß mit abnehmender Teilchengröße; aber, bei sehr kleinen Teilchen, weniger als 1,5 nm, steigt diese wieder ganz plötzlich an. Ganz offensichtlich sind in diesem Bereich die Teilchen so klein, dass sie fast nur noch aus weniger geordneter Oberfläche bestehen (siehe auch Abb. 7.5a,b). Damit haben die einzelnen Atome mehr Freiheitsgrade für Schwingungen und erhöhen damit die Wärmekapazität.

Ergänzung 7.3: Wärmekapazität kleiner Kristalle

Um den Einfluss der Größe eines Teilchens auf dessen Wärmekapazität zu analysieren, sei als Modell ein linearer Kristall gewählt. Ein solcher linearer Kristall zeigt im Hinblick auf diese Fragestellung, in höchst übersichtlicher Weise, alle Eigenschaften, die ein dreidimensionaler Kristall auch aufweist. Des Weiteren wird angenommen, dass die Enden dieses linearen Kristalls fixiert sind; er soll aus einer ungeraden Zahl von Atomen (Gitterplätzen) bestehen. Diese Annahmen vereinfachen die Betrachtungen, sie schränken die Gültigkeit der Ergebnisse aber in keiner Weise ein. Der Kristall soll aus N Atomen bestehen, die jeweils in einem Abstand a voneinander entfernt sind. Damit wird die Gesamtlänge L dieses Kristalls $L = (N - 1)\,a$. Die Abb. 7.10 zeigt das Modell dieses linearen Kristalls.

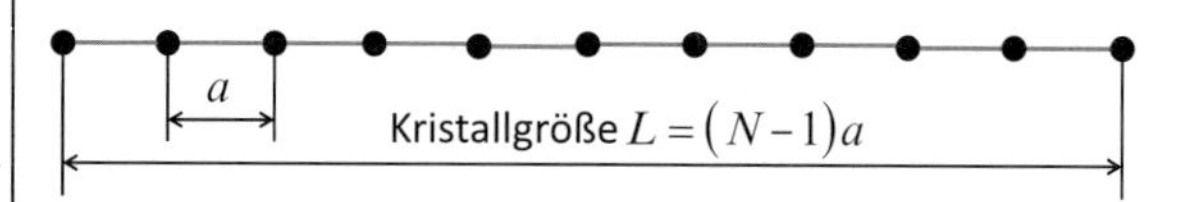

Abb. 7.10 Linearer Kristall bestehend aus *N* Atomen mit der Gitterkonstante *a* und der Länge *L*. Dieser lineare Kristall dient als Modell zur Abschätzung des Einflusses der Teilchengröße auf die Wärmekapazität.

In einem linearen Kristall, wie er in Abb. 7.10 dargestellt ist, bilden die Atome an den Enden Schwingungsknoten. In einem solchen Kristall sind die Schwingungen gequantelt; es sind nur solche Schwingungen möglich, die ihre Schwingungsknoten auf den Positionen der Atome (Gitterplätze) haben. Das begrenzt die Anzahl der möglichen Schwingungsmoden. Das gilt sowohl für transversale als auch für longitudinale Schwingungen. Unter diesen Voraussetzungen hat die Schwingung mit der höchsten Frequenz (= Energie) die Wellenlänge $\lambda_{\text{min}} = 2a$, die mit der niedrigsten Frequenz demnach die größte die Wellenlänge $\lambda_{\text{max}} = 2L = 2(N - 1)a$. Die zugehörigen Frequenzen sind dann

$$\nu_{\text{min}} = \frac{c}{2\,(N-1)\,a} \tag{7.15a}$$

$$\nu_{\text{max}} = \frac{c}{2a} \tag{7.15b}$$

Die Größe c in den Gl. (7.15) ist die Geschwindigkeit der elastischen Wellen im betrachteten Material. Insgesamt sind elastische Wellen mit den Wellenlängen

$$\lambda_i = \frac{2(N-1)}{i}\,, \quad i < N\,, \quad i \in \mathbb{N} \tag{7.16a}$$

mit den zugehörigen Frequenzen

$$\nu_i = \frac{ic}{2(N-1)a}\,, \quad i < N\,, \quad i \in \mathbb{N} \tag{7.16b}$$

möglich. Die zugehörigen Energien E werden mithilfe der *Planck*'schen Formel $E = h\nu$ berechnet. h ist das *Planck*'sche Wirkungsquantum. Um die thermische Energie des Kristalls zu berechnen, muss man die Energie der einzelnen Schwingungen, multipliziert mit ihrer Häufigkeit, aufsummieren

$$E = \sum_i n_i \nu_i h\,, \quad i \in \mathbb{N} \tag{7.17}$$

Die Häufigkeit der einzelnen Schwingungen wird auf der Basis der *Bose-Einstein*-Statistik berechnet. Analysiert man Gl. (7.16b) in Verbindung mit

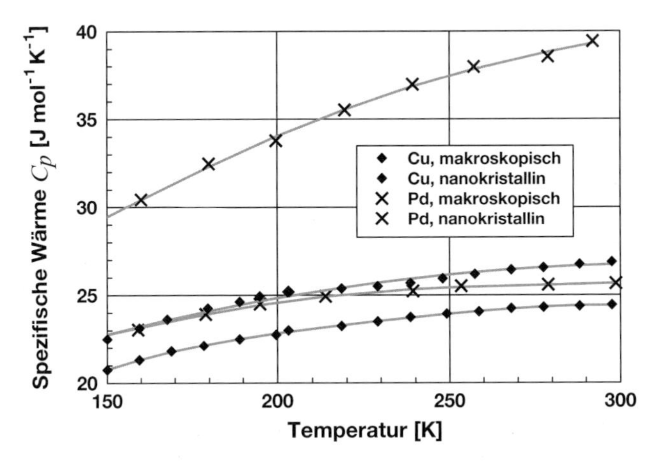

Abb. 7.11 Spezifische Wärme von gesintertem Kupfer und Palladium als Funktion der Temperatur. Es werden die Ergebnisse, die an grobkristallinen und nanokristallinen Proben ermittelt wurden, verglichen [9]. Auffällig ist, dass die nanokristallinen Proben durchwegs eine höhere Wärmekapazität aufweisen als die grobkristallinen.

der *Planck*'schen Formel im Detail, so erkennt man, dass bei kleinen Teilchen die Anzahl der energiearmen, langwelligen Schwingungen wegfällt. Das wirkt sich besonders bei niedrigen Temperaturen aus, bei denen die energiereicheren Schwingungen nicht mehr angeregt werden können.

Man muss nun diese Überlegungen mit den experimentellen Ergebnissen vergleichen. Die Abb. 7.11 zeigt einen Vergleich experimenteller Ergebnisse für makroskopisches und nanokristallines Palladium und Kupfer [9] als Funktion der Temperatur. Man erkennt, dass in beiden Fällen die Wärmekapazität des nanokristallinen Materials deutlich größer ist als die des grobkörnigen Materials. Ganz offensichtlich überwiegt in beiden Fällen der Einfluss der Korngrenzen. Bei Palladium ist diese Differenz deutlich stärker ausgeprägt als bei Kupfer. Das mag auch darauf zurückzuführen sein, dass Palladium größere Mengen leichter Elemente, insbesondere Wasserstoff, lösen kann. Da diese Atome nicht auf Gitterplätzen sitzen, haben sie mehr Schwingungsfreiheitsgrade als Atome auf Gitterplätzen. Daher bringen diese einen überproportionalen Beitrag zur Wärmekapazität [9].

Die gleichen Gesetzmäßigkeiten, wie sie hier für Metalle beschrieben wurden, werden auch bei keramischen Teilchen gefunden. Ein guter Hinweis darauf wurde bereits mit den theoretischen Ergebnissen an Indiumoxid (Abb. 7.9) gegeben. Die experimentellen Ergebnisse sind denen äquivalent, die an Metallen erhalten wurden. Als Beispiel zeigt die Abb. 7.12 Ergebnisse, die an nanokristallinem Aluminiumoxid und dem entsprechenden grobkörnigen Material als Funktion der Temperatur ermittelt wurden [10]. Das nanokristalline Material hatte eine Korngröße von etwa 20 nm; es war deshalb in der hexagonalen α-Phase kristallisiert. Ein geringer Anteil von etwa 1% an kubischer γ-Phase wurde als vernachlässig-

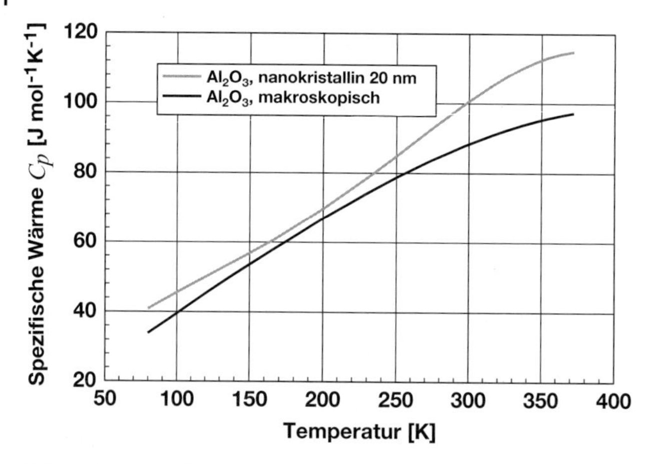

Abb. 7.12 Vergleich der spezifischen Wärme von gesintertem nanokristallinen und grobkörnigem α-Aluminiumoxid [10]. Das nanokristalline Material hatte eine Korngröße von etwa 20 nm. Die wesentlich höhere Wärmekapazität des nanokristallinen Materials wird auf den hohen Volumenanteil von Korngrenzen mit verminderter Dichte zurückgeführt.

bar angesehen. Die experimentellen Ergebnisse zeigen durchwegs eine gegenüber dem grobkörnigen Material erhöhte Wärmekapazität. Es ist besonders bemerkenswert, dass die Differenz bei Temperaturen über etwa 250 K beständig zunimmt. Die höhere Wärmekapazität der nanokristallinen Probe, insbesondere bei den Temperaturen über 250 K, wird auf die vermehrten Freiheitsgrade des Materials an den Korngrenzen zurückgeführt. Es ist zusätzlich anzumerken, dass das gesinterte nanokristalline Material, nach Abzug der Porosität, noch immer eine Dichte von lediglich 89 % der theoretischen Dichte hatte. Das lässt auf eine bemerkenswert hohe Konzentration an Leerstellen im Gitter oder, wahrscheinlich vorwiegend, an den Korngrenzen schließen.

Wichtig zu wissen

Die Wärmekapazität eines kristallisierten Teilchens hängt von dessen Größe ab, da die Anzahl der Phononen, die quantisierten Gitterschwingungen, von der Teilchengröße abhängt. Je kleiner die Teilchen werden, umso weniger langwellige, also energiearme Phononen sind möglich. Daher sollte man bei abnehmender Teilchengröße bei tiefen Temperaturen eine Verminderung der Wärmekapazität beobachten. Dieses Verhalten kann am Beispiel eines eindimensionalen Kristalls (Kette von Atomen) modellhaft und gut verständlich demonstriert werden.

Wegen des großen Volumenanteils von Korngrenzen (Bereiche verminderter Ordnung) in einem nanokristallinen Festkörper beobachtet man jedoch den gegenteiligen Effekt. Wegen der größeren möglichen Anzahl von Schwingungen der Atome an den Korngrenzen steigt die Wärmekapazität mit abnehmender Größe der Kristallite. Auch eine weniger geordnete Oberflächenschicht eines Teilchens trägt zur Erhöhung der Wärmekapazität bei.

7.4 Thermische Instabilitäten in Verbindung mit Phasentransformationen

7.4.1 Experimenteller Hintergrund

In diesem Abschnitt ...
Experimente mit Nanoteilchen haben gezeigt, dass bei Temperaturen in der Nähe des Schmelzpunktes weder Habitus noch Phase stabil sind. Habitus und Phase können fluktuieren. Dieses, bei konventionellen Teilchengrößen unbekannte Phänomen macht neuartige Phasendiagramme notwendig. Auch wenn diese Fluktuationen aus experimentellen Gründen vorwiegend an metallischen Teilchen nachgewiesen wurden, so handelt es sich dabei doch um eine im Grunde immer auftretende Erscheinung. Der experimentelle Nachweis von Fluktuationen erfolgt zumeist elektronenmikroskopisch.

Bisher wurden Phasentransformationen von Nanoteilchen so behandelt, als wäre, mit Ausnahme der thermodynamischen Größen, alles so, wie bei konventionellem Material. Dem ist aber nicht so. In Kapitel 2 wurde bereits darauf hingewiesen, dass es bei den kleinen Teilchen zu thermischen Fluktuationen kommen kann. Dort wurden Fluktuationen definiert als: *den spontanen thermisch aktivierten Übergang von einem Gleichgewichtszustand zu einem Zustand höherer Energie, gefolgt von einer Rückkehr in den Zustand niedrigster Energie.* Im Falle von Phasentransformationen ist dieser Zustand höherer Energie z. B. eine Phase, die unter den gegebenen Bedingungen nicht im Gleichgewicht ist. Eine andere Möglichkeit wäre eine spontane Änderung des Habitus von Kristallen. Diese und noch eine Reihe anderer Phänomene sind thermodynamisch nicht nur möglich, sie werden auch beobachtet. Bei der Temperatur T ist die thermische Energie eines Teilchens u nach *Boltzmann*

$$u = kT \tag{7.18}$$

wobei k die *Boltzmann* Konstante ist.[7] Da die freie Enthalpie für die Phasentransformation eines isolierten Teilchens proportional zu seiner Masse ist, kann bei hinreichend kleinen Teilchen der Fall eintreten, dass die thermische Energie des Teilchens größer wird als die Differenz der freien Enthalpie zweier Zustände

$$\Delta g \leq kT \tag{7.19}$$

Ist diese Bedingung erfüllt, so kann das Teilchen zwischen den beiden Zuständen fluktuieren. Hier muss betont werden: Die Fluktuation ist möglich, wird aber deshalb noch lange nicht notwendigerweise auftreten. Letzteres hängt nicht zuletzt

7) Historisch gesehen ist es interessant darauf hinzuweisen, dass die Bezeichnung *Boltzmann*-Konstante von *Max Planck* eingeführt wurde. *Ludwig Boltzmann* hielt es für unmöglich, den exakten Wert dieser Konstanten zu bestimmen.

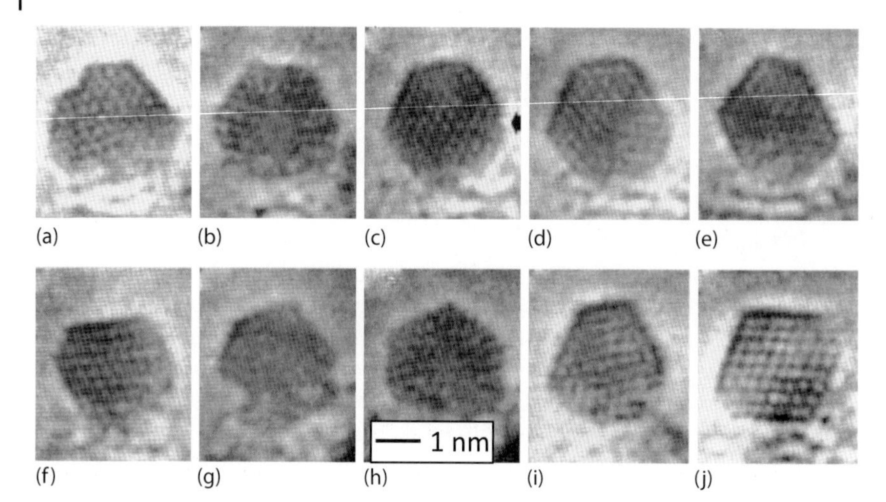

Abb. 7.13 Serie elektronenmikroskopischer Aufnahmen eines 2 nm- Gold-Teilchens [11]. Diese Serie zeigt, dass der Habitus von Nanoteilchen nicht konstant sein muss. Der Habitus dieses Teilchens änderte sich spontan in Zeitabständen von weniger als 1/60 s. Der Habitus der Teilchen ändert sich von einfachen Zwillingen (a,d,i) zu mehrfach verzwillingten ikosaedrischen Teilchen (b,h) zu kuboktaedrischen (e,f,i). Es muss noch darauf hingewiesen werden, dass die Qualität dieser Bilder keineswegs „schlecht" ist. Im Gegenteil, es ist überhaupt erstaunlich, dass es möglich war, eine solche Zeitreihe hochaufgelöster Bilder überhaupt zu machen. (Mit Erlaubnis der American Physical Society.)

von der Kinetik des potenziellen Fluktuationsprozesses ab. Das tatsächliche Auftreten von Fluktuationen sei anhand einiger experimenteller Befunde erläutert.

Iijima *et al.* [11] zeigten wohl als Erste, dass der Habitus eines kristallisierten Teilchens nicht fixiert ist, sondern sich unter geeigneten Bedingungen spontan verändern kann. In einer Serie hoch aufgelöster elektronenmikroskopischer Aufnahmen von Gold-Teilchen mit einem Durchmesser von etwa 2 nm ist deren Habitus nicht konstant. Solche Gold-Teilchen können ihren Habitus innerhalb sehr kurzer Zeit ($< 1/60\,\mathrm{s}$) verändern. Die Abb. 7.13 zeigt eine Serie solcher elektronenmikroskopischer Aufnahmen, die jeweils im Abstand von 1/60 s bei einer Temperatur von etwa 370 K aufgenommen wurden. Die kurze Belichtungszeit erklärt das etwas verrauschte Aussehen dieser einmalig instruktiven Serie hoch aufgelöster Bilder. Die abgebildeten Gitterebenen sind in allen Fällen $\{111\}$-Ebenen. Daraus kann man schließen, dass sich das Teilchen während der Aufnahmen nicht gedreht hat.

Die Serie elektronenmikroskopischer Aufnahmen in Abb. 7.13 belegt, dass die Form eines Teilchens nicht stabil sein muss. Diese Aussage ist dann wesentlich, wenn das Teilchen facettiert ist. Dieses Phänomen des instabilen Habitus forderte die Theoretiker heraus. Durch konsequente Anwendung der klassischen Thermodynamik kann die Enthalpie der verschiedenen Habitus berechnet werden [12]. Die Ergebnisse dieser theoretischen Betrachtungen führten zu einem neuartigen Phasendiagramm, das innerhalb der Koordinaten Teilchengröße und Temperatur getrennte Felder für die verschiedenen auftretenden Teilchenformen und

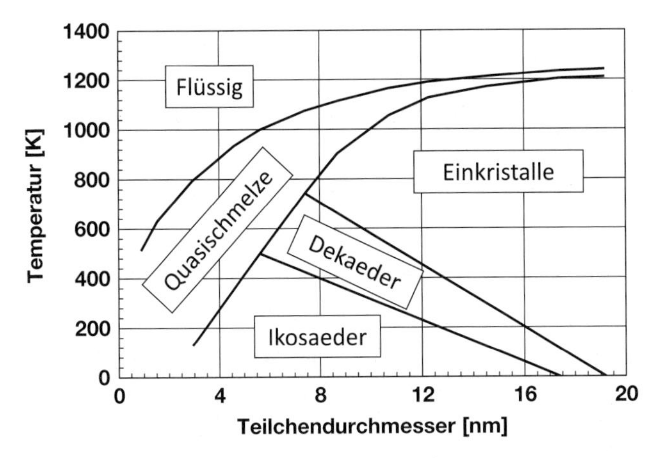

Abb. 7.14 Phasendiagramm für kleine Gold-Teilchen. In diesem Diagramm finden sich nicht nur die klassischen Felder für die feste und die flüssige Phase; zusätzlich ist das Feld für die feste Phase noch nach den auftretenden Habitus aufgeteilt. Besonders interessant ist das Feld „Quasischmelze", in dem der Habitus der Teilchen nicht stabil ist und ständig fluktuiert [12].

Phasen aufweist. Ein solches Diagramm, für das Beispiel Gold, ist in Abb. 7.14 dargestellt.

Nicht nur der Habitus sondern auch die Phasen bzw. der Gehalt an Phasen kann Fluktuieren. In diesem Zusammenhang ist die beim Kristallisieren konventioneller Materialien bekannte Keimbildung von Bedeutung. Diese Keime sind kleine kristallisierte Bereiche, die kommen und wieder vergehen. Dies ist demnach auch ein Fluktuationsprozess. Im Elektronenmikroskop kann in geschmolzenen Zinn-Teilchen das Entstehen und wieder Vergehen kleiner kristallisierter Bereiche beobachtet werden [13]. Die Zinn-Teilchen hatten eine Größe von etwa 6 nm, die fluktuierenden, kristallisierten Bereiche waren etwa 2 nm groß. Eine typische Serie elektronenmikroskopischer Aufnahmen zeigt die Abb. 7.15. Diese Bilder wurden als Zeitserie im Abstand von je 1/60 s aufgenommen. In den Bildern erkennt man das Entstehen (Vorhandensein) und Vergehen (Fehlen) dieser kleinen kristallisierten Bereiche. Von den Aufnahmen her kann man nicht entscheiden, ob es sich dabei um fluktuierende kristallisierte Bereiche handelt oder ob sich das Teilchen während der Aufnahmen einfach nur gedreht hat. Da man die Bereiche, in denen diese Kristallkeime gefunden wurden, in einem Teilchengrößen-Temperatur-Diagramm klar abgrenzen lassen, spricht alles für einen Fluktuationsprozess.

Das auf der Basis der in Abb. 7.15 dargestellten, experimentellen Beobachtungen entwickelte Phasendiagramm, das in Abb. 7.16 dargestellt ist, hat zwei Felder, die in einen konventionellen Phasendiagramm nicht zu finden sind [13]. Es handelt sich dabei um die Felder „Pseudokristallin" und „kristalline Quasischmelze". Im Feld „Pseudokristallin" findet man innerhalb der geschmolzenen Teilchen kleine kristalline Zonen, wie sie z. B. in den Abb. 7.15c,m,q zu sehen sind. Der Begriff „kristalline Quasischmelze" beschreibt ein Feld, in dem die Teilchen zwar kristal-

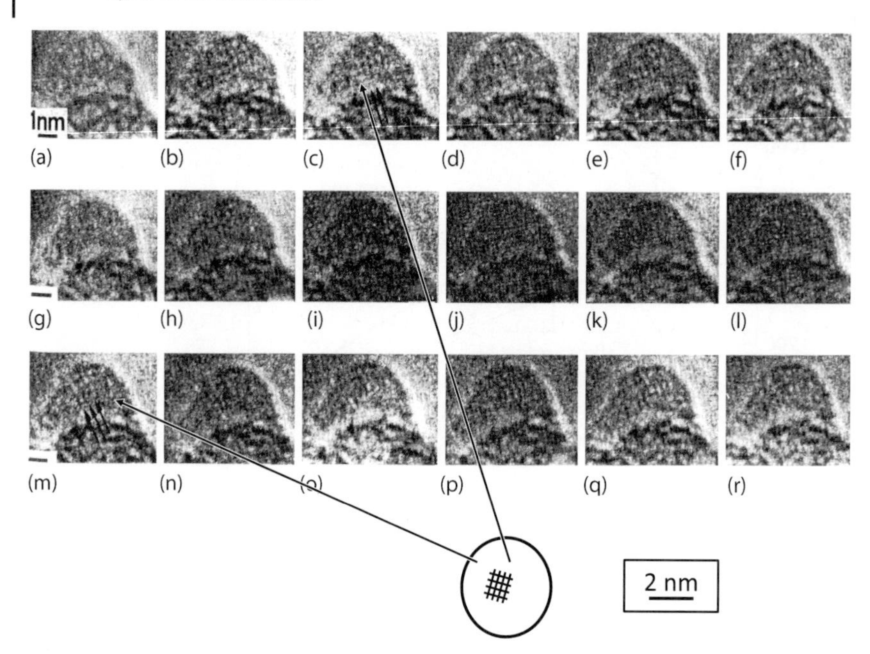

Abb. 7.15 Entstehen und Vergehen kristallisierter Bereiche in einem geschmolzenen Zinn-Teilchen [13]. In einigen Aufnahmen sind etwa 2 nm große kristallisierte Bereiche zu erkennen. Der Zeitabstand zwischen zwei dieser Aufnahmen war 1/60 s. (Mit Erlaubnis von Springer.)

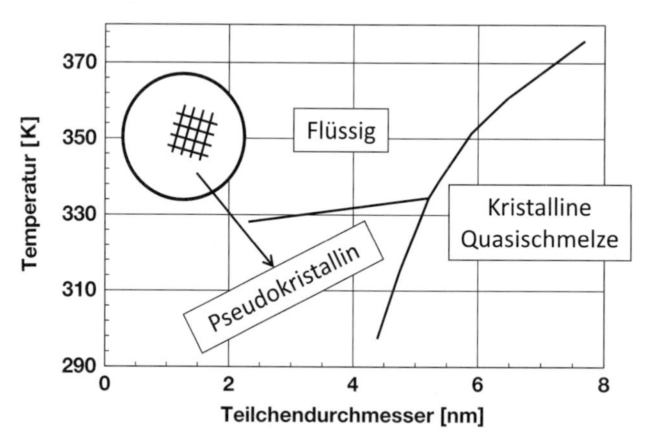

Abb. 7.16 Phasendiagramm, das die Lage der pseudokristallinen Teilchen anzeigt [13]. In diesem Phasendiagramm für Zinn, das den Übergang fest–flüssig beschreibt, gibt es zwei zusätzliche Felder, die in einem konventionellen Phasendiagramm nicht zu finden sind. Es ist dies das Feld „pseudokristallin", in dem innerhalb der Teilchen kleine kristallisierte Bereiche zu finden sind, sowie das Feld „kristalline Quasischmelze", in dem der Habitus der Teilchen nicht stabil ist.

lisiert sind, aber den Habitus ständig ändern. Dieses Phänomen findet sich auch in dem Phasendiagramm in Abb. 7.14.

Wichtig zu wissen
In der Nähe der Temperatur einer Phasenumwandlung sind Nanoteilchen nicht stabil. Es fluktuieren Habitus und Phase. Diese Phänomene lassen sich mithilfe eines Temperatur-Teilchengrößen-Phasendiagrammes beschreiben. Zusätzlich mussten neue Begriffe eingeführt werden: „Pseudokristallin", das sind Teilchen, die ständig zwischen der flüssigen und der festen Phase fluktuieren, und „kristalline Quasischmelze", das ist der Bereich, in der Habitus der Teilchen nicht stabil ist. Darüber hinaus wurde theoretisch gezeigt, dass man den verschiedenen Formen (Habitus) der Teilchen eigene Felder zuordnen kann. Das Phänomen der Fluktuation wurde zuerst mithilfe elektronenmikroskopischer Bildserien nachgewiesen.

7.4.2
Thermodynamische Beschreibung der Fluktuationsprozesse

In diesem Abschnitt ...
Fluktuationen sind Zufallsprozesse. Diese kann man nur über Mittelwerte beschreiben. Nach dem Erarbeiten einer Stabilitätsbedingung basierend auf einer konsequenten Anwendung der thermodynamischen Gesetze ist es möglich, die Wahrscheinlichkeit für Fluktuationen zu beschreiben. Wie bei allen thermodynamischen Betrachtungen, muss auch bei der Beschreibung von Fluktuationen streng zwischen isothermen und adiabatischen Bedingungen unterschieden werden. Auch wenn die experimentelle Realität sich nicht exakt an diese beiden Randbedingungen hält, so sind diese doch bei den experimentellen Ergebnissen deutlich sichtbar.

Die Gl. (7.19) gibt die Stabilitätsbedingung für ein Teilchen. Thermodynamische Betrachtungen hingegen müssen von 1 Mol ausgehen. Die molare Stabilitätsbedingung ist folgerichtig

$$\Delta g = \frac{M}{N}\Delta G = \frac{M}{N}\left(G_1 - G_2\right) \leq kT \tag{7.20a}$$

oder

$$\Delta G = (G_1 - G_2) \leq RT \tag{7.20b}$$

In den Gl. (7.20) stehen M für das Molekulargewicht, N für die Zahl der Teilchen pro Mol und R für die Gaskonstante. Die Bedingungen (7.20) gelten nur in der Nähe der Gleichgewichtstemperatur T_{Equ} bei der $\Delta G = 0$ ist, wobei die Wahrscheinlichkeit einer Fluktuation mit zunehmender Entfernung zur Gleichgewichtstemperatur abnimmt.[8] Diese Verhältnisse sind im Detail in Abb. 7.17 dargestellt.

8) Eine detaillierte thermodynamische Beschreibung der Vorgänge in der Nähe der Gleichgewichtstemperatur ist in einer Übersichtsarbeit von Vollath und Fischer [14] zu finden.

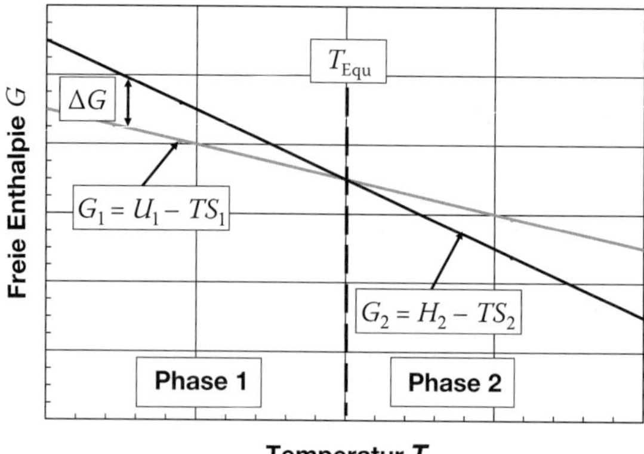

Abb. 7.17 Freie Enthalpie zweier Phasen in der Nähe der Temperatur bei der eine Phasentransformation stattfinden kann. Bei dieser Gleichgewichtstemperatur T_{Equ} ist die Differenz der freien Enthalpien $\Delta G = 0$. Die Temperaturbereiche, in denen die beiden Phasen jeweils stabil sind, sind gekennzeichnet.

Bei der Gleichgewichtstemperatur ist die Wahrscheinlichkeit, dass ein Teilchen in Phase 1 oder Phase 2 ist gleich groß (0,5). Mit zunehmendem Abstand von der Gleichgewichtstemperatur sinkt die Wahrscheinlichkeit, dass das Teilchen in der Nichtgleichgewichtsphase auftritt. In diesem Zusammenhang stellt sich die Frage, wie viele Teilchen in einem Ensemble von Teilchen in den einzelnen Phasen zu finden sind. Die Antwort ist einfach: Wenn man bei einem einzelnen Teilchen davon spricht, wie groß die Wahrscheinlichkeit für den einen oder anderen Zustand ist, gibt der gleiche Zahlenwert im Falle eines Ensembles gleicher Teilchen die Konzentration an. Wenn beispielsweise beim Übergang fest–flüssig die Wahrscheinlichkeit, dass sich das betrachtete Teilchen im festen Zustand befindet 0,3 wäre, kann man davon ausgehen, dass bei einem Ensemble bestehend aus 100 Teilchen etwa 30 Teilchen fest und 70 Teilchen flüssig sind.[9] Diese Verhältnisse sind in Abb. 7.18 dargestellt.

Ergänzung 7.4: Einige Termini, die in der Thermodynamik benutzt werden

Im Folgenden werden Termini, die bei den anschließenden thermodynamischen Betrachtungen benutzt werden, kurz erläutert.

Ensemble Ein Ensemble besteht aus mehreren identischen Objekten, deren Anzahl bekannt ist. Die Anzahl kann aber auch unendlich werden.

Isotherm Ein Prozess, z. B. eine Phasentransformation, ist isotherm, wenn er immer bei konstanter Temperatur abläuft. Ein isothermer Prozess läuft

9) Dieses hier stark vereinfacht dargestellte Ergodentheorem ist allerdings nur dann gültig, wenn der Phasenübergang nicht durch z. B. kinetische Hemmungen behindert ist. Grundsätzlich kann also vom Verhalten eines Ensembles auf das eines einzelnen Teilchens geschlossen werden; sinngemäß ist auch die umgekehrte Richtung des Schlusses zulässig.

letztlich in einem unendlich großen Bad mit konstanter Temperatur und unendlich guter Wärmeleitfähigkeit ab.

Adiabatisch Ein Prozess, z. B. eine Phasentransformation, ist adiabatisch, wenn kein Austausch von Energie mit der Umgebung stattfindet. Diese Definition ist eindeutig, solange man ein einzelnes Teilchen betrachtet. Betrachtet man ein Ensemble, das einer Phasentransformation unterliegt, so muss man zwei Fälle unterscheiden:

Lokaler Einschluss In diesem Falle ist jedes einzelne Teilchen eines Ensembles adiabatisch eingeschlossen [14].

Globaler Einschluss In diesem Fall ist das Ensemble als Ganzes adiabatisch eingeschlossen. Zwischen den einzelnen Teilchen des Ensembles ist ein Energieaustausch möglich [14].

Ergodisches Theorem Das ergodische Theorem ist einer der wesentlichen Grundpfeiler der statistischen Physik. Es stammt von *Boltzmann* und *Gibbs*. Es besagt in wesentlich vereinfachter Formulierung, dass man den Mittelwert eines Ensembles durch den zeitlichen Mittelwert bezogen auf ein Teilchen ersetzen kann. Diese etwas komplizierte Formulierung sagt im Wesentlichen nichts anderes, als dass es keinen Unterschied macht ob man eine bestimmte Messung an einem Teilchen z. B. 1000 Mal oder an 1000 Teilchen einmal ausführt. Voraussetzung ist selbstverständlich, dass der betrachtete Vorgang auch nur den statistischen Gesetzen folgt, bei dem betrachteten Prozess also z. B. keine kinetischen Hemmungen vorliegen.

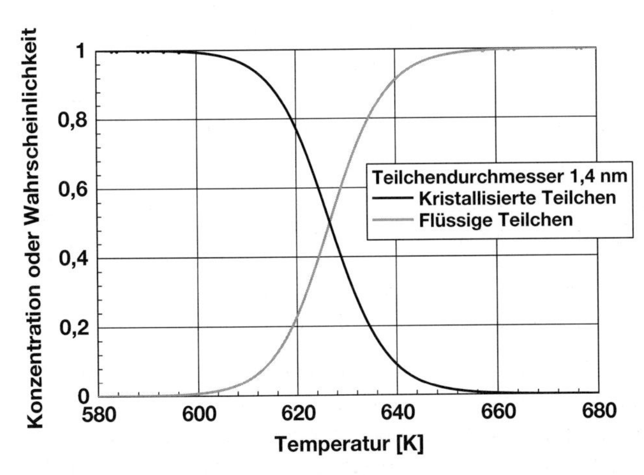

Abb. 7.18 Wahrscheinlichkeit, angegeben als Funktion der Temperatur, dass sich ein einzelnes Gold-Teilchen im flüssigen oder festen Zustand befindet. Betrachtet man ein Ensemble von Teilchen, so werden Konzentrationen im Ensemble betrachtet, das hat aber keinen Einfluss auf den Verlauf der Kurven [14].

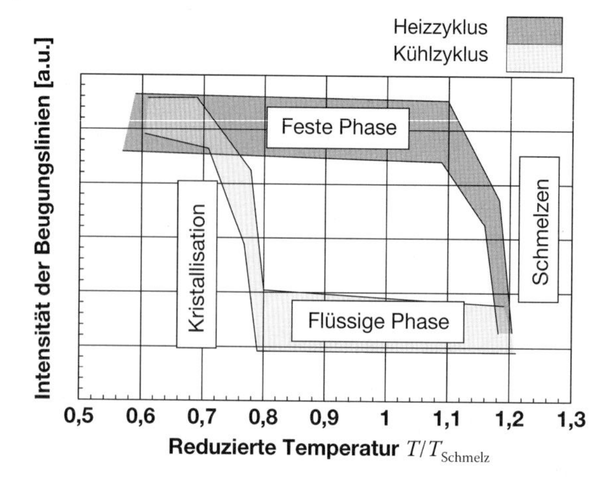

Abb. 7.19 Verlauf des Schmelzens und Kristallisierens von Germanium-Nanoteilchen eingebettet in einer Matrix aus Kieselglas (Quarzglas) [15]. Man erkennt deutlich, dass die Verläufe des Schmelzens und Kristallisierens nicht zusammenfallen. Als Abszisse wurde die reduzierte Temperatur $\frac{T}{T_{\text{Schmelz}}}$ gewählt, wobei T_{Schmelz} die Schmelztemperatur des grobkörnigen Materials ist. Die als Ordinate gewählte Intensität der Röntgenbeugungslinien ist der Konzentration der kristallisierten Phase proportional. Wegen der starken Streuung der Messwerte wurden anstelle der einzelnen Messpunkte Streubänder dargestellt.

Betrachtet man Abb. 7.18, die unter der Annahme isothermer Bedingungen berechnet wurde, so sieht man, dass in einem Temperaturbereich von etwa $\pm 20\,\text{K}$ eine Wahrscheinlichkeit dafür besteht, dass man ein Teilchen in der Ungleichgewichtsphase findet. Dieser Temperaturbereich wird mit zunehmender Teilchengröße immer kleiner, um dann bei makroskopischem Material gegen null zu gehen. Vom Experiment her gesehen, sind isotherme Bedingungen in realistischer Weise nicht möglich. Jedes Experiment hat also einen mehr oder minder stark ausgeprägten adiabatischen Anteil. Das hat eine Reihe von Konsequenzen im Hinblick auf den Verlauf eines Experimentes. Ein typisches Beispiel des Verlaufs eines Experimentes, das deutlich anders aussieht als der in Abb. 7.18 gezeichnete Graph zeigt die Abb. 7.19. Es handelt sich dabei um den Verlauf des kristallisierten Anteils, der durch die Intensität der Röntgenbeugungslinien charakterisiert wurde, einer Probe bestehend aus Germanium-Teilchen, die in einer Matrix aus Kieselglas (besser bekannt als Quarzglas) eingebettet sind [15]. Das Einbetten in dieser Matrix hat den Vorteil, dass eine Koagulation der Teilchen während des Experimentes sicher verhindert wird.

Analysiert man den Verlauf der Konzentrationen in Abb. 7.19 im Detail, so erkennt man zwei entscheidende Charakteristika: Die Schmelztemperatur liegt höher als die Kristallisationstemperatur, und die Schmelztemperatur liegt höher als der Schmelzpunkt des grobkörnigen Materials. Beide Beobachtungen lassen sich mit den Formeln, die für das Schmelzen und Kristallisieren von Nanoteilchen in einem isothermen Umfeld hergeleitet wurden, nicht erklären. Ohne Weiteres verständlich wird dieses Verhalten, wenn man von einem Ensemble in einem

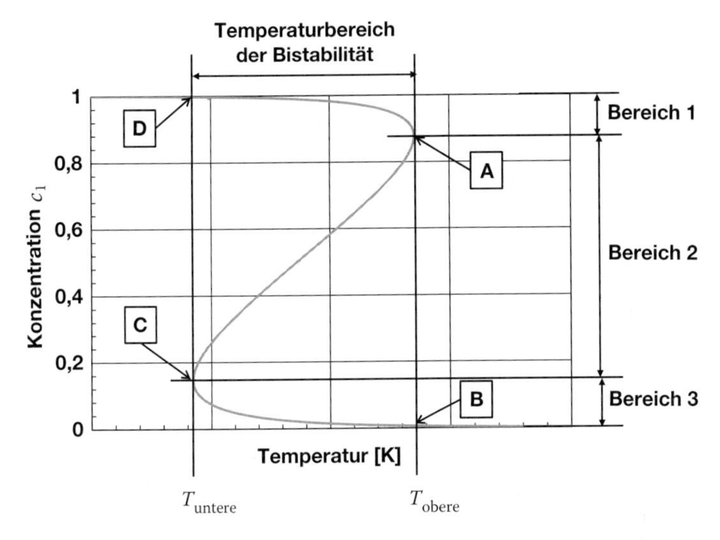

Abb. 7.20 Verlauf der Konzentration der Niedertemperaturphase[10] als Funktion der mittleren Temperatur des Ensembles im Falle des „lokalen Einschlusses". Ein solcher Z-förmiger Verlauf wird bistabil genannt. Experimentell beobachtbar sind die Bereiche 1 und 3; der Bereich 2 ist experimentell nicht zugänglich [14].

adiabatischen Einschluss ausgeht, bei dem jedes einzelne Teilchen eingeschlossen ist [14]. Da die thermodynamische und mathematische Analyse des adiabatischen Einschlusses sehr komplex ist, werden hier nur die wichtigsten Tatsachen zusammengefasst. Eine genaue Analyse adiabatischer Phasentransformationen eines Ensembles führt zur Unterscheidung folgender zwei Fälle [14]:

- *Fall 1*: Jedes Teilchen befindet sich in einem separaten adiabatischen Einschluss, „lokaler Einschluss". In diesem Fall wird kein Energieaustausch zwischen den Teilchen angenommen. Das führt zu der Konsequenz, dass die einzelnen Teilchen verschiedene Temperaturen haben können. Um jedoch einen Vergleich mit Experimenten zu ermöglichen, ist es notwendig, die mittlere Temperatur des Ensembles zu berechnen.

Die Abb. 7.20 zeigt den Verlauf der experimentell von außen bestimmbaren Temperatur beim Schmelzen und Kristallisieren eines Ensembles mit „lokalem Einschluss". Man erkennt zwar keine getrennten Verläufe für die Aufheiz- und die Abkühlphase, aber einen Z-förmigen Verlauf, der einiger Diskussion bedarf.

Der berechnete Konzentrationsverlauf, der in Abb. 7.20 dargestellt ist, kann in drei Bereiche eingeteilt werden. Die Bereiche 1 und 3, die Bereiche, die experimentell zugänglich sind, und der Bereich 2, der experimentell unzugänglich ist. Die Grenzen der Bereiche 1 und 2 bzw. 2 und 3 sind genau dort, wo die Tangenten an den Temperaturverlauf senkrecht sind, die erste Ableitung also divergiert. Wie verlaufen nun Experimente mit einer Probe, bei der die einzelnen Teilchen lo-

10) Im Falle des Überganges fest–flüssig die kristallisierte Phase.

kal adiabatisch eingeschlossen sind? Erreicht man beim Erwärmen der Probe den Punkt D[11], so beginnen die ersten Teilchen zu schmelzen. Dieser Prozess schreitet so lange fort, bis der Punkt A erreicht ist. Jetzt müsste, dem Kurvenverlauf entsprechend, bei weiterem Aufheizen und damit fortschreitender Phasenumwandlung die Temperatur sinken. Das ist unsinnig. Es wird die Konzentration bei konstanter Temperatur zum Punkt B springen. Jetzt haben alle Teichen des Ensembles die Phasentransformation hinter sich. Kühlt man die auf einer hohen Temperatur befindliche Probe ab, so wird im Punkt B die Rücktransformation beginnen und langsam bis zum Punkt C fortschreiten. In diesem Fall ist der Weg zum Punkt A nicht möglich, weil ja bei weiterem Abkühlen die Temperatur und der Anteil der Niedertemperaturphase steigen müssten. Es wird also im Experiment die Probe schlagartig vom Punkt C zum Punkt D gehen. Jetzt ist die Rücktransformation abgeschlossen. Dieses Verhalten wird mit dem Begriff Bistabilität beschrieben.

- *Fall 2*: Das Ensemble befindet sich als Ganzes in einem adiabatischen Einschluss, „globaler Fall". In diesem Fall haben alle Teilchen des Ensembles die gleiche Temperatur; wenn sich ein Teilchen umwandelt, so gleicht sich die Temperatur des gesamten Ensembles unmittelbar an.

Es ist verständlich, dass die Temperatur-Konzentrations-Funktion völlig anders aussieht als im vorhergehenden Fall. Dies ist in Abb. 7.21 dargestellt. Es fällt auf, dass es für den Aufheiz- und den Abkühlvorgang verschiedene Kurven gibt. Es liegt der Fall einer Hysterese vor.

Verfolgt man im globalen Fall den Verlauf der Konzentration während der Aufheizphase, so wird man im Punkt A die ersten Transformationen beobachten. Im Punkt B ist der Vorgang abgeschlossen. Umgekehrt werden beim Abkühlen im Punkt C die ersten transformierten Teilchen zu beobachten sein; der gesamte Vorgang ist dann im Punkt D abgeschlossen.

Die Abb. 7.20 und 7.21 zeigen zwei „reine" Fälle von adiabatischen Phasenumwandlungen, genauso wie auch das Beispiel in Abb. 7.18 einen unrealistischen „reinen" isothermen Fall darstellt. Betrachtet man nun im Lichte dieser Ausführungen die in Abb. 7.19 dargestellten experimentellen Ergebnisse, so wird man zu dem Schluss kommen, dass es sich dabei wohl um eine weitgehend adiabatische Transformation mit lokalem Einschluss gehandelt hat. Das ist auch verständlich, schließlich waren die Germanium-Teilchen einzeln in einer Matrix aus Kieselglas, die eine schlechte Wärmeleitfähigkeit hat, eingebettet. Das Überschreiten der Schmelztemperatur der grobkörnigen Phase beim Aufheizvorgang ist ebenfalls durch die Einbettung zu erklären, da die Einbettung die Ausdehnung beim Schmelzen verhinderte [16].

11) Dieser Punkt ist genau wie der Punkt B willkürlich gewählt, da bei es dieser Wahrscheinlichkeitsbetrachtung die Konzentrationen null oder eins nicht gibt; man kann nur einen Punkt wählen, bei dem sich die Konzentrationen nur unwesentlich von den jeweiligen Grenzwerten unterscheiden.

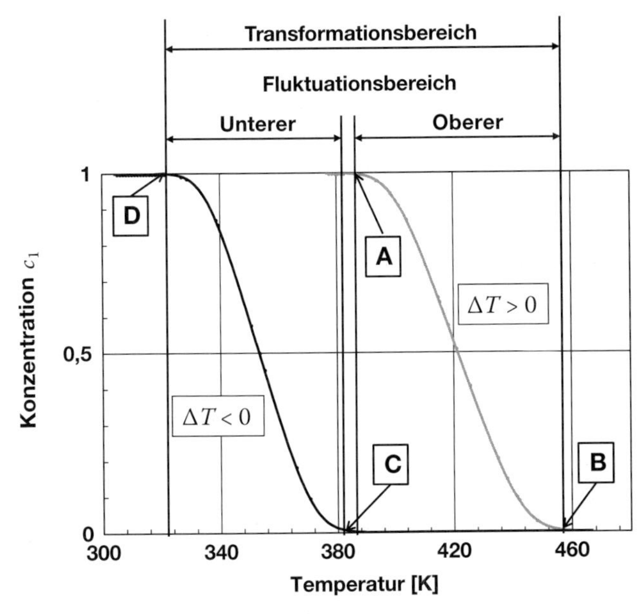

Abb. 7.21 Konzentration der Niedertemperaturphase als Funktion der Temperatur im Falle des „globalen Einschlusses" [14]. Ein solcher Verlauf ist typisch für den Fall einer Hysterese. Die Temperaturbereiche, in denen man Fluktuationen beobachten kann, sind beim Aufheiz- und beim Abkühlvorgang getrennt.

Wichtig zu wissen

Sobald die thermische Energie eines Teilchens kT größer wird als die Differenz der freien Enthalpie zweier benachbarter Phasen, so wird das Teilchen instabil. Es fluktuiert zwischen diesen beiden Phasen, z. B. fest und flüssig. Dieser Prozess kann durch konsequente Anwendung der klassischen Thermodynamik vollständig beschrieben werden. Die Wahrscheinlichkeit für Fluktuationen ist an der Umwandlungstemperatur am größten (50 %) und nimmt mit zunehmender Entfernung von dieser Temperatur ab. Teilchen in einer isothermen Umgebung verhalten sich so, wie man es erwarten würde. Betrachtet man jedoch Teilchen in einem adiabatischen Einschluss, so treten neue Phänomene auf. In diesem Falle muss man unterscheiden, ob jedes Teilchen für sich oder das gesamte Ensemble adiabatisch eingeschlossen ist. Man beobachtet eine Hysterese zwischen dem Aufheiz- und dem Abkühlvorgang oder auch ein bistabiles Verhalten. So abstrakt dies auch klingen mag, diese Ergebnisse der theoretischen Betrachtungen werden durch die Experimente verifiziert. Im Falle des adiabatischen Einschlusses beobachtet man für Nanoteilchen unter Umständen auch Schmelzpunkte, die höher liegen als die bei konventionellen Teilchengrößen. Auch dieses Verhalten wird von der Theorie vorhergesagt.

Literatur

1 Hill, T.L. (2002) *Thermodynamics of Small Systems*, Dover Publications Inc., Mineola, New York.

2 Castro, T., Reifenberger, R., Choi, E. und Andres, R.P. (1990) *Phys. Rev.*, **42**, 8548–8556.

3 Coombes, C.J. (1972) *J. Phys. F*, **2**, 441–448.

4 Chang, J. und Johnson, E. (2005) *Phil. Mag.*, **85**, 3617–3627.

5 Eckert, J., Holzer, J.C., Ahn, C.C., Fu, Z. und Johnson, W.L. (1993) *Nanostruct. Mater.*, **2**, 407–413.

6 Mayo, M.J., Suresh, A. und Porter, W.D. (2003) *Rev. Adv. Mater. Sci.*, **5**, 100–109.

7 Ayyub, P., Palkar, V.R., Chattopadhyay, S. und Multani, M. (1995) *Phys. Rev.*, **51**, 6135–6138.

8 Malinovskaya, T.D. und Sachkov, V.I. (2003) *Russ. Phys. J.*, **46**, 1280–1282.

9 Rupp, J. und Birringer, R. (1987) *Phys. Rev.*, **36**, 7888–7890.

10 Wang, L., Tan, Z., Meng, S., Liang, D. und Li, G. (2001) *J. Nanopart. Res.*, **3**, 483–487.

11 Iijima, S. und Ichihashi, T. (1986) *Phys. Rev. Lett.*, **56**, 616–619.

12 Ajayan, P.M. und Marks, L.D. (1988) *Phys. Rev. Lett.*, **60**, 585–587.

13 Oshima, Y. und Takayanagi, K. (1993) *Z. Phys. D*, **27**, 287–294.

14 Vollath, D. und Fischer, F.D. (2011) *Prog. Mater. Sci.*, **56**, 1030–1076.

15 Xu, Q., Sharp, D., Yuan, C.W., Yi, D.O., Liao, C.Y., Glaeser, A.M., Minor, A.M., Beeman, J.W., Ridgway, M.C., Kluth, P., Ager III, J.W., Chrzan, D.C. und Haller, E.E. (2006) *Phys. Rev. Lett.*, **97**, 155701-1–4.

16 Vollath, D. (2012) *Int. J. Mater. Res.*, **103**, 278–282.

8
Magnetische Nanomaterialien – Superparamagnetismus

8.1
Magnetische Materialien

In diesem Abschnitt ...
Will man magnetische Nanomaterialien verstehen, so muss man sich grundsätzlich über die physikalischen Grundlagen der Wechselwirkungen zwischen Materialien und einem Magnetfeld sowie den elementaren Grundlagen des Ferromagnetismus im Klaren sein. Dabei kommt es primär darauf an, die Wechselwirkung zwischen magnetischen Bereichen (*Weiß*'sche Bezirke) und den dazwischenliegenden *Bloch*-Wänden zu verstehen. Auf dieser Grundlage kann man Magnetisierungskurven und den Superparamagnetismus einführen. Der Superparamagnetismus ist eine Variante der thermischen Instabilitäten, die bei Nanoteilchen beobachtet werden. Bei dem Superparamagnetismus muss man zwischen den Varianten nach *Brown* und *Néel* unterscheiden.

Setzt man eine Probe einem magnetischen Feld aus, so kann man zwei grundsätzlich verschiedene Reaktionen beobachten:

- Die Probe wird in das Magnetfeld hineingezogen. Das Material der Probe ist paramagnetisch.
- Die Probe wird vom Magnetfeld zurückgestoßen. Das ist diamagnetisches Verhalten.

Beide Reaktionen haben ihre Ursache in der Elektronenstruktur der Atome, Moleküle oder des Festkörpers. Grundsätzlich muss man festhalten: Alle Materialien sind diamagnetisch; in vielen Fällen überwiegt jedoch der Einfluss des Paramagnetismus. Das sind dann die paramagnetischen Materialien.

Der Diamagnetismus wird durch die Bewegung der Elektronen um den Atomkern verursacht. Wie es durch die *Lenz*'sche Regel beschrieben wird, ist das durch die Bewegung der Elektronen verursachte Magnetfeld dem äußeren entgegengesetzt. Die Elektronen bewegen sich nicht nur um den Atomkern, sie drehen sich zusätzlich noch im ihre Achse; Elektronen haben einen Spin, der seinerseits ein magnetisches Moment verursacht. Immer dann, wenn Elektronen paarweise auf-

Nanowerkstoffe für Einsteiger, Erste Auflage. Dieter Vollath.

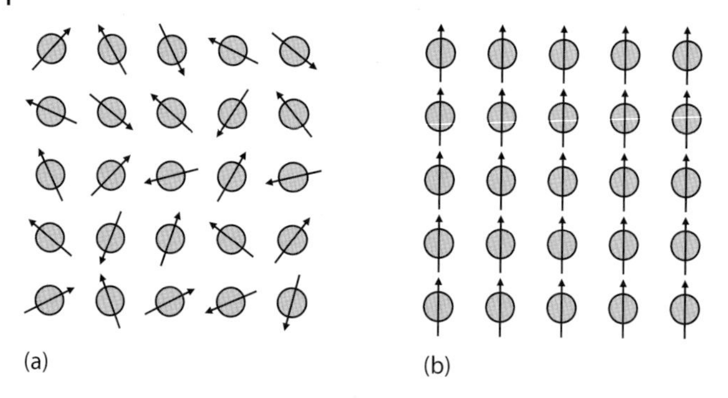

Abb. 8.1 Verteilung der Orientierung der elementaren Dipole in einem paramagnetischen Material bei Abwesenheit eines äußeren Magnetfeldes (a). In diesem Fall ist die Verteilung der Orientierung der Dipole zufällig, sodass das resultierende magnetische Moment der Probe null ist. Es gibt aber auch die Möglichkeit, dass sich die Elementardipole alle parallel ausrichten (b). Das ist der Fall des Ferromagnetismus, bei dem ein deutlich von null verschiedenes magnetisches Moment der Probe vorliegt.

treten, sind die Spins gegeneinander (antiparallel) ausgerichtet. Daher sind Atome mit einer geraden Zahl von Elektronen (= Ordnungszahl) diamagnetisch; alle anderen sind paramagnetisch. Sinngemäß die gleiche Regel gilt auch für Moleküle oder andere Festkörper. In den folgenden Betrachtungen zu den magnetischen Eigenschaften von Nanoteilchen sind lediglich paramagnetische Nanoteilchen oder Nanowerkstoffe von Bedeutung.

Die Abb. 8.1a zeigt die Situation bei einem kristallisierten, paramagnetischen Festkörper. Jedes Atom hat ein resultierendes magnetisches Moment. Diese elementaren magnetischen Dipole haben keine Vorzugsorientierung; das resultierende magnetische Moment ist null. Bringt man diesen Festkörper in ein magnetisches Feld, so richten sich diese Elementarmagnete in einem Wechselspiel zwischen thermischer Energie (Temperatur) und der Energie der Dipole im Magnetfeld aus. Dies erfolgt nach den Gesetzen der statistischen Thermodynamik. Das ist anders bei einem Ferromagneten. Bei diesen Werkstoffen besteht, auch ohne äußeres Magnetfeld, eine so starke Wechselwirkung zwischen den einzelnen Elementardipolen, dass sich alle gleichsinnig ausrichten. Das ist in Abb. 8.1b dargestellt.

Des Weiteren gibt es den Fall, dass sich die elementaren Dipole antiparallel ausrichten (Abb. 8.2a). Diese Konstellation nennt man Antiferromagnetismus, wie sie bei einigen Metallen, z. B. Chrom oder Mangan, sowie einer Reihe von Oxiden beobachtet wird. Typische Beispiele für Oxide sind MnO, FeO oder α-Fe_2O_3. Bei diesen Oxiden findet man zwei Teilgitter in denen jeweils die Spins parallel ausgerichtet sind. Die magnetische Orientierung dieser beiden Teilgitter ist antiparallel. Da der Absolutbetrag des magnetischen Moments dieser beiden Teilgitter gleich ist, erfolgt eine vollständige Kompensation. Das resultierende magnetische Moment ist null. Speziell bei Oxiden auf Basis von Eisen findet man eine besondere Variante des Antiferromagnetismus, den Ferrimagnetismus. Bei einem Ferrimagneten erfolgt keine vollständige Kompensation der magnetischen Momente der beiden Teilgitter mit antiparallelen Spins (Abb. 8.2b). Es verbleibt ein unkompen-

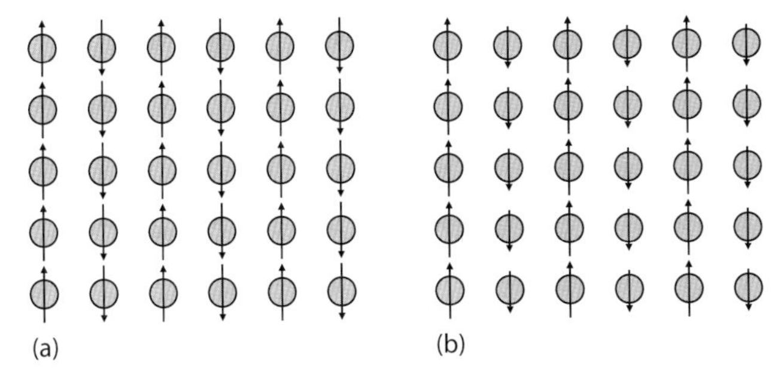

Abb. 8.2 Antiferromagnetische Materialien. Bei dieser Gruppe magnetischer Werkstoffe sind die elementaren Dipole in zwei magnetisch antiparallel orientierten Teilgittern angeordnet. Diese sind magnetisch entweder vollständig (a) oder nur teilweise (b) kompensiert. Antiferromagnetische Werkstoffe, deren Momente nur teilweise kompensiert sind, nennt man Ferrimagnete.

siertes magnetisches Moment. Im Hinblick auf eine technische Anwendung sind die Ferrimagnete von besonderer Bedeutung.

Alle Ferrimagnete enthalten Eisen.[1] Sie enthalten entweder Eisen in zwei Wertigkeiten oder ein zweites Metalloxid. Typische Beispiele sind:

$$Fe_3O_4 = Fe^{2+}O \cdot Fe_2^{3+}O_3$$

als Verbindung die Eisen in zwei Wertigkeiten enthält oder

$$MgFe_2O_4 = MgO \cdot Fe_2O_3$$

als ternäre Verbindung. Einen Sonderfall stellt der Maghämit, γ-Fe_2O_3, dar, bei dem das zweite Teilgitter teilweise mit Leerstellen besetzt ist. Daher wäre die exakte Formel $(Fe_8^{3+}O_{12}) \cdot (Fe_{\frac{40}{3}}^{3+}\square_{\frac{8}{3}}O_{20})$, wobei $\square$ für die Leerstellen steht, die das zweite Oxid ersetzen.

Der Temperaturbereich, in dem Ferromagnetismus möglich ist, hat in Richtung höherer Temperaturen eine Grenze, die *Curie*-Temperatur. Diese Stabilitätsgrenze wird dann erreicht, wenn die thermische Energie der Atome größer wird als die Energie, die die elementaren Dipole koppelt. Bei antiferromagnetischen Materialien wird diese Temperatur *Néel*-Temperatur genannt. Oberhalb der *Curie*- bzw. *Néel*-Temperatur sind ferro- und antiferromagnetische Materialien paramagnetisch.

Ein ferromagnetisches Material,[2] das noch nie einem äußeren Magnetfeld ausgesetzt war, hat kein resultierendes magnetisches Moment, das bedingt, dass ein Werkstück in magnetische Domänen verschiedener Orientierung unterteilt ist. Zumeist sind sogar die einzelnen Körner in magnetische Domänen, die *Weiß*'schen Bezirke mit einer Größe im Bereich von 10^{-5} bis 10^{-4} m unterteilt. Zwischen diesen *Weiß*'schen Bezirken findet ein kontinuierlicher Übergang

1) Es stammt auch der Begriff von den Ferriten, bei denen diese Erscheinung zuerst gefunden wurde.
2) Der Begriff Ferromagnet impliziert da, wo es um unspezifische Phänomene geht, auch Ferrimagnete.

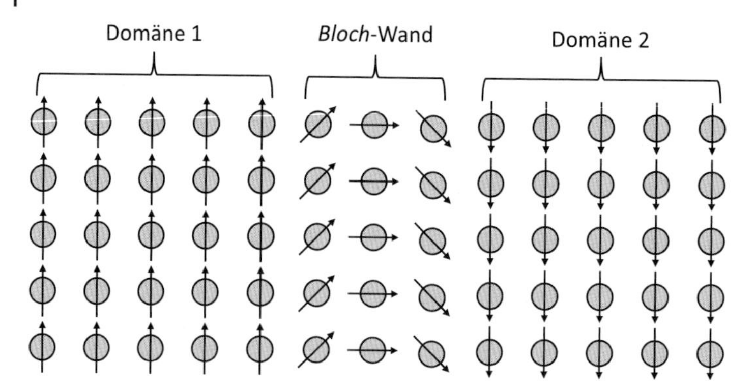

Abb. 8.3 Zwei magnetische Domänen, deren magnetische Orientierung um 180° unterschiedlich ist (*Weiß*'sche Bezirke), die durch eine *Bloch*-Wand verbunden. Die Dicke der gezeichneten *Bloch*-Wand ist viel geringer, als es der physikalischen Realität entspricht.

zwischen den unterschiedlichen Orientierungen statt. Diese Übergangsbereiche sind die *Bloch*-Wände. *Bloch*-Wände haben eine Dicke im Bereich von etwa 100 Atomabständen. Diese *Bloch*-Wände überbrücken Orientierungsunterschiede der *Weiß*'schen Bezirke von 90° oder 180°. Die Abb. 8.3 zeigt die Verhältnisse, bei denen eine *Bloch*-Wand zwei um 180° unterschiedlich orientierte *Weiß*'sche Bezirke verbindet.[3)]

Setzt man ferromagnetisches Material einem äußeren Magnetfeld aus, so werden sich die magnetischen Domänen in diesem Feld ausrichten. Das Ausrichten, also das Verändern der Richtung des Magnetisierungsvektors, wird durch das Vorhandensein der *Bloch*-Wände wesentlich erleichtert. Die *Bloch*-Wände wandern unter der Einwirkung des äußeren Magnetfeldes durch die Probe bzw. die einzelnen Körner hindurch. Vermindert man das Magnetfeld wieder, so erfolgt eine teilweise Rückbildung der Veränderungen der magnetischen Strukturen. Diese Vorgänge lassen sich mithilfe einer Magnetisierungskurve, wie sie in Abb. 8.4 dargestellt ist, beschreiben. Es ist unerheblich, ob es sich bei einer Probe um einen Polykristall oder ein Ensemble einzelner Teilchen handelt.

In Abb. 8.4 sind die wichtigsten Parameter einer Magnetisierungskurve eingetragen. Bringt man eine Probe in ein Magnetfeld, so steigt die Magnetisierung der Probe bis zu einem Maximalwert, der „Sättigungsmagnetisierung". Reduziert man anschließend wieder das äußere Magnetfeld, so wird bei einem verschwindenden äußeren Feld eine restliche Magnetisierung, die „Remanenz" zurückbleiben. Erhöht man die magnetische Feldstärke wieder, diesmal jedoch in der entgegengesetzten Richtung, so wird die Magnetisierung der Probe bei Erreichen der „Koerzitivfeldstärke", auch „Koerzitivität" genannt, auf null zurückgehen. Wie man der Abb. 8.4 entnehmen kann, hat eine Magnetisierungskurve im Allgemeinen eine Hysterese. Das Produkt Koerzitivität mal Remanenz nennt man das „Energieprodukt". Ist das Energieprodukt groß, so spricht man von einem

3) Um die Darstellung grafisch möglich und instruktiv zu gestalten, wurden in diesem Bild nur drei Gitterebenen für die *Bloch*-Wand gezeichnet. Das ist natürlich fern von jeder physikalischen Realität.

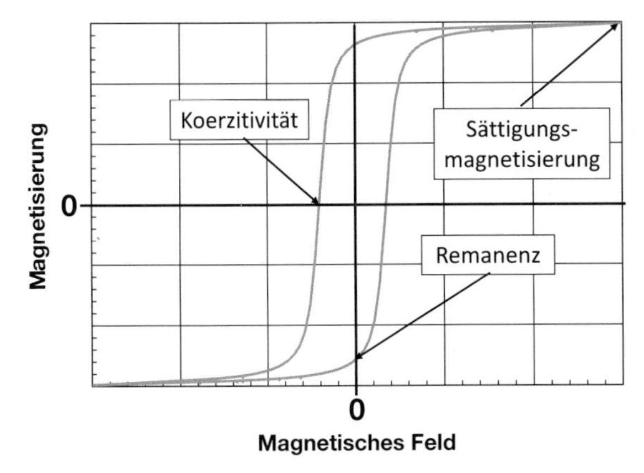

Abb. 8.4 Magnetisierungskurve eines polykristallinen ferromagnetischen Materials. Bei hohen magnetischen Feldstärken erreicht die Magnetisierung einen Maximalwert, die „Sättigungsmagnetisierung". Reduziert man das äußere Feld wieder, so bleibt bei der Feldstärke null eine Restmagnetisierung, die „Remanenz". Erst bei Erreichen der entgegen dem ursprünglichen Feld entgegengerichteten Feldstärke, der „Koerzitivität" oder „Koerzitivfeldstärke", geht die Magnetisierung der Probe auf null zurück.

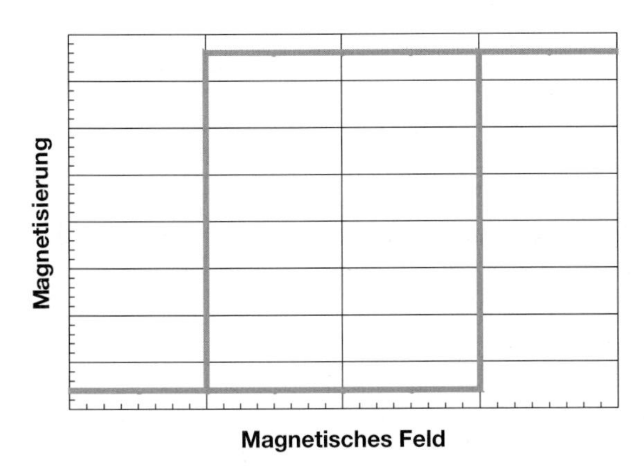

Abb. 8.5 Hypothetische Magnetisierungskurves eines Teilchens, das aus einer einzigen magnetischen Domäne besteht, also keine *Bloch*-Wände hat, die den Wechsel der Richtung der Magnetisierung erleichtern.

magnetisch harten Material (Dauermagnet), ist es klein, so hat man ein magnetisch weiches Material vorliegen. Die von der Hysteresisschleife eingeschlossene Fläche ist dem Energieverlust beim Durchlaufen proportional.[4)]

Stellt man sich ein einziges monokristallines Teilchen vor, das nur aus einer einzigen magnetischen Domäne besteht, daher auch keine *Bloch*-Wände hat, die das Ummagnetisieren erleichtern, und überlegt sich, welche Magnetisierungskurve zu erwarten wäre, so kommt man zu einem Verlauf, wie er in Abb. 8.5 dargestellt ist.

4) Das erklärt auch den Begriff „Energieprodukt".

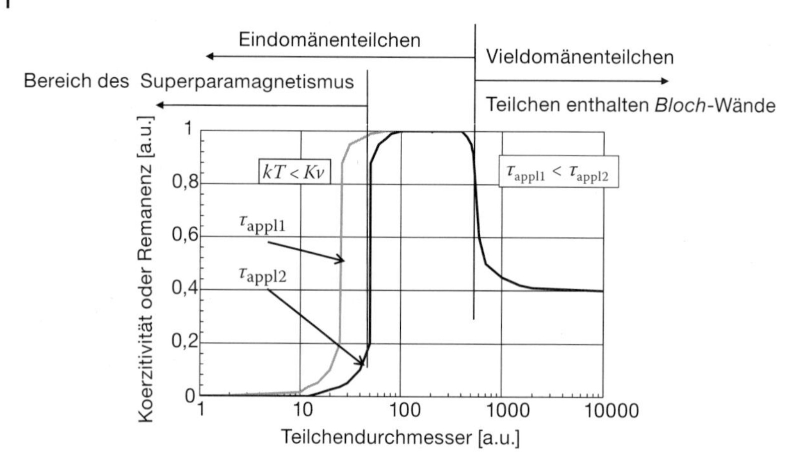

Abb. 8.6 Abhängigkeit von Koerzitivität und Remanenz von der Teilchengröße für einzelne Teilchen. So lange die Teilchen mehrere Domänen, die durch *Bloch*-Wände getrennt sind, enthalten, sind Koerzitivität oder Remanenz relativ niedrig, es handelt sich um Vieldomänenteilchen. Wird die Teilchengröße so klein, dass das Teilchen keine *Bloch*-Wände mehr enthält, steigen Koerzitivität und Remanenz an, um dann bei weiterer Verringerung der Teilchengröße wieder abzusinken und gegen null zu gehen.

Kleine Teilchen, also „Eindomänenteilchen", haben auf der Basis dieser Überlegungen eine hohe Remanenz und Koerzitivkraft. Solche Teilchen eignen sich für die magnetische Speicherung von Daten, da es, im Hinblick auf die Datensicherheit, bei einer solchen Anwendung darauf ankommt, dass die gespeicherten Informationen nicht verloren gehen. Auf der Basis der Betrachtungen zum Magnetisierungsverhalten einzelner Teichen muss man sich überlegen, wie dieses in Abhängigkeit von der Teilchengröße ist. Die Ergebnisse solcher Betrachtungen sind in Abb. 8.6 zusammengestellt. In diesem Graph, sind Koerzitivität oder Remanenz für ein einzelnes Teilchen als Funktion der Teilchengröße aufgetragen.

In Abb. 8.6 kann man drei klar unterscheidbare Bereiche erkennen: So lange die Teilchen relativ groß sind und aus mehreren, durch *Bloch*-Wände separierte, magnetischen Domänen bestehen, sind Koerzitivität und Remanenz relativ gering, schließlich wird der Wechsel der Richtung der Magnetisierung durch die *Bloch*-Wände erleichtert. Es handelt sich um Vieldomänenteilchen. Werden die Teilchen so klein, dass sie nur mehr aus einer Domäne bestehen, also keine *Bloch*-Wände enthalten, steigen Koerzitivität und Remanenz stark an. Solche Eindomänenteilchen eignen sich besonders gut für die Datenspeicherung. Reduziert man die Teilchengröße weiter, so kommt man in einen Bereich, in dem Koerzitivität und Remanenz auf null absinken. Das ist der Bereich des Superparamagnetismus, ein Phänomen, das man nur bei kleinen magnetischen Nanoteilchen findet. Vordergründig betrachtet ist die Teilchengröße, bei der man diese Veränderung findet, abhängig von der Zeitkonstante der Messeinrichtung. Physikalisch gesehen geht es dabei um die Zeitkonstante, die die Probe zum Einstellen einer neuen Richtung der Magnetisierung benötigt in Relation zur Zeitkonstante der Messeinrichtung. Der Größenbereich der Zeitkonstante die eine Probe zum Wechsel der Magnetisierungsrichtung benötigt, die Zeitkonstante der thermischen Fluktuation, kann sich, abhängig von Teilchengröße und Werkstoff, von Nanosekunden bis zu mehreren Jahren erstrecken. Im Hinblick auf magnetische Datenspeicher sind die längeren Zeiten besonders tückisch, da diese eine nicht vorhandene Stabilität vortäuschen.

Ergänzung 8.1: *Néel*'scher und *Brown*'scher Superparamagnetismus

Es ist essenzieller Teil des Superparamagnetismus, dass es möglich ist, die Orientierung eines Teilchens in einem, die Richtung wechselnden Magnetfeld verlustlos zu ändern. Das kann auf zwei Arten erfolgen:

- Das Teilchen befindet sich suspendiert in einer Flüssigkeit. Da ist es leicht vorstellbar, dass das Teilchen jedem Wechsel der Orientierung des Magnetfeldes folgen kann. Dieser Effekt ist unter der Bezeichnung *Brown*'scher oder extrinsischer Superparamagnetismus bekannt. Die Relaxationszeit τ_B, die ein Teilchen benötigt um dem Wechsel der Orientierung des Magnetfeldes zu folgen, hängt von der Temperatur T, der Viskosität η der Flüssigkeit sowie dem Volumen v des Teilchens ab [1]

$$\tau_B = \frac{3v\eta}{kT} \tag{8.1}$$

  Die Größe k in Gl. (8.1) steht für die *Boltzmann*-Konstante. Die Relaxationszeit begrenzt die maximale Frequenz des magnetischen Wechselfeldes, dem das Teilchen folgen kann.
- Das Teilchen ist im Raum fixiert. Es kann nicht durch eine mechanische Bewegung einer Änderung der Richtung eines äußeren Magnetfeldes folgen, es muss durch die magnetische Orientierung des Teilchens selbst geändert werden. Dieses Phänomen wird *Néel*'scher oder intrinsischer Superparamagnetismus genannt. Im Falle des *Néel*'schen Superparamagnetismus kontrollieren die magnetischen Eigenschaften des Teilchens die Relaxationszeit τ_N [1, 2]

$$\tau_N = \tau_0 \exp\left(\frac{Kv}{kT}\right) \tag{8.2}$$

  In Gl. (8.2) ist τ_0 eine werkstoffabhängige Konstante, die im Bereich zwischen 10^{-13} und 10^{-9} s liegt, und K die Anisotropiekonstante des Werkstoffes.

Die mathematische Beschreibung beider Phänomene erfolgt mithilfe der *Langevin*-Theorie des Paramagnetismus.

Man kann ganz allgemein sagen, dass der *Brown*'sche Superparamagnetismus eher bei größeren, der *Néel*'sche Superparamagnetismus bei kleinen Teilchen zu beobachten ist. Ein Zahlenbeispiel mag dies erläutern: Suspendiert man 10 nm Teilchen in einer Flüssigkeit, so ist die Relaxationszeit in

Brown'schen Fall im Bereich von Mikrosekunden, während sie im *Néel*'schen Fall im Bereich von 1 ns liegt. Nimmt man ein 1 μm großes Teilchen an, so ist der *Néel*'sche Superparamagnetismus im Allgemeinen unmöglich, während die Relaxationszeit im *Brown*'schen Fall in der Größenordnung 1 s liegt.

Nimmt man ein Ensemble superparamagnetische Teilchen, die, vermittels eines Abstandhalters, nicht wechselwirken, so kann man sich dieses Ensemble superparamagnetischer Teilchen, in Anlehnung an Abb. 8.1a, vorstellen. Ein solches Ensemble ist in Abb. 8.7a dargestellt. Im Falle einer Wechselwirkung der Teilchen vermittels einer Dipol-Dipol-Kopplung kann es unter der Voraussetzung, dass Teilchen nach Größe und magnetischem Moment praktisch gleich sind, zu einer Ordnung innerhalb des Ensembles kommen. Es stellt sich ein Zustand ein, der dem in Abb. 8.1b gezeichneten äquivalent ist. Dieser, von Morup [3] entdeckte Zustand, bei dem die Teilchen geometrisch und nach ihrer magnetischen Orientierung geordnet sind, nennt man Superferromagnetismus. Modellhaft ist diese Situation in Abb. 8.7b dargestellt.

Wichtig zu wissen

Ferromagnetismus entsteht durch eine Wechselwirkung der magnetischen Momente der Atome eines Festkörpers. Wird die thermische Energie größer als die dieser Wechselwirkung, so verschwindet der Ferromagnetismus. Diese Temperatur ist die *Curie*-Temperatur. In einem konventionellen Festkörper sind die einzelnen Körner in Bereiche einheitlicher magnetischer Orientierung, die *Weiß*'schen Bezirke unterteilt. Zwischen den *Weiß*'schen Bezirken befinden sich *Bloch*-Wände. Das Vorhandensein der *Bloch*-Wände erleichtert das Wechseln der Richtung der Magnetisierung. Die Größe der *Weiß*'schen Bezirke und die Dicke der *Bloch*-Wände sind von der Thermodynamik des Werkstoffes vorgegeben. Betrachtet man ein einzelnes magnetisches Teilchen

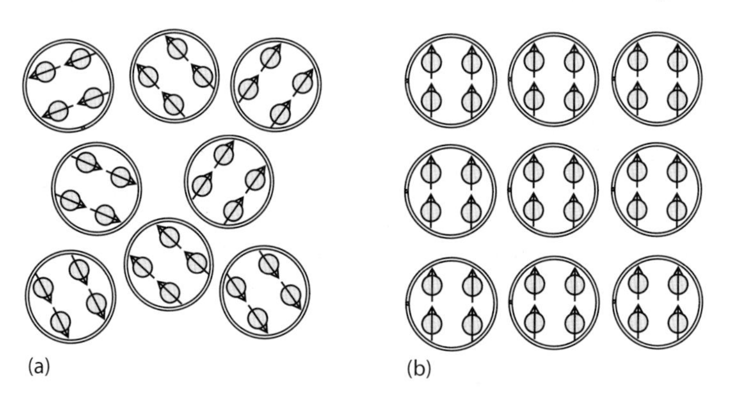

Abb. 8.7 Ensembles superparamagnetischer Teilchen. So lange die Teilchen keine Wechselwirkung haben, sind deren magnetische Orientierungen zufällig verteilt (a). Liegt eine Wechselwirkung vor, so besteht die Möglichkeit, dass sich alle Teilchen magnetisch und geometrisch gleichartig ausrichten (b). Dieser von *Morup* [3] beschriebene Zustand wird Superferromagnetismus genannt.

und reduziert gedanklich dessen Größe, so wird eine Größe erreicht, bei der in diesem Teilchen der Platz für eine *Bloch*-Wand fehlt. Die Richtung der Magnetisierung solcher Eindomänenteilchen kann nur mit großem Aufwand geändert werden. Reduziert man die Teilchengröße weiter, so wird man eine Teilchengröße erreichen, bei der die thermische Energie größer ist als die Energie der magnetischen Anisotropie, die den Magnetisierungsvektor eines Teilchens in einer bestimmten Richtung fixiert. Die Magnetisierungsrichtung des Teilchens kann fluktuieren. Diese thermische Instabilität nennt man den *Néel*'schen Superparamagnetismus. Befindet sich ein Teilchen suspendiert in einer Flüssigkeit, so kann dessen Magnetisierungsrichtung ebenfalls fluktuieren, *Brown*'scher Superparamagnetismus. Der *Brown*'sche Superparamagnetismus wird bei größeren Teilchen als der *Néel*'sche beobachtet.

Superparamagnetische Systeme zeigen keine Remanenz und keine Koerzitivkraft.

8.2 Physikalische Grundlagen des Superparamagnetismus

In diesem Abschnitt ...
Die Bezeichnung Superparamagnetismus wird historisch darauf zurückgeführt, dass diese Werkstoffe, ähnlich wie paramagnetische Materialien, der *Langevin*-Funktion folgen. Von dieser mathematischen Beschreibung ausgehend, kann man die Temperatur- und Feldabhängigkeit der Magnetisierung und der Suszeptibilität herleiten. Gültig ist diese Beschreibung bei Temperaturen unterhalb der *Curie*-Temperatur. Der Superparamagnetismus ist ein thermisches Instabilitätsphänomen. Ist die Temperatur zu niedrig, so ist die Fluktuation der Richtung der Magnetisierung nicht möglich. Das Material ist dann nicht mehr superparamagnetisch.

Der Superparamagnetismus ist ein thermischer Instabilitätseffekt, der an kleine Teilchengrößen gebunden ist. Ein räumlich fixiertes, magnetisches Teilchen ist superparamagnetisch, wenn es ohne Einwirkung eines äußeren Feldes die Richtung seiner Magnetisierung ändert. In einem äußeren Magnetfeld stellt sich der Magnetisierungsvektor dieses Teilchens immer in die Richtung des Feldes ein; wechselt das äußere Feld seine Richtung, so folgt auch die Richtung der Magnetisierung des Teilchens verlustlos. Demnach kann die Magnetisierungskurve eines superparamagnetischen Materials keine Hysterese aufweisen. Ein Teilchen ist superparamagnetisch, wenn die thermische Energie kT größer ist als die zur Ummagnetisierung nötige magnetische Anisotropieenergie Kv

$$kT \geq Kv \tag{8.3}$$

In Gl. (8.3) sind T die Temperatur, k die *Boltzmann*-Konstante, K die Anisotropiekonstante und v das Volumen des Teilchens. Diese Gleichung macht klar, dass Superparamagnetismus nur bei kleinen Volumina der Teilchen auftreten kann. Erfahrungsgemäß sind solche Teilchen kleiner als 10 nm. Es gibt allerdings auch metallische Teilchen mit extrem großer Anisotropiekonstante, die praktisch nie

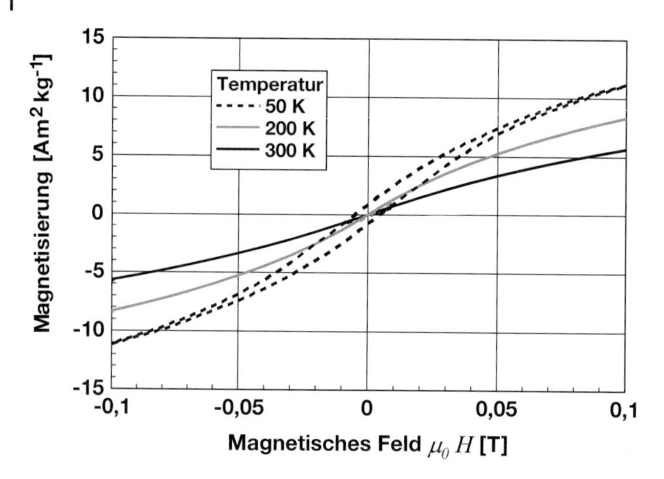

Abb. 8.8 Magnetisierungskurve eines superparamagnetischen Materials. Bei dieser Probe handelte es sich um polymerumhüllte γ-Fe_2O_3-Teilchen. Bei 300 K und 200 K ist keine Hysterese sichtbar, während diese bei 50 K deutlich hervortritt. Bei dieser Temperatur war die Probe, im Gegensatz zu den höheren Temperaturen, nicht mehr superparamagnetisch.

superparamagnetisch werden. Solche Werkstoffe wurden für magnetische Datenspeicher mit extrem hoher Dichte entwickelt. Aus Gl. (8.3) kann man die Temperatur, oberhalb der Superparamagnetismus auftritt, ermitteln

$$T \geq \frac{Kv}{k} \tag{8.4a}$$

Die niederste Temperatur bei der man Superparamagnetismus beobachtet, nennt man Blocking-Temperatur T_B, die definiert ist als

$$T_B = \frac{Kv}{k} \tag{8.4b}$$

Die Abb. 8.8 zeigt die Magnetisierungskurve eines superparamagnetischen Materials, gemessen bei drei verschiedenen Temperaturen.

Bei dem Probenmaterial, das Abb. 8.8 zugrunde liegt, handelt es sich um polymerumhüllte γ-Fe_2O_3-Teilchen. Die Polymerumhüllung ist notwendig, um den Abstand der Teichen so groß zu halten, um die Dipol-Dipol-Wechselwirkung zwischen den Teilchen zu reduzieren. Ohne Benutzung eines solchen Abstandhalters ist die Wechselwirkung der Teilchen so stark, dass Superparamagnetismus nicht möglich ist. Analysiert man die Temperaturabhängigkeit der Magnetisierungskurven, so erkennt man zwei Phänomene: Bei 300 und 200 K tritt keine Hysterese auf, während diese bei 50 K deutlich zu beobachten ist. Demnach muss man annehmen, dass für dieses Probenmaterial die Blocking-Temperatur zwischen 50 und 200 K liegt. Des Weiteren erkennt man, dass die Magnetisierung mit zunehmender Temperatur langsamer zunimmt.

Die Bezeichnung Superparamagnetismus ist auf die Tatsache zurückzuführen, dass das Verhalten dieser Werkstoffe, so wie auch Paramagnete, der *Langevin-*

Formel folgt

$$M = nm\left[\coth\left(\frac{mH}{kT}\right) - \frac{kT}{mH}\right] = nmL\left(\frac{mH}{kT}\right) \tag{8.5a}$$

In dieser Gleichung steht M für die Magnetisierung der Probe, m das magnetische Moment eines Teilchens, H das angelegte äußere Magnetfeld, n die Anzahl der Teilchen in der Probe und kT die thermische Energie. Die Abkürzung $\frac{m}{k}\frac{H}{T}$ wird die *Langevin*-Funktion genannt. Wahrend bei paramagnetischen Werkstoffen das magnetische Moment eines Teilchens (= Moleküls) im Bereich weniger *Bohr*'scher Magnetonen[5] ist, liegt dieser Wert bei Superparamagneten im Bereich von Hundert bis zu mehreren Tausenden *Bohr*'schen Magnetonen.

Eine genaue Analyse von Gl. (8.5a) zeigt, dass die *Langevin*-Funktion eine Funktion von $H^* = \frac{H}{T}$, dem temperaturkompensierten Feld ist. Die Größe $\frac{m}{k}\frac{H}{T}$ wird häufig auch „reduziertes Feld" bezeichnet. Unter Benutzung von H^* vereinfacht sich Gl. (8.5a) zu

$$M = nm\left[\coth\left(\frac{m}{k}H^*\right) - \frac{k}{m}\frac{1}{H^*}\right] \tag{8.5b}$$

Aus Gl. (8.5b) leitet sich eine einfache Prüfung experimenteller Ergebnisse auf das Vorliegen des Superparamagnetismus ab. Da diese Gleichung temperaturunabhängig ist, müssen bei superparamagnetischen Proben die bei verschiedenen Temperaturen gemessenen Magnetisierungskurven zusammenfallen, wenn man die Messwerte gegen H^* aufträgt. Das ist eine experimentell gut bestätigte Aussage. Die Abb. 8.9 zeigt ein Beispiel. Für diese Abbildung wurde das gleiche Beispiel wie in Abb. 8.8 gewählt, wobei nur die Messwerte bei 200 und 300 K benutzt

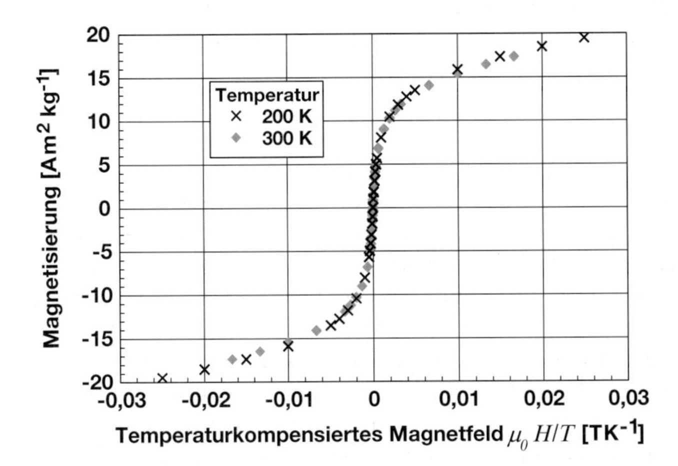

Abb. 8.9 Magnetisierungskurve bei 300 und 200 K der in Abb. 8.8 beschriebenen Probe, jedoch aufgetragen gegen das temperaturkompensierte Feld $H^* = \frac{H}{T}$. Man erkennt, dass die Messwerte, die bei diesen beiden Temperaturen ermittelt wurden, im Rahmen der Messgenauigkeit zusammenfallen. Bei diesen beiden Temperaturen ist diese Probe, bezogen auf die Zeitkonstante der Messeinrichtung, superparamagnetisch.

5) Ein *Bohr*-Magneton entspricht dem magnetischen Moment eines Elektrons.

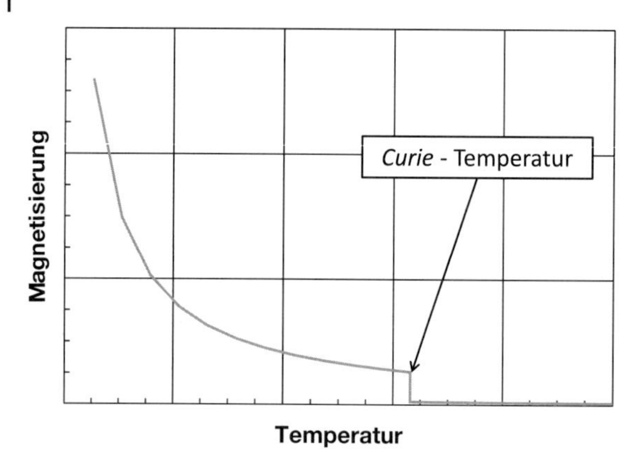

Abb. 8.10 Abhängigkeit der Magnetisierung, berechnet nach Gl. (8.5a), von der Temperatur. Die *Langevin*-Funktion gilt bis zur *Curie*-Temperatur T_{Curie}, bei der die Magnetisierung in einer Unstetigkeit sprunghaft abnimmt.

wurden, bei denen keine Hysterese beobachtet wurde. Dieser Graph bestätigt die Gültigkeit der Aussage von Gl. (8.5) und den daraus gezogenen Schluss, dass diese Probe bei 200 und 300 K superparamagnetisch ist.

Die in Abb. 8.8 dargestellten Messwerte zeigen, dass die Magnetisierung bei einem vorgegebenen Feld mit zunehmender Temperatur abnimmt. Um zu analysieren, wie sich superparamagnetisches Material bei hohen Temperaturen und großen Feldern verhält, ist es notwendig, diese Grenzwerte zu bestimmen. Im Grenzwert bei sehr hohen Temperaturen verschwindet die Magnetisierung

$$M|_{T\to\infty} = \lim_{T\to\infty}\left[nmL\left(\frac{mH}{kT}\right)\right] = 0 \tag{8.6}$$

Bei der Berechnung des Grenzwertes in Gl. (8.8) wurde zunächst außer Acht gelassen, dass die Gültigkeit der *Langevin*-Funktion bei der *Curie*-Temperatur endet. Diese Gesetzmäßigkeiten sind in Abb. 8.10 grafisch dargestellt.

Das Verhalten der Sättigungsmagnetisierung, also die bei hohen Feldern auftretende Magnetisierung, als Funktion der Temperatur wird ebenfalls durch eine Grenzwertbildung ermittelt

$$M|_{H\to\infty} = \lim_{H\to\infty}\left[nmL\left(\frac{mH}{kT}\right)\right] = nm\ \forall\ T < T_{\text{Curie}} \tag{8.7}$$

Der in Gl. (8.7) berechnete Grenzwert zeigt, dass die Sättigungsmagnetisierung temperaturunabhängig ist. Der in Gl. (8.6) aufgezeigte verschwindende Grenzwert ist bei dieser Betrachtung ohne Bedeutung, da die *Langevin*-Funktion nur bis zur *Curie*-Temperatur T_{Curie} gilt.

Die *Langevin*-Funktion wird auch zur Berechnung der Suszeptibilität von superparamagnetischen Werkstoffen benutzt. Die Suszeptibilität χ eines magnetischen Materials ist definiert als

$$\chi = \left.\frac{\partial M}{\partial H}\right|_{H=0} \tag{8.8}$$

Sie beschreibt also die Änderung der Magnetisierung mit einem äußeren Magnetfeld bei kleinen Feldstärken in der Umgebung von $H = 0$. Zum Berechnen der Suszeptibilität entwickelt man die *Langevin*-Funktion für $H = 0$ in der in eine *Taylor*-Reihe und benutzt das erste Glied

$$M|_{H\to 0} = nm \left[\coth\left(\frac{mH}{kT}\right) - \frac{kT}{mH}\right]\Bigg|_{H\to 0}$$
$$\approx nm \left[\frac{kT}{mH} + \frac{mH}{3kT} - \frac{kT}{mH}\right] = \frac{nm^2 H}{3kT} \tag{8.9}$$

Daraus ergibt sich für die Suszeptibilität

$$\chi = \frac{\partial M}{\partial H}\bigg|_{H\to 0} = \frac{nm^2}{3kT} \tag{8.10a}$$

Um die physikalischen Konsequenzen der Gl. (8.10) diskutieren zu können, werden zwei Zusammenhänge benutzt. Das magnetische Moment m eines Teilchens ist in erster Näherung proportional zu dessen Volumen v.[6] Das Gesamtvolumen V_{Probe} aller Teilchen des Ensembles mit n Teilchen ist $V_{\text{Probe}} = nv$. Damit kann man die Gl. (8.10a) umschreiben in

$$\chi = \frac{nm^2}{3kT} \propto \frac{nv^2}{kT} = \frac{vV_{\text{Probe}}}{kT} \tag{8.10b}$$

Die Gl. (8.10b) sagt aus, dass die Suszeptibilität eines superparamagnetischen Werkstoffes mit der Teilchengröße zunimmt. Will man ein Werkstück möglichst hoher Suszeptibilität, so sollte die Teilchengröße möglichst groß sein. Dem steht aber das Zunehmen der Relaxationszeit mit zunehmender Teilchengröße entgegen. Wie bereits gezeigt wurde, ist die Relaxationszeit τ_{N} im *Néel*'schen Fall gegeben durch

$$\tau_{\text{N}} = \tau_0 \exp\left(\frac{Kv}{kT}\right) \tag{8.11}$$

Die Größe τ_0 wird zumeist als konstant angenommen und liegt im Bereich zwischen 10^{-13} und 10^{-9} s. Im Hinblick auf eine quantitative Auswertung sollte man jedoch eine weitergehende Theorie [2] benutzen, die auch eine genauere Ermittlung dieser Konstanten ermöglicht. Im Zusammenhang mit den Betrachtungen zur Suszeptibilität kann jedoch aus Gl. (8.11) der Schluss gezogen werden, dass die Relaxationszeit exponentiell mit dem Volumen der Teilchen, also der Teilchengröße, zunimmt. Im Hinblick auf eine technische Anwendung muss festgestellt werden, dass man – abhängig von der Anwendung – ein Optimum zwischen Suszeptibilität und Relaxationszeit (letztlich der Frequenz, bei der Werkstoff verwendet werden soll) finden muss. In diesem Zusammenhang ist es notwendig, einen Werkstoff mit optimaler magnetischer Anisotropie zu wählen.

6) Genauer: zu dem magnetisch aktiven Volumen des Teilchens, das kleiner ist als das geometrische.

Wichtig zu wissen
Der Superparamagnetismus ist ein Phänomen der thermischen Instabilität. Diese Erscheinung wird immer dann beobachtet, wenn die thermische Energie eines magnetischen Teilchens größer ist als die Energie, die zum Ändern der Richtung der Magnetisierung eines Teilchens nötig ist. Es muss also die thermische Energie größer sein als die magnetische Anisotropieenergie. Die Temperatur, bei der diese beiden Energien gleich sind, oberhalb der also thermische Fluktuationen möglich sind, nennt man Blocking-Temperatur. Die mathematische Beschreibung erfolgt mithilfe der *Langevin*-Funktion. Auf der Basis dieser vergleichsweise einfachen Beschreibung kann man die Suszeptibilität und deren Temperaturabhängigkeit berechnen. Die Sättigungsmagnetisierung ist temperaturunabhängig. Die *Langevin*-Funktion erlaubt es, ein temperaturkompensiertes Feld zu definieren. Trägt man die Magnetisierungskurve eines superparamagnetischen Materials gegen dieses temperaturkompensierte Feld auf, so beobachtet man, dass die experimentellen Daten unabhängig von der Temperatur zusammenfallen.

8.3
Magnetische Anisotropie der Werkstoffe

In diesem Abschnitt ...
Bei der Diskussion des Superparamagnetismus spielt die magnetische Anisotropie der Werkstoffe eine zentrale Rolle. Die entsprechende Werkstoffeigenschaft wird durch die magnetische Anisotropiekonstante beschrieben. Diese Werkstoffeigenschaft gibt Auskunft darüber, ob ein bestimmter Werkstoff magnetisch hart oder weich ist. Des Weiteren enthält diese Konstante Informationen darüber, welche kristallografische Richtung magnetisch „leicht" bzw. „schwer" ist. Es muss darauf hingewiesen werden, dass es neben der durch den Werkstoff vorgegebenen magnetischen Anisotropie noch eine Formanisotropie gibt.

In den vorhergehenden Abschnitten wurde immer wieder die zentrale Bedeutung der magnetischen Anisotropiekonstanten sichtbar. Daher ist es notwendig, diese Materialkonstante im Detail zu diskutieren. Die magnetische Anisotropie, oder präziser die magnetokristalline Anisotropie, ist eine inhärente Eigenschaft jedes kristallisierten magnetischen Materials, unabhängig von der Teilchen- oder Korngröße. Die magnetische Anisotropie ist eine Eigenschaft der Materialstruktur. Man unterscheidet „leichte Richtungen" (Richtungen minimaler Energie), das sind die Richtungen, in denen man die Magnetisierung eines Teilchens vorfindet, wenn keine äußeren Felder einwirken und „schwere Richtungen" (Richtungen maximaler Energie), Richtungen in denen der Magnetisierungsvektor nur mithilfe eines externen Feldes gehalten werden kann.

Tab. 8.1 Anisotropiekonstante K_1 für einige kubische Magnetwerkstoffe.

Ferrit	Anisotropiekonstante K_1 [$J\,m^{-3}$]
Fe_3O_4	-11×10^3
$MnFe_2O_4$	$-2{,}8 \times 10^3$
$CoFe_2O_4$	90×10^3
$NiFe_2O_4$	$-6{,}2 \times 10^3$
$MgFe_2O_4$	$-2{,}5 \times 10^3$

Im Falle kubischer Magnetwerkstoffe beschreibt man die Anisotropiekonstante durch eine Reihenentwicklung über die Konstanten K_0, K_1 und K_2

$$K = K_0 + K_1 \left(\cos^2 \alpha_1 \cos^2 \alpha_2 + \cos^2 \alpha_2 \cos^2 \alpha_3 + \cos^2 \alpha_1 \cos^2 \alpha_3\right) + K_2 \cos^2 \alpha_1 \cos^2 \alpha_2 \cos^2 \alpha_3 \quad (8.12)$$

In Gl. (8.12) ist α_1 der Winkel zur [100]-Richtung, α_2 der zur [010]-Richtung und α_3 der zur [001]-Richtung.[7] Die Konstante K_1 ist für nahezu alle Magnetwerkstoffe bekannt, K_2 nur für einige wenige, und über K_0 liegen nahezu keine Informationen vor. Der Mangel an Daten ist aber nicht weiter problematisch, da für nahezu alle Anwendungen die Kenntnis von K_1 ausreicht. Die Tab. 8.1 gibt die K_1-Werte für eine Reihe von kubischen Ferriten wieder.

Die Konstante K_1 der magnetischen Anisotropie kann positiv oder negativ sein. Dieses Vorzeichen bestimmt, welches die kristallografische Richtung ist, die der magnetisch leichten bzw. schweren Richtung entspricht. Um diese Verhältnisse zu visualisieren, wurde für die Abb. 8.11 der Verlauf der Anisotropieenergie K_1 für die {100}-Ebenen gerechnet und in Polarkoordinaten darge-

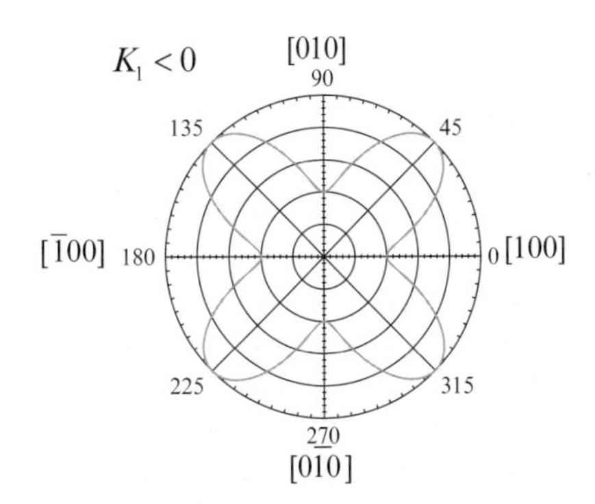

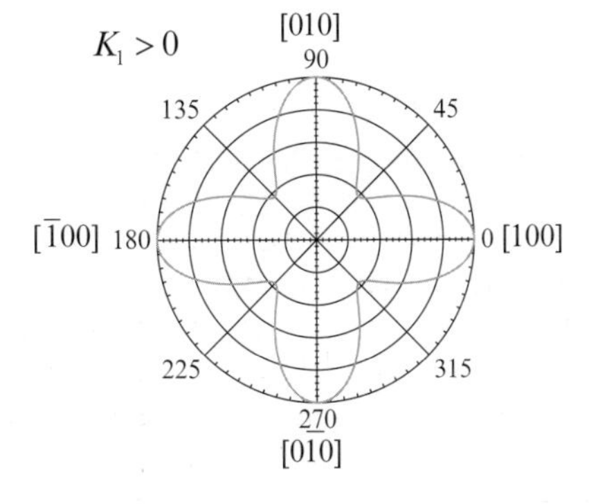

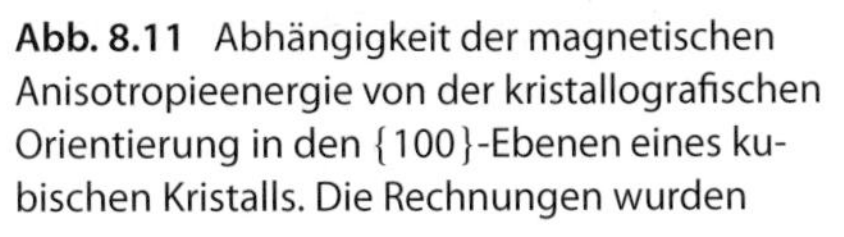

Abb. 8.11 Abhängigkeit der magnetischen Anisotropieenergie von der kristallografischen Orientierung in den {100}-Ebenen eines kubischen Kristalls. Die Rechnungen wurden für positive und negative Werte von K_1 berechnet. Man erkennt, dass sich die leichte Richtung von ⟨100⟩ für $K_1 < 0$ nach ⟨110⟩ für $K_1 > 0$ dreht.

7) Eine detaillierte Erläuterung der *Miller*'schen Indizes ist im Kapitel 12.

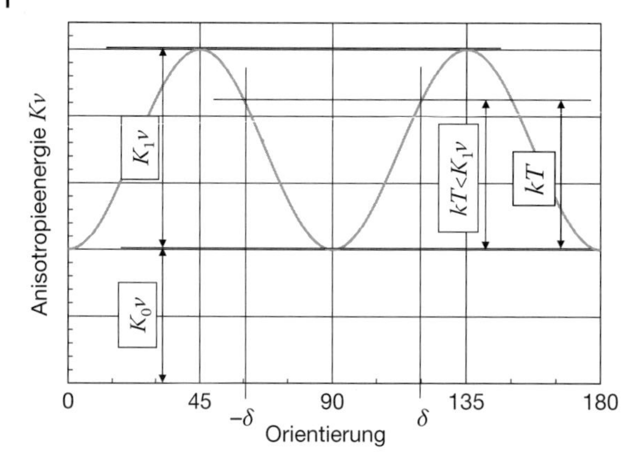

Abb. 8.12 Energie der magnetischen Anisotropie in den {100}-Ebenen eines kubischen Kristalls für $K_1 < 0$ in kartesischen Koordinaten. Zusätzlich sind die Beiträge von K_0v und K_1v sowie die thermische Energie kT eingetragen. Bei jeder Temperatur, bei der $K^1v \leq kT$ ist, kann der Magnetisierungsvektor um den Betrag $\pm\delta$ pendeln. Erst bei höheren Temperaturen $Kv > kT$ kann eine neue, um 90° oder 180° gedrehte Gleichgewichtslage eingenommen werden.

stellt. In diesen Ebenen gelten die Relationen $\alpha_3 = 90° \Rightarrow \cos^2\alpha_3 = 0$ und $\alpha_2 = 90 - \alpha_1 \Rightarrow \cos\alpha_2 = \sin\alpha_1$. Das vereinfacht die Gl. (8.12) für die {100}-Ebenen auf

$$K = K_0 + K_1\left(\cos^2\alpha_1 \sin^2\alpha_1\right) \tag{8.13}$$

Betrachtet man Abb. 8.11, so erkennt man, dass die magnetisch leichte Richtung für $K_1 < 0$ ⟨100⟩ ist, während diese für $K_1 > 0$ in Richtung ⟨110⟩ gedreht zu finden ist. Ganz offensichtlich bewirkt ein Vorzeichenwechsel von K_1 eine Verdrehung der magnetisch leichten Richtung um 45°. Im Falle hexagonal kristallisierender Ferrite finden sich die magnetisch leichten Richtungen in der hexagonalen Basisebene, während die magnetisch schwere Richtung senkrecht zur Basisebene ist.

Um den Prozess der Fluktuation des Magnetisierungsvektors besser darstellen zu können, stellt die Abb. 8.12 einen Teil von Abb. 8.11 noch einmal für $K_1 < 0$ in kartesischen Koordinaten dar.

In der Abb. 8.12 ist die Energie der magnetischen Anisotropie für ein Teilchen mit dem Volumen v und $K_1 < 0$ eingezeichnet. Zur besseren Veranschaulichung sind die Beiträge der Energien K_0v und K_1v sowie die thermische Energie kT eingetragen. Dieses Bild macht klar, dass in allen bisher diskutierten Fällen die Kenntnis von K_1 ausreichend ist. Häufig meint man mit dem Wert K für die Anisotropieenergie nur K_1. Bei 0 K und ohne äußeres Feld befindet sich der Magnetisierungsvektor in der Lage 90°. Erhöht man die Temperatur, so kann dessen Lage von $-\delta$ bis $+\delta$ pendeln. Erst wenn die Temperatur so hoch ist, dass die thermische Energie $kT > K_1v$ wird, kann der Magnetisierungsvektor ohne Einwirkung eines äußeren Feldes in eine neue, um 90° oder 180° gedrehte Gleichgewichtslage übergehen. Jetzt ist das Material superparamagnetisch.

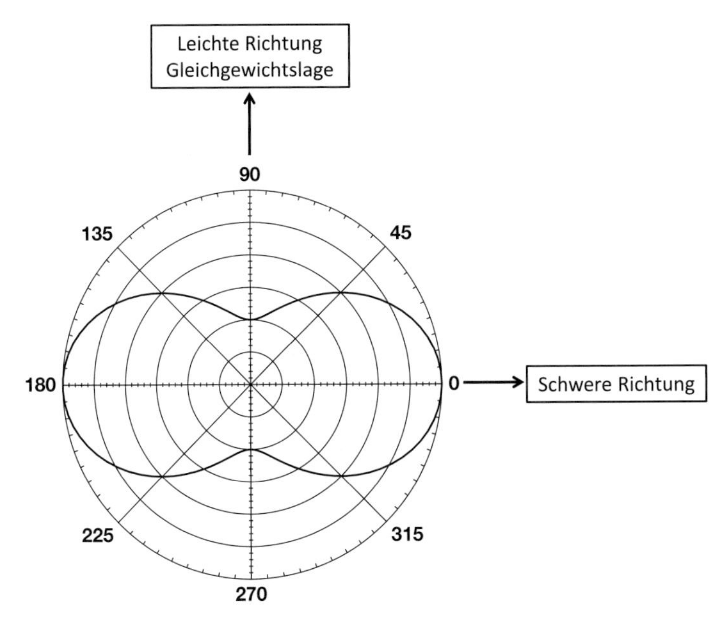

Abb. 8.13 Abhängigkeit der magnetischen Anisotropieenergie von der Richtung bei einem Teilchen, das nur eine leichte Richtung hat. Diesen Verlauf findet man in erster Näherung bei einem langen zylindrischen Stab.

Neben der Kristallanisotropie muss bei stabförmigen Teilchen zusätzlich die Formanisotropie berücksichtigt werden. Im einfachsten Fall, bei einem langen zylindrischen Stab, überwiegt der Einfluss der Formanisotropie den der Kristallanisotropie. Die Abb. 8.13 zeigt nun, wieder in Polarkoordinaten, den Verlauf der magnetischen Anisotropie bei einem zylindrischen Stab, der überlagerte Einfluss der Kristallanisotropie wurde dabei vernachlässigt. In dem gezeigten Beispiel hat der Stab nur eine leichte Richtung, die gleichzeitig die Gleichgewichtsrichtung ist; diese ist in der Stabachse. Senkrecht dazu ist die schwere Richtung. Ohne Einfluss eines äußeren Magnetfeldes kann der Magnetisierungsvektor nur parallel zur Stabachse sein. Bei magnetischen Teilchen mit Formanisotropie ist es schwierig, die Richtung der Magnetisierung zu ändern. Daher eignen sich solche Teilchen besonders gut zur magnetischen Datenspeicherung.

Wichtig zu wissen

Die Konstante der magnetischen Anisotropie beschreibt die Größe und die Abhängigkeit der magnetischen Anisotropie von der kristallografischen Richtung. Üblicherweise benutzt man eine Potenzreihenentwicklung mit Winkelfunktionen zur mathematischen Beschreibung, wobei man im Allgemeinen zur Charakterisierung eines Magnetwerkstoffes nur das zweite Glied dieser Reihenentwicklung benutzt. Der Absolutbetrag dieses Gliedes gibt Auskunft darüber, ob es sich um einen magnetisch weichen oder harten Werkstoff handelt. Das Vorzeichen charakterisiert die magnetische Vorzugsrichtung. Untersucht man die Abhängigkeit der Anisotropieenergie von der Richtung in einem Kristall, so kann man das Ausmaß der möglichen thermischen Fluktuationen gut abschätzen. Neben der von der Kristallstruktur bestimmten Anisotropie gibt es auch eine Formanisotropie, die den Einfluss der Teilchenform beschreibt.

8.4 Superparamagnetische Werkstoffe in der experimentellen Realität

8.4.1 Sättigungsmagnetisierung

In diesem Abschnitt ...
Betrachtet man die *Langevin*-Funktion, so ist keine Größenabhängigkeit der Sättigungsmagnetisierung zu erwarten. Die experimentelle Realität sieht anders aus: Man beobachtet ein Abnehmen der Sättigungsmagnetisierung bei abnehmender Teilchengröße. Aus diesem Grund misst man bei Nanoteilchen immer eine verminderte Sättigungsmagnetisierung.

Analysiert man die Daten in Abb. 8.9 im Detail, so erkennt man, dass die Sättigungsmagnetisierung Werte im Bereich von 5 bis $15\,\mathrm{A\,m^2\,kg^{-1}}$ annimmt. Das ist sehr wenig, wenn man bedenkt, dass bei grobkörnigem γ-Fe_2O_3 Werte von $75\,\mathrm{A\,m^2\,kg^{-1}}$ gemessen werden. Das Phänomen, dass nanokristalline Teilchen eine wesentlich geringere Sättigungsmagnetisierung aufweisen als deren grobkörnige Analoga, wird regelmäßig beobachtet. Ein Beispiel, das zur Klärung dieses Sachverhaltes beiträgt, ist in Abb. 8.14 dargestellt. In dieser Abbildung ist die Sättigungsmagnetisierung von Manganferrit-Nanoteilchen ($MnFe_2O_4$) verschiedenen Durchmessers als Funktion der spezifischen Oberfläche aufgetragen.[8] In diesem Graphen sieht man, dass die Sättigungsmagnetisierung linear mit der spezifischen Oberfläche der Teilchen abnimmt [4].

Der in Abb. 8.14 dargestellte Zusammenhang zwischen Teilchengröße und Sättigungsmagnetisierung wird zwar regelmäßig beobachtet, ist aber nicht so ohne Weiteres einsehbar. Dieses Verhalten wird verständlich, wenn man zwei Dinge bedenkt:

- Der Ferromagnetismus ist, zumindest in der hier vorgestellten Art, an ein perfekt geordnetes Gitter gebunden und
- kleine Teilchen haben eine mehr oder minder dicke Oberflächenschicht, in der das Gitter nicht exakt den Regeln der Kristallografie folgt (siehe auch Kapitel 2 und 7 sowie Abb. 7.5).

Die verminderte Ordnung an der Oberfläche von kleinen Teilchen führt zu einer Reduzierung der Sättigungsmagnetisierung bei kleiner werdender Teilchengröße [5].[9] Wie bereits im Kapitel 2 diskutiert wurde, ist für die Beschreibung

8) Zur spezifischen Oberfläche siehe Kapitel 12.
9) Das hinter dieser Reduktion der Sättigungsmagnetisierung stehende Phänomen ist unter der Bezeichnung „spin-canting" bekannt und theoretisch beschrieben.

mancher physikalischer Eigenschaften von kleinen Teilchen das Verhältnis von oberflächenbeeinflusstem Volumen zu Gesamtvolumen eines Teilchens maßgebend. Bei Teilchengrößen unter etwa 5 nm kann der von der Oberfläche beeinflusste Volumenanteil größer sein als der restliche, weitgehend ungestörte Anteil des Teilchens. Diese Beobachtung erlaubt es, die Sättigungsmagnetisierung kleiner Teilchen mit dem Durchmesser d mithilfe eines einfachen Zweizonenmodells zu beschreiben, indem man einen perfekt geordneten Kern sowie eine Oberflächenschicht mit reduzierter Ordnung und der Dicke δ annimmt. Die Oberflächenschicht wird als unmagnetisch angenommen. Der verbleibende magnetisch aktive Kern hat dann den Durchmesser $(d - 2\delta)$. Mit diesen Annahmen lässt sich die Sättigungsmagnetisierung eines Nanoteilchens $m_{\text{Nanoteilchen}}$ abschätzen

$$m_{\text{Nanoteilchen}} = \frac{(d - 2\delta)^3}{d^3} m_{\text{makroskopisch}} \tag{8.14}$$

Die Größe $m_{\text{makroskopisch}}$ ist die Sättigungsmagnetisierung von konventionellem, makroskopischem Material. Die Abb. 8.15 zeigt experimentelle Daten für die Sättigungsmagnetisierung von $\gamma\text{-}Fe_2O_3$ und $CoFe_3O_4$ als Funktion der Teilchengröße [6] sowie die Ergebnisse einer Näherung dieser Werte mit Gl. (8.14).

Führt man an die in Abb. 8.14 eingetragenen experimentellen Daten eine Anpassung mithilfe von Gl. (8.14) durch, so erhält man durchaus plausible Ergebnisse. Die Dicke der als unmagnetisch angenommenen Oberflächenschicht ergab sich zu 0,8 nm für $\gamma\text{-}Fe_2O_3$ und 1 nm für $CoFe_2O_4$. Führt man die gleiche Rechnung für die in Abb. 8.12 gezeigten Messergebnisse an $MnFe_2O_4$ durch, so erhält man eine Schichtdicke von 0,7 nm. In allen drei Fällen sind die Schichtdicken sehr ähnlich und liegen bei etwas weniger als 1 nm. Das entspricht etwa dem Wert einer Gitterkonstante. Berücksichtigt man die doch erheblichen Fehlerquellen bei

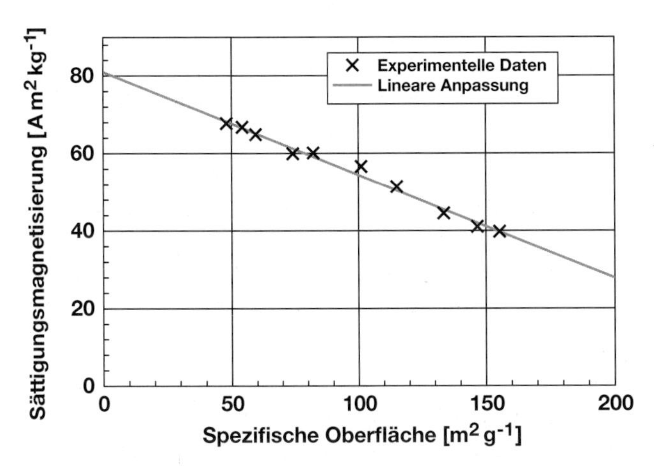

Abb. 8.14 Sättigungsmagnetisierung von nanokristallinem Manganferrit-Nanoteilchen ($MnFe_2O_4$) verschiedenen Durchmessers [4]. Der Graph zeigt eine lineare Abnahme der Sättigungsmagnetisierung mit der spezifischen Oberfläche. Der Oberflächenbereich von 50 bis 150 $m^2\,g^{-1}$ entspricht Teilchengrößen im Bereich von 7–25 nm.

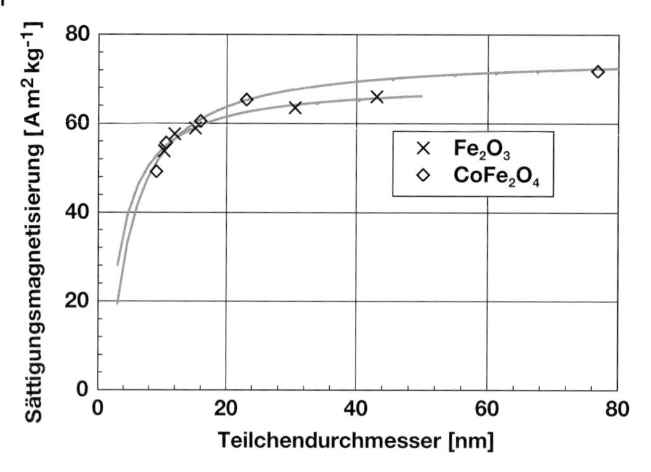

Abb. 8.15 Sättigungsmagnetisierung von γ-Fe_2O_3 und $CoFe_2O_4$ als Funktion der Teilchengröße. Die Anpassung wurde mithilfe von Gl. (8.14) an experimentelle Daten durchgeführt [6]. Die Rechnungen ergaben eine Dicke der Oberflächenschicht von 0,8 nm für γ-Fe_2O_3 und 1 nm für $CoFe_2O_4$. Die Werte, die für $m_{\text{makroskopisch}}$ berechnet wurden, passen gut zu den bekannten Werkstoffdaten.

der Bestimmung der Teilchengrößen, so muss diese Näherung als exzellent bezeichnet werden. Bei größeren Teilchen, von etwa 50 nm aufwärts, hat diese Oberflächenschicht praktisch keine Auswirkung.

Antiferromagnetische Kristalle bestehen aus zwei antiparallelen Spingittern, die sich völlig kompensieren. Daher beobachtet man unterhalb der *Néel*-Temperatur kein resultierendes magnetisches Moment. Diese perfekte Kompensation der antiparallelen Spingitter setzt ein ideales Gitter voraus. Diese Voraussetzung ist aber, wie auch schon im vorhergehenden Beispiel gezeigt wurde, bei kleinen Teilchen nicht überall gegeben. Kompensieren sich die beiden antiparallelen Spingitter nicht vollständig, so ist eine resultierende Magnetisierung zu erwarten. Diese wurde auch, wie in Abb. 8.16 gezeigt wird, experimentell nachgewiesen. Diese Abbildung zeigt Magnetisierungskurven von Chromoxid-Nanoteilchen, Cr_2O_3 [7], die im Temperaturbereich zwischen 10 und 300 K gemessen wurden. Chromoxid, Cr_2O_3, ist antiferromagnetisch, dennoch zeigen die Magnetisierungskurven eine zwar geringe, aber dennoch eindeutig nachweisbare Magnetisierung auf. Diese Erscheinung ist auf die nicht vollständig kompensierten Spingitter in der Oberflächenschicht zurückzuführen.

Analysiert man die Magnetisierungskurven in Abb. 8.16 im Detail, so erkennt an, dass nur bei der niedrigsten Temperatur von 10 K eine Hysterese zu beobachten ist. Bei 40 und 300 K zeigen die Magnetisierungskurven keine Hysterese, das Material ist superparamagnetisch. Das mag bei einer Anwendung im Bereich tiefer Temperaturen ein entscheidender Vorteil sein, da bei diesen tiefen Temperaturen alle anderen Magnetwerkstoffe bereits erheblich Ummagnetisierungsverluste aufweisen. Des Weiteren ist es auffällig, dass selbst bei einem Feld von 1 T noch keine Sättigung zu erkennen ist.

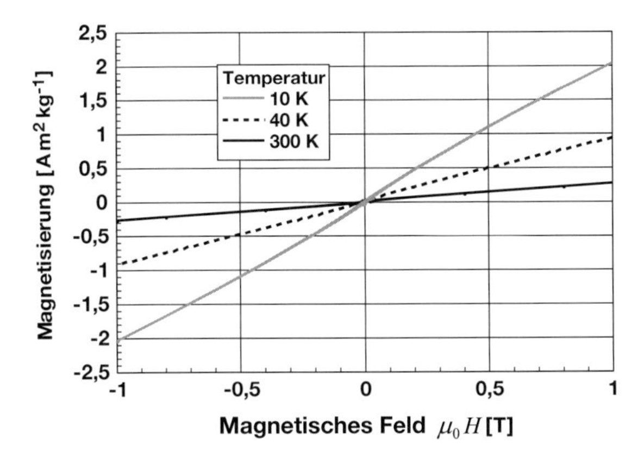

Abb. 8.16 Magnetisierungskurven von Chromoxid (Cr_2O_3) [7], für die Temperaturen 10, 40 und 300 K. Während man bei 40 und 300 K keine Hysterese beobachtet, das Material ist also superparamagnetisch, ist bei 10 K eine leichte Hysterese sichtbar.

Andere antiferromagnetische Verbindungen, die in diesem Zusammenhang von Interesse sein können, sind FeO und MnO.

Wichtig zu wissen
Die Sättigungsmagnetisierung von kleinen Teilchen nimmt mit der Teilchengröße ab. Die Ursache für dieses von der *Langevin*-Funktion abweichende Verhalten liegt in einer etwa 1 nm dicken Oberflächenschicht mit verminderter Ordnung. Die magnetischen Eigenschaften des geordneten Kerns der Teilchen können mit der *Langevin*-Funktion beschrieben werden. Die weniger geordnete Oberflächenschicht kann in grober Näherung als paramagnetisch beschrieben werden. Wegen dieser Oberflächenschicht beobachtet man bei antiferromagnetischen Nanoteilchen einen schwachen Ferromagnetismus.

8.4.2
Suszeptibilität

In diesem Abschnitt ...
Die Suszeptibilität von Nanoteilchen kann bei hinreichend niedrigen Frequenzen mit den allgemeinen theoretischen Ansätzen gut beschrieben werden. Werden die Frequenzen höher, so kommt ein Wechselspiel der thermischen Fluktuationen mit der Energieverteilung nach *Boltzmann* zum Tragen.

Wie Gl. (8.10) zu entnehmen ist, steigt die Suszeptibilität von superparamagnetischem Material quadratisch mit dem magnetischen Moment der Teilchen, sinkt aber mit steigender Temperatur. Da man innerhalb eines Ensembles von Teilchen zwangsläufig eine – wenn auch enge – Verteilung der Temperatur hat, muss man auch einen starken Einfluss der Temperatur vermuten, umso mehr als die Zeitkonstante der Fluktuation (Gl. (8.11)), die ja die Grenzfrequenz der verlustlo-

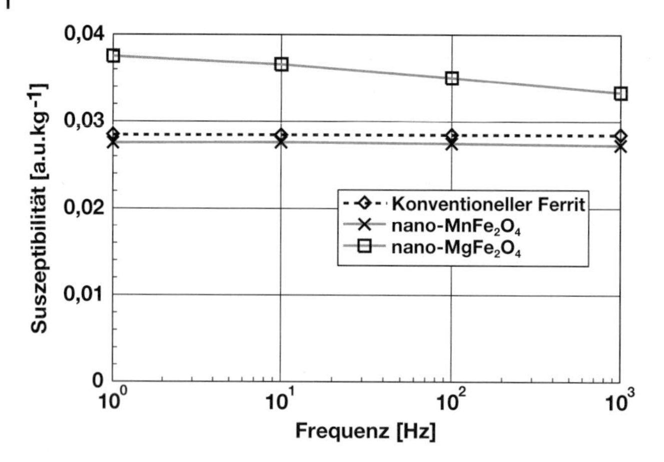

Abb. 8.17 Magnetische Suszeptibilität zweier Formkörper, die aus ferritischen Nanoteilchen bestehen und mit einem Polymer als Abstandhalter umhüllt sind, als Funktion der Frequenz. Zu diesen Ergebnissen sind Vergleichsdaten eines konventionellen Ferriten eingetragen. Im Gegensatz zu den Ergebnissen des konventionellen Ferriten sinkt die Suszeptibilität der aus Nanoteilchen bestehenden Proben leicht mit steigender Frequenz.

sen Ummagnetisierung bestimmt, exponentiell von der Temperatur abhängt. Die Abb. 8.17 zeigt typische Werte der Suszeptibilität zweier nanopartikulärer Ferrite als Funktion der Frequenz – dies im Vergleich mit einem konventionellen Ferrit. Um sicherzustellen, dass die nanopartikulären Ferrite nach Herstellung eines Formkörpers auch superparamagnetisch bleiben, waren die Teilchen mit einem Polymer umhüllt. Damit wurde die Dipol-Dipol-Wechselwirkung zwischen den einzelnen Teilchen nicht unterbunden, aber doch stark reduziert. Eine vollständige Unterdrückung würde eine so dicke Umhüllung notwendig machen, dass der Volumenanteil der magnetisch aktiven Teilchen zu gering würde.

Sieht man sich die in Abb. 8.17 dargestellten experimentellen Ergebnisse genauer an, so wird man zwei Fakten beobachten:

- Die Suszeptibilität der aus nanoskaligen Ferriten hergestellten Proben ist in einem ähnlichen Bereich wie die eines konventionellen Ferriten.
- Im Gegensatz zu dem konventionellen Ferriten sinkt bei den Nanoferriten die Suszeptibilität mit steigender Frequenz.

Das Absinken der Suszeptibilität mit steigender Frequenz hat einen recht komplexen Hintergrund. Hauptursache dafür sind die Energie- (*Boltzmann*-Verteilung) und Größenverteilung der einzelnen Teilchen, die die Relaxationszeit der einzelnen Teilchen beeinflussen. In dem Maße wie die Frequenz ansteigt, sind dann einzelne Teilchen wegen ihrer längeren Relaxationszeit nicht mehr in der Lage, dem Wechsel der Richtung des äußeren Feldes zu folgen.

Wichtig zu wissen
Die Suszeptibilität superparamagnetischer Nanoteilchen nimmt mit zunehmender Frequenz ab. Dieses Verhalten hat seine Ursache in der *Boltzmann*-Energieverteilung der Teilchen, die zu einer Verteilung der Relaxationszeiten führt.

8.5
Mößbauer-Spektrum superparamagnetischer Teilchen

In diesem Abschnitt ...
Aus den vorhergehenden Abschnitten ist ersichtlich, dass das Beobachten des Superparamagnetismus letztlich eine Funktion der Messeinrichtung, bzw. deren Zeitkonstante ist. Diese Situation ist unbefriedigend. In diesem Zusammenhang bietet sich der *Mößbauer*-Effekt als Hilfe bei der Definition an, dies deshalb, weil über diesen Effekt die kürzeste, experimentell einfach zugängliche, klar definierte Zeitkonstante genutzt werden kann.

Bei der Diskussion des *Néel*-Superparamagnetismus wurde bereits darauf hingewiesen, dass Superparamagnetismus nur dann beobachtet wird, wenn die Zeitkonstante der Messeinrichtung größer ist als die magnetische Relaxationszeit der Teilchen. Eine solche Definition ist unbefriedigend, da sie keine klar definierte Grenze gibt. Eine klar definierte physikalische Grenzbedingung kann mithilfe des *Mößbauer*-Effektes gegeben werden. Dabei wird die Resonanzabsorption des ^{57}Fe-Kernes benutzt. Das Spektrum der resonanten γ-Absorption hängt von der chemischen Bindung und dem Magnetfeld, in dem sich der Kern befindet, ab. Grundsätzlich enthält demnach das *Mößbauer*-Spektrum sehr viel Information über den Absorber und seine Umgebung. Die Erläuterungen, die im Folgenden für den *Mößbauer*-Effekt gegeben werden, sind nur grobe, eher plausible Annäherungen an die physikalische Realität. Der *Mößbauer*-Effekt kann eigentlich nur auf der Basis einer quantentheoretischen Behandlung beschrieben werden. Alle anderen Erklärungen, wie auch diese, werden im Sinne einer exakten Beschreibung als inkorrekt angesehen.

Im Falle des Eisens benutzt man bei der Durchführung eines *Mößbauer*-Experimentes den Übergang von ^{57}Co zu ^{57}Fe durch Elektroneneinfang. Der neue Eisenkern befindet sich in einem angeregten Zustand. Neben anderen γ-Quanten emittiert dieser angeregte ^{57}Fe-Kern eine Linie bei 14,4 keV, die für diese Experimente genutzt wird. Die natürliche Breite dieser Emissionslinie liegt bei 10^{-8} eV. Wenn Emitter und Absorber in einem Festkörper fixiert sind, tritt keine, auf Rückstoßeffekte zurückführbare Verbreiterung der Emissions- bzw. Absorptionslinie auf. Ein Schema des Aufbaues eines *Mößbauer*-Experimentes zeigt die Abb. 8.18.

In seiner einfachsten Form besteht ein *Mößbauer*-Spektrometer aus dem Emitter, der mit einer Geschwindigkeit von bis zu etwa $\pm 20\ \mathrm{mm\ s^{-1}}$ hin und her bewegt wird. Damit wird die Energie der Strahlung geringfügig variiert (*Doppler*-Effekt).

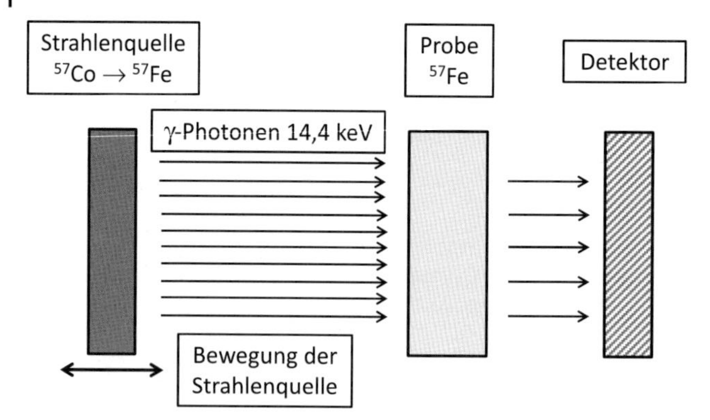

Abb. 8.18 Aufbau eines *Mößbauer*-Experimentes zur Bestimmung des Absorptionsspektrums von Eisen. Man benutzt die 14,4 keV-Emission eines angeregten ^{57}Fe-Kernes, der durch den Übergang von ^{57}Co entstanden ist. Die emittierte Strahlung wird in der Probe teilweise absorbiert. Der transmittierte Anteil wird anschließend mit einem γ-Detektor registriert. Um die Energie der emittierten Strahlung zu variieren, wird der Emitter in der Richtung der Emission hin und her bewegt (*Doppler*-Effekt). Die Geschwindigkeit dieser Bewegung ist im Bereich von $\pm 20\,\mathrm{mm\,s^{-1}}$.

Eine Geschwindigkeit des Emitters von $1\,\mathrm{mm\,s^{-1}}$ relativ zum Absorber bewirkt eine Veränderung der Energie der γ-Quanten von 5×10^{-8} eV. Es ist von entscheidender Bedeutung, dass ein *Mößbauer*-Spektrometer exakt horizontal aufgebaut ist, damit die Schwerkraft keinen Einfluss auf die Energie der γ-Quanten nehmen kann. Aus dem gleichen Grund muss eine Winkeldispersion des γ-Strahles vermieden werden, um eine Verbreiterung der Linien durch die Schwerkraft zu vermeiden. Dieser Aufbau des Experimentes erlaubt die Messung geringster Unterschiede in den Energieniveaus des Kernes, die durch äußere Einflüsse, wie z. B. die chemische Bindung, hervorgerufen werden.

Ergänzung 8.2: Physikalische Grundlagen der Mößbauer-Spektrometrie

Um die Ergebnisse eines *Mößbauer*-Experimentes verstehen zu können, ist es notwendig, zuerst die Energieniveaus eines angeregten ^{57}Fe-Kernes zu kennen. Diese sind in Abb. 8.19 dargestellt.

Aufgrund des elektrischen Quadrupolfeldes in der Umgebung des ^{57}Fe-Kernes kommt es zu einer Quadrupolaufspaltung der Energieniveaus. Diese Aufspaltung enthält Informationen über die Elektronenstruktur des Atoms und damit auch über die chemische Bindung. Diese Aufspaltung $\Delta E_{\text{el-quad}} = VQ$, wobei V der Gradient des elektrischen Feldes und Q die elektrische Ladung des Kernes ist, drückt sich in der Bildung eines Dubletts von Absorptionslinien aus. Ist das Probenmaterial nicht kristallisiert, so variiert die chemische Bindung von Atom zu Atom. Das führt zu einer Verbreiterung dieser Linien, sodass die Quadrupolaufspaltung nicht mehr sichtbar ist.

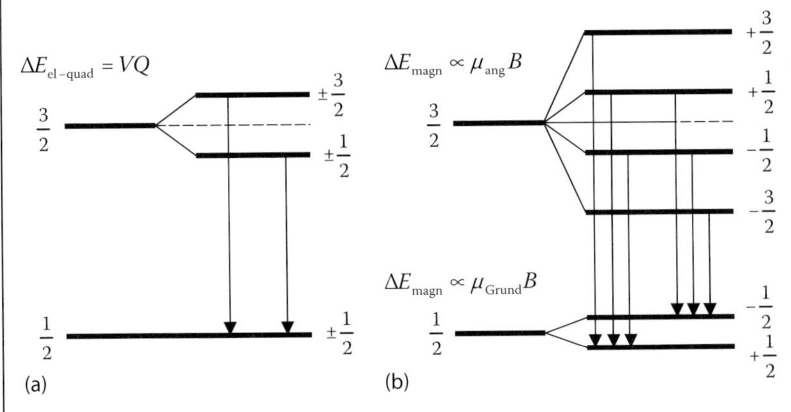

Abb. 8.19 Energieniveaus des ^{57}Fe-Kernes ohne und mit einem äußeren Magnetfeld. Im angeregten Zustand haben die Kerne eine Quadrupolaufspaltung, die durch das elektrische Feld innerhalb des Atoms hervorgerufen wird (a). In dieser Konfiguration sind zwei Übergänge erlaubt; das führt zu dem Dublett. Da die chemische Bindung die Elektronenstruktur des Atoms verändert, beeinflusst diese letztlich auch die Quadrupolaufspaltung. Bei Vorliegen eines äußerem Magnetfeldes erfahren alle Energieniveaus eine weitere Aufspaltung, die durch die beiden möglichen Spins ($\pm\frac{1}{2}$, spin-up und spin-down) hervorgerufen wird (b). Die Auswahlregeln der Quantenmechanik erlauben sechs Übergänge, daher findet man bei magnetischen Materialien ein Sextett von Absorptionsmaxima.

Liegt ein äußeres Magnetfeld vor, so spalten sich alle Energieniveaus entsprechend den beiden Richtungen des Spins $+\frac{1}{2}, -\frac{1}{2}$ weiter auf. Die Größe dieser Aufspaltung $\Delta E_{\text{magn}} = \mu B$ ist dem Magnetfeld B und dem magnetischen Moment des Kernes im Grundzustand μ_{Grund} bzw. im angeregten Zustand μ_{ang} proportional. Man beobachtet demnach im Grundzustand zwei und im angeregten Zustand vier Energieniveaus. Es sind aber gemäß den Auswahlregeln der Quantenmechanik nicht alle möglichen Übergänge erlaubt. Die erlaubten Übergänge müssen der Bedingung $\Delta M \in \{-1, 0, 1\}$ gehorchen. M ist die Quantenzahl der in Abb. 8.19 einzeichneten magnetischen Energieniveaus.[10] Nach dieser Auswahlregel sind ohne äußeres Magnetfeld zwei (Dublett), mit äußerem Magnetfeld sechs (Sextett) Übergänge erlaubt. Im Falle des Sextetts erlaubt die beobachtete Aufspaltung das Berechnen des anliegenden Magnetfeldes (Kristallfeld).

Das *Mößbauer*-Spektrum zeigt, im Falle von nicht magnetischem Material, durch die Aufspaltung im elektrischen Quadrupolfeld zumeist ein Dublett, im Falle von magnetischem Material durch eine zusätzliche *Zeemann*-Aufspaltung der Niveaus für die beiden möglichen Spins ein Sextett oder man findet eine Überlagerung dieser beiden Grundtypen. Hat man ein ferromagnetisches Material vorliegen, so

10) Beispiele: Der Übergang $+\frac{3}{2} \to +\frac{1}{2}$ ist erlaubt, während der Übergang $+\frac{3}{2} \to -\frac{1}{2}$ verboten ist.

ist ein Sextett im *Mößbauer*-Spektrum zu erwarten. Im Falle superparamagnetischer Proben tritt ein weiteres Phänomen hinzu: Der Kern des absorbierenden ^{57}Fe-Atoms rotiert. Die Frequenz dieser Rotation (*Lamor*-Präzession), ist im Bereich von 10^9 Hz. Nun muss man im Falle superparamagnetischer Teilchen zwei Fälle unterscheiden:

- Die *Lamor*-Frequenz ist deutlich größer als die Fluktuationsfrequenz der Magnetisierung. In diesem Falle erscheint im *Mößbauer*-Spektrum das bereits beschriebene Sextett von Absorptionslinien.
- Die *Lamor*-Frequenz ist wesentlich kleiner als die Fluktuationsfrequenz der Magnetisierung. In diesem Falle „merkt" der rotierend Kern nicht, dass er sich in einem Magnetfeld befindet, während einer Umdrehung „spürt" der Kern ein Magnetfeld, das im Mittel null ist.[11] Das *Mößbauer*-Spektrum zeigt das Dublett, das für nicht magnetisches Material typisch ist.

Zwischen diesen beiden Extremen gibt es noch einen Übergangsbereich, in dem der Kern im Mittel nur ein reduziertes Magnetfeld spürt. Wie später gezeigt wird, wird dieser Übergang auch zur Definition der Blocking-Temperatur benutzt.

Das *Mößbauer*-Spektrum ist ein Absorptionsspektrum. Man trägt die Transmission der γ-Quanten gegen die Geschwindigkeit auf, mit der der Emitter bewegt wurde. In diesem Fall steht die Geschwindigkeit für die Änderung der Energie, die den emittierten Quanten durch die Bewegung aufgeprägt wurde. Da es sich um die Absorption von relativ wenigen Teilchen handelt, ist die statistische Streuung der Messwerte im Allgemeinen recht ausgeprägt. Daher können, nach Subtraktion des Untergrundes, auch Transmissionswerte auftreten, die größer als eins sind.

Die Abb. 8.20 zeigt das *Mößbauer*-Spektrum einer Maghämitprobe, γ-Fe_2O_3, die teilweise superparamagnetisch ist. Dieses, bei 300 K aufgenommene Absorptionsspektrum zeigt eine Überlagerung von Dublett und Sextett. Die Summe dieser beiden Spektren beschreibt die experimentellen Daten sehr genau. Auf der Basis der vorstehenden Erläuterungen ist es klar, dass das Dublett dem superparamagnetischen und das Sextett dem normalmagnetischen Anteil in der Probe zuzuordnen ist.

Zeigt die Abb. 8.20 eine Probe, die nicht vollständig superparamagnetisch war, so ist dies bei den in Abb. 8.21 gezeigten Ergebnissen völlig anders. In diesem Fall handelt es sich um eine Probe aus Manganferrit-Teilchen, $MnFe_2O_4$, deren Spektrum bei 300 K aufgenommen wurde. In diesem Falle zeigt das Spektrum lediglich das Dublett, das für nicht magnetisches oder superparamagnetisches Material charakteristisch ist. Wenn die Teilchen sehr klein sind und die weniger geordnete, unmagnetische Oberflächenschicht den größten Teil der Teilchen einnimmt, dann findet man für diesen Teil der Probe anstelle des Dubletts nur einen breiten Buckel im Spektrum.

11) Ich bitte darum, diese anthropologisierende Wortwahl zu entschuldigen; diese ist nötig, um diesen komplexen Sachverhalt in Worte fassen.

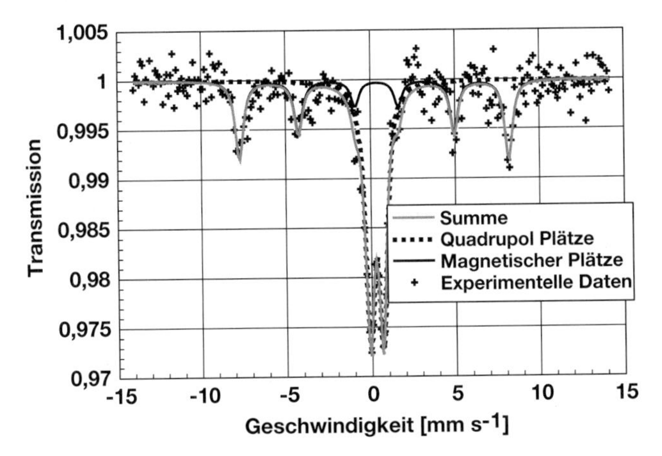

Abb. 8.20 *Mößbauer*-Spektrum einer Maghämitprobe (γ-Fe_2O_3), die teilweise aus superparamagnetischen Teilchen, charakterisiert durch das Dublett, sowie aus normalen magnetischen Teilchen, gekennzeichnet durch das Sextett, besteht. Dieses Spektrum wurde bei 300 K aufgenommen. In diesem Graphen sind neben den streuenden experimentellen Punkten zusätzlich die berechneten Spektren für die beiden Arten von Teilchen, die Dublett- bzw. Sextettaufspaltung aufweisen. Die Summe dieser beiden Absorptionsspektren gibt eine gute Anpassung an die experimentellen Daten.

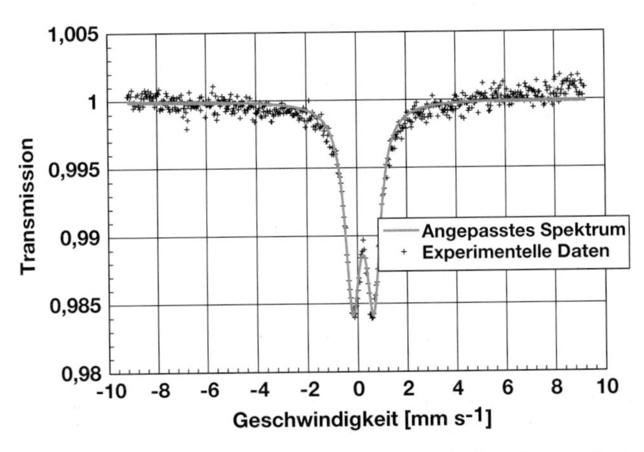

Abb. 8.21 *Mößbauer*-Spektrum von polymerumhülltem Manganferrit-Nanoteilchen ($MnFe_2O_4$), gemessen bei 300 K. Da alle Teilchen superparamagnetisch waren, ist in diesem Spektrum nur das Dublett, das von der Quadrupolaufspaltung stammt, zu sehen.

Im *Mößbauer*-Spektrum, das in Abb. 8.21 dargestellt ist, ist nur das Dublett zu sehen. Dieses Material ist superparamagnetisch mit einer Relaxationszeit von weniger als 10^{-9} s. Ein solches Spektrum wird als ultimative Definition für den *Néel*-Superparamagnetismus verwendet.[12)]

12) In diesem Zusammenhang muss darauf hingewiesen werden, dass der *Brown*'sche Superparamagnetismus keinen Einfluss auf das *Mößbauer*-Spektrum hat.

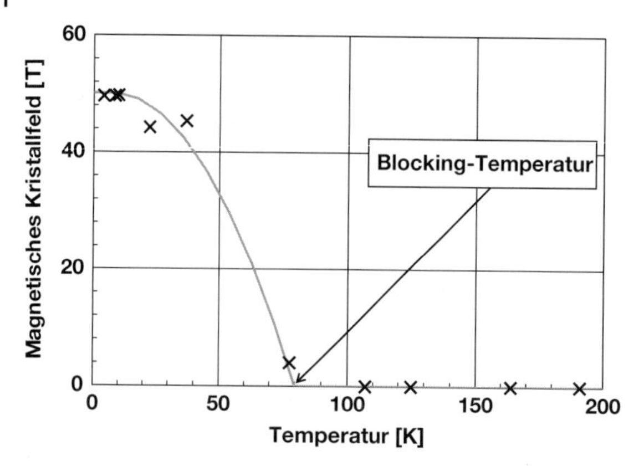

Abb. 8.22 Magnetisches Kristallfeld einer Probe aus Maghämit-Nanoteilchen (γ-Fe_2O_3), die mit Zirkonoxid (ZrO_2) beschichtet waren, als Funktion der Temperatur. Das Kristallfeld wurde aus der Aufspaltung des Sextetts im *Mößbauer*-Spektrum berechnet. Nur der Wert bei 4 K hat physikalische Realität. Die Werte bei höheren Temperaturen sind in erster Näherung der Mittelwert des Feldes, das die Kerne bei einer Drehung sehen. Wenn die *Lamor*-Frequenz größer wird als die Frequenz der Fluktuationen, ist dieser Wert null. Dann ist die Probe, in diesem Fall oberhalb von 80 K, superparamagnetisch.

Das *Mößbauer*-Spektrum gibt nicht nur Information über das Vorhandensein des Superparamagnetismus, aus der Aufspaltung der Linien im Spektrum kann man auch bei sehr tiefen Temperaturen das magnetische Feld im Kristall berechnen und im Falle von Teilchen mit sehr enger Größenverteilung lässt sich auch die Blocking-Temperatur sehr genau bestimmen. Ein typisches Beispiel dafür ist in Abb. 8.22 dargestellt. Diese Abbildung zeigt den Verlauf des errechneten magnetischen Feldes in einem Kristall als Funktion der Temperatur. Die Probe bestand aus γ-Fe_2O_3-Teilchen. Bei der niedrigsten Temperatur wurde ein magnetisches Feld von 50 T berechnet. Das ist das magnetische Kristallfeld. Mit steigender Temperatur nimmt das berechnete Kristallfeld ab, bis es bei etwa 80 K auf null absinkt. Das ist die Blocking-Temperatur. Dieses Rechenergebnis muss allerdings mit größter Vorsicht interpretiert werden. Der bei 4 K bestimmte Wert ist tatsächlich das Kristallfeld. Die Abnahme des Kristallfeldes, die bei steigender Temperatur aus der Aufspaltung des Sextetts berechnet wurde, ist durch die Fluktuation des Magnetisierungsvektors in den Teilchen vorgetäuscht. Es ist das magnetische Feld, das der Kern im Mittel bei einer Umdrehung „fühlt". Oberhalb von 80 K ist das Material superparamagnetisch, das *Mößbauer*-Spektrum besteht nur mehr aus dem Dublett, da die Fluktuationsfrequenz des Magnetisierungsvektors größer ist als die *Lamor*-Frequenz.

Die Definition der Blocking-Temperatur, wie sie aus Abb. 8.22 ableitbar ist, ist zwar die einzige, die physikalisch exakt ist, darf aber nur für Proben mit extrem enger Teilchengrößenverteilung benutzt werden. Bei Proben mit weiter Teilchengrößenverteilung wird die Temperatur als Blocking-Temperatur definiert, bei der die Hälfte des Materials superparamagnetisch ist.

Gibt man eine superparamagnetische Probe in ein äußeres Magnetfeld, so wird, abhängig vom äußeren Feld, der Magnetisierungsvektor eines Teiles der Teilchen ausgerichtet. Diese Teilchen können nicht mehr fluktuieren. Misst man das *Mößbauer*-Spektrum in einem äußeren Magnetfeld, so wird ein Teil der Probe das Sextett zeigen. Erreicht man die Sättigungsmagnetisierung, so wird man nur mehr das Sextett finden.

Wichtig zu wissen

Vermittels des *Mößbauer*-Effektes misst man die resonante Absorption von 14,4 keV γ-Quanten in ^{57}Fe-Kernen, die von angeregten ^{57}Fe-Atomen, Folgeprodukte nach Elektroneneinfang von ^{57}Co-Kernen, emittiert wurden. Dieses Absorptionsspektrum wird von der elektronischen Konfiguration des Eisens sowie den umgebenden elektrischen und magnetischen Feldern stark beeinflusst. Die einzelnen Linien des Absorptionsspektrums sind so scharf (circa 10^{-8} eV), dass diese Einflüsse quantitativ bestimmt werden können. Bei ferromagnetischen Materialien beobachtet man ein Sextett von Absorptionslinien, bei allen anderen ein Dublett. Wenn die Fluktuationsfrequenz des Magnetisierungsvektors eines superparamagnetischen Teilchens größer ist als die *Lamor*-Frequenz des Atomkernes des Eisens (circa 10^9 Hz), dann findet man ebenfalls nur das Dublett. Diese Erscheinung wird zur Definition des Superparamagnetismus herangezogen. Darüber hinaus können auch die Blocking-Temperatur und auch das magnetische Kristallfeld bestimmt werden.

8.6 Ausgewählte Anwendungen von superparamagnetischen Teilchen

8.6.1 Ferrofluide

In diesem Abschnitt ...

Ferrofluide sind Suspensionen von ferromagnetischen Nanoteilchen in einer Flüssigkeit. Stabilisiert werden diese Suspensionen durch den Zusatz von Tensiden. Wichtige Anwendungen finden sich in der Medizin sowie in der Technik. Gerade Anwendungen für die Biotechnologie und Medizin sind solche höchster Wertschöpfung.

Zwei erfolgreiche technische Anwendungen von Ferrofluiden bestehend aus superparamagnetischen Teilchen wurden bereits im Abschn. 6.3 erläutert. In diesem Abschnitt werden Anwendungen in Richtung Biologie und Medizin besprochen.

In der Biotechnologie oder medizinischen Analyse besteht des Öfteren die Notwendigkeit, eine bestimmte Art von Zellen aus einer Suspension zu bestimmen, zu zählen und zu entfernen. Konventionell wird diese Arbeit von einer Person mithilfe eines Mikroskops von Hand durchgeführt. Diese Arbeit ist ermüdend,

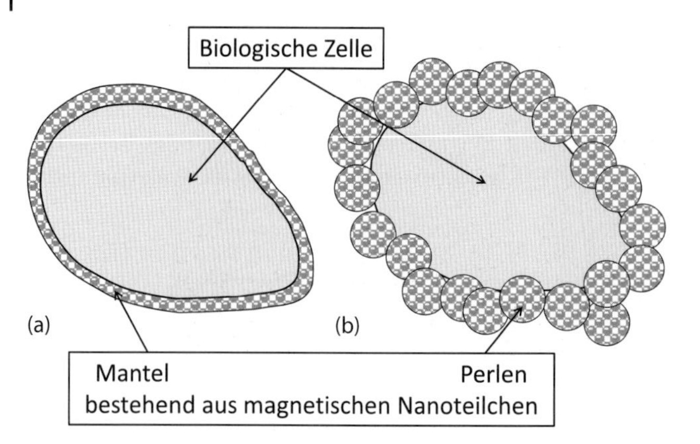

Abb. 8.23 Eine biologische Zelle, deren Oberfläche mit funktionalisierten magnetischen Teilchen belegt ist. Dies kann auf zwei Arten geschehen: Die Zelle wird mit einem Mantel dieser Teilchen belegt (a) oder es werden zuerst aus den Teilchen Kügelchen („Perlen") geformt, die dann funktionalisiert werden (b).

zeitraubend und daher auch sehr teuer. Diese Aufgaben können mithilfe suspendierter magnetischer Nanoteilchen wesentlich vereinfacht werden. Dazu muss die Oberfläche der Teilchen für die Zellen dieser Aufgabe vorbereitet werden. Das geschieht durch Funktionalisieren mit einem für die infrage stehenden Zellen spezifischen Protein. Die Aufgabe der Trennung bzw. Quantifizierung der infrage stehenden Zellen wird durch Zugeben einer Suspension mit funktionalisierten Nanoteilchen zu einer Suspension der Zellen durchgeführt. Da sich diese magnetischen Nanoteilchen an genau eine Art der Zellen andocken, können diese anschließend mithilfe eines externen Magnetfeldes abgetrennt werden. Für diese Anwendung sind zwei Vorgehensweisen möglich; diese sind in Abb. 8.23 dargestellt.

Die Abb. 8.23 zeigt eine biologische Zelle, deren Oberfläche mit magnetischen Teilchen belegt ist. Um das zielgerichtet zu machen, ist es nötig, die Oberfläche der magnetischen Teilchen so zu funktionalisieren, dass sich diese nur an genau eine Art von Zellen festheften. Bei dieser Anwendung können die Teilchen entweder einen dicken Mantel auf den Teilchen bilden oder man formt zuerst Kügelchen und funktionalisiert deren Oberfläche. In der Laborpraxis hat sich die zweite Variante mit den Kügelchen als besonders vorteilhaft herausgestellt. Nach der magnetischen Separation der Zellen kann deren Anzahl über eine magnetische Messung bestimmt werden. Magnetische Messungen sind aber im Gegensatz zu optischen relativ teuer. Es wurden daher bifunktionale Teilchen entwickelt, die nicht nur magnetisch sind, sondern auch Lumineszenz aufweisen [8–10].

Die Tatsache, dass stabilisierte Ferrofluide aus superparamagnetischen Teilchen keine magnetischen Cluster bilden, ist bei deren Verwendung als Kontrastmittel bei der Kernspintomografie (nuclear magnetic resonance, NMR) von essenzieller Bedeutung [11]. Der Vorteil eines Ferrofluides gegenüber den herkömmlich verwendeten Lösungen von Gadoliniumsalzen liegt bei dieser Anwen-

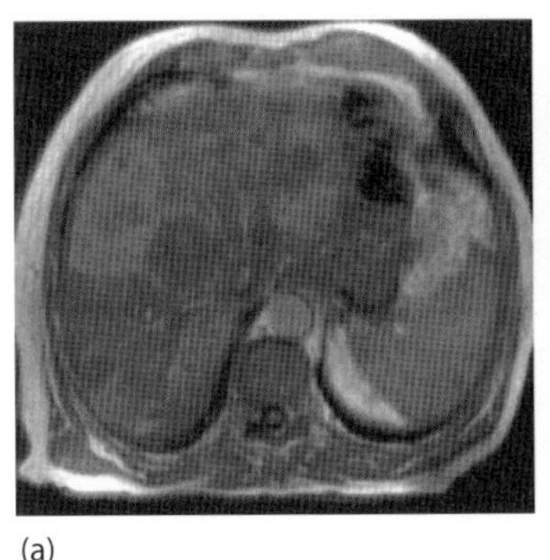
(a)

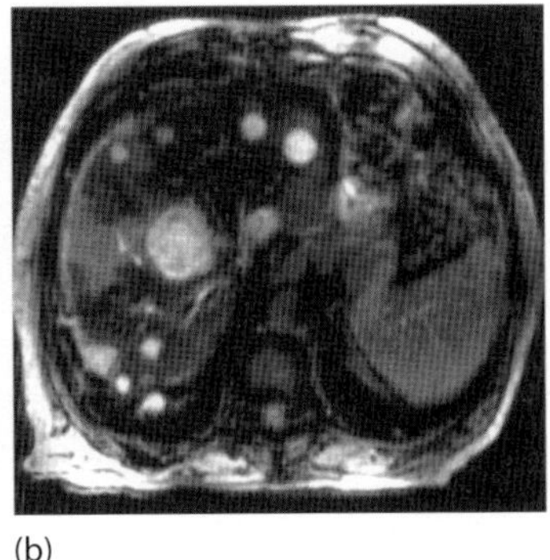
(b)

Abb. 8.24 Vergleich zweier NMR-Bilder zur Demonstration der Kontrastverstärkung durch superparamagnetische Teilchen. Es handelt sich bei diesen Bildern um Metastasen eines Gallenblasenkarzinoms [12]. Die Bilder wurden unmittelbar nach Infusion der Suspension von superparamagnetischen γ-Fe_2O_3-Teilchen in das Blut des Patienten (a) sowie etwas später, nachdem sich das Kontrastmittel verteilt hatte, aufgenommen. Die hellen Stellen in (b) repräsentieren die Metastasen des Tumors. (Mit Erlaubnis von B. Tombach, Institut für Radiologie, Universitätsklinikum Münster.)

dung in dem wesentlich höheren magnetischen Moment der einzelnen Teilchen sowie der Möglichkeit, diese Teilchen durch geeignetes Funktionalisieren spezifisch für ein bestimmtes Organ oder einen Tumor zu machen. Darüber hinaus besteht noch die grundsätzliche Möglichkeit, die Teilchen über ein externes Magnetfeld zu manipulieren.

Die Erhöhung des Kontrastes bei der Kernspinresonanz erfolgt durch eine lokale Veränderung des Magnetfeldes durch die Teilchen. Dadurch wird die Resonanz der *Lamor*-Frequenz der Protonen, die vom äußeren Magnetfeld abhängt, lokal verändert. Für eine Anwendung werden die magnetischen Teilchen in Wasser stabil suspendiert. Diese Suspension wird vermittels einer Infusion in den Blutkreislauf des Patienten eingebracht. Die Abb. 8.24 zeigt nun einen Vergleich zweier NMR-Bilder, die einmal ohne und einmal mit einem Ferrit-Teilchen enthaltenden Kontrastmittel aufgenommen wurden.

Wichtig zu wissen

Ferrofluide sind Suspensionen ferromagnetischer Nanoteilchen in einer Flüssigkeit, die durch den Zusatz von 10 bis 15 Vol.-% an Tensiden stabilisiert sind. Der Volumenanteil magnetischer Teilchen ist etwa gleich groß. Anwendungen dieser Suspensionen finden sich in vielen Bereichen der Technik (siehe Abschn. 6.3) sowie in der Medizin und Biotechnologie. Diese Anwendungen reichen von der Benutzung als Kontrastmittel bei der Kernspintomografie (als Ersatz für Gadoliniumsalze) sowie zur Separation suspendierter Zellen. Ein wesentlicher Vorteil der Verwendung magnetischer Nanoteilchen liegt in der Möglichkeit einer für bestimmte Zelltypen charakteristischen Funktionalisierung.

8.6.2 Magnetische Kühlung

In diesem Abschnitt ...
Seit 1926 Debye die magnetische Kühlung als Methode zur Erreichung von Temperaturen in der Nähe von 0 K vorgeschlagen hat, ist diese Technologie in der Physik etabliert. Durch die Verwendung von superparamagnetischen Nanoteilchen anstelle von Verbindungen der Seltenen Erden wurde die Nutzung dieses Phänomen bei Raumtemperatur ermöglicht. Die durch adiabatische Magnetisierung bzw. Entmagnetisierung von magnetischen Teilchen erzielbaren Temperaturdifferenzen können durch konsequente Anwendung der klassischen Thermodynamik berechnet und optimiert werden. Ein besonderer Vorteil der Anwendung der magnetischen Kühlung bei Kühlschränken ist in einem besseren Wirkungsgrad und in dem Verzicht auf klimaschädliche Gase zu finden.

Magnetische Kühlung, beruhend auf dem magnetokalorischen Effekt, ist in der Tieftemperaturphysik seit Langem Standard um Temperaturen unter etwa 0,5 K zu erreichen. Für diesen adiabatischen Prozess verwendet man zumeist Salze oder Legierungen der Seltenen Erden. Durch die Verwendung von superparamagnetischen Teilchen hat sich die Obergrenze des Anwendungsbereiches dieses Kühlverfahrens bis in den Bereich der Raumtemperatur verlagert. Im Bereich der Raumtemperatur wäre die wichtigste Anwendung der in jedem Haushalt zu findende Kühlschrank. Eine erfolgreiche Anwendung auf diesem Sektor hätte die folgenden entscheidenden Vorteile:

- Magnetische Kühlung benötigt keine Chemikalien, die die Ozonschicht schädigen oder die Klimaänderung fördern könnten.
- Der elektrische Wirkungsgrad wäre deutlich besser als bei konventionellen Kühlschränken.

Magnetische Kühlung nutzt den magnetokalorischen Effekt, ein Phänomen, das unter adiabatischen Bedingungen zu einem Temperaturanstieg führt, wenn man einen paramagnetischen Werkstoff in ein Magnetfeld bringt. Dieser Vorgang ist reversibel, wenn man das Material wieder aus dem Magnetfeld entfernt; daher ist es möglich, einen Kreisprozess zur Kühlung zu entwickeln.

Um zu verstehen, warum die Verwendung superparamagnetischer Teilchen die Anwendung des magnetokalorischen Effektes bis zur Raumtemperatur hin erweitert, ist es notwendig, die physikalischen Grundlagen zu analysieren.

Man nimmt ein paramagnetisches Material mit der Temperatur T und einem magnetischen Feld $H = 0$ an. Unter diesen Bedingungen sind die Spins (bei einem Paramagneten) bzw. die magnetischen Momente der Teilchen (bei einem Superparamagneten) nicht geordnet. Dieses Material hat die Entropie $S_{H=0}$. Bringt man dieses Material in ein Magnetfeld, so ordnen sich die Spins, die Entropie reduziert sich auf $S_{H>0}$ [13)]

$$S_{H=0} > S_{H>0} \tag{8.15}$$

Da für die folgenden Betrachtungen nur die Differenzen der thermodynamischen Größen von Bedeutung sind, wird $S_{H=0} = 0$ gesetzt, folglich gilt immer $S_{H>0} < 0$. Die Änderung der Enthalpie U_{magn} zufolge eines Magnetfeldes H ist dann $U_{\text{magn}} = TS_{H>0}$. Hat das Material die Suszeptibilität χ, so ist dessen magnetische Energie gegeben durch

$$U_{\text{magn}} = \frac{1}{2}\chi H^2 \tag{8.16}$$

Nimmt man einen adiabatischen Prozess an, so gilt im Gleichgewichtszustand

$$\begin{aligned} C_V T + U_0 &= C_V(T + \Delta T) + U_0 - U_{\text{magn}} \\ 0 &= C_V \Delta T - \frac{1}{2}\chi H^2 \end{aligned} \tag{8.17}$$

Setzt man den Wert für χ, der in Gl. (8.10b) angegeben wurde, ein, so erhält man für die Temperaturdifferenz bei Einschalten eines Magnetfeldes

$$\Delta T = \frac{1}{2}\chi \frac{H^2}{C_V} = \frac{1}{2}\frac{nm^2}{3kT}\frac{H^2}{C_V} \tag{8.18}$$

In Gl. (8.18) ist m das magnetische Moment eines Teilchens und n die Anzahl der Teilchen in der Probe. Analysiert man Gl. (8.18) im Hinblick auf optimale Bedingungen für die magnetische Kühlung, so wird schnell klar, dass

- das Magnetfeld so hoch wie möglich sein sollte, da es quadratisch eingeht. Bedenkt man, dass mit modernen Permanentmagneten Felder von bis zu 1 T erreicht werden, ist dies als weniger problematisch anzusehen.
- Das magnetische Moment der einzelnen Teilchen sollte, da es ebenfalls quadratisch eingeht, ebenfalls möglichst groß sein. Gerade in diesem Punkt wird der Vorteil superparamagnetischer Teilchen, die bis zu mehreren Tausend ungepaarter Spins haben können, besonders deutlich. Die in der Tieftemperaturphysik verwendeten Salze der Seltenen Erden kommen auf weniger als zehn ungepaarte Spins pro Molekül.
- Tiefe Temperaturen sind ebenfalls von Vorteil, diese sind aber bei superparamagnetischen Materialien wegen der Blocking-Temperatur begrenzt. Das spielt aber bei Kühlschränken oder Kühltruhen für den Haushalt keine Rolle, da man bei diesen Geräten keine Temperaturen unter 250 K verwendet. Diesen Nachteil haben die Salze der Seltenen Erden nicht, daher werden diese auch in der Tieftemperaturphysik benutzt.

13) In diesem Zusammenhang muss darauf hingewiesen werden, dass die Entropie in einem ungeordneten Zustand immer größer ist als die in einem geordneten Zustand. Die Wahrscheinlichkeit für das Auftreten des geordneten Zustandes ist geringer. Das heißt, dass die Entropie eines Kristalls geringer ist als die einer Flüssigkeit, welche ihrerseits wieder geringer ist als die eines Gases.

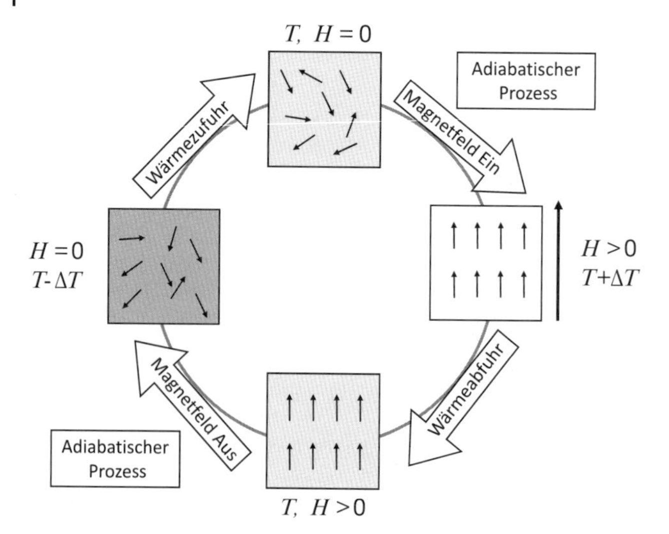

Abb. 8.25 Schema des vierstufigen adiabatischen Kreisprozesses, der bei der magnetokalorischen Kühlung angewandt wird.

Im Hinblick auf eine technische Realisierung ist es von Vorteil, Werkstoffe auszuwählen, deren *Curie*-Temperatur im Bereich der Betriebstemperatur des Kühlaggregates liegt. In diesem Fall trägt zusätzlich die Entropieänderung der magnetischen Phasentransformation zum gewünschten Ergebnis bei. Bei der technischen Realisierung wird ein vierstufiger Kreisprozess benutzt, dessen einzelne Stufen in folgender Weise arbeiten:

- Das superparamagnetische Material mit der Temperatur T wird adiabatisch in ein Magnetfeld der Stärke H gebracht. Dabei verändert sich die Temperatur des Materials auf $T + \Delta T$.
- Nun wird das Material, das sich noch immer im Magnetfeld befindet, in einen Wärmetauscher gebracht. In diesem wird die Temperatur wieder auf T reduziert.
- Nach dem Wärmetauscher verlässt das Material das Magnetfeld. Dabei reduziert sich die Temperatur auf $T - \Delta T$.
- Als letzte Station bewegt sich das Material zu dem Wärmetauscher, der die Kühlung vermittelt.

Die Abb. 8.25 zeigt den oben beschriebenen Kreisprozess in einer grafischen Darstellung.

Bei einer technischen Realisierung kann man beispielsweise das magnetokalorische Material auf einer rotierenden Scheibe befestigen. Diese Scheibe rotiert in einem System mit zwei Wärmetauschern, von denen einer in ein Magnetfeld integriert ist, während sich der zweite Wärmetauscher außerhalb dieses Feldes befindet. Anstelle der rotierenden Scheibe sind auch Konstruktionen denkbar, bei denen ein Ferrofluid umgepumpt wird. Das Prinzip einer technisch realisierba-

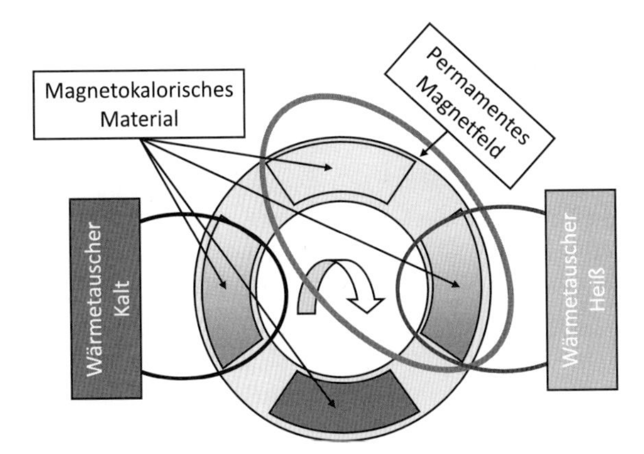

Abb. 8.26 Prinzip einer realisierbaren technischen Konstruktion für eine Einrichtung zur magnetischen Kühlung. Die rotierende Scheibe trägt die superparamagnetischen Teilchen. Diese werden vermittels dieser Scheibe zwischen den beiden Wärmetauschern, von denen sich einer in einem Magnetfeld befindet, transportiert.

ren Kühleinrichtung mit rotierender Scheibe, auf der das superparamagnetische Material angebracht ist, ist in Abb. 8.26 dargestellt.

Da es heute möglich ist, die benötigten hohen Feldstärken von bis zu 1 T und mehr mithilfe von Permanentmagneten zu erzeugen, steht der technischen Realisierung nichts mehr im Wege. Kühlschränke auf der Basis des magnetokalorischen Effektes mit einer Kühlleistung von bis zu 100 W, die Temperaturdifferenzen von etwa 25 K erreichen, wurden heute bereits realisiert. Moderne Konstruktionen zeichnen sich durch eine Energieersparnis von bis zu 60 % gegenüber konventionellen Kühlschränken aus. Problematisch ist derzeit lediglich der Preis für die Permanentmagnete, da diese zumeist erheblich Mengen von Seltenen Erden benötigen.

Eine Zusammenfassung der Theorie und Technik magnetokalorischer Systeme wurde von Gschneidner *et al.* [13] veröffentlicht.

Wichtig zu wissen

Die Verwendung von ferromagnetischen Nanoteilchen als Medium bei der Kühlung für Kühlschränke ist einem kommerziellen Durchbruch nahe. Die magnetische Kühlung beruht auf dem Wechselspiel zwischen Ordnung und Unordnung der Orientierung der Magnetisierung der Nanoteilchen, wenn man diese in ein Magnetfeld bringt und wieder herausnimmt. Der Kühleffekt nimmt mit dem Quadrat des magnetischen Momentes der Teilchen und des Magnetfeldes zu. Mit zunehmender Temperatur nimmt jedoch der Kühleffekt ab. Die technische Realisierung erfolgt in einem vierstufigen Prozess.

8.7
Austauschgekoppelte magnetische Nanowerkstoffe

In diesem Abschnitt ...
Lässt man zwischen magnetischen Teilchen Austauschkopplung zu, so kann man neue, deutlich verbesserte magnetische Werkstoffe erhalten. Diese Technologie, die ursprünglich von *Kneller* für hartmagnetische Werkstoffe entwickelt wurde, kann auch mit großem Vorteil auf weichmagnetische Werkstoffe angewandt werden. Austauschgekoppelte hartmagnetische Materialien sind signifikant besser und deutlich billiger als deren konventionelle Gegenstücke. Bei austauschgekoppelten weichmagnetischen Werkstoffen erreicht man Werte für die Suszeptibilität, die konventionell nicht möglich sind.

In der bisherigen Diskussion von magnetischen Nanoteilchen wurde eine Wechselwirkung der Teilchen über Dipol-Dipol-Kopplung als nachteilig betrachtet. Um eine solche Kopplung zu unterbinden, wurden die Teilchen mit Abstandhaltern versehen. Bei den im Folgenden zu besprechenden austauschgekoppelten magnetischen Nanoteilchen ist es gerade diese Wechselwirkung, die zu den besonderen Eigenschaften führt. Die magnetischen Momente von austauschgekoppelten Teilchen sind parallel orientiert. Das ist ein wesentlicher Unterschied zur Dipol-Dipol-Kopplung, bei der die Teilchen antiparallel orientiert sind. Als einfachstes Beispiel seien hier elektrische Dipole genannt, bei denen sich immer positive und negative Ladungen anziehen. Bei Magneten sind es bei der Dipol-Kopplung immer der Nord- und der Südpol, die sich gegenseitig anziehen. Bei den austauschgekoppelten Clustern ist z. B. ein hartmagnetisches Teilchen von weichmagnetischen Teilchen umgeben, wobei alle Teilchen dieselbe magnetische Orientierung haben.

Durch eine geschickte Kombination verschiedener nanoskaliger Magnetteilchen gelang es als Erstem *Kneller* [14] Magnetwerkstoffe mit neuen, wesentlich verbesserten Eigenschaften zu erhalten. Die Grundidee dieser neuen Magnetwerkstoffe ist relativ einfach: Magnetisch harte Teilchen behalten die Richtung ihrer Magnetisierung bei, wenn sich andere, magnetisch weiche Teilchen in deren Nähe befinden. Die Magnetisierungsrichtung der magnetisch weichen Teilchen, zumeist superparamagnetische Teilchen, richtet sich nach der der magnetisch harten Teilchen aus. Deshalb kombinierte *Kneller* magnetisch weiche und magnetisch harte Teilchen in einem neuen Kompositwerkstoff. Bei diesem Komposit sind die Magnetisierungsvektoren aller Teilchen gleich orientiert. Diese erzwungene Ausrichtung der magnetisch weichen Teilchen durch die magnetisch harten ist in Abb. 8.27 visualisiert. Die beiden Arten magnetischer Teilchen sind in diesen Kompositen „austauschgekoppelt". Ein Volumenanteil von etwa 11 % hartmagnetischem Material ist hinreichend, um einen überlegenen, neuen Magnetwerkstoff zu erhalten [14].

Das in Abb. 8.27 gezeigte Prinzip lässt sich in technisch verwertbare Werkstoffe umsetzen. Dabei sind generell zwei Arten der Anordnung der Orientierung hartmagnetischer Teilchen möglich: Die Orientierung der Teilchen kann rein zufällig oder geordnet sein. Selbstverständlich sind hier alle denkbaren Zwischenstu-

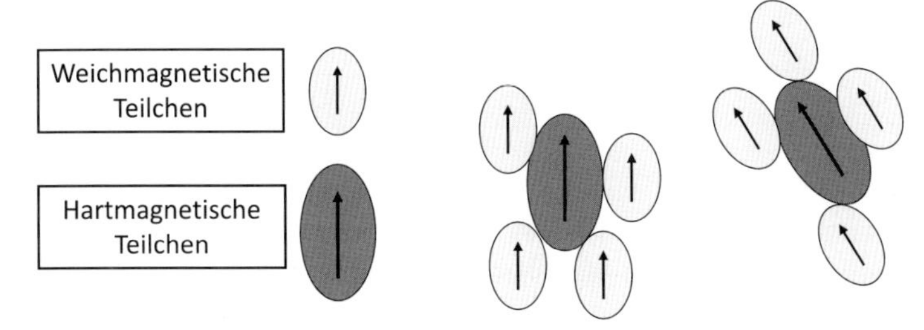

Abb. 8.27 Kombiniert man magnetisch harte und magnetisch weiche Teilchen in einem Komposit, so werden sich die Magnetisierungsrichtungen der magnetisch weichen Teilchen nach der der magnetisch harten Teilchen ausrichten. Die entstehenden magnetischen Cluster wirken jeweils wie ein großes magnetisch hartes Teilchen.

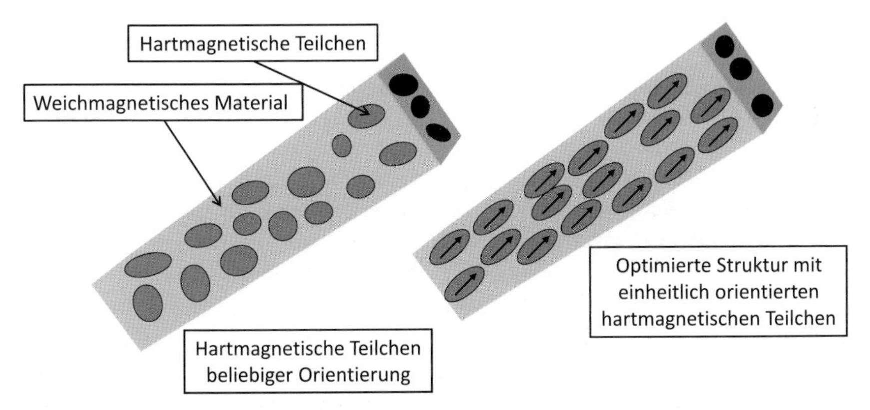

Abb. 8.28 Zwei Werkstücke bestehend aus einem hartmagnetischen, austauschgekoppelten Nanokomposit. Die hartmagnetischen Teilchen können entweder zufällig verteilt oder streng geordnet sein.

fen zwischen geordnet und ungeordnet möglich, in der technischen Realisierung aber nicht sehr wahrscheinlich, da solche Komposite durch pulvermetallurgische Verfahren hergestellt werden. Man erreicht die Ausrichtung der Teilchen durch Anlegen eines Magnetfeldes beim Verdichten oder Sintern des Pulverhaufwerkes. Diese beiden Möglichkeiten sind in Abb. 8.28 dargestellt.

Ein solcher magnetisch harter Komposit hat die folgenden Vorteile:

- Solche Komposite sind billiger als konventionelle Permanentmagnete, da magnetisch weiche Materialien immer billiger sind als magnetisch harte und
- die Magnetisierung ist höher als die des reinen Werkstoffes, da die Sättigungsmagnetisierung magnetisch weicher Materialien höher ist als die magnetisch harter, andererseits bleibt die hohe Koerzitivkraft der hartmagnetischen Teilchen erhalten.

Der Effekt der Kombination dieser beiden magnetischen Werkstoffe ist in Abb. 8.29 anhand der Magnetisierungskurven schematisch dargestellt.

In Abb. 8.29 sind zwei Merkmale wesentlich: Die magnetisch harten Teilchen haben eine hohe Koerzitivkraft, aber eine geringe Sättigungsmagnetisierung; bei den weichmagnetischen, zumeist superparamagnetischen Teilchen ist es umge-

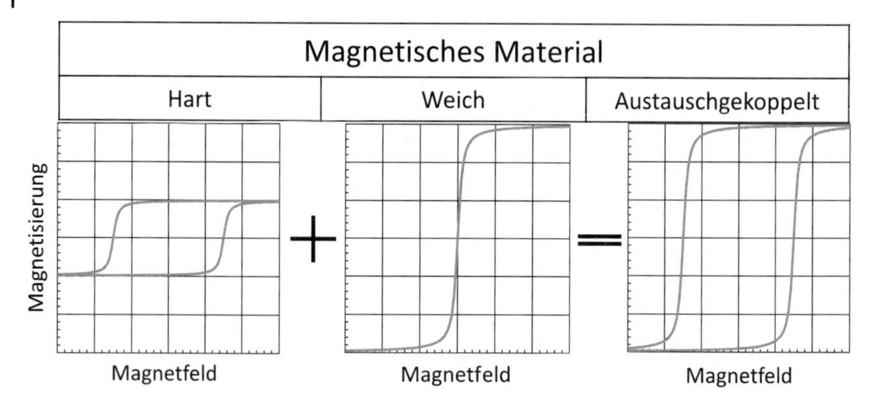

Abb. 8.29 Der Hintergrund der Idee einer Kombination zweier unterschiedlicher Magnetwerkstoffe in einem Komposit. Die Vorteile beider Werkstoffe, hohe Koerzitivkraft bei magnetisch hartem und hohe Sättigungsmagnetisierung bei magnetisch weichem Material, werden zu einem neuen Werkstoff hoher Koerzitivkraft und mit hoher Sättigungsmagnetisierung kombiniert.

kehrt: Die Koerzitivkraft ist nahe null, aber die Sättigungsmagnetisierung recht hoch. Bei der Kombination dieser beiden Eigenschaften in einem Komposit bleiben diese beiden Charakteristika erhalten und führen zu einem neuen, wesentlich verbesserten Werkstoff. Solche austauschgekoppelten Magnetwerkstoffe sind auch im Falle von Weichmagneten von Vorteil. Diese werden aber getrennt diskutiert.

Es liegt eine vielfältige Literatur über die Theorie der austauschgekoppelten Magnetwerkstoffe vor. Dabei stellt sich zuerst die Frage, wie groß das Volumen ist, das von einem Teilchen beeinflusst, d. h. parallel ausgerichtet, werden kann. Dieses Korrelationsvolumen V_{korr} bzw. daraus berechenbar der Durchmesser d_{korr} des gekoppelten Bereiches ist gegeben durch [15]

$$V_{\text{korr}} \propto \frac{1}{d^9 K^6} \Rightarrow d_{\text{korr}} \propto \frac{1}{d^3 K^2} \tag{8.19}$$

In Gl. (8.19) steht K für die magnetische Anisotropieenergie und d den Durchmesser eines Teilchens, wobei alle Teilchen als gleich groß angenommen werden. Analysiert man Gl. (8.19), so findet man zwei wesentliche Zusammenhänge: Das Volumen des korrelierte Bereich steigt invers mit der sechsten Potenz der Anisotropieenergie und der dritten Potenz des Volumens (neunte Potenz des Durchmessers) eines Teilchens. Mit abnehmender Teilchengröße nimmt das Korrelationsvolumen drastisch zu, ebenso mit abnehmender Anisotropieenergie. Eine Abschätzung der Größe des Korrelationsvolumens bei einem hartmagnetischen Komposit führt bei einer Teilchengröße von etwa 5 nm zu einem Durchmesser des korrelierten Bereiches im Bereich von 100 nm. Diese Größenverhältnisse machen auch den notwendigen geringen Volumenanteil von etwa 11 Vol.-% der hartmagnetischen Phase verständlich. Es gibt allerdings Ausnahmefälle, in denen ein Volumenanteil von bis zu 50 Vol.-% nötig ist. Bei magnetisch weichen Materialien, also solchen mit geringen Anisotropieenergien, und sehr kleinen Teilchengrößen kann der korrelierte Bereich makroskopisch werden.

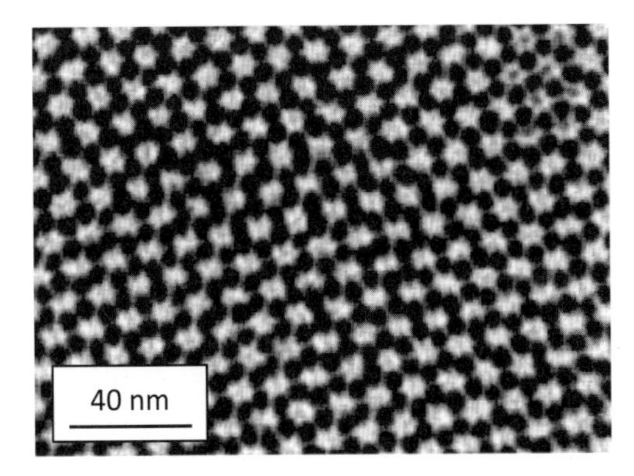

Abb. 8.30 Elektronenmikroskopische Aufnahme eines austauschgekoppelten Komposites bestehend aus $Fe_{58}Pt_{42}$-Teilchen mit einem Durchmesser von etwa 4 nm und einer Umhüllung aus weichmagnetischem Fe_3O_4. In diesem Fall hatte die Umhüllung eine Dicke von etwa 0,5 nm. In dieser Abbildung sind die dunkleren Bereiche die $Fe_{58}Pt_{42}$-Teilchen während die helleren Bereiche weichmagnetisches Fe_3O_4 sind [16]. (Mit Erlaubnis der American Physical Society, 2004.)

Austauschgekoppelte hartmagnetische Werkstoffe sind im Bereich von Forschung und Entwicklung weltweit ein wesentliches Thema, da dies die besten derzeit bekannten Magnetwerkstoffe sind. Die Abb. 8.30 zeigt eine elektronenmikroskopische Aufnahme eines solchen neuen hartmagnetischen Materials. Bei diesem Material besteht die hartmagnetische Phase aus $Fe_{58}Pt_{42}$-Teilchen, die mit Fe_3O_4 umhüllt sind [16]. Die magnetisch harten Teilchen hatten einen Durchmesser von etwa 5 nm, die weichmagnetische Beschichtung hatte eine Dicke im Bereich von 0,5 bis 2 nm. Die Abb. 8.30 stellt eine Probe dar, deren Umhüllung etwa 0,5 nm dick war. Aus diesen Anteilen kann man schließen, dass etwa die Hälfte des Volumens aus der teuren Platinlegierung bestand.

Die Magnetisierungskurve eines Produktes, ähnlich wie es in Abb. 8.30 dargestellt ist, ist in Abb. 8.31 zu sehen. In diesem Falle lag der Volumenanteil der hartmagnetischen platinhaltigen Phase bei 30 Vol.-%. Das Energieprodukt dieses Materials war um 38 % höher, als das eines reinen grobkörnigen FePt-Materials, das allerdings wesentlich teurer ist.[14)]

Auch im Hinblick auf weichmagnetische Werkstoffe kann die Verwendung von austauschgekoppelten Teilchen erhebliche Vorteile bringen [15, 17]. Die Ergebnisse der theoretischen Überlegungen, die zu Gl. (8.19) geführt haben, sind auch in diesem Falle gültig. Für den Fall magnetisch weicher Materialien gelten die folgenden Beziehungen für die Koerzitivkraft H_c, die Sättigungsmagnetisierung M_s und die Suszeptibilität χ

$$H_c \propto \frac{d^6 K^4}{M_\mathrm{s}} \tag{8.20}$$

und

$$\chi \propto \frac{M_\mathrm{s}^2}{d^6 K^4} \tag{8.21}$$

14) Das bezieht sich allerdings nur auf die reinen Materialkosten.

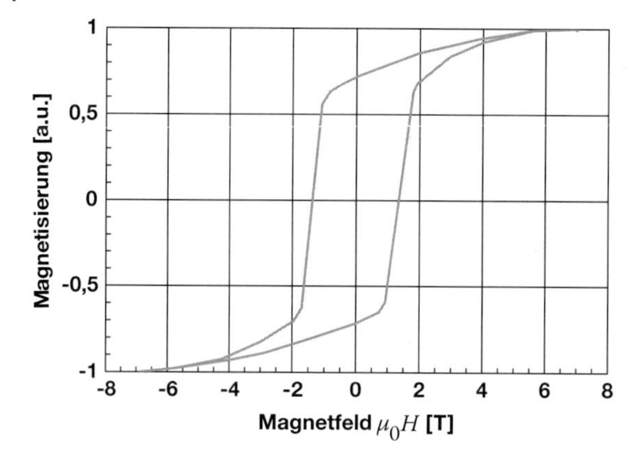

Abb. 8.31 Magnetisierungskurve eines hartmagnetischen austauschgekoppelten Materials bestehend aus $Fe_{58}Pt_{42}$-Teilchen mit einem Durchmesser von 4 nm; die Umhüllung aus weichmagnetischem Fe_3O_4 hatte eine Dicke von etwa 1 nm [16]. Das Energieprodukt dieses Materials ist etwa 38 % höher als der theoretisch mögliche Wert für die FePt-Phase. Das, obwohl der Anteil der platinhaltigen Phase bei nur etwa 30 Vol.-% lag.

Die Beziehung für die Suszeptibilität, die in Gl. (8.21) angegeben ist, folgt der Definition für kleine Felder, wie sie auch zu Gl. (8.8) geführt hat. Zusätzlich zu den in Gl. (8.19) benutzten Größen wird in diesen Gleichungen die Sättigungsmagnetisierung M_s verwendet. In den Relationen (8.20) und (8.21) geht die Anisotropieenergie in der vierten Potenz, also mit sehr großem Gewicht, ein. Im Hinblick auf eine Anwendung solcher Werkstoffe machen diese beiden Relationen die Auswahl schwer. Benötigt man eine hohe Suszeptibilität, wird man einen Werkstoff mit kleiner Anisotropieenergie wählen. Diese haben aber eine größere Remanenz (Koerzitivkraft), also auch höhere Ummagnetisierungsverluste. Man kommt bei der Auswahl der Teilchengröße in genau das gleiche Dilemma, auch bei dieser Größe ist das Verhalten von Koerzitivkraft und Suszeptibilität invers.

Die Relationen (8.20) und (8.21) sind experimentell sehr gut belegt. Die Abb. 8.32 zeigt den Verlauf der Koerzitivkraft als Funktion der Korngröße massiver Proben. In diesem Graph ist neben dem Größenbereich der nanokristallinen Werkstoffe auch der Bereich der eher konventionellen Materialien eingezeichnet. Zusätzlich wurden bei den konventionellen Korngrößen die wichtigsten in der Technik benutzten Werkstoffe angegeben.

Wie man der Abb. 8.32 entnehmen kann, ist im Bereich der nanokristallinen Werkstoffe die Gl. (8.20) gut erfüllt. Bei den Gläsern auf Eisenbasis handelt es sich um Werte, die an dem amorphen Material vor einer späteren Erwärmung erhalten wurden. In ähnlich perfekter Weise wird die Gl. (8.21) von den Experimenten bestätigt. Das ist in Abb. 8.33 für die Suszeptibilität zu sehen.

Austauschgekoppelte Weichmagnete werden zumeist durch Glühen von amorphen Bändern (metallische Gläser) mit der passenden Zusammensetzung hergestellt. Das sind zumeist recht komplex zusammengesetzte Legierungen, wie z. B. $Fe_{73,5}Cu_1Nb_3Si_{13,5}B_9$. Als metallisches Glas sind diese Legierungen zumeist

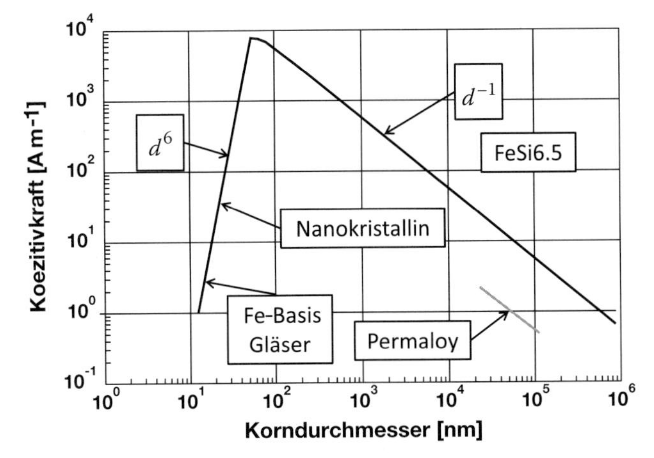

Abb. 8.32 Koerzitivkraft verschiedener weichmagnetischer Werkstoffe als Funktion der Korngröße. Man erkennt im Bereich der nanokristallinen austauschgekoppelten Werkstoffe, dass die Relation d^6, die aus Gl. (8.20) folgt, gut erfüllt ist. Zusätzlich wurden im Bereich der konventionellen Korngrößen noch die Bezeichnungen der industriell eingeführten Legierungen angegeben [17].

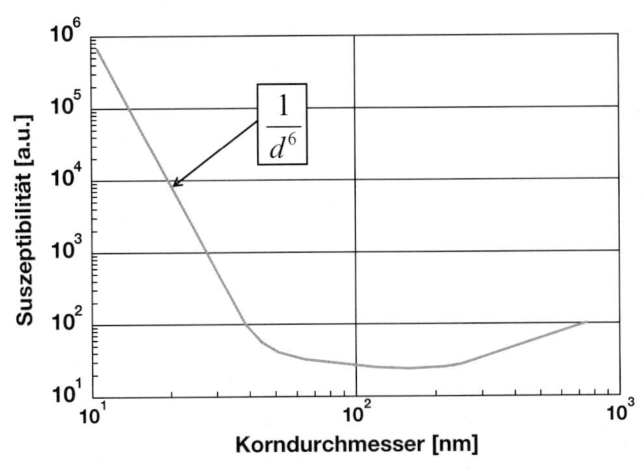

Abb. 8.33 Abhängigkeit der Suszeptibilität austauschgekoppelter Weichmagnete von der Korngröße massiver Proben. Man erkennt, dass im Bereich der sehr kleinen Korngrößen die Abhängigkeit mit d^{-6}, wie sie in Gl. (8.21) gefordert wird, gut eingehalten wird [15, 17].

nur paramagnetisch, durch vorsichtiges Glühen und Wahl einer geeigneten Temperatur unterhalb der *Curie*-Temperatur erhält man den Werkstoff mit den gewünschten Eigenschaften, der aus nanokristallinen Körnern besteht. Während dieses Glühprozesses kann das Material zusätzlich mit einer Zugspannung belastet werden. Das ist eine weitere Möglichkeit die Eigenschaften des Produktes genau auf die Anforderungen abzustimmen. Die Abb. 8.34 zeigt den Einfluss einer äußeren Zugspannung auf die Magnetisierungskurve.

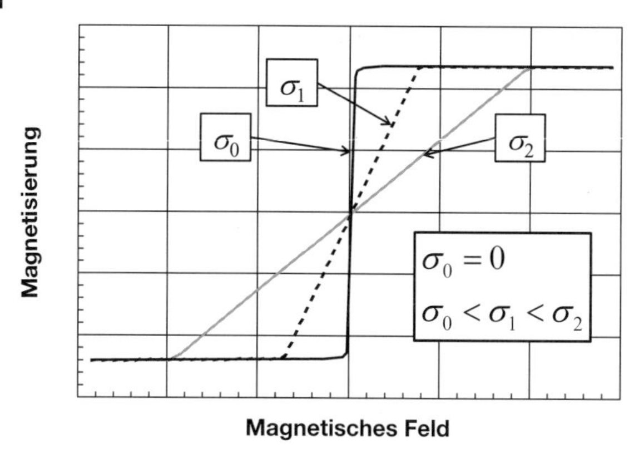

Abb. 8.34 Einfluss einer äußeren Zugspannung während des Temperns auf die Magnetisierungskurve eines austauschgekoppelten weichmagnetischen Werkstoffes [15].

Der in Abb. 8.34 dargestellte Einfluss einer Zugspannung während der Wärmebehandlung hilft dem Hersteller aus der Falle zu entkommen, die durch das inverse Verhalten im Hinblick auf Korngröße und Anisotropieenergie gegeben ist. Der Hersteller hat einen zusätzlichen Freiheitsgrad. Erklärt wird dieser wissenschaftlich und technologisch interessante Einfluss mit der Tatsache, dass die magnetisch leichte Richtung und die Richtung der Verformung nicht notwendigerweise identisch sind. Es kann, abhängig von der Zusammensetzung, die magnetisch leichte Richtung oder die magnetisch leichte Richtung in Spannungsrichtung sein. Entsprechend invers ist der Einfluss einer Zugspannung während des Temperns, bei dem das Material kristallisiert. In ähnlicher Weise kann durch Anlegen eines äußeren Magnetfeldes in Längs- oder Querrichtung die Magnetisierungskurve beeinflusst werden [18].

Durchaus verwandt ist das Verhalten von Nanogläsern, wie sie in Kapitel 2 (Abb. 2.15) beschrieben wurden. Dabei handelt es sich um Materialien, die aus amorphen nanoskaligen Körnern bestehen, die durch ebenfalls amorphe Korngrenzen, die aber eine geringere Dichte haben, getrennt sind. Auch bei diesen Werkstoffen ist es so, dass das Ausgangspulver mit einer Korngröße von etwa 10 nm vor einer Verdichtung durch Pressen bei hohem Druck paramagnetisch ist und die ferromagnetischen Eigenschaften erst durch die Formgebung erhält. Eine Magnetisierungskurve dieses Nanoglases der Zusammensetzung $Fe_{90}Sc_{10}$ dargestellt. Zusätzlich, zum Vergleich, ist die Magnetisierungskurve eines amorphen Bandes gleicher Zusammensetzung eingetragen. Ein Pulver dieses Materials zeigt die gleichen Eigenschaften wie das Band.

Der Übergang vom Paramagnetismus zum ferromagnetischen Verhalten, wie in Abb. 8.35 gezeigt, beruht auf einer Bildung ferromagnetischer Bereiche mit einer Größe von 2–3 nm an den Korngrenzen bzw. Korngrenzenzwickeln. Man erkennt in Abb. 8.35, dass das Nanoglas selbst bei einem äußeren Magnetfeld von mehr als 4 T noch immer nicht in die Sättigung kommt. Das hat seinen Grund in der Tatsache, dass bei der Verdichtung nur ein Teil des Materials ferromagnetisch wurde,

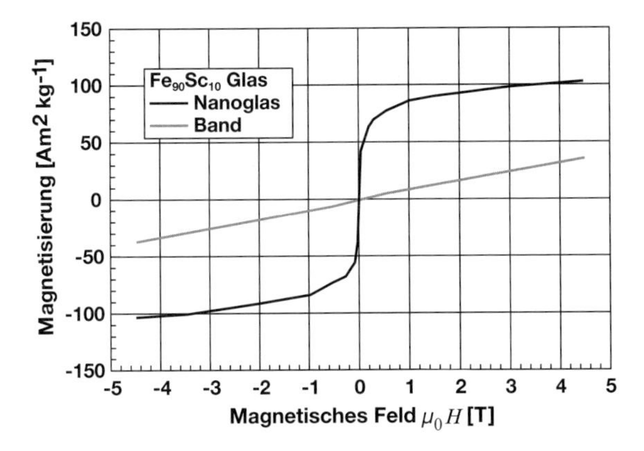

Abb. 8.35 Magnetisches Verhalten des Nanoglases $Fe_{90}Sc_{10}$ nach einer Verdichtung bei hohem Druck, im Vergleich zu dem magnetischen Verhalten eines amorphen Bandes gleicher Zusammensetzung [19]. Die Messungen wurden bei Raumtemperatur durchgeführt.

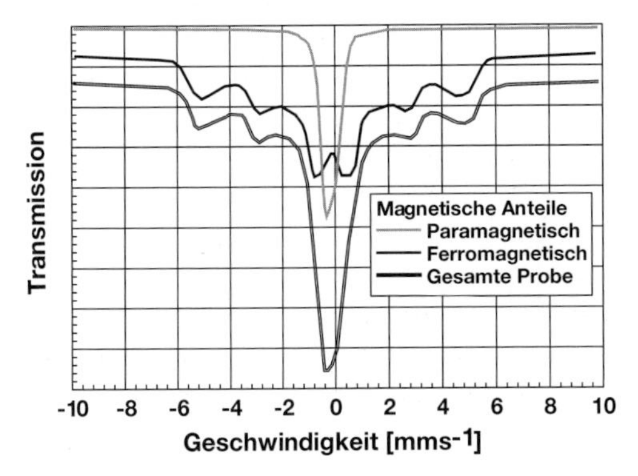

Abb. 8.36 *Mößbauer*-Spektrum des Nanoglases $Fe_{90}Sc_{10}$ nach einer Verdichtung bei hohem Druck sowie die einzelnen Komponenten des Spektrums [19]. Man erkennt, dass die Probe bei Raumtemperatur sowohl paramagnetische als auch ferromagnetische Anteile aufweist. Es gibt keine superparamagnetischen Anteile. Da die Probe nicht kristallisiert war, ist die Quadrupolaufspaltung des paramagnetischen Anteiles nicht zu sehen.

der Rest ist paramagnetisch verblieben. Das kann auch im *Mößbauer*-Spektrum klar nachgewiesen werden (Abb. 8.36).

Das *Mößbauer*-Spektrum in Abb. 8.36 setzt sich aus den Spektren zweier magnetischer Phasen zusammen: einer paramagnetischen und einer ferromagnetischen. Diese Zuordnung erfolgte nicht zuletzt nach einem Vergleich mit Abb. 8.35. Auch wenn die Magnetisierungskurve in Abb. 8.35 keine sichtbare Hysterese aufweist, so zeigt das *Mößbauer*-Spektrum doch eindeutig, dass diese Probe nicht superparamagnetisch ist.

Bei den bisher beschriebenen weichmagnetischen Werkstoffen kann man anmerken, dass diese Materialien elektrisch leitfähig sind und deshalb, bei Anwendung im Bereich höherer Frequenzen, Wirbelstromverluste auftreten können.

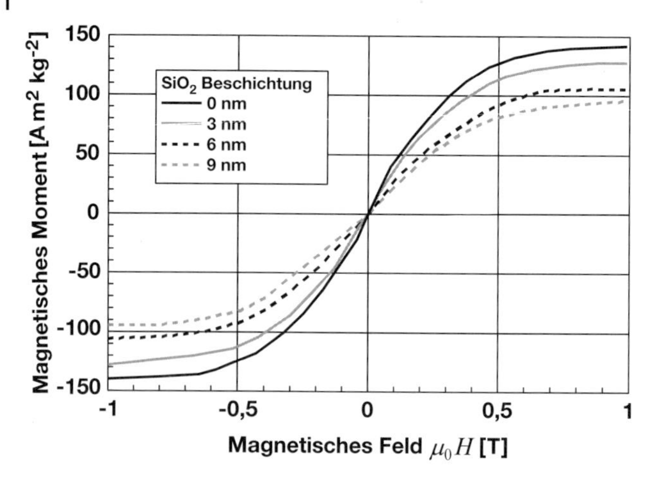

Abb. 8.37 Magnetisierungskurven von pulvermetallurgisch hergestellten weichmagnetischen Nanokompositen, hergestellt aus FeNi-Kernen, die mit SiO_2 mit unterschiedlicher Dicke beschichtet waren. Die Analyse der magnetischen Eigenschaften führte zu dem Schluss, dass die magnetischen Teilchen trotz der Beschichtung Austauschkopplung aufwiesen [20].

Diesen Nachteil kann man vermeiden, indem man die einzelnen Teilchen mit einer isolierenden Hülle umgibt. In diesem Zusammenhang muss man allerdings darauf achten, dass diese isolierende Schicht nicht als Abstandshalter wirkt und die Austauschkopplung unterbindet. Die Abb. 8.37 zeigt Magnetisierungskurven von FeNi-Teilchen mit einem Durchmesser von etwa 100 nm, die mit SiO_2 verschiedener Dicke beschichtet waren. Eine detaillierte Analyse der magnetischen Eigenschaften dieser Komposite führte die Autoren zu dem Schluss, dass die einzelnen Teilchen austauschgekoppelt waren. Ähnliche Komposite, die allerdings durch Mischen der Ausgangspulver hergestellt werden, sind bereits kommerziell verfügbar.

Richteten sich die Anwendungen der Austauschkopplung in der bisherigen Beispielen auf makroskopische Körper, die aus Nanoteilchen oder Kompositen zusammengesetzt waren, so gibt es durchaus auch Anwendungen einzelner Teilchen, bei denen die Austauschkopplung die Eigenschaften verbessert. In diesem Fall geht es um lokale Hyperthermie, ein wichtiges Verfahren der Mediziner bei der Behandlung einiger Krebsarten. Diese Behandlung erfolgt mithilfe von magnetischen Nanoteilchen, die dem Patienten in einer Suspension infundiert und über ein Hochfrequenzfeld erwärmt werden. Dabei kommt es darauf an, dass möglichst alle magnetischen Teilchen in den Tumor zu bringen. Dazu gibt es grundsätzlich zwei Möglichkeiten: Die Suspension wird direkt in den Tumor gespritzt oder die Oberfläche der Teilchen wird so funktionalisiert, dass diese im Tumor gebunden werden.

Die Erwärmung erfolgt über die Ummagnetisierungsverluste der Teilchen. Sollten die Teilchen eine elektrische Leitfähigkeit aufweisen, so kommen noch Wirbelstromverluste hinzu. Bei dieser Anwendung bietet sich die Nutzung des Ef-

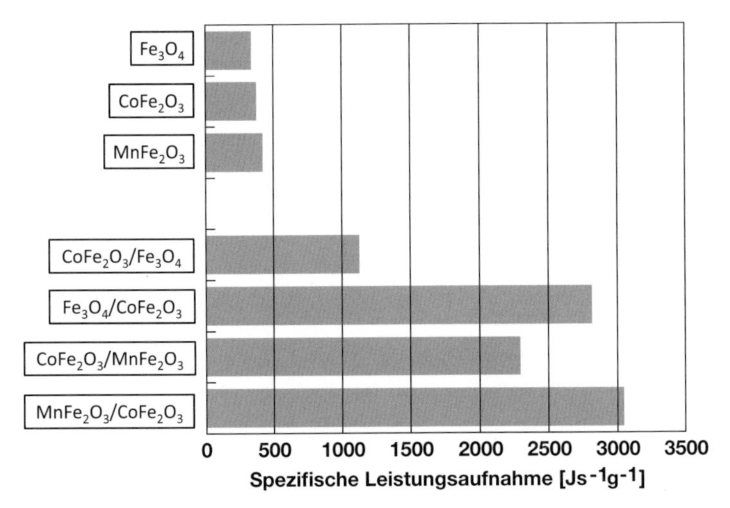

Abb. 8.38 Spezifische Leistungsaufnahme von unbeschichteten und beschichteten Ferrit-Teilchen. Der Trend, dass die beschichteten Teilchen, bei denen jeweils eine magnetisch harte und eine weiche Phase kombiniert sind, eine höhere Energieaufnahme aufweisen, ist klar ersichtlich. Weitergehende Aussagen sind wegen der unterschiedlichen Teilchengrößen nicht möglich. Bei den beschichteten Teilchen steht in der Bezeichnung zuerst der die Verbindung des Kerns und an zweiter Stelle die der Hülle [21].

fektes der Austauschkopplung an, indem man magnetisch harte und magnetisch weiche Phasen in einem Teilchen kombiniert. Die Abb. 8.37 zeigt Ergebnisse, die mit solchen Teilchen erhalten wurden, im Vergleich zu einfachen Teilchen. Die Kombination der verschiedenen magnetischen Materialien erfolgte durch Beschichtung. In dieser Arbeit wurde $CoFe_2O_4$ als hartmagnetisches und Fe_3O_4 und $MnFe_2O_4$ als weichmagnetisches Material benutzt. Ein Blick auf die Tab. 8.1 zeigt, dass die magnetischen Anisotropieenergien sich verhalten wie folgt

$$|K_{CoFe_2O_4}| > |K_{Fe_3O_4}| > |K_{MnFe_2O_4}| \tag{8.22}$$

Die Absolutzeichen bei den Anisotropieenergien Gl. (8.22) sind notwendig, da deren Vorzeichen bei den verschiedenen Verbindungen unterschiedlich sind; für die Ummagnetisierungsverluste ist allerdings nur der Absolutbetrag wesentlich. Man kann Abb. 8.38 entnehmen, dass die beschichteten Teilchen unter sonst identischen Bedingungen eine größere Leistungsaufnahme zeigen. Dieser Abbildung kann man aber nur eine Tendenz entnehmen, da die Teilchen unterschiedlich groß waren. Die Leistungsaufnahme konventionelle Produkte, wie sie heute angewandt werden, liegt im Bereich der unbeschichteten Teilchen.

Wichtig zu wissen

Im Gegensatz zu Teilchen mit Dipol-Dipol-Kopplung, bei denen die magnetischen Momente antiparallel ausgerichtet sind, sind diese Momente bei austauschgekoppelten Teilchen parallel ausgerichtet. Bei magnetisch harten austauschgekoppelten Werkstoffen verwendet man eine Mischung aus magnetisch weichen und harten Teilchen, um einen besonders guten, neuen, magnetisch harten Werkstoff zu erhalten. Theoretisch reicht ein Anteil von nur 11 Vol.-% des teuren hartmagnetischen Anteiles aus, um einen neuen hartmagnetischen Werkstoff mit überlegenen Eigenschaften zu erhalten. Austauschgekoppelte weichmagnetische Werkstoffe haben gute Werte für die Suszeptibilität und Verluste.

Das besonders günstige magnetische Verhalten von amorphen Magnetwerkstoffen und Nanogläsern kann auch durch eine Austauschkopplung erklärt werden.

Literatur

1 Néel, L. (1949) *C. R. Acad. Sci. Paris*, **228**, 664–666.
2 Aharoni, A. (1964) *Phys. Rev. A*, **132**, 447–440.
3 Morup, S. und Christiansen, G. (1993) *J. Appl. Phys.*, **73**, 6955–6957.
4 Tang, Z.X., Sorensen, C.M., Klabunde, K.J. und Hadjipanayis, G.C. (1991) *Phys. Rev. Lett.*, **67**, 3602–3605.
5 Kodama, R.H., Berkowitz, A.E., McNiff, E.J. und Foner, S. (1997) *J. Appl. Phys.*, **81**, 5552–5557
6 Han, D.H., Wang, J.P. und Luo, H.L. (1994) *J. Magn. Magn. Mater.*, **136**, 176–182.
7 Vollath, D., Szabó, D.V. und Willis, J.O. (1996) *Mater. Lett.*, **29**, 271–279.
8 Vollath, D., Lamparth, I. und Szabó, D.V. (2002) *Berg- und Hüttenmänn. Monatsh.*, **147**, 350–358.
9 Vollath, D. und Szabó, D.V. (2004) *Adv. Eng. Mater.*, **6**, 117–127.
10 Vollath, D. (2010) *Adv. Mater.*, **22**, 4410–4415
11 Lee, H., Jang, J.-T., Choi, J.-S., Moon, S.-H., Noh, S.-H., Kim, J., Kim, J.-G., Kim, I.-S., Park, K.I. und Cheon, J. (2011) *Nat. Nanotechnol.*, **6**, 418–422.
12 Lawaczeck, R., Menzel, M. und Pietsch, H. (2004) *Appl. Organometal. Chem.*, **18** 506–513.
13 Gschneidner Jr., K.A. und Pecharsky, V.K. (2000) *Annu. Rev. Mater. Sci.* **30**, 387–429.
14 Kneller, E.F. und Hawig, R. (1991) *IEEE Trans. Magn.*, **27**, 3588–3560.
15 Herzer, G. (1997) *Handbook of Magnetic Materials*, (Hrsg. K.H.J. Buschow), Bd. 10, Kap. 3, Elsevier Science, Amsterdam, S. 415.
16 Zeng, H., Jing, L., Wang, Z.L., Liu, J.P. und Shouheng, S. (2004) *Nano Lett.*, **4**, 187–190.
17 Herzer, G. (2013) *Acta Mater.*, **61**, 718–734.
18 Herzer, G. (1992) *J. Magn. Magn. Mater.*, **112**, 258–262.
19 Witte, R., Feng, T., Fang, J.X., Fischer, A., Ghafarai, M., Brand, R.A., Wang, D., Hahn, H. und Gleiter, H. (2013) *Appl. Phys. Lett.*, **103**, 073106-1
20 Zhao, Y.W., Ni, C.Y., Kruczynski, D., Zhang, X.K. und Xiao, J.Q. (2004) *J. Phys. Chem. B*, **108**, 3691–3693.
21 Lee, H., Jang, J.-T., Choi, J.-S., Moon, S.-H., Noh, S.-H., Kim, J., Kim, J.-G., Kim, I.-S., Park, K.I. und Cheon, J. (2011) *Nat. Nanotechnol.*, **6**, 418–422.

9
Optische Eigenschaften

9.1
Einführende Anmerkungen

Die optischen Eigenschaften von Nanoteilchen sind zentral im Hinblick auf das wissenschaftliche Verständnis und auch deren Anwendungen. Die Besonderheit der optischen Eigenschaften, dass diese neben einer Abhängigkeit von der Zusammensetzung zusätzlich stark größenabhängig sind, macht deren Anwendung besonders interessant. Die wichtigsten Anwendungsgebiete, auf denen große wirtschaftliche Erfolge erzielt wurden, sind:

- Einstellung des Brechungsindexes von Polymeren,
- visuell transparente UV-Absorber,
- Pigmente,
- lumineszierende Teilchen für Anwendungen Medizin, Biotechnologie sowie für Bildschirme,
- Foto- und Elektrolumineszenz,
- kombinierte optische und magnetische Eigenschaften.

Betrachtet man diese Themen, so erkennt man, dass die einzelnen Anwendungen, im Hinblick auf die ökonomischen Erfolge, einen recht unterschiedlichen Reifegrad haben.

9.2
Einstellung des Brechungsindex und visuell transparente optische UV-Absorber

In diesem Abschnitt ...
Häufig stellt sich das Problem, den Brechungsindex eines Polymers auf einen bestimmten Wert exakt einzustellen. Das kann man durch Zugeben von Nanoteilchen erreichen. Dabei müssen Menge und Größe der Teilchen so ausgewählt werden, dass die optische Transparenz in dem interessierenden Wellenlängenbereich nicht

Nanowerkstoffe für Einsteiger, Erste Auflage. Dieter Vollath.

beeinträchtigt wird. Da die Streuung des Lichtes an Teilchen stark größenabhängig ist, ist es notwendig, eine Bildung von Teilchenclustern zu vermeiden. Zusätzlich müssen die Komponenten so gewählt werden, dass das durch die Nanoteilchen modifizierte Polymer auch stabil ist.

Es gibt eine Reihe von Anwendungen, bei denen der Brechungsindex und auch die Dispersion eines Polymers exakt eingestellt werden muss. Ein typisches Beispiel für eine solche Anwendung ist der Kleber, mit dem optische Leiter für die Datenübertragung verbunden werden. Das Einbringen von Nanoteilchen in ein Polymer ist grundsätzlich nicht einfach. Man muss sich darüber im Klaren sein, dass nach *Rayleigh* die Lichtstreuung stark wellenlängen- und teilchengrößenabhängig ist. Die Leistung des gestreuten Lichtes P_{Streu} folgt der Relation

$$P_{\text{Streu}} \propto \frac{d^6}{\lambda^4} \propto \frac{v^2}{\lambda^4} \tag{9.1}$$

In Gl. (9.1) sind d der Durchmesser bzw. v das Volumen der streuenden Teilchen und λ die Wellenlänge des gestreuten Lichtes. Diese starke Abhängigkeit von der Teilchengröße und der Wellenlänge hat, im Hinblick auf technische Anwendungen bei Kompositwerkstoffen, eine Reihe von wesentlichen Konsequenzen. Nimmt man an, es läge ein Komposit mit einem Volumenanteil c von Teilchen gleicher Größe vor. Arbeitet man diese Teilchen in ein Polymer ein, so ist es unvermeidlich, dass doppelte, dreifache usw. Teilchen entstehen. Der Anteil c_i von Teilchen mit dem i-fachen Volumen ist

$$c_i = c^i \,, \quad i \in \mathbb{N} \tag{9.2}$$

Auf der Basis eines rein zufallsgesteuerten Mischvorganges ist es nicht möglich, die Bildung von Clustern, bestehend aus mehreren Teilchen, zu vermeiden. Das muss, wegen der doch weitreichenden Konsequenzen, in die Betrachtungen mit einbezogen werden.

Betrachtet man zuerst den Fall, dass ein bestimmter Brechungsindex eingestellt werden soll. Dabei wird ein Volumenanteil $c = 0{,}2$ angenommen. Unter der Voraussetzung, dass alle Teilchen gleich groß sind, können die Anteile von größeren Teilchen und deren Auswirkung auf die Streuleistung leicht abgeschätzt werden. Die Ergebnisse dieser Betrachtung sind in Tab. 9.1 zusammengefasst.

In Tab. 9.1 wurden nur die beiden kleinsten Cluster bestehend aus 2 und 3 Teilchen berücksichtigt. Es ist wesentlich anzumerken, dass die Streuleistung, also die Verluste an übertragener Leistung durch Streuung, infolge der Clusterbildung um etwa 20 % zunimmt. Berücksichtigt man die Tatsache, dass bei einer optischen Datenleitung unter Umständen viele Kontaktstellen notwendig sind, kann diese Reduktion des Wirkungsgrades von entscheidender Bedeutung sein. In diesem Zusammenhang muss auch darauf hingewiesen werden, dass für diese Anwendungen auch die Teilchengrößenverteilung von entscheidender Bedeutung ist. Man kann sich leicht davon überzeugen, dass ein Anteil von nur 5 % von Teilchen mit dem etwa dreifachen Durchmesser (siehe z. B. Abbildung 4.4), das entspricht

Tab. 9.1 Einfluss der statistischen Bildung von Clustern auf die Streuleistung in einem Komposit dem 20 Vol.-% Teilchen gleicher Größe zugesetzt wurden.

Teilchenzahl je Cluster	Relativer Volumenanteil	Normierte Streuleistung der Teilchen	Beitrag zur Streuleistung
1	0,952	1	0,952
2	0,04	4	0,16
3	0,008	9	0,072
Summe	1		1,18

Tab. 9.2 Wellenlängen, bei denen durch die Bildung von Clustern noch Streulicht zu erwarten ist.

Teilchenzahl je Cluster	Relativer Volumenanteil	Wellenlänge [nm]
1	0,952	400
2	0,04	566
3	0,008	692
Summe	1	

dem 27-fachen Volumen der mittleren Teilchengröße, katastrophale Auswirkungen haben kann. In diesem Falle würde die Streuleistung, ohne Berücksichtigung der Clusterbildung, bereits um etwa 36 % ansteigen.

In einem zweiten Fall soll eine transparente Beschichtung für den Bereich des sichtbaren Lichtes, im Wellenlängenbereich von 400–800 nm, diskutiert werden. Es wird wieder ein Komposit mit etwa 20 Vol.-% Teilchen angenommen. Nimmt man weiterhin an, dass die Teilchengröße so gewählt wurde, dass bei 400 nm eine gerade noch akzeptierbare Streuung beobachtet wird, so ist es wesentlich zu wissen, bis in welche Wellenlängenbereiche hinein Streuung beobachtet wird. Mit anderen Worten, es stellt sich die Frage: Wird eine solche Beschichtung glasklar oder milchig sein? Die Ergebnisse einer Abschätzung, wie sie auch zu Tab. 9.1 geführt hat, sind in Tab. 9.2 zu finden.

Auch wenn die Zahlenwerte in Tab. 9.2 nichts über die Intensität des Streulichtes aussagen, so ist doch offensichtlich, dass bis weit in den sichtbaren Bereich hinein (gelbgrün) Licht gestreut wird. Eine solche Beschichtung ist nicht transparent sondern opak. Wie im vorhergehenden Fall käme auch hier noch die von der Synthese stammende Teilchengrößenverteilung als weiterer Störfaktor hinzu. In diesem, sowie im vorhergehenden Fall, ist es notwendig ein Produkt zu verwenden, das eine möglichst kleine mittlere Teilchengröße und eine sehr enge Teilchengrößenverteilung hat. Wirklich gelöst werden kann das Problem der Clusterbildung nur, indem man jedes einzelne Teilchen mit einem Polymer beschichtet, das den gleichen Brechungsindex wie die Matrix hat, in der die Teilchen

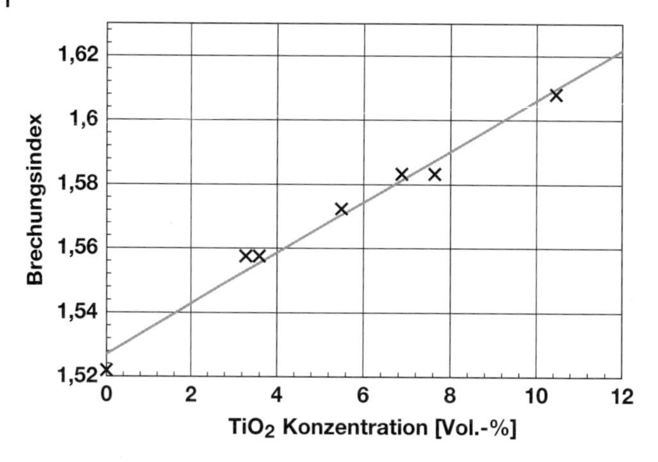

Abb. 9.1 Brechungsindex eines Komposites bestehend aus einer Matrix aus Polyvinylalkohol (PVA), mit unterschiedlichen Anteilen von Titanoxid (TiO_2) [1]. Im Rahmen der Messgenauigkeit ist der lineare Ansatz von Gl. (9.3) bestätigt.

eingearbeitet werden sollen. Bei der technischen Herstellung solcher Komposite hat sich die Faustregel, dass die größten Teilchen kleiner sein sollen als ein Zehntel der kürzesten Wellenlänge, bei der das Komposit verwendet werden soll, sehr bewährt.

Betrachtet man den Fall der Einstellung des Brechungsindex einer Matrix mit dem Brechungsindex n_{Matrix} durch Nanoteilchen mit dem Brechungsindex n_{Teilchen} genauer, so muss man zunächst den Brechungsindex des Komposites, das den Volumenanteil c an Teilchen enthält, berechnen. Das erfolgt durch die Annahme eines linearen Gesetzes

$$n_{\text{Komposit}} = (1-c)n_{\text{Matrix}} + cn_{\text{Teilchen}} = n_{\text{Matrix}} + c(n_{\text{Teilchen}} - n_{\text{Matrix}}) \quad (9.3)$$

Dieser lineare Zusammenhang ist experimentell gut bestätigt. Als Beispiel dafür ist in Abb. 9.1 der Brechungsindex eines Komposites bestehend aus Polyvinylalkohol, PVA, mit unterschiedlichen Anteilen von Titanoxid, TiO_2, dargestellt [1]. Diese Abbildung zeigt, dass das lineare Gesetz in Gl. (9.3) die experimentellen Daten exakt wiedergibt.

Um eine möglichst günstige Auswahl des Füllers und damit der Konzentration, die nötig ist um einen gewünschten Brechungsindex zu erhalten, zu haben, muss man die Zusammenhänge genau analysieren. Die Gl. (9.3) ist linear im Hinblick auf den Volumenanteil der Teilchen und der Differenz der Brechungsindizes $c(n_{\text{Teilchen}} - n_{\text{Matrix}})$. Hier ist eine Optimierung nur möglich, wenn man bedenkt, dass eine höhere Konzentration von Teilchen auch die Wahrscheinlichkeit der Bildung von Clustern erhöht. Das spricht für die Wahl einer möglichst großen Differenz der Brechungsindizes. Wenn man aber die *Rayleigh*-Formel für die Intensität des gestreuten Lichtes ansieht (Gl. (3.4)), kann man zu einem anderen Schluss kommen

$$P_{\text{Streuung}} \propto c\frac{n_{\text{Teilchen}} - n_{\text{Matrix}}}{n_{\text{Matrix}}^2}\frac{d^6}{\lambda^4} \quad (9.4)$$

In Gl. (9.4) ist für die Wellenlänge λ die Wellenlänge des Lichtes in der Matrix $\lambda = \frac{\lambda_{\text{Vakuum}}}{n_{\text{Matrix}}}$ einzusetzen. Haben Überlegungen, die von den Gln. (9.2) und (9.3) ausgingen zu dem Schluss geführt, dass eine möglichst große Differenz der Brechungsindizes von Vorteil ist, so ist genau dies, im Hinblick auf eine Reduktion der gestreuten Energie, als Nachteil zu sehen. Insgesamt muss man zu dem Schluss kommen, dass letztlich das einzige verbleibende Kriterium das der Teilchengröße ist, die möglichst klein sein muss.

Um die Bildung von größeren Clustern zu vermeiden, wählt man zumeist Teilchen mit hohem Brechungsindex, wie z. B. ZrO_2 und TiO_2. Benutzt man diese Teilchen, so muss man sich jedoch darüber im Klaren sein, dass es sich dabei, wie bei allen Oxiden der Übergangsmetalle, um Fotokatalysatoren handelt. Solche Komposite sollte man also nur im Bereich des sichtbaren Lichtes und der Infrarotstrahlung verwenden. Ist UV-Strahlung präsent, so können diese Komposite selbstzerstörend sein. In solchen Fällen muss man auf die Verwendung von Siliciumoxid (SiO_2) oder Aluminiumoxid (Al_2O_3) ausweichen. Eine weitere Möglichkeit wäre, die Teilchen hohen Brechungsindizes mit SiO_2 oder Al_2O_3 zu beschichten.

Setzt man einem Polymer-Nanoteilchen zu, so ändert man nicht nur den Brechungsindex, sondern auch das Absorptionsverhalten. Da gibt es beim Zusetzen von Nanoteilchen eine Besonderheit, die bei konventionellen Teilchen nicht beobachtet wird: Das Absorptionsspektrum ist teilchengrößenabhängig. Kombiniert man diese Eigenschaft mit der starken Abhängigkeit der Streuung von Wellenlänge und Teilchengröße, so ist klar, dass man bei Ausnutzung dieses Effektes Komposite herstellen kann, die als Filter für kurze Wellenlängen dienen können, z. B. solche, die für Wellenlängen unter 400 nm (UV-Bereich) intransparent und für größere Wellenlängen transparent sind.

Die Abb. 9.2 zeigt als Beispiel das Absorptionsverhalten von Titandioxid (TiO_2) als Funktion der Wellenlänge. In diesem Graph sind drei verschiedene Pulversorten gegenübergestellt. Bei dem Produkt mit einer mittleren Teilchengröße von etwa 2,5 nm findet man das Absorptionsmaximum bei der kürzesten Wellenlänge, die in diesem Falle tief im UV-Bereich liegt. Vergrößert man die Teilchen auf etwa 45 nm, so reicht das breite Absorptionsmaximum vom UV bis in den Bereich des sichtbaren Lichtes, und bei einer mittleren Teilchengröße um 145 nm liegt die Absorption voll im sichtbaren Bereich des Spektrums. Das letztere Produkt hatte eine besonders breite Teilchengrößenverteilung, um einen möglichst breiten Bereich des sichtbaren Lichts abzudecken.[1]

In dieser Abbildung kann man also zwei wesentliche Phänomene klar erkennen:

- Eine Verkleinerung der Teilchengröße verschiebt das Maximum der Absorption in Richtung kürzerer Wellenlängen, und
- eine breite Teilchengrößenverteilung ist Ursache für ein breites Maximum der Absorption.

1) Das ist bei diesem Produkt, das als weißes Pigment verwendet wird, auch notwendig.

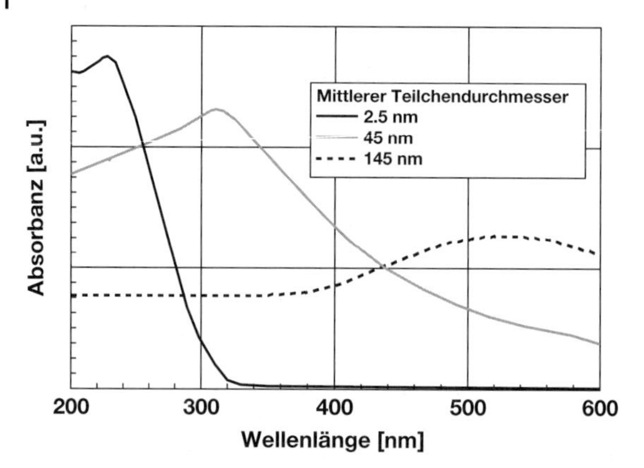

Abb. 9.2 Absorptionsspektren von Titandioxid (TiO_2), verschiedener Teilchengrößen. Die Teilchen mit einem mittleren Durchmesser von 45 und 145 nm sind industrielle Produkte (Pigmente) [2], während das Produkt mit einer mittleren Teilchengröße von 2,5 nm ein Laborprodukt ist [1]. Man erkennt deutlich eine Verschiebung des Absorptionsmaximum in Richtung kürzerer Wellenlängen, wenn die Teilchengröße reduziert wird. Ein breiter und flacher Verlauf des Absorptionsmaximums deutet auf eine breite Teilchengrößenverteilung hin. Eine solche ist, z. B. bei einem weißen Pigment, notwendig.

Sieht man sich die Kurvenverläufe in Abb. 9.2 an, so erkennt man, dass hinreichend kleine Teilchen aus Titandioxid als UV-Absorber verwendet werden können, die im Bereich des sichtbaren Lichtes völlig transparent sind. Andere Oxide, die ähnliche Eigenschaften haben sind ZrO_2 und ZnO. Alle diese Oxide sind allerdings Fotokatalysatoren, daher ist bei ihrer Verwendung als UV-Absorber darauf zu achten, dass man keine selbstzerstörende Systeme kombiniert. Dieses Problem kann durch Umhüllen der Teilchen mit Siliciumdioxid oder Aluminiumoxid vermieden werden. Des Weiteren ist darauf zu achten, dass die gewählte Teilchengröße auch zu dem Wellenlängenbereich, der absorbiert werden soll, passt.

Wichtig zu wissen

Der Brechungsindex eines Polymers kann durch Zugabe von keramischen Nanoteilchen auf einen bestimmten Wert eingestellt werden. Dabei muss die Teilchengröße so gewählt werden, dass in dem interessierenden Wellenlängenbereich möglichst keine Streuverluste auftreten. Als Faustregel gilt, dass die größten Teilchen kleiner sein müssen als ein Zehntel der kürzesten in Betracht gezogenen Wellenlänge. In diesem Zusammenhang muss auch darauf geachtet werden, dass die Teilchen so in das Polymer eingebracht werden, dass möglichst keine Cluster entstehen. Die Bildung von Clustern kann durch möglichst geringe Konzentrationen der Teilchen, oder, vorzugsweise, durch die Verwendung beschichteter Teilchen vermieden werden. Die Teilchen mit den höchsten Brechungsindizes sind solche aus Oxiden der Übergangsmetalle. Da diese aber durchwegs katalytisch wirksam sind, muss man darauf achten, keine selbstzerstörenden Systeme aufzubauen.

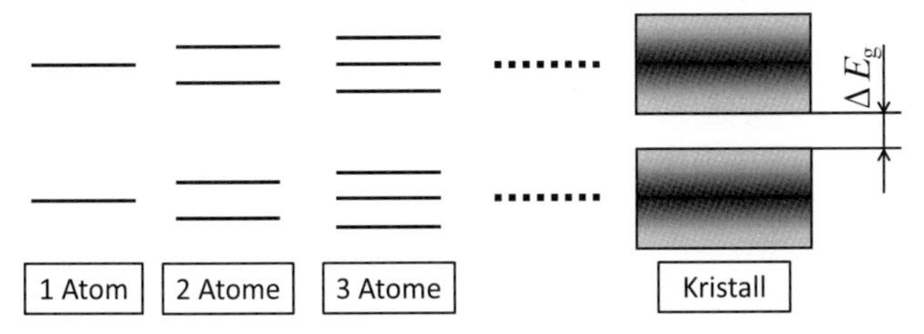

Abb. 9.3 Energieniveaus in einem System das jeweils aus einem, zwei oder mehreren Atomen besteht. Nach dem *Pauli*-Prinzip kann jedes dieser Energieniveaus von jeweils einem Elektron mit den Spins $+\frac{1}{2}$ und $-\frac{1}{2}$ besetzt werden. Die Zahl der Aufspaltungen ist gleich der Anzahl der Atome im System. Wird die Anzahl der Atome groß, so bilden sich quasikontinuierliche Energiebänder. Für die weiteren Betrachtungen wesentlich ist die Energielücke ΔE_g (Bandlücke) zwischen den Bändern, die von der Teilchengröße abhängig ist.

9.3 Größenabhängige optische Eigenschaften – Quanteneinschlussphänomene

In diesem Abschnitt ...
Die optischen Eigenschaften von Nanoteilchen, seien diese metallischer oder keramischer Natur, sind von deren Größe abhängig. Das bezieht sich sowohl auf die Absorptionsspektren als auch auf eine, zumeist bei halbleitenden Systemen auftretende, Fluoreszenz. Die Größenabhängigkeit kann auf der Basis der Grundregeln der Quantenmechanik zwanglos erklärt werden; um zu einem allgemeinen Verständnis zu kommen, ist es also nicht nötig, die *Schrödinger*-Gleichung zu lösen. Die besonders interessanten Fluoreszenzeigenschaften von Halbleiterteilchen können durch den Übergang von Teilchen, in denen Exzitonen auftreten, zu solchen mit Quanteneinschluss erklärt werden.

Wie schon in Abb. 9.2 bei der Absorption gezeigt wurde, hängen wellenlängenabhängige optische Eigenschaften von der Teilchengröße ab. Um dieses Phänomen zu verstehen, ist es nötig, zuerst den Einfluss der Teilchengröße auf die Elektronenstruktur eines Festkörpers zu analysieren.

Ein einzelnes Atoms hat diskrete Energieniveaus, die nach dem *Pauli*-Prinzip jeweils von einem Elektron besetzt sind. Dabei ist allerdings zu berücksichtigen, dass jedes Elektron einen Spin hat, jedes Energieniveau daher von jeweils einem Atom mit den Spins $+\frac{1}{2}$ und $-\frac{1}{2}$ besetzt ist. Fügt man ein zweites Atom hinzu, so spalten sich die Energieniveaus auf. Beim Hinzufügen weiterer Atome spalten sich die ursprünglichen Niveaus in exakt so viele neue Niveaus auf, wie Atome in dem System sind. Wird die Anzahl der Atome sehr groß, so bildet sich ein System von quasikontinuierlichen Energiebändern. Diese Entwicklung ist in Abb. 9.3 dargestellt.

Die Energielücke zwischen den Bändern ΔE_g wird mit abnehmender Teilchengröße breiter. Es gibt die theoretisch gut fundierte und experimentell vielfach ve-

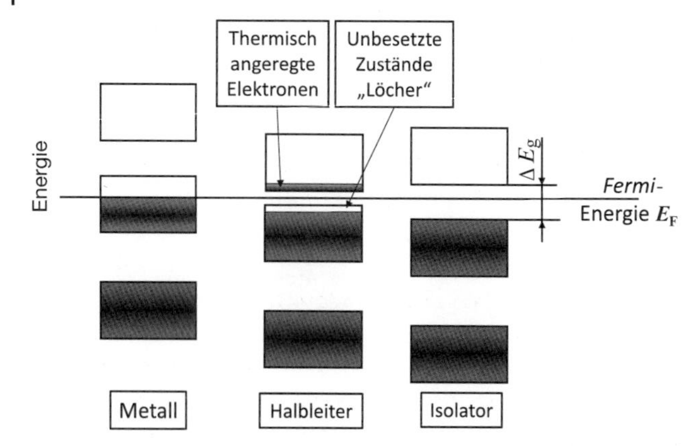

Abb. 9.4 Energiebänder in einem Metall, Halbleiter und Isolator. Metalle leiten den elektrischen Strom, weil das letzte Band nicht vollständig gefüllt ist. Bei Isolatoren ist das letzte Band vollständig gefüllt, daher verbleiben keine Energieniveaus, die für die Bewegung der Elektronen nötig wären. Auch bei Halbleitern ist das letzte Band vollständig gefüllt. Die Energielücke zwischen den Bändern ist aber so gering, dass diese durch die thermische Energie der Elektronen überwunden werden kann. Dadurch entstehen, thermisch aktiviert, freie Elektronen im nächst höheren Band und unbesetzte Zustände (Löcher) in dem Band, das Elektronen abgegeben hat. Zusätzlich ist in dieser Grafik die *Fermi*-Energie eingezeichnet. Diese ist die höchste Energie, die ein Elektron in einem Vielteilchensystem bei 0 K haben kann.

rifizierte Beziehung zwischen der Weite der Bandlücke und der Teilchengröße

$$\Delta E_{\text{g-Nano}} = \Delta E_{\text{g-konv}} + \frac{\alpha}{d^2} \tag{9.5}$$

In Gl. (9.5) ist $\Delta E_{\text{g-Nano}}$ die bei Nanoteilchen und $\Delta E_{\text{g-konv}}$ die bei konventionellen Materialien vorliegende Bandlücke; α ist eine materialabhängige Größe und d der Durchmesser der Nanoteilchen.

Für die weitere Diskussion muss zwischen Metallen, die grundsätzlich elektrische Leiter sind, Halbleitern, die nur unter besonderen Bedingungen elektrischen Strom leiten, und Isolatoren, die grundsätzlich keine elektrische Leitfähigkeit besitzen, unterschieden werden. Die Abb. 9.4 zeigt die Bandstrukturen dieser drei Grundtypen von Werkstoffen.[2]

In einem Metall ist das Band mit der höchsten Energie nicht vollständig gefüllt. Es verbleiben daher hinreichend viele Energieniveaus, die für die Bewegung von Elektronen unter dem Einfluss eines äußeren elektrischen Feldes benötigt werden. Daher werden bei einem Metall die Elektronen im äußersten Band auch „freie Elektronen" genannt. Bei einem Isolator ist das letzte Band vollständig gefüllt. Es bleiben daher keine Energieniveaus übrig, die für die elektrische Leitung benutzt werden könnten. Auch in einem Halbleiter ist das letzte Band vollständig gefüllt. Der Abstand zum nächsten Band ist aber so gering, dass er durch thermische Anregung überwunden werden kann. Dadurch sind dann im nächsten Band freie

2) In diesem Zusammenhang muss darauf hingewiesen werden, dass es gerade bei den Halbleitern eine Vielzahl von Varianten gibt. Das ändert aber nichts an den grundsätzlichen Mechanismen.

Elektronen, die für die elektrische Leitung benutzt werden können. Zusätzlich entstehen im ursprünglich letzten Band unbesetzte Zustände (Löcher), die ebenfalls zur Stromleitung beitragen können. Neben den hier beschriebenen Halbleitern, die über thermische Aktivierung arbeiten, kann man noch durch Dotieren elektrische Leitfähigkeit provozieren (Störstellenhalbleiter), das ändert aber die grundsätzlichen Mechanismen nicht. Zusätzlich ist in Abb. 9.4 noch die *Fermi*-Energie eingetragen. Das ist die höchste Energie, die ein Elektron am absoluten Nullpunkt haben kann. Bei einem Isolator liegt die *Fermi*-Energie in der Mitte zwischen dem letzten besetzten und dem ersten unbesetzten Band.

Die oben gegebenen Erklärungen sind eine stark vereinfachte Zusammenfassung von Ergebnissen, die durch das Lösen der *Schrödinger*-Gleichung erhalten werden. Die *Schrödinger*-Gleichung ist die fundamentale Gleichung, mit der nahezu alle Quantenphänomene beschrieben werden können. Berechnet man die Energieniveaus für kleine Teilchen, so erhält man für die Energiedifferenz ΔE_g zweier aufeinanderfolgender Niveaus die Proportionalität

$$\Delta E_g \propto \frac{1}{d^2} \tag{9.6}$$

In Gl. (9.6) ist d wieder der Durchmesser der Teilchen. Diese Gleichung sagt aus, dass die Energiedifferenz der Energielücken immer quadratisch mit dem inversen Teilchendurchmesser zunimmt. Als praktische Konsequenz kann man den Schluss ziehen, dass man durch Variation der Teilchengröße die optischen Eigenschaften eines Teilchens einstellen kann. Eine Verkleinerung der Teilchen führt zu einem Vergrößern der Energielücke ΔE_g. Experimentell macht sich dies durch eine Blauverschiebung im Absorptions- und Emissionsspektrum bemerkbar. Auf diesen Sachverhalt wurde bereits im Zusammenhang mit Abb. 9.2 hingewiesen. Mithilfe der *Schrödinger*-Gleichung kann man die Aufenthaltswahrscheinlichkeit der Elektronen innerhalb und außerhalb eines Teilchens berechnen.[3] Die Abb. 9.5 zeigt solche Lösungen für ein isolierendes und ein metallisches Teilchen für jeweils drei Energieniveaus.

Die Lösungen für Metalle und Isolatoren der *Schrödinger*-Gleichung, die in Abb. 9.5 dargestellt sind, zeigen wesentliche Charakteristika:

- Bei Isolatoren ist die Elektronendichte am Rand der Teilchen null.
- Bei Metallen findet man auch außerhalb der Teilchen freie Elektronen. Metallische Nanoteilchen befinden sich also in einer Elektronenwolke. Die Aufenthaltswahrscheinlichkeit für Elektronen nimmt allerdings exponentiell mit dem Abstand zum Teilchen ab. Die Elektronenwolke schwingt um das Teilchen; diese quantisierten Schwingungen werden Plasmonen genannt (siehe Abschn. 9.7).

Im Hinblick auf die optischen Eigenschaften ist die Größenabhängigkeit der Bandlücke bei isolierenden und halbleitenden Teilchen von entscheidender Bedeutung. Wenn ein Photon mit hoher Energie in einem isolierenden Teilchen

3) Wegen des statistischen Charakters der Lösungen liefert die *Schrödinger*-Gleichung grundsätzlich nur Wahrscheinlichkeiten.

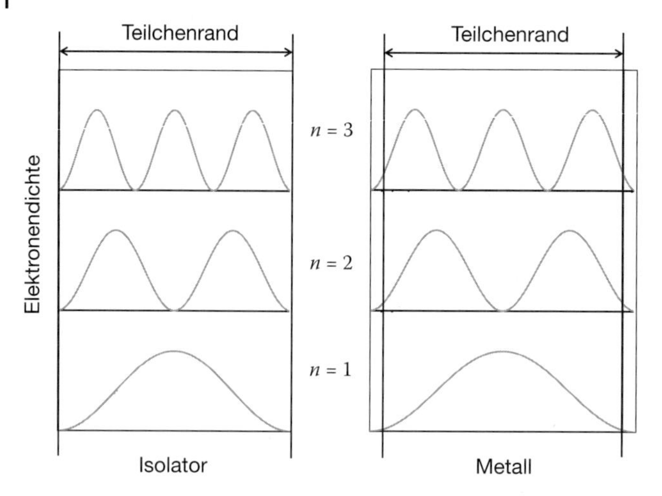

Abb. 9.5 Aufenthaltswahrscheinlichkeit für Elektronen (Elektronendichteverteilung) als Funktion des Radius für ein isolierendes und ein metallisches Teilchen. Es ist wichtig darauf hinzuweisen, dass bei einem metallischen Teilchen die Elektronendichte außerhalb der Teilchen nicht null ist. Diese Teilchen befinden sich in einer schwingenden Elektronenwolke. Diese quantisierten Schwingungen werden Plasmonen genannt.

absorbiert wird, so schlägt dieses ein Elektron von seinem Platz in einem vollbesetzten Band. Das Elektron springt in das erste leere Band und hinterlässt eine Lücke, ein positiv geladenes „Loch" h^+ in einem vormals vollen Band. Das Elektron e^-, das jetzt frei ist, kreist dann um das Loch, es bildet sich ein „Pseudowasserstoff", ein Exziton. Der Radius dieses Exzitons wird *Bohr*-Radius genannt. Jetzt muss man drei grundlegend verschiedene Fälle betrachten:

- Der *Bohr*-Radius ist kleiner als der Teilchenradius. In diesem Fall besteht nur eine geringe Abhängigkeit der Absorptions- und Emissionswellenlänge von der Teilchengröße.
- Der *Bohr*-Radius ist größer als der Teilchenradius. In diesem Fall kann sich kein Exziton bilden. Das ist der Bereich von Teilchengrößen, bei denen man Quanteneinschluss beobachtet. In diesem Fall hängen alle Absorptions- und Emissionseigenschaften quadratisch von der Teilchengröße ab. In diesem Größenbereich ist die Gl. (9.6) gültig.
- Die Bildung eines Exzitons ist wegen der freien Elektronen bei Metallen nicht möglich, demnach ist Lumineszenz nur bei halbleitenden oder isolierenden Teilchen möglich.

Im Hinblick auf die Größenverhältnisse stellt Abb. 9.6 stellt den oben beschriebenen Sachverhalt bildlich dar.

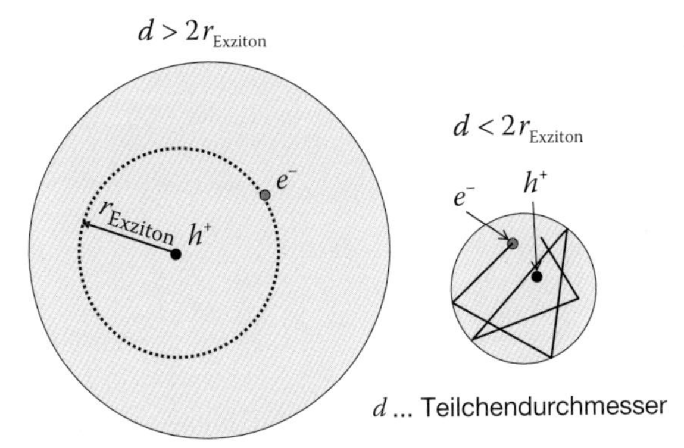

Abb. 9.6 Vergleich der Elektronenbewegung in Teilchen die größer und kleiner als der *Bohr*-Radius sind. Ist das Teilchen größer als ein Exziton, so hängen optische Eigenschaften wie Absorption oder Emission nur geringfügig von der Teilchengröße ab. Ist das Teilchen kleiner, so kann sich kein Exziton bilden. Das ist der Größenbereich, in dem man die Erscheinungen des Quanteneinschlusses beobachtet. In diesen Bereich ist die Gl. (9.6) anwendbar.

Ergänzung 9.1: Energie eines Elektrons in einem kleinen Teilchen – Quanteneinschluss

Mathematisch ist es ohne Weiteres möglich, dieses Problem für ein kugelförmiges Teilchen mithilfe der *Schrödinger*-Gleichung zu lösen. Allerdings bringt die sehr aufwendige Lösung dieses Problems keinen Vorteil an Übersichtlichkeit und Einsicht gegenüber einer Abschätzung mithilfe eines Modells, das das Verhalten eines Elektrons in einem linearen Kasten beschreibt. In diesem Falle kann man dieses Problem sogar mithilfe der einfachen Grundgleichungen der Quantenmechanik beschreiben.

In einem eindimensionalen System der Länge l ist die Bedingung für das Auftreten einer stehenden Welle, aus n Halbwellen der Wellenlänge λ_n

$$\frac{n\lambda_n}{2} = l \tag{9.7}$$

Setzt man diesen Ausdruck in die *DeBroglie*-Beziehung ein, so erhält man

$$p = mv = \frac{h}{\lambda_n} = \frac{nh}{2l} \tag{9.8}$$

In Gl. (9.8) ist p der Impuls, v die Geschwindigkeit der Elektronen und h das *Planck*'sche Wirkungsquantum. Daraus erhält man die Energie E_n

$$E_n = \frac{mv^2}{2} = \frac{p^2}{2m} = \frac{n^2h^2}{8ml^2} \propto \frac{n^2}{l^2} \tag{9.9}$$

Diese Gleichung enthält bereits alle Charakteristika des Quanteneinschlusses. Die Energie eines Elektrons ist umgekehrt proportional dem Quadrat der Teilchengröße. Das führt zu einer Blauverschiebung bei einer Reduktion der

Teilchengröße. Die Energiedifferenz ΔE zweier Quantenniveaus n und $n+1$ beschreibt die Energie eines emittierten Photons

$$\Delta E = \frac{h^2}{8ml^2}[(n+1)^2 - n^2] = \frac{(2n+1)h^2}{8ml^2} \tag{9.10a}$$

und unter Benutzung von $E = h\nu = h\frac{c}{\lambda} \Rightarrow \lambda = h\frac{c}{E}$ daraus

$$\lambda = \frac{8mcl^2}{(2n+1)h} \tag{9.10b}$$

Die Gl. (9.10b) zeigt, dass die Wellenlänge der emittierten Strahlung reduziert wird, wenn die Teilchen kleiner werden; es tritt eine Blauverschiebung auf. Die hier abgeleiteten Beziehungen bleiben gültig, wenn man anstelle der Kastenlänge l den Teilchendurchmesser d einsetzt (siehe auch Gl. (9.6)). An dieser Stelle muss allerdings angemerkt werden, dass nicht jede Blauverschiebung den Rückschluss auf einen Quanteneinschluss zulässt.

Wichtig zu wissen

Die optischen Eigenschaften von Nanoteilchen sind von deren Größe abhängig. Betrachtet man isolierende oder halbleitende Teilchen, so entsteht in diesem Teilchen nach der Absorption eines energiereichen Photons ein freies Elektron und ein positiv geladenes Elektronenloch. Dieses freie Elektron bewegt sich auf einer Kreisbahn um das positiv geladene Loch. Es entsteht ein „Pseudowasserstoff", genannt Exziton. Ist das Teilchen kleiner als der Durchmesser der Kreisbahn dieses Exzitons, so liegen die Verhältnisse eines Quanteneinschlusses vor. Je kleiner das Teilchen ist, umso mehr verschieben sich Absorption und Emission in Richtung kürzerer Wellenlängen, es tritt eine Blauverschiebung auf. Die Wellenlänge der emittierten Strahlung nimmt im Bereich des Quanteneinschlusses mit dem Quadrat der Teilchengröße zu. In guter Näherung können diese Verhältnisse mithilfe eines eindimensionalen Modells und konsequente Anwendung der Gesetze der Quantenmechanik beschrieben werden. Um ein exakte Beschreibung zu erhalten, müsste man die *Schrödinger*-Gleichung im dreidimensionalen Raum lösen. Metallische Nanoteilchen sind von einer schwingenden Wolke freier Elektronen umgeben. Diese Schwingungen nennt man Plasmonen.

9.4 Halbleitende Nanoteilchen – Quanteneinschluss

In diesem Abschnitt ...

Die experimentellen Ergebnisse zu Absorption und Emission von Photonen entsprechen exakt den theoretischen Beschreibungen. Als halbleitende Materialien werden vorwiegend die Sulfide, Selenide und Telluride von Zink und Cadmium verwendet. Auch Mischungen dieser Verbindungen werden mit großem Erfolg eingesetzt. Halbleiter, die durch geeignetes Dotieren von isolierenden Verbindungen hergestellt werden, sind in einigen Anwendungsfeldern etabliert. Bei vielen An-

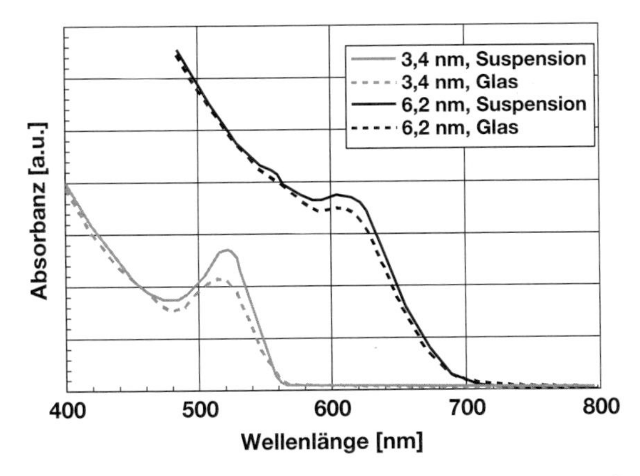

Abb. 9.7 Absorptionsspektren von CdTe mit den Teilchengrößen 3,4 nm und 6,2 nm in einer wässrigen Suspension und Glas [3]. Man erkennt den starken Einfluss der Teilchengröße. Der Einfluss der umgebenden Matrix ist gering.

wendungen wird die Tatsache, dass es möglich ist, nur durch die Variation der Teilchengröße die Emissionswellenlänge einzustellen, genutzt.

Sofern halbleitende Nanoteilchen hinreichend klein sind, zeigen diese Quanteneinschlussphänomene. In diesem Größenbereich folgen die optischen Eigenschaften den Gln. (9.6) und (9.10). Die Weite der Bandlücke und damit auch das Absorptions- und Emissionsspektrum sind von der Teilchengröße abhängig. Das ermöglicht es, die Teilchengröße als Konstruktionselement im Hinblick auf die optischen Eigenschaften zu nutzen. Das hat, im Hinblick auf die Anwendung, einen wesentlichen Vorteil: Man kann die Emissionswellenlänge verändern, ohne gleichzeitig die Chemie der Teilchen zu verändern. Dieser Vorteil kommt zum Tragen, wenn man die Oberfläche der Teilchen für bestimmte Anwendungen im Bereich der Biochemie oder Medizin funktionalisieren will.

Die wichtigste Gruppe halbleitender Verbindungen, die in diesem Zusammenhang genutzt werden, sind die Sulfide, Selenide und Telluride von Zink und Cadmium. Diese Gruppe von Verbindungen ist in der Realität noch viel größer, wenn man berücksichtigt, dass die meisten dieser Verbindungen eine erhebliche gegenseitige Löslichkeit aufweisen. In diesem Zusammenhang muss zusätzlich das Zinkoxid (ZnO) als wichtige, häufig verwendete Verbindung erwähnt werden.

Als erstes Beispiel für die Größenabhängigkeit von Absorption und Emission wurde CdTe gewählt. Die Abb. 9.7 zeigt das Absorptionsspektrum für zwei verschiedene Teilchengrößen. Zusätzlich wird in dieser Abbildung der Einfluss des umgebenden Mediums, in diesem Fall Wasser und Glas, dargestellt [3].

Analysiert man die Abb. 9.7 im Detail, so erkennt man den erwarteten Einfluss der Teilchengröße, wie er auch im den Gln. (9.6) und (9.10b) beschrieben ist. Des Weiteren sieht man auch, dass der Einfluss des umgebenden Mediums sehr gering ist.[4] Im Grunde sieht man die gleichen Erscheinungen bei den Emissionsspek-

4) Das wäre bei einem metallischen Teilchen wegen der umgebenden Elektronenwolke deutlich verschieden.

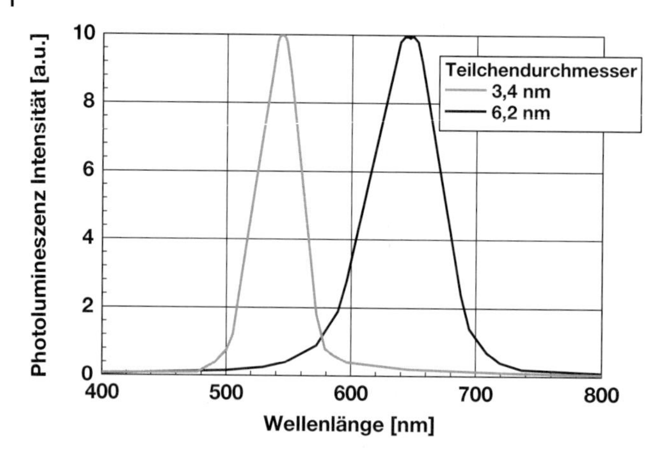

Abb. 9.8 Emissionsspektrum von CdTe mit den Teilchengrößen 3,4 nm und 6,2 nm [3]. Man erkennt deutlich die Blauverschiebung der Emissionslinie mit abnehmender Teilchengröße. Die relativ geringe Breite der Emissionslinien lässt auf eine vergleichsweise enge Teilchengrößenverteilung schließen. Wegen des vernachlässigbaren Einflusses wurden die Kurvenverläufe bei den beiden Matrizes, Wasser und Glas, nicht getrennt gezeichnet.

tren, die in Abb. 9.8 dargestellt sind [3]. Es ist also auch die Emissionslinie für die kleineren Teilchen in Richtung zu kürzeren Wellenlängen verschoben. Wegen des vernachlässigbaren Einflusses wurden, im Gegensatz zu Abb. 9.7, für die beiden Matrizes keine getrennten Kurvenverläufe gezeichnet. In diesem Zusammenhang muss auch noch die vergleichsweise geringe Breite der Emissionslinien erwähnt werden. Das lässt auf eine enge Verteilung der Teilchengrößen schließen.

Als zweites Beispiel, dem ersten durchaus verwandt, seien die Emissionsspektren von CdSe verschiedener Teilchengrößen diskutiert. Die Abb. 9.9 zeigt diese Spektren für drei verschiedene Teilchengrößen [4]. Man erkennt wieder die Blauverschiebung mit abnehmender Teilchengröße sowie die vergleichsweise engen Emissionslinien. Die zu den drei Teilchengrößen gehörenden Emissionslinien sind sauber getrennt. Dadurch, dass die Linienbreite so gering ist, kann man bei Anwendung passender Funktionalisierungen die verschiedenen Teilchengrößen nutzen, um z. B. unterschiedlich Strukturen in Zellen in verschiedenen Farben darzustellen. Das ist bei der Arbeit mit einem Mikroskop eine wesentliche Erleichterung.

Die in Abb. 9.9 dargestellten Emissionslinien von drei verschiedenen Teilchengrößen zeigen eine Blauverschiebung mit abnehmender Teilchengröße, wie sie nach Gl. (9.10b) auch zu erwarten ist. In diesem Zusammenhang stellt sich allerdings die Frage, wie genau diese Gesetze, die ja doch in recht einfacher Weise hergeleitet wurden, erfüllt werden. Die Abb. 9.10 zeigt eine rektifizierte Darstellung der Teilchengrößenabhängigkeit der Emissionswellenlänge. Dazu wurde die Emissionswellenlänge gegen (Teilchengröße)$^{-2}$ aufgetragen. Zusätzlich erfolgte eine Anpassung an die Messpunkte, die in dieser Darstellung eine Gerade ist.

Die wissenschaftlich und ökonomisch interessantesten Anwendungen dieser fluoreszierenden Teilchen sind in den Bereichen Biotechnologie und medizini-

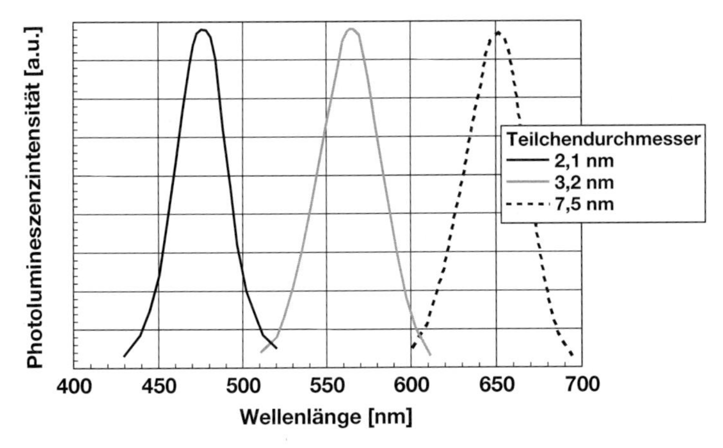

Abb. 9.9 Emissionslinien von CdSe für drei verschiedene Teilchengrößen [4]. Man erkennt wieder die Blauverschiebung mit abnehmender Teilchengröße. Die Breite der Emissionslinien ist so eng, dass praktisch keine Überlagerung der Emission der Teilchen unterschiedlicher mittlerer Größe vorliegt.

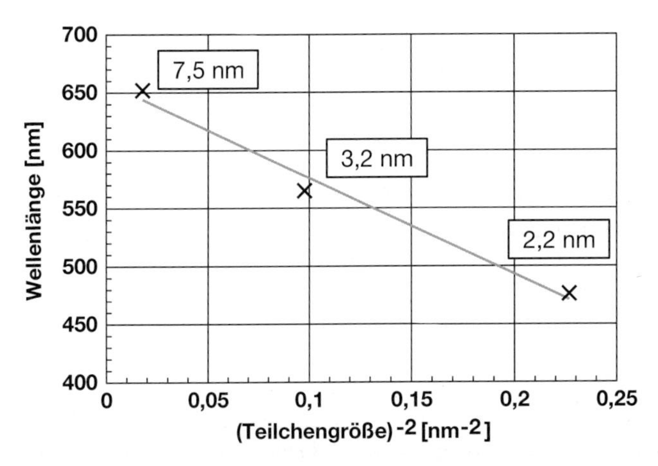

Abb. 9.10 Rektifizierte Darstellung der Lage der Maxima in Abb. 9.9. Man erkennt, dass die Näherungsgerade die Messpunkte recht gut wiedergibt. Die Abweichungen von der Geraden entsprechen einem Fehler in den Teilchengrößen von weniger als 0,5 nm.

sche Diagnostik zu finden. Um die Teilchen genau an die gewünschten Stellen zu bringen, muss deren Oberfläche mit Antikörpern, Peptiden oder anderen Proteinen funktionalisiert werden. Typische Beispiele einer erfolgreichen Funktionalisierung zeigt die Abb. 9.11 [4]. Diese Abbildung zeigt zwei Aufnahmen, in denen zu sehen ist, dass, abhängig von der Funktionalisierung, die Teilchen auf der Oberfläche einer Zelle (Abb. 9.11a) oder im Zellkern (Abb. 9.11b) lokalisiert sind. Die Teilchen bestanden aus CdSe und waren mit ZnS beschichtet.

Die Farbe des emittierten Lichtes hängt nicht nur von der Teilchengröße, sondern auch von der Zusammensetzung ab. Das gibt bei der Auswahl von Teil-

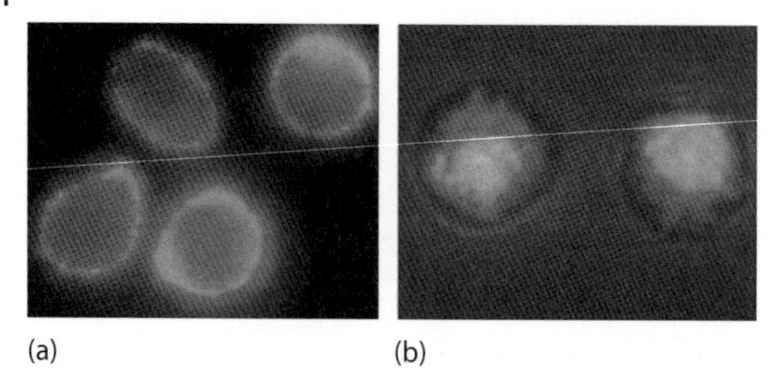

(a) (b)

Abb. 9.11 Unterschiedlich funktionalisierte CdSe-Teilchen, die mit ZnS beschichtet waren, lagern sich auf der Oberfläche der Zelle (a) oder im Zellkern (b) an [4]. Die Funktionalisierung erfolgt bei solchen Anwendungen mit Antikörpern, Peptiden oder anderen Proteinen. (Mit Erlaubnis von John Wiley & Sons.)

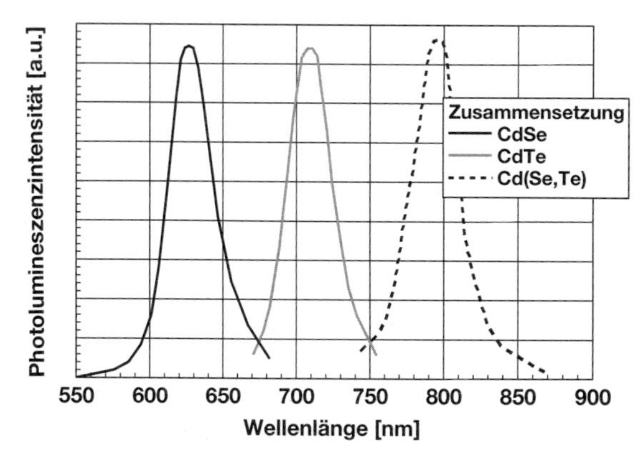

Abb. 9.12 Emissionsspektren von CdSe, CdTe und dem Mischkristall Cd(Se,Te) [4]. Bei allen drei Beispielen war die Teilchengröße 5,5 nm. Der teilweise Austausch von Selen durch Tellur führt zu einer Rotverschiebung, das Spektrum des Mischkristalles liegt nicht zwischen den Spektren der reinen Phasen.

chen für eine spezifische Anwendung einen zusätzlichen Freiheitsgrad. Als typisches Beispiel sind in Abb. 9.12 die Emissionsspektren von CdSe, CdTe sowie einem Mischkristall Cd(Se,Te) dargestellt. Die Teilchengröße lag in allen Fällen bei 5,5 nm.

Sieht man sich die in Abb. 9.12 dargestellten Spektren an, so erkennt man, dass die Emission des Tellurides bei einer größeren Wellenlänge zu finden ist als die des Selenides. Überraschenderweise ist die Emissionslinie des Mischkristalles nicht zwischen denen der beiden Reinphasen zu finden, sondern bei wesentlich größeren Wellenlängen jenseits der Emission des reinen Tellurides. Auch wenn das Spiel mit der Zusammensetzung eine elegante Möglichkeit ist eine gewünschte Emissionsfarbe zu erhalten, so soll ein wesentlicher Nachteil nicht verschwiegen werden: Variiert man die Emissionswellenlänge über die Zusammensetzung der Teilchen, so hat man bei jeder neuen Zusammensetzung eine geänderte Oberflächenchemie vorliegen. Das hat zur Folge, dass bei einer Funktionalisierung der

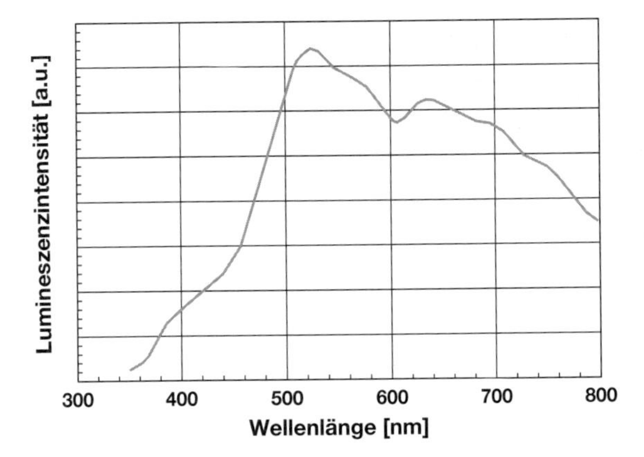

Abb. 9.13 Emissionsspektrum von CdSe-Teilchen mit einem Durchmesser im Bereich von 2 nm [5]. Die Struktur dieser kleinen Teilchen ist nicht stabil, sie fluktuiert zwischen der kristallisierten und der flüssigen Phase. Daher beobachtet man auch kein Linienspektrum wie es in Abb. 9.9 für die gleiche Verbindung dargestellt wurde.

chemische Prozess jedes Mal auf die geänderte Chemie der Oberfläche eingestellt werden muss.

In den vorhergehenden Abschnitten wurde für die Phänomene des Quanteneinschlusses zwar eine obere Grenze für die Teilchengröße, der Durchmesser eines Exzitons, angegeben, in Richtung kleinerer Teilchengrößen geben die Gln. (9.10) jedoch keine Auskunft. Sicherlich muss die Untergrenze der Teilchengröße deutlich über dem Durchmesser eines Atoms sein, aber die offene Frage ist: Wie viele Atome? Bei der Diskussion der Phasenstabilität wurde im Kapitel 7 bereits auf die Möglichkeit thermischer Fluktuationen hingewiesen. Thermodynamische Betrachtungen führten zu dem Schluss, dass mit abnehmender Teilchengröße auch der Schmelzpunkt sinkt. Es gibt einen Bereich von Teilchengröße und Temperatur, in dem die Phasen nicht stabil sind, die Teilchen also ständig zwischen der kristallisierten und der flüssigen Phase pendeln. Experimentelle Ergebnisse, die darauf hindeuten, dass dieser Größenbereich auch die untere Grenze der Gültigkeit der Gn. (9.10) ist, liegen vor. In diesem Größenbereich sind die Emissionsspektren wohl nicht mehr durch die Gleichungen, die den Quanteneinschluss beschreiben definiert. Die Abb. 9.13 zeigt das Emissionsspektrum von CdSe-Teilchen, deren Größen von etwa 2 nm sich genau in diesem Fluktuationsbereich befinden. Dieses Spektrum hat dem in Abb. 9.9 dargestellten Spektren derselben Verbindung keine Ähnlichkeit mehr. Man erkennt ein breites, unstrukturiertes Spektrum, das nicht an einen Übergang zwischen wohl definierten Energieniveaus erinnert. Auch elektronenmikroskopische Aufnahmen und molekulardynamische Rechnungen deuteten auf eine Fluktuation zwischen verschiedenen Phasen hin.

Neben den Chalkogeniden von Zink und Cadmium gibt es noch eine Reihe weiterer halbleitender Verbindungen mit interessanten optischen Eigenschaften, wie z. B. das Bleisulfid, PbS. Bleisulfid ist vor allem als Detektor für den infra-

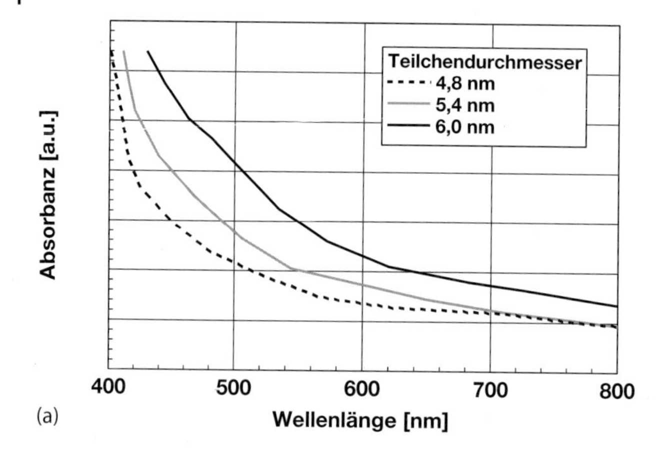

(a)

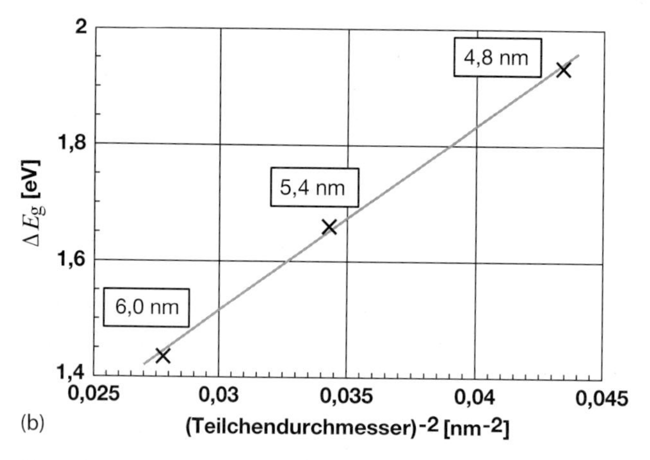

(b)

Abb. 9.14 Absorption von Bleisulfid, PbS [6]. Man erkennt die starke Zunahme der Absorption bei abnehmender Wellenlänge sowie die starke Blauverschiebung bei kleiner werdenden Teilchengrößen (a). Die aus diesen experimentellen Daten die Energie berechneten Bandlücken sind in (b) gegen den quadrierten inversen Teilchendurchmesser aufgetragen. Man erkennt, dass Gl. (9.10a) perfekt erfüllt ist.

roten Bereich von Bedeutung, daher soll im Folgenden das Absorptionsverhalten dargestellt werden. Bei grobkörnigem PbS ist die Bandlücke 0,41 meV, mit abnehmender Teilchengröße steigt diese bis in den Bereich einiger Millielektronenvolt bei Nanoteilchen. Grobkörniges PbS absorbiert Licht im gesamten sichtbaren Bereich, daher erscheint dieses Material schwarz. Reduziert man die Teilchengröße, so wechselt die Farbe zu einem dunklen Braun, Suspensionen von PbS-Nanoteilchen sind rötlich braun. Die Abb. 9.14a zeigt den spektralen Verlauf der Absorption von PbS als Funktion der Wellenlänge für drei Teilchengrößen [6]. Diese Abbildung zeigt die starke Zunahme der Absorption mit abnehmender Wellenlänge und die starke Blauverschiebung der Absorption bei kleiner werdender Teilchengröße. Diese Blauverschiebung hat ihre Ursache in einem

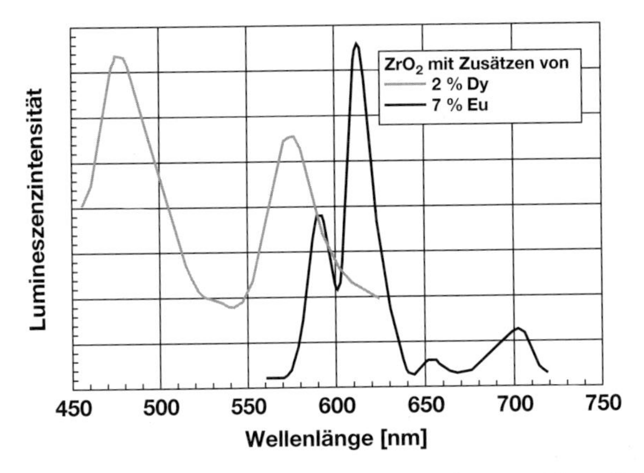

Abb. 9.15 Emissionsspektren von Zirkonoxid-Nanoteilchen, die mit Dy [7] oder Eu [8] dotiert waren. Solche dotierten Teilchen haben den Vorteil, dass man sehr stabile und auch preiswerte Matrizes wählen kann.

Aufweiten der Bandlücke, wie es von Gl. (9.10a) beschrieben wird. Die Größe der Bandlücke für die Teilchen, deren Absorptionsverhalten in Abb. 9.14a dargestellt ist, ist in Abb. 9.14b, wie von Gl. (9.10a) gefordert, als Funktion von d^{-2} beschrieben. Dieser Graph zeigt, dass auch in diesem Fall die Theorie von der experimentellen Wirklichkeit gut bestätigt wird.

In die Gruppe der halbleitenden Teilchen gehören auch Teilchen aus isolierendem Material, die durch Dotierung halbleitend gemacht wurden. Diese Materialien zeichnen sich bei geeigneter Wahl der Matrix durch eine hohe Stabilität und, wegen der Vielzahl der möglichen Dotierungselemente, durch eine große Variabilität aus. Als Dotierungselemente werden in diesem Zusammenhang zumeist Seltene Erden benutzt. Des Weiteren ist anzumerken, dass die möglichen Matrizes, wie z. B. Zirkonoxid, vergleichsweise preiswert und im Gegensatz zu den bisher diskutierten Verbindungen weder toxisch noch krebserregend sind. Die Abb. 9.15 zeigt die Emissionsspektren von Zirkonoxid, ZrO_2, das mit 2 Mol% Dy [7] oder 7 Mol% Eu [8] dotiert war. Die Teilchengröße lag bei der Eu-dotierten Probe im Bereich von 3–4 nm und der Dy-dotierten bei 4 bis 6 nm.

Da Graphen wegen seiner nicht lokalisierten Doppelbindungen den elektrischen Strom leitet, ist von diesem Material keine Lumineszenz zu erwarten. Das ist anders bei Graphenoxid, das keine freien Elektronen hat oder auch bei kleinen, aus Graphen hergestellten Teilchen, die aus mehreren Lagen bestehen. Erste Ergebnisse auf diesem, in stürmischer Entwicklung begriffenen Gebiet, sind in einigen Übersichtsarbeiten dargestellt [9, 10].

Wichtig zu wissen

Durch die Teilchengrößenabhängigkeit der Wellenlänge des emittierten Lichtes bei kleinen Nanoteilchen ist es möglich, allein durch die Variation der Teilchengröße, verschiedene Farben des emittierten Lichtes zu erhalten. Das hat bei der Verwendung, z. B. im Bereich der Biotechnologie, den großen Vorteil, dass es möglich, ist bei gleicher

Oberflächenchemie verschiedene Emissionsfarben zu erhalten. Dieser Vorteil kommt vor allem bei dem Funktionalisieren der Teilchen zum Tragen. Als Materialien für Quanteneinschlusssysteme kommen eine Reihe von halbleitenden Verbindungen auf der Basis der Sulfide, Selenide, Telluride von Zink und Cadmium infrage. Die von der Theorie geforderte quadratische Abhängigkeit der emittierten Wellenlänge von der Teilchengröße ist experimentell gut bestätigt. Neben den angegebenen halbleitenden Verbindungen können auch Oxide, wie z. B. Zirkonoxid, verwendet werden, die durch Dotieren mit Seltenen Erden halbleitend gemacht wurden. Quanteneinschlusssysteme sind nur in einem Größenbereich, der durch den Durchmesser eines Exzitons (obere Grenze) und der strukturellen Stabilität (untere Grenze) begrenzt ist, möglich.

9.5
Lumineszenz wechselwirkender Teilchen

In diesem Abschnitt ...
Angeregte Nanoteilchen können Dipole bilden. Kommen sich zwei solcher Teilchen nahe, so können diese Dipole wechselwirken. Diese Dipol-Dipol-Kopplung (Bildung eines Excimers) verändert das Emissionsspektrum. Liegen das Absorptions- und das Emissionsspektrum im gleichen Wellenlängenbereich, so kann über sehr kurze Distanzen durch eine solche Dipolkopplung Energie verlustlos von einem Teilchen auf ein zweites übertragen werden (*Förster*-Resonanzenergietransfer).

In den vorhergehenden Abschnitten wurden die Eigenschaften der Teilchen so analysiert, als ob sie alleine und isoliert wären. Diese Annahme ist nicht immer gerechtfertigt. Es gibt eine Reihe von Effekten, die nur durch eine Wechselwirkung zwischen Dipolen zu erklären sind. Darüber hinaus kennt man das Phänomen überlappender Emissions- und Absorptionsspektren, die auf der Basis einer Dipol-Dipol-Wechselwirkung eine strahlungslose Energieübertragung ermöglichen.

Bei Arbeiten an organischen Molekülen hat *Förster* gefunden, dass es Fälle gibt, bei denen Absorptions- und Emissionsspektrum im gleichen Wellenlängenbereich liegen. Das hat zur Folge, dass es möglich ist, mit der Emission eines Moleküls ein zweites, gleichartiges anzuregen. Auf diese Weise kann eine Anregung – eine Information – von Molekül zu Molekül weitergereicht werden. Sind diese Moleküle einander nahe genug, so erfolgt dieses Weiterreichen der Energie über eine Dipol-Dipol-Kopplung. Dieser Vorgang ist an extrem kurze Distanzen, im Allgemeinen kleiner als 10 nm, gebunden. Der Wirkungsgrad dieses Energietransfers folgt einer Funktion wie $\frac{1}{1+\alpha r^6}$, wobei r der Abstand der Moleküle und α eine systemabhängige Größe ist. Dieses Phänomen ist unter dem Begriff „*Förster*-Resonanzenergietransfer" kurz FRET bekannt und wird in der Biochemie z. B. bei Proteinen zur Abstandsmessung benutzt.[5)]

5) In der englischsprachigen Literatur wird die Bezeichnung „fluorescence resonance energy transfer, FRET" benutzt.

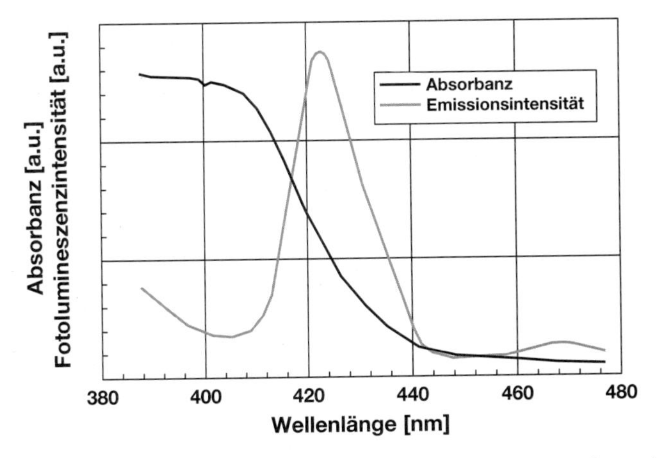

Abb. 9.16 Absorptions- und Emissionsspektrum von ZnSe eingebettet in SiO_2 [11]. Es ist bemerkenswert, dass die beiden Spektren im selben Wellenlängenbereich liegen. Daher ist es möglich, dass ein Photon von Teilchen zu Teilchen weitergereicht wird.

Die Erscheinung, dass sich Emissions- und Absorptionsspektren überlappen, wird auch bei Nanoteilchen gefunden. Als Beispiel sind in Abb. 9.16 die Absorptions- und Emissionsspektren von ZnSe- Teilchen, die in SiO_2 eingebettet waren, dargestellt.

Wie vermittels der Abb. 9.10 und 9.14b gezeigt wurde, sind die Gl. (9.10) experimentell gut bestätigt. Diese Gesetzmäßigkeit gilt nur für einzelne, isolierte Teilchen. Sie gilt nicht, wenn zwischen den Teilchen eine Wechselwirkung besteht. So gilt im Falle einer Dipol-Dipol-Wechselwirkung für die emittierte Wellenlänge die Relation [12]

$$\frac{1}{\lambda} \propto \alpha + \frac{1}{d^3} \tag{9.11}$$

Die Größe d steht für die Teilchengröße und α ist ein konstanter Summand. Ein typisches Beispiel für eine Verbindung, bei deren Nanoteilchen man diese Gesetzmäßigkeit findet, ist ZnO [12, 13]. Die Abb. 9.17 zeigt eine rektifizierte Darstellung der Teilchengrößenabhängigkeit der Emissionswellenlänge von ZnO [13]. Die experimentellen Daten lassen sich gut an das für eine Dipol-Dipol-Wechselwirkung hergeleitete Gesetz anpassen.

Die Dipol-Dipol-Wechselwirkung wird bei Lumineszenz häufig beobachtet. Zuerst wurde diese Wechselwirkung bei organischen Molekülen gefunden. Auch dort beeinflusst diese die optischen Eigenschaften ganz wesentlich. Durch diese Wechselwirkung entsteht kurzzeitig ein neues kombiniertes Teilchen, ein Dimer. Diese durch Anregung entstandenen kurzlebigen Dimere werden Excimer genannt. Die Spektren dieser Dimere sind sehr breit und gegenüber denen der Monomere in Richtung zu längeren Wellenlängen hin verschoben. Diese Dimere zerfallen wieder, wenn das angeregte Teilchen seine Energie z. B. durch Strahlung abgibt. Bei beschichteten lumineszierenden Nanoteilchen wird Excimerbildung ebenfalls beobachtet.

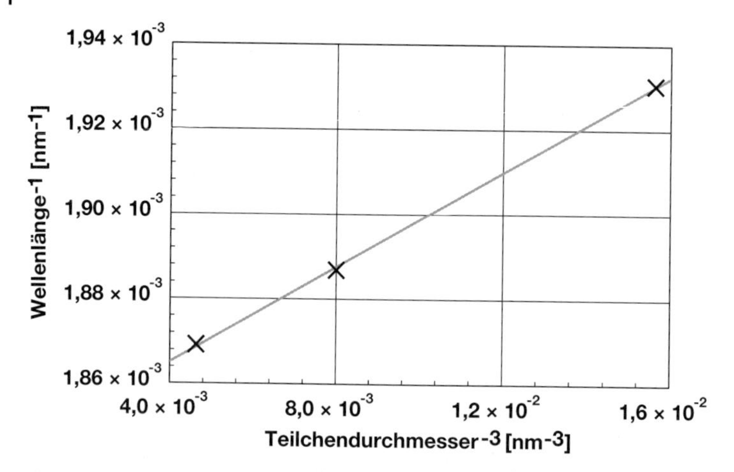

Abb. 9.17 Rektifizierte Darstellung der Teilchengrößenabhängigkeit der Emissionswellenlänge von PMMA-beschichtetem ZnO im sichtbaren Bereich [13]. Die experimentellen Daten folgen der Gl. (9.11), die auf einer Dipol-Dipol-Wechselwirkung beruht [12].

Ergänzung 9.2: Excimerbildung

Angeregte Teilchen oder organische Moleküle können Dipole bilden. Solche Dipole können bis zu einer Entfernung von 10–15 nm wechselwirken. Diese Wechselwirkung führt zur Bildung von Dimeren, sogenannte Exzitonen. Ein Exziton ist also ein Dimer bestehend aus angeregten, gleichartigen Teilchen, die durch Dipolwechselwirkung zusammengehalten werden. Ein Excimer zerfällt, wenn eines dieser Teilchen seine Energie wieder abgibt. Das erfolgt zumeist durch Aussenden eines Photons.

Die Bildung eines Dimers aus zwei angeregten Teilchen kann auf unterschiedliche Weise erfolgen. Die grundsätzlichen Möglichkeiten sind in Abb. 9.18 in stark vereinfachter Weise dargestellt.

Betrachtet man die verschiedenen Möglichkeiten der Anordnung, so erkennt man zunächst, dass zwei Dipole grundsätzlich entweder parallel oder antiparallel angeordnet sein können. Die parallele Anordnung erhöht, die antiparallele erniedrigt die Energie des Systems. Die parallele und die Anordnung in Ketten sind dabei Grenzfälle der schrägen Anordnung, die grundsätzlich viele Freiheitsgrade hat, von denen aber aufgrund der Quantenauswahlregeln nicht alle erlaubt sind. Die große Zahl von Möglichkeiten spiegelt sich in dem breiten Dimerspektrum wieder. Die energiereiche Variante der parallelen Anordnung wird selten beobachtet.

Demnach muss man grundsätzlich zwischen dem Emissionsspektrum eines Monomers und dem eines Dimers unterscheiden. Voraussetzung für die Bildung eines Excimers ist, dass sich die angeregten Teilchen näher als etwa 10 bis 15 nm kommen. Dies vorausgesetzt ist es klar, dass die Excimerbildung von der Konzentration der Teilchen in einer Lösung oder Suspension abhängt oder ob die Teilchen in einem Pulver sind. Betrachtet man als einfachsten Fall eine Lösung oder Suspension, wird man – zumindest theoretisch – immer das Monomer- und das Dimerspektrum beobachten. Bei steigender Konzentration, also zunehmenden Wahrscheinlichkeit, dass sich zwei Teilchen näher kommen, nimmt der Anteil des Dimerspektrums mit der Konzentration zu. Das ist in Abb. 9.19 anhand eines Modellspektrums dargestellt.

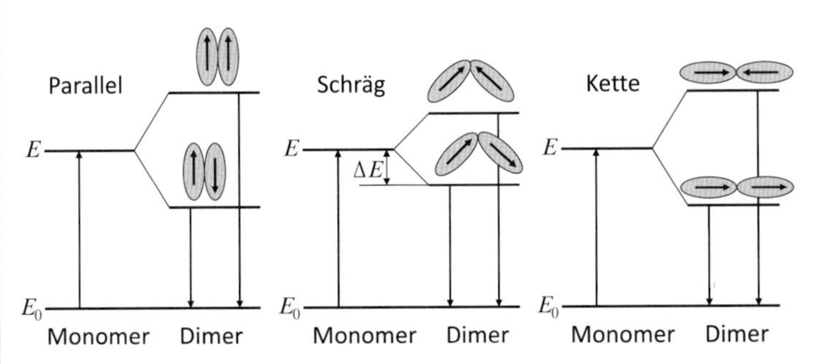

Abb. 9.18 Mögliche Ausrichtung zweier Dipole bei einer Wechselwirkung. Man erkennt, dass es grundsätzlich immer zwei Möglichkeiten der Kopplung gibt, die ein deutlich unterschiedliches Energieniveau haben. Es muss aber angemerkt werden, dass durch die Quantenauswahlregeln einige dieser Möglichkeiten verboten sind. Bei der schrägen Anordnung sind viele verschiedene Neigungen möglich. Wegen der vielen Möglichkeiten für die Wechselwirkung ist das Dimerspektrum sehr breit.

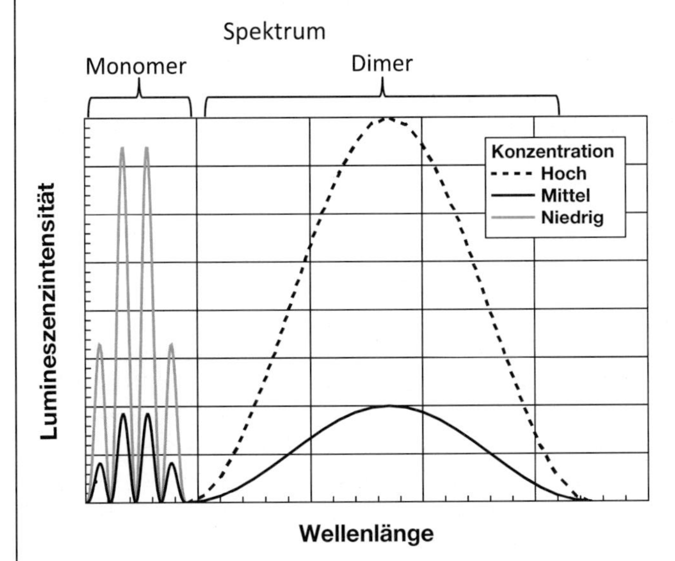

Abb. 9.19 Übergang vom Monomerspektrum bei niederen Konzentrationen zum Dimerspektrum des Excimers bei hohen Konzentrationen. Bei mittleren Konzentrationen beobachtet man beide Spektren. Das Spektrum des Dimers ist bei größeren Wellenlängen gezeichnet, das entspricht der energieärmeren Variante der Dipol-Dipol-Kopplung.

Wichtig zu wissen

Angeregte Nanoteilchen können Dipole bilden; solche Dipole können über eine Dipol-Dipol-Kopplung Excimere bilden. Das Spektrum der Excimere ist wegen der vielen Möglichkeiten der Wechselwirkung zweier Dipole sehr breit und zumeist kaum strukturiert. Des Weiteren ist anzumerken, dass, verglichen mit dem Spektrum eines Monomers, das Excimerspektrum im Allgemeinen energieärmer, also in Richtung größerer Wellenlängen verschoben ist. Die Teilchengrößenabhängigkeit des Excimerspektrums unterscheidet sich grundsätzlich von der, die bei Quanteneinschlusssystemen beobachtet wird. Diese Excimerbildung wird auch bei fluoreszierenden organischen Molekülen beobachtet. Diese Wechselwirkung hat eine sehr geringe Reichweite, die selten 10 nm überschreitet. In der Biochemie ist dieser Effekt unter der Bezeichnung *Förster-*Resonanzenergietransfer (FRET) bekannt und wird dort zur Bestimmung von kleinen Abständen genutzt.

9.6 Lumineszierende Nanokomposite

In diesem Abschnitt ...

Lumineszierende Nanoteilchen kann man auch erhalten, indem man die Oberfläche von z. B. keramischen (isolierenden) Teilchen mit lumineszierenden organischen Molekülen (Luminophore) beschichtet. Die anregenden Photonen werden im keramischen Kern absorbiert, diese Anregung wird auf die Luminophormoleküle in der Beschichtung übertragen. Ähnliche Phänomene beobachtet man auch bei Polymeren, die an die Oberfläche von Oxid-Teilchen chemisch gebunden sind. Diese Art der beschichteten Teilchen erlaubt es mehrere im Grunde unverträgliche Eigenschaften, z. B. Lumineszenz und Ferromagnetismus, in einem Teilchen zu realisieren. Nanoteilchen, die mit einem Luminophor beschichtet sind, können auch Excimere bilden. Zusätzlich kann durch eine weitere äußere Beschichtung die Wechselwirkung mit dem bei Verwendung umgebenden Medium eingestellt werden.[6)]

Auch wenn eine große Anzahl von geeigneten halbleitenden Verbindungen zur Verfügung stehen, so muss doch festgehalten werden, dass bei organischen Verbindungen diese Variationsmöglichkeit um vieles größer ist. Es bietet sich daher an zu versuchen, die Verbindungen, eingebaut in entsprechende Nanokomposite, zu nutzen. Bei der Beurteilung der Sinnfälligkeit von weiteren lumineszierenden Nanoteilchen muss auch noch beachtet werden, dass die wichtigsten Bausteine halbleitender Nanoteilchen Cadmium, Selen, Tellur usw. sowohl giftig als auch kanzerogen sind. Des Weiteren muss noch beachtet werden, dass die meisten dieser Verbindungen gegen Oxidation oder Hydrolyse nicht sehr stabil sind. Diese beiden Probleme können unter ungünstigen Umständen die Herstellung und den Umgang mit diesen Teilchen schwierig gestalten. Darüber hinaus bieten

6) z.B. hydrophil oder hydrophob

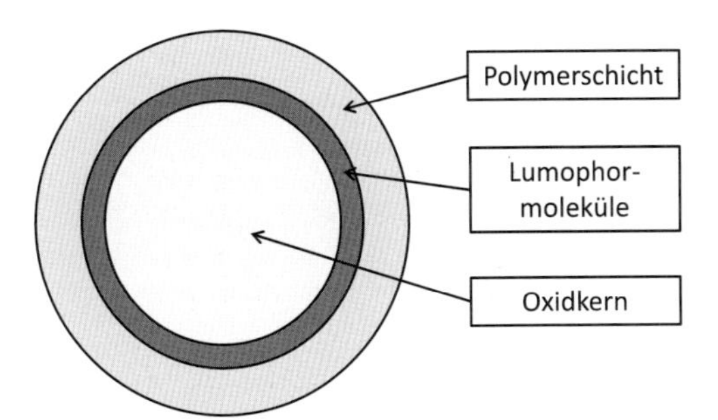

Abb. 9.20 Lumineszierender Nanokomposit nach *Vollath*, der auch zum Aufbau multifunktionaler Teilchen geeignet ist [13–15]. Diese Komposite bestehen aus einem Oxidkern, der mit einer Hülle von lumineszierenden Molekülen umgeben ist. Eine äußere Polymerschicht stellt die Verbindung zu der Umgebung her, in der die Teilchen verwendet werden sollen, diese kann z. B. hydrophil oder hydrophob sein.

Komposite die Möglichkeit mehrere verschiedene Eigenschaften in einem Teilchen zu vereinen.[7] Als Beispiel dafür seien bifunktionale Teilchen genannt, die sowohl ferromagnetisch als auch lumineszierend sind. Gerade solche Teilchen, die auf der Basis der halbleitenden Verbindungen nicht hergestellt werden können, sind in der Biotechnologie und der medizinischen Diagnostik von großer Bedeutung [15].

Eine Lösung der oben beschriebenen Probleme war nur mit einem völlig neuen Ansatz möglich. Dieser geht von einen Oxid-Teilchen, wie z. B. Zirkonoxid oder Eisenoxid, als Kern aus, der mit einem organischen Luminophor beschichtet ist [13–15]. Zusätzlich kann ein solcher Komposit noch eine weitere Beschichtung erhalten, die die Verbindung zu der Matrix optimiert, in der die Teilchen verwendet werden sollen. Die äußere Beschichtung kann dann, je nach Verwendung des Produktes, hydrophil oder hydrophob sein, aber auch die Basis für eine weitere Funktionalisierung mit einem Protein sein. Die Abb. 9.20 zeigt den Aufbau eines solchen neuartigen Komposites.

Kompositteilchen, hergestellt nach dem in Abb. 9.20 dargestellten Prinzip, haben für Hersteller und Anwender den zusätzlichen Vorteil, dass die Wellenlänge des emittierten Lichtes nur vom Luminophor, nicht aber von der Teilchengröße abhängt. Das hat für den Hersteller den Vorteil, dass eine enge Teilchengrößenverteilung nicht die Priorität hat wie bei den halbleitenden Teilchen, und der Anwender bekommt ein Produkt, bei dem die Emissionscharakteristik eindeutig festgelegt ist. Benötigt man mehrere verschiedene Farben, so verwendet man unterschiedliche Luminophore. Die chemische Wechselwirkung nach außen wird bei diesen Kompositen nur von der äußersten Beschichtung bestimmt und ist daher unabhängig vom Luminophor.

Als Beispiel für bifunktionale Kompositteilchen zeigt die Abb. 9.21a,b das Emissionsspektrum und die Magnetisierungskurven von Teilchen mit einem Kern aus

7) An dieser Stelle darf nicht verschwiegen werden, dass auch manche der organischen Luminophore toxisch und kanzerogen sind.

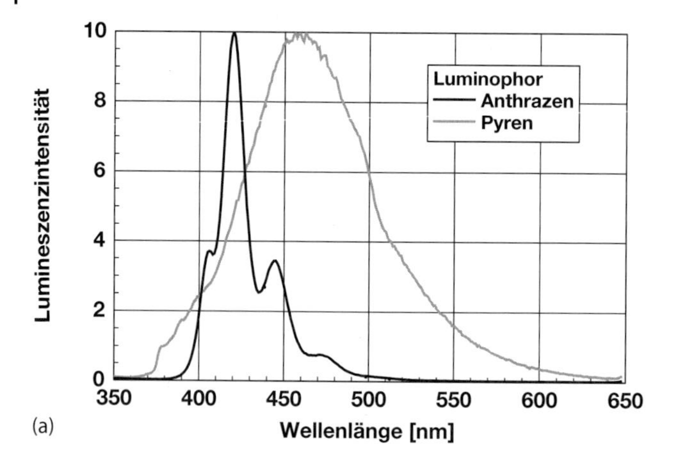

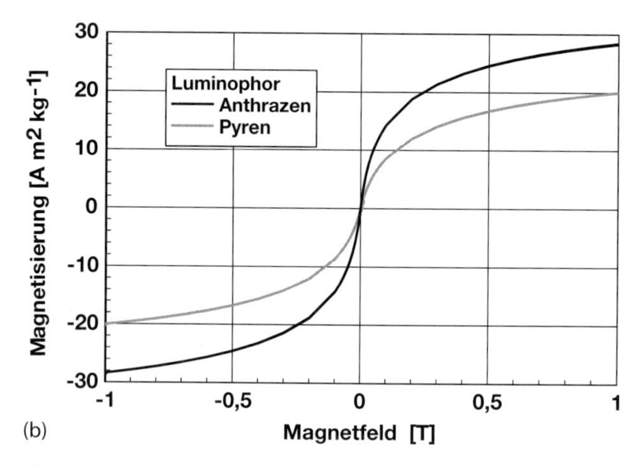

Abb. 9.21 Bifunktionales Nanokomposit γ-Fe_2O_3/Luminophor/PMMA, das sowohl ferromagnetisch als auch lumineszent ist. Als Luminophor wurden Anthrazen ($C_{14}H_{10}$) und Pyren ($C_{16}H_{10}$) verwendet. Die Abbildung zeigt die Emissionsspektren (a) und die Magnetisierungskurven (b). Die Unterschiede in der Sättigungsmagnetisierung sind auf unterschiedliche Teilchengrößen und nicht auf die Luminophore zurückzuführen [15].

Eisenoxid (γ-Fe_2O_3) und Anthrazen oder Pyren als Luminophor. Als äußerste Schicht wurde PMMA aufgetragen. Solche Komposite werden in der Biotechnologie z. B. zur Zellidentifikation und -separation verwendet. Die Unterschiede in der Sättigungsmagnetisierung sind auf unterschiedliche Teilchengrößen und nicht auf die beiden Luminophore zurückzuführen. Betrachtet man die in Abb. 9.21a gezeichneten Emissionsspektren, so ist klar, dass das Anthrazenspektrum ein Molekülspektrum und das des Pyren ein Exzimerspektrum ist.

Ergänzung 9.3: Struktur der Pyren- und Anthrazen-Moleküle

Pyren und Anthrazen sind polyzyklische Aromaten. Diese Verbindungen sind als Luminophor und als Edukt für die Synthese organischer Verbindungen weit verbreitet. Da bei diesen Verbindungen jedes Kohlenstoffatom nur drei Nachbarn aber vier Valenzelektronen hat, besitzt jedes dieser Kohlenstoffatome eine Doppelbindung. Diese Doppelbindungen sind ähnlich wie beim Graphen nicht lokalisiert.

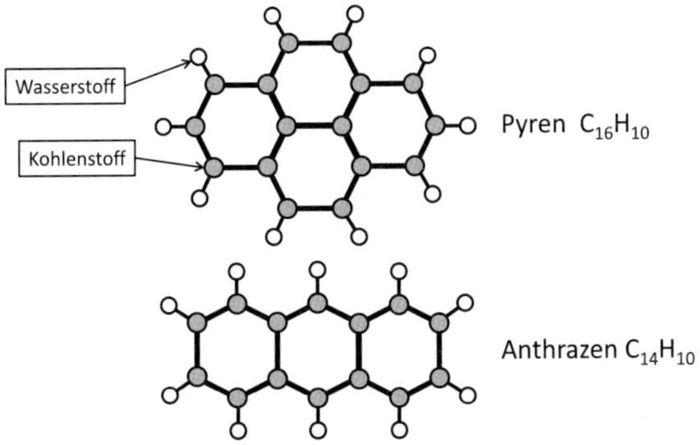

Wasserstoff
Kohlenstoff
Pyren $C_{16}H_{10}$
Anthrazen $C_{14}H_{10}$

Abb. 9.22 Molekülstrukturen von Pyren und Anthrazen.

Auf der Oberfläche der Nanoteilchen sind die Luminophormoleküle in unmittelbarer Nachbarschaft, wahrscheinlich berühren sich diese Moleküle. Auf der Basis der im vorhergehenden Abschnitt dargestellten Ergebnisse sollte man erwarten, dass, wo immer es möglich ist, das Excimerspektrum auftritt. Dem ist, wie die Abb. 9.23 zeigt, nicht so. Diese Abbildung zeigt die Emissionsspektren von Al_2O_3-Teilchen, die mit Pyren beschichtet sind. Als äußerste Lage wurde auch in diesem Fall PMMA verwendet. In dieser Abbildung sind zwei Spektren gegenübergestellt. Das sind die Spektren des Pulvers und der gleichen Teilchen, jedoch in geringer Konzentration suspendiert in einer Flüssigkeit. Das Ergebnis ist eindeutig: Am Pulver beobachtet man das Excimerspektrum und in der Suspension das Molekülspektrum. Dieses Ergebnis ist nicht so ohne Weiteres einsichtig.

Um das zunächst befremdliche Ergebnis zu verstehen, das in Abb. 9.23 dargestellt ist, muss man sich überlegen, wie die Anregung der auf der Teilchenoberfläche sitzenden Luminophormoleküle erfolgt. Man muss fragen, ob die UV-Photonen direkt von den Molekülen an der Oberfläche absorbiert werden, oder ob dies im Keramikkern erfolgt. Um diese Frage zu klären, wurde Pyren auf verschiedene Oxidkerne aufgebracht und die Emissionsspektren der Pulver gemessen. Da diese Spektren am Pulver ermittelt wurden, sind es in allen Fällen die des Excimers. Die Ergebnisse dieser Versuche sind in Abb. 9.24 dargestellt. Das in dieser Grafik dargestellte Ergebnis ist eindeutig: Die Emissionsintensität der in allen

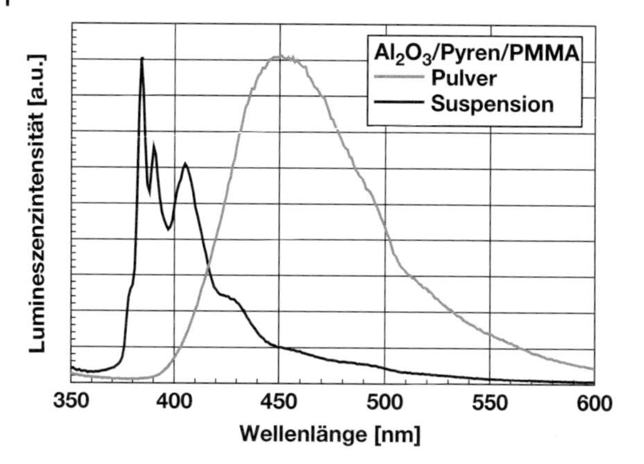

Abb. 9.23 Emissionsspektren eines Komposites mit Al_2O_3-Kern, Pyren als Luminophor und einer äußeren Schicht aus PMMA. Das Spektrum des Pulvers ist ein Excimerspektrum, während das Molekülspektrum an einer Suspension mit sehr geringer Konzentration ermittelt wurde [13]. Dieses Ergebnis ist insofern erstaunlich und bedarf einer besonderen Erklärung, als in beiden Fällen das gleiche Produkt verwendet wurde, bei dem die Farbstoffmoleküle auf der Oberfläche der Teilchen sich gegenseitig berühren.

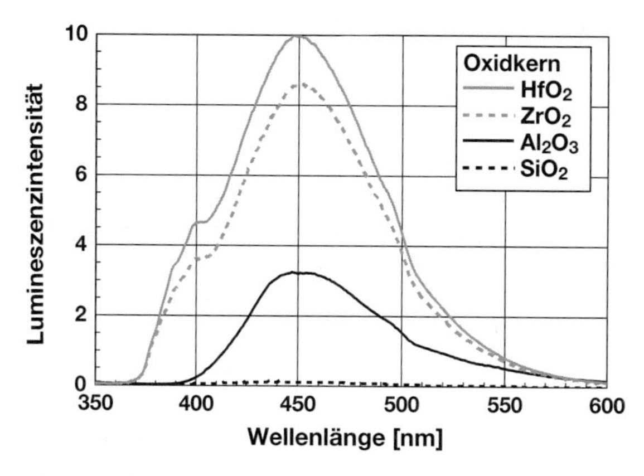

Abb. 9.24 Emissionsspektren von Nanokompositen mit verschiedenen Oxiden als Kern und Pyren als Luminophor [13]. Man erkennt, dass die Lumineszenzintensität mit steigendem Molekulargewicht des Oxides, beginnend bei SiO_2 über Al_2O_3 und ZrO_2 bis zum HfO_2, zunimmt. Als Anregungswellenlänge wurde in allen vier Fällen 325 nm gewählt.

Fällen mit der gleichen Wellenlänge von 325 nm angeregten Spektren nimmt mit steigendem Molekulargewicht des Oxidkernes zu.

Wie man der Abb. 9.24 entnehmen kann, ist der Oxidkern wesentlich an der Anregung oder Emission beteiligt. Ein weiteres experimentelles Detail, die Absorption dieser Kompositteilchen bei der Anregungswellenlänge von 325 nm, ist in Abb. 9.25 dargestellt. Auch diese Ergebnisse sind eindeutig: Die Intensität der Lumineszenz wird größer, wenn die Absorption größer wird. Für die Absorption ist, wie man der klaren, in Abb. 9.25 dargestellten Korrelation entnehmen kann, der Oxidkern verantwortlich. Diese Ergebnisse führen zu dem Schluss, dass die an-

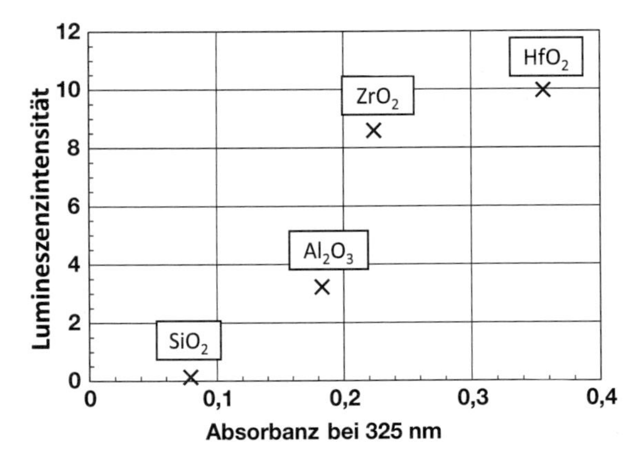

Abb. 9.25 Lumineszenzintensität von Nanokompositteilchen mit verschiedenen Oxiden als Kern und Pyren als Luminophor aufgetragen gegen die Absorbanz bei 325 nm [13]. Man erkennt, dass die Lumineszenzintensität zunimmt, wenn auch die Absorption im Oxidkern größer wird. Das ist ein klarer Hinweis darauf, dass die Absorption der anregenden Strahlung im Oxidkern stattfindet.

regenden Photonen im Oxidkern absorbiert werden, und diese Energie anschließend auf die Luminophormoleküle übertragen wird. Dieser Mechanismus erklärt auch den in Abb. 9.23 dargestellten experimentellen Befund, dass die Moleküle auf der Oberfläche der Oxid-Teilchen keine Excimere bilden, da jeweils nur ein Molekül angeregt werden kann. Eine Wechselwirkung kann demnach nur zwischen Molekülen, die auf verschiedenen Teilchen sitzen, stattfinden.

Der Oxidkern hat offensichtlich starken Einfluss auf die Anregung des auf der Oberfläche des Teilchens befindlichen Luminophors. Bei einer so starken Wechselwirkung ist auch ein Einfluss auf das Emissionsspektrum zu erwarten. Die Frage nach dem Einfluss wird von Abb. 9.26a,b beantwortet. Diese beiden Graphen zeigen die Emissionsspektren von Nanokompositen mit einem Maghämitkern (γ-Fe_2O_3). Als Luminophor wurde wieder Pyren (bildet Excimere) und Anthrazen (bildet keine Excimere) gewählt.[8] Die in Abb. 9.26a dargestellt Excimerspektren von reinem Pyren und den Pyren beschichteten Teilchen zeigen nur geringe Unterschiede. Das Spektrum des Komposites ist etwas weniger strukturiert und zusätzlich geringfügig gegen kürzere Wellenlängen hin verschoben. Das ist grundsätzlich anders im Fall der Anthrazen beschichteten Kompositteilchen. Das Komposit zeigt, wie auch das reine Anthrazen, ein Molekülspektrum, das aus mehreren Linien besteht. Diese Linien sind von 1–6 durchnummeriert. Mit Ausnahme einer zusätzlichen Linie, zwischen den Linien mit den Nummern 1 und 2, sind die Spektren gleich. Es ist bemerkenswert, dass diese zusätzliche Linie auch die höchste Intensität aufweist. Da diese zusätzliche Linie nur bei Nanokompositen beobachtet wird, eignen sich diese Komposite als Sicherheitsmarker.

8) Die Auswahl des Oxidkernes hat in diesem Zusammenhang praktisch keinen Einfluss auf die Ergebnisse.

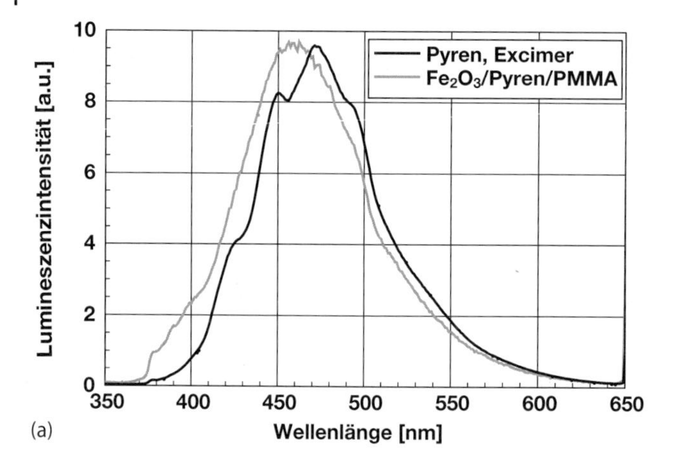

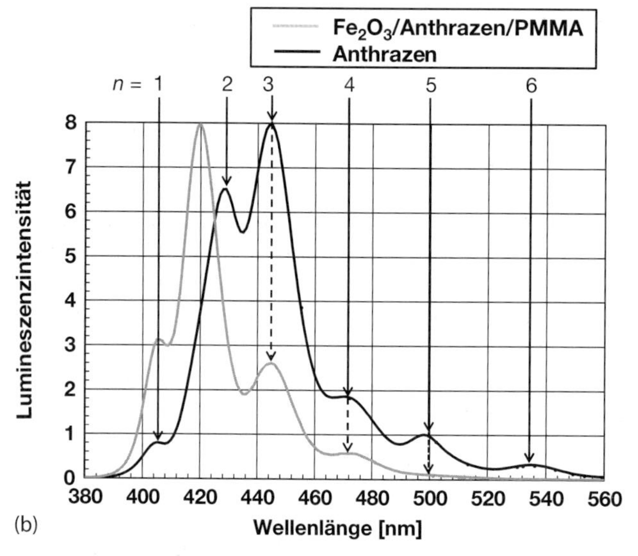

Abb. 9.26 Einfluss des Oxidkernes auf das Emissionsspektrum von Oxid-Teilchen, die mit einem Luminophor beschichtet sind [13, 14]. Im Falle der Beschichtung mit Pyren wird das Excimerspektrum nur geringfügig zu kürzeren Wellenlängen hin verschoben (a). Das bei der Beschichtung mit Anthrazen auftretende Molekülspektrum zeigt im Falle des Komposites eine zusätzliche Linie, die gleichzeitig auch die stärkste Emissionslinie des Komposites ist (b).

Bei den bisher diskutierten Kompositen wurde die Anregung von einem Kern, der nicht emittiert, auf organische Moleküle in einer Hülle übertragen. Die Auswahl des Oxidkernes hatte dabei starken Einfluss auf die Intensität des emittierten Lichtes. Man kann aber auch Komposite mit halbleitendem Kern herstellen, die von einem organischen Luminophor umgeben sind. Wählt man Kern und Luminophor so aus, dass die vom Kern emittierte Strahlung den Luminophor

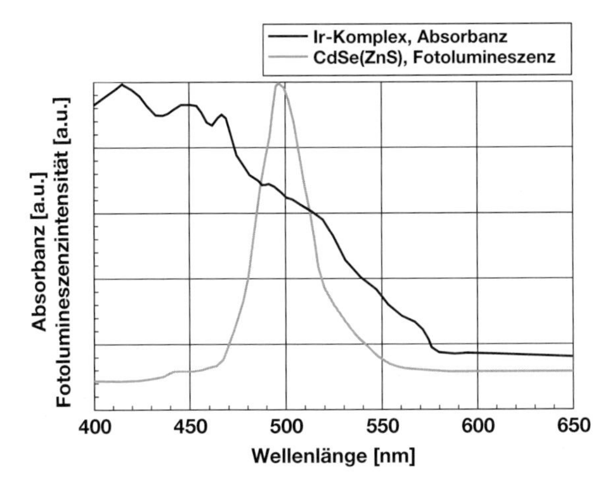

Abb. 9.27 Emissionsspektrum der CdSe(ZnS)-Nanoteilchen und dessen Lage relativ zum Absorptionsspektrum des Iridiumkomplexes [16]. Die Lage des Absorptionsspektrums ist so, dass der Iridiumkomplex von der Emission der CdSe(ZnS)-Teilchen angeregt werden kann [16].

mit gutem Wirkungsgrad anregen kann, so ist eine Verstärkung der Emission zu erwarten. Eine solche optimierte Kombination besteht z. B. aus CdSe(ZnS)-Nanoteilchen mit etwa 1 nm, als Kern eingebettet in einem Triplet-Iridium(III)-Komplex (Bis(4-trifluoro-methyl)-2-phenyl-benzothiazolatoacetylacetonat-Iridium(III)), zusätzlich waren noch Gold-Nanoteilchen mit einem Durchmesser von etwa 5 nm vorhanden [16]. Die Nachbarschaft der CdSe/ZnS-Teilchen zu den Goldpartikeln hat eine leichte Blauverschiebung der Emissionslinie zur Folge. Dieser organische Luminophor hat den zusätzlichen Vorteil, dass seine Emissionsfarbe dem weißen Licht recht nahe kommt. Die Abb. 9.27 zeigt die spektrale Absorption des organischen Luminophors und seine Lage im Hinblick auf die Emission des CdSe(ZnS)-Kernes.

Vergleicht man das Emissionsspektrum des reinen Iridiumkomplexes mit dem des Komposites, so erkennt man tatsächlich eine deutliche Erhöhung der Intensität der Emission. Das ist sicherlich darauf zurückzuführen, dass die halbleitenden Kerne deutlich besser absorbieren als das organische Luminophor. Dabei handelt es sich wahrscheinlich um einen Vorgang, der auch zu den in Abb. 9.24 gezeigten Ergebnissen geführt hat. Ein Vergleich der Emissionsspektren des reinen Iridiumkomplexes mit dem des Komposites ist in Abb. 9.28 zu sehen. Ein solches Komposit weist auch im Hinblick auf Elektrolumineszenz erhebliche Vorteile auf.

Durch die chemische Wechselwirkung eines oxidischen Nanoteilchens mit einer organischen Beschichtung ist es möglich, dass durch die Kombination von zwei Partnern, von denen keiner Lumineszenz zeigt, ein lumineszierendes Komposit entsteht. Man erhält einen solchen Komposit, indem man den Oxidkern mit PMMA beschichtet. In diesem Fall wird, durch Abspaltung die dem Sauerstoffion direkt benachbarte Methylgruppe (CH_3), das PMMA über esterähnliche Bildung mit dem Oxid verbunden [17, 18]. Durch die Abspaltung der CH_3-Gruppe bildet sich ein modifiziertes Polymer, mPMMA, das an das Oxid-Teilchen chemisch

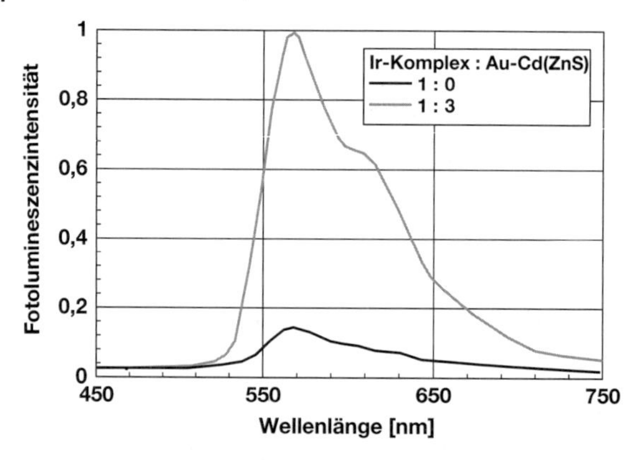

Abb. 9.28 Vergleich des Emissionsspektrums des reinen Iridiumkomplexes mit mit dem des Komposites, das CdSe(ZnS)-Teilchen enthält [16]. Man erkennt die deutliche Erhöhung der Intensität des emittierten Lichtes. Die anregenden Photonen werden wohl in den CdSe(ZnS)- Teilchen absorbiert und deren emittierte Strahlung von dem organischen Luminophor absorbiert, um dann wieder in einem in einem breiteren Spektrum zu emittieren.

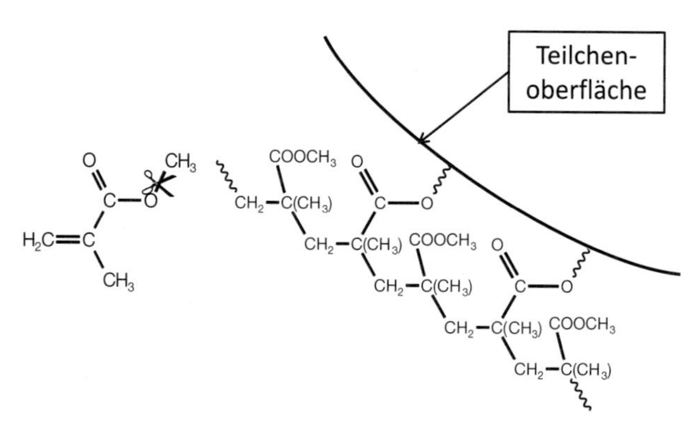

Abb. 9.29 Modell eines MMA-Moleküles[9] und seiner Polymerisate auf der Oberfläche eines Oxides. Bei dem MMA-Molekül ist angedeutet, dass eine CH_3-Gruppe abgespalten wird. Der dann freie Sauerstoff des MMA bindet sich an das Oxid und wird Teil der Keramik. Die Carbonylgruppe sitzt dann unmittelbar auf der Oberfläche des Teilchens [17, 18].

gebunden ist, letztlich hat sich ein neues, großes Molekül gebildet, dessen Aufbau man als R–(C=O)–O-(Oxid-Teilchen) beschreiben kann. Man kann vermuten, dass die direkt an der Oberfläche sitzende Carbonylgruppe (C=O), ähnlich wie beim Biacetyl (CH_3–(C=O)–(C=O)–CH_3), Lumineszenz zeigt [19]. Durch die Abspaltung der Methylgruppe kann sich der Rest des MMA direkt mit dem Sauerstoffion an der Oberfläche verbinden. Dieser seit Langem bekannte Vorgang ist in Abb. 9.29 dargestellt.

9) Das Monomer, das beim Polymerisieren PMMA bildet.

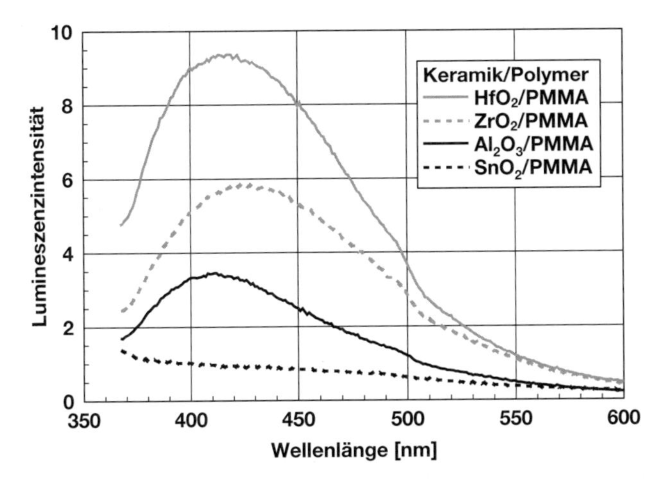

Abb. 9.30 Emissionsspektrum von Nanokompositen, die aus einem Oxidkern bestehen und mit PMMA beschichtet sind. Die Polymerhülle ist dabei mit dem Oxidkern chemisch verbunden [17, 18]. Dieses Bild zeigt, dass die Lumineszenzintensität mit steigendem Molekulargewicht des Oxidkernes zunimmt. Lumineszenz zeigen in dieser Konfiguration nur isolierende Teilchen, nicht aber das halbleitende Zinnoxid.

Das Experiment bestätigt die vorstehenden Überlegungen. Die Abb. 9.30 zeigt die Emissionsspektren von Nanokompositen. Als Kerne wurden die elektrisch isolierenden Oxide von Hafnium, Zirkonium und Aluminium sowie als Halbleiter Zinnoxid gewählt.

Analysiert man Abb. 9.30, so erkennt man, dass die Lumineszenzintensität mit steigendem Molekulargewicht des Oxides zunimmt. Bei dem Halbleiter Zinnoxid wurde in dieser Konfiguration keine Lumineszenz gefunden. Es ist weiterhin bemerkenswert, dass ein Teil des in einem breiten Spektrum emittierten Lichtes im Bereich des UV liegt. Diese Abbildung erinnert stark an Abb. 9.24, in der, jedoch bei Beschichtung mit einem organischen Luminophor, die gleiche Gesetzmäßigkeit gefunden wurde. Das legt einen vergleichbaren Mechanismus von Absorption und Emission nahe. Daher muss man auch in diesem Fall prüfen, ob, wie in Abb. 9.25 für das Komposit Oxid/Luminophor, eine Korrelation zwischen der Emissionsintensität und der Absorption bei der Anregungswellenlänge besteht. Dieser Graph ist in Abb. 9.31 dargestellt. Ein Vergleich dieses Graphen mit der Abb. 9.25 macht klar, dass in beiden Fällen exakt der gleiche Mechanismus aktiv ist: Das anregende Photon wird im Oxidkern absorbiert und anschließend wird diese Energie auf die Beschichtung übertragen, die dann emittiert.

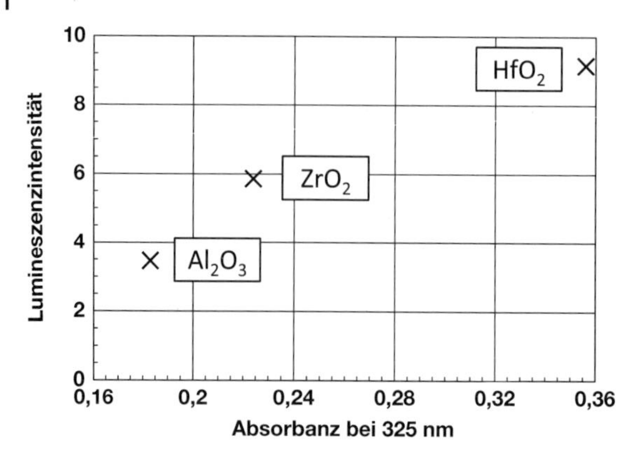

Abb. 9.31 Lumineszenzintensität von Nanokompositteilchen mit verschiedenen Oxiden als Kern, die mit PMMA beschichtet sind, aufgetragen gegen die Absorbanz bei 325 nm [13]. Man erkennt, dass die Lumineszenzintensität zunimmt, wenn auch die Absorption im Oxidkern größer wird. Das ist ein klarer Hinweis darauf, dass die Absorption der anregenden Strahlung im Oxidkern stattfindet.

Ergänzung 9.4: Wie beweist man den Lumineszenzmechanismus von Oxid/PMMA-Nanokompositen

Weiter oben wurde die Behauptung aufgestellt, dass eine Carbonylgruppe, die nach dem Abtrennen der CH_3-Gruppe direkt auf der Oberfläche des Oxides gebunden ist, für die beobachtete Lumineszenz verantwortlich wäre. Das lässt sich dadurch beweisen, indem man die Oberfläche mit Molekülen belegt, die neben der abzuspaltenden CH_3-Gruppe im Wesentlichen nur aus eben dieser Carbonylgruppe besteht, die über ein Sauerstoffion an die Methylgruppe gebunden ist. Eine solche Verbindung gibt es, es handelt sich dabei um den Ameisensäuremethylester (Methylformiat), H–(C=O)–O–(CH_3). Beschichtet man ein Oxid-Nanoteilchen mit dieser Verbindung, so wird sich, analog zu den Reaktionen bei MMA, ein großes Molekül der Gestalt H–(C=O)–O-(Oxid-Teilchen) bilden, wobei angemerkt werden muss, dass auf einen Teilchen sicherlich viele dieser Moleküle sitzen werden. Die Abb. 9.32 zeigt das Emissionsspektrum dieses Komposites. Dieses Spektrum ist praktisch identisch mit dem, das bei Oxid-Teilchen mit PMMA-Beschichtung gemessen wurde, es ist lediglich etwas in die Richtung zu kürzeren Wellenlängen hin verschoben. Damit ist der Beweis für die Richtigkeit des oben angegebenen Mechanismus gegeben.

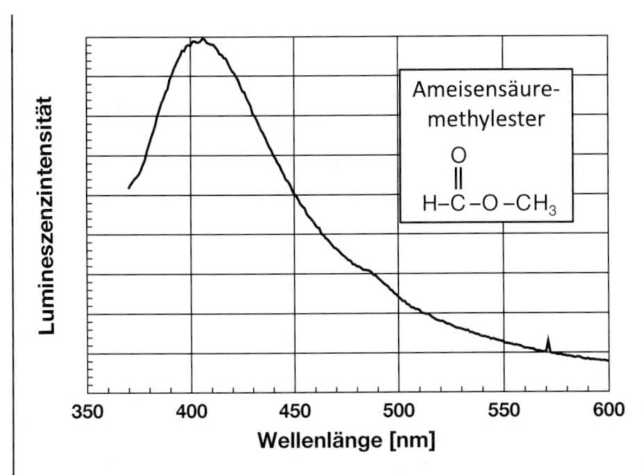

Abb. 9.32 Emissionsspektrum eines Komposites, bestehend aus einem Zirkonoxidkern, der mit dem Ameisensäuremethylester beschichtet ist. Man erkennt im Wesentlichen das gleiche Spektrum, wie bei einer Beschichtung mit MMA [13]. Das ist ein klarer Beweis dafür, dass die Carbonylgruppe für die Lumineszenz verantwortlich ist.

Man mag sich nun die Frage stellen, warum dieses Lumineszenzphänomen nicht schon lange gefunden wurde, umso mehr, als der Bindungsmechanismus des PMMA an der Oberfläche eines Oxides schon lange bekannt ist [17, 18]. Um einer Antwort auf diese Frage näher zu kommen, muss man sich die Abhängigkeit der Emissionsintensität und der emittierten Wellenlänge von der Teilchengröße ansehen. Die Abb. 9.33 zeigt die Abhängigkeit der Intensität der emittierten Strahlung von der Größe der Zirkonoxid-Teilchen, die als Kern benutzt wurden. Die Ergebnisse können mit der Näherungsformel

$$I = \alpha + \frac{\beta}{d} \tag{9.12}$$

beschrieben werden. In dieser Gleichung steht I für die Intensität, d den Teilchendurchmesser; α und β sind Anpassungsgrößen. Man erkennt, dass die in Gl. (9.12) angegebene Näherungsfunktion die Messwerte gut beschreibt. Der wesentliche Punkt dabei ist allerdings, dass schon bei einer Teilchengröße von nur 10 nm die Lumineszenzintensität bereits sehr gering ist. Wie immer diese Funktion für sehr große Teilchen aussehen mag, ist es verständlich, dass bei eher makroskopischen Proben dieses Lumineszenzphänomen nicht gefunden werden konnte.

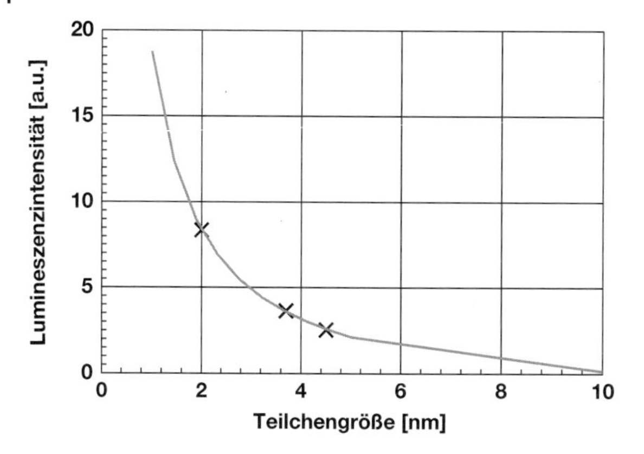

Abb. 9.33 Lumineszenzintensität von ZrO_2/PMMA Nanokompositen als Funktion der Teilchengröße. Die Näherungsfunktion wurde mithilfe von Gl. (9.12) berechnet. Mit zunehmender Teilchengröße nimmt die Intensität sehr schnell ab, daher kann man dieses Phänomen bei eher makroskopischen Teilchen nicht finden [13].

Die Gl. (9.12) gibt nun einen weiteren Hinweis auf den Mechanismus. Wie man der Gl. (2.2) entnehmen kann, steht eine Proportionalität mit $\frac{1}{d}$ für das Verhältnis von Oberfläche zu Volumen. Je kleiner die Teilchen sind, umso größer ist dieses Verhältnis. Das ist ein klarer Indikator dafür, dass es sich um ein Oberflächenphänomen handelt. Letztlich war das auch aufgrund der für die Lumineszenz verantwortlichen, auf der Oberfläche gebundenen Carbonylgruppe anzunehmen. Ungewöhnlich ist die Abhängigkeit der emittierten Wellenlänge von der Teilchengröße. Während alle bisher diskutierten Fälle eine Blauverschiebung mit abnehmender Teilchengröße zeigten, kann man der Abb. 9.34 die gegenteilige Tendenz entnehmen. Die experimentellen Daten, die wieder an Proben mit einem Zirkonoxidkern gemessen wurden, sind in dieser Abbildung gemäß der Näherungsformel

$$\frac{1}{\lambda} = \alpha + \beta d^3 \qquad (9.13)$$

rektifiziert dargestellt. In Gl. (9.13) steht λ für die Wellenlänge und d für die Teilchengröße; α und β sind Anpassungsparameter.

Wichtig zu wissen

Nanoteilchen, die mit organischen Luminophormolekülen beschichtet sind, erweitern die Möglichkeiten zur Anwendung entscheidend. Das nicht zuletzt deshalb, weil dieser Aufbau von Teilchen die große Bandbreite organischer Luminophore für die Anwendung bei Nanoteilchen verfügbar macht. Zusätzlich macht es dieser spezielle Aufbau der Teilchen in mehreren Schichten möglich, verschiedene, eigentlich unverträgliche Eigenschaften in einem Teilchen zu vereinen. Besteht der keramische Kern aus einem Nichtleiter, so verläuft die Anregung des Luminophors in der Hülle über einen Zweistufenprozess: Das anregende Photon wird im Kern absorbiert, diese Anregung wird dann auf den Luminophor übertragen, der dann wieder ein Photon emittiert. Manche organische Verbindungen, wie z. B. Methylmethacrylat, reagieren mit den oxi-

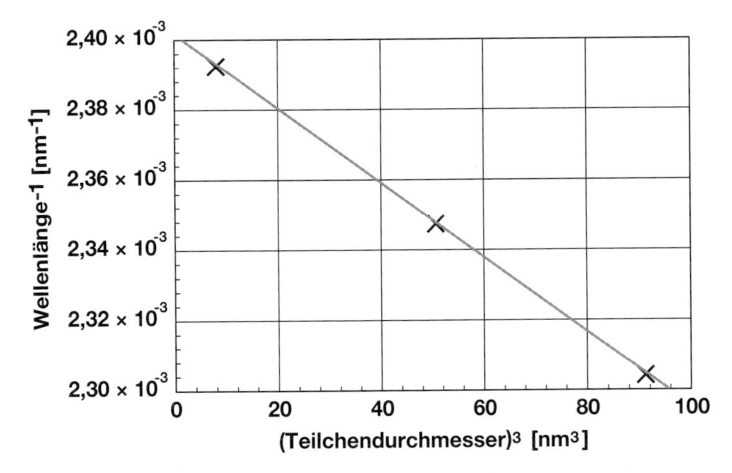

Abb. 9.34 Abhängigkeit der emittierten Wellenlänge von ZrO_2/PMMA-Nanokompositen von der Teilchengröße. Man erkennt, dass das emittierte Licht bei größer werdenden Teilchen eine Blauverschiebung aufweist [13, 14]. Das ist fundamental anders zu allen anderen Mechanismen der Lumineszenz, bei denen die Blauverschiebung bei kleiner werdenden Teilchen beobachtet wird.

dischen Teilchen so, dass Hülle und Teilchen ein „Molekül" werden. Solche kombinierten Teilchen-Luminophor-Moleküle können auch lumineszieren – ein Phänomen, das auf kleine Teilchen beschränkt ist.

9.7 Metallische Nanoteilchen – Plasmonenresonanz

In diesem Abschnitt ...
Metallische Nanoteilchen sind von einer Elektronenwolke umgeben. Diese Elektronenwolke schwingt um das aus den positiv geladenen Atomrümpfen bestehende Teilchen. Diese quantisierten Schwingungen nennt man Plasmonen. Man unterscheidet Plasmonen an der Oberfläche und solche im Inneren eines Metallteilchens. Da Oberflächenplasmonen eine Eindringtiefe von bis zu 50 nm haben, werden hier nur diese diskutiert. Bei zylindrischen Teilchen unterscheidet man transversale und longitudinale Plasmonen, wobei die transversalen Plasmonen gleich denen sind, die bei kugelförmigen Teilchen auftreten. Die Schwingungsfrequenzen der Plasmonen hängen vom Metall ab. Resonanzen der Oberflächenplasmonen bestimmen die Farbe eines Metalles.

Wie schon im Abschn. 9.2 angemerkt wurde, sind metallische Nanoteilchen von einer Elektronenwolke umgeben. Die Elektronenwolke schwingt in Wellen um das Teilchen. Diese quantisierten, diskreten Schwingungen der negativ geladenen Elektronenwolke um die positiv geladenen Atomrümpfen des Teilchens nennt man Plasmonen. Diese Plasmonen bestimmen den optischen Eindruck eines Metalls. Da die Plasmonenfrequenzen der meisten Metalle im UV-Bereich liegen,

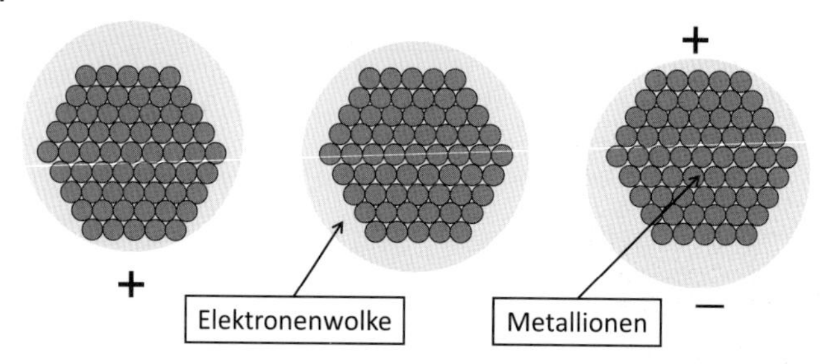

Abb. 9.35 Metallisches Nanoteilchen. Diese Abbildung zeigt das Gitter bestehend aus den positiv geladenen Atomrümpfen, um das eine Elektronenwolke schwingt. Diese Schwingungen sind quantisiert, sie werden Plasmonen genannt.

haben die meisten Metalle einen „silbrigen" metallischen Glanz. Nur bei wenigen Metallen, wie Kupfer oder Gold, liegen die Plasmonenfrequenzen im sichtbaren Bereich; das ist die Ursache für deren typische Farben. Hochdotierte Halbleiter haben Plasmonenfrequenzen im Infraroten, deshalb erscheinen diese Materialien zumeist schwarz.

Die Abb. 9.35 zeigt das Modell eines metallischen Nanoteilchens mit der schwingenden Elektronenwolke. Man erkennt auch gleichzeitig, dass ein solches Teilchen auch als schwingender Dipol beschrieben werden könnte.

Man unterscheidet Oberflächenplasmonen, wie sie der Abb. 9.35 zugrunde liegen, und Plasmonen im Inneren eines Metalls. Die Oberflächenplasmonen haben eine Eindringtiefe von etwa 50 nm, d. h., dass man bei Nanoteilchen nur diese betrachten muss. Da die Plasmonen mit den elektromagnetischen Wellen des Lichtes wechselwirken, werden in den Absorptionsspektren Plasmonenresonanzen beobachtet. Wegen der großen Eindringtiefe zeigen die Resonanzfrequenzen der Plasmonen bei kugelförmigen Teilchen nur eine geringe Abhängigkeit von der Teilchengröße. Diese Feststellung trifft in gleicher Weise auf die Transversalwellen zylindrischer Teilchen zu. Bei zylindrischen Teilchen treten sowohl transversale als auch longitudinale Plasmonen auf.

Das Beschreiben der optischen Eigenschaften mithilfe von Plasmonen ist nicht nur eine leistungsfähige Beschreibung experimenteller Ergebnisse, man kann Plasmonen auch experimentell direkt verifizieren und sichtbar machen. Die Abb. 9.36 zeigt die elektronenmikroskopische Aufnahme eines Gold-Stäbchens in seiner longitudinalen Plasmonenwolke. Dieses Bild wurde mit einem Elektronenmikroskop im EELS-Mode (siehe Kapitel 12) aufgenommen. Es zeigt die Bereiche um das Stäbchen, in denen die abbildenden Elektronen durch Kollisionen 1 eV verloren haben. Die Helligkeit spiegelt die Anzahl der Elektronen mit dieser um 1 eV verminderten Energie wider.

Analysiert man Abb. 9.36 genauer, so erkennt man Maxima der Elektronenkonzentration an den beiden Enden des Stäbchens. Es sind die Maxima der Grundwelle der Plasmonen. Grundsätzlich können auch Plasmonen höherer Ordnung auf gleiche Weise abgebildet werden [21]. Die Resonanzfrequenzen der Plasmonen können durch Lösen der *Schrödinger*-Gleichung berechnet werden. Wenn

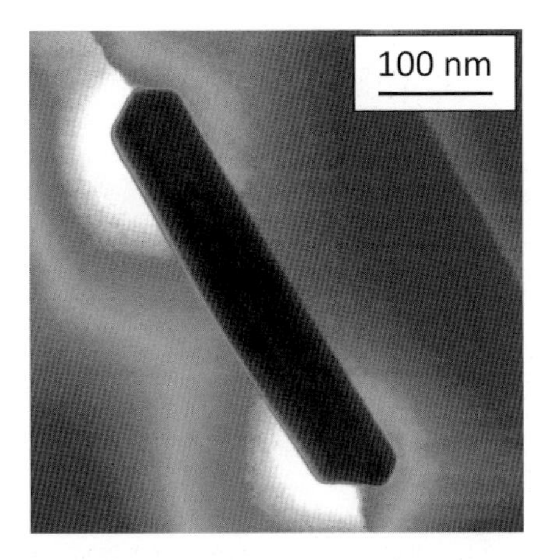

Abb. 9.36 Elektronenmikroskopische Aufnahme eines Gold-Stäbchens aufgenommen im EELS-Mode (a). Für diese Aufnahme wurden nur Elektronen benutzt, die durch Kollision mit der Plasmonenwolke genau 1 eV verloren haben [20] (B. Schaffer (2012) private Mitteilung, Technische Universität Graz, Österreich.) Die Helligkeit (Farbe) repräsentiert die Anzahl der Elektronen (b). Man erkennt deutlich, dass an den Enden des Stäbchens Maxima auftreten.

sich auch ein Zylinder der mathematischen Analyse entzieht, so können doch die Frequenzen (Wellenlängen) der Plasmonenresonanzen in Abhängigkeit von Durchmesser und Achsenverhältnis für Spheroide (Rotationsellipsoide) berechnet werden. Die Abb. 9.37 zeigt die Ergebnisse einer solchen Berechnung für gestreckte Spheroide aus Gold.

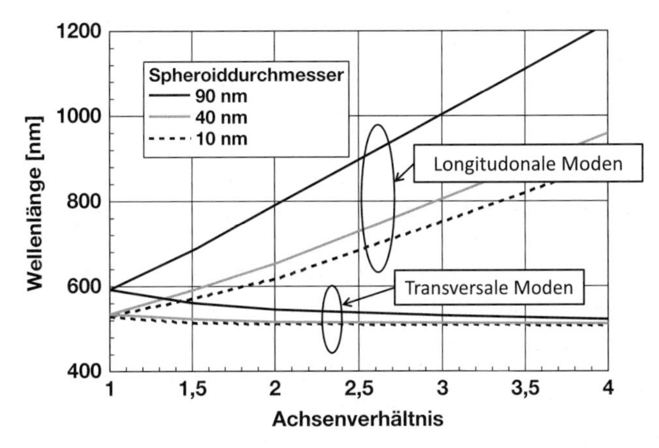

Abb. 9.37 Wellenlängen der Plasmonenresonanzen gestreckter Gold-Spheroide als Funktion des Achsenverhältnisses und des Durchmessers. Wegen der großen Eindringtiefe der Oberflächenplasmonen zeigen die transversalen Moden nur eine geringe Abhängigkeit vom Durchmesser, während die longitudinalen Moden eine starke Abhängigkeit vom Achsenverhältnis haben [22]. Bei dem Achsenverhältnis eins ist das Teilchen eine Kugel.

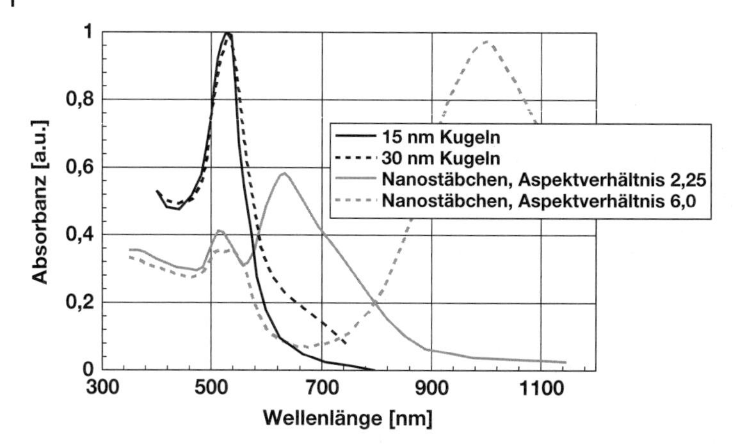

Abb. 9.38 Absorptionsspektren von kugeligen und zylindrischen Gold-Teilchen. Man erkennt, dass das Maximum der Absorption der kugeligen Teilchen mit dem Nebenmaximum der zylindrischen Teilchen zusammenfällt. Diese Nebenmaxima sind auf die Transversalmoden zurückzuführen. Erwartungsgemäß liegen diese Nebenmaxima genau auf der Wellenlänge der bei den kugeligen Teilchen beobachteten Resonanzen [23].

Die in Abb. 9.37 dargestellten Ergebnisse sind typisch für Oberflächenplasmonen. Die transversalen Moden zeigen nur eine recht geringe Abhängigkeit vom Durchmesser der Spheroide. Bei den Durchmessern 10 und 40 nm ist nahezu kein Einfluss festzustellen, erst wenn der Durchmesser 90 nm erreicht, ist der Größeneinfluss merklich. Anders ist das bei den longitudinalen Moden, da macht sich das Achsenverhältnis stark bemerkbar, auch der Einfluss des Durchmessers ist signifikant. Bei dem Achsenverhältnis eins sind die Teilchen kugelförmig. Diese Ergebnisse sind einleuchtend, wenn man sich klar macht, dass die Eindringtiefe der Oberflächenplasmonen mit etwa 50 nm recht groß ist. Die Ergebnisse der Theorie werden von den Experimenten gut verifiziert. Der experimentelle Nachweis wird anhand der Absorptionsspektren geführt, wie sie z. B. in Abb. 9.38 dargestellt sind. In dieser Abbildung sind die Absorptionsspektren kugelförmiger Teilchen mit zwei unterschiedlichen Durchmessern sowie von Stäbchen mit stark verschiedenem Aspektverhältnis gezeigt.

Die in Abb. 9.38 dargestellten experimentellen Spektren entsprechen genau den theoretischen Erwartungen. Die Absorptionsmaxima der kugelförmigen Teilchen sowie die der transversalen Moden der zylindrischen Teilchen sind bei der gleichen Wellenlänge zu finden. Die Wellenlänge der longitudinalen Moden nimmt mit zunehmendem Aspektverhältnis, also zunehmender Länge der Teilchen, zu. Des Weiteren fällt auf, dass die zu den Kugeln und transversalen Moden gehörigen Absorptionsmaxima sehr scharf sind; im Gegensatz dazu sind die zu den longitudinalen Moden gehörigen Maxima sehr breit. Auch dieses Ergebnis ist gut zu verstehen, da die Teilchen mit einem Durchmesser von 15 und 30 nm klein sind gegen die Eindringtiefe der Plasmonen, die Teilchengröße also keinen wesentlichen Einfluss haben kann. Im Gegensatz dazu haben Schwankungen des Aspekt-

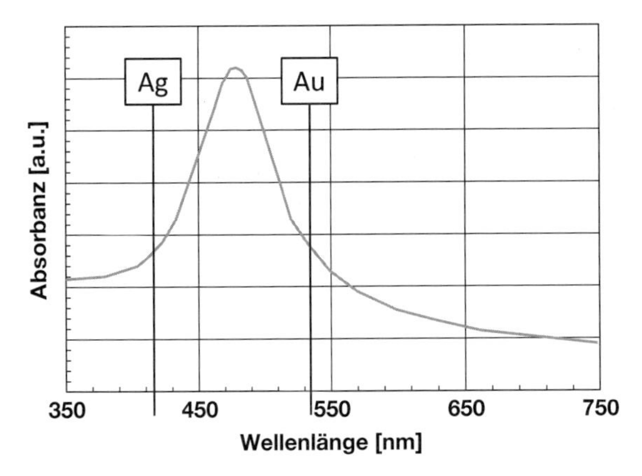

Abb. 9.39 Absorptionsspektrum von Nanoteilchen, die zu gleichen Anteilen aus Gold und Silber bestehen. Zur besseren Orientierung sind zusätzlich die Lagen der Absorptionsmaxima der reinen Metalle eingetragen [24]. Dieses Spektrum zeigt, dass es möglich ist, durch Legierungen das Maximum der Absorption bedarfsgerecht einzustellen.

verhältnisses signifikanten Einfluss auf die Wellenlänge der Resonanzabsorption, da die Teilchen länger sind als die Eindringtiefe der Plasmonen.

Gold-Nanoteilchen waren die ersten von Menschen gefertigten Nanoteilchen. Schon vor mehr als 2500 Jahren benutzten die Sumerer Gold-Nanoteilchen als rotes Pigment für Glasuren. Dieses „Goldrubinglas" (siehe auch Kapitel 2) wird auch heute noch zur Dekoration von Gläsern benutzt. Qualitativ hochwertiges Goldrubinglas zeichnet sich durch eine intensive rote Färbung mit einem leichten Blautönung aus. Diese Blautönung wird durch das Absorptionsfenster im sichtbaren Bereich zwischen 400 und etwa 520 nm verursacht.

In ähnlicher Weise kann man Nanoteilchen von Silber, Kupfer und Platin zur Färbung von Gläsern benutzen. Desgleichen kann man auch Nanoteilchen bestehend aus Legierungen dieser Metalle nutzen. Die Verwendung von Legierungen bewirkt eine Verschiebung der Absorptionsmaxima und damit eine Veränderung der Farbe. Die Abb. 9.39 zeigt dies am Beispiel einer Gold-Silber-Legierung, die aus gleichen Anteilen der beiden Metalle besteht [24]. In dieser Abbildung sind neben dem Absorptionsspektrum der Legierung auch die Positionen der Absorptionsmaxima der reinen Metalle eingezeichnet. Eine vollständige theoretische Beschreibung des optischen Verhaltens von metallischen Nanoteilchen ist in einer Übersichtarbeit von Quinten [25] zu finden.

Wichtig zu wissen

Plasmonen nennt man die quantisierten Schwingungsmoden der ein metallisches Teilchen umgebenden Elektronenhülle. Die Frequenz dieser Schwingungen bestimmt die Farbe eines Metalles. Zumeist sind diese Schwingungen im Bereich des UV, daher kommt auch das typische metallische Aussehen. In wenigen Ausnahmefällen, wie z. B. bei Gold oder Kupfer, sind diese Schwingungen im Bereich des sichtbaren Lichtes. Im Hinblick auf metallische Nanoteilchen sind nur Oberflächenplasmonen von

Bedeutung. Diese haben eine Eindringtiefe von bis zu 50 nm. Die Plasmonenfrequenzen kugeliger Teilchen sind gleich denen der transversalen Moden zylindrischer Teilchen. Die Wellenlängen der longitudinalen Plasmonenschwingungen sind länger als die der transversalen. Die Absorption von Licht durch Plasmonen erfolgt in recht eng begrenzten Resonanzabsorptionslinien. Plasmonen und deren Schwingungen können mithilfe der EELS-Technik in einem Elektronenmikroskop visualisiert werden.

9.8
Auswahl eines Luminophors oder Absorbers in Hinblick auf technische Anwendungen

In diesem Abschnitt ...
Man muss für eine bestimmte Anwendung lumineszierende Teilchen oder für ein Pigment einen Absorber so auswählen, dass die jeweiligen Anforderungen genau erfüllt werden. Bei Emittern muss man unterscheiden, ob man ein Quanteneinschlusssystem mit einer vergleichsweise geringen Breite der Emissionslinien, die jedoch von der Teilchengröße abhängt, wählt, oder ob man die Teilchen mit einem Luminophor beschichtet, um so immer ein konstantes Emissionsspektrum zu haben. Letzteres kann allerdings durch die Bildung von Excimeren stark verbreitert werden. Bei Absorbern muss man zwischen Systemen mit Absorptionskanten (Quanteneinschlussteilchen) und solchen mit Resonanz (Plasmonen) oder Absorptionslinien unterscheiden.

In den vorhergehenden Abschnitten dieses Kapitels wurden eine Reihe verschiedener Nanoteilchen und Nanokomposite besprochen und deren optische Eigenschaften im Hinblick auf Absorption und Emission von Licht erläutert. Da stellt sich nun die Frage, welche dieser Möglichkeiten für eine bestimmte Anwendung infrage kommt. Eine Antwort auf diese Frage muss getrennt nach Absorption und Emission gesucht werden.

In Abb. 9.40 sind drei typische Emitter gegenübergestellt. Grundsätzlich muss man zunächst unterscheiden zwischen Emittern, die in einem schmalen Wellenlängenbereich emittieren und solchen, deren Emission in einem weiten Bereich von Wellenlängen bis hin zu dem Extremfall einer dem weißen Licht ähnlichen Emission zu finden ist. In der Gruppe der breitbandigen Emitter sind vor allem Komposite mit einem anorganischen Kern, beschichtet mit einem organischen Luminophor oder Polymer, zu finden. Schmalbandige Emitter sind, bis auf wenige Ausnahmen, nur bei Quanteneinschlusssystemen zu finden – jedoch unter der Voraussetzung, dass die Größenverteilung der Teilchen sehr eng ist.[10] Weitere Kriterien sind die Stabilität gegen Selbstzerstörung unter UV-Einfluss oder Oxidation und Hydrolyse. Empfindlich gegen Selbstzerstörung sind letztlich alle Komposite, die mit einer organischen Hülle versehen sind. Solche Teilchen können aber ohne Weiteres bei kürzer andauernden Experimenten in der Biologie

10) Man muss berücksichtigen, dass die Teilchengröße quadratisch bei der emittierten Wellenlänge eingeht! Siehe Gl. (9.10b).

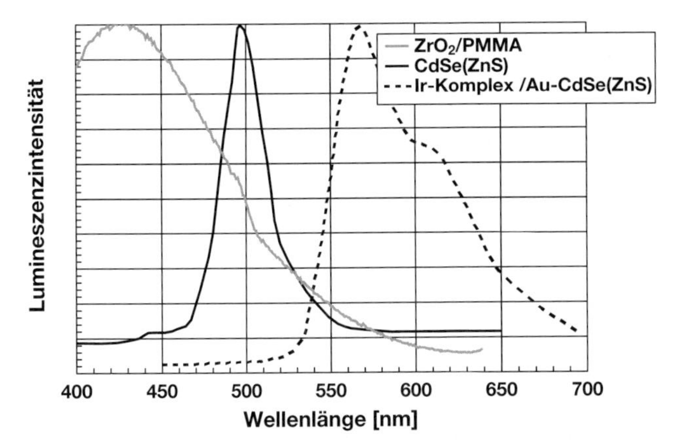

Abb. 9.40 Vergleich der Emissionsspektren verschiedenen lumineszierender Systeme. Es ist anzumerken, dass die Kompositsysteme ZrO_2/PMMA [13] und CdSe(ZnS) eingebettet in einem Ir-Komplex [26] ein vergleichsweise breites Emissionsspektrum aufweisen, während sich das Quanteneinschlusssystem CdSe(ZnS) [5] durch eine recht enge Emissionslinie auszeichnet.

und Medizin verwendet werden. Gerade in diesem Bereich spielt die Empfindlichkeit gegen Hydrolyse eine entscheidende Rolle, da ja alle diese Anwendungen mit Wasser verbunden sind. Beide Arten von lumineszierenden Teilchen können, im Zweifel durch eine zusätzliche Beschichtung, so hergestellt werden, dass sie immer die gleiche Oberflächenchemie haben, ein entscheidender Vorteil im Hinblick auf eine Funktionalisierung. Eine solche Beschichtung kann zum Teil auch gegen eine chemische Degradation schützen. Bifunktionale Teilchen, die ferromagnetisch und lumineszierend sind, können mit hinreichender Qualität nur durch Beschichtung magnetischer Teilchen durch organische Luminophore hergestellt werden.

Im Hinblick auf die Absorption stellen sich andere Fragen. Zunächst muss man unterscheiden, ob man sich für die Bedingungen zur Anregung einer Lumineszenz interessiert oder ob das Interesse dem Verhalten als Pigment gilt. Ist man an einem Einsatz als Luminophor interessiert, so wird man eine schmale Absorptionslinie als häufig als unzureichend empfinden. Das kann bei organischen Luminophoren zu Problemen führen. Will man eine Möglichkeit zu einer eher unspezifischen Anregung, so sind häufig Quanteneinschlusssysteme von Vorteil, da diese zumeist eine Absorptionskante besitzen. Ähnlich sind die Kriterien, wenn es um die Verwendung als Pigment geht. Zumeist wünschen die Benutzer von Pigmenten Teilchen mit eindeutig definierten Absorptionskanten, da solche Materialien „reine“ Farben haben. Dieser Wunsch spricht wieder für halbleitende Teilchen. Allerdings muss gerade bei der Verwendung als Pigment auf die Toxizität geachtet werden. Da sind, trotz ihrer zum Teil sehr schönen Farben, Pigmente auf der Basis von Cd, Se, und Te besonders ungünstig. Das ist bedauerlich, weil man im Vierstoffsystem Zn–Cd–S–Se nahezu alle benötigten Farben von rot über orange zu gelb herstellen kann. In vielen Fällen sind auch Pigmente auf der Basis

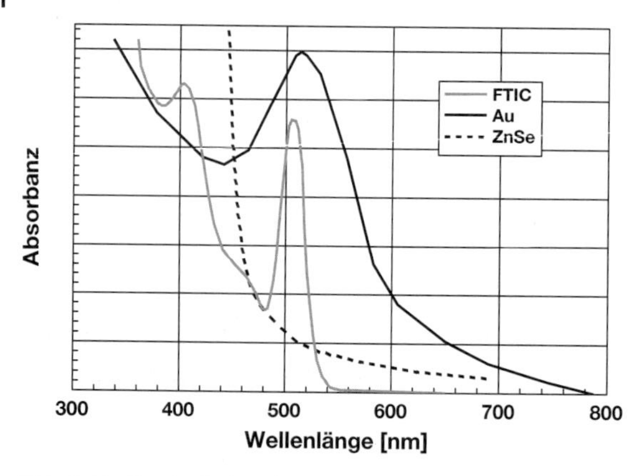

Abb. 9.41 Vergleich des Absorptionsverhaltens von drei unterschiedlichen Absorbern: Die organische Verbindung FTIC (Fluoresceinisothiocyanat) [5] zeigt ein ausgeprägtes Absorptionsmaximum im Grünen sowie eine Absorptionskante im Blauvioletten. Gold-Nanoteilchen absorbieren stark im Bereich von blau bis gelborange, daher ist dies ein rotes Pigment, jedoch mit dem kleinen Schönheitsfehler eines Transmissionsfensters im Bereich des Blauen [27]. Dadurch hat dieses Rot immer eine leicht blaue Tönung. Der Halbleiter ZnSe hat in der hier benutzten Teilchengröße eine Absorptionskante im Bereich des Blauen [4].

von Plasmonenresonanzabsorption nicht erste Wahl, da diese Stoffe im Wesentlichen nur eine Resonanzabsorptionslinie aufweisen. Auch organische Verbindungen zeigen häufig stark ausgeprägte Absorptionslinien. Die gesamte Problematik wird bei einem Blick auf die Abb. 9.41, in der die Absorptionsspektren von Gold, ZnSe und dem organischen Farbstoff FTIC (Fluoresceinisothiocyanat) gegenübergestellt sind, deutlich.

Wichtig zu wissen

Um bei einem Pigment eine „reine Farbe" zu erhalten, wählt man zweckmäßigerweise Teilchen, die eine Absorptionskante aufweisen. In den meisten Fällen sind dies Teilchen mit Quanteneinschluss. Vorausgesetzt, man ist in der Lage solche Teilchen mit einer sehr engen Größenverteilung herzustellen, kann man mit einer Verbindung verschiedene Farben abdecken. Das hat den Vorteil, dass alle Teilchen dieselbe Oberflächenchemie aufweisen. Um multifunktionale Teilchen, z. B. solche die Ferromagnetismus mit Lumineszenz verbinden, wählt man eine Beschichtung mit einem organischen Luminophor. Metallische Teilchen, die Resonanzabsorption, also keine Absorptionskanten, aufweisen, wird man nur dann als Pigment verwenden, wenn andere Systeme ausgeschlossen sind.

9.9 Elektrolumineszenz

In diesem Abschnitt ...
Elektrolumineszenz ist ein ökonomisch bedeutsamer Effekt, da er die Grundlage für Bildschirme ist, die ohne zusätzliche Lichtquelle auskommen. Grundsätzlich kann Elektrolumineszenz durch externe elektrische Felder oder durch Ladungsträgerinjektion hervorgerufen werden. Um die Helligkeit der Emission zu erhöhen, wurden Mehrschichtsysteme entwickelt. Darüber hinaus gibt es experimentelle Hinweise, dass die Verwendung von stäbchen- anstelle von kugelförmigen Teilchen den Wirkungsgrad von Elektrolumineszenzsystemen verbessert.

In Vorrichtungen, die Elektrolumineszenz nutzen, erfolgt die Anregung der Lichtemission nicht durch energiereiche Photonen, sondern durch elektrische Felder. Daher sollte man die Lichtemission durch elektronische Vorrichtungen leicht steuern können. Das macht Elektrolumineszenz zu einem wirtschaftlich potenziell bedeutsamen Phänomen. Grundsätzlich gäbe es zwei Möglichkeiten durch elektrische Felder Lumineszenz anzuregen:

- durch elektrische Felder oder
- durch Ladungsinjektion,

wobei sich Letztere durchzusetzen beginnt. Zu den wichtigsten, für den Endverbraucher bestimmten Produkten, gehören sicherlich Bildschirme, wie sie bei Fernsehern, Monitoren oder Telefonen zur Anwendung kommen. Solche Bildschirme können die zurzeit gebräuchlichsten auf der Basis von Flüssigkristallen ersetzen. Für diese Anwendungen haben Systeme auf der Basis organischer Nanoteilchen erste wirtschaftliche Erfolge erzielt.

Die Abb. 9.42 zeigt den grundsätzlichen Aufbau eines Elektrolumineszenzsystems. Eine solche Vorrichtung besteht aus einer transparenten Glasplatte, die mit ITO (indium tin oxide), einem optisch transparenten elektrischen Leiter, beschichtet ist. Die nächste Lage enthält die lumineszierenden Teilchen. Diese Schicht wird mit der Gegenelektrode aus Aluminium abgedeckt. An den beiden Elektroden, der ITO-Schicht und dem Aluminium, wird eine elektrische Stromquelle angeschlossen, die die Lichtemission anregt. Elektrolumineszenz basierend auf Ladungsträgerinjektion ist zwar ein Gleichspannungsphänomen, dennoch hat die Erfahrung gelehrt, dass in manchen Fällen die Verwendung einer Wechselspannung vorteilhaft ist.

Will man sich die Funktion einer solchen Elektrolumineszenzvorrichtung klar machen, so ist es notwendig, sich zuerst die Lage der Energiebänder der benutzten Materialien anzusehen. Diese sind in Abb. 9.43 dargestellt. Das transparente Substrat ist mit ITO, einem Material mit hoher Austrittsarbeit[11] beschichtet.

11) Das ist die Energie, die nötig ist, um ein Elektron aus dem ungeladenen Festkörper zu entfernen. Sie ist in guter Näherung gleich der *Fermi*-Energie.

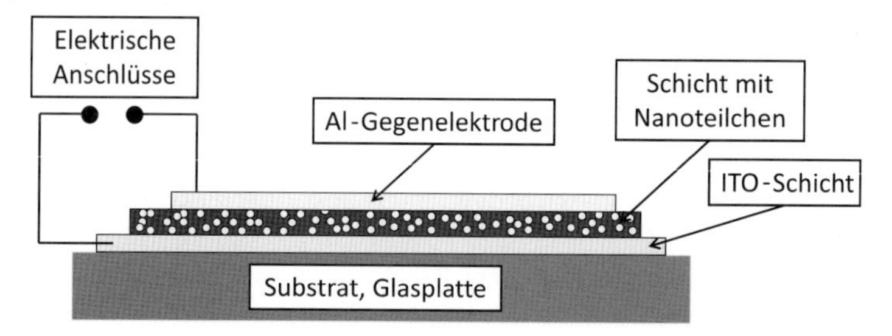

Abb. 9.42 Grundsätzlicher Aufbau eines Elektrolumineszenzsystems. Es besteht aus einer transparenten Glasplatte als Substrat, die mit ITO, einem optisch transparenten, den elektrischen Strom leitenden Mischoxid bedeckt ist. Die nächste Schicht enthält die lumineszierenden Teilchen. Das ganze System ist mit einer Aluminiumgegenelektrode abgedeckt.

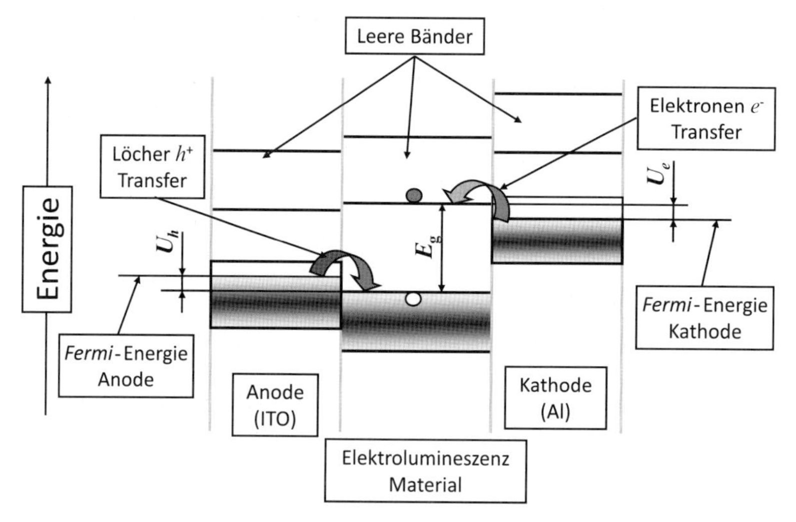

Abb. 9.43 Lage der Energiebänder für ein Elektrolumineszenzsystem basierend auf dem Ladungsträgertransfer. Die ITO-Anode emittiert positiv geladene Löcher und die Aluminiumkathode Elektronen in die lumineszierende Teilchen. Photonen werden nach einer Elektron-Loch-Rekombination emittiert.

ITO ist nicht nur einer der wenigen optisch transparenten elektrischen Leiter, ITO kann auch positiv geladene Löcher (auch Defektelektronen genannt), h^+, in die Schicht mit den Nanoteilchen injizieren. Die Schicht mit den Nanoteilchen ist mit der Gegenelektrode aus Aluminium abgedeckt. Aluminium ist, im Gegensatz zu ITO, ein Werkstoff mit sehr geringer Austrittsarbeit, injiziert also Elektronen in das System.

Wenn die in Abb. 9.42 und 9.43 dargestellte Vorrichtung an eine Gleichspannungsquelle angeschlossen wird, erfolgt der Ladungstransfer über die Emission von positiv geladenen Löchern von der ITO-Schicht und negativ geladenen Elektronen aus dem Aluminium in die lumineszierenden Nanoteilchen. Bei der Rekombination dieser beiden Ladungsträger wird Licht emittiert. Die für diese Prozesse notwendige Energie ist U_e auf der Seite der Kathode und U_h anodenseitig. Will man von den bewährten Materialien ITO und Aluminium abweichen, so muss bei den neu gewählten Werkstoffen sichergestellt werden, dass die Austrittsarbeit bei dem Anodenmaterial deutlich größer ist als bei dem für die Anode verwendeten Werkstoff. Letzterer sollte weiter in der Lage sein, positiv geladene Löcher zu emittieren. Für die Wirkung als Lichtquelle muss weiterhin sichergestellt sein, dass eine der beiden Elektroden, wie z. B. ITO, optisch transparent ist. Photonen werden nach Rekombination der Löcher aus dem energiereichsten gefüllten Band in das energieärmste leere Band, dem Leitungsband, emittiert. Die Wellenlänge λ des emittierten Lichtes kann im einfachsten Fall aus der Breite der Bandlücke E_g (siehe Gl. (9.6)) aus $\lambda = \frac{ch}{E_g}$ (c: Lichtgeschwindigkeit, h: *Planck*'sches Wirkungsquantum) berechnet werden. Eine hervorragende Zusammenfassung über Eigenschaften und Aufbau von Elektrolumineszenzsystemen wurde von Nelson und Fothergill veröffentlicht [28].

Das Konzept, Quanteneinschlussteilchen als Emitter in Elektrolumineszenzsystemen zu verwenden, hat eine Reihe von Vorteilen. Der größte Vorteil ist wohl darin zu sehen, dass man über die Teilchengröße die Emissionsfarbe einstellen kann ohne die Chemie der Oberfläche zu beeinflussen. Es ist also möglich, mit nur einer Sorte von Nanoteilchen alle notwendigen Farben für einen Farbbildschirm zu erhalten. Des Weiteren ist es möglich, den Wirkungsgrad solcher Systeme durch Verwendung mehrerer Schichten deutlich zu verbessern. Bei einer solchen Mehrlagenkonstruktion müssen allerdings zwischen den einzelnen lichtemittierenden Lagen Schichten eingebracht werden, die die nötigen Ladungsträger emittieren, ohne dabei zu viel Licht zu absorbieren.

Die als Lichtemitter verwendeten Teilchen können eher kugel- oder stabförmig sein. Es gibt, wie es auch in Abb. 9.44 gezeigt wird, Hinweise darauf, dass die Verwendung von Stäbchen zu einer besseren Lichtausbeute führt. In dieser Abbildung werden zusätzlich die Emissionsspektren bei optischer und elektrischer Anregung gegenübergestellt.

Die in Abb. 9.44 dargestellten Spektren wurden an ZnS-Teilchen gemessen, die mit 0,13 % Cu^+ und 0,1 % Al^{3+} dotiert waren. Da das Zink im Gitter als Zn^{2+} vorliegt, verursacht diese Dotierung sowohl positive Löcher als auch zusätzliche Elektronen in den Energiebändern. Diese Dotierung wurde zur Verbreiterung der Spektren durchgeführt. Die eher kugeligen Teilchen hatten einen mittleren Durchmesser von 4 nm, die Stäbchen waren im Mittel 400 nm lang und hatten einen Durchmesser von etwa 35 nm. Die Synthese beider Teilchensorten erfolgte mit äquivalenten Verfahren. Die höhere Lichtausbeute der Stäbchen ist in diesem Beispiel möglicherweise auf deren größeres Volumen zurückzuführen. Die leichte Rotverschiebung der Elektrolumineszenzspektren, die in Abb. 9.44 zu sehen ist, wurde auch von anderen Autoren beobachtet.

Da Mehrschichtsysteme eine höhere Intensität der Emission versprechen, wird mit großem Aufwand in diese Richtung geforscht. Als typisches Beispiel ist in Abb. 9.45 das Emissionsspektrum eines Systems mit 20 Doppellagen aus CdSe mit PPV (Poly(*p*-phenylene-vinylen)) als Zwischenlage zur Emission von Ladungsträ-

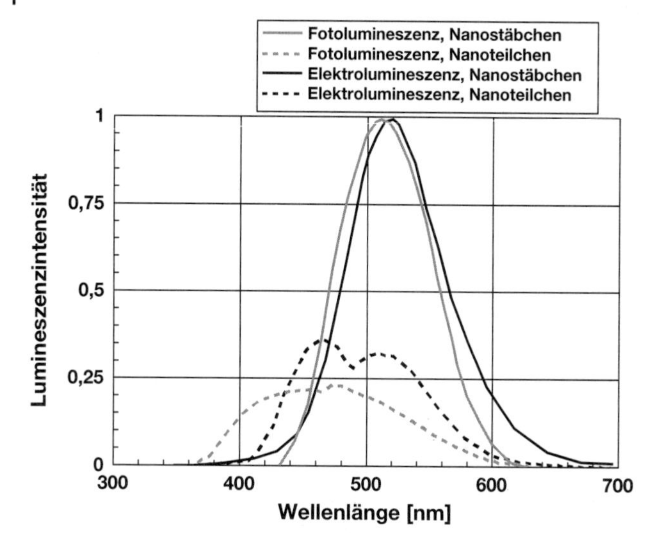

Abb. 9.44 Elektro- und Fotolumineszenzspektren von eher kugeligen und stabförmigen ZnS-Teilchen, die mit 0,13 % Cu^{+} und 0,1 % Al^{3+} dotiert waren. Es ist interessant festzustellen, dass die Elektrolumineszenzspektren etwas in Richtung größerer Wellenlängen hin verschoben sind. In diesem Beispiel zeigen die Stäbchen deutlich höhere Emissionsintensitäten als die kugeligen Teilchen [29]. Es ist offen ob dies ein grundsätzliches Phänomen ist, oder nur durch die unterschiedlichen Volumina der Teilchen verursacht wurde.

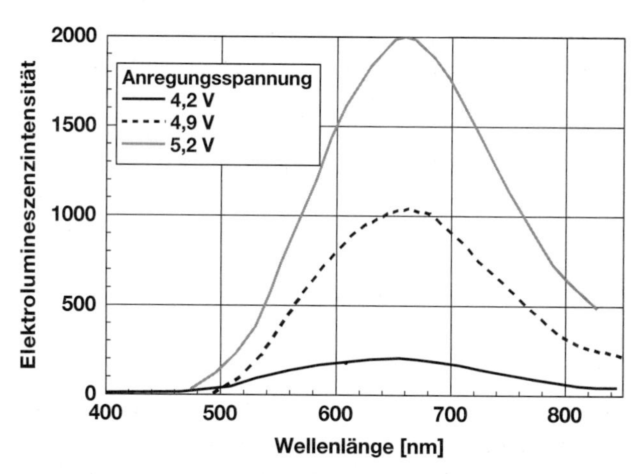

Abb. 9.45 Elektrolumineszenzspektrum eines Mehrlagensystems bestehend aus 20 Doppellagen aus CdSe mit PPV (Poly(*p*-phenylene)vinylen). Die PPV-Zwischenlage dient zur Emission von Ladungsträgern in die nächste CdSe Lage. Man erkennt, dass die Emissionsintensität mit zunehmender Spannung überproportional ansteigt, währen die Intensitätsverteilung im Spektrum selbst nicht beeinflusst wird [30].

gern dargestellt [30]. Als zusätzlicher Parameter wurde die Anregungsspannung benutzt.

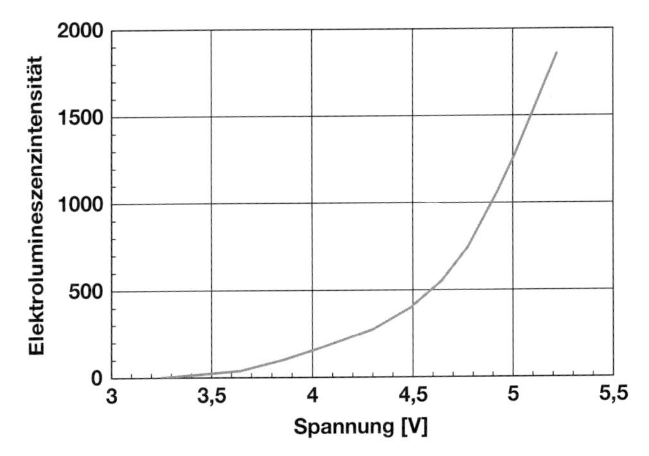

Abb. 9.46 Spannungsabhängigkeit der Emissionsintensität eines ZnS/PPV-Mehrschichtensystems bestehend aus 20 Doppelschichten [30]. Die Intensität wurde im Maximum bei 657 nm (siehe Abb. 9.45) gemessen. Das System hat einen Schwellenwert der Anregungsspannung von etwa 3,5 V.

Das in Abb. 9.45 dargestellte Spektrum ist sehr breit, es reicht von etwa 500 nm bis deutlich in den Bereich des Infraroten, jenseits von 800 nm. Das Emissionsspektrum ist, wie man dieser Abbildung entnehmen kann, von der Anregungsspannung unabhängig. Die erwartungsgemäß zu beobachtende Abhängigkeit ist überproportional stark. Die Abhängigkeit der Intensität des Emissionsmaximums bei 657 nm von der Anregungsspannung ist in Abb. 9.46 dargestellt. Man erkennt in diesem Graph zweierlei: Die Emission setzt bei einer Spannung von etwa 3,5 V als Schwellenwert ein und steigt dann überproportional an. Diese starke Abhängigkeit der Intensität von der Spannung ermöglicht es, die Helligkeit eines Bildpunktes analog zu steuern. Der überproportionale Anstieg der Intensität mit der angelegten Spannung legt allerdings die Vermutung nahe, dass eine Helligkeitssteuerung durch digitale Impulse wirtschaftlicher ist. Die hier vorgestellte Mehrlagentechnologie dürfte vor allem für starre Substrate von Bedeutung sein, während sich die Einschichtentechnologie auch für gedruckte Systeme auf flexiblen Substraten eignet.

Wichtig zu wissen

Für Elektrolumineszenzsysteme haben sich Anordnungen, die mit Ladungsträgerinjektion arbeiten, durchgesetzt. Dabei benutzt man eine Anordnung, bei der, nach dem Anlegen einer elektrischen Spannung, auf einer Seite aus einem Material mit niedriger Austrittsarbeit (z. B. Aluminium) Elektronen und auf der gegenüberliegenden Seite positiv geladene Löcher aus einem Material mit hoher Austrittsarbeit (z. B. indium tin oxide, ITO) in die lumineszierenden Teilchen injiziert werden. Bei der Rekombination Elektron-Loch wird Licht emittiert. Die Intensität der Emission hängt von der angelegten elektrischen Spannung ab. Es gibt experimentelle Hinweise darauf, dass die Verwendung von Stäbchen vorteilhaft ist.

9.10
Foto- und elektrochrome Materialien

9.10.1
Grundlagen

In diesem Abschnitt ...
Es gibt Metalloxide, die unter dem Einfluss von Licht oder einem elektrischen Feld die Farbe verändern. Dies geschieht durch Änderung der Wertigkeit eines Teils der Metallionen des Oxides. Dieser Prozess ist reversibel.

Fotochrome Materialien ändern ihre Farbe unter dem Einfluss von Licht, elektrochrome Materialien unter dem Einfluss eines elektrischen Feldes. Diese Farbwechsel sind reversibel. Im Grundzustand, d. h. ohne den Einfluss von Licht oder eines elektrischen Feldes, sind diese Materialien farblos bzw. weiß, unter dem entsprechenden Einfluss ändern sie die Farbe. Heute verfügbare und technisch eingesetzte Werkstoffe können von weiß (farblos) auf grün oder blau wechseln. Die Intensität der Färbung hängt von der Beleuchtungsstärke bzw. von der elektrischen Ladung, die zum Farbwechsel benutzt wurde, ab. Beide Materialien haben ein großes ökonomisches Potenzial. Die zurzeit bedeutsamsten Anwendungen sind Fensterscheiben, die entweder im Sonnenlicht selbsttätig abdunkeln oder deren Transmission über eine elektrische Steuerung einstellbar ist. Eine solche Steuerung der Lichtdurchlässigkeit der Fenster bringt wesentliche Ersparnisse an Energie im Hinblick auf die Klimatisierung und Beleuchtung von Gebäuden.

Diese beiden Effekte könnten eine breitere Anwendung finden, wenn die folgenden Probleme einer Lösung zugeführt werden könnten:

- Für eine breitere Anwendung bei Bildschirmen wären zusätzlich die Farben Gelb und Rot notwendig, ein Farbwechsel in Richtung Grau würde die Anwendbarkeit in der Architektur wesentlich verbessern.
- Die Zeitkonstante des Farbwechsels ist zurzeit noch zu groß. Die meisten kommerziell attraktiven Anwendungen fordern kurze Zeitkonstanten. Gäbe es solche Werkstoffe, wären auch Bildschirme und Fenster von Automobilen ein großes Anwendungsfeld.

Foto- und elektrochrome Werkstoffe nutzen die Tatsache, dass einige Elemente der Nebengruppen die Wertigkeit leicht ändern können. Das führt z. B. zu nicht stöchiometrischen Oxiden. Im Rahmen dieser Anwendungen werden vor allem die Oxide des Wolframs und des Molybdäns benutzt. Diese Oxide der Zusammensetzung MoO_3 und WO_3, bei denen die Metallionen im stöchiometrischen Zustand sechswertig sind, sind weiß bzw. farblos. Reduziert man einen Teil der Metallionen in den fünfwertigen Zustand, so ändert sich die Farbe. Man hat also die Reaktion

$$Me^{6+}\,(\text{farblos}) \rightarrow (1-x)\,Me^{6+} + x\,Me^{5+}\,(\text{gefärbt}) \tag{9.14}$$

vorliegen. Die Reduktion erfolgt bei fotochromen Systemen mit Wasserstoff (Protonen), bei elektrochromen mit Alkaliionen.

Die bei diesen Anwendungen verwendeten Oxide hat man in den meisten Fällen nicht stöchiometrisch als MeO_{3-x} vorliegen. Dort, wo keine Verwechslungsgefahr besteht, wird in diesem Text immer nur MeO_3 geschrieben.

Wichtig zu wissen

Der Farbwechsel einiger Metalloxide in Gegenwart eines elektrischen Feldes oder Licht von farblos zu gefärbt erfolgt durch die Reduktion (Änderung der Wertigkeit) eines Teiles der Metallionen. Dieser Vorgang kann durch eine nachfolgende Oxidation wieder rückgängig gemacht werden.

9.10.2 Fotochromie

In diesem Abschnitt ...

Durch Reduktion oder Oxidation mithilfe von Protonen ändern einige Oxide ihre Farbe von farblos zu blau oder grün. Die für diesen Prozess notwendigen Protonen kommen aus dem Wasser in der umgebenden Atmosphäre. Dieser Prozess wird durch Licht aktiviert und ist bei Dunkelheit wieder reversibel. Da die Protonen in die Oxid-Teilchen diffundieren müssen, ist dieser Prozess teilchengrößenabhängig.

Die bekanntesten fotochromen Werkstoffe sind WO_3, MoO_3 und Nb_2O_5. Während WO_3 und Nb_2O_5 von weiß nach blau wechseln, wechselt MoO_3 von weiß nach grün. Für den fotochromen Effekt ist die Gegenwart von Wasser unabdingbar. Wenn fotochrome Oxide durch energiereiche Photonen angeregt werden, so bilden sich Löcher h^+ und freie Elektronen e^-. Die Löcher reagieren mit dem Wasser und produzieren Protonen H^+

$$H_2O + 2h^+ \Rightarrow 2H^+ + O \tag{9.15}$$

Diese Protonen reagieren mit dem Oxid, was zu einer teilweisen Reduktion der Metallionen führt

$$MeO_3 + xH^+ + xe^- \Rightarrow H_xMe^{6+}_{1-x}Me^{5+}_xO_3 \tag{9.16}$$

Das nach Gl. (9.16) gebildete Material ist gefärbt. Die Sauerstoffradikale besetzen entweder Leerstellen im Gitter oder verlassen die Teilchen. Die mögliche Nebenreaktion der freien Ladungsträger $h^+ + e^- \Rightarrow$ Wärme reduziert den erwünschten Effekt. Das für die Reaktionen (9.15) und (9.16) benötigte Wasser kommt aus der Umgebung des Systems oder es ist in diesem mit einer geeigneten Verbindung integriert. Geschwindigkeitsbestimmend ist die Reaktion (9.15), die an der Oberfläche der Teilchen stattfindet. Die Reaktion (9.16) ist diffusionskontrolliert. Selbst wenn die Diffusion von Protonen sehr schnell ist, hat diese Reaktion doch auch einen erheblichen Einfluss auf die Zeitkonstante der Farbänderung.

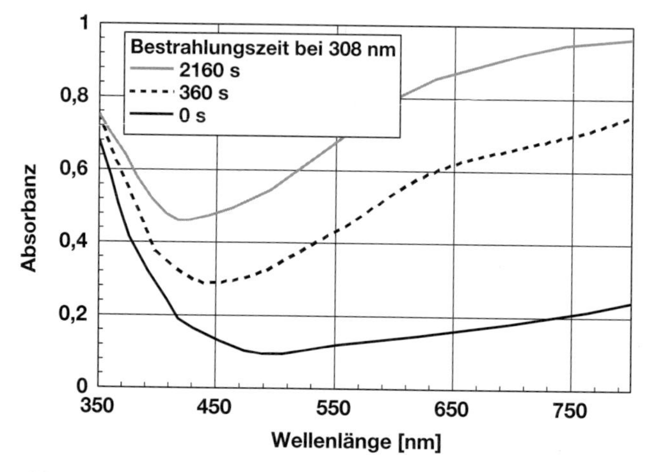

Abb. 9.47 Absorptionsspektren von fotochromen MoO_3 nach unterschiedlichen Bestrahlungszeiten mit einem gepulsten Laser mit der Wellenlänge von 308 nm und einer Leistung von 72 mJ/Impuls [31]. Die Bestrahlungszeit null entspricht dem gebleichten (farblosen) Zustand.

Als typisches Beispiel sind in Abb. 9.47 die Absorptionsspektren von MoO_3 nach unterschiedlichen Bestrahlungszeiten gezeigt [31]. Die in dieser Abbildung dargestellten Spektren wurden nach 360 und 2160 s Bestrahlungszeit mit einem gepulsten Laser gemessen. Die Impulse des Lasers hatten bei einer Wellenlänge von 308 nm eine Leistung von 72 mJ/Impuls.

Das Transmissionsfenster ist bei MoO_3 im bestrahlten Zustand im Bereich von Blau bis Gelb, folglich erscheint dieses Material dem menschlichen Auge als Grün. Der Abb. 9.47 kann man weiterhin entnehmen, dass die Intensität der Färbung mit zunehmender Bestrahlungszeit zunimmt. Die Zeit, die bis zum Erreichen einer Sättigung nötig ist, ist relativ lang und hängt stark von der Teilchengröße ab. Diesen Zusammenhang kann man der Abb. 9.48 entnehmen. In dieser Abbildung ist die Zunahme der Absorption mit der Bestrahlungszeit für zwei verschiedene Korngrößen dargestellt. Bei dem Material handelte es sich wieder um MoO_3, jedoch in zwei verschiedenen Korngrößen. Die Bestrahlungsbedingungen waren mit denen in Abb. 9.47 identisch.

Die Abb. 9.48 zeigt eindeutig, dass die Reaktionsgeschwindigkeit der Nanoteilchen deutlich größer ist, verglichen mit der des grobkörnigen Materials. Da die Diffusionszeit dem Quadrat der Teilchengröße indirekt proportional ist (siehe Kapitel 2) muss man annehmen, dass die Reaktion (9.16) zumindest bei den größeren Teilchen diffusionsgesteuert ist. In diesem Falle würde man aber eine deutlich größere Zunahme der Reaktionsgeschwindigkeit erwarten. Es ist daher zu vermuten, dass bei Nanoteilchen die Reaktion (9.15) geschwindigkeitsbestimmend ist. Ähnlich wie bei Gassensoren (Kapitel 2) kann im Falle der Nanoteilchen auch die Gasdiffusion im Porennetzwerk zwischen den Teilchen die Reaktionsgeschwindigkeit wesentlich beeinflussen.

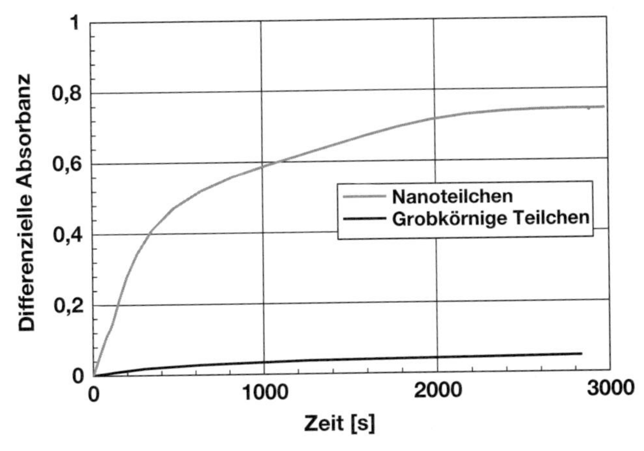

Abb. 9.48 Differenzielle Absorbanz von MoO_3 verschiedener Korngröße bei einer Wellenlänge von 750 nm als Funktion der Bestrahlungszeit mit einem gepulsten Laser (308 nm, 72 mJ/Impuls) [31]. Die differenzielle Absorbanz ist die Differenz zwischen der Absorbanz im gefärbten und dem gebleichten Zustand. Man erkennt deutlich die wesentlich schnellere Reaktion der Nanoteilchen im Vergleich zu dem grobkörnigen Material.

Wichtig zu wissen
Einige Oxide, wie z. B. WO_3, MoO_3 und Nb_2O_5 sind auch mit Abweichungen von der Idealzusammensetzung stabil. Bei dieser Stöchiometrieänderung durch teilweise Reduktion ändert sich auch die Farbe. Dieser Reduktionsprozess erfolgt durch eine Wechselwirkung mit Wasser und Licht. Bei dieser Reduktion ist es notwendig, dass Protonen in die Teilchen eindiffundieren. Daher erfolgt die Farbänderung bei Nanoteilchen wesentlich schneller als bei konventionellen Materialien.

9.10.3 Elektrochromie

In diesem Abschnitt ...
Durch Anlegen eines elektrischen Feldes in Verbindung mit einem reduzierenden Medium an eine elektrochrome Substanz kann man dessen Farbe von farblos auf gefärbt verändern. Bei diesem Reduktionsprozess wird ein Teil der Metallionen reduziert, das Oxid wird unterstöchiometrisch. Diese Reduktion wird durch Alkaliionen, die durch den elektrischen Strom transportiert werden, verursacht. Durch Umkehren der Polarität kann die Färbung rückgängig gemacht werden. Kommerzielle Anwendungen findet die Elektrochromie heute in Glasfenstern, die elektrisch abgedunkelt werden können. Die Alkaliionen werden von außen aus einem Reservoir zugeführt.

Die wichtigsten Werkstoffe für Elektrochromieanwendungen sind MoO_3, WO_3, V_2O_5 und Nb_2O_5. Die elektrochrome Farbänderung wird durch die Reaktion

$$MeO_3 + xA^+ + xe^- \Leftarrow \text{elektrischer Strom} \Rightarrow A_xMe^{6+}_{1-x}Me^{5+}_xO_3 \qquad (9.17)$$

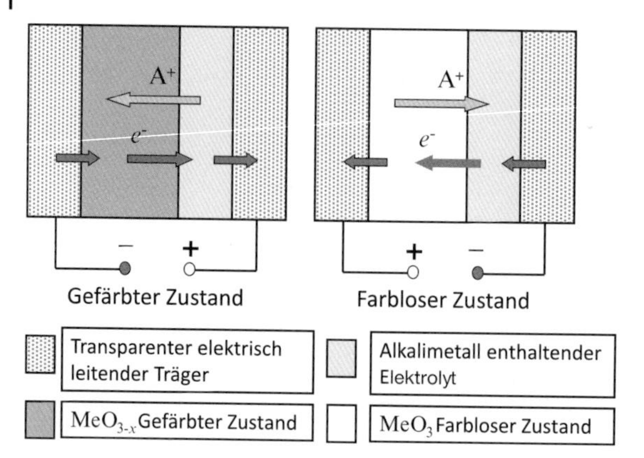

Abb. 9.49 Aufbau einer Elektrochromiezelle. Um aus dem farblosen (gebleichten) Zustand in den gefärbten zu kommen, werden durch elektrischen Transport Alkaliionen A^+ aus dem Reservoir (Elektrolyt) in das elektrochrome Material, z. B. WO_3 oder MoO_3, befördert. Um wieder in den farblosen Zustand zu kommen, wird die Richtung des elektrischen Stromes umgekehrt. Die Alkaliionen werden in das Reservoir zurücktransportiert. Dieser Mechanismus funktioniert grundsätzlich mit allen Oxiden, deren Stöchiometrie variabel ist; anstelle von Alkaliionen können auch Protonen verwendet werden.

bewirkt. Die Komponente A^+ steht für ein Alkalimetall. Im Prinzip ist dies die gleiche Reaktion wie im Falle der Fotochromie, jedoch mit dem Unterschied, dass anstelle eines Protons ein Alkaliion zur Reduktion benutzt wird. Der Elektrochromieeffekt kann durch dotieren mit kleinen Ionen wie Li^+, H^+ oder P^{5+} verbessert werden. Diese Ionen sind dann in der Matrix dauerhaft gelöst. Um eine arbeitsfähige elektrochrome Zelle zu bauen, ist ein reversibler Speicher für die Alkaliionen (Gl. (9.17)) nötig. Die für eine kurze Reaktionszeit nötige schnelle Diffusion der Alkaliionen kann dadurch erreicht werden, dass man Verbindungen benutzt, die in Schichten aufgebaut sind. MoO_3 und WO_3 sind daher ideale Kandidaten. In diesem Fall diffundieren die Alkaliionen zwischen den Schichten.

Bei dem Aufbau einer elektrochromen Zelle ist es entscheidend, dass neben mindestens einer transparenten Trägerplatte noch ein Reservoir für die Alkaliionen vorgesehen wird. Das führt zu der in Abb. 9.49 dargestellten Konstruktion. Eine solche Zelle, bestehend aus einer elektrochromen Schicht und dem Alkalireservoir, z. B. ein Elektrolyt bestehend aus Propylencarbonat mit einigen Zehntel Molprozent $LiClO_4$, ist zwischen zwei elektrisch leitfähigen transparenten Elektroden eingesetzt. Die beiden Elektroden sind an einer Stromversorgung angeschlossen, die umgepolt werden kann. Um vom transparenten, gebleichten Zustand in den gefärbten Zustand umzuschalten, wird an die Zelle eine elektrische Spannung angelegt, die die einwertigen Ionen in die elektrochrome Schicht transportiert. Um die Färbung wieder rückgängig zu machen, wird die elektrische Spannung umgepolt. Dadurch werden die Alkaliionen wieder in das Reservoir zurückbefördert. Dieser Vorgang wird auch mit Gl. (9.17) beschrieben. In dieser Gleichung entspricht die linke Seite dem farblosen und die rechte Seite dem gefärbten Zustand. Die Spannung, die für diese Vorgänge notwendig ist, beträgt weniger als 1 V.

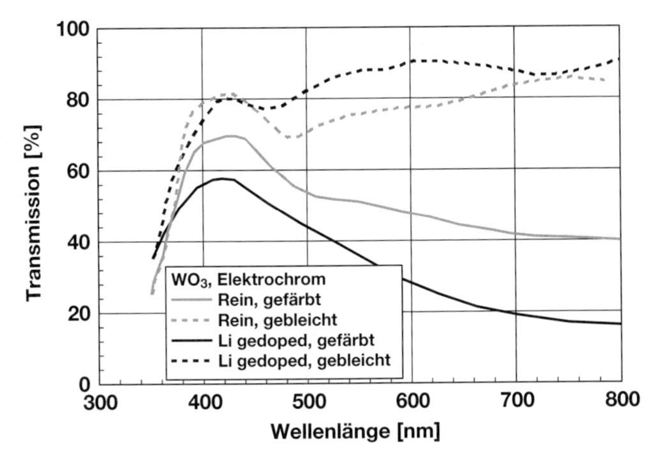

Abb. 9.50 Transmission einer Elektrochromiezelle auf der Basis von WO_3. Die spektralen Transmissionskurven sind für den farblosen und den gefärbten Zustand jeweils für undotiertes und Li-dotiertes Material angegeben [32]. Im gefärbten Zustand ist vor allem die Transmission bei größeren Wellenlängen reduziert. In diesem Falle führt dies zu einer Blaufärbung. Man erkennt einen signifikanten Vorteil des dotierten Materials in beiden Farbzuständen.

Die spektrale Transmission einer Elektrochromiezelle auf Basis von WO_3 ist in Abb. 9.50 dargestellt [32]. Die Abbildung zeigt die Transmission im farblosen und gefärbten Zustand. Des Weiteren sind die Charakteristiken von dotiertem und undotiertem Material gegenübergestellt. In dem Graph erkennt man deutlich das Transmissionsfenster im Blauen und die wesentliche Verbesserung, die durch eine Dotierung mit Lithium erreicht wird. Es ist auffällig, dass der Elektrochromieeffekt bei größeren Wellenlängen stark zunimmt. Wie man sieht, hat die Dotierung kaum Einfluss auf die spektrale Transmission, sie vergrößert aber die Differenz zwischen dem farblosen und dem gefärbten Zustand.

Aus dem in Abb. 9.49 dargestellten Aufbau kann man sich klar machen, dass bei den Elektrochromiezellen die Diffusion des Alkaliions der geschwindigkeitsbestimmende Prozess ist. Da Diffusionsprozesse im Allgemeinen langsam sind, ist es wesentlich, den zeitlichen Verlauf der Färbung und Entfärbung zu kennen. Dieser ist in Abb. 9.51 für eine Zelle auf WO_3-Basis dargestellt. Auch in diesem Beispiel sind Ergebnisse, die an undotiertem und an P^{5+}-dotiertem Material erhalten wurden, gegenübergestellt. Der zeitliche Verlauf der Transmission wurde bei einer Wellenlänge von 633 nm gemessen. In diesem Beispiel wurde der gefärbte Zustand mit einer Spannung von 0,8 V erzeugt und nach Umpolen mit der gleichen Spannung wieder in den farblosen Zustand übergeführt. Wie auch schon aus Abb. 9.50 zu entnehmen war, ist die Differenz der Transmission zwischen dem gefärbten und dem farblosen Zustand bei dem dotierten Material signifikant größer.

In dem in Abb. 9.51 dargestellten Beispiel wurde die Spannung von 0,8 V jeweils für 15 s zugeschaltet. Während beim undotierten Material nach dieser Zeit noch

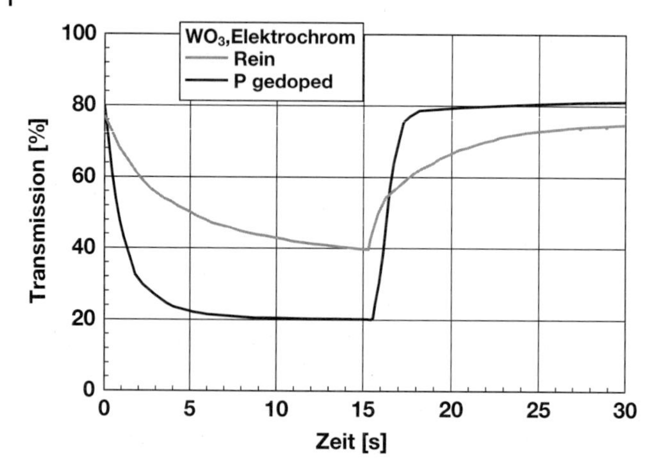

Abb. 9.51 Zeitlicher Verlauf von Färbung und Entfärbung bei einem elektrochromen System auf der Basis von WO_3 [33]. Durch Anlegen einer Spannung von 0,8 V wurde der gefärbte Zustand hergestellt und durch Umpolen dieser Spannung der Entfärbeprozess wieder eingeleitet. Man erkennt deutlich, dass das phosphordotierte System schneller reagiert und eine größere Differenz der Transmission zwischen dem gefärbten und dem entfärbten Zustand aufweist.

immer kein Abschluss des Vorganges zu beobachten ist, erreicht das dotierte Material bereits nach etwa 5 s den jeweiligen Sättigungswert der Transmission. Gerade diese Beschleunigung des Prozesses durch Dotierung ist im Hinblick auf einen kommerziellen Erfolg von Bedeutung. Es muss aber darauf hingewiesen werden, dass bisher erreichte Zeiten für den Farbwechsel für viele Anwendungen noch viel zu lang sind, und das Fehlen der Farben Rot und Gelb die Zahl der potenziellen Anwendungen stark begrenzt.

Wichtig zu wissen

Die für Elektrochromieanwendungen benutzten Werkstoffe sind: MoO_3, WO_3, V_2O_5 und Nb_2O_5. Diese Materialien zeigen bei teilweiser Reduktion einen Farbumschlag von farblos (weiß) zu blau oder grün. Die Reduktion erfolgt durch Alkaliionen, die vermittels eines elektrischen Feldes aus einem Reservoir zu den elektrochromen Teilchen transportiert werden. Da es sich um Diffusionsvorgänge handelt, sind die Zeitkonstanten für die Farbänderung im Bereich mehrerer Sekunden. Durch Umkehren der Richtung des transportierenden elektrischen Stromes kann die Farbänderung wieder rückgängig gemacht werden. Technisch angewandt wird dieser Effekt bei Fensterscheiben, deren Transmission über ein elektrisches Feld eingestellt werden kann.

9.11 Magnetooptische Anwendungen

In diesem Abschnitt ...
Die Polarisationsebene des Lichtes wird beim Passieren einer Schicht bestehend aus einem ferromagnetischen Material, das sich in einem Magnetfeld befindet, gedreht. Diese Erscheinung nennt man den *Faraday*-Effekt. Als Standardmaterial verwendet man heute Einkristalle aus ferromagnetischen Granaten. Dünne Schichten aus magnetischen Nanoteilchen, suspendiert in einem Polymer, sollten bei niedrigerem Preis auch diesen Effekt zeigen. Problematisch kann dabei allerdings die starke optische Absorption dieser Werkstoffe sein.

Die wohl wichtigsten magnetooptischen Teilchen sind die, die Lumineszenz und Ferromagnetismus vereinen. Solche bifunktionale Teilchen [15] werden vorwiegend in der Biotechnologie und bei der medizinischen Diagnostik verwendet. Die Kombination von Eigenschaften, die in der Natur nicht vorkommt und nur mit Nanokompositen realisierbar ist, wurde bereits in Abschn. 9.6 eingehend diskutiert (siehe auch Abb. 9.21).

Komposite, die aus ferromagnetischen Teilchen in einer Polymer-Matrix bestehen sind im Hinblick auf den *Faraday*-Effekt von Interesse. Der *Faraday*-Effekt beschreibt die Drehung der Polarisationsebene des Lichtes beim Durchgang durch ein magnetisches Material in einem Magnetfeld.[12] Üblicherweise werden bei den entsprechenden Vorrichtungen magnetische Granate oder entsprechend dotierte Gläser benutzt. In diesem Abschnitt soll die Verwendung magnetischer Nanoteilchen in einer Polymer-Matrix für diese Anwendung diskutiert werden.

Die Abb. 9.52 zeigt zunächst das Prinzip des *Faraday*-Effekts. Die *Faraday*-Rotation β, das ist der Winkel um den sich die Polarisationsebene des Lichtes beim Durchgang durch ein transparentes Medium mit der *Faraday*-Rotation dreht, ist gegeben durch

$$\beta = \nu d|B| \tag{9.18}$$

In Gl. (9.18) steht ν für die *Verdet*-Konstante, d die Dicke des aktiven Mediums und $|B|$ für die Stärke des Magnetfeldes.

Es bietet sich an zu versuchen, ob man nicht auch γ-Fe_2O_3-Nanoteilchen in einer Polymer-Matrix verwenden könnte [34, 35]. Nanoteilchen deshalb, weil diese bei hinreichender Kleinheit keine zusätzliche Streuung des Lichtes in das System bringen würden. Die Ergebnisse dieser Experimente sind in Abb. 9.53 zusammengefasst. In dieser Abbildung sind, wegen der starken Streuung der experimentellen Ergebnisse, die Daten als Streubänder eingezeichnet.

Die in Abb. 9.53 gezeigten experimentellen Daten können zur Berechnung der *Verdet*-Konstante des Maghämit, γ-Fe_2O_3, benutzt werden. Diese liegt im Bereich zwischen 2×10^6 und 4×10^6 rad T^{-1} m^{-1}. Diese Werte sind deutlich größer

12) Das Analogon, der *Kerr*-Effekt beschreibt die Drehung der Polarisationsebene bei der Reflexion an einem magnetischen Material in einem Magnetfeld.

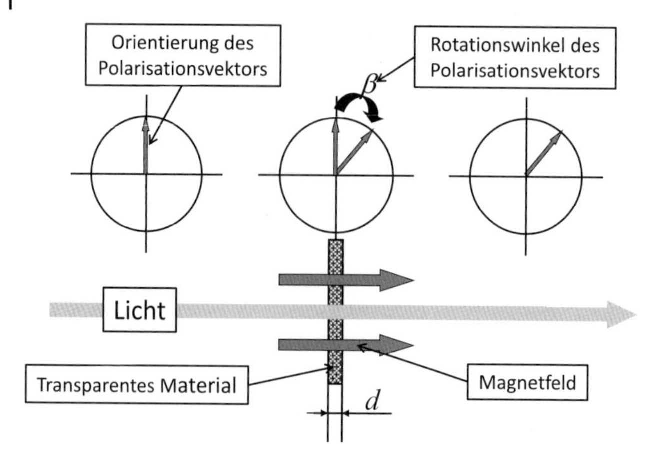

Abb. 9.52 Anordnung zur Nutzung des *Faraday*-Effekts. Wenn Licht ein transparentes magnetisches Material der Dicke *d*, das sich in einem Magnetfeld befindet, passiert, so dreht sich dessen Polarisationsebene. Der Rotationswinkel β hängt von der Stärke des Magnetfeldes und der *Verdet*-Konstante ab (Gl. (9.18)).

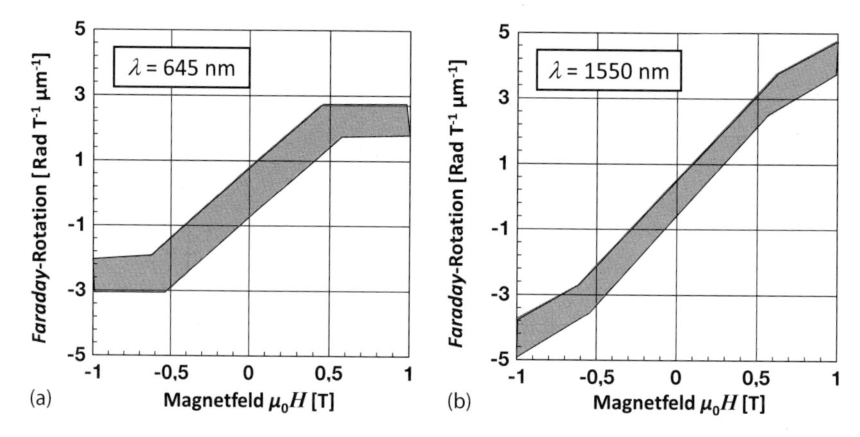

Abb. 9.53 *Faraday*-Rotation eines Komposites bestehend aus γ-Fe_2O_3- Nanoteilchen in einer Polymer-Matrix [35] gemessen bei einer Wellenlänge von 645 (a) und 1550 nm (b). Man sieht einen deutlich stärkeren Effekt bei der größeren Wellenlänge.

als die für die besten Granate, z. B. mit der Zusammensetzung $Tb_3Ga_5O_{12}$ oder $(Tb_x, Y_{1-x})_3Fe_5O_{12}$, angegebenen Werte für die *Verdet*-Konstante, die bei einigen Radiant je Tesla und Meter liegen. Aber, im Gegensatz zum Maghämit, sind die Granate hoch transparent, zeigen also fast keine Absorption des passierenden Lichtes. Wegen der wesentlich größeren *Verdet*-Konstante kann der Maghämit in dünnen Schichten von wenigen Mikrometern Dicke, oder auch äquivalent in einem Ferrofluid, verwendet werden und muss nicht, wie der Granat, in Scheiben benutzt werden. In diese Betrachtungen muss auch der Gesichtspunkt der Wirtschaftlichkeit einbezogen werden; unter diesem Gesichtspunkt wäre die Verwendung des vergleichsweise billigen Maghämit immer günstiger und hat daher

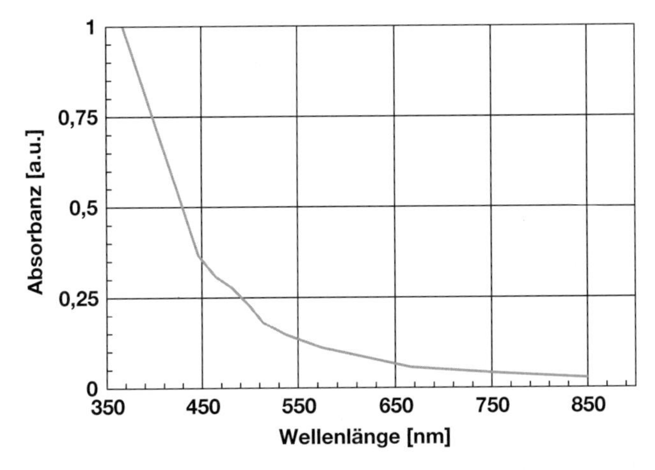

Abb. 9.54 Absorptionsspektrum von 12 nm γ-Fe_2O_3-Teilchen (Maghämit) als Funktion der Wellenlänge [36]. Für Anwendungen in Transmission, wie es bei dem *Faraday*-Effekt nötig ist, kommt vor allem der Bereich des Roten und des Infraroten infrage.

ein großes Anwendungspotenzial. Um dieses näher zu beleuchten, muss auch die Absorption des Lichtes berücksichtigt werden. Die Abb. 9.54 zeigt das Absorptionsspektrum von 12 nm γ-Fe_2O_3-Teilchen (Maghämit) als Funktion der Wellenlänge [30]. Auch wenn die Absorption des Lichtes zum Teil recht hoch ist, so muss doch festgehalten werden, dass dies im Bereich des Roten (700 nm und mehr) oder Infraroten nicht zutrifft. In diesem Bereich ist die Verwendung der besprochenen Komposite physikalisch möglich und ökonomisch vielversprechend.

Wichtig zu wissen

Wegen der vergleichsweise sehr großen *Verdet*-Konstante können dünne Schichten mit nanoskaligem Maghämit, γ-Fe_2O_3, als optisch aktives Material zur Nutzung des *Faraday*-Effektes verwendet werden. Wegen der starken Absorption ist eine solche Anwendung jedoch auf den Bereich des roten oder besser noch des infraroten Lichtes begrenzt. Da solche Schichten nicht allzu teuer sind, können gegenüber den herkömmlichen Granaten wirtschaftliche Vorteile erwartet werden.

Literatur

1 Nussbaumer, R.J., Caseri, W.R., Smith, P. und Tervoort, T. (2003) *Macromol. Mater. Eng.*, **288**, 44–49.

2 Wu, M.K. (1995) *Nanostructured Materials and Coatings*, Gorham/Intertech Consulting, KEMIRA Pigments Inc.

3 Li, C. und Murase, N. (2004) *Langmuir*, **20**, 1–4.

4 Smith, A.M., Gao, X. und Nie, S. (2004) *Photochem. Photobiol.*, **80**, 377–385.

5 Pennycook, F.T.J., McBride, J.R., Rosenthal, S.J., Pennycook, S.J. und Pantelides, S.T. (2012) *Nano Lett.*, **12**, 3038–3042.

6 Reisfeld, R. (2002) *J. Alloys Comp.*, **341**, 56–61.

7 Gu, F., Wang, S.F., Lu, M.K., Zhou, G.J., Liu, S.W., Xu, D. und Yuan, D.R. (2003) *Chem. Phys. Lett.*, **380**, 185–189.
8 Ninjbadgar, T., Garnweitner, G., Börger, A., Goldenberg, L.M., Sakhno, O.V. und Stumpe, J. (2009) *Adv. Funct. Mater.*, **19**, 1819–1825.
9 Baker, S.N. und Baker, G.A. (2010) *Angew. Chem. Int. Ed.*, **49**, 6726–6744.
10 Li, L., Wu, G., Yang, G., Peng, J., Zhao, J. und Zhu, J.-J. (2013) *Nanoscale*, **5**, 4015–4039.
11 Wang, Y., Yao, X., Wang, M., Kong, F. und He, J. (2004) *J. Crystal Growth*, **268**, 580–584.
12 Monticone, S., Tufeu, R. und Kanaev, A.V. (1998) *J. Phys. Chem.*, **102**, 2854–2862.
13 Vollath, D. und Szabó, D.V. (2004) *Adv. Eng. Mater.*, **6**, 117–127.
14 Vollath, D. und Szabó, D.V. (2004) *Nanoparticle Res.*, **6**, 181–191.
15 Vollath, D. (2010) *Adv. Mater.*, **22**, 4410–4415.
16 Liu, H.-W., Laskar, I.R., Huang, C.-P., Cheng, J.A., Cheng, S.-S., Luo, L.-Y., Wang, H.-R. und Chen, T.-M. (2005) *Thin Solid Films*, **489**, 296–302.
17 Weng, Y.X., Li, L., Liu, Y., Wang, L. und Yang, G.Z. (2003) *J. Phys. Chem.*, **107**, 4356–4363.
18 Meyer, T.J., Meyer, G.J., Pfennig, B.W., Schoonover, J.R. und Timson, C.J., Wall, J.F., Kobusch, C., Chen, X., Peek, B.M., Ou, W.W., Ericson, B.W., Bignozzi, C.A. (1994) *Inorg. Chem.*, **33**, 3952–3964.
19 Parker, C.A. (1968) *Photoluminescence of Solutions*, Elsevier, Amsterdam.
20 Schaffer, B., Hohenester, U., Trügler, A. und Hofer, F. (2009) *Phys. Rev. B*, **79**, 041401-1–4.
21 Rossouw, D., Couillard, M., Vickery, J., Kumacheva, E. und Botton, G.A. (2011) *Nano Lett.*, **11**, 1499–1504.
22 Abdolvand, A. (2006) Dissertation, Modification of optical and structural properties of glass containing silver nanoparticles via dc electrical field and moderately elevated temperature. Martin-Luther-Universität Halle-Wittenberg.
23 Eustis, S. und El-Sayed, M. (2005) *J. Phys. Chem.*, **109**, 16350–16356.
24 Cattaruzza, E., Battaglin, G., Calvelli, P., Gonella, F., Mattei, G., Maurizio, C., Mazzoldi, P., Padovani, S., Polloni, R., Sada, C., Scremin, B.F. und D'Acapito, F. (2003) *Composit. Sci. Technol.*, **63**, 1203–1208.
25 Quinten, M. (2001) *Appl. Phys.*, **73**, 317–326.
26 Liu, H.-W., Laskar, I.R., Huang, C.-P., Cheng, J.A., Cheng, S.-S., Luo, L.-Y., Wang, H.-R. und Chen, T.-M. (2005) *Thin Solid Films*, **489**, 296–302.
27 Park, J.E., Atobe, M. und Fuchgami, T. (2005) *Electrochim. Acta*, **51**, 848–854.
28 Nelson, J.K. und Fothergill, J.C. (2004) *Nanotechnology*, **15**, 586–595.
29 Manzoor, K., Aditya, V., Vadera, S.R., Kumar, N. und Kutty, T.R.N. (2005) *Solid State Commun.*, **135**, 16–20.
30 Gao, M., Richter, B., Kirstein, S. und Möhwald, H. (1998) *J. Phys. Chem.*, **102**, 4096–4103.
31 Li, S. und El-Shall, M.S. (1999) *Nanostruct. Mater.*, **12**, 215–219.
32 Bueno, P.R., Faria, R.C., Avellaneda, C.O., Leite, E.R. und Bulhoes, L.O.S. (2003) *Solid State Ion.*, **158**, 415–426.
33 Avellaneda, C.O. und Bulhoes, L.O.S. (2003) *J. Solid State Electrochem.*, **7**, 183–186.
34 Ziolo, R.F., Giannelis, E.P., Weinstein, B.A., O'Horo, M.P., Ganguli, B.N., Mehrotra, V., Russell, M.W. und Huffman, D.R. (1992) *Science*, **257**, 219–223.
35 Tepper, T., Ilievski, F. und Ross, C.A. (2003) *J. Appl. Phys.*, **93**, 6948–6950.
36 Gallet, S., Verbiest, T. und Persoons, A. (2003) *Chem. Phys. Lett.*, **378**, 101–104.

10
Elektrische Eigenschaften

10.1
Elektrische Leitfähigkeit nanoskaliger Systeme: Diffusive und ballistische Leitfähigkeit

In diesem Abschnitt ...
In einem konventionellen elektrischen Leiter erfolgt die Stromleitung über einen diffusiven Prozess. Sind die Dimensionen des Leiters kleiner als die freie Weglänge der Elektronen, so ändert sich die Stromleitung hin zu einem ballistischen Prozess, der nicht mehr dem *Ohm*'schen Gesetz folgt. Es kann gezeigt werden, dass diese diffusive Leitung des elektrischen Stromes unabhängig von der Geometrie und dem Material des Leiters ist.

In einem konventionellen elektrischen Leiter existiert eine große Anzahl freier Elektronen, die für den Transport des elektrischen Stromes zur Verfügung stehen. Schließt man eine elektrische Spannung an, so bewegen sich diese freien Elektronen langsam innerhalb des Drahtes. Das ist jedoch eher eine Driftbewegung denn eine gerichtete Strömung. Die unter dem Einfluss einer elektrischen Spannung fließenden Elektronen sind Streuprozessen an Verunreinigungen, Gitterstörungen und Phononen unterworfen. Diese Prozesse führen zu den *Ohm*'schen Verlusten. Die Abb. 10.1 zeigt dies in vereinfachter Weise. Sie stellt einen *Ohm*'schen Leiter, z. B. einen metallischen Draht, dar, der an einer Spannungsquelle angeschlossen ist. Infolge der Streuprozesse bewegen sich die Elektronen auf einer Zick-Zack-Bahn durch den Leiter.

Der konventionelle, diffusive Mechanismus der elektrischen Leitfähigkeit wird vom *Ohm*'schen Gesetz beschrieben

$$V = IR = \frac{I}{G} \quad \text{oder} \quad G = \frac{I}{V} \tag{10.1}$$

In Gl. (10.1) steht die Größe V für die elektrische Spannung, I für den Strom, R ist der Widerstand bzw. $G = \frac{1}{R}$ die elektrische Leitfähigkeit des Leiters. Die elektrische Leitfähigkeit hängt von der Geometrie und dem Material des Leiters ab

$$G = \sigma \frac{l}{a} \tag{10.2}$$

Nanowerkstoffe für Einsteiger, Erste Auflage. Dieter Vollath.

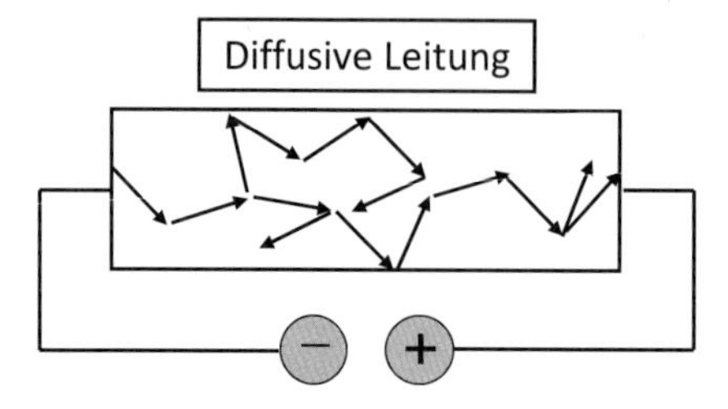

Abb. 10.1 Elektrische Leitung in einem konventionellen metallischen Draht. Schließt man einen solchen Draht an eine elektrische Spannungsquelle an, bewegen sich die Elektronen von einem Ende des Drahtes zu dem nächsten. Infolge der vielen Streuprozesse ist dies eher eine Driftbewegung als eine gerichtete Strömung. Deshalb wird dieser Mechanismus der elektrischen Leitfähigkeit als diffusiv bezeichnet.

wobei σ die spezifische Leitfähigkeit, l die Länge und a die Querschnittsfläche des Leiters ist. Die spezifische Leitfähigkeit ist eine Materialkonstante. Diese ist bei Metallen unabhängig von der angelegten elektrischen Spannung, bei Halbleitern und Isolatoren steigt sie mit der Spannung an.

Elektrische Leiter mit Dimensionen im Nanometer- oder Molekülbereich folgen nicht dem *Ohm*'schen Gesetz. Die in Gl. (10.1) gegebene streng lineare Beziehung ist nicht mehr gültig, es gelten andere nicht *Ohm*'sche Beziehungen zwischen Strom und Spannung. In solchen kleinen Gebilden ist die elektrische Leitfähigkeit durch die freie Weglänge der Elektronen charakterisiert. Diese ist bei den meisten, gut kristallisierten Metallen im Bereich von etwa 50 nm. Immer dann, wenn die Dimensionen des Drahtes kleiner sind als die freie Weglänge der Elektronen, wechselt der Leitfähigkeitsmechanismus von der diffusiven zur ballistischen elektrischen Leitfähigkeit. Bei dem ballistischen Leitungsmechanismus wird keine Streuung der Elektronen an Gitterfehlstellen beobachtet. Daher wäre klassisch eine verlustfreie elektrische Leitung, also ein verschwindender Widerstand, zu erwarten. Die dennoch beobachteten elektrischen Verluste sind auf quantenmechanische Effekte zurückzuführen. Das Grundprinzip der ballistischen elektrischen Leitfähigkeit ist in Abb. 10.2 dargestellt.

Die mathematische Beschreibung der ballistischen Leitfähigkeit geht ebenfalls von Gl. (10.1) aus, man berücksichtigt jedoch den Transport durch Elektronen. Um in einem Zeitintervall Δt die Ladung $Q = I\Delta t$ zu transportieren, benötigt man $N = \frac{Q}{e}$ Elektronen mit der Ladung e. Das Zeitintervall Δt wird aus der Länge l des Drahtes und der Geschwindigkeit der Elektronen v_e abgeschätzt zu

$$\Delta t = \frac{l}{v_e} \tag{10.3}$$

Setzt man diese Beziehungen in Gl. (10.1) ein, so erhält man

$$G = \frac{I}{V} = \frac{Q}{\Delta t V} = \frac{N e v_e}{V l} \tag{10.4}$$

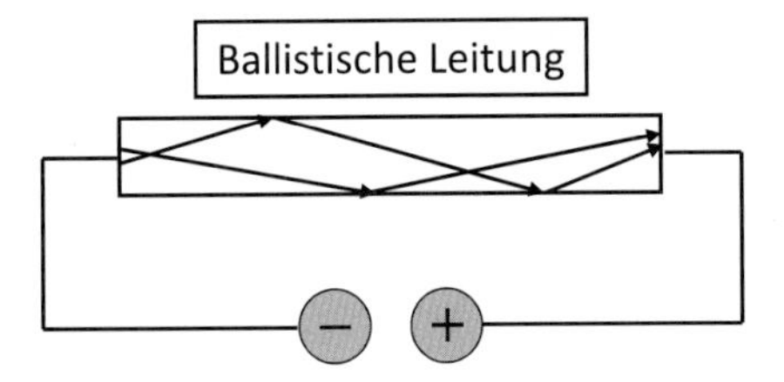

Abb. 10.2 Prinzip der ballistischen elektrischen Leitfähigkeit, die bei Dimensionen, die kleiner als die freie Weglänge der Elektronen[1] sind, beobachtet wird. Dieser nicht *Ohm*'sche Leitungsmechanismus zeichnet sich durch das Fehlen der Elektronenstreuung an Fehlstellen aus.

Unter dem Einfluss der Spannung V erhalten die Elektronen die Energie $E = eV$. Diese Energie kann mithilfe der *Planck*'schen Gleichung $E = \frac{h\nu_e}{\lambda}$ ausgedrückt werden als

$$E = \frac{h\nu_e}{\lambda} = eV \Rightarrow V = \frac{h\nu_e}{e\lambda} \tag{10.5}$$

Die Größe h ist das *Planck*'sche Wirkungsquantum. Die Wellenlänge λ der Elektronenwellen im Draht ist mit der Länge des Drahtes naturgemäß verbunden durch $\lambda = \frac{l}{n}$, wobei $n \in \mathbb{N}$ die Nummer des Elektronenmodes ist. Setzt man diese Größen in Gl. (10.4) ein, so erhält man

$$G = \frac{Ne\nu_e}{Vl} = \frac{Ne^2\nu_e}{El} = \frac{Ne^2}{h}\frac{\lambda}{l} = \frac{Ne^2}{h}\frac{1}{n} \tag{10.6}$$

Wegen der beiden möglichen Spinrichtungen ist $N = 2n$. Unterstellt man zunächst nur einen aktiven Elektronenmode, so erhält man für die elektrische Leitfähigkeit im Falle der ballistischen Leitung die außerordentlich wichtige Beziehung

$$G = \frac{2e^2}{h} \tag{10.7}$$

Gleichung (10.7) ist insofern bemerkenswert, als sie nur Naturkonstanten und keine Größen, die sich auf die Geometrie und das Material des Drahtes beziehen, enthält. Die Größe $G = G_0 = \frac{2e^2}{h} = 7{,}72 \times 10^{-5}$ S ist demnach eine Naturkonstante, das Leitfähigkeitsquantum. Der Kehrwert dieser Größe $R_0 = \frac{1}{G_0} = 26\,\text{k}\Omega$, das Widerstandsquantum, wird nach ihrem Entdecker *von Klitzing*-Konstante genannt.

Nimmt man in einem Draht m, $m \in \mathbb{N}$ aktive Moden an, so ist dessen elektrische Leitfähigkeit gegeben durch

$$G = m\frac{2e^2}{h} = mG_0 \tag{10.8}$$

Auch diese Gleichung ist fundamental. Sie besagt, dass, im Falle der ballistischen elektrischen Leitung, die Leitfähigkeit nur in Stufen von G_0 zunehmen kann. Diese

1) Bei Metallen circa 50 nm.

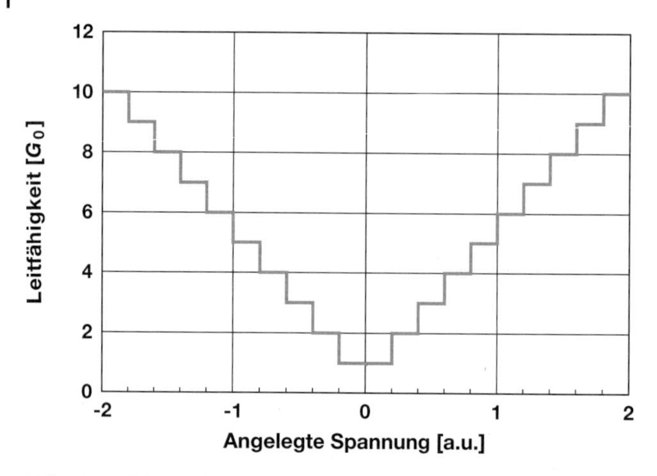

Abb. 10.3 Abhängigkeit der elektrischen Leitfähigkeit eines ballistischen elektrischen Leiters von der angelegten Spannung bei Temperaturen nahe 0 K. Man erkennt, dass die Leitfähigkeit in Stufen von G_0 zunimmt.

Stufen sind bei niedrigen Temperaturen, bei denen die thermische Energie kleiner ist als die Energiedifferenz zwischen den einzelnen Moden, experimentell verifizierbar. Bei Graphen sind diese Stufen in der elektrischen Leitfähigkeit auch bei Raumtemperatur nachweisbar.

Die Gln. (10.7) und (10.8) sagen aus, dass die ballistische elektrische Leitfähigkeit unabhängig vom Material und der Geometrie des Leiters ist.[2] Die ballistische Leitfähigkeit hängt aber von der angelegten Spannung ab. Je höher diese ist, umso mehr Moden (siehe Gl. (10.8)) können angeregt werden, d. h., umso höher wird die elektrische Leitfähigkeit. Jede angeregte Mode erhöht die Leitfähigkeit um genau den gleichen Betrag G_0. Bei hinreichend niedrigen Temperaturen steigt die elektrische Leitfähigkeit in Stufen, abhängig von der angelegten Spannung. Dieser Sachverhalt ist in Abb. 10.3 dargestellt.

Eine Zusammenfassung über die Eigenschaften und den exakten theoretischen Hintergrund der ballistischen elektrischen Leitfähigkeit ist in einer Übersichtsarbeit von Datta [1] zu finden.

Wichtig zu wissen

Während die konventionelle, diffusive elektrische Leitfähigkeit von der Geometrie und dem Material des Leiters abhängt, zeigen nanoskalige Drähte diese Abhängigkeit nicht, wenn die Stromleitung dem ballistischen Mechanismus folgt. Ballistische Stromleitung wird beobachtet, wenn die Dimensionen des Leiters kleiner sind als die freie Weglänge der Elektronen. Insofern kommt eine Materialabhängigkeit ins Spiel, da die freie Weglänge der Elektronen doch vom Werkstoff abhängt. Die Leitfähigkeit eines ballistischen Leiters ist spannungsabhängig, sie steigt in definierten Stufen (Kehrwert der *von Klitzing*-Konstante) mit der Spannung an.

2) Diese sehr allgemeine Aussage muss jedoch dahingehend eingeschränkt werden, dass die freie Weglänge der Elektronen selbstverständlich materialabhängig ist. Das schränkt aber nur den Bereich der ballistischen Leitfähigkeit ein, nicht aber deren Gesetze.

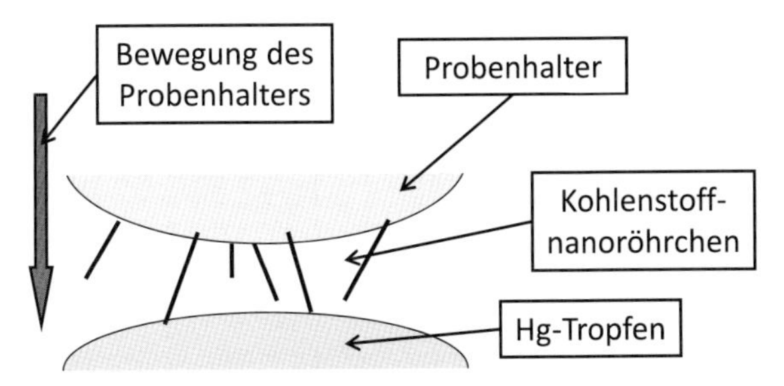

Abb. 10.4 Experimentelle Anordnung zur Messung des elektrischen Widerstandes von Kohlenstoff-Nanoröhrchen [2]. Bei diesem Experiment wird ein Bündel von Nanoröhrchen verschiedener Länge und Orientierung auf einem Probenhalter befestigt und langsam in Richtung eines Quecksilbertropfens abgesenkt. Während dieser Bewegung wurde die elektrische Leitfähigkeit kontinuierlich gemessen. Dieses Experiment liefert Informationen über den Widerstand verschiedener Nanoröhrchen in Abhängigkeit von der Länge.

10.2 Experimentelle Befunde zur Leitung des elektrischen Stromes in nanoskaligen Systemen

In diesem Abschnitt ...
Die experimentellen Ergebnisse an Kohlenstoff-Nanoröhrchen bestätigen die Vorhersagen, dass der elektrische Widerstand unabhängig von der Länge des Leiters ist und ein ganzzahliges Vielfaches des Widerstandsquantums (*von Klitzing-Konstante*) ist. Darüber hinaus zeigen die Experimente, dass die Stromtragfähigkeit nanoskaliger Leiter um mehrere Größenordnungen größer ist als die konventioneller Leiter. Auch keramische Fäden, die mit einer elektrisch leitfähigen organischen Verbindung beschichtet sind, zeigen diese hohe Stromtragfähigkeit.

Ein interessantes Experiment, das die Eigenschaften ballistischer elektrischer Leiter demonstriert, ist in Abb. 10.4 dargestellt. Für dieses Experiment wurden einige Kohlenstoff-Nanoröhrchen an der Spitze eines Probenhalters befestigt. Diese Nanoröhrchen hatten verschiedene Längen und Orientierungen. Dieser Probenhalter wurde langsam in Richtung eines Quecksilbertropfens abgesenkt. Während dieses Vorganges wurde die elektrische Leitfähigkeit gemessen.

Wenn das erste Nanoröhrchen die Oberfläche des Quecksilbers berührt, beginnt der elektrische Strom zu fließen; das ermöglicht es, den Widerstand zu messen. Bei weiterem Absenken erhält man Informationen über den Einfluss der Probenlänge auf den Widerstand sowie über den Widerstand weiterer Nanoröhrchen. Die Ergebnisse dieser Messungen sind in Abb. 10.5 zusammengefasst. In diesem Graphen ist die elektrische Leitfähigkeit der gesamten Anordnung als Funktion der Eintauchtiefe dargestellt. Da bei diesen Messungen der elektrische Strom extrem klein ist (circa 10^{-5} A), ist die Streuung der Messwerte entsprechend groß. Daher sind in dieser Grafik neben den Mittelwerten der Messwerte auch die Streubereiche eingezeichnet.

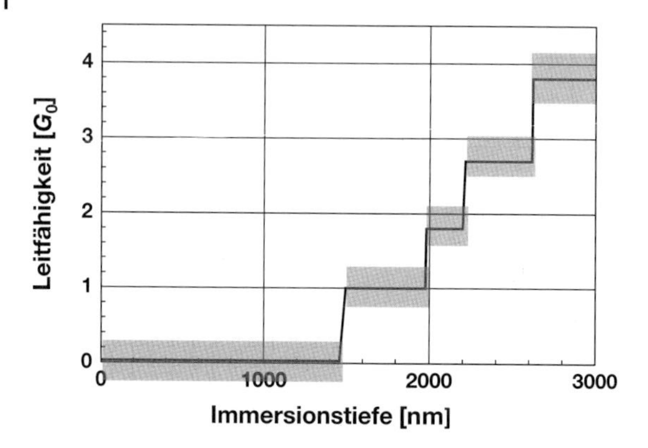

Abb. 10.5 Experimentell bestimmte elektrische Leitfähigkeit, gemessen in einer Anordnung gemäß Abb. 10.4 [2]. Diese Messungen wurden bei einer Spannung von 0,1 V durchgeführt. Wegen des geringen Stromes, der im Bereich von 10^{-5} A lag, wurden die Messwerte durch ihre Mittelwerte und die dazugehörigen Streubereiche charakterisiert. Sieht man von Schwankungen ab, die auf verschiedene Kontaktwiderstände zurückzuführen sind, erkennt man, dass die Leitfähigkeit von der Eintauchtiefe (Probenlänge) unabhängig und bei den einzelnen Röhrchen gleich ist.

Die in Abb. 10.5 dargestellten experimentellen Ergebnisse lassen sehr weitgehende Schlüsse zu: Zunächst wird der Probenhalter 1400 nm abgesenkt, bis das erste Nanoröhrchen den Quecksilbertropfen berührt. In diesen Moment steigt die elektrische Leitfähigkeit von null auf den Wert G_0 an und bleibt so lange konstant, bis ein zweites Nanoröhrchen in das Quecksilber eintaucht. In diesem Moment steigt die Leitfähigkeit ein weiteres Mal genau um den Wert G_0 an und ist wieder von der weiteren Eintauchtiefe, d. h. von der Länge des Leiters, unabhängig. Dieser Befund wiederholt sich beim Eintauchen jedes weiteren Röhrchens. Daraus folgt: Die elektrische Leitfähigkeit dieser Nanoröhrchen kann nur den Wert G_0 annehmen und ist von der Länge des Röhrchens, also der Geometrie des Systems unabhängig. Das ist genau der Befund, der von Gl. (10.7), dem Grundgesetz der ballistischen elektrischen Leitfähigkeit, gefordert wird.

Nimmt man für die Kohlenstoff-Nanoröhrchen in dem Experiment nach Abb. 10.4 einen Durchmesser von maximal 1,5 nm und einen Strom im Bereich von 10^{-5} A an, so lag bei diesen Experimenten eine Stromdichte von $5{,}7 \times 10^{12}\,\mathrm{A\,m^{-2}} = 5{,}7 \times 10^{6}\,\mathrm{A\,mm^{-2}}$ vor. Bezogen auf makroskopische Drähte ist dies eine ungeheuer hohe Stromdichte. Als Vergleich sei angeführt, dass ein technisch verwendeter Kupferdraht bereits bei einer Stromdichte von $2 \times 10^{8}\,\mathrm{A\,m^{-2}} = 2 \times 10^{2}\,\mathrm{A\,mm^{-2}}$ explodiert.[3] Müsste man die Experimente mit Nanodrähten bei den geringen Stromdichten ausführen, die in der makroskopischen Technik üblich sind, so wären die zur Verfügung stehenden Ströme (circa 10^{-10} A) so gering, dass verlässliche Messungen praktisch unmöglich wären. Diese große Stromtragfähigkeit ist nicht auf Kohlenstoff-Nanoröhrchen beschränkt.

3) Technisch angewandt wird bei Kupfer eine Stromdichte von maximal $10\,\mathrm{A\,mm^{-2}}$.

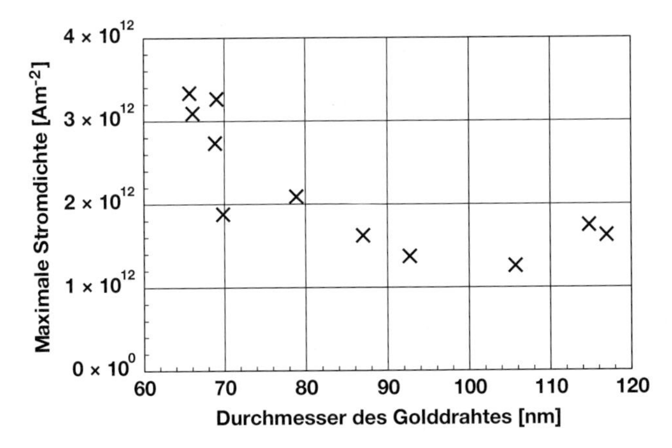

Abb. 10.6 Stromdichte von Goldnanodrähten, die zur Zerstörung führt [3]. Diese Messungen wurden bei Raumtemperatur durchgeführt. Es ist wesentlich darauf hinzuweisen, dass die zur Zerstörung notwendige Stromdichte mit abnehmendem Drahtdurchmesser zunimmt.

Es ist ein Phänomen, das bei allen Nanosystemen beobachtet wird. Als Beispiel dafür zeigt die Abb. 10.6 die Stromdichte von Gold-Nanodrähten, die zur Zerstörung führt, als Funktion der Drahtstärke. Für diese Experimente wurden Drähte in einem Durchmesserbereich zwischen 65 bis 120 nm verwendet.

Diese hohen Stromdichten werden nicht nur bei metallischen Nanodrähten oder Kohlenstoff-Nanoröhrchen beobachtet, sondern auch bei organischen elektrischen Leitern mit entsprechend geringen Dimensionen. Die Abb. 10.7 zeigt den Strom, der durch einen Imogolitfaden[4], (siehe auch Kapitel 4), der mit Polypyrrol[5] beschichtet ist, als Funktion der angelegten elektrischen Spannung.

Der Abb. 10.7 ist zu entnehmen, dass ein polypyrrolbeschichteter Imogolitfaden bei einer Spannung von 0,1 V einen Strom von etwa 10^{-7} A tragen kann, ohne dabei zerstört zu werden. Das entspricht einer Stromdichte im Bereich von 10^{10} A m^{-2}. Ein makroskopischer Draht würde, wie es schon weiter oben angemerkt wurde, bei einer solchen Stromdichte sofort zerstört werden. Selbst wenn der Widerstand des untersuchten Drahtstückes im Bereich von 10^5 Ω liegt, so sind solche beschichtete keramische Fasern für manche technische Anwendungen vielversprechend.

Wichtig zu wissen

Die Theorie der ballistischen elektrischen Leitung sagt voraus, dass der elektrische Widerstand unabhängig von der Länge des Leiters ist und ein ganzzahliges Vielfaches des Kehrwertes des Widerstandsquantums (*von Klitzing*-Konstante) ist. Diese Voraussagen wurden experimentell bestätigt. Darüber hinaus zeigen die Experimente, dass nanoskalige elektrische Leiter eine um mindestens vier Größenordnungen größere Stromtragfähigkeit haben als konventionelle Drähte. Diese hohe Stromtragfähigkeit

4) Imogolit ist ein Silicat, das eindimensional kristallisiert [4].
5) Eine elektrisch leitfähige organische Verbindung.

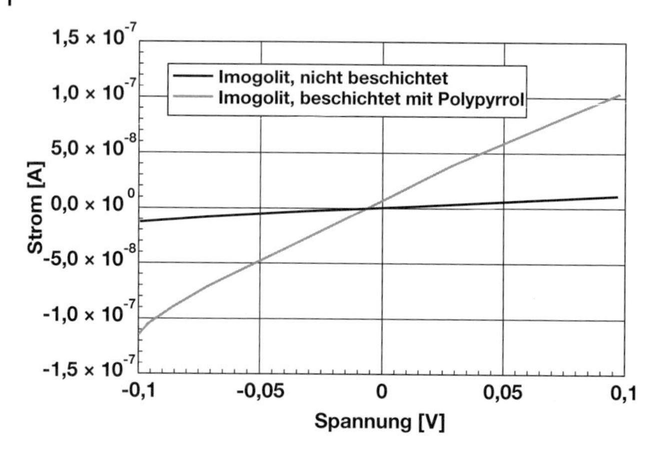

Abb. 10.7 Erhöhung der elektrischen Leitfähigkeit von Imogolit durch Beschichtung mit Polypyrrol [5].

wird auch bei keramischen Fasern gefunden, die mit einem elektrisch leitfähigen Polymer beschichtet sind.

10.3
Kohlenstoff-Nanoröhrchen und Graphen

In diesem Abschnitt ...
Die experimentellen Ergebnisse zeigen, dass einwandige und mehrwandige Kohlenstoff-Nanoröhrchen eine unterschiedliche Gesetzmäßigkeit im Hinblick auf die Strom-Spannungs-Charakteristik der elektrischen Leitfähigkeit aufweisen. Unter Verwendung eines einzigen einwandigen Kohlenstoff-Nanoröhrchen ist es möglich, einen Feldeffekttransistor aufzubauen. Wegen der großen Stromtragfähigkeit von Nanodrähten wären solche Bauelemente technisch durchaus verwendbar.

Wie bereits in Kapitel 5 erläutert wurde, hängen die physikalischen Eigenschaften, insbesondere die in diesem Kapitel interessierenden elektrischen Eigenschaften, von Kohlenstoff-Nanoröhrchen von den Komponenten des Chiralitätsvektors ab. So lange deren Länge begrenzt ist, also kürzer als die freie Weglänge der Elektronen ist, zeigen Kohlenstoff-Nanoröhrchen ballistische elektrische Leitfähigkeit. Die Relationen zwischen Strom und Spannung sind für einwandige und mehrwandige Kohlenstoff-Nanoröhrchen deutlich verschieden. Es ist interessant darauf hinzuweisen, dass die Strom-Spannungs-Charakteristik einzelner Graphenschichten gleich der von mehrwandigen Nanoröhrchen ist.

Die Abb. 10.8 zeigt die Abhängigkeit des elektrischen Stromes von der angelegten Spannung für einwandige Nanoröhrchen. Man findet experimentell, dass die Leitfähigkeit bis zu einer Spannung von ±0,1 V konstant ist und dann

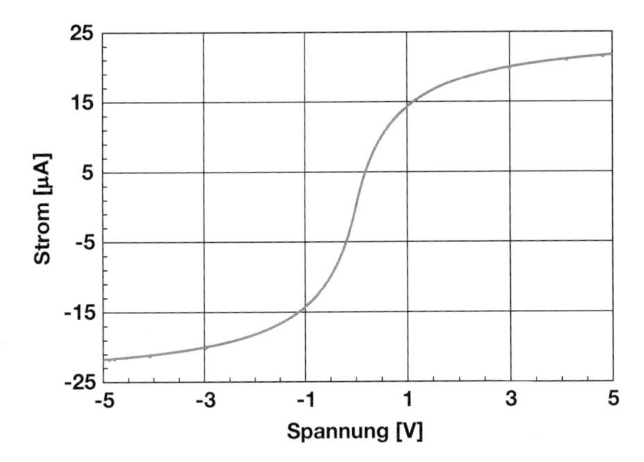

Abb. 10.8 Experimentell ermittelte Strom-Spannungs-Charakteristik eines einwandigen Kohlenstoff-Nanoröhrchen [6]. Man erkennt, dass der Strom einem Sättigungswert zustrebt.

abnimmt, sodass der Strom einem Sättigungswert zustrebt [6]. Dieser Sättigungswert ist für alle Nanoröhrchen, unabhängig von deren Länge, gleich; er liegt bei $I_0 = 25\,\mu\text{A}$. Ein Wert in dieser Größe ist auch von der Theorie vorhergesagt. Unter Berücksichtigung der Geometrie führt dieser Sättigungsstrom zu einer maximalen Stromdichte in einem solchen einwandigen Röhrchen von $10^{13}\,\text{A}\,\text{m}^{-2}$ $(= 10^7\,\text{A}\,\text{mm}^{-2})$. Der theoretisch zu erwartende stufenweise Verlauf wird bei Raumtemperatur wegen der thermischen Anregung nicht beobachtet.

Der elektrische Widerstand eines einwandigen Nanoröhrchens lässt sich aus den in Abb. 10.8 dargestellten Ergebnissen durch die Gleichungen

$$\begin{aligned} R &= R_0 & |V| &\leq 0{,}1\,\text{V} \\ R &= R_0 + \frac{|V|}{I_0} & |V| &> 0{,}1\,\text{V} \end{aligned} \tag{10.9}$$

ausdrücken. In dieser Gleichung sind R_0 und I_0 Anpassungsparameter. Wenn keine Kontaktwiderstände vorliegen, entspricht R_0 dem Widerstandsquantum. Die Gl. (10.9) haben bei größeren Spannungen eine interessante Konsequenz: Für hohe Spannungen geht die elektrische Leitfähigkeit, der Kehrwert des Widerstandes, gegen null

$$G = \frac{I}{V} = \frac{1}{R_0 + \frac{|V|}{I_0}} \Rightarrow \lim_{|V| \to \infty} G = 0 \tag{10.10}$$

Diese Verhältnisse sind für die in Abb. 10.8 dargestellten experimentellen Daten in Abb. 10.9 grafisch dargestellt. In dieser Abbildung erkennt man den konstanten Wert der Leitfähigkeit bei kleinen Spannungen sowie deren Abnahme gegen null bei zunehmender Spannung. Die Aussage, die Gl. (10.10) sowie die Abb. 10.9 beinhalten, ist, dass bei einwandigen Kohlenstoff-Nanoröhrchen nur eine begrenzte Anzahl von freien Elektronen für den Stromtransport zur Verfügung steht. Eine weitergehende physikalische Deutung des Grenzwertes ist sicher unzulässig.

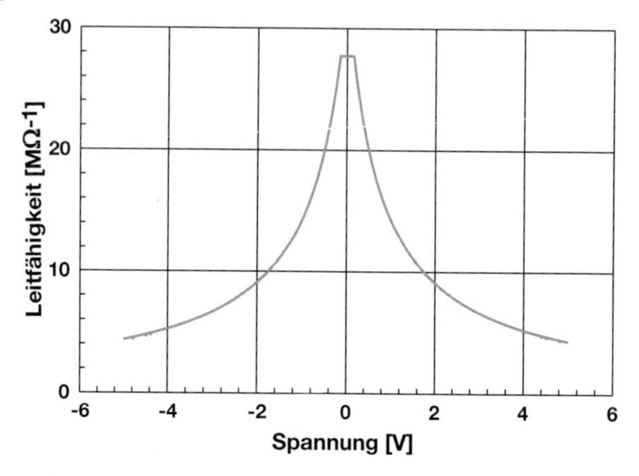

Abb. 10.9 Abhängigkeit der elektrischen Leitfähigkeit einwandiger Kohlenstoff-Nanoröhrchen von der angelegten Spannung. Für diese Abbildung wurden die in Abb. 10.8 dargestellten experimentellen Daten verwendet [6]. Man erkennt den konstanten Wert im Bereich der kleinen Spannungen sowie die Abnahme der Leitfähigkeit, die für hohe Spannungen gegen null geht, bei hohen Spannungen.

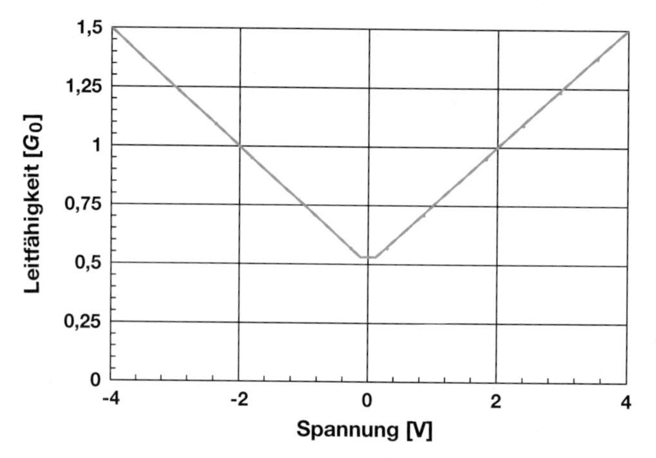

Abb. 10.10 Experimentell bestimmte elektrische Leitfähigkeit eines mehrwandigen Kohlenstoff-Nanoröhrchens. Die Abbildung zeigt die Abhängigkeit der elektrischen Leitfähigkeit von der angelegten Spannung [2] Unterhalb von ±0,1 V ist die Leitfähigkeit konstant, bei höheren Spannungen steigt diese linear an. Wegen der unvermeidlichen Kontaktwiderstände ist das Minimum der Leitfähigkeit kleiner als 1 G_0.

Bei mehrwandigen Kohlenstoff-Nanoröhrchen [2] sowie einlagigem Graphen [7] beobachtet man andere Abhängigkeiten zwischen Strom und Spannung. Ein typisches Beispiel für einen solchen Strom-Spannungs-Verlauf ist in Abb. 10.10 dargestellt.

Der Verlauf der Leitfähigkeit, der in Abb. 10.10 dargestellt ist, zeigt einige Besonderheiten: Zunächst erkennt man eine konstante elektrische Leitfähigkeit im Bereich kleiner Spannungen bis etwa ±0,1 V. Bei höheren Spannungen nimmt

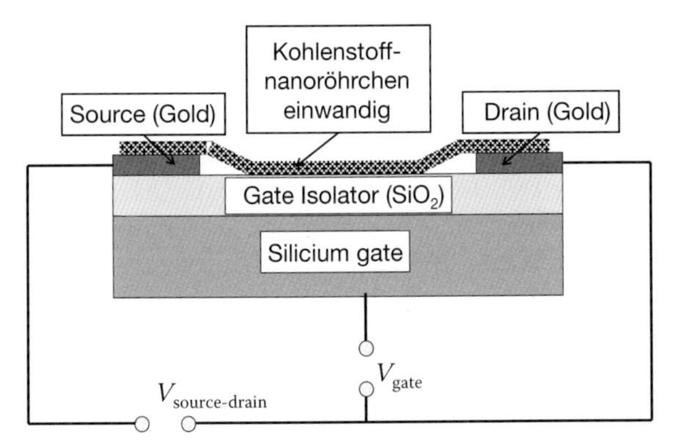

Abb. 10.11 Feldeffekttransistor bestehend aus nur einem Kohlenstoff-Nanoröhrchen [8]. Das Nanoröhrchen, das die source- und drain-Elektroden verbindet liegt, durch eine isolierende SiO_2-Schicht getrennt, auf einem Siliciumsubstrat, das gleichzeitig gate ist. Auf der Basis dieser Entwicklung war es möglich, einen kompletten logischen Schaltkreis unter Benutzung eines einzigen Nanoröhrchen aufzubauen.

die Leitfähigkeit linear mit der angelegten Spannung zu. Die stufenweise Zunahme der Leitfähigkeit, wie man sie aufgrund der Gl. (10.8) erwarten würde, ist nur in der Nähe von 0 K, nicht aber bei Raumtemperatur zu beobachten. Mathematisch kann man den in Abb. 10.10 gezeigten Verlauf der Leitfähigkeit durch die Gleichungen

$$
\begin{aligned}
G &= G_0 \quad |V| \leq 0{,}1\,\mathrm{V} \\
G &= G_0(\alpha + \beta|V|) \quad |V| > 0{,}1\,\mathrm{V}
\end{aligned}
\tag{10.11}
$$

beschreiben. Die Größen α und β hängen individuell von den einzelnen Proben ab. Man findet Werte zwischen 0,25 und 1,0. Für die in Abb. 10.10 dargestellten experimentellen Daten wurden für die Anpassungsparameter die Werte $\alpha = 0{,}5$ und $\beta = 0{,}25\,\mathrm{V}^{-1}$ ermittelt. Die Gl. (10.11) sind naturgemäß nur für einen begrenzten Bereich von Spannungen gültig, da ja die Leitfähigkeit bei hohen Spannungen ganz sicher nicht divergiert. Es ist interessant darauf hinzuweisen, dass die Gl. (10.11) auch für Gold-Nanodrähte gültig sind.

Die potenziellen Anwendungen von Kohlenstoff-Nanoröhrchen sind vielfältig. Besonders interessant ist die Tatsache, dass es möglich ist, mit nur einem Nanoröhrchen einen voll funktionsfähigen Feldeffekttransistor (FET) aufzubauen. Die Abb. 10.11 zeigt schematisch einen solchen Aufbau, bei dem ein Siliciumsubstrat gleichzeitig als gate fungiert. Das Substrat ist mit SiO_2 als Isolator beschichtet. Auf dieser Schicht befinden sich die source- und drain-Elektroden. Auf dem Isolator, die beiden Elektroden verbindend, liegt ein einwandiges Kohlenstoff-Nanoröhrchen [8]. Diese Vorrichtung ist in Abb. 10.11 dargestellt. Der Wert dieser ersten, im Grunde sehr einfachen Anordnung, kann nicht überschätzt werden, war diese doch der Startschuss für eine stürmische wissenschaftliche Entwicklung, die bis zum Aufbau eines logischen Schaltkreises, bestehend aus nur einem Kohlenstoff-Nanoröhrchen, geführt hat.

Ergänzung 10.1: Wirkungsweise von MOSFET-Transistoren

Streng genommen ist der in Abb. 10.11 dargestellte Transistor ein MOSFET-Transistor.[6] Der Aufbau eines konventionellen MOSFET-Transistors ist in Abb. 10.12 dargestellt. Ein solcher Transistor besteht im Wesentlichen aus einem z. B. p-dotierten Siliciumsubstrat[7], auf dem sich in einem Abstand zwei n-dotierte Bereiche[8] befinden, die elektrische Kontakte für den source- und den drain-Anschluss tragen. Zwischen diesen beiden Bereichen befindet sich, durch eine isolierende Oxidschicht getrennt, der gate-Kontakt.

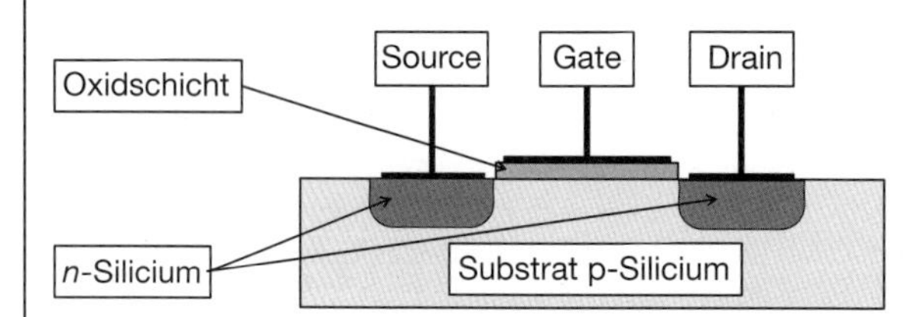

Abb. 10.12 Prinzipieller Aufbau eines MOSFET-Transistors. Auf einem, z. B. p-leitenden Substrat befinden sich zwei n-leitende Inseln, die die elektrischen Anschlüsse für source und drain tragen. Dazwischen ist ein durch eine isolierende Oxidschicht separierter Anschluss für den gate-Kontakt.

Solange an dem gate-Kontakt keine Spannung angelegt ist, kann, unabhängig von der Polung, zwischen source und drain kein Strom fließen, da die Übergänge von source bzw. drain zwei entgegengerichteten Dioden (p-n-Übergänge) entsprechen. Legt man an den gate-Kontakt ein positives Potenzial an, so werden die positiven Ladungsträger unterhalb dieses Kontaktes verdrängt. Dadurch wird ein Stromfluss, getragen von Elektronen zwischen der source- und der gate-Elektrode, möglich.

Man kann nun die berechtigte Frage stellen, ob eine so einfache Vorrichtung, wie sie in Abb. 10.11 skizziert ist, auch einen hinreichend hohen Strom schalten und transportieren kann, um auch anwendbar zu sein. Selbst diese Bedingung wird, wie man aus dem in Abb. 10.13 gezeigten Kennlinienfeld entnehmen kann, erfüllt. Dieser Abbildung kann man entnehmen, dass selbst bei den ersten, richtungsweisenden Experimenten bereits Ströme von einigen Zehn Nanoampere gemessen wurden, die für einige technische Anwendungen durchaus ausreichend sind. Spätere Entwicklungen, die auf diesen Ergebnissen aufbauen, führten zu höheren Strömen.

Die Konstruktion eines Transistors in Anlehnung an Abb. 10.11 ist noch lange nicht konkurrenzfähig mit modernen, hochintegrierten Schaltkreisen auf Silici-

6) Metal-Oxide-Semiconductor-Field-Effect-Transistor
7) p-Dotiertes Silicium leitet mit positiv geladenen Löchern, auch h-Leiter genannt.
8) n-Dotiertes Silicium leitet mit negativ geladenen Elektronen, auch n-Leiter genannt.

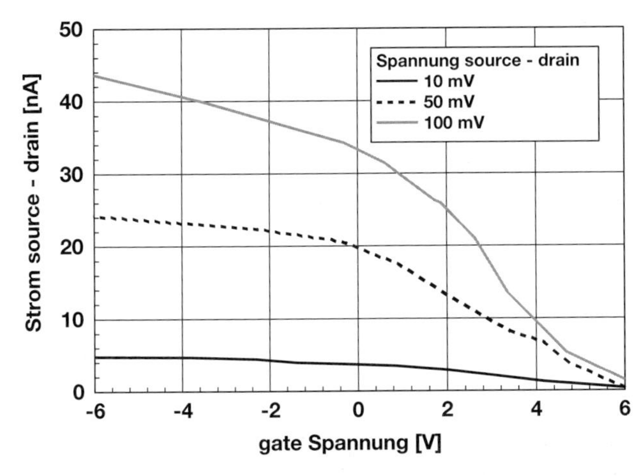

Abb. 10.13 Kennlinienfeld eines Feldeffekttransistors aufgebaut gemäß Abb. 10.11, bestehend aus einem einwandigen Kohlenstoff-Nanoröhrchen [8]. Die Ströme von einigen Zehn Nanoampere sind für eine technische Anwendung hinreichend hoch. In der Zwischenzeit wurde über Experimente berichtet, bei denen deutlich höhere Ströme gemessen wurden; die in dieser Abbildung gezeigten Werte beziehen sich auf die ersten, richtungsweisenden Experimente.

umbasis. Diese Experimente zeigen aber auf, welche grundsätzlichen Möglichkeiten bei der Anwendung von Kohlenstoff-Nanoröhrchen in der Elektronik bestehen. Auch auf der Basis von Graphen wurden bereits Feldeffekt-Vorrichtungen aufgebaut und experimentell analysiert. Auch diese Entwicklung ist vielversprechend, da sich die Verwendung der zweidimensionalen Strukturen des Graphen grundsätzlich für den Einsatz in integrierten Schaltkreisen eignet [9].

Wichtig zu wissen

Ein- und mehrwandige Kohlenstoff-Nanoröhrchen zeigen, bei Gültigkeit der Gesetze der ballistischen Stromleitung, eine unterschiedliche Strom-Spannungs-Charakteristik. Es ist interessant darauf hinzuweisen, dass Graphen eine ähnliche Leitfähigkeitscharakteristik wie ein mehrwandiges Kohlenstoff-Nanoröhrchen besitzt. Mit nur einem einzigen einwandigen Kohlenstoff-Nanoröhrchen ist es möglich, einen Feldeffekttransistor aufzubauen. Wegen der hohen Stromtragfähigkeit dieser Nanoröhrchen können mithilfe eines solchen Transistors Spannungen im Bereich bis zu ± 6 V mit Strömen bis zu 50 nA gesteuert werden. Diese Ströme wären für eine technische Anwendung durchaus brauchbar.

10.4
Weitere eindimensionale elektrische Leiter

In diesem Abschnitt ...
Die in den vorhergehenden Kapiteln demonstrierten Mechanismen sind allgemeingültig. Experimentelle Ergebnisse an Bornitrid und DNA-Molekülen bestätigen diese Aussagen.

Wie bereits im Kapitel 5 erläutert wurde, ist Bornitrid, BN, isostrukturell mit Graphit. Deshalb ist es auch möglich, Analoga zu Graphen, Fullerenen und Nanoröhrchen herzustellen. Bei all diesen Ähnlichkeiten muss man aber beachten, dass Bornitrid keine nicht lokalisierten Elektronen besitzt. Daher ist Bornitrid im Gegensatz zu Graphit weiß und nicht schwarz, ein Isolator und kein elektrischer Leiter. Die Abb. 10.14 zeigt eine typische Strom-Spannungs-Charakteristik eines zweiwandigen Bornitridnanoröhrchens [10]. Dieser Graph zeigt, dass Bornitrid genau genommen kein Isolator, sondern ein Halbleiter mit großer Bandlücke ist. In dem in Abb. 10.14 dargestellten Beispiel setzt bei einer Spannung von ±21 V elektrische Leitung ein. Bis zu dieser Spannung fließt kein Strom, dann setzt die elektrische Leitung plötzlich ein. Bei höheren Spannungen findet man eine Charakteristik, die der von mehrwandigen Kohlenstoff-Nanoröhrchen sehr ähnlich ist. Die Schwelle, bei die elektrische Leitung von Bornitrid-Nanoröhrchen einsetzt, hängt stark individuell vom einzelnen Objekt ab, es wurden Spannungen im Bereich zwischen 15–23 V ermittelt.

Der ballistische elektrische Leitfähigkeitsmechanismus hängt nur von der Größe (freie Weglänge der Elektronen) des Leiters, nicht aber vom Material ab. Dieser Leitfähigkeitsmechanismus ist also nicht beschränkt auf Metalle oder Halbleiter.

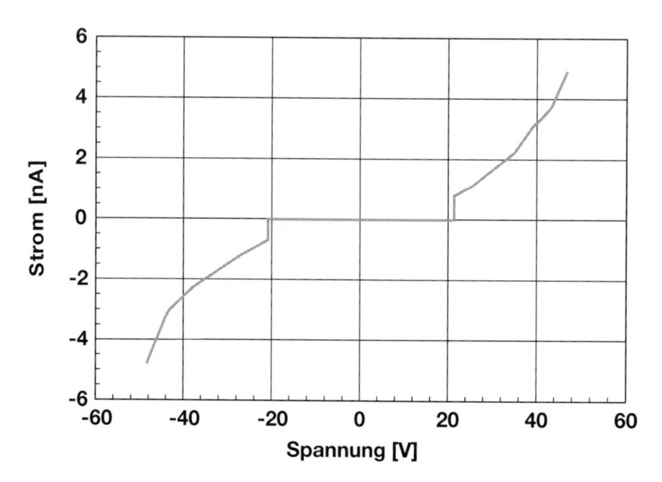

Abb. 10.14 Strom-Spannungs-Charakteristik eines zweiwandigen Bornitrid-Nanoröhrchens [10]. Mit Ausnahme des Schwellwertes bei 21 V entspricht dieser Kurvenverlauf dem bei mehrwandigen Kohlenstoff-Nanoröhrchen.

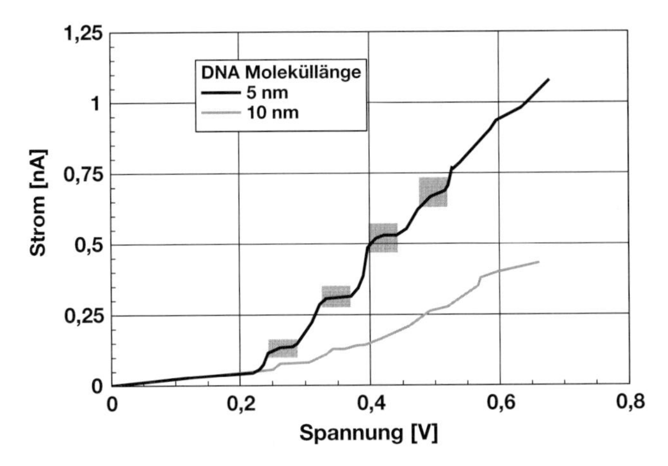

Abb. 10.15 Strom-Spannungs-Charakteristik von DNA-Molekülen unterschiedlicher Länge [11]. Diese experimentellen Daten wurden bei Raumtemperatur gemessen; es ist daher etwas erstaunlich, wie gut man die Stufen aufgrund des quantisierten Charakters des ballistischen Leitfähigkeitsmechanismus (siehe Gl. (10.8)) in der elektrischen Leitfähigkeit sieht. Bei dem längeren Molekül ist diese Eigenheit kaum mehr zu erkennen.

Ein typisches Beispiel für einen völlig anderen Leiter ist in Abb. 10.15 dargestellt. Diese Abbildung zeigt die bei Raumtemperatur gemessene Strom-Spannungs-Charakteristik zweier DNA-Moleküle unterschiedlicher Länge.

Der in Abb. 10.15 dargestellte Strom-Spannungs-Verlauf zeigt bei dem kürzeren DNA- Molekül ganz deutlich die Stufen, die man bei dem ballistischen Leitfähigkeitsmechanismus auch erwartet. Wegen der geringen Ströme zeigten die Messwerte starke Streuungen, daher wurden bei dem kürzeren Molekül die Streubereiche eingezeichnet, um die für den ballistischen Mechanismus typischen Stufen in der elektrischen Leitfähigkeit besser sichtbar zu machen. Bei dem längeren Molekül sind diese Stufen kaum zu sehen – oder sie treten gar nicht mehr auf –, daher wurde bei diesen Daten auf das Einzeichnen der Streubereiche verzichtet.

Wichtig zu wissen

Wie viele Experimente zeigen, gelten die Regeln der ballistischen Leitung des elektrischen Stromes generell, jedoch nur so lange, als die Randbedingungen dieser Beschreibung eingehalten werden. So ist z. B. bei kurzen DNA-Molekülen der ballistische Mechanismus nachweisbar. Werden diese Moleküle jedoch länger, ist ein zumindest teilweiser Übergang zu einem diffusiven Mechanismus beobachtbar.

10.5
Elektrische Leitfähigkeit von Nanokompositen

In diesem Abschnitt ...
Elektrisch leitfähige Nanokomposite mit einem Polymer als Matrix, gefüllt mit elektrisch leitfähigen ein- oder zweidimensionalen Nanoteilchen, können als potenziell druckbare, den elektrischen Strom leitende Materialien große wirtschaftliche Bedeutung erlangen. Die Eigenschaften dieser Komposite werden mithilfe der Perkolationstheorie sehr gut beschrieben. Die Perkolationstheorie wurde ursprünglich für die Diffusion von Gasen in offenen Porennetzwerken entwickelt.

Neben einer potenziellen Verwendung als neuartige elektronische Bauelemente können ein- und zweidimensionale elektrische Leiter auch als Füller für Polymere verwendet werden. Dort verbessern diese nicht nur die mechanischen Eigenschaften (siehe Kapitel 11), sondern ermöglichen auch die Herstellung elektrisch leitfähiger und bei Bedarf auch transparenter Nanokomposite. Komposite, die transparent und zugleich elektrisch leitfähig sind, hätten gegenüber dem heute verwendeten ITO (indium tin oxide) den Vorteil, nicht spröde zu sein. Des Weiteren ist es wesentlich anzumerken, dass ITO nur durch Sputtern, einem recht aufwendigen und teuren Prozess, verarbeitet werden kann, während die infrage stehenden Nanokomposite auch durch Drucken aufgebracht werden könnten. Anwendung könnten solche Nanokomposite bei allen Arten von Bildschirmen, wie sie z. B. für TV-Geräte oder Monitoren verwendet werden, finden. Daten zur optischen Transparenz solcher Komposite im Vergleich zu ITO sind in den Abb. 5.17a,b zu finden.

Ein Komposit, bestehend aus einer nicht leitenden Matrix und elektrisch leitfähigen Teilchen, zeigt dann eine elektrische Leitfähigkeit, wenn es Teilchen gibt, die einen geschlossenen Pfad bilden. Man spricht von einem Perkolationssystem. Ein solches System ist in Abb. 10.16a,b gezeichnet. In dieser Abbildung wurden stabförmige (eindimensionale) Teilchen gewählt, die den geschlossenen Pfad bilden. In der Abb. 10.16a ist ein System ohne einen geschlossenen Pfad, in der Abb. 10.16b sind die Stäbchen so angeordnet, dass diese einen geschlossenen Pfad bilden. Ein solches Komposit würde elektrische Leitfähigkeit aufweisen, wenn die eingelagerten Stäbchen Leitfähigkeit aufweisen. Der durchgehende Pfad ist durch dickere Striche sichtbar gemacht.

Ein genauerer Blick auf die Abb. 10.16a,b lehrt, dass Perkolation nur dann stattfinden kann, wenn die Konzentration des Füllers hinreichend groß ist, um einen Perkolationspfad zu bilden. Die Konzentration des Füllstoffes, bei dem Perkolation zuerst auftritt, nennt man Perkolationsschwelle. Die Abb. 10.17 zeigt die Verhältnisse bei einem perkolierenden System im Detail, wobei die elektrische Leitfähigkeit als Maß für die Perkolation verwendet wurde.

Der Graph in Abb. 10.17 zeigt alle Charakteristika eines Perkolationssystems, bestehend aus einer nicht leitenden Matrix und einem elektrisch leitfähigen Füller. Bei sehr geringen Konzentrationen findet man lediglich die geringe Leitfähig-

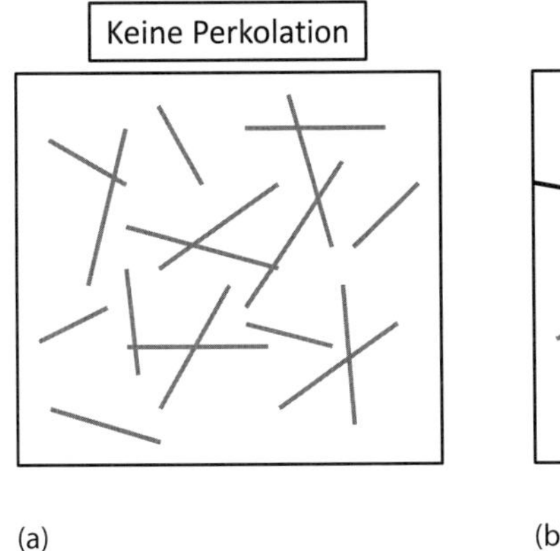

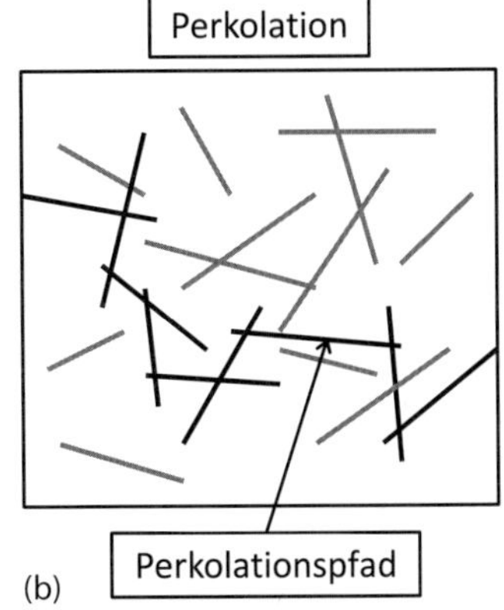

Abb. 10.16 Komposite gefüllt mit eindimensionalen Teilchen. Während die Teilchen im Teilbild (a) keinen durchgehenden Pfad (Perkolation) aufweisen, existiert dieser im Teilbild (b). Der Perkolationspfad ist deutlich sichtbar gemacht. Ein solches Komposit ist elektrisch leitfähig, wenn die eingelagerten Teilchen leitfähig sind.

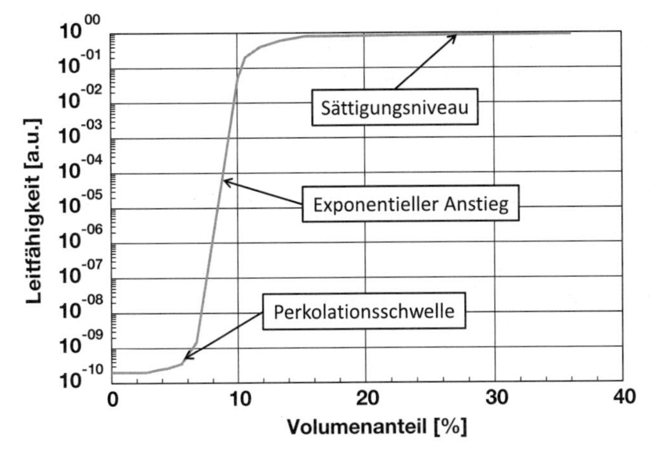

Abb. 10.17 Charakteristik eines perkolierenden Systems am Beispiel der elektrischen Leitfähigkeit eines Komposites. Charakteristika eines solchen Systems sind: Die Perkolationsschwelle, bei der die erste elektrische Leitfähigkeit beobachtet wird, der Bereich mit exponentiellem Anstieg der Leitfähigkeit und schließlich das Sättigungsniveau, die in dem ausgewählten Kompositsystem maximal mögliche elektrische Leitfähigkeit.

keit des Polymers. Erhöht man die Konzentration des Füllstoffes, so beobachtet man bei der Perkolationsschwelle den Beginn der Leitfähigkeit. Mit zunehmender Konzentration steigt diese exponentiell an, bis sie den Sättigungswert erreicht. Damit ist die maximal mögliche elektrische Leitfähigkeit des vorliegenden Komposites gegeben.[9]

9) Im Grunde findet man das Gleiche z. B. bei der Gaspermeation durch einen porösen Körper.

Man kann sich nun leicht vorstellen, dass bei kugelförmigen Teilchen eine wesentlich höhere Konzentration des Füllers nötig ist, als beispielsweise bei Stäbchen. Die Theorie der Perkolation besagt, dass die Perkolationsschwelle p_c vom Verhältnis des Mittelwertes des Teilchendurchmessers d zu dem der Länge der Teilchen l abhängt.

$$p_c \propto \frac{\langle d \rangle}{\langle l \rangle} \tag{10.12}$$

Die spitze Klammer $\langle\ \rangle$ besagt, dass Mittelwerte einzusetzen sind. Eine elementare Konsequenz aus Gl. (10.12) ist, dass es zum Erreichen einer Perkolation bei möglichst geringen Konzentrationen zweckmäßig ist, keine kugelförmigen Teilchen, sondern möglichst lange Stäbchen oder Fäden zu verwenden.

Ergänzung 10.2: Perkolationssysteme

Die Perkolationstheorie ist sehr universell anwendbar. Im vorliegenden Fall der Nanokomposite wird sie genutzt, um den Verlauf der elektrischen Leitfähigkeit eines Nanokomposites als Funktion der Form und der Konzentration der zweiten Phase, dem Füllstoff, zu beschreiben. Eine weitere, besonders wichtige Anwendung dieser Theorie ist die Diffusion von Gasen oder Flüssigkeiten in einer porösen Matrix. Entsprechend der großen Bedeutung dieses Phänomens haben sich eine Reihe von Theoretikern mit diesem Problem befasst. Dieser Abschnitt beruht auf dem Ansatz von *Balberg* [12].

Das zentrale Problem der Perkolationstheorie ist die Abschätzung der Perkolationsschwelle, also der Konzentration des Füllstoffes, bei dem zum ersten Mal elektrische Leitfähigkeit auftritt. Als Füllstoff werden längliche Teilchen (z. B. Kohlenstoff-Nanoröhrchen) mit einem Durchmesser d und einer Länge l angenommen. Die Perkolationsschwelle p_c berechnet sich nach der Formel

$$p_c = 0{,}7 \frac{\langle l \rangle^3}{\langle l^3 \rangle} \frac{\langle d \rangle}{\langle l \rangle} \tag{10.13}$$

Die spitze Klammer $\langle\ \rangle$ steht jeweils für den Mittelwert. Für jede mögliche Verteilung gilt $\frac{\langle l \rangle^3}{\langle l^3 \rangle} \leq 1$. Nimmt man an, dass die Fasern einheitlich in ihrer Größe sind, also alle etwa gleich lang sind und den gleichen Durchmesser haben, vereinfacht sich die Gl. (10.13) auf

$$p_c = 0{,}7 \frac{d}{l} \propto \frac{1}{a} \tag{10.14}$$

Unter den gegebenen Voraussetzungen hängt die Perkolationsschwelle also nur vom Aspektverhältnis $a = \frac{\langle l \rangle}{\langle d \rangle}$ ab. Als wesentliche Konsequenz aus Gl. (10.14) folgt, dass die Perkolationsschwelle für Fasern als Füllstoff um mehrere Größenordnungen niedriger liegt als bei kugelförmigen Teilchen. Will man also z. B. ein transparentes elektrisch leitfähiges Polymerkomposit herstellen, so wird man möglichst lange Fasern, z. B. Kohlenstoff-Nanoröhrchen oder andere Nanodrähte, verwenden. Oberhalb der Perkolationsschwelle steigt die elektrische Leitfähigkeit σ exponentiell an [13].

$$\sigma = \sigma_0 (p - p_c)^t \tag{10.15}$$

In dieser Gleichung ist σ_0 die elektrische Leitfähigkeit des Füllstoffes, p dessen Konzentration und p_c die Perkolationsschwelle. Der Exponent t steht für die Dimensionalität des Fasernetzwerkes, ein Wert, der zumeist zwischen 1,3 und 3,0 liegt. Dieser Exponent wird in dem rektifizierenden doppeltlogarithmischen Graph, in dem $\log(\sigma)$ gegen $\log(p - p_c)$ aufgetragen wird, bestimmt.

In den folgenden beiden Beispielen wird gezeigt, dass die Formeln (10.13) und (10.14) das Verhalten elektrisch leitfähiger Nanokomposite recht gut beschreiben. Die Abb. 10.18 zeigt den Verlauf der elektrischen Leitfähigkeit eines Nanokomposites bestehend aus einer Epoxy-Matrix und Kohlenstoff-Nanoröhrchen als leitfähigen Füllstoff. Man erkennt, dass, aufgrund des großen Aspektverhältnisses der Fasern, die Perkolationsschwelle bei einem Gewichtsanteil von etwa 10^{-5} so niedrig liegt, dass sie in diesem Diagramm nicht mehr darstellbar ist. Der Sättigungswert der elektrischen Leitfähigkeit wird bei einem Gewichtsanteil von 4×10^{-4} erreicht.

Die Auftragung gemäß Gl. (10.15) in einem doppeltlogarithmischen System ist in Abb. 10.19 zu sehen. Diese Abbildung zeigt, dass Gl. (10.15) im Rahmen der Messgenauigkeit über vier Größenordnungen des Faseranteiles erfüllt ist.

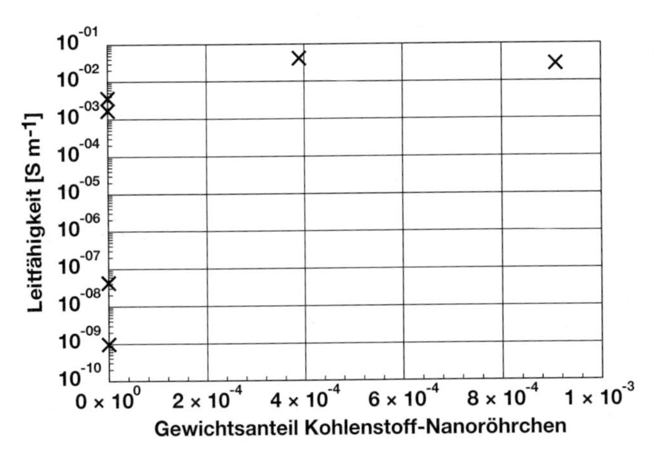

Abb. 10.18 Elektrische Leitfähigkeit eines Komposites mit einer Epoxy-Matrix gefüllt mit Kohlenstoff-Nanoröhrchen [14]. In diesem Fall lag die Perkolationsschwelle bei einem Gewichtsanteil von 10^{-5}; der Sättigungswert wurde bei einem Gewichtsanteil von 4×10^{-4} erreicht.

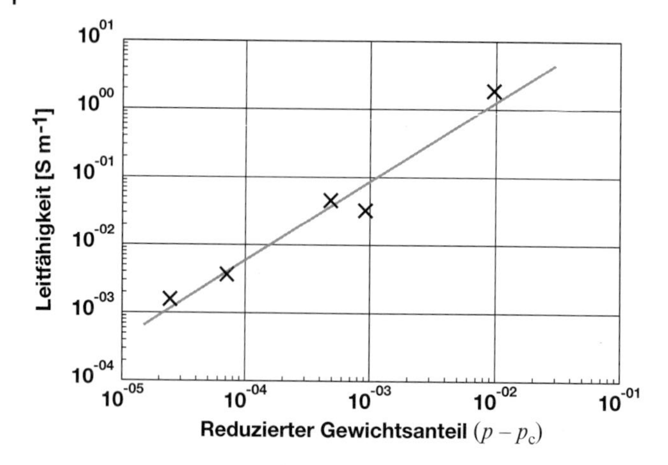

Abb. 10.19 Doppelt logarithmische Auftragung der in Abb. 10.18 gezeigten experimentellen Daten [14]. Als Abszisse wurde jedoch der reduzierte Gewichtsanteil $p - p_c$ verwendet. Man erkennt, dass, im Rahmen der Messgenauigkeit, Gl. (10.15) bis zu einem Gewichtsanteil von 0,1 erfüllt wird. Die Auswertung dieses Graphen ergibt eine Dimensionalität von $t = 1{,}2$.

Aus Abb. 10.19, die den Logarithmus der elektrischen Leitfähigkeit aufgetragen gegen den Logarithmus des reduzierten Gewichtsanteiles $p - p_c$ zeigt, kann man eine Dimensionalität $t = 1{,}2$ entnehmen. Man muss sich darüber im Klaren sein, dass dies ein Beispiel einer besonders gut gelungenen Synthese eines Komposites ist. Abhängig von den mehr oder minder adäquaten Herstellungsbedingungen findet man in der Literatur auch Daten, bei denen die Perkolationsschwelle im Bereich einiger Gewichtsprozente von Kohlenstoff-Nanoröhrchen liegt. Die Unterschiede lassen sich zumeist auf die zur Vereinzelung der Fasern angewandten Verfahren sowie auf die Methode der Einbringung der Fasern in die Polymermatrix zurückführen.

Ein weiteres Beispiel zeigt die etwas ungewöhnliche, linear kristallisierende Verbindung $Mo_6S_{4,5}J_{4,5}$ [15]. Diese Fasern mit einem Durchmesser von etwa 1 nm werden durch *van der Waals*-Kräfte in Bündeln zusammengefasst. Diese schwachen Bindungskräfte können durch Ultraschall aufgebrochen und so die Fasern vereinzelt werden. Während dieses Prozesses reduziert sich allerdings auch die Länge dieser Fasern auf etwa 1000 nm. Die Abb. 10.20 zeigt die Abhängigkeit der elektrischen Eigenschaften eines Komposites vom Gehalt dieser Fasern, bei dem diese Fasern in PMMA eingearbeitet sind. Die Leitfähigkeitsmessungen wurden sowohl mit Gleich- als auch mit Wechselstrom durchgeführt. Unterschiede zwischen diesen beiden Messverfahren wurden nicht festgestellt. Ähnlich wie im vorhergehenden Fall liegt die Perkolationsschwelle ($p_c = 1{,}3 \times 10^{-5}$) bei so geringen Faseranteilen, dass diese in Abb. 10.20 nicht zu sehen ist. Ähnliches gilt für den Übergang zur Sättigungskonzentration für die Leitfähigkeit, die bei 10^{-3} liegt.

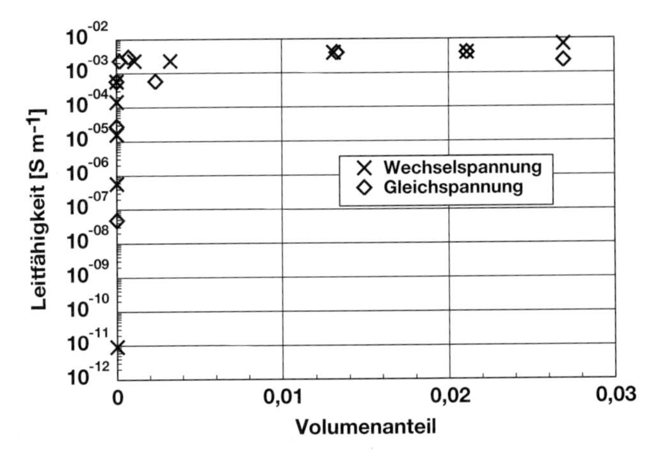

Abb. 10.20 Elektrische Leitfähigkeit eines Nanokomposites, bestehend aus einer PMMA-Matrix, gefüllt mit elektrisch leitfähigen Fasern aus $Mo_6S_{4,5}J_{4,5}$ [15]. Diese Messungen wurden sowohl mit Gleich- als auch mit Wechselspannung durchgeführt, wobei kein Unterschied festzustellen ist. Die Auswertung der Daten ergab für die Perkolationsschwelle einen Volumenanteil von $p_c = 1{,}3 \times 10^{-5}$, der Übergang zur Sättigung erfolgt bei etwa einem Volumenanteil von etwa 10^{-3}.

Um weitere Informationen aus den in Abb. 10.20 dargestellten experimentellen Daten zu erhalten, wurden diese in Abb. 10.21 gemäß Gl. (10.15) in einem doppeltlogarithmischen System dargestellt. Man erkennt, dass die Gl. (10.15) in diesem Fall in einem Bereich von etwa zwei Größenordnungen anwendbar ist. Die detaillierte Auswertung ergab einen Übergang zum Sättigungswert bei einem Volumenanteil von etwa 10^{-3}. Der Wert des die Dimensionalität beschreibenden Exponenten lag bei $t = 1{,}5$.

Bei den beiden oben diskutierten Beispielen liegt die Perkolationsschwelle extrem niedrig, auch die Konzentration, bei der die Sättigung erreicht wird, ist niedrig, sie liegt in beiden Fällen bei weniger als 10^{-3}. Bei so geringen Konzentrationen sind die Komposite noch völlig transparent, daher können diese Materialien als als optisch transparente elektrische Leiter verwendet werden, die zusätzlich den Vorteil haben, dass sie, im Gegensatz zu ITO, druckbar sind.

Die in diesem Kapitel verwendeten Ergebnisse der Perkolationstheorie gelten streng genommen nur für eindimensionale Füller. Es ist daher etwas verwunderlich, dass sie auch auf Komposite mit zweidimensionalen Füllern, z. B. Graphen angewandt werden können. Das ist von besonderem Interesse, da Graphen gefüllte Polymere im Bereich des sichtbaren Lichtes eine hervorragende optische Transparenz aufweisen, und Graphen eine hohe elektrische Leitfähigkeit hat (siehe Kapitel 5). Natürlich muss man sich darüber im Klaren sein, dass der Volumenanteil von Graphen größer sein muss als der von Nanoröhrchen. Die Abb. 10.22 zeigt die Abhängigkeit der elektrischen Leitfähigkeit eines Graphen-Polyethylen-Nanokomposites als Funktion der Graphenkonzentration [16]. Dieser Abbildung kann man entnehmen, dass die Perkolationsschwelle bei einem Volumenanteil

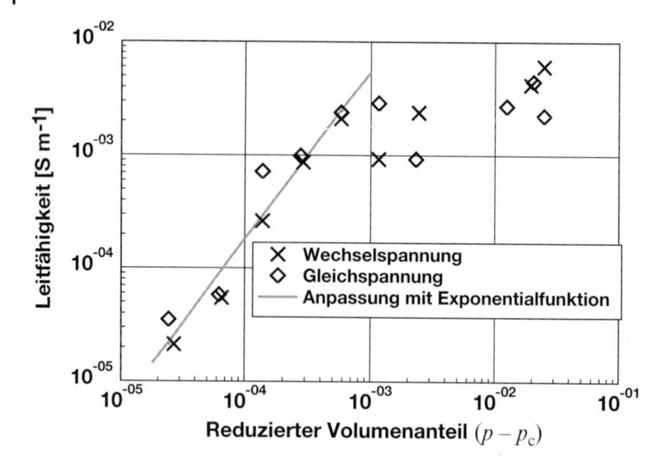

Abb. 10.21 Elektrische Leitfähigkeit eines Nanokomposites mit PMMA-Matrix gefüllt mit $Mo_6S_{4,5}J_{4,5}$-Fasern [15]. In dieser Grafik wurde der reduzierte Volumenanteil $p - p_c$ als Abszisse verwendet. Die Auswertung dieses Graphen ergibt einen Übergang zum Sättigungswert der elektrischen Leitfähigkeit im Bereich von 10^{-3}, der Dimensionalitätsexponent beträgt $t = 1,5$. Auch in dieser Darstellung erkennt man keine Unterschiede zwischen den Messwerten, die mit Gleich- oder Wechselspannung gemessen wurden.

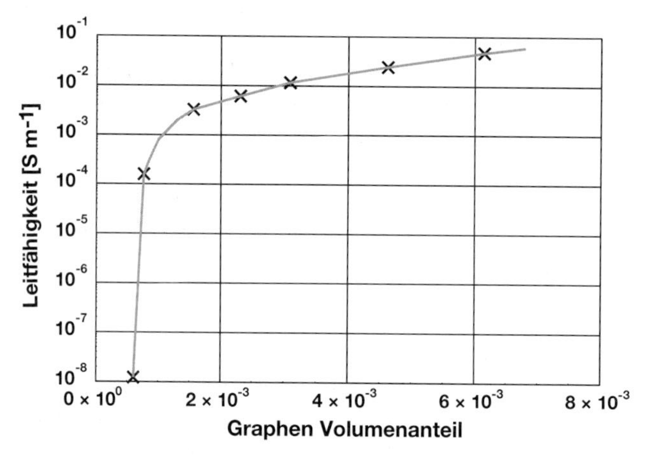

Abb. 10.22 Elektrische Leitfähigkeit eines Graphen-Polyethylen-Nanokomposites als Funktion des Graphenvolumenanteiles [16]. Ähnlich wie bei einem eindimensionalen Füller findet man auch in diesem Fall eine plötzliche Zunahme der elektrischen Leitfähigkeit nach dem Überschreiten der Perkolationsschwelle.

von 7×10^{-4} liegt, der Übergang in den Bereich der Sättigung bei einem Volumenanteil von weniger als 10^{-2}.

Auch bei diesem Nanokomposit ergibt die Auftragung in einem doppeltlogarithmischen System einen linearisierten Bereich, der sich über zwei Größenordnungen des Graphenanteiles erstreckt. Das ist in Abb. 10.23 dargestellt. Dieser Auftragung kann man weiterhin entnehmen, dass die Dimensionalität dieses Sys-

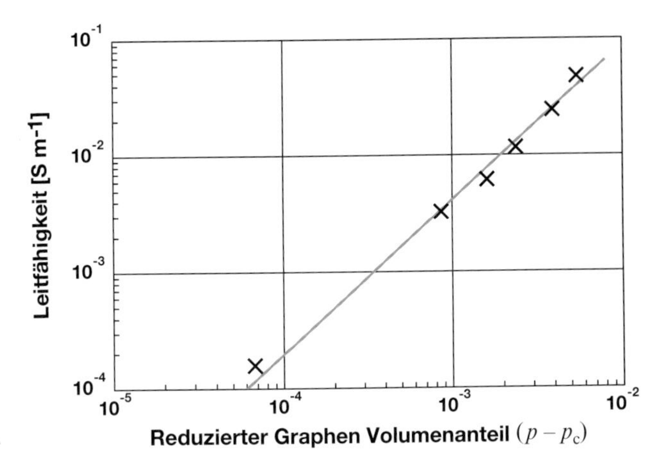

Abb. 10.23 Elektrische Leitfähigkeit eines Graphen-Polyethylen-Nanokomposites der in Abb. 10.22 dargestellten experimentellen Daten [16] in doppeltlogarithmischer Auftragung. Dieser Graph zeigt, dass die ursprünglich für eindimensionale Füller entwickelte Perkolationstheorie auch für zweidimensionale Füller angewandt werden kann. Aus diesem Graphen wurde ein Dimensionalitätsexponent von $t = 1{,}3$ ermittelt.

tems bei $t = 1{,}3$ liegt, also in genau dem Bereich, der auch bei eindimensionalen Füllern ermittelt wurde.

Vergleicht man die experimentellen Ergebnisse der drei diskutierten elektrisch leitfähigen Nanokomposite, so stellt man fest, dass die Komposite mit $Mo_6S_{4,5}J_{4,5}$-Fasern die geringste und die mit Kohlenstoff-Nanoröhrchen die höchste Leitfähigkeit haben. Die optische Transparenz ist für die beiden Komposite auf Kohlenstoffbasis ähnlich gut. Die Entscheidung für eines dieser Komposite hängt letztlich von der Möglichkeit zur Herstellung druckbarer Pasten und der dem elektronischen System anpassbaren Impedanz ab.

Wichtig zu wissen

Elektrisch leitfähige Komposite bestehend aus einer Polymermatrix, die mit ein- oder zweidimensionalen Nanoteilchen gefüllt sind, können mit guter Genauigkeit mithilfe der Perkolationstheorie beschrieben werden. Grundsätzlich ist es möglich – und auch verifiziert – solche leitfähigen Komposite optisch transparent herzustellen. Da diese Komposite auch druckbar sind, könnten diese die elektrisch leitfähigen und optisch transparenten ITO[10]- Beschichtungen ersetzen.

Bei sachgerecht hergestellten Kompositen liegt die Perkolationsschwelle[11] im Bereich von 10^{-5}.

10) indium tin oxide.
11) Grenzkonzentration, bei der zum ersten Mal elektrische Leitfähigkeit beobachtet wird.

Literatur

1 Datta, S. (2004) *Nanotechnology*, **15**, 433–451.

2 Poncharal, P., Frank, S., Wang, Z.L. und de Heer, W.A. (1999) *Eur. Phys. J.*, **9**, 77–79.

3 Aherne, D., Satti, A. und Fitzmaurice, D. (2007) *Nanotechnology*, **18**, 125205.

4 Koenderink, G.H., Kluitjmans, S.G.J.M. und Philipse, A. (1999) *Colloid Interf. Sci.*, **216**, 429–431.

5 Lee, Y., Kim, B., Yi, W., Takahara, W. und Sohn, D. (2006) *Bull. Kor. Chem. Soc.*, **27**, 1815–1824.

6 Yao, Z., Kane, C.L. und Dekker, C. (2000) *Phys. Rev. Lett.*, **84**, 2941–2944.

7 Shklyarevskii, O.I., Speller, S. und van Kempen, H. (2005) *Appl. Phys. A*, **81**, 1533.

8 Martel, R., Schmidt, T., Shea, H.R., Hertel, T. und Avouris, P. (1998) *Appl. Phys. Lett.*, **73**, 2447–2449.

9 Lemme, M.C., Echtermeyer, T.J., Baus, M. und Kurz, H. (2007) *IEEE Electron Dev. Lett.*, **28**, 282–284.

10 Cumings, J. und Zettl, A. (2004) *Solid State Commun.*, **129**, 661–664.

11 Watanabe, H., Shimotani, K., Shigematu, T. und Manabe, C. (2003) *Thin Solid Films*, **438–439**, 462–466

12 Balberg, I. (1985) *Phys. Rev. B*, **31**, 4053–4055.

13 Stauffer, D. und Aharoni, A. (1994) *Introduction to Percolation Theory*, 2. Aufl., Taylor and Francis, London.

14 Sandler, J.K.W., Kirk, J.E., Kinloch, I.A., Shaffer, M.S.P. und Windle, A.H. (2003) *Polymer*, **44**, 5893–5899.

15 Murphy, R., Nicolosi, V., Hernandez, Y., McCarthy, D., Rickard, D., Vrbanic, D., Mrzel, A., Mihailovics, D., Blau, W.J. und Coleman, J. (2006) *Scripta Mater.*, **54**, 417–420.

16 Pang, H., Chen, T., Zhang, G., Zeng, B. und Li, Z.-M. (2010) *Mater. Lett.*, **64**, 2226–2229.

11
Mechanische Eigenschaften

11.1
Einführende Anmerkungen

In diesem Abschnitt ...
Im Hinblick auf die Festigkeit werden mechanische Eigenschaften zumeist durch das Spannungs-Dehnungs-Diagramm charakterisiert. Dieser experimentell bestimmte Graph gibt Werte für den Elastizitätsmodul, die Festigkeit und die Bruchdehnung. Darüber hinaus erlaubt dieser Graph die Einteilung der Werkstoffe in verschiedene Gruppen.

Im Jahre 1987 veröffentlichten Gleiter und Mitarbeiter [1] eine Arbeit über plastische Verformung von nanokristallinem CaF_2 bei Raumtemperatur. Diese Arbeit markiert den Start für das große wissenschaftliche Interesse an Nanomaterialien. Mittlerweile sind die nanokristallinen Materialien weniger im Zentrum des Interesses. Das ist nicht zuletzt wegen der im Allgemeinen geringen thermodynamischen Stabilität dieser Stoffgruppe. Anstelle dessen sind Verbundwerkstoffe mit Einlagerungen von ein- und zweidimensionalen Nanoteilchen mehr ins Zentrum des wissenschaftlichen und technischen Interesses gerückt. Zusätzlich kamen zwei neue Gruppen von Nanowerkstoffen in den Fokus der Wissenschaften. Es handelt sich dabei um Materialien, die durch extreme plastische Verformung hergestellt werden [2] sowie metallische Nanogläser [3]. Die Werkstoffe, die durch extreme plastische Verformung hergestellt werden, werden wegen ihrer Korngröße, die zumeist über 100 nm liegt, in diesem Buch nicht behandelt.

Die mechanischen Eigenschaften von Festkörpern werden, unabhängig von der Korngröße, durch ein Spannungs-Dehnungs-Diagramm beschrieben. Ein typisches Beispiel, wie man es beispielsweise im Zugversuch bei Metallen misst, ist in Abb. 11.1 dargestellt.

Der in Abb. 11.1 dargestellte Graph ist durch die Bereiche der elastischen und der plastischen Verformung charakterisiert. Der Übergang zwischen diesen beiden Bereichen ist durch die Streckgrenze gekennzeichnet. Am Ende der plasti-

Nanowerkstoffe für Einsteiger, Erste Auflage. Dieter Vollath.

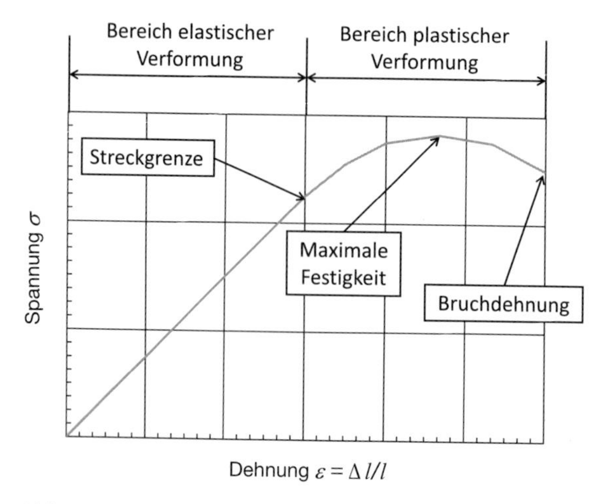

Abb. 11.1 Spannungs-Dehnungs-Diagramm wie es beispielsweise bei Metallen gemessen wird. Diese Experimente werden im Allgemeinen als Zugversuch ausgeführt. Ein solches Spannungs-Dehnungs-Diagramm ist durch einen zumeist recht großen Bereich der elastischen Verformung charakterisiert, dem sich, nach der Streckgrenze, der Bereich der plastischen Verformung anschließt, um mit dem Bruch der Probe zu enden.

schen Verformung erfolgt der Bruch der Probe. Weitere Kenngrößen einer Probe sind die maximale Festigkeit und die Bruchdehnung. Die Dehnung ε ist definiert durch

$$\varepsilon = \frac{\Delta l}{l} \tag{11.1}$$

In Gl. (11.1) steht l für die Länge der Probe und Δl für die Längenänderung. Die Spannung σ ist definiert als

$$\sigma = \frac{P}{A} \tag{11.2}$$

Die Größe P steht für die Kraft, die bei der Verformung angewandt wird und A für den Querschnitt der Probe. Da es zumeist recht schwierig ist, die Streckgrenze zu exakt zu bestimmen, behilft man sich mit der Definition, dass die Spannung als Streckgrenze bezeichnet wird, bei der die Probe eine plastische Verformung von 0,2 % erfahren hat. Diese Definition ist sinnvoll, weil die plastische Verformung, im Gegensatz zur elastischen, auch nach Beendigung des Versuches messbar ist. In vielen Fällen erfolgt der Bruch bereits bei der maximalen Festigkeit.

An dieser Stelle muss angemerkt werden, dass es grundsätzlich zwei Typen von Spannungs-Dehnungs-Diagrammen gibt: Das „technische Spannungs-Dehnungs-Diagramm", bei dem die Spannung aus dem Startquerschnitt ermittelt wird, und das „wahre Spannungs-Dehnungs-Diagramm", bei den die Spannungen aus den jeweils aktuellen Querschnitten berechnet wird. Die Abb. 11.1 stellt ein technisches Spannungs-Dehnungs-Diagramm dar. Das wahre Spannungs-Dehnungs-Diagramm ist mit Ausnahme spezieller Anwendungen in der Wissenschaft bedeutungslos.

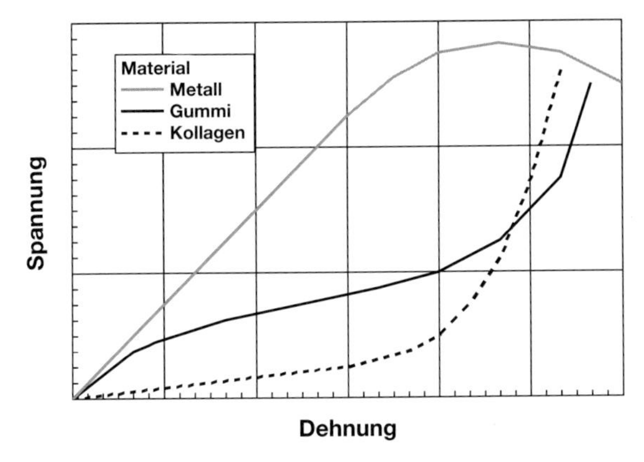

Abb. 11.2 Die wichtigsten Typen von Spannungs-Dehnungs-Diagrammen. Obwohl die Festigkeiten der drei als Beispiele verwendeten Werkstoffe Metall, Gummi und Kollagen stark unterschiedlich sind, wurden, um einen Vergleich zu ermöglichen, deren Festigkeiten etwa gleich dargestellt.

Aus der elastischen Verformung wird eine wichtige Kenngröße, der Elastizitätsmodul E, ermittelt.

$$E = \frac{\sigma}{\varepsilon} \tag{11.3}$$

Die Gl. (11.3) ist auch als *Hook*'sches Gesetz bekannt. In diesem Zusammenhang muss angemerkt werden, dass es viele Werkstoffe ohne einen ausgeprägten elastischen Bereich gibt, bei anderen Werkstoffen überlappen sich die Bereiche der elastischen und plastischen Verformung. Einige typische Varianten von Spannungs-Dehnungs-Diagrammen sind in Abb. 11.2 zusammengestellt. Für diese Abbildung wurden die verschiedenen Diagramme so normiert, dass ein Vergleich leicht möglich ist. Man darf also aus diesem Diagramm keine Rückschlüsse auf tatsächlich auftretende Festigkeiten ziehen.

Die mit Gummi bezeichnete Kurve kann als Typus für alle Werkstoffe mit hoher Elastizität genommen werden. Der mit Kollagen bezeichnete Typ ist charakteristisch für den Festigkeitsverlauf biologischer Materialien. Auf diese beiden Klassen von Werkstoffen kann das *Hook*'sche Gesetz nicht angewandt werden.

Wichtig zu wissen

Das Spannungs-Dehnungs-Diagramm gibt eine Reihe von Informationen über das mechanische Verhalten von Werkstoffen. Es erlaubt die Einteilung in solche, die sich wie Metalle, Gummi oder Kollagen verhalten. Im Hinblick auf die Berechnung der Spannung für diesen Graph unterscheidet man zwischen dem „technischen" und dem „wahren" Spannungs-Dehnungs-Diagramm. Bei dem Ersteren bezieht man sich immer auf die Ausgangsgeometrie, bei dem Zweiten auf die jeweils aktuelle, durch die Verformung entstandene, Geometrie.

11.2
Mechanische Eigenschaften nanokristalliner Materialien

In diesem Abschnitt ...
Nanokristalline Werkstoffe befinden sich nicht im thermodynamischen Gleichgewicht, daher neigen diese Materialien bei der Herstellung über pulvermetallurgische Verfahren zu Kornwachstum. Das macht es schwer Proben herzustellen, bei denen Porosität und Korngröße exakt einen vorgegebenen Wert haben. Das führt zu starken Streuungen der Messwerte. Währen konventionelle Werkstoffe der *Hall-Petch*-Relation folgen, beobachtet man bei hinreichend kleinen Korngrößen ein inverses *Hall-Petch*-Verhalten.

Die Härte und die Streckgrenze der meisten Werkstoffe steigen mit abnehmender Korngröße an. Diese Beziehung, die *Hall-Petch*-Relation, beschreibt die Beziehung zwischen der Streckgrenze σ_y (oder Härte) und der Korngröße d

$$\sigma_y = \sigma_0 + \kappa d^{-0,5} \tag{11.4}$$

In Gl. (11.4) sind σ_0 und κ konstante Parameter, die materialspezifisch sind. Die Korngröße ist definiert als die kleinste kristallografische Einheit, die Körner müssen also nicht notwendig durch Großwinkelkorngrenzen getrennt sein, Kleinwinkelkorngrenzen sind bei dieser Definition der Korngröße hinreichend. Die *Hall-Petch*-Relation ist theoretisch gut begründet und experimentell verifiziert. Für den Exponenten, der theoretisch −0,5 sein sollte, findet man experimentell auch abweichende Werte, die zwischen −0,3 und −0,7 liegen. Experimente mit nanokristallinen Proben führen jedoch manchmal zu stärker abweichenden Ergebnissen. Die Abb. 11.3 zeigt einen solchen Fall anhand von Palladium unterschiedlicher Korngröße.

Der Vergleich der Spannungs-Dehnungs-Diagramme für die beiden Korngrößen 14 nm und 50 μm gibt eine Reihe von Informationen über das Verhalten nanokristalliner Materialien. Zunächst fällt die deutlich höhere Festigkeit von 259 MPa des nanokristallinen Materials im Gegensatz zu den 52 MPa des konventionellen Materials auf. Das ist ein Verhältnis von 4,98. Auf Basis der *Hall-Petch*-Relation wäre ein Verhältnis von 59,8 zu erwarten gewesen. Dieser Unterschied von mehr als einer Größenordnung benötigt eine gesonderte Erklärung.[1] Des Weiteren fällt auf, dass der Elastizitätsmodul des nanokristallinen Materials deutlich geringer ist als der des konventionellen Materials. Auch das ist ein Ergebnis, das nicht ohne Weiteres erklärbar ist. Um einer Erklärung näher zu kommen, zeigt die Abb. 11.4 die Abhängigkeit der Streckgrenze von Nickel als Funktion der Korngröße. Um die Gültigkeit der *Hall-Petch*-Relation einfacher prüfen zu können, wurde die Größe $d^{-0,5}$ als Abszisse gewählt. Bei Gültigkeit der *Hall-Petch*-Relation erhält man (*Hall-Petch*-Auftragung) eine Gerade.

Die in Abb. 11.4 dargestellten Ergebnisse für die Abhängigkeit der Streckgrenze von der Korngröße zeigen, dass die *Hall-Petch*-Relation bei kleinen Korngrößen

1) Selbst bei einem Exponenten von −0,3 wäre ein Verhältnis von nahezu 12 zu erwarten gewesen.

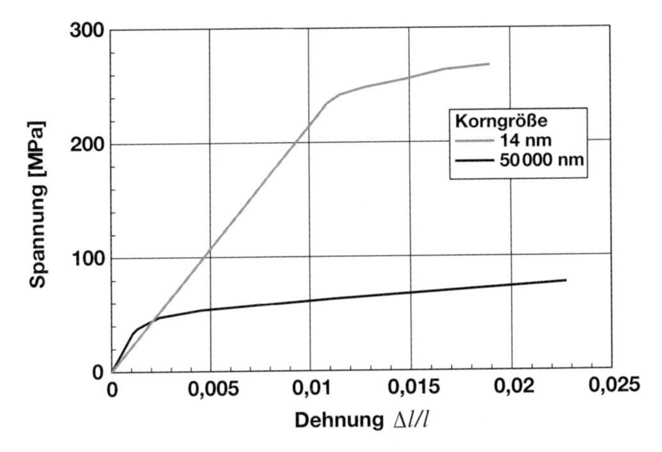

Abb. 11.3 Spannungs-Dehnungs-Diagramme von Palladium mit den Korngrößen 14 nm und 50 000 nm (= 50 μm) [4]. Eine detaillierte Analyse dieser Abbildung zeigt, dass das nanokristalline Material eine höhere Festigkeit und einen niedrigeren Elastizitätsmodul aufweist.

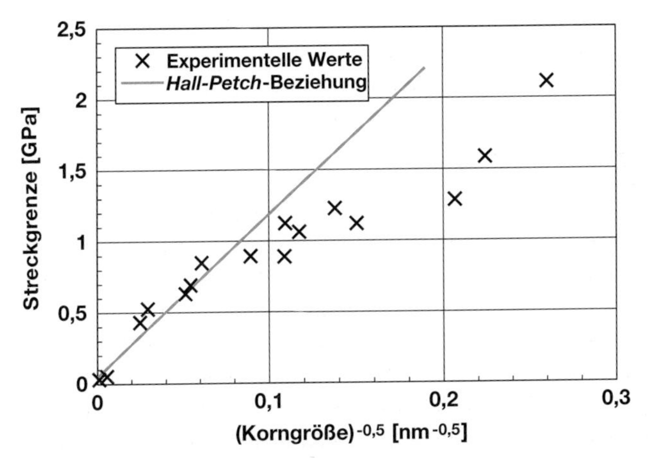

Abb. 11.4 Streckgrenze von Nickel als Funktion der Korngröße im *Hall-Petch*-Diagramm [5]. Bei Gültigkeit der *Hall-Petch*-Relation wäre in diesem Diagramm eine Gerade zu erwarten (Gl. (11.4)) Aus der Abweichung von der Geraden bei Korngrößen, die kleiner sind als etwa 200 nm ($d^{-0,5} = 0{,}07\,\text{nm}^{-0,5}$), erkennt man die bei kleinen Korngrößen nur begrenzte Gültigkeit der *Hall-Petch*-Relation.

wohl nicht mehr gilt. Im vorliegenden Fall liegt diese Grenze wohl im Bereich von etwa 200 nm ($d^{-0,5} = 0{,}07\text{nm}^{-0,5}$) Bei kleineren Korngrößen sind die experimentell gefundenen Festigkeitswerte geringer als sie von Gl. (11.4) vorhergesagt werden. Darüber hinaus ist es auffällig, dass in dem Bereich, in dem die *Hall-Petch*-Relation nicht mehr gültig ist, die Streuung der Messwerte besonders groß ist. Dieser Punkt bedarf einer gesonderten Diskussion.

Der zweite Punkt, der bei den in Abb. 11.3 dargestellten Messergebnisse auffällig war, ist der verringerte Elastizitätsmodul bei dem nanokristallinen Materi-

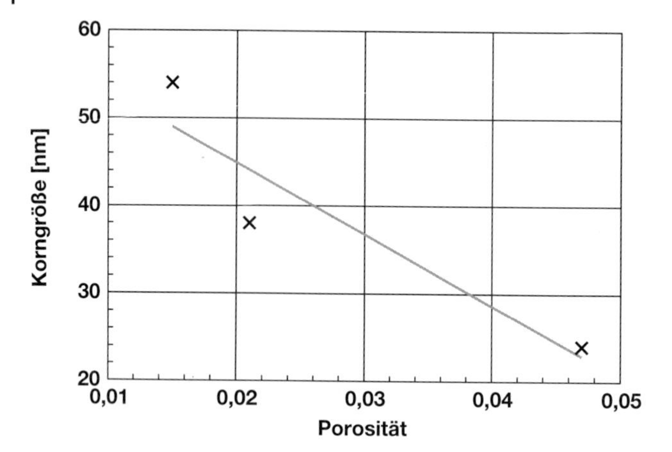

Abb. 11.5 Gegenseitige Abhängigkeit von Dichte und Korngröße am Beispiel von Palladium [6]. Es muss auf die grundlegende Tatsache hingewiesen werden, dass eine Reduktion der Porosität immer zu einer Vergrößerung der Korngröße führt. Das ist auf die Tatsache zurückzuführen, dass zur Reduktion der Porosität die Sinterzeit verlängert bzw. die Sintertemperatur erhöht werden muss, was zwangsläufig zu einem Kornwachstum führt.

al. Die Ursache für dieses Phänomen ist wohl bei den Fertigungsverfahren dieser Proben zu finden. Solche Teile werden über pulvermetallurgische Verfahren hergestellt. Die Proben werden aus einem entsprechend feinteiligen Pulver durch Pressen und anschließendes Sintern bei erhöhter Temperatur hergestellt. Bei einem solchen Herstellungsprozess ist es unvermeidlich, dass eine Restporosität in den fertigen Werkstücken verbleibt. Die Restporosität vermindert zwangsläufig den Elastizitätsmodul. Des Weiteren sind, wegen der hohen Oberflächenenergie, nanokristalline Teile weit weg von einem thermodynamischen Gleichgewicht. Es besteht also eine Tendenz zum Kornwachstum. Es ist außerordentlich schwierig, Proben mit definierter kleiner Korngröße herzustellen, die zusätzlich eine geringe Restporosität aufweisen. Das ist im Herstellungsprozess begründet, weil man zur Reduktion der Porosität die Sinterzeit verlängern oder die Sintertemperatur erhöhen muss. Dabei ist es unvermeidlich, dass sich die Probe dem thermodynamisch günstigsten Zustand annähert; es tritt Kornwachstum auf.

Die gegenseitigen Abhängigkeiten von Korngröße, Porosität, Elastizitätsmodul und Festigkeit soll anhand des Beispieles von Palladium in Einzelnen dargestellt werden. In diesem Zusammenhang wird die Porosität p definiert als

$$p = 1 - \frac{\rho_{\text{Probe}}}{\rho_{\text{theor}}} \tag{11.5}$$

In Gl. (10.5) steht ρ_{Probe} für die Dichte der Probe und ρ_{theor} für die theoretische Dichte des Materials.

Die Abb. 11.5 zeigt nun die das Wechselspiel zwischen Korngröße und Porosität für eine Serie von Palladium-Proben. Die in Abb. 11.5 dargestellte gegenseitige Abhängigkeit von Porosität und Korngröße macht klar, dass wegen der unvermeidlichen gegenseitigen Abhängigkeit dieser beiden Größen bei jeder Diskus-

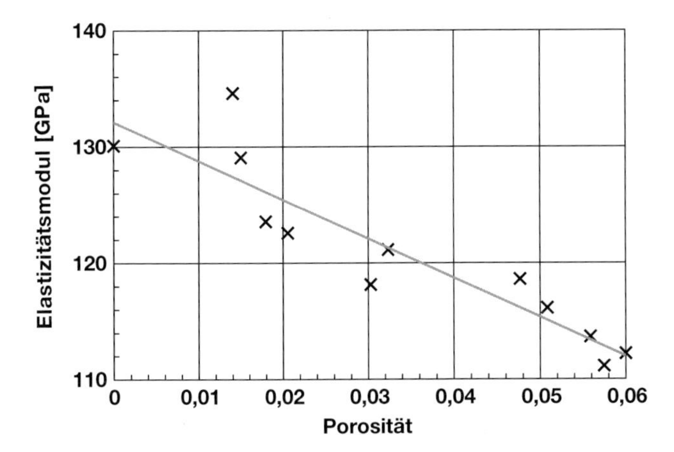

Abb. 11.6 Elastizitätsmodul von Palladium als Funktion der Porosität [8]. Die starke Streuung der Messwerte ist auf das bei nanokristallinen Proben unvermeidliche Kornwachstum bei der Fertigung zurückzuführen.

sion der Korngrößenabhängigkeit mechanischer Eigenschaften nanokristalliner Proben auch die wechselnde Porosität berücksichtigt werden muss.

Der Einfluss der Porosität auf den Elastizitätsmodul wurde des Öfteren experimentell und theoretisch untersucht. Im Allgemeinen benutzt man eine empirische Näherung, die diese Abhängigkeit mithilfe einer Reihenentwicklung beschreibt [7]

$$E = E_0(1 + \alpha_1 p + \alpha_2 p^2 + \dots) \tag{11.6}$$

In Gl. (11.6) steht E_0 für den Elastizitätsmodul des völlig dichten Materials, also $p = 0$, α_1, α_2 etc. sind Anpassungsparameter. Bei kleinen Werten für die Porosität bzw. stark streuenden Werten ist die Verwendung des linearen Gliedes hinreichend. Die höheren, nicht linearen Elemente haben nur bei sehr großen Porositäten Bedeutung. Ein entsprechendes Beispiel, wieder Palladium, ist in Abb. 11.6 dargestellt.

Die Abhängigkeit des Elastizitätsmoduls von Palladium von der Porosität, wie diese in Abb. 11.6 dargestellt ist, zeigt die Charakteristika solcher Experimente. Man erkennt die stark streuenden Messwerte, die mit einer linearen Funktion nach Gl. (11.6) angenähert wurden. Die Streuung der Messwerte ist auf das unterschiedliche Kornwachstum zurückzuführen. Unterschiedliche Porosität ist zwangsläufig auch mit unterschiedlichen Porengrößen und Porenformen verbunden, die letztlich auch Einfluss auf die mechanischen Eigenschaften haben, in Gl. (11.6) aber nicht berücksichtigt werden. Führt man die lineare Anpassung durch, so erhält man für die in Abb. 11.6 dargestellten Messwerte das Ergebnis

$$E_{\mathrm{Pd}} = 132(1 - 2{,}5p)\ [\mathrm{GPa}] \tag{11.7}$$

Der Wert von 132 GPa für E_0 stimmt trotz der stark streuenden Messwerte recht gut mit dem Tabellenwert für theoretisch dichtes Palladium (121 GPa) überein.

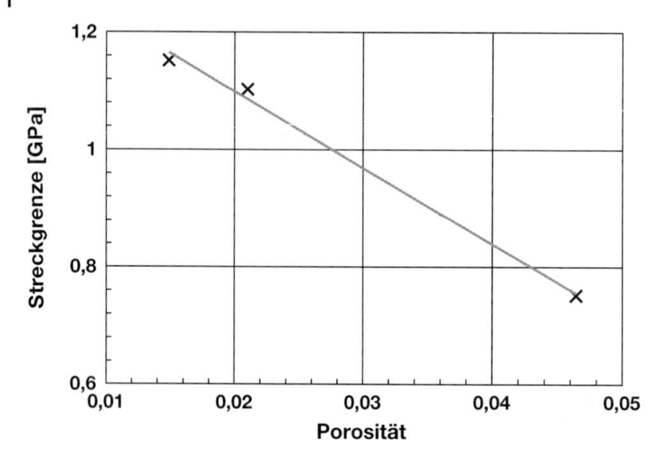

Abb. 11.7 Streckgrenze von nanokristallinem Palladium als Funktion der Porosität [6]. Trotz der sicherlich stark unterschiedlichen Korngrößen lassen sich die experimentellen Daten gut mit einer Geraden annähern.

Nicht nur der Elastizitätsmodul sondern auch die Streckgrenze hängen von der Porosität ab. Diesen Einfluss kann man einfach durch die Annahme einer Reduktion des tragenden Querschnittes der Probe beschreiben. Die Abb. 11.7 zeigt dazu Messwerte, wobei wiederum Palladium als Beispiel gewählt wurde [6].

In Abb. 11.4 ist zu sehen, dass die Streckgrenze von Nickel bei etwa 200 nm beginnt, von der *Hall-Petch*-Relation abzuweichen. Bei kleineren Korngrößen wird diese Abweichung noch deutlicher, um bei sehr kleinen Teilchen zu einem „inversen *Hall-Petch*-Verhalten" überzugehen. Dieses Phänomen ist in Abb. 11.8 am Beispiel der *Vickers*härte von Palladium demonstriert. In dieser Abbildung ist die *Vickers*härte gegen $d^{-0,5}$ aufgetragen, die Auftragung, bei der die *Hall-Petch*-Relation linearisiert wird.

Das in Abb. 11.8 gezeigte Verhalten wird bei hinreichend kleiner Korngröße immer beobachtet. Ein gutes Beispiel, bei dem nicht nur die „normale" *Hall-Petch*-Relation bei eher konventionellen Korngrößen, sondern auch die inverse *Hall-Petch*-Relation bei kleinen Korngrößen beobachtet wird, ist in Abb. 11.9 dargestellt [10]. Es handelt sich dabei um Härtedaten der intermetallischen Verbindung TiAl, die bei 30 und 300 K gemessen wurden.

Der Verlauf der Härte von TiAl als Funktion der Korngröße, wie er in Abb. 11.9 dargestellt ist, zeigt zwei deutlich voneinander getrennte Bereiche: So lange die Korngröße größer ist als etwa 20 nm folgt dieser Werkstoff der „normalen" *Hall-Petch*-Relation. Wird die Korngröße jedoch kleiner, so kehrt sich das Vorzeichen von κ in Gl. (11.4) um; die Härte nimmt in diesem Bereich mit abnehmender Korngröße ab. Dieses inverse *Hall-Petch*-Verhalten wird bei vielen Werkstoffen beobachtet, es ist typisch für nanokristalline Materialien mit sehr kleiner Korngröße.

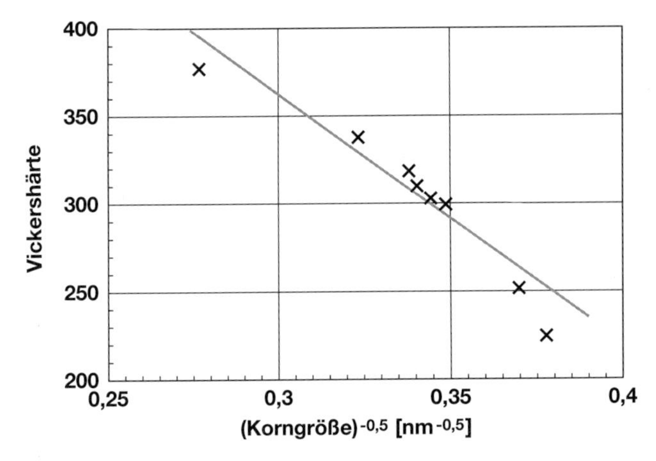

Abb. 11.8 *Vickers*härte von Palladium als Funktion der Korngröße [9]. Die Abszisse wurde so gewählt, dass die *Hall-Petch*-Relation linearisiert wird. Es tritt tatsächlich eine Linearisierung auf, jedoch mit anderem Vorzeichen; die Härte fällt mit abnehmender Korngröße.

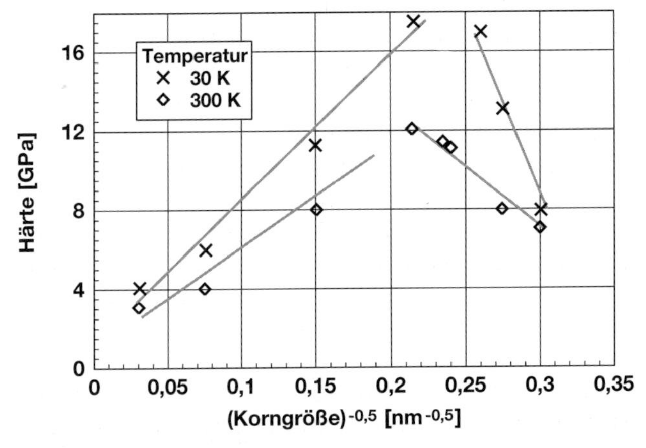

Abb. 11.9 Härte von TiAl bestimmt bei Temperaturen von 30 und 300 K [10]. Bei beiden Temperaturen sind zwei Bereiche erkennbar: Bei Korngrößen bis etwa 20 nm herab folgt dieses Material bei beiden Temperaturen der *Hall-Petch*-Relation. Werden die Korngrößen kleiner, so kehrt sich die Tendenz um, die Härte nimmt dann mit abnehmender Korngröße ab. Das ist der Bereich des inversen *Hall-Petch*-Verhaltens.

Wichtig zu wissen

Die mechanischen Eigenschaften von pulvermetallurgisch hergestellten Proben hängen von der unvermeidlichen Restporosität und der Korngröße ab. Da nanokristalline Werkstoffe weit entfernt vom thermodynamischen Gleichgewicht sind, ist es, wegen des Kornwachstums, das beim Sintern auftritt, unmöglich, diese beiden Parameter unabhängig voneinander einzustellen. Das führt zu erheblichen Streuungen bei den Messergebnissen.

Konventionelle Werkstoffe folgen der *Hall-Petch*-Beziehung, die aussagt, dass Festigkeit und Härte mit abnehmender Korngröße zunehmen. Fällt die Korngröße unter einen Wert im Bereich von 20–50 nm, so ändert sich das mechanische Verhalten, es gilt die inverse Hall-Petch-Beziehung, es sinkt die Festigkeit mit abnehmender Korngröße.

11.3 Verformungsmechanismen bei nanokristallinen Werkstoffen

In diesem Abschnitt ...
Konventionelle Werkstoffe werden über Versetzungsbewegung verformt. Das ist bei nanokristallinem Material nicht möglich, da der *Frank-Reed*-Mechanismus zur Generierung von Versetzungen bei kleinen Korngrößen zu hohe Spannungen erfordern würde. Aus diesem Grund beobachtet man Deformationsmechanismen, die auf dem Prinzip des Korngrenzengleitens beruhen. Die experimentellen Ergebnisse lassen sich nur mit dem Verformungsmechanismus nach *Ashby-Verall*, der Korngrenzenverschiebung interpretieren. Eine Sonderrolle spielen in diesem Zusammenhang Nanogläser, bei denen man eine erstaunlich große plastische Verformung beobachtet.

Die *Hall-Petch*-Relation für Härte und Streckgrenze beruht auf einem Versetzungsmechanismus für die Verformung. Die experimentellen Daten, wie sie z. B. in Abb. 11.9 gezeigt wurden, weisen jedoch darauf hin, dass dieser Mechanismus eine minimale Korngröße benötigt um wirksam zu werden. Demnach muss bei nanokristallinen Materialien ein anderer Verformungsmechanismus wirksam sein. Der Verlauf der Härte von TiAl zeigt weiterhin, dass die Korngröße, bei der der Übergang stattfindet, weitgehend temperaturunabhängig ist. Der in Abb. 11.9 gezeigte Verlauf wird bei nahezu allen Materialien beobachtet. *Siegel* [11] weist darauf hin, dass bei kleinen Korngrößen die Verformung über einen Korngrenzenmechanismus stattfindet. Ein von *Siegel* inspiriertes Diagramm zeigt in Abb. 11.10 die relativen Anteile der Verformungsmechanismen als Funktion der Korngröße. Es ist interessant darauf hinzuweisen, dass bei konventionellen Werkstoffen (bei Metallen) die Verformung fast ausschließlich über Versetzungen stattfindet, während Verformung über Korngrenzenmechanismen typisch für keramische Werkstoffe ist.

Die in Abb. 11.10 dargestellte eher empirische Abhängigkeit der Verformungsmechanismen von der Korngröße wurde durch Modellrechnungen für Kupfer eindrucksvoll bestätigt [12]. Diese Ergebnisse sind in Abb. 11.11 für eine Verformungsgeschwindigkeit von $10^{-5}\,s^{-1}$ dargestellt. Diesem Graphen kann man entnehmen, dass in diesem Beispiel bei einer Korngröße von etwa 35 nm die Beiträge der Versetzungs- und der Korngrenzenmechanismen gleich sind. Bei kleineren Korngrößen überwiegt dann der Anteil der Verformung über Korngrenzenmechanismen – das ist der Bereich des inversen *Hall-Petch*-Verhaltens, während bei größeren Korngrößen die Beiträge der Versetzungen überwiegen – konventionelles *Hall-Petch*-Verhaltens.

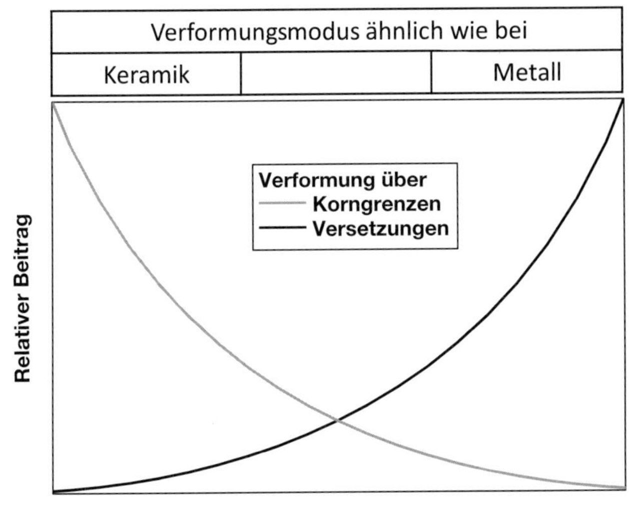

Abb. 11.10 Vergleich der Verformungsmechanismen bei Metallen und keramischen Werkstoffen. Es muss darauf hingewiesen werden, dass bei nanokristallinen Werkstoffen mit sehr kleinen Korngrößen die Verformung, ähnlich wie bei Keramiken, über Korngrenzenprozesse stattfindet [11].

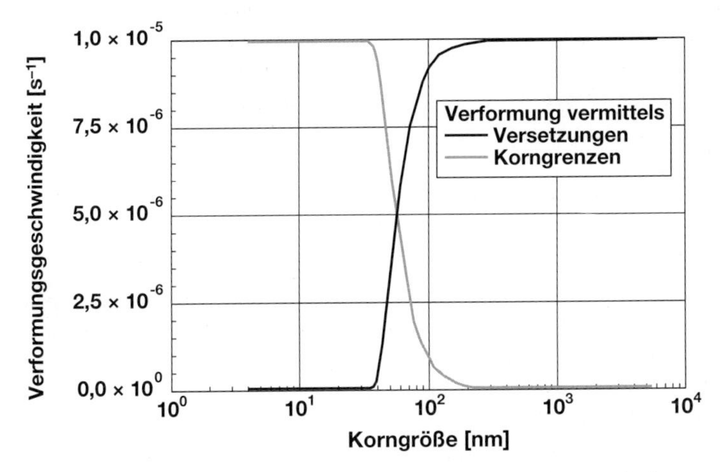

Abb. 11.11 Beiträge der verschiedenen Verformungsmechanismen über Versetzungen oder Korngrenzen bei Kupfer und einer Verformungsgeschwindigkeit von $10^{-5}\ s^{-1}$ [12]. Bei Korngrößen unterhalb von etwa 35 nm überwiegt die Verformung über Korngrenzen, während bei größeren Korngrößen die Verformung über Versetzungen erfolgt.

Um den Wechsel der Verformungsmechanismen zu verstehen, ist es notwendig, die genauen Bedingungen für die einzelnen Mechanismen zu analysieren. In konventionellen Werkstoffen erfolgt die plastische Verformung über Versetzungen. Versetzungen sind eindimensionale Gitterdefekte, die sich vereinfacht durch

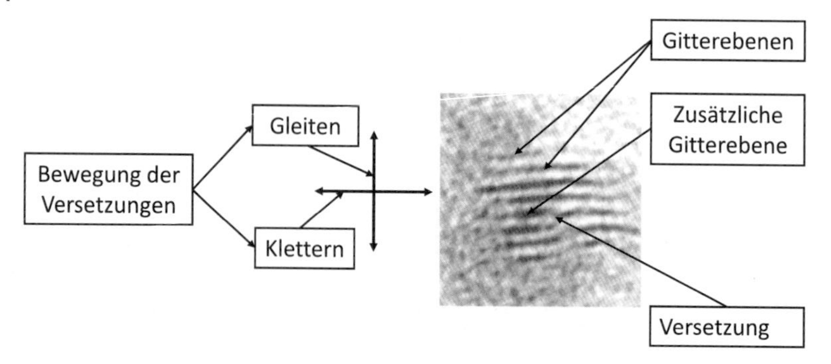

Abb. 11.12 Elektronenmikroskopische Aufnahme einer Versetzung im Kristallgitter eines Nanoteilchens. Zusätzlich sind die Bewegungsrichtungen beim Gleiten und Klettern eingezeichnet.

	Verformung durch Versetzungs-	
	Gleiten	Klettern
Vor der Verformung		
Nach der Verformung		

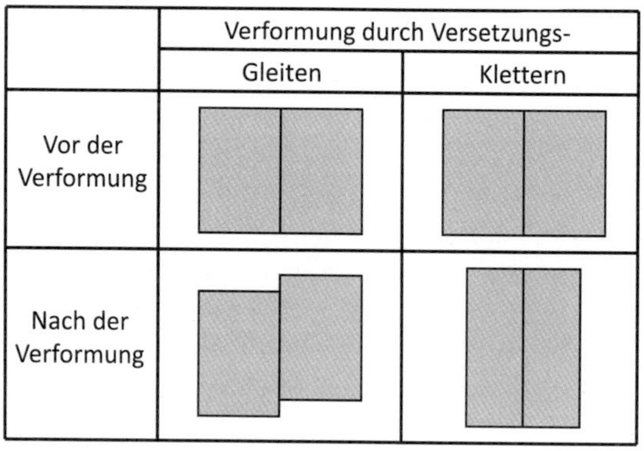

Abb. 11.13 Einfluss der Versetzungsbewegung auf die Form einer monokristallinen Probe, die (in unrealistischer Weise) nur eine Gleitebene besitzt.

eine zusätzliche unvollständige Gitterebene beschreiben lassen.[2] Versetzungen können in einer Gleitebene des Gitters liegen, das sind mobile Versetzungen. Alle anderen Versetzungen sind immobil und für die plastische Verformung bedeutungslos. Während einer plastischen Verformung können Versetzungen entweder gleiten oder klettern. Versetzungen gleiten, sobald die Spannungen die Streckgrenze überschreiten. Das Klettern von Versetzungen basiert auf einem Diffusionsprozess und ist deshalb auf den Bereich erhöhter Temperaturen beschränkt. Die Abb. 11.12 zeigt eine elektronenmikroskopische Aufnahme einer Stufenversetzung. Des Weiteren sind in der Abbildung die Bewegungsrichtung der Versetzung beim Gleiten und Klettern eingezeichnet.

Abhängig davon, ob die Verformung durch Klettern oder Gleiten von Versetzungen erfolgt, verändert sich die Form einer Probe bei der plastischen Verfor-

2) Das wäre eine Stufenversetzung. Man müsste in diesem Zusammenhang auch noch die Schraubenversetzungen erwähnen. Für Details der Versetzungstheorie muss jedoch auf spezielle Lehrbücher verwiesen werden.

mung. Die Abb. 11.13 zeigt die Form einer monokristallinen Probe vor und nach einer plastischen Verformung über Bewegung von Versetzungen. Für dieses Bild wurde vereinfachend die unrealistische Annahme gemacht, dass in der Probe nur eine einzige Gleitebene existiert.

Ergänzung 11.1: Der *Frank-Reed*-Mechanismus als Quelle für Versetzungen

Bei den bisherigen Betrachtungen wurde davon ausgegangen, dass für plastische Verformung hinreichend viele Versetzungen zur Verfügung stehen. Es ist aber klar, dass ohne ständige Neuproduktion von Versetzungen das mögliche Ausmaß einer plastischen Verformung sehr limitiert wäre. Es müssen also während der Verformung ständig neue Versetzungen produziert werden. Der wichtigste Mechanismus zum Generieren von Versetzungen ist die *Frank-Reed*-Quelle. Eine *Frank-Reed*-Quelle für Versetzungen ist charakterisiert durch eine Versetzung, deren beide Enden an einer Fehlstelle verankert sind. Diese Verankerungen können sich innerhalb eines Korns oder an den Korngrenzen befinden. Wegen der hohen elastischen Energie einer Versetzung ist in einer Versetzung eine hohe Linienspannung. Deshalb hat eine solche Versetzung die Tendenz sich zu Verkürzen. Das Anlegen einer äußeren Spannung bewirkt, dass sich die Versetzung nach außen wölbt. Sobald sie halbkreisförmig ist, wird die Versetzung instabil und dehnt sich immer weiter aus, um die Fixpunkte herum, bis sich die Bögen treffen und dabei teilweise annihilieren. Als Ergebnis verbleibt ein geschlossener Versetzungsring. Bei diesem Vorgang wird das ursprüngliche Segment der Versetzung wiederhergestellt. Nun kann der beschriebene Vorgang noch einmal beginnen. Dieser Prozess setzt sich so lange fort, wie die äußere Spannung anliegt. Dieser Prozess von Generierung und Bewegung von Versetzungen bewirkt eine plastische Verformung. Dieser Vorgang ist in seiner zeitlichen Sequenz zu verschiedenen Zeitpunkten t_i, $i \in \{1, 2, 3\}$ in Abb. 11.14 dargestellt.

Die zur Aktivierung einer *Frank-Reed*-Quelle notwendige Spannung ist gegeben durch

$$\tau = \frac{Gb}{l} \qquad (11.8)$$

In Gl. (11.8) steht τ für die Schubspannung in der Ebene der Versetzung, G ist der Schubmodul, l der Abstand zwischen den beiden Fixpunkten und b der *Burgers*-Vektor. Der *Burgers*-Vektor ist charakteristisch für die Art der Versetzung und das Kristallgitter, er ist im Allgemeinen in der Größenordnung einiger 10^{-10} m. Die Länge l hat maximal die Größe des Korndurchmessers. Um die minimale Größe eines Korns l_{min} abzuschätzen, bei dem eine *Frank-Reed*-Quelle noch aktiviert werden kann, wird die Gl. (11.8) umgeschrieben

$$l_{\text{min}} = \frac{Gb}{\tau_{\text{max}}} \qquad (11.9)$$

Die Größe τ_{max} steht für die maximal mögliche Schubspannung, die gerade noch nicht zum Bruch führt. Bei Metallen liegt diese Spannung im Bereich zwischen 10^{-3} G und 10^{-2} G. Setzt man die oben angegebenen Zahlenwerte in Gl. (11.9) ein, so erhält man für die minimale Korngröße, bei der eine *Frank-Reed*-Quelle gerade noch aktiv sein kann, Werte im Bereich zwischen 10^{-8} m und 10^{-7} m. Diese Werte sind mit den experimentellen Ergebnissen, wie sie z. B. in Abb. 11.9 dargestellt wurden, durchaus verträglich. Daraus muss man den Schluss ziehen, dass es im Allgemeinen nicht möglich ist, nanokristalline Materialien über Versetzungsmechanismen plastisch zu verformen.

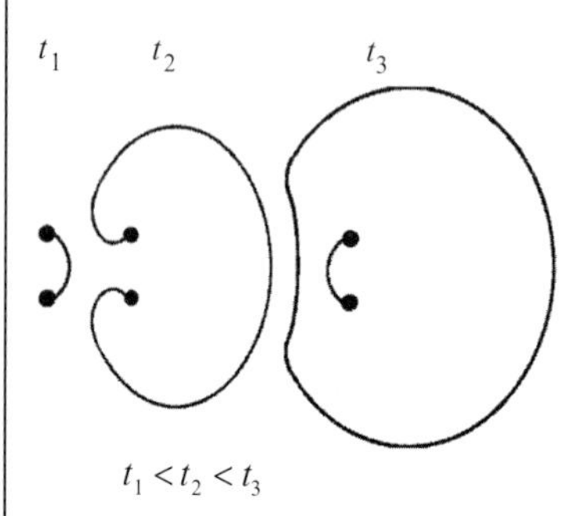

Abb. 11.14 *Frank-Reed*-Quelle zur Generierung von Versetzungen. Die Abbildung stellt die zeitliche Entwicklung einer Versetzung unter dem Einfluss einer äußeren Spannung dar. Der Prozess benötigt eine an zwei Punkten fixierte Versetzung. Unter dem Einfluss einer äußeren Spannung wölbt sich diese Versetzung aus, bis sie einen Halbkreis bildet. In diesem Moment wird die Versetzung instabil, sie dehnt sich weiter aus, bis sich der um die Fixpunkte bewegende Bogen berührt und schließt. Es verbleibt eine geschlossene Versetzung sowie ein neuer, die beiden Fixpunkte verbindender Versetzungsbogen. Wenn die Spannung weiter besteht, kann sich nun der Prozess wiederholen.

Als Letztes stellt sich die Frage, ob es nicht möglich wäre, nanokristalline Werkstücke mit den a priori vorhandenen Versetzungen zu verformen. Diese Frage muss mit Nein beantwortet werden, da in Nanoteilchen mobile Versetzungen nicht existieren können. Solche Versetzungen würden von ihrem Spannungsfeld an den Rand des Teilchens gezogen werden und dort annihilieren.

Da für die plastische Verformung von nanokristallinem Material ein auf Versetzungen beruhender Mechanismus nicht zur Verfügung steht, findet man auch keine Abhängigkeit der Härte oder der Streckgrenze, die der *Hall-Petch*-Relation folgt. Der inverse *Hall-Petch*-Mechanismus beruht auf Korngrenzengleiten. Während einer Verformung über Korngrenzen bleibt die Anzahl der Körner in einer Probe konstant. Es verändert sich die Form der Körner. Ein solcher Verformungsvorgang ist in Abb. 11.15 schematisch dargestellt. In dieser Abbildung wurden die einzelnen Körner als Sechsecke gleicher Größe dargestellt. Diese Vereinfachung wird bei theoretischen Betrachtungen gerne angewandt, da diese mathematisch gut zugänglich ist.

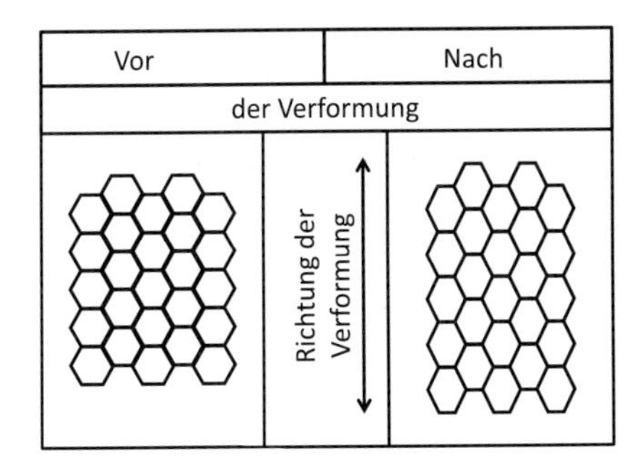

Abb. 11.15 Veränderung des Gefüges einer Probe nach einer Verformung über einen Korngrenzenprozess. Das Gefüge wurde aus hexagonalen Körnern bestehend dargestellt. Bei einem solchen Verformungsprozess bleibt die Anzahl der Körner konstant, es ändert sich deren Gestalt.

Bei technischen, konventionellen Werkstoffen kennt man zwei Korngrenzenprozesse, die als Verformungsmechanismen wirken. Es sind die von *Nabarro-Herring* bzw. *Coble* beschriebenen Mechanismen. Beide Prozesse sind diffusionskontrolliert. Die Verformungsgeschwindigkeit $\dot{\varepsilon}$ ist bei dem *Nabarro-Herring*-Mechanismus beschrieben durch

$$\dot{\varepsilon} \propto \frac{D_{\mathrm{Vol}}\sigma}{d^2} \tag{11.10}$$

Dieser Mechanismus funktioniert über die Volumendiffusion mit den Diffusionskoeffizienten D_{Vol}. Im Gegensatz dazu arbeitet der von *Coble* beschriebene Mechanismus über die Korngrenzendiffusion

$$\dot{\varepsilon} \propto \frac{D_{\mathrm{Kg}}\sigma}{d^3} \tag{11.11}$$

Die Größe D_{Kg} steht für den Korngrenzendiffusionskoeffizienten. In den Gln. (11.10) und (11.11) steht σ für die Spannung und d für die Korngröße. Der *Nabarro-Herring*-Mechanismus wird eher bei Temperaturen in der Nähe des Schmelzpunktes beobachtet, während der *Coble*-Mechanismus bei weniger hohen Temperaturen aktiv wird. Gewöhnlich wird eine Zuordnung experimenteller Ergebnisse zu einem dieser beiden Mechanismen über die unterschiedliche Korngrößenabhängigkeit getroffen. Da aber der *Nabarro-Herring* Mechanismus bei Temperaturen beobachtet wird, bei denen nanokristalline Strukturen nicht mehr stabil sind, scheidet dieser Mechanismus bei der Beschreibung der hier betrachteten Verformungsvorgängen aus. Eine Entscheidung über die Wirksamkeit des *Coble*-Mechanismus ist a priori nicht möglich.

Zusätzlich zu den beschriebenen Verformungsmechanismen gibt es den *Ashby-Verall*-Mechanismus, der ebenfalls von der Korngrenzendiffusion kontrolliert wird. Auch die Spannungs- und Korngrößenabhängigkeit ist bei dem *Coble*-Mechanismus gleich. Der Unterschied liegt in einem Schwellwert $\sigma_{\mathrm{Schwell}}$ bei der Spannungsabhängigkeit

$$\dot{\varepsilon} \propto \frac{D_{\mathrm{Kg}}(\sigma - \sigma_{\mathrm{Schwell}})}{d^3} \tag{11.12}$$

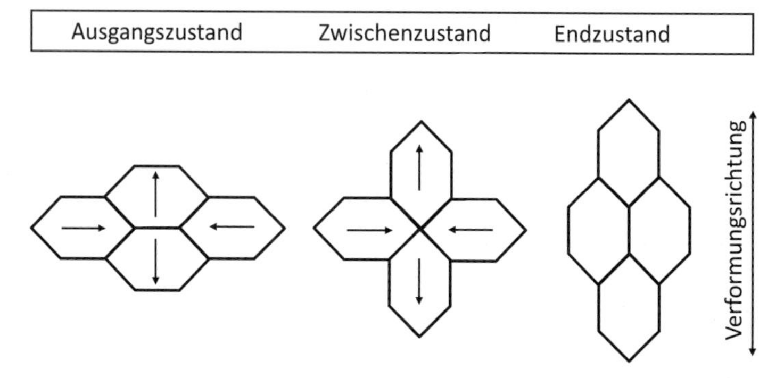

Abb. 11.16 Prinzip des „grain switching mechanism" (Gleitverschiebung) nach *Ashby-Verall*. Die Abbildung zeigt den Ausgangszustand, den intermediären sowie den Endzustand. Man erkennt, dass sich die einzelnen Körner drehen.

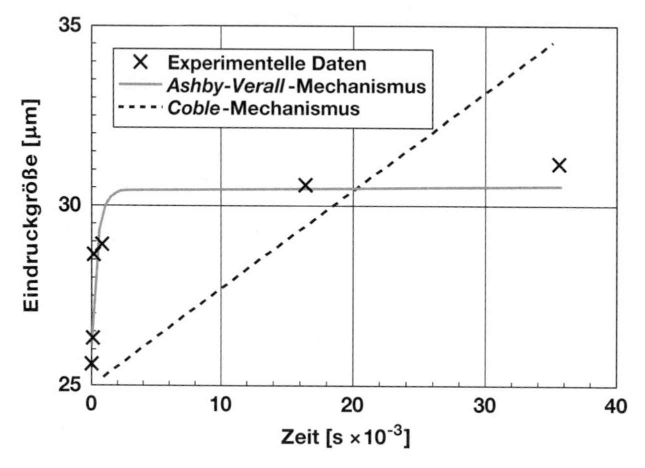

Abb. 11.17 Größe von *Vickers*härteeindrücken als Funktion der Zeit in TiAl [14]. Dieser Graph vergleicht die experimentellen Daten mit Ergebnissen aus Modellrechnungen unter der Annahme der Mechanismen von *Coble* und *Ashby-Verall*.

Der Verformungsmechanismus nach *Ashby-Verall* wird auch „grain switching mechanism" („Gleitverschiebung") genannt [13]. Die Skizze in Abb. 11.16 macht klar, woher diese Bezeichnung kommt.

Aus dem Vergleich der Gln. (11.11) und (11.12) erkennt man, dass eine eindeutige Zuordnung zu einem dieser Mechanismen schwierig ist, da beide die gleiche Korngrößenabhängigkeit haben. Die Abb. 11.17 zeigt die Ergebnisse der zeitabhängigen Eindringtiefe bei einer *Vickers*-Härtemessung an TiAl [14]. Für diesen Graphen wurde der Zeitverlauf der Eindringens des Prüfdiamanten zusätzlich zu den experimentellen Werten auch theoretisch sowohl unter der Annahme des *Coble-* als auch des *Ashby-Verall*-Mechanismus berechnet. Man erkennt eindeutig, dass die Modellierung auf der Basis des *Ashby-Verall*-Mechanismus die experimentellen Daten deutlich besser beschreibt.

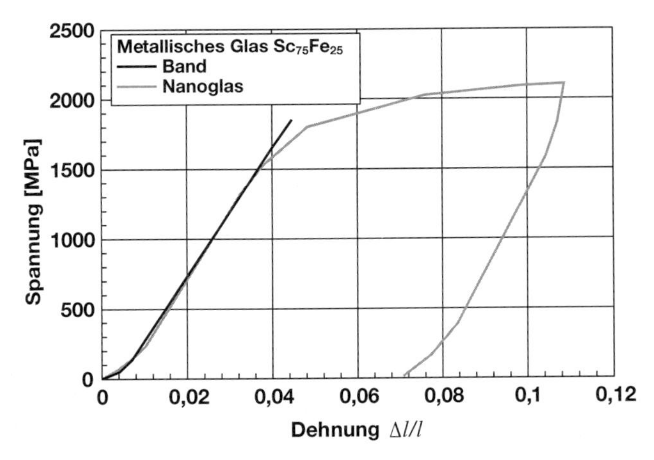

Abb. 11.18 Vergleich der Spannungs-Dehnungs-Diagramme für ein metallisches Glas und ein amorphes Band gleicher Zusammensetzung [3]. Man sieht, dass beide Proben im elastischen Bereich einen nicht linearen Verlauf der Verformung zeigen. Währen das amorphe Band praktisch keine plastische Verformung zulässt, erlaubt das Nanoglas eine sehr weitgehende plastische Verformung.

Betrachtet man Verformungsmechanismen, die von Korngrenzen bestimmt werden, so muss man in diesem Zusammenhang auch die Eigenschaften von Nanogläsern betrachten. Nanogläser sind Materialien, die aus nanoskaligen Glasteilchen zusammengesetzt sind. Zwischen diesen Teilchen sind „Korngrenzen", ebenfalls amorphe Strukturen, jedoch mit geringerer Dichte. Eine Schemazeichnung einer solchen Struktur ist in Abb. 2.15 dargestellt. Die Eigenschaften solcher Werkstoffe unterscheiden sich signifikant von denen von Bändern aus metallischen Gläsern gleicher Zusammensetzung. Die Abb. 11.18 zeigt eine Gegenüberstellung der Spannungs-Dehnungs-Diagramme des metallischen Glases $Sc_{75}Fe_{25}$, einmal als amorphes Band und einmal als Nanoglas [3]. Im Bereich niedriger Spannungen verhalten sich beide Proben gleich. Zu Beginn der Lastaufbringung ist der Elastizitätsmodul geringer als etwas später bei höheren Spannungen. Bei diesen Materialien ist der Elastizitätsmodul spannungsabhängig. Während das amorphe Band am Ende des elastischen Bereiches reißt, also nahezu keine plastische Verformung zulässt, setzt bei dem Nanoglas eine plastische Deformation ein. Im vorliegenden Beispiel wurde die Verformung bei einer Dehnung von 0,11 (= 11 %) abgebrochen; bei anderen Proben wurde eine maximale Dehnung von 0,15 gemessen. Es ist wesentlich festzuhalten, dass während der plastischen Verformung die Festigkeit noch weiter angestiegen ist. Offensichtlich zeigen Nanogläser eine Verfestigung während der mechanischen Verformung. Bei einer Reduktion der Last beobachtet man den gleichen spannungsabhängigen Verlauf des Elastizitätsmoduls wie bei der Erhöhung der Last.

Wichtig zu wissen

Im Gegensatz zu konventionellen Werkstoffen werden nanokristalline Materialien über Korngrenzenprozesse und nicht über Versetzungen verformt. Das deshalb, weil in den Körnern dieser Materialien gleitfähige Versetzungen nicht stabil sind und ein Generieren von Versetzungen über *Frank-Reed*-Quellen nicht möglich ist, da bei nanokristallinen Werkstoffen Spannungen benötigt würden, die höher sind als die theoretische Festigkeit. Es wurde ein spezieller, nur bei nanokristallinen Materialien wirksamer Korngrenzenprozess, die Gleitverschiebung (grain switching mechanism) nach *Ashby-Verall* identifiziert. Interessant ist in diesem Zusammenhang das Verhalten von Nanogläsern, die sehr hohe plastische Verformungen zulassen.

11.4 Superplastizität

In diesem Abschnitt ...
Es gibt Materialien, die unter bestimmten Bedingungen von Spannung, Verformungsgeschwindigkeit und Temperatur plastische Verformungen von weit über 100 % zulassen. Dieses Phänomen, genannt Superplastizität, wurde auch bei nanokristallinen metallischen und keramischen Proben beobachtet.

Superplastizität ist eine Eigenschaft, die sehr große Verformungen zulässt. Diese plastischen Verformungen sind im Allgemeinen mehr als 100 %, ja selbst Werte von über 1000 % wurden bereits nachgewiesen. Im Gegensatz zu „normalen" Werkstoffen zeigen superplastische Materialien bei der mechanischen Verformung keine Einschnürung, z. B. bei einem Zugversuch wird die Probe über die ganze Länge gleichmäßig dünner. Superplastizität ist auf einen sehr engen Bereich von Korngrößen und Temperaturen beschränkt. Bei konventionellen Werkstoffen liegt der Temperaturbereich, in dem Superplastizität auftritt, um 0,5 T_m.[3] Bei Metallen findet man Superplastizität in dem Spannungs- und Temperaturbereich, in dem der Übergang der Verformung von einem versetzungskontrolliertem Mechanismus zu einem der durch Korngrenzenprozesse bestimmt ist. Superplastizität beobachtet man bei Metallen und Keramiken. Da man aber grundsätzlich Keramiken nicht fehlerfrei herstellen kann, sie enthalten immer Poren, erreicht man bei diesen Materialien nicht so große Dehnungen wie bei Metallen.

Die Verformungsgeschwindigkeit $\dot{\varepsilon}$ einer superplastischen Probe wird beschrieben durch

$$\dot{\varepsilon} \propto \frac{\sigma^n}{d^2} \tag{11.13}$$

Der Spannungsexponent n in Gl. (11.13) ist 1 bei Korngrenzenprozessen und 2 bei Verformung über Versetzungen.

Die Abb. 11.19 zeigt das Spannungs-Dehnungs-Diagramm zweier superplastischer Werkstoffe, Ni_3Al[4] mit einer Korngröße zwischen 80 und 100 nm [15] und

3) T_m ist die Temperatur des Schmelzpunktes in Kelvin.

4) Eine intermetallische Verbindung.

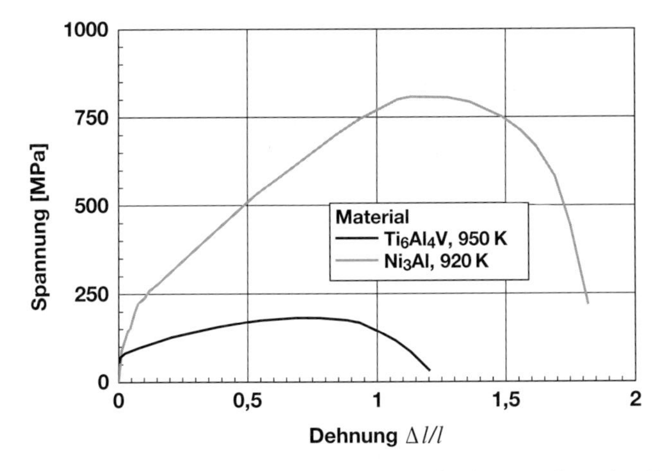

Abb. 11.19 Spannungs-Dehnungs-Diagramm für die superplastischen Werkstoffe, Ni_3Al mit einer Korngröße zwischen 80–100 nm [15] und Ti_6Al_4V mit einer Korngröße im Bereich zwischen 30–50 nm [16]. In beiden Beispielen ist die Dehnung größer als 1 (= 100 %).

Ti_6Al_4V[5] mit einer Korngröße im Bereich zwischen 30–50 nm [16]. In beiden Fällen werden Verformungen von deutlich über 100 % erreicht. Die Versuche wurden mit einer Verformungsgeschwindigkeit von etwa 10^{-3} s^{-1} durchgeführt.

Die in Abb. 11.19 gezeigten Spannungs-Dehnungs-Diagramme zeigen Bruchdehnungen von über 100 %. Das ist möglich, weil diese Proben aus völlig dichtem Material durch extreme plastische Verformung hergestellt wurden. Da pulvermetallurgisch hergestellte Proben immer Fehler aufweisen, wird man mit solchen Proben, insbesondere bei Keramiken, auch kaum Dehnungen von 100 % und mehr erreichen. Um nanokristalline keramische Teile herstellen zu können, benötigt man auch nanokristalline Ausgangspulver. Gerade solche Pulver lassen sich aber nur schlecht zu dichten Formkörpern verpressen, die anschließend gesintert[6] werden. Die nach dem Sinterprozess zurückbleibenden Poren reduzieren nicht nur den tragenden Querschnitt, sie sind zusätzlich Ausgangspunkte für Risse, die letztlich zum Bruch der Teile führen. Die Spannung σ_{Fehler}, die bei einem solchen fehlerbehafteten Teil zum Bruch führt, folgt der Proportionalität

$$\sigma_{\text{Fehler}} \propto \frac{1}{c^{0,5}} \tag{11.14}$$

Die Variable c in Gl. (11.14) gibt die Abmessung des größten Fehlers in der Probe. Wenn es dennoch gelingt, keramische Bauteile mit superplastischen Eigenschaften herzustellen, ist dies ein Nachweis für hervorragende technische Fähigkeiten des Produzenten. Ein solches Beispiel zeigt die Abb. 11.20. Es handelt sich um Spannungs-Dehnungs-Diagramme von Zirkonoxid mit 5 Gew.-% Yttriumoxid,

5) Bei dieser Werkstoffbezeichnung geben die Zahlen den Gehalt des im Folgenden angegebenen Elementes in Prozenten an.

6) Sintern = Hochtemperaturbehandlung

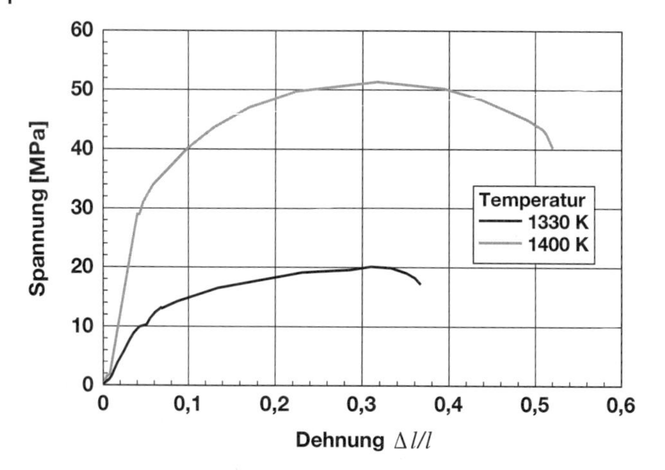

Abb. 11.20 Superplastisches Verhalten von ZrO_2 (5 Gew.-% Y_2O_3) mit Korngrößen im Bereich von 45–75 nm, die Dichte lag bei 90 % [17]. Da die Temperatur der Messungen nahe der Sintertemperatur von 1420 K lag, trat während der Messungen Kornwachstum auf.

die im Zugversuch bei zwei verschiedenen Temperaturen gemessen wurden [17].[7] Die Dichte der Proben war etwa 90 %, die Korngröße im Bereich von 45 bis 75 nm. Die Sintertemperatur war 1420 K.

Die in Abb. 11.20 sichtbaren Bruchdehnungen von 37 und 52 % sind, auch wenn diese Werte im Vergleich zu denen aus Abb. 11.19 niedrig sind, als bemerkenswert einzustufen. Da die Prüftemperatur in der Nähe der Sintertemperatur lag, trat während der Messungen unvermeidlich Kornwachstum auf. Die Überlagerung von plastischer Verformung mit einem Kornwachstum hat die Messergebnisse sicherlich beeinflusst. Eine Analyse dieser und weiterer Resultate führte zu dem Schluss, dass die Verformung über Korngrenzenprozesse erfolgte.

Wichtig zu wissen

Verglichen mit konventionellen Werkstoffen tritt bei nanokristallinem Material Superplastizität, bei anderen Bedingungen von Spannung, Temperatur und Korngröße, auf. Bei metallischen superplastischen Proben findet man Verformungen von weit über 100 %, ohne dass die Probe reißt, es wird keine Einschnürung der Probe während eines Zugversuches beobachtet. Superplastizität wird in dem Bereich von Temperaturen und Korngrößen beobachtet, in dem der Übergang von einer Verformung durch Versetzungen zu einem Korngrenzenmechanismus stattfindet. Superplastizität wird auch bei keramischen Werkstoffen beobachtet, jedoch werden, wegen der aus der Fertigung inhärent vorhandenen Fehlstellen, nicht so große Verformungen wie bei Metallen gemessen.

7) Der Zugversuch muss in diesem Zusammenhang besonders hervorgehoben werden, da man bei Keramiken im Allgemeinen nur Druckversuche durchführt.

11.5 Schwingungen von Nanostäbchen und Nanoröhrchen – Maßstabsgesetze für Schwingungen

In diesem Abschnitt ...
Die Resonanzfrequenzen für Biegeschwingungen hängen stark von der Geometrie des Schwingers ab. Es werden die Maßstabsgesetze für die Resonanzfrequenz von einseitig eingespannten Stäben, wie z. B. Kohlenstoff-Nanoröhrchen gezeigt.

Es ist wohlbekannt, dass die Schwingungsfrequenz eines Stabes mit seiner Länge abnimmt. Man mag nun die Frage stellen, wie die Resonanzfrequenzen von eindimensionalen Nanoteilchen sind. Im Folgenden sollen die Resonanzfrequenzen von einseitig eingespannten Stäben als Funktion der Länge untersucht werden. Die Grundschwingung ν_1 eines solchen einseitig eingespannten Stabes mit der Länge l und dem Durchmesser d berechnet sich aus[8)]

$$\nu_1 = \frac{\pi}{32}\frac{d}{l^2}\left(\frac{E}{\rho}\right)^{\frac{1}{2}} \tag{11.15}$$

In Gl. (11.15) steht E für den Elastizitätsmodul und ρ für die Dichte des Materials.[9)] Wie man der Gl. (11.15) entnehmen kann, sind die Schwingungsfrequenzen auch eine Funktion des Elastizitätsmoduls und der Dichte. Gerade das sind aber Größen, die für Nanoteilchen praktisch nicht bekannt sind; man behilft sich in diesem Fall mit den Daten der konventionellen Werkstoffe. Dennoch sind Rechnungen auf der Basis der Gl. (11.15) sehr aufschlussreich, da die Ergebnisse zumindest Hinweise auf den Frequenzbereich der Resonanzen geben. Die Tab. 11.1 gibt die Resonanzfrequenzen eines Stabes mit makroskopischen Dimensionen im Vergleich zu einem nanoskaligen Stab an. In beiden Fällen wird das Verhältnis Länge zu Durchmesser mit 10 : 1 angenommen.

Tab. 11.1 Abschätzung der Frequenz der ersten Grundschwingung eines einseitig eingespannten Stabes unterschiedlicher Länge aus Eisen und einem Kohlenstoff-Nanoröhrchen. Für diese Abschätzung wurden die folgenden Materialdaten verwendet: Eisen: $E = 2{,}11$ GPa, $\rho = 7{,}8 \times 10^3$ kg m^{-3}, Kohlenstoff-Nanoröhrchen: $E \approx 1000$ GPa, $\rho \approx 2 \times 10^3$ kg m^{-3}.

Stablänge [m]	Frequenz für Eisen [Hz]	Frequenz für Kohlenstoff-Nanoröhrchen [Hz]
0,1	520	–
10^{-8}	$5{,}2 \times 10^9$	$2{,}2 \times 10^{10}$

8) M. Todt (2012) Vienna University of Technology, private Mitteilung.
9) Es muss darauf hingewiesen werden, dass ein einseitig eingespannter Stab kein harmonischer Schwinger ist, d. h., dass die Frequenzen der höheren Schwingungsmoden keine ganzzahligen Vielfachen der Grundschwingung ν_1 sind.

Analysiert man die in der Tab. 11.1 angegebenen Zahlen, so erkennt man schnell, dass es sich bei den Frequenzen der Grundschwingungen der 10 nm-Stäbe um Werte handelt, die wesentlich größer sind, als die in der konventionellen Technik üblich sind. Die Veränderung der Schwingungsfrequenz von Kohlenstoff-Nanoröhrchen durch adsorbierte Moleküle wurde mehrfach verwendet, um daraus die Masse einzelner Moleküle zu bestimmen [18, 19].

Wichtig zu wissen
Die Resonanzfrequenz eines einseitig eingespannten Stabes nimmt invers mit dem Quadrat der Länge zu. Bei Nanostäbchen liegen diese Frequenzen im Gigahertzbereich. Diese Schwingungen können zur Bestimmung der Masse einzelner Moleküle benutzt werden.

11.6 Nanokomposite mit Polymer-Matrix

11.6.1 Grundsätzliche Betrachtungen

In diesem Abschnitt ...
Komposite mit Polymer-Matrix gefüllt mit Nanoteilchen haben eine erhebliche wirtschaftliche Bedeutung erlangt. Die Verbesserung der Eigenschaften ist stark abhängig von der Dimensionalität der Teilchen. Die besten Eigenschaften werden mit Stäbchen und Plättchen als Füllstoff erzielt. In der Natur findet man solche Komposite mit hervorragenden Eigenschaften, in denen Plättchen mit einem organischen Binder zu einem hochfesten Komposit verbunden sind. Es gibt eine Forschungsrichtung, die versucht, solche Strukturen zu imitieren.

Wegen ihrer hervorragenden und zum Teil neuen Eigenschaften bekamen Nanokomposite auf Basis von Polymeren eine herausragende wirtschaftliche Bedeutung. Die Verbesserung der Eigenschaften geht in Richtung Festigkeit, Temperaturbeständigkeit und Entflammbarkeit. Gerade die reduzierte Entflammbarkeit ist bei Anwendungen in der Automobil- und Flugzeugtechnik von überragender Bedeutung.

Die Verbesserung der Eigenschaften hängt stark von der Natur des nanoskaligen Füllstoffes sowie der Art der Einbringung des Füllers in die Matrix ab. Es ist ohne Weiteres einzusehen, dass die Verwendung von null-, ein- oder zweidimensionalen Teilchen jeweils andere, für die Dimensionalität der Teilchen charakteristische Eigenschaften hervorbringt. Die Abb. 11.21 zeigt in sehr schematischer Weise Spannungs-Dehnungs-Diagramme für Nanokomposite auf Polymerbasis im Vergleich zu dem ungefüllten Material.

Abhängig von der Dimensionalität des nanoskaligen Füllstoffes kann man bei diesen Kompositen die Eigenschaften gezielt steuern. Die höchste Bruchdehnung und niedrigste Festigkeit haben ungefüllte Polymere. Die besten Festigkeitswer-

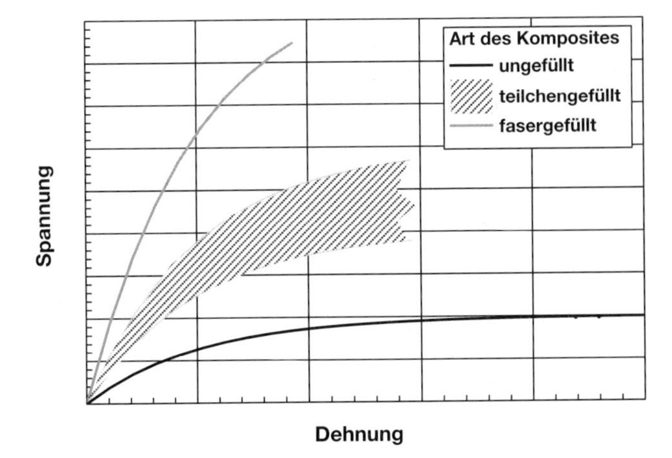

Abb. 11.21 Spannungs-Dehnungs-Diagramme für Nanokomposite mit Polymer-Matrix. Man kann als allgemeine Regel nehmen, dass ungefüllte Materialien die größte Bruchdehnung haben, während fasergefüllte Komposite die höchsten Festigkeiten erreichen, das geht jedoch zumeist mit einer Verminderung der Bruchdehnung einher. Bei der Zugabe von null- oder zweidimensionalen Teilchen hängt das Ergebnis sehr stark von den Herstellungsverfahren ab.

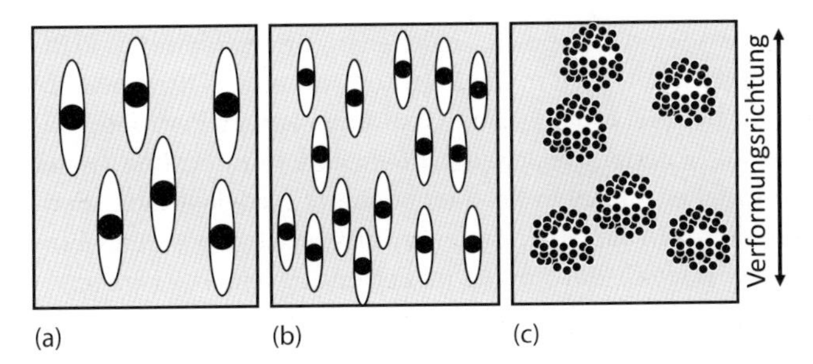

Abb. 11.22 Einfluss der Größe der Teilchen auf das Verhalten eines Keramik-Polymer-Nanokomposites. Größere Teilchen führen unter Belastung zu größeren Fehlern (vergleiche die Bilder a und b), die gemäß Gl. (11.14) eher zum Bruch führen. Unter Belastung verhalten sich Cluster von Teilchen von vornherein als Fehler und führen damit zumeist auch zu einem vorzeitigen Bruch (c) [20].

te erreichen Komposite, die mit Fasern gefüllt sind. Die Art des Einarbeitens des Füllstoffes in die Matrix ist von entscheidender Bedeutung, weil es ein wesentlicher Unterschied ist, ob die Teilchen vereinzelt oder in Clustern in der Polymer-Matrix vorliegen. Im Falle von Teilchenclustern täuschen diese größere Teilchen vor, damit geht der Vorteil der Verwendung von Nanoteilchen verloren. Fügt man einem Polymer die jeweils gleiche Masse von Teilchen zu, so erhält man mit den jeweils kleineren Teilchen die besseren Ergebnisse. Auch Cluster von sehr kleinen Teilchen können sich positiv auf das Verhalten des Komposites auswirken. Diese Verhältnisse sind in Abb. 11.22 dargestellt [20].

Unter Zuhilfenahme von Gl. (11.14) kann man in Abb. 11.22 erkennen, dass, unter der Annahme einer idealen Bindung zwischen Teilchen und Matrix, kleinere Teilchen (Abb. 11.22b) zu Kompositen höherer Festigkeiten führen, weil bei Belastung kleinere Fehler entstehen als bei größeren Teilchen (Abb. 11.22a). Man erkennt auch, dass Cluster kleinerer Teilchen fast a priori als Fehler zu betrachten sind (Abb. 11.22c), da sich innerhalb des Clusters leichter ein Riss bilden kann. In diesem Fall tragen die Teilchen häufig nicht zur Erhöhung der Festigkeit bei. Trifft die Grundvoraussetzung einer idealen Bindung zwischen Matrix und Teilchen nicht zu, so wirken die Teilchen immer als Fehler.

Die Eigenschaften von Nanokompositen hängen stark von den angewandten Produktionsverfahren ab. Im einfachsten Fall werden die Teilchen durch Rühren oder Kneten in die Matrix eingearbeitet. Diese Verfahren führen zur Bildung von Teilchenclustern, die, abhängig von der Zeitdauer der Prozesse, mehr oder weniger gut verteilt sind. Fortgeschrittenere Verfahren suspendieren die Teilchen zuerst in einer Flüssigkeit. Diese kann ein Lösungsmittel oder aber auch eine flüssiges Edukt, z. B. ein Monomer für das Polymer, sein. Die in die Flüssigkeit eingebrachten Teilchen werden z. B. mit Ultraschall gleichmäßig verteilt. Bei diesem Ultraschallprozess können auch eventuell vorhandene Cluster zerstört werden. Eine weitere, besonders bei Silicaten angewandte Möglichkeit ist, die Vereinzelung der Teilchen durch chemische Verfahren während des Einarbeitens zu bewirken (siehe auch Kapitel 5). Diese Verfahren führen zu den Produkten höchster Qualität.

Von besonderem Interesse sind Komposite, in denen die zweite Phase aus Plättchen besteht. Diese Kombination wird in der belebten Natur des Öfteren beobachtet. Das bekannteste Beispiel biologischen Ursprungs ist das Perlmutt. Dabei handelt es sich um ein Material, bei dem die intelligente Kombination zweier Materialien geringer Festigkeit zu einem Produkt höchster Festigkeit führt. Perlmutt besteht aus mineralischen Blöcken, Aragonit, die mit etwa 5 % eines Proteins gebunden sind. Die Aragonit-Blöcke sind im Perlmutt in einer „Ziegel-und-Mörtel-Struktur" streng geordnet. Gerade diese, in Abb. 11.23a dargestellte strenge Ordnung führt zu der hohen Festigkeit des Materials. Die spezielle Anordnung der keramischen Blöcke macht Perlmutt unempfindlich gegen Beschädigungen, die bei einer Belastung auftreten könnten [21]. Dieser Mechanismus ist in den Abb. 11.23b,c schematisch dargestellt.

Die in Abb. 11.23 dargestellte Struktur bezieht ihre große Festigkeit aus ihrem hohen Ordnungsgrad. Die Bruchfestigkeit dieser Struktur wird verständlich, wenn man die Abb. 11.23b,c ansieht. Bei Belastung ist es ohne Weiteres möglich, dass der Binder, in diesem Falle z. B. Kollagen, an den Enden der keramischen Blöcke einreißt (Abb. 11.23c). Das Material bricht aber erst, wenn die Spannungen im System so groß werden, dass sich der Binder von den Längsflächen der keramischen Platten löst [21]. Die elektronenmikroskopische Aufnahme in Abb. 11.23a zeigt, dass das einfache Modell durchaus der Realität entspricht. Es wurden theoretische Modelle entwickelt, die zeigen, dass es ein optimales Längen-Dicken-Verhältnis für die Platten gibt, bei dem die maximale Festigkeit erreicht wird. Das ist dann der Fall, wenn der Binder und die keramischen Platten etwa gleichzeitig reißen. Die in Abb. 11.23 dargestellten Strukturen sind ganz offensichtlich anisotrop, das hat zur Folge, dass die hervorragenden mechanischen Eigenschaften

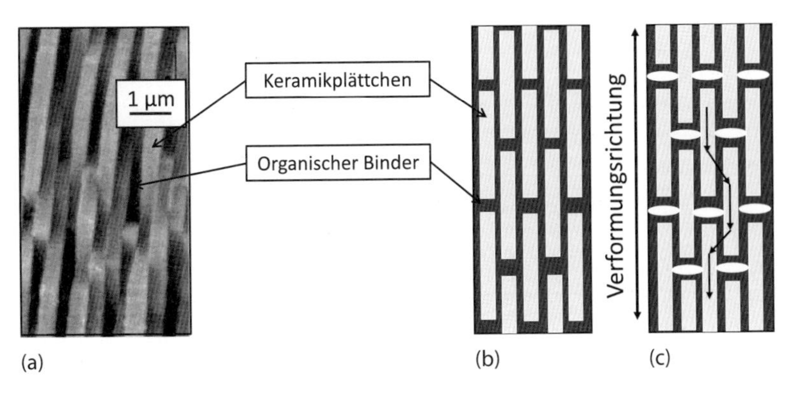

Abb. 11.23 Elektronenmikroskopische Aufnahme von Perlmutt (a) [21]. Diese Aufnahme zeigt die perfekte Anordnung der keramischen Blöcke. Das Teilbild (b) zeigt diese Anordnung in idealisierter Darstellung im unbelasteten Zustand. Bei Belastung kann zwar das bindende Protein an den Enden der keramischen Blöcke aufreißen (c), zum Bruch des Materials kann es aber nur kommen, wenn das bindende Protein entlang der ganzen Länge der keramischen Blöcke aufreißt. (Abb. 11.23a mit Erlaubnis der National Academy of Sciences.)

richtungsabhängig sind. Dieses Faktum muss bei der Entwicklung synthetischer Werkstoffe, die auf diesem Prinzip arbeiten sollen, berücksichtigt werden. In diesem Zusammenhang sind Komposite mit Polymer-Matrix, die mit Plättchen von Schichtsilicaten gefüllt sind, von besonderem wirtschaftlichem Interesse.

Wichtig zu wissen
Komposite mit einem Polymer als Matrix und Nanoteilchen als Füllstoff haben wirtschaftliche Bedeutung erlangt. Die Verbesserung der Eigenschaften hängt stark von der Dimensionalität des Füllstoffes ab. Die besten Eigenschaften erhält man mit ein- und zweidimensionalen Teilchen. In der Natur gibt es das Perlmutt, ein Komposit mit hohem Ordnungsgrad, bestehend aus Aragonit[10]-Plättchen gebunden mit einem Protein. Dieses hochfeste Komposit ist Vorbild für viele technische Produkte.

11.6.2 Polymer-Matrix-Komposite gefüllt mit nulldimensionalen Teilchen

In diesem Abschnitt ...
Komposite bestehend aus einer Polymer-Matrix, gefüllt mit nulldimensionalen (also eher kugelförmigen) Teilchen, zeigen gegenüber dem reinen Polymer eine etwas erhöhte Festigkeit aber auch eine deutliche Versprödung. Mit kleiner werdenden Teilchengrößen nimmt die Verbesserung der Eigenschaften zu.

Polymere, die mit nulldimensionalen Teilchen (kurz Teilchen) gefüllt sind, zeigen eine Verbesserung der mechanischen Eigenschaften. Dies war auch theoretisch

10) Eine Modifikation des Calciumcarbonates.

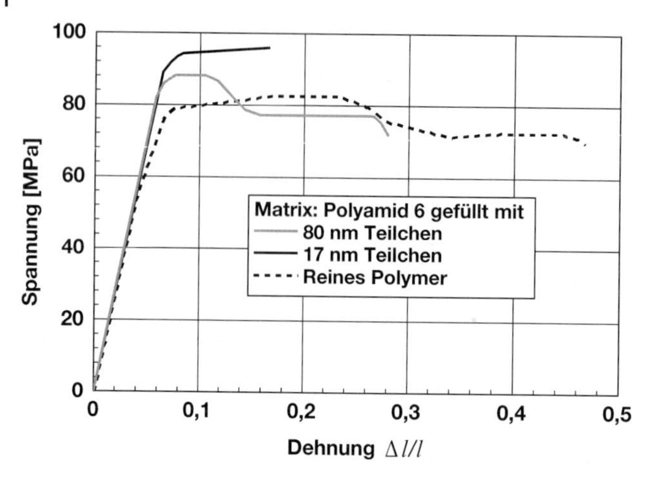

Abb. 11.24 Spannungs-Dehnungs-Diagramme von Kompositen auf der Basis von Polyamide 6 (Nylon 6), gefüllt mit SiO_2-Teilchen. Die Teilchengröße war 17 oder 80 nm [22]. Die Komposite zeigen gegenüber dem ungefüllten Polymer eine höhere Festigkeit sowie eine geringere Bruchdehnung. Die Erhöhung der Bruchfestigkeit ist bei den kleineren Teilchen am stärksten ausgeprägt, diese zeigten aber die geringste Bruchdehnung.

zu erwarten. Bei der experimentellen Realisierung zeigte sich jedoch, dass die Ergebnisse stark streuten und die großen Erwartungen nicht erfüllt werden konnten. Das Problem liegt, wie es auch schon im vorhergehenden Abschnitt diskutiert wurde, zu erheblichen Teilen an den angewandten Fertigungsverfahren und der Tendenz von Nanoteilchen zu agglomerieren. Die Abb. 11.24 zeigt Spannungs-Dehnungs-Diagramme von Kompositen auf der Basis von Polyamid 6 (Nylon 6), die mit SiO_2-Teilchen gefüllt waren. Die Teilchen hatten eine mittlere Größe von 17 oder 80 nm.

Die in Abb. 11.24 dargestellten experimentellen Ergebnisse zeigen, dass das Füllen eines Polymers mit Nanoteilchen die Festigkeit erhöht. Gleichzeitig beobachtet man eine Verminderung der Bruchdehnung. Die kleineren Teilchen führten zu dem Komposit mit der höchsten Bruchfestigkeit, die aber mit der geringsten Bruchdehnung verbunden war. Das Verhalten der Bruchfestigkeit war anhand der Betrachtungen (siehe Abb. 11.22) im vorhergehenden Abschnitt zu erwarten. Die Verminderung der Bruchdehnung von 0,48 (= 48 %) auf etwa 0,17 (= 17 %) ist zwar drastisch, aber bei der technischen Anwendung so lange nicht störend, als diese für die Formgebung nicht benötigt wird.

Wichtig zu wissen

Das Einbringen von nulldimensionalen Nanoteilchen in ein Polymer führt zu Kompositen, die gegenüber dem reinen Polymer eine höhere Festigkeit und geringere Bruchdehnung aufweisen. Diese Tendenzen nehmen mit abnehmender Teilchengröße zu.

11.6.3
Nanokomposite auf Polymerbasis gefüllt mit Silicat-Plättchen

In diesem Abschnitt ...
Polymer gefüllt mit Plättchen von Schichtsilicaten (Phyllosilicate) gehören zu den wirtschaftlich interessantesten Nanokompositen. Diese Komposite haben eine hohe Festigkeit kombiniert mit einer ausreichender plastischer Verformbarkeit. Große Bedeutung erlangten diese Komposite jedoch durch ihre flammhemmenden Eigenschaften. Voraussetzung für die guten mechanischen Eigenschaften ist jedoch, dass die Silicatschichten vereinzelt sind und möglichst geordnet, ähnlich wie beim Perlmutt, im Komposit eingebaut sind.

Nanokomposite gefüllt mit zweidimensionalen Teilchen, Plättchen, ahmen den Aufbau von Perlmutt nach. Entsprechend hoch sind die Erwartungen an diese Komposite. Realisiert wurden diese Komposite erstmals 1989 von Toyota zur Verwendung im Automobilbau. Für diese Komposite werden delaminierte Phyllosilicate (Schichtsilicate, siehe Kapitel 5) in ein Polymer eingearbeitet. Diese Komposite haben eine wesentlich erhöhte Festigkeit, die mit einer Verringerung der Entflammbarkeit verbunden ist.

Für diese Anwendung wird zumeist Montmorillonit eingebettet in Nylon 6 verwendet. Die Delaminierung kann vermittels mechanischer Verfahren oder chemischer Prozesse erfolgen. Bevor man die Eigenschaften dieser Komposite diskutiert, ist es notwendig, die möglichen Strukturen zu betrachten. Diese sind in Abb. 11.25 in schematischer Weise dargestellt. Die Silicate können entweder als Pakete von Schichten (Abb. 11.25a) oder vereinzelt (delaminiert) in das Polymer eingebracht werden. Sind die Lagen des Phyllosilicates vereinzelt, so kann deren Orientierung entweder zufällig (Abb. 11.25b) oder, wie bei Perlmutt, parallel orientiert sein (Abb. 11.25c). Eine Struktur, die so streng geordnet ist wie beim Perlmutt, ist nicht erreichbar.

Die in Abb. 11.25 dargestellten Strukturen solcher Komposite repräsentieren auch verschiedene Stadien der Entwicklung der Fertigungstechnik. Die am weitesten entwickelte Fertigungstechnik liefert ein Produkt, wie es in Abb. 11.25c dargestellt ist. Wegen der parallelen Ausrichtung der Plättchen sind die Eigen-

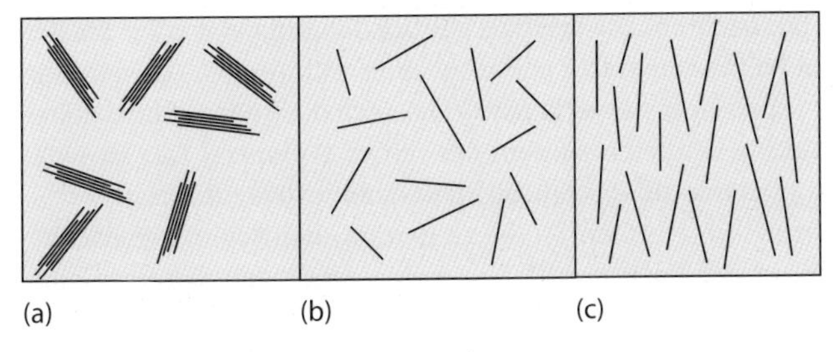

Abb. 11.25 Mögliche Anordnung von Schichtsilicaten in einem Nanokomposit. Das Silicat kann in zufällig orientierten Paketen (a) oder einzelnen Schichten (b) eingebracht sein. Die höchsten Festigkeiten erreicht man allerdings nur, wenn die vereinzelten Schichten weitgehend parallel orientiert sind; diese Struktur kommt der des Perlmutts nahe (c).

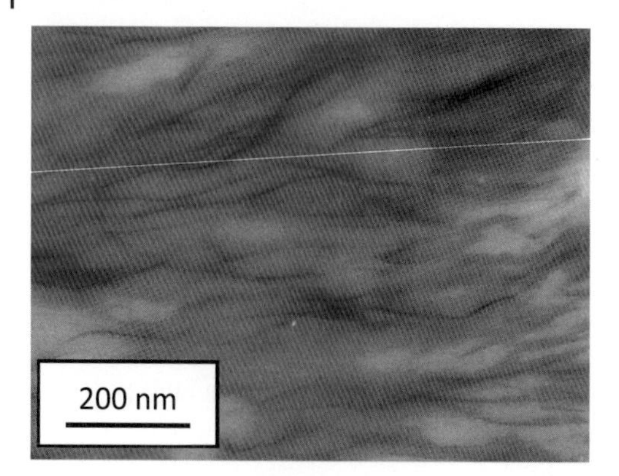

Abb. 11.26 Elektronenmikroskopische Aufnahme eines Komposites mit weitgehend parallel orientierten Plättchen gemäß Abb. 11.25c. Dieses Komposit auf Polystyrenbasis enthält 5,6 Gew.-% Montmorillonit, das nahezu vollständig delaminiert ist [23]. (Mit Erlaubnis von Elsevier.)

schaften dieses Materials stark anisotrop. In Fällen, in denen diese Anisotropie bei der Anwendung stört, muss man, unter Verzicht auf erreichbare Festigkeiten, ein Produkt gemäß Abb. 11.25b wählen. In jedem Fall ist es für das Erreichen guter mechanischer Eigenschaften notwendig, dass die eingesetzten Phyllosilicate vollständig delaminiert sind. Eine elektronenmikroskopische Aufnahme eines Komposites, bei dem das eingesetzte Silicat gemäß Abb. 11.25c weitgehend delaminiert ist, ist in Abb. 11.26 gezeigt.

Die Verbesserung der mechanischen Eigenschaften von Nanokompositen, wie sie in Abb. 11.26 dargestellt sind, ist bemerkenswert. Die Abb. 11.27 zeigt Spannungs-Dehnungs-Diagramme von Kompositen auf der Basis von Nylon 6 mit einer Zugabe von 3 Gew.-% Montmorillonit [24]. In dieser Abbildung sind die Messwerte von reinem Nylon 6 denen des gefüllten Komposites gegenüber gestellt. Die Messungen wurden bei Raumtemperatur und 350 K durchgeführt.

Der Abb. 11.27 kann man entnehmen, dass die Zugabe von nur 3 Gew.-% Montmorillonit die Festigkeit nahezu verdoppelt. Diese 3 Gew.-% entsprechen einem Volumenanteil von weniger als 1,5 Vol.-%. Während sich durch die Füllung bei Raumtemperatur eine deutliche Versprödung bemerkbar macht, ist diese bei 350 K kaum mehr zu beobachten. Die geringere Bruchdehnung von etwa 4 % des gefüllten Materials bei Raumtemperatur sollte bei einer technischen Anwendung keine ernsten Probleme bereiten. Bemerkenswert ist auch der höhere Elastizitätsmodul des Komposites im Vergleich zu dem des reinen Polymers. Das ist wohl auf den höheren Elastizitätsmodul des Silicat-Plättchens zurückzuführen.

Die Ergebnisse einer systematischen Studie zu den mechanischen Eigenschaften eines Komposites auf der Basis von Polypropylen gefüllt mit unterschiedlichen Anteilen von Montmorillonit ist in Abb. 11.28a und b dargestellt. Für diese Serie von Experimenten wurden Silicatgehalte von bis zu 7 Gew.-% gewählt. Man erkennt, dass sowohl der Elastizitätsmodul als auch die Bruchfestigkeit mit zunehmendem Gehalt an Montmorillonit zunehmen, um bei etwa 7 Gew.-% Füllstoff einen Grenzwert zu erreichen [25]. Der Elastizitätsmodul steigt bis zu dieser

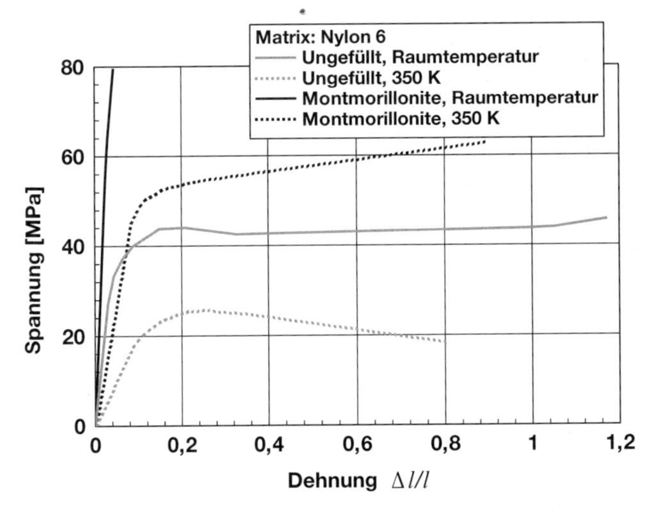

Abb. 11.27 Spannungs-Dehnungs-Diagramme eines Komposites mit Nylon 6 als Matrix gefüllt mit 3 Gew.-% Montmorillonit [24]. Im Vergleich zum reinen Polymer ist die Bruchfestigkeit des Komposites bei Raumtemperatur und 350 K deutlich erhöht. Neben der Bruchfestigkeit ist bei dem Komposit auch der Elastizitätsmodul erhöht.

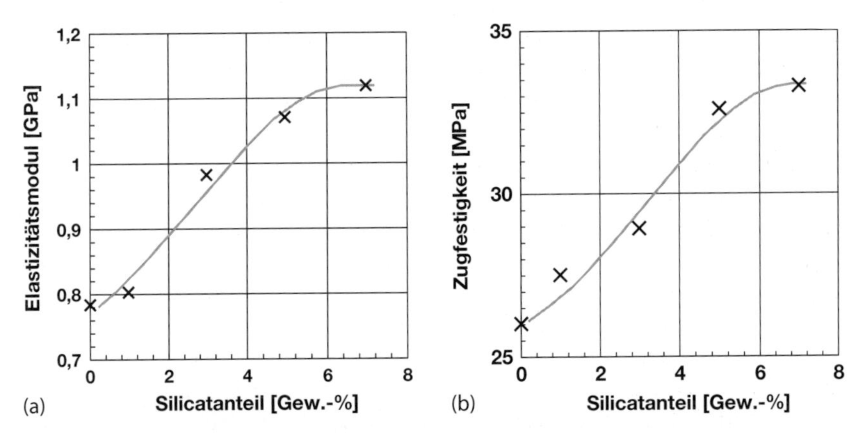

Abb. 11.28 Elastizitätsmodul (a) und Zugfestigkeit (b) von Kompositen mit Polypropylen-Matrix gefüllt mit unterschiedlichen Mengen von Montmorillonit [25]. Diese Verbesserung der mechanischen Eigenschaften ist für die technische Anwendung von erheblicher Bedeutung.

Konzentration um etwa 30 %, die Zugfestigkeit auf das 1,4-fache des Wertes des reinen Polymers an. Auch wenn diese Verbesserungen nicht so spektakulär, wie die in Abb. 11.27 für Komposite auf Nylon 6 Basis dargestellten, sind, so ist diese Verbesserung der mechanischen Eigenschaften, realistisch gesehenen, ganz wesentlich für technische Anwendungen.

Neben der erhöhten Festigkeit ist die reduzierte Entflammbarkeit der Polymer-Phyllosilicat-Komposite von erheblicher Bedeutung. Gerade die verminderte Entflammbarkeit macht diese Werkstoffe wertvoll für die Automobil- und Flugzeug-

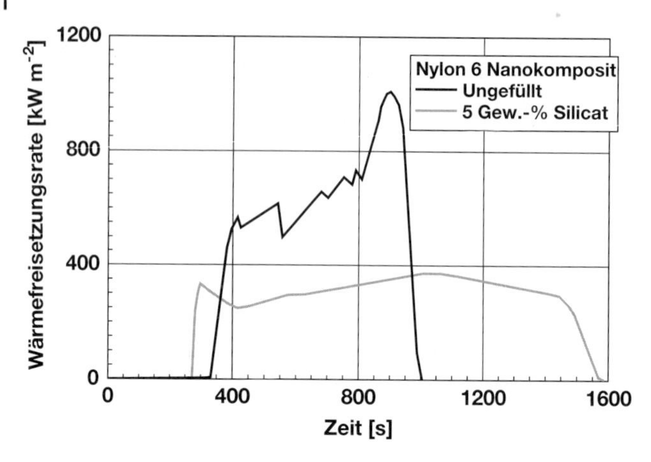

Abb. 11.29 Energiefreisetzung von reinem Nylon 6 sowie einen Komposit mit 5 Gew.-% Silicat als Füllstoff. Diese Experimente wurden unter einem Energiefluss von 35 kW m^{-2} durchgeführt [26]. Die Reduktion der maximalen Energiefreisetzung auf etwa ein Drittel im Vergleich zu dem reinen Polymer ist von erheblicher sicherheitstechnischer Bedeutung.

industrie. Die verminderte Entflammbarkeit macht sich bemerkbar in einer reduzierten Energiefreisetzung, dann wenn Bauteile einer erhöhten Energieeinbringung (Flammen) ausgesetzt sind sowie einer reduzierten Flammentemperatur. Die Abb. 11.29 zeigt die Energiefreisetzung eines Komposites mit Nylon 6-Matrix und 5 Gew.-% Phyllosilicat im Vergleich zu dem reinen Polymer. Dieses Experiment wurde bei einer Energieeinbringung von 35 kW m^{-2} durchgeführt [26]. Während dieses Experimentes brennen die Proben.

Die Verarbeitung von Polypropylen hat gegenüber der von Nylon 6 eine Reihe von Vorteilen, darüber hinaus ist Polypropylen auch billiger. Polypropylen hat aber den Nachteil, dass es relativ leicht entflammbar ist. Es stellt sich nun die Frage, ob dieser Nachteil durch den Zusatz von Phyllosilicaten reduziert werden kann. Die Abb. 11.30 zeigt die Energiefreisetzung bei einem Experiment, das dem in Abb. 11.29 vergleichbar ist [27].

Die Energiefreisetzung des Nanokomposites auf der Basis von Polypropylen ist, wie es in Abb. 11.30 gezeigt wird, deutlich geringer als die des reinen Polymers. Die Energiefreisetzung ist auf Werte reduziert, wie sie auch für die Komposite auf der Basis von Nylon 6 gefunden werden. In Verbindung mit der besseren Verarbeitbarkeit des Polypropylen basierten Materials zeigt es sich, dass dieses Komposit eine echte Alternative darstellt.

Die Frage nach dem Mechanismus, der in den gezeigten Beispielen die Entflammbarkeit so stark reduziert, ist leicht beantwortet. In den Abb. 11.29 und 11.30 beginnt bei dem Komposit die Energiefreisetzung mit einem schwach ausgeprägten Maximum. In dem Zeitintervall, in dem dieses Maximum zu beobachten ist, verdampft und verbrennt das Polymer an der der Energiequelle zugewandten Seite. Dadurch bildet sich auf dieser Oberfläche eine Schicht von Silicat-Teilchen, die ja nicht verbrennen. Im Verlaufe der Zeit wird diese Silicatschicht immer dicker und verzögert das weitere Verbrennen des Polymers an der

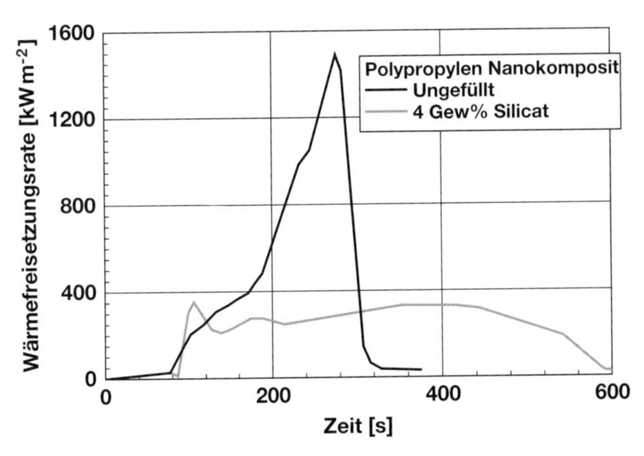

Abb. 11.30 Energiefreisetzung von Polypropylen mit 5 Gew.-% Phyllosilicat unter einer Wärmebelastung von 35 kW m^{-2} im Vergleich zu reinem Polypropylen [27]. Die Reduktion der maximalen Energiefreisetzung von nahezu 1500 auf 330 kW m^{-2} ist bemerkenswert. Die Energiefreisetzung dieses Komposites ist vergleichbar mit der in Abb. 11.29 für ein Komposit mit Nylon 6 als Matrix gezeigten.

Oberfläche. Zusätzlich wirkt diese Schicht thermisch isolierend. Weiteres Brennen des Komposites kann nur durch ständige Energiezufuhr aufrecht gehalten werden. Dieser Mechanismus behindert die weitere Ausbreitung einer Flamme stark, wenn er sie nicht sogar unterbindet.

Wichtig zu wissen
Nanokomposite auf Basis von Polymeren, insbesondere Nylon 6 (Polyamid 6) mit einem Schichtsilicat (Phyllosilicat) als Füllstoff, haben wegen ihrer hohen Festigkeit und stark verminderten Entflammbarkeit große Bedeutung in der Automobil- und Flugzeugindustrie erlangt. Optimale Eigenschaften erreicht man bereits bei einem Gewichtsanteil des Füllstoffes um 5 %. Um diese hervorragenden Eigenschaften zu erhalten, ist es notwendig, dass die Silicate delaminiert sind. Optimale Eigenschaften erhält man, wenn die Silicat-Plättchen möglichst parallel (ähnlich wie beim Perlmutt) angeordnet sind. Die flammhemmende Wirkung entsteht durch die Bildung einer oberflächlichen Schicht aus dem Silicatanteil beim Brennen.

11.6.4 Nanokomposite auf Polymerbasis gefüllt mit Kohlenstoff-Nanoröhrchen und Graphen

In diesem Abschnitt ...
Kohlenstoff-Nanoröhrchen und Graphen sind extrem steif und haben eine enorme Festigkeit. Man kann daher erwarten, dass es möglich ist, mit diesen Nanoteilchen Komposite mit überragenden mechanischen Eigenschaften herzustellen. Die Werkstoffentwicklung hat zwei Typen dieser Komposite hervorgebracht: Solche mit einem relativ geringen Gewichtsanteil von bis zu 5 % der Kohlenstoffverbindungen und eine zweite Gruppe, in der das Polymer die Minoritätsphase ist oder

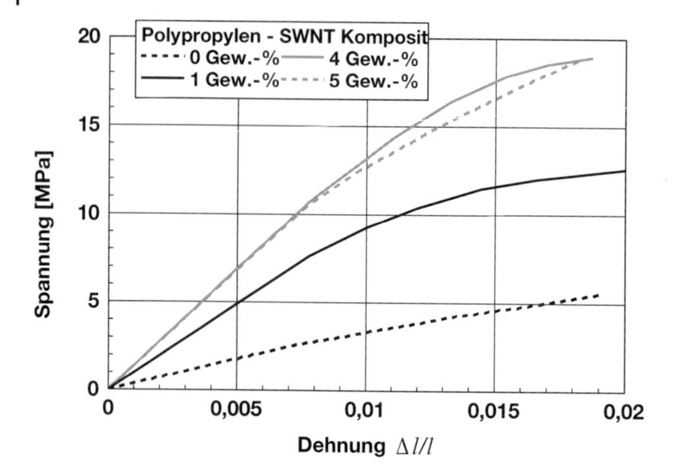

Abb. 11.31 Spannungs-Dehnungs-Diagramme von Fäden auf Basis von Polypropylen verstärkt mit unterschiedlichen Gehalten an einwandigen Kohlenstoff-Nanoröhrchen (SWNT) [30]. Es ist bemerkenswert, dass eine Zugabe von nur 1 Gew.-% Nanoröhrchen die Festigkeit verdoppelt, dies jedoch ohne Einbuße bei der Bruchdehnung. Man erkennt deutlich, dass auch der Elastizitätsmodul mit steigendem Anteil von Kohlenstoff-Nanoröhrchen zunimmt.

überhaupt fehlt. In beiden Fällen wurden Werkstoffe mit konkurrenzlos guten Eigenschaften vorgelegt.

Nanokomposite mit Kohlenstoff-Nanoröhrchen oder Graphen sind wegen des hohen Elastizitätsmoduls von etwa 1 TPa und der hohen Festigkeit im Bereich von 30 GPa [28] bei den Nanoröhrchen und 130 GPa [29] bei Graphen äußerst vielversprechend. Diese Werte sind Gegenstand heftiger Diskussionen, so variieren z. B. die Werte für den Elastizitätsmodul von Kohlenstoff-Nanoröhrchen zwischen 0,64 und 1,8 TPa. Welche Werte auch immer korrekt sein mögen, diese beiden Stoffe sind steifer und fester als alle anderen in technischen Mengen verfügbaren Materialien. Zu den erwähnten extrem günstigen Eigenschaften kommt hinzu, dass es nicht allzu schwierig ist, diese Teilchen in eine Polymer-Matrix einzuarbeiten. In diesem Zusammenhang gibt der Habitus dieser Füllstoffe zum Teil auch die optimalen Formen der Komposite vor. So wird man Kohlenstoff-Nanoröhrchen nach Möglichkeit in Fäden einarbeiten und Graphen in Schichten. Im Falle der Kohlenstoff-Nanoröhrchen gibt es zwei Entwicklungstendenzen: Komposite mit geringem Anteil von Füllstoff und solche, bei denen die Fasern die Majoritätsphase sind.

Als Beispiel für einen Komposit mit einem geringem Anteil von Kohlenstoff-Nanoröhrchen sind in Abb. 11.31 Spannungs-Dehnungs-Diagramme von Kompositen in Form von Fäden auf der Basis von Polypropylen mit unterschiedlichem Gehalt an einwandigen Kohlenstoff-Nanoröhrchen gezeigt [30]. Die Kompositfäden hatten einen Durchmesser von 1,6 mm.

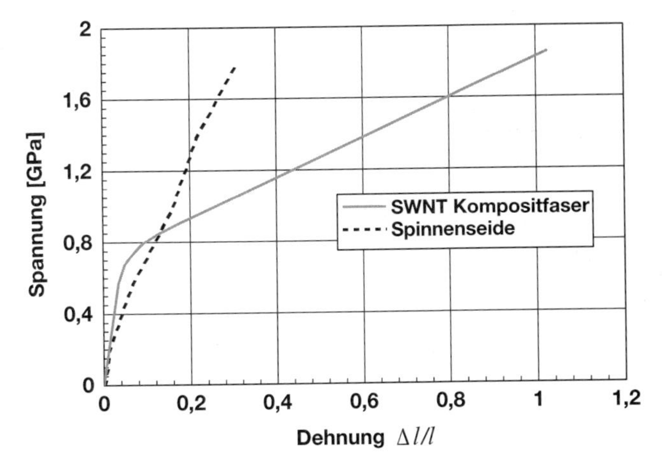

Abb. 11.32 Spannungs-Dehnungs-Diagramm von Kompositfasern bestehend aus 60 Gew.-% einwandigen Kohlenstoff-Nanoröhrchen (SWNT), beschichtet mit Polyvinylalkohol. Der Binderanteil lag bei 40 Gew.-% [31]. Die Proben hatten einen Durchmesser von etwa 50 μm. Als Vergleich wurde ein Spannungs-Dehnungs-Diagramm von Spinnenseide, der natürliche Stoff mit der höchsten Festigkeit, eingezeichnet.

Die Abb. 11.31 gibt wichtige Anhaltspunkte über die Eigenschaften von Kompositfäden auf der Basis von Polypropylen. Die Zugabe von nur 1 Gew.-% Kohlenstoff-Nanoröhrchen erhöht die Bruchfestigkeit auf mehr als das Doppelte. Man muss sich klar machen, dass es sich dabei um lediglich 0,75 Vol.-% handelt. Eine größere Zugabe als etwa 4 Gew.-% ändert die Eigenschaften nicht weiter. Bei 4 Gew.-% Füllstoff erhöht sich die Bruchfestigkeit auf mehr als das Dreifache. Im gleichen Ausmaße wie die Festigkeit nimmt auch der Elastizitätsmodul zu. Angesichts des großen Unterschiedes der Elastizitätsmodulen von Polypropylen und den Kohlenstoff-Nanoröhrchen ist das auch verständlich.

Die zweite Gruppe von Faserkompositen mit einem geringen Anteil von Bindern zeigt deutlich höhere Festigkeiten verglichen mit dem vorhergehenden Beispiel. Die Abb. 11.32 zeigt das Spannungs-Dehnungs-Diagramm von Fäden bestehend aus einwandigen Kohlenstoff-Nanoröhrchen, die mit Polyvinylalkohol beschichtet waren [31]. Die Fäden mit einem Binderanteil von 40 Gew.-% hatten einen Durchmesser von etwa 50 μm. Die Autoren berichten, dass sie diese Fäden in Längen von bis zu 100 m herstellen können.

Das Spannungs-Dehnungs-Diagramm in Abb. 11.32 ist bemerkenswert. Die Kompositfäden haben eine Festigkeit von 1,8 GPa und eine Bruchdehnung von mehr als 100 %. Selbst die Streckgrenze von etwa 0,7 GPa ist bemerkenswert hoch. Die Bruchdehnung von über 100 % erinnert stark an Superplastizität, umso mehr, als die Autoren berichten, dass sie keine Einschnürung beobachten. Die großen Verformungen kommen sicherlich dadurch zustande, dass die einzelnen Fasern während der plastischen Verformung aneinander abgleiten. Die bemerkenswert hohen Festigkeitswerte dieses Komposites übertreffen selbst die von Spinnenseide, dem natürlichen Material mit der höchsten Festigkeit. Aber auch Spinnensei-

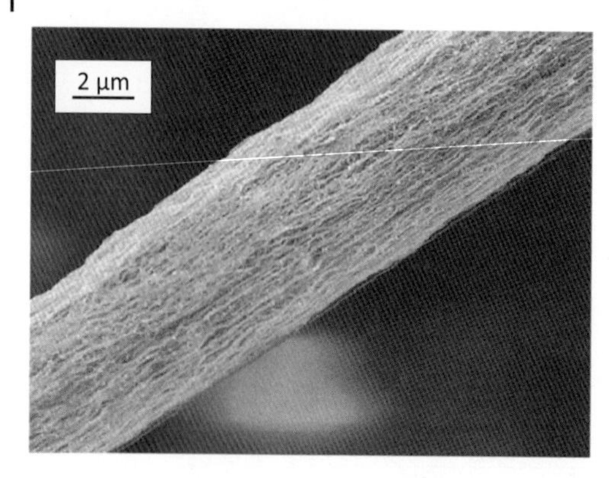

Abb. 11.33 Faden bestehend aus doppelwandigen Kohlenstoff-Nanoröhrchen [30]. Diese Fäden, die ohne Binder hergestellt wurden, mit einem Durchmesser im Bereich zwischen 3 und 20 µm, wurden in Längen bis zu mehreren Zentimetern hergestellt. Die nahezu parallele Anordnung der einzelnen Fäden ist bemerkenswert. (Mit Erlaubnis von Elsevier.)

de hat keine so große Bruchdehnung. In diesem Zusammenhang muss angemerkt werden, dass die Festigkeit von Stählen im Bereich von 0,5 GPa, die der besten Stähle im Bereich von „nur" 1,5 GPa liegt.

Es wurden auch binderlose Fäden aus Kohlenstoff-Nanoröhrchen im Durchmesserbereich zwischen 3 und 20 µm hergestellt, die bemerkenswerte Festigkeiten aufweisen. Die Abb. 11.33 zeigt eine elektronenmikroskopische Aufnahme eines solchen Fadens, bestehend aus doppelwandigen Nanoröhrchen [30]. Die Fäden wurden in Längen bis zu mehreren Zentimetern hergestellt. Betrachtet man die elektronenmikroskopische Aufnahme im Detail, so erkennt man, dass die Fäden nahezu parallel angeordnet sind.

Es ist erstaunlich, dass die in Abb. 11.33 gezeigten Fäden, die ohne Zugabe eines Binders hergestellt wurden, eine bemerkenswerte mechanische Festigkeit aufweisen. Die Abb. 11.34 zeigt ein Spannungs-Dehnungs-Diagramm eines solchen Fadens. Der für dieses Experiment benutzte Faden hatte eine Länge von 5 mm und einen Durchmesser von 5 µm. Der in Abb. 11.34 dargestellte Graph zeigt, dass ein solcher binderlos hergestellter Faden eine um einen Faktor von etwa 60 höhere Festigkeit aufweist als ein polymergebundener mit geringem Faseranteil (siehe Abb. 11.31). Auch der Elastizitätsmodul ist ungefähr um den Faktor sechs höher. Die Streckgrenze, die bei diesen Proben bei 0,9 GPa liegt, ist wohl der Punkt, an dem die einzelnen Nanoröhrchen beginnen, aneinander zu gleiten. Das Reißen eines Nanoröhrchens ist zwar denkbar, aber wegen deren großen Festigkeit nicht sehr wahrscheinlich. Das Spannungs-Dehnungs-Diagramm in Abb. 11.34 zeigt weiterhin, dass sich die vielen zu einem Faden vereinten Kohlenstoff-Nanoröhrchen zuerst setzen müssen, bevor sie Kräfte aufnehmen können. Daher kann man den Bereich der niederen Spannungen nicht zur Berechnung des Elastizitätsmoduls heranziehen. Rasterelektronenmikroskopische Aufnahmen bestätigen den beschriebenen Mechanismus.

Fäden mit besonders interessanten Eigenschaften erhält man durch Verzwirnen von Kohlenstoff-Nanoröhrchen. Die Abb. 11.35 zeigt zwei Fäden, die durch

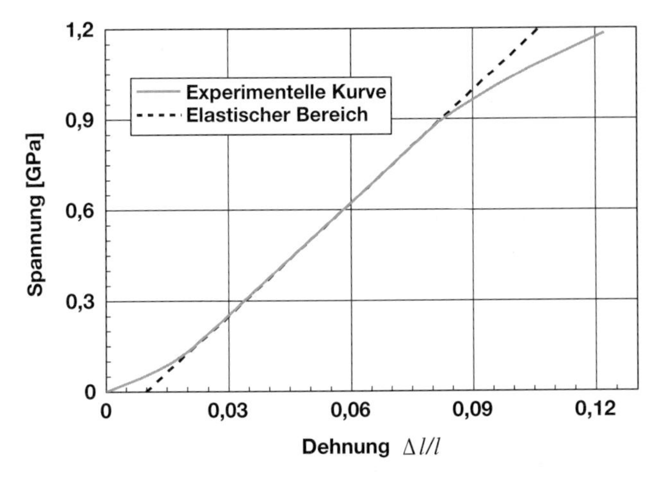

Abb. 11.34 Spannungs-Dehnungs-Diagramm einer Faser bestehend aus doppelwandigen Kohlenstoff-Nanoröhrchen, jedoch ohne Binderzusatz [30]. Die Proben hatten eine Länge von 5 mm und einen Durchmesser von 5 µm. Bei niedrigen Spannungen erkennt man einen etwas flacheren Anlauf, der auf Setzerscheinungen zurückzuführen ist. Den Elastizitätsmodul kann man daher nur aus dem gestrichelten Bereich abschätzen.

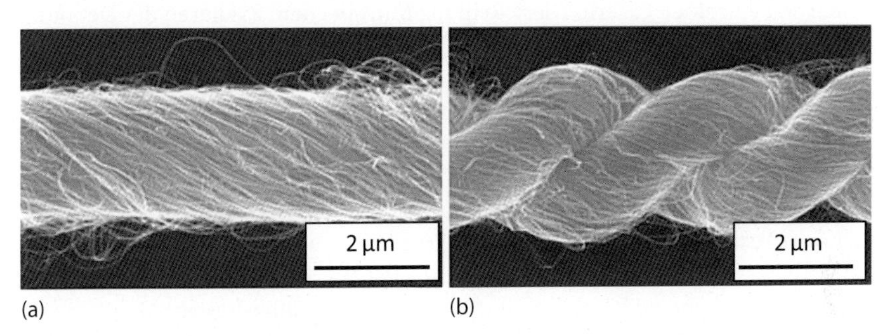

Abb. 11.35 Fäden hergestellt aus verzwirnten mehrwandigen Kohlenstoff-Nanoröhrchen. Der Faden in Bild (a) ist einfach, der in Bild (b) doppelt verzwirnt [32]. Hergestellt wurden diese Fäden auf miniaturisierten Maschinen, die den klassischen Zwirnmaschinen nachempfunden wurden. (Mit Erlaubnis von AAAS 2004.)

Verzwirnen hergestellt wurden [32]. Der Faden in Abb. 11.35a ist einfach, der in Abb. 11.35b doppelt verzwirnt. Das Verzwirnen wurde vermittels einer miniaturisierten klassischen Technik hergestellt. Zusätzlich wurden die Fäden auch mit einem PVA[11)]-Binder verfestigt.

Die in Abb. 11.35 dargestellten Zwirne zeigen eine erstaunlich hohe Festigkeit, die mit einer bemerkenswert großen Bruchdehnung verbunden ist. Eine weitere Steigerung der Festigkeit erhält man, wenn man die Fäden mit PVA verfestigt. Entsprechende Spannungs-Dehnungs-Diagramme sind in Abb. 11.36a dargestellt [32]. Die in diesem Diagramm angegebenen Spannungen beziehen sich auf den „geometrischen" Querschnitt der Fäden und nicht auf die Summe der tragenden Querschnitte der einzelnen Fasern.

11) Polyvinylalkohol

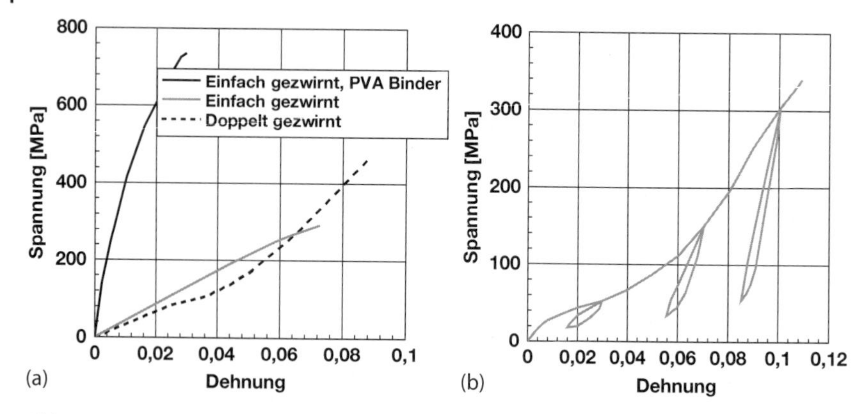

Abb. 11.36 Spannungs-Dehnungs-Diagramm von verzwirnten mehrwandigen Kohlenstoff-Nanoröhrchen ohne und mit PVA-Binder (a). Zykliert man die Dehnung, so erkennt man eine deutliche Hysterese. Die Abbildung (b) wurde an einfach gezwirnten Fäden gemessen, die mit einem PVA-Binder versehen waren [32].

Der Verlauf der Dehnung in Abhängigkeit von der angelegten Spannung zeigt nicht den üblichen linearen Verlauf. Das hat seine Ursache in einer Reibung zwischen den einzelnen Fasern. Diese Reibung führt bei dem Zyklieren der Dehnung zu einer deutlichen Hysterese (Abb. 11.36b). Das Binden der verzwirnten Fäden mit PVA führt zu einer deutlichen Erhöhung der Festigkeit, allerdings ist dies mit einer Reduktion der Bruchdehnung verbunden. Ganz offensichtlich ist die höhere Bruchdehnung der ungebundenen Fäden durch ein Abgleiten der einzelnen Fasern zu erklären.

Komposite mit noch besseren mechanischen Eigenschaften sind wegen der höheren Festigkeit mit Graphen als Füllstoff zu erwarten. Komposite mit den höchsten Festigkeiten wurden durch *in situ* Polymerisation gemeinsam mit Flocken von Graphenoxid (GO) erhalten. In den meisten Fällen besteht Graphenoxid aus Graphen-Plättchen, bei denen an den kovalenten Doppelbindungen des Kohlenstoffes (siehe Kapitel 5) funktionale Gruppen, wie z. B. Hydroxyl-, Epoxid- oder Carbonylgruppen angehängt wurden. Die Abb. 11.37 zeigt Spannungs-Dehnungs-Diagramme von Polyimidschichten, die unterschiedliche Mengen von Graphenoxid enthalten. Dazu wurde Graphen so funktionalisiert, dass es hydrophil wurde. Dieses Graphenoxid wurde durch *in situ* Polymerisation in die Polyimidschicht eingebaut. Diese Produkte hatten eine Dicke von etwa 0,1 mm. Die Menge des eingearbeiteten Graphen war im Bereich zwischen 0–4 Gew.-% [33].

Die Zugabe von Graphenoxid zu Polyimidschichten führt zu Nanokompositen mit einer Festigkeit von bis zu 800 MPa, wobei die höchsten Werte bereits bei Zugaben von nur 3 Gew.-% erreicht wurden. Größere Zugaben brachten, ähnlich wie auch bei den Polypropylen-Kohlenstoff-Nanoröhrchen-Kompositen keine Verbesserung. Der Wert von 800 MPa ist etwa das 40-fache des Wertes, der bei Zugabe von Nanoröhrchen erreicht wurde. Verglichen mit den Werten, die für das ungefüllte Polyimid gemessen wurden, ist dies eine etwa 40-fache Verbesserung. In ähnlicher Weise erhöht sich auch der Elastizitätsmodul.

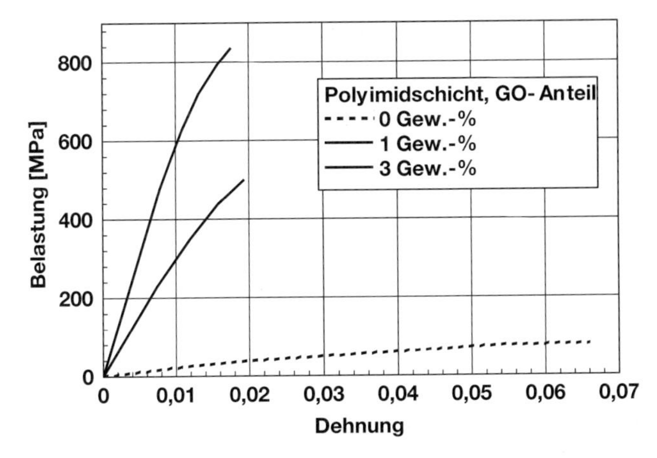

Abb. 11.37 Spannungs-Dehnungs-Diagramme von Polyimidschichten mit eingearbeitetem Graphenoxid (GO) [33]. Diese Schichten hatten eine Dicke von 0,1 mm.

Die dargestellten Ergebnisse, die an Kohlenstoff-Nanoröhrchen und Graphen gefüllten Polymeren erhalten wurden, sind so vielversprechend, dass ein baldiger industrieller Einsatz zu erwarten ist.

Wichtig zu wissen

Wegen der hohen Festigkeit und Steifigkeit (großer Elastizitätsmodul) von Kohlenstoff-Nanoröhrchen und Graphen kann man mit diesen Füllstoffen polymerbasierte Komposite höchster Festigkeit herstellen. Wählt man ein Komposit, bei dem das Polymer die Majoritätsphase ist, so erreicht man bei einem Volumenanteil von nur wenigen Prozenten die größte Wirkung. Höhere Festigkeiten haben jedoch Komposite, die vorwiegend aus Kohlenstoff-Nanoröhrchen bestehen. Trotz ihrer extrem hohen Festigkeit haben diese Werkstoffe eine ausreichende Bruchdehnung.

Literatur

1 Karch, J. und Birringer, R., Gleiter, H. (1987) *Nature*, **330**, 556.

2 Valiev, R.Z., Islamgaliev, R.K. und Alexandrov, I.V. (2000) Bulk nanostructured materials from severe plastic deformation. *Prog. Mater. Sci.*, **45**, 103–189.

3 Gleiter, H. (2013) *Beilstein J. of Nanotechnology*, **4**, 517–533.

4 Nieman, G.W., Weertman, R.W. und Siegel, R.W. (1990) *Scr. Metal Mater.*, **24**, 145–150.

5 Meyers, M.A., Mishra, A. und Benson, D.J. (2006) *Prog. Mat. Sci.*, **51**, 427–556.

6 Youngdahl, J., Sanders, P.G. und Eastman, J.R. (1997) *Scr. Mater.*, **37**, 809–813.

7 MacKenzie, J.K. (1950) *Proc. Phys. Soc.*, **63**, 2–11.

8 Sanders, P.G., Eastman, J.A. und Weertmann, J.R. (1997) *Acta Mater.*, **45**, 4019–4025.

9 Chokshi, A.H., Rosen, A., Karch, J. und Gleiter, H. (1989) *Scr. Mater.*, **23**, 1679–1684.

10 Chang, H., Altstetter, C.J. und Averback, R.S. (1992) *J. Mater. Res.*, **7**, 2962–2979.

11 Siegel, R. und Fougere, G.E. (1995) *Nanostruct. Mater.*, **6**, 205–216.
12 Kim, H.S., Estrin, Y. und Bush, M.B. (2000) *Acta Mater.*, **48**, 493–504.
13 Ashby, M.F. und Verall, R.A. (1973) *Acta Mater.*, **21**, 149–163.
14 Chang, H., Altstetter, C.J. und Averback, R.S. (1992) *J. Mater. Res.*, **7**, 2962–2970
15 McFadden, S.X., Valiev, R.Z. und Mukherjee, A.K. (2001) *Mater. Sci. Eng. A*, **319–321**, 849–853.
16 Mishra, R.S., Stolyarov, V.V., Echer, C., Valiev, R.Z. und Mukherjee, A.K. (2001) *Mater. Sci. Eng. A*, **298**, 44–50
17 Betz, U., Padmanabhan, K.A. und Hahn, H. (2001) *J. Mater. Sci.*, **36**, 5811–5821.
18 Sazonova, V., Yaish, Y., Üstünel, H., Roundy, D., Arias, T.A. und McEuen, P.L. (2004) *Nature*, **431**, 284–287.
19 Jensen, K., Kim, K. und Zettl, A. (2008) *Nanotechnology*, **3**, 533–537.
20 Jordan, J., Jacob, K.I., Tannenbaum, R., Sharaf, M.A. und Jasiuk, I. (2005) *Mater. Sci. Eng. A*, **393**, 1–11.
21 Gao, H., Ji, B., Jäger, I.L., Arzt, E. und Fratzl, P. (2003) *PNAS*, **100**, 5597–5600.
22 Reynaud, E., Jouen, T., Gautheir, C. und Vigier, G. (2001) *Polymer*, **42**, 8759–8768.
23 Fu, X. und Qutubuddin, S. (2001) *Polymer*, **42**, 807–813.
24 Gloaguen, J.M. und Lefebvre, J.M. (2001) *Polymer*, **42**, 5841–5847.
25 Liu, X. und Wu, Q. (2001) *Polymer*, **42**, 10013–10019.
26 Alexandre, M. und Dubois, P. (2000) *Mater. Sci. Eng.*, **28**, 1–63.
27 Gilman, J.W., Jackson, C.L., Morgan, A.B., Harris Jr., R., Manias, E., Giannelis, E.P., Wuthenow, M., Hilton, D. und Phillips, S.H. (2000) *Chem. Mater.*, **12**, 1866–1873.
28 Yu, M.-F., Files, B.S., Arepalle, S. und Ruoff, R.S. (2000) *Phys. Rev. Lett.*, **84**, 5552–5555.
29 Lee, C., Wei, X., Kysar, J.W. und Hone, J. (2008) *Science*, **321**, 385–388.
30 Li, Y., Wang, K., Wei, J., Gu, Z., Wang, Z., Luo, J. und Wu, D. (2005) *Carbon*, **43**, 31–35.
31 Dalton, A.B., Collins, S., Muñoz, E., Razal, J.M., Ebron, V.H., Ferraris, J.P., Coleman, J.N., Kim, B.G. und Baughman, R.H. (2003) *Nature*, **423**, 703–703.
32 Zhang, M., Atkinson, K.R. und Baughman, R.H. (2004) *Science*, **306**, 1358–1361.
33 Wang, J.Y., Yang, S.Y., Huang, Y.L., Tien, H.W, Chin, W.K. und Ma, C.C. (2011) *J. Mater. Chem.*, **21**, 13569–13575.

12
Charakterisierung von Nanomaterialien

Im Hinblick auf die Charakterisierung von Nanomaterialien muss man zwischen solchen unterscheiden, die im Mittel Aussagen über ein Ensemble von Teilchen oder ein größeres Stück liefern, und solchen, die Aussagen über ein einziges Teilchen oder lokale Eigenschaften eines größeren Stückes machen. Man kann demnach die Charakterisierungsmethoden auch in globale oder lokale Verfahren einteilen. Um eine Charge von Nanoteilchen oder ein nanokristallines Werkstück vollständig zu charakterisieren, sind Verfahren aus beiden Gruppen notwendig.

12.1
Spezifische Oberfläche

In diesem Abschnitt ...
Die spezifische Oberfläche ist ein wesentliches Merkmal für die Charakterisierung von Pulvern. Diese Oberfläche ist wegen der Agglomeration der Teilchen kleiner als die geometrische Oberfläche, die aus der mittleren Teilchengröße und Annahme irgendwelcher geometrischer Formen berechnet werden würde. Bestimmt wird die spezifische Oberfläche mithilfe des BET-Verfahrens (*Brunauer-Emmett-Teller*-Verfahren), das mithilfe der Adsorption von Gasen arbeitet. Diese Auswertung beruht auf einer Verallgemeinerung der *Langmuir*'schen Adsorptionsisotherme.

Die Oberfläche eines Ensembles von Nanoteilchen enthält Aussagen über die Größe der Teilchen, der Beschaffenheit der Oberfläche und den Grad der Agglomeration. Nimmt man ideal separierte Teilchen mit Kugelform an, so lässt sich die Oberfläche A einer gegeben Quantität einfach berechnen

$$A = \frac{6}{\pi d^3 \rho} \pi d^2 = \frac{6}{d\rho} \quad \text{in } [\text{m}^2\,\text{kg}^{-1}] \tag{12.1a}$$

oder

$$A^* = \frac{6}{\pi d^3 \rho} \pi d^2 \frac{1}{1000} = \frac{6}{d\rho} \frac{1}{1000} \quad \text{in } [\text{m}^2\,\text{g}^{-1}] \tag{12.1b}$$

Nanowerkstoffe für Einsteiger, Erste Auflage. Dieter Vollath.

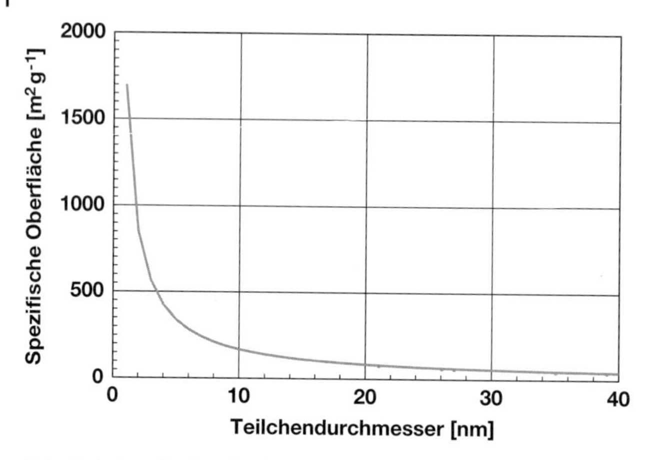

Abb. 12.1 Spezifische Oberfläche von Teilchen aus Aluminiumoxid als Funktion der Teilchengröße.

Üblicherweise gibt man die spezifische Oberfläche A^* eines Pulvers in Quadratmeter pro Gramm ($m^2\,g^{-1}$) an.[1] In den Gl. (12.1) steht ρ für die Dichte des Materials und d für den mittleren Durchmesser der Teilchen.

Die Abb. 12.1 zeigt die spezifische Oberfläche von Aluminiumoxid als Funktion der Teilchengröße. Für diese Rechnungen wurden ideal separierte Teilchen sowie eine, von der Teilchengröße unabhängige Dichte von $3{,}5 \times 10^3\,kg\,m^{-3}$ angenommen. Die Annahme einer von der Teilchengröße unabhängigen Dichte ist sicherlich nicht korrekt, aber um die Grundzüge der Zusammenhänge aufzuzeigen, ist diese Näherung durchaus vertretbar.

Sieht man die riesigen Oberflächen, die Teilchen kleiner als etwa 5 nm haben sollten, und weiß, dass die größten spezifischen Oberflächen, die bei Nanoteilchen gemessen werden, im Bereich einiger Hundert Quadratmeter pro Gramm liegen, so erkennt man die Tatsache, dass ein erheblicher Anteil der Teilchen in Agglomeraten vorliegen muss. Jeder Teil der Oberfläche, bei dem sich zwei Teilchen berühren, trägt nicht zur spezifischen Oberfläche bei, bewirkt demnach eine Reduktion dieser Größe. Des Weiteren muss darauf hingewiesen werden, dass die Annahme kugelförmiger Teilchen in vielen Fällen eine unzulässige Vereinfachung darstellt. Materialien wie Siliciumdioxid (weißer Ruß), Aluminiumoxid oder Ruß können wolkige Strukturen mit sehr großen Oberflächen bilden. Das sind Stoffe, bei denen, selbst wenn sich die Teilchen gegenseitig berühren, spezifische Oberflächen von $1000\,m^2\,g^{-1}$ und mehr gemessen werden. In diesen Fällen ist es allerdings nicht zulässig von den gemessenen Oberflächen auf die Teilchengröße zu schließen.

Die spezifischen Oberflächen werden durch Adsorption eines nicht reaktiven Gases, z. B. Stickstoff, gemessen. Nimmt man an, dass die gesamte Oberfläche mit

1) Auch wenn dies streng genommen keine SI-Einheit ist, so wird sie dennoch verwendet, weil dies die einzige international akzeptierte Einheit für die spezifische Oberfläche ist.

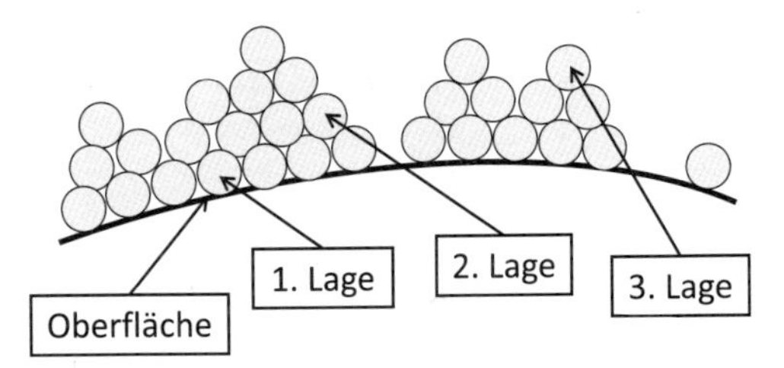

Abb. 12.2 Aufbau von Adsorptionsschichten unter der Annahme, dass der Aufbau von weiteren Schichten zulässig ist, bevor noch die anderen vollständig gefüllt sind.

einer monoatomaren Schicht von N Gasatomen, jedes mit einer Fläche von a_M, belegt ist, so ergibt sich die Fläche A der Probe aus

$$A = Na_M \tag{12.2}$$

Die Gl. (12.2) gilt unter der Annahme, dass zwischen der Oberfläche und den Gasatomen anziehende Kräfte wirken, z. B. *van der Waals*-Kräfte, die so stark sind, dass sie die thermische Bewegung unterbinden. Dieser Prozess wird Physisorption genannt. Im Gegensatz dazu steht die Chemisorption, bei der zwischen dem Adsorbat und seiner Unterlage eine weitergehende, z. B. chemische, Wechselwirkung stattfindet. Die Grenze zwischen diesen beiden Phänomenen ist fließend; sie wird, in etwas willkürlicher Weise, bei einer Enthalpie der Wechselwirkung von 50 kJ mol^{-1} angenommen. Die Annahme einer perfekten Monoschicht führt zu der *Langmuir*'schen Adsorptionsisotherme. Das Belegen einer weiteren Schicht kann nach dieser Annahme erst erfolgen, wenn die erste Schicht geordnet abgeschlossen ist. Diese Annahmen sind nicht realistisch und mit der statistischen Natur solcher Vorgänge nicht verträglich. Das *Langmuir*-Modell wurde erweitert, indem der Aufbau weiterer Schichten bei unvollständig gefüllten Schichten zugelassen wird [1]. Die Abb. 12.2 zeigt ein Beispiel für einen solchen Schichtaufbau.

Ähnlich wie bei *Langmuir* wird angenommen, dass es zwischen den einzelnen Schichten keine Wechselwirkung gibt, deshalb ist ein Großteil der *Langmuir*'schen Theorie auf diesen Fall anwendbar. Diese erfolgreichen Ergänzungen machten die Theorie der Gasadsorption für ein Verfahren zur Messung von Oberflächen durch Gasadsorption anwendbar, das unter der Bezeichnung BET-Verfahren zum Standardverfahren zur Messung der Oberfläche wurde.[2] Die spezifische Oberfläche wird auf der Basis der BET-Funktion berechnet

$$\text{BET-Funktion} = \frac{\frac{p}{p_0}}{V_{\text{ads}}\left(1 - \frac{p}{p_0}\right)} = \frac{1}{V_{\text{ads}}\left(\frac{p_0}{p} - 1\right)} = \frac{p}{p_0}\frac{1}{cV_{\text{mono}}} + \frac{1}{V_{\text{mono}}} \tag{12.3}$$

2) BET sind die Anfangsbuchstaben der Erfinder *Brunauer*, *Emmett*, und *Teller*.

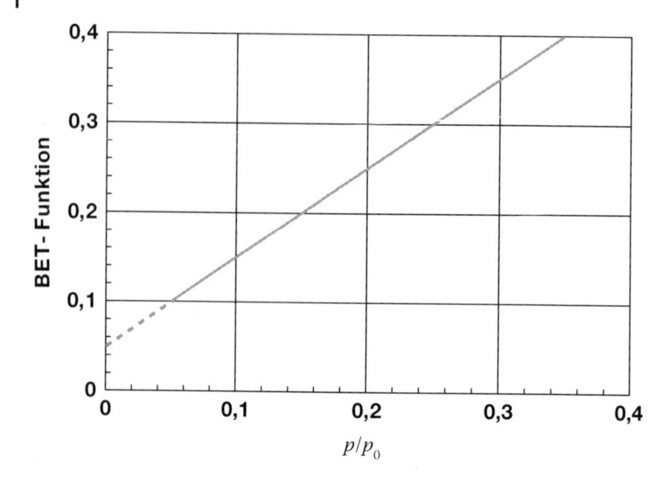

Abb. 12.3 Graph der BET-Funktion bestimmt bei verschiedenen Gasdrücken. Die experimentellen Werte werden gegen $\frac{p}{p_0} = 0$ extrapoliert. Der Schnittpunkt der Extrapolationsgeraden gibt den Wert für $\frac{1}{V_{\text{mono}}}$, die Neigung der Geraden $\frac{1}{cV_{\text{mono}}}$. Aus diesen beiden Größen kann die BET-Konstante *c* berechnet werden.

In Gl. (12.3) steht *p* für den Gasdruck während der Messung und p_0 für den Sättigungsdruck des Adsorbates bei der Temperatur der Messung, V_{ads} steht für das experimentell bestimmte Volumen des adsorbierten Gases, V_{mono} das Gasvolumen einer hypothetischen monoatomaren Schicht und *c* ist die BET-Konstante, die vom Verhältnis Adsorptionsenthalpie zur Verdampfungsenthalpie abhängt.[3] Wegen der sehr weitgehenden Vereinfachung, die der BET-Theorie zugrunde liegt, kann diese nur in einem Bereich von $0{,}05 \leq \frac{p}{p_0} \leq 0{,}3$ angewandt werden.

Bei der Auswertung von BET-Experimenten trägt man die BET-Funktion gegen das Verhältnis $\frac{p}{p_0}$ auf. Wenn das Experiment korrekt verlaufen ist und im vorliegenden Fall die oben gemachten Annahmen zulässig waren, erhält man in diesem Diagramm eine Gerade. Dies ist in Abb. 12.3 anhand eines Beispieles dargestellt.

Bei der Auswertung der experimentellen Ergebnisse extrapoliert man zunächst die in Abb. 12.3 gezeichnete Gerade zu $\frac{p}{p_0} = 0$

$$\text{BET-Funktion}|_{p=0} = \frac{1}{V_{\text{mono}}} = \alpha \tag{12.4}$$

Der Wert am Schnittpunkt ergibt dann $\frac{1}{V_{\text{mono}}}$, aus der Neigung der Geraden erhält man

$$\frac{\partial(\text{BET-Funktion})}{\partial \frac{p}{p_0}} = \frac{1}{cV_{\text{mono}}} = \beta \tag{12.5}$$

3) Details der etwas langen Herleitung von Gl. (12.3) entnehmen Sie bitte einem Lehrbuch der physikalischen Chemie.

Das Volumen einer Monolage ist dann gegeben durch

$$V_{\text{mono}} = \frac{1}{\alpha + \beta} \tag{12.6}$$

Das BET-Experiment gibt das Volumen des auf der Oberfläche adsorbierten Gases V_S, daraus errechnet sich die Anzahl der adsorbierten Gasatome N_S

$$N_S = \frac{V_S}{V_M} N_A \tag{12.7}$$

Die Größe V_M steht für das Molvolumen des Gases und N_A die *Avogadro*'sche Zahl[4] für die Zahl der Atome pro Mol. Die spezifische Oberfläche A der Probe mit dem Gewicht m ergibt sich dann aus

$$A = \frac{N_S a_M}{m} \tag{12.8}$$

wobei a_M für die Fläche steht, die von einem Gasatom bedeckt wird. Im Falle von Stickstoff ist diese Größe $a_M = 0{,}158\,\text{nm}^2$.

Wichtig zu wissen

Die spezifische Oberfläche eines Pulvers wird mithilfe der Gasadsorption bei tiefen Temperaturen bestimmt. Dabei wird angenommen, dass es zwischen dem adsorbierten Gas und den Teilchen nur eine geringe Wechselwirkung (Physisorption) gibt. Die Auswertung erfolgt mithilfe der BET-Theorie (benannt nach den Entwicklern *Brunauer*, *Emmett*, und *Teller*), die eine geschickt vereinfachte Verallgemeinerung der *Langmuir*'schen Adsorptionstheorie ist. Die spezifischen Oberflächen, die man mit diesem Verfahren misst, sind wegen der unvermeidlichen Agglomeration der Pulverteilchen um vieles kleiner als man aufgrund der Geometrie der Pulverteilchen erwarten würde.

12.2 Bestimmung der Kristallstruktur

In diesem Abschnitt …

Die Kristallstruktur von Teilchen bestimmt man mithilfe von Beugungsverfahren, wobei sowohl Röntgenstrahlen als auch Elektronen zum Einsatz kommen. Werden die Teilchengrößen klein, so beobachtet man wegen der Verbreiterung der Beugungslinien typische Unterschiede zwischen den Beugungsmustern, die man mit den beiden Strahlenarten erhält. Aus der Breite der Beugungslinien kann man Rückschlüsse auf die Teilchengröße ziehen. Die Berechnung der Teilchengröße erfolgt in erster Näherung mithilfe der *Scherrer*-Formel. Ebenen und Richtungen in einem Kristallgitter werden mithilfe der *Miller*'schen Indizes beschrieben.

Die Analyse der Kristallstruktur von Nanoteilchen ist von besonderer Bedeutung, da Nanoteilchen häufig andere Strukturen aufweisen als deren konventionellen

4) Häufig auch *Loschmidt*'sche Zahl genannt.

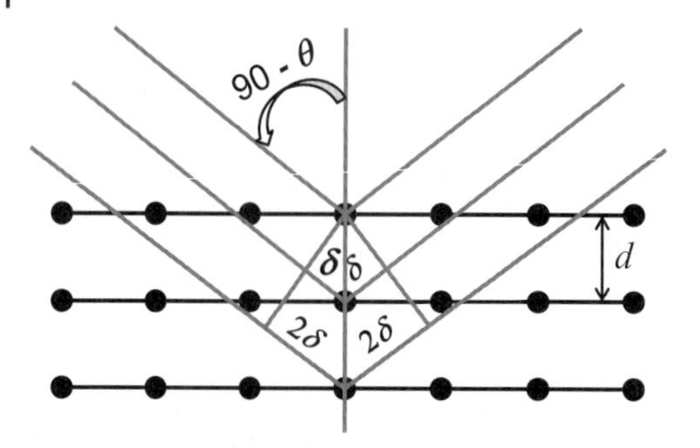

Abb. 12.4 Geometrie der Beugung von Wellen an einem Kristallgitter. Die Wellen treffen unter einem Winkel θ auf die Oberfläche und werden dort unter dem gleichen Winkel „reflektiert“. Zwischen zwei konsekutiven Gitterebenen mit dem Abstand d erhalten diese Wellen einen Gangunterschied von δ, nach der Reflexion beträgt der Gangunterschied 2δ.

Gegenstücke (siehe auch Kapitel 7). Unabhängig davon, ob man die Strukturanalyse vermittels Beugung von Röntgenstrahlen oder Elektronen durchführt, trifft man auf eine Reihe von Problemen, die alle ihre Ursache in der Kleinheit der Teilchen haben.

Trifft ein Röntgen- oder Elektronenstrahl geeigneter Wellenlänge auf ein Kristallgitter, so erhält man ein Beugungsmuster, das für das jeweilige Kristallgitter charakteristisch ist. Die Breite dieser Beugungslinien nimmt allerdings mit abnehmender Teilchen-(Kristallit-)größe zu. Daher ist dieses Beugungsmuster nicht immer eindeutig interpretierbar. Ein typisches Beispiel dafür ist die bei Nanoteilchen mangelnde Unterscheidbarkeit zwischen dem Beugungsbild einer kubischen und einer tetragonal verzerrten Struktur, da die Aufspaltung der Beugungslinien der tetragonalen Struktur zumeist kleiner ist als die Verbreiterung der Beugungslinien aufgrund der Teilchenkleinheit.

Beugungsexperimente mit Röntgenstrahlen werden zumeist in Reflexion, solche mit Elektronen fast ausschließlich in Transmission durchgeführt. Der physikalische Hintergrund der Beugung an einem Kristallgitter ist in Abb. 12.4 gezeigt.

Eine einlaufende Welle trifft im Winkel θ auf die Probe und wird gestreut, verlässt also die Oberfläche der Probe unter den gleichen Winkel. Ein Teil der Wellen dringt in die Probe ein und wird dort an den Gitterebenen, die sich jeweils im Abstand d voneinander befinden, gestreut. Gegenüber der an der ersten Gitterebene gestreuten Welle hat die an der zweiten Gitterebene gestreute Welle einen Gangunterschied von δ, verlässt also nach dem Streuprozess die Probe mit dem Gangunterschied 2δ. Entsprechendes erfolgt an der dritten, vierten usw. Gitterebene. Berechnet man den Gangunterschied δ als Funktion des Abstandes der Gitterebene und des Streuwinkels θ, so erhält man

$$\delta = 2d \sin\theta \tag{12.9}$$

Die an den verschiedenen Gitterebenen gestreuten Wellen interferieren, wenn die Bedingung

$$n\lambda = 2d \sin\theta \quad n \in \mathbb{N} \tag{12.10}$$

erfüllt ist. Die Größe n steht für die Beugungsordnung. Der Abstand d zwischen zwei konsekutiven Gitterebenen ist eine Funktion der Gitterstruktur und der Richtung im Gitter. Die Richtungen in einen Kristallgitter werden mithilfe der *Miller*'schen Indizes gekennzeichnet, die als der Reziprokwert des Schnittpunktes der Gitterebenen mit den Achsen des Koordinatensystems definiert sind. Diese Koordinaten sind so normiert, dass sie bei der Gitterkonstante a z. B. den Wert 1 annehmen. Ganz allgemein benutzt man den Buchstaben h in x-, k in y- und l in z-Richtung.

Ergänzung 12.1: Beschreibung von Gitterebenen und -richtungen vermittels der *Miller*'schen Indizes

Die *Miller*'schen Indizes werden zur Beschreibung von Ebenen und Richtungen in einem kristallografischen Gitter benutzt. Die Abb. 12.5 zeigt sechs verschiedene Gitterebenen in einem kubischen Gitter, den einfachsten Fall. In dieser Abbildung sind die Gitterebenen grau eingefärbt und mit ihren *Miller*'schen Indizes gekennzeichnet.

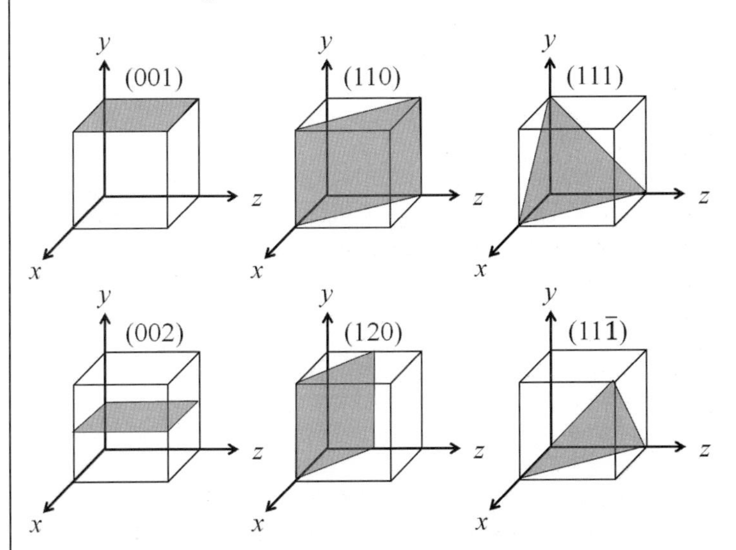

Abb. 12.5 Sechs Würfel in die jeweils eine Gitterebene eingezeichnet ist. Als Ergänzung sind die, die Gitterebenen beschreibenden, *Miller*'schen Indizes angegeben.

Die *Miller*'schen Indizes sind die reziproken Werte der Schnittpunkte der Gitterebenen mit den Achsen des Koordinatensystems des Gitters. Das Koordinatensystem ist so normiert, dass die *Miller*'schen Indizes bei dem Wert der Gitterkonstante 1 sind; dadurch ist sichergestellt, dass die *Miller*'schen Indizes immer ganzzahlig sind. Die *Miller*'schen Indizes von Ebenen werden in runde Klammern, z. B. (hkl), geschrieben. Ein Minuszeichen wird über die Ziffer geschrieben, z. B. $(11\bar{2})$. Die Menge aller Ebenen mit äquivalenter Symmetrie wird in geschwungenen Klammern geschrieben, z. B. $\{hkl\}$. Kristallografische Richtungen, also die Gittervektoren, findet man in eckigen Klammern, z. B. $[hkl]$. Der Vektor $[hkl]$ steht senkrecht auf die Ebene (hkl). Die Menge aller Gittervektoren, die senkrecht auf die Menge der Ebenen $\{hkl\}$ sind, werden in spitze Klammern, z. B. $\langle hkl \rangle$, geschrieben.

Bei einem kubischen Gitter mit der Gitterkonstante a ist der Abstand zweier Ebenen mit den Indizes (h, k, l) gegeben durch

$$d_{(h,k,l)} = \frac{a}{(h^2 + k^2 + l^2)^{0,5}} \tag{12.11}$$

Unter Benutzung von Gl. (12.10) erhält man für die Interferenzbedingung

$$n\lambda = 2\frac{a}{(h^2 + k^2 + l^2)^{0,5}} \sin\theta \tag{12.12}$$

Um bei den *Miller*'schen Indizes in Gl. (12.12) große Zahlen zu vermeiden, zieht man die Interferenzordnung vor die Klammer mit den *Miller*'schen Indizes.

$$\lambda = \frac{2a}{(n^2h^2 + n^2k^2 + n^2l^2)^{0,5}} \sin\theta = \frac{2a}{n(h^2 + k^2 + l^2)^{0,5}} \sin\theta \tag{12.13}$$

Die Gl. (12.13) kann nun zur Auswertung von Beugungsdiagrammen verwendet werden.

Es wurde bereits darauf hingewiesen, dass die Breite der Beugungslinien mit abnehmender Teilchengröße zunimmt. Die erste theoretische Analyse dieses Sachverhaltes stammt von Scherrer [2]. Obwohl bei der Herleitung dieser Formel eine Reihe von stark vereinfachenden Annahmen getroffen wurden, ist sie, wegen ihrer einfachen Handhabbarkeit, bis heute die am häufigsten verwendete Formel. Nach *Scherrer* ergibt sich die Kristallitgröße d_k senkrecht zu den Gitterebenen $\{hkl\}$ und aus der Linienbreite b aus

$$d_k = \kappa\frac{\lambda}{b\cos\theta} \tag{12.14}$$

In Gl. (12.14) steht λ für die verwendete Wellenlänge und κ ist ein Faktor, der von der Form der Teilchen bzw. Kristallite abhängt und im Bereich zwischen 0,89 und 1,39 variieren kann. Für kubische Teilchen wählt man den Wert 0,94. θ ist der Winkel des Maximums der Beugungslinie, auf deren Hälfte der Intensität die Linienbreite b gemessen wurde. Sind die Teilchen klein, z. B. deutlich kleiner als 100 nm, so kann der im Beugungsdiagramm gemessene Wert direkt verwendet werden. Sind die Teilchen größer, so muss die instrumentelle Linienverbreiterung abgezogen werden. Ist diese Korrektur notwendig, so müssen die verschiedenen in der Literatur beschriebenen Verfahren auf ihre Anwendbarkeit hin überprüft und angewandt werden. Ein Vergleich der Ergebnisse der Teilchengrößenbestimmung aus Beugungsprofilen mit denen aus mikroskopischen Bildern zeigt häufig deutliche Differenzen auf. Das liegt daran, dass für die Linienbreiten auch Kleinwinkelkorngrenzen die Teilchen begrenzen. Diese sind aber in den Bildern aus Mikroskopen zumeist nicht zu sehen.

Gleichung (12.14) lässt sich so umformulieren, dass man die Breite der Beugungslinien als Funktion der Wellenlänge und der Teilchengröße berechnen kann

$$b = \kappa \frac{\lambda}{d_k \cos \theta} \tag{12.15}$$

Analysiert man Gl. (12.15), so erkennt man schnell, dass bei konstanter Teilchengröße die Linienbreite abnimmt, wenn man auch die Wellenlänge reduziert. Reduziert man die Wellenlänge, so wird gemäß Gl. (12.10) auch der Beugungswinkel θ geringer. Auch das führt zu einer Verminderung der Linienbreite.

Die Überlegungen, die mit Gl. (12.15) verbunden sind, haben eine Reihe von Konsequenzen im Hinblick auf die Durchführung von Beugungsexperimenten mit Nanoteilchen oder nanokristallinen Körpern. Die Konsequenz aus Gl. (12.15) ist, dass man Röntgenstrahlen mit möglichst kurzen Wellenlängen benutzen sollte, um die Linienbreiten nicht allzu groß werden zu lassen. Diese energiereichen Röntgenstrahlen bringen aber das Problem der Fluoreszenzanregung mit sich. Das macht, zumindest mit konventionellen Methoden, Beugungsexperimente sehr schwierig. Das Problem der Fluoreszenzstrahlung kann aber leicht mithilfe eines vor dem Detektor angebrachten Monochromators entschärft werden. Diese Situation ist bei Verwendung von Elektronen deutlich günstiger. Bei den Elektronenenergien, die üblicherweise für Beugungsexperimente benutzt werden, ist die Linienverbreiterung deutlich geringer. Das führt gelegentlich zu dem scheinbar widersprüchlichen Ergebnis, dass ein Material bei Beugungsexperimenten mit Röntgenstrahlen kein Beugungsspektrum liefert, also den Eindruck einer amorphen Substanz weckt, während in der Elektronenbeugung durchaus Interferenzmuster zu sehen sind. Das ist verständlich, wenn man sich überlegt, dass für die Röntgenbeugung z. B. CuK_α-Strahlung mit einer Wellenlänge von 0,154 nm, für die Elektronenbeugung aber z. B. Elektronen mit einer Energie von 100 keV, was einer Wellenlänge von $3{,}7 \times 10^{-3}$ nm entspricht, verwendet werden. Ein typisches Beispiel, in dem diese Differenz deutlich zu beobachten ist, ist in Abb. 12.6 dargestellt. Es handelt sich um die Beugungsmuster von Titanoxid (TiO_2) mit Anatasstruktur. Diese Abbildung zeigt das Röntgenbeugungsdiagramm, gemessen mit CuK_α-Strahlung, das auf eine amorphe Substanz hinweist. Das Bild mit dem Elektronenbeugungsmuster zeigt jedoch schwache Beugungslinien, die eindeutig das Muster einer in der Struktur des Anatas kristallisierten Substanz aufweisen. Die elektronenmikroskopische Aufnahme, die zur Ergänzung hinzugefügt wurde, zeigt Teilchen mit einem Durchmesser von etwa 2 nm.

Ein weiteres Problem, das auf die Verbreiterung der Beugungslinien zurückzuführen ist, ist die bei kleinen Teilchen mangelnde Unterscheidbarkeit zwischen der tetragonalen und der kubischen Struktur. Dieses Problem ist dann besonders unangenehm, wenn ein Material in beiden Strukturen auftreten kann. Die Abb. 12.7 zeigt das Röntgenbeugungsspektrum von Bariumtitanat ($BaTiO_3$) mit unterschiedlicher Korngröße, die durch Wärmebehandlung bei unterschiedlichen Temperaturen hergestellt wurden [4].

Die in Abb. 12.7 dargestellten Röntgenbeugungsspektren von Bariumtitanat ($BaTiO_3$) mit unterschiedlichen Korngrößen sind im Bereich der kleineren Teilchen unter 100 nm nicht eindeutig auswertbar. Während bei den grö-

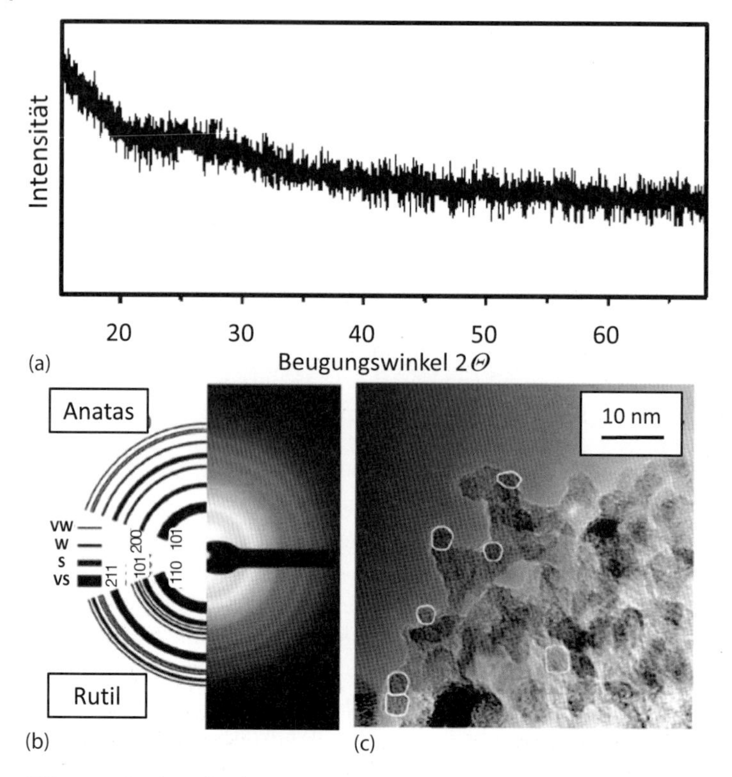

Abb. 12.6 Strukturelle Charakterisierung von Titanoxid mit Anatas-Struktur. Während die Röntgenbeugung (a) den Anschein eines amorphen Materials erweckt, sieht man in der Elektronenbeugung (b) zwar schwach, aber doch eindeutig, das Beugungsmuster des Anatas. Neben dem Beugungsdiagramm sind die theoretisch zu erwartenden Beugungsmuster des Rutil und des Anatas eingezeichnet. Die Elektronenmikroskopie zeigt, dass die einzelnen Teilchen eine Größe von etwa 2 nm hatten [3]. (Mit Erlaubnis von AIP Publishing LLC.)

ßeren Teilchen die tetragonale Aufspaltung zwischen den {200}- und {002}-Beugungslinien der tetragonalen Struktur eindeutig zu sehen ist, ist dies bei den kleineren Teilchen nicht möglich. Bei Teilchen unter 100 nm kann man auf der Basis der Beugungsspektren nicht entscheiden, ob die Teilchen kubisch oder tetragonal kristallisiert sind. Eine Entscheidung wird erst möglich, wenn man z. B. die elektrischen Eigenschaften misst, da die tetragonale Phase im Gegensatz zur kubischen ferroelektrisch ist. Das Beugungsspektrum, das bei den 21,6 nm-Teilchen gemessen wurde, kann mit keiner der beiden Strukturen erklärt werden. Möglicherweise handelt es sich dabei um nicht vollständig reagiertes Material, das noch Verunreinigungen von der Synthese enthält.

Eine Technik, die eigentlich zu der Gruppe der lokalen Techniken gehört, wird, da sie methodisch den Beugungsverfahren zuzurechnen ist, in diesem Zusammenhang erläutert. Es handelt sich um Elektronenbeugung an einzelnen ausgewählten Teilchen, SAD-Verfahren (selected area diffraction) genannt. Bei diesem Verfahren wird, wie bereits erwähnt, der Elektronenstrahl so scharf fokussiert,

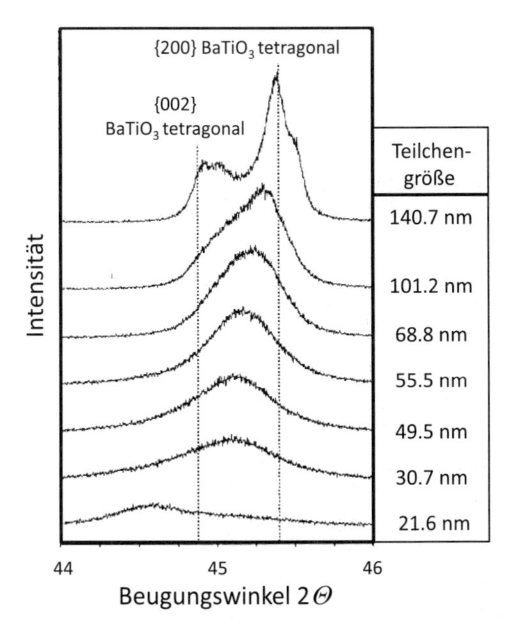

Abb. 12.7 Röntgenbeugungsspektren von Bariumtitanat ($BaTiO_3$) mit unterschiedlicher Korngröße [4]. Es handelt sich um den Winkelbereich des Beugungsspektrums, in dem die {200}- und die {002}-Beugungslinien des tetragonalen $BaTiO_3$ zu erwarten waren. Im gleichen Winkelbereich tritt auch die {200}-Linie der kubischen Phase auf. Eine klare Zuordnung ist nur bei Teilchen mit Größen über 100 nm möglich. Bei kleineren Teilchen kann man nicht entscheiden, ob die Teilchen kubisch oder tetragonal sind, oder ob es sich um eine Mischung aus beiden Phasen handelt. (Mit Erlaubnis von Elsevier.)

dass er nur mehr ein einziges Teilchen trifft. Die Abb. 12.8 zeigt ein typisches Beispiel. Es handelt sich dabei um ein etwa 100 nm großes Kupferferrit-Plättchen ($CuFe_2O_4$) mit nahezu perfekter hexagonaler Form (Abb. 12.8a) [5]. Der Kupferferrit kristallisiert in der kubischen Spinellstruktur. Das Elektronenbeugungsmuster (Abb. 12.8b) zeigt, wie es für einen Einkristall typisch ist, einzelne isolierte Punkte. Diese Punkte können zur Bestimmung der Struktur herangezogen werden.

Wichtig zu wissen

Die Beugung von *Röntgen*strahlen oder Elektronen wird zur Bestimmung der Gitterstruktur benutzt. Bei Nanoteilchen bringt die kleinheitsbedingte Verbreiterung der Beugungslinien Probleme bei der Auswertung. In diesem Zusammenhang muss z. B. in jedem Einzelfall bei Vorliegen einer kubischen Struktur geklärt werden, ob es sich nicht um eine tetragonale Struktur handelt, bei der die Beugungslinien wegen der Verbreiterung nicht aufgelöst sind. Da die Linienverbreiterung bei kleinen Wellenlängen geringer ist als bei längeren, kann der Fall eintreten, dass das Beugungsdiagramm bei der *Röntgen*beugung eine amorphe Probe vortäuscht, während man bei der Elektronenbeugung klare Beugungslinien sieht.

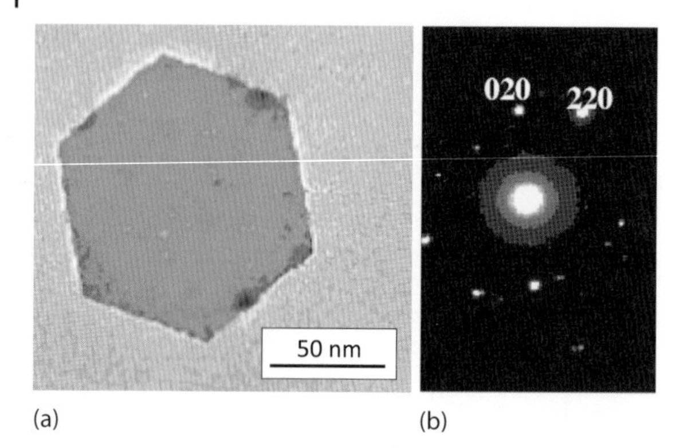

(a) (b)

Abb. 12.8 Elektronenmikroskopisches Bild (a) und Elektronenbeugungs-(SAD-)Muster (b) eines monokristallinen Plättchens aus Kupferferrit ($CuFe_2O_4$) [5]. Das Plättchen hat eine Größe von etwa 100 nm. Die Zahlen bei den Punkten im Beugungsbild geben die *Miller*'schen Indizes der zugehörigen Gitterebenen wieder. (Mit Erlaubnis von Elsevier.)

12.3 Elektronenmikroskopie

12.3.1 Grundlagen

In diesem Abschnitt ...
Elektronenmikroskope haben ein wesentlich höheres Auflösungsvermögen als Lichtmikroskope, da die Wellenlänge der verwendeten Elektronen wesentlich geringer ist als die des sichtbaren Lichtes. Wegen der hohen Energie der Elektronen und der damit verbundenen hohen Geschwindigkeit, muss man bei der Berechnung der Wellenlängen die relativistische Zunahme der Elektronenmasse berücksichtigen. Um den Einfluss der Abbildungsfehler gering zu halten, ist die numerische Apertur bei Elektronenmikroskopen im Bereich von 10^{-3} bis 10^{-2}, im Gegensatz dazu liegt die numerische Apertur guter optischer Systeme im Bereich von 1.

Um einen Eindruck vom Aussehen und der Struktur von Nanoteilchen zu bekommen, ist es notwendig, diese bildlich darzustellen. Dafür verwendet man das Elektronenmikroskop, das technisch ausgereift ist und alle benötigten Informationen zur Verfügung stellen kann. Dennoch muss man sich darüber im Klaren sein, dass die Auswertung und Interpretation dieser Bilder in vielen Fällen eine Aufgabe für Spezialisten ist. Die Erläuterungen in diesem Kapitel können nur einige der Grundlagen aufzeigen, deren Verständnis manche Erläuterungen der Spezialisten erst verständlich macht.

Die Möglichkeit zwei nebeneinander liegende Punkte eines Objektes in einem Abbild getrennt darzustellen, hängt vom Auflösungsvermögen des optischen Systems ab. Das Auflösungsvermögen eines optischen Systems, unabhängig davon ob

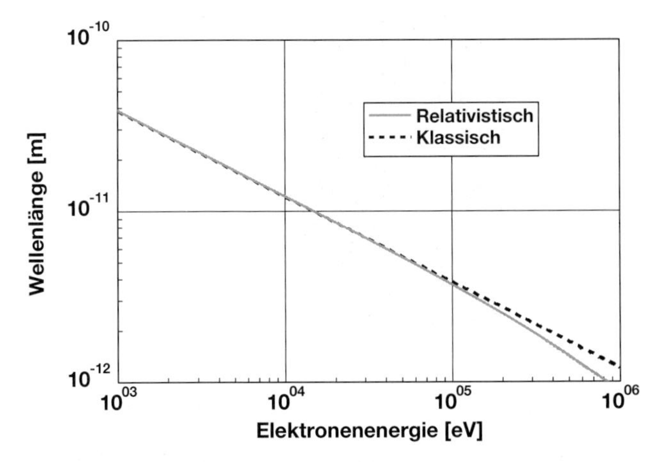

Abb. 12.9 Wellenlänge der Elektronen als Funktion der Elektronenenergie. Der Graph enthält die Werte für die Wellenlänge mit und ohne Berücksichtigung der relativistischen Korrektur der Elektronenmasse.

es mit Licht oder Elektronen arbeitet, wird von dem *Abbe*-Kriterium beschrieben:

$$x_{\min} \approx \frac{\lambda}{N_{\mathrm{A}}} \tag{12.16}$$

In Gl. (12.16) steht die Größe $x_{\min}$ für den geringsten Abstand zweier Punkte, die mit einem optischen System, das mit der Wellenlänge λ arbeitet, getrennt dargestellt werden können. N_{A} steht für die numerische Apertur. Bei guten Lichtobjektiven liegt die numerische Apertur bei eins oder mehr; in der Elektronenoptik liegt dieser Wert zumeist im Bereich zwischen 10^{-3} und 10^{-2}. Erst die Entwicklung der letzten Jahre machte es sinnvoll auch in der Elektronenmikroskopie größere Werte für die numerische Apertur anzustreben. Die kürzesten Wellenlängen des sichtbaren Lichtes liegen bei 400 nm. Wenn man nicht besondere physikalische Abbildungsverfahren wählt, ist diese auch die Grenze des Auflösungsvermögens von Lichtmikroskopen. Will man kleinere Objekte darstellen, ist die Benutzung eines Elektronenmikroskopes, bei dem man – zumindest theoretisch – beliebig kleine Wellenlängen verwenden kann, notwendig, da diese mit zunehmender Energie der Elektronen abnimmt.

Die Abb. 12.9 zeigt die Abhängigkeit der Wellenlänge von Elektronen in Abhängigkeit von der Beschleunigungsspannung der Elektronen. Die Elektronen erreichen durch die Beschleunigung im Elektronenmikroskop Geschwindigkeiten, die bereits in der Nähe der Lichtgeschwindigkeit liegen. Das führt zu einer relativistischen Zunahme der Elektronenmasse, die bei der Berechnung der Wellenlängen berücksichtigt werden muss.

Ergänzung 12.2: Wellenlänge beschleunigter Elektronen

Elektronen haben, wie alle Elementarteilchen, Atome, sogar Moleküle und kleine Teilchen, wie z. B. Fullerene, den Charakter eines Teilchens und den einer Welle. Man kann diesen Teilchen also abhängig von deren Energie eine Wellenlänge zuordnen. Bei der Elektronenmikroskopie sind beide Charaktere wesentlich: Man beschleunigt Elektronen, also geladene Teilchen, deren Weg dann mit magnetischen Linsen abgelenkt wird. Betrachtet man jedoch die Abbildung eines Objektes, gelten die Gesetze der Wellenoptik.

Die Wellenlänge eines Elektrons wird von der Beschleunigungsspannung kontrolliert. Nach *de Broglie* ist die Wellenlänge λ, die einem Teilchen mit der Masse m zugeordnet werden kann, gegeben durch

$$\lambda = \frac{h}{mv} \qquad (12.17)$$

In Gl. (12.17) ist h die *Planck*'sche Konstante ($h = 6{,}63 \times 10^{-34}\,\mathrm{J\,s}$) und v die Geschwindigkeit des Teilchens. Die Energie des Elektrons der Ladung e ($e = 1{,}602 \times 10^{-19}\,\mathrm{C}$), das mit der elektrischen Potenzialdifferenz V beschleunigt wurde, der Masse m und der Geschwindigkeit v, ist gegeben durch

$$U = eV = \frac{mv^2}{2} \Rightarrow v = \left(\frac{2eV}{m}\right)^{\frac{1}{2}} \qquad (12.18)$$

Da in einem Elektronenmikroskop Beschleunigungsspannungen von mehr als 100 kV angewendet werden, muss die relativistische Zunahme der Masse berücksichtigt werden. Die Masse m eines bewegten Elektrons mit der Ruhemasse m_0 ($m_0 = 9{,}11 \times 10^{-31}\,\mathrm{kg}$) wird mithilfe der *Lorentz*-Transformation berechnet.

$$m = \frac{m_0}{\left[1 - \left(\frac{v}{c}\right)^2\right]^{\frac{1}{2}}} \qquad (12.19)$$

Die Größe c in Gl. (12.19) steht für die Lichtgeschwindigkeit in Vakuum ($c = 2{,}998 \times 10^8\,\mathrm{m\,s^{-1}}$).

Setzt man die Ergebnisse der Gl. (12.18) und (12.19) in Gl. (12.17) ein, so erhält man für die Wellenlänge eines beschleunigten Elektrons

$$\lambda = \frac{h}{\left[2m_0\,eV\left(1 + \frac{eV}{2m_0c^2}\right)\right]^{\frac{1}{2}}} \qquad (12.20)$$

Mithilfe dieser Formel kann man die für ein Elektronenmikroskop nötige elektrische Spannung berechnen. Nimmt man an, dass zwei Punkte im Abstand von 0,5 nm getrennt dargestellt werden sollen und das Elektronenmikroskop eine numerische Apertur von 5×10^{-3} hat, so ist eine Elektronenenergie von mindestens 10^5 eV nötig. Um weitere Probleme zu kompensieren, verwendet man zumeist Beschleunigungsspannungen im Bereich von 150–300 kV. Für besondere Anwendungen wurden auch schon Geräte mit Elektronenenergien bis zu 1 MeV gebaut. Es muss aber festgehalten werden, dass die laterale Auflösung dieser Instrumente nicht entsprechend der Elektronenenergie besser geworden ist.

Modernere, leider extrem teure Geräte, die die chromatische und die sphärische Aberration korrigieren, benötigen, wegen der Möglichkeit einer viel größeren numerischen Apertur, keine so hohen Elektronenenergien. Bei diesen Geräten muss man eher auf die Durchstrahlbarkeit der Proben Rücksicht nehmen.

Der Graph in Abb. 12.9 enthält neben der unter Berücksichtigung der Massenzunahme berechneten Geschwindigkeit auch die ohne die relativistische Korrektur berechnete. Man erkennt, dass die Fehler im Falle der Vernachlässigung dieser Korrektur erheblich wären.[5)]

Analysiert man die in Abb. 12.9 eingetragenen Größenordnungen, so kann man zu dem Schluss kommen, dass eine Elektronenenergie von 10^3 V ausreichend ist, um eine atomare Auflösung zu erreichen. Dem ist aus zwei Gründen nicht so:

- Die numerische Apertur ist bei konventionellen Elektronenmikroskopen deutlich kleiner als 10^{-2}.
- Die Elektronen benötigen eine Mindestenergie, um die Proben durchdringen zu können.

Der kleine Wert der numerischen Apertur ist wegen der nicht korrigierten Linsenfehler notwendig. Erhöht man die Elektronenenergie auf Werte von 200 keV und mehr, kann man dieses Problem umgehen, sodass Gitterauflösung möglich wird. Bei den infrage stehenden Abbildungsfehlern handelt es sich um die chromatische und die sphärische Aberration. Beide Abbildungsfehler können in einem rotationssymmetrischen System von Elektronenlinsen grundsätzlich nicht korrigiert werden. Das Problem der chromatischen Aberration kann umgangen werden, indem man im Kondensorsystem und nach der Probe einen Monochromator einfügt. Die sphärische Aberration kann mithilfe eines neu entwickelten nicht rotationssymmetrischen optischen Elementes korrigiert werden. Neue Elektronenmikroskope können mit diesen, sehr teuren Korrekturelementen ausgestattet werden. Solche Elektronenmikroskope haben eine Auflösung von besser als 10^{-10} m und können somit auch die Lage einzelner Atome darstellen.

Wichtig zu wissen

Bei Elektronenmikroskopen kommt der Welle-Teilchen-Dualismus der Elektronen voll zum Tragen. Die Elektronen werden in einem elektrischen Feld auf hohe Geschwindigkeiten beschleunigt. Bei der Berechnung der Wellenlänge der Elektronen muss die

5) Beachten Sie, beide Koordinaten sind logarithmisch.

relativistische Zunahme der Masse zufolge der hohen Geschwindigkeit berücksichtigt werden. Die hohe Energie der Elektronen ist notwendig, um bei den kleinen numerischen Aperturen (im Bereich zwischen 10^{-3} und 10^{-2}) der Geräte das geforderte Auflösungsvermögen zu erhalten und um die Probe durchdringen zu können.

12.3.2
Aufbau eines Elektronenmikroskopes

In diesem Abschnitt ...
Im Prinzip sind Elektronenmikroskope aufgebaut wie Lichtmikroskope, nur mit dem Unterschied, dass anstelle von Glaslinsen magnetische Linsen verwendet werden. Um höchste Auflösung zu ermöglichen, ist es notwendig, die chromatische und die sphärische Aberration zu korrigieren. Da diese Korrektur bei den rotationssymmetrischen magnetischen Linsen nicht möglich ist, müssen spezielle Korrekturelemente verwendet werden. Mithilfe dieser Korrekturelemente ist es möglich, eine Auflösung im Bereich von 10^{-10} m zu erreichen. Damit ist es möglich, einzelne Atome abzubilden. Zusätzliche Unterstützung bei der Interpretation der Bilder erhält man durch die Möglichkeit, zwischen Hell- und Dunkelfeld zu wechseln.

Elektronenmikroskope verwenden heute ausschließlich rotationssymmetrische magnetische Linsen. Als die ersten Elektronenmikroskope auf den Markt kamen, gab es auch Geräte mit elektrostatischen Linsen. Um den Aufbau eines Elektronenmikroskopes verstehen zu können, ist es notwendig, die Wechselwirkung der Elektronen mit der Probe zu diskutieren, Elektronen, die eine Probe durchqueren, werden gestreut. Dabei gibt es zwei Möglichkeiten:

- Elastische Streuung, bei der die Energie der Elektronen unverändert bleibt.
- Inelastische Streuung, bei der die Energie durch Wechselwirkung mit den Atomen der Probe in charakteristischer Weise verändert wird.

Elektronenoptische Systeme sind so aufgebaut, dass die Abbildung nur mit Elektronen von genau einer Energie (Wellenlänge) erfolgt. Als Konsequenz daraus ist es notwendig, dass der Illuminator (Kondensor) nur Elektronen liefert, die sich in einem sehr engen Energieband befinden. Dazu verwendet man als Elektronenquellen kalte Feldemissionsquellen, die Elektronen in einem Energieband von etwa 0,7 eV liefern. Für höchstauflösende Systeme ist selbst dieses Energieband zu breit. Daher befindet sich im Beleuchtungssystem ein magnetischer Monochromator, der das Energieband auf etwa 0,2 eV verringert.

In der Probe werden die Elektronen elastisch und inelastisch gestreut. Bei der inelastischen Streuung beobachtet man neben einer Verminderung der Energie, dass diese Elektronen in einem größeren Winkel von der Geräteachse weg gestreut werden. Diese Elektronen werden vermittels einer Blende abgefangen. Die inelastisch gestreuten Elektronen, die die Blendenöffnung passieren konnten, führen zu einer Verschlechterung des Bildes. Will man also Aufnahmen höchster Auflösung erhalten, ist es notwendig, alle inelastisch gestreuten Elektronen

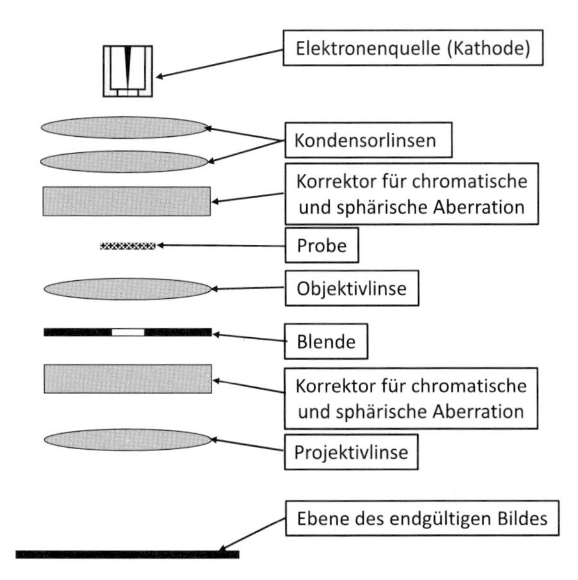

Abb. 12.10 Aufbau eines Elektronenmikroskopes, bei dem alle Möglichkeiten zur Korrektur der Linsenfehler eingebaut sind. Um das Verständnis zu erleichtern, wurden die magnetischen Linsen wie ihre optischen Analoga dargestellt.

vermittels eines zweiten Monochromators zu entfernen. Neben dieser chromatischen Aberration ist es notwendig, die sphärische Aberration des rotationssymmetrischen Linsensystems zu korrigieren. Die sphärische Aberration kommt zustande, weil die Bildebene achsferner Strahlen nicht gleich derer ist, die sich in unmittelbarer Nähe der optischen Achse befinden. Am Einfachsten erfolgt das durch eine Verringerung der numerischen Apertur. Die Auflösungsgrenze eines Elektronenmikroskopes mit Feldemissionskathode ohne weitere Korrekturmaßnahmen für chromatische und sphärische Aberration ist im Bereich von 0,15 bis 0,2 nm.

Auch die Korrektur der sphärischen Aberration ist mit einem speziellen Korrekturelement möglich. Dieses nicht rotationssymmetrische Korrekturelement wurde von Rose [6] entwickelt, es reduziert die sphärische Aberration um einige Größenordnungen. Seit der Einführung dieser Korrektur ist die Auflösung eines Elektronenmikroskopes praktisch nicht mehr begrenzt. Man spricht von einer „sub-Ångström" Auflösung[6] Der Aufbau eines Elektronenmikroskopes, bei dem alle oben genannten Punkte berücksichtigt sind, ist in Abb. 12.10 dargestellt.

Der in Abb. 12.10 gezeigte Aufbau beginnt mit einer Elektronenquelle. Als solche verwendet man heute fast ausschließlich Feldemissionskathoden, bei denen die Elektronen unter der Einwirkung eines äußeren elektrischen Feldes von einer sehr feinen Spitze emittiert werden. Da die Spitze kalt ist, liegt die Energie der emittierten Elektronen innerhalb eines recht engen Energiebereiches. Diese Elektronen werden – abhängig von der Probe und der Fragestellung – mit

6) Das Ångström ist keine SI-Einheit, $1\,\text{Å} = 10^{-10}$ m.

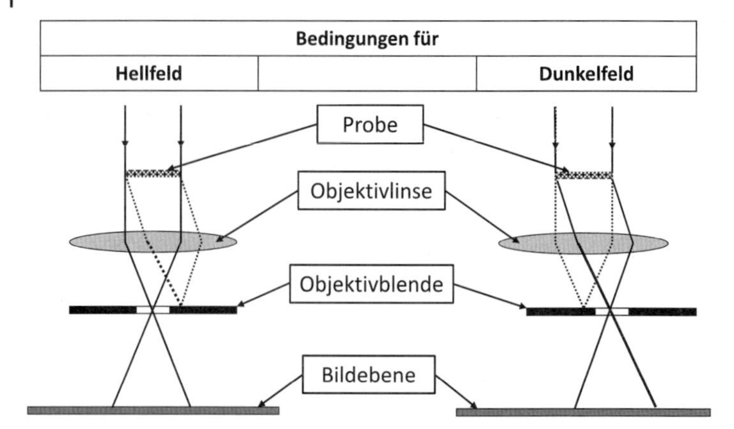

Abb. 12.11 Positionierung der Objektivblende bei der Hell- und der Dunkelfeldmikroskopie. Für die Dunkelfeldmikroskopie wird die nullte Beugungsordnung des Bildes unterdrückt. Das Umschalten zwischen diesen beiden Betriebsmodi erfolgt in dieser Konstruktion durch Verschieben der Objektivblende. In vielen Fällen ist es zur korrekten Interpretation von Bildern notwendig, Hell- und Dunkelfeldaufnahmen zu vergleichen.

einer elektrischen Spannung zwischen 100–300 keV beschleunigt. Der Korrektor für chromatische und sphärische Aberration besteht aus einem Monochromator und einem Korrekturelement nach *Rose*. Das Kondensorsystem (*Köhler*-Beleuchtungssystem) fokussiert die Elektronen auf die Probe. Während die Elektronen die Probe passieren, werden sie elastisch und inelastisch gestreut. Anschließend wird das Bild der Probe mithilfe der Objektivlinse vergrößert. Will man nur eine Abbildung der Probe, so müssen die inelastisch gestreuten Elektronen, die zu chromatischen Abbildungsfehlern führen, entfernt werden. Dazu werden die in einem größeren Winkel gestreuten Elektronen mithilfe einer Blende aufgefangen. Zusätzlich besteht noch die Möglichkeit, die inelastisch gestreuten Elektronen mithilfe eines weiteren Monochromators zu entfernen. Anschließend wird das Bild vermittels einer Projektivlinse in die Detektorebene projiziert. Will man Bilder höchster Auflösung, so muss auch die sphärische Aberration dieser beiden zur Abbildung benutzten Linsen korrigiert werden.

Neben ihrer Aufgabe den Strahlengang zu begrenzen, gibt die Objektivblende noch die Möglichkeit, zwischen dem Hell- und dem Dunkelfeldmodus zu wechseln. Bei dem Dunkelfeldmodus wird der direkte Strahl, die nullte Beugungsordnung, blockiert. Die Strahlengänge für Hell- und Dunkelfeldmikroskopie sind in Abb. 12.11 gegenübergestellt.

Bei der in Abb. 12.11 gezeigten Anordnung erfolgt der Wechsel vom Hell- in den Dunkelfeldmodus durch Verschieben der Blende. Bei neueren Geräten erfolgt der Wechsel dieser beiden Betriebsmodi durch Kippen des Beleuchtungssystems. Das erfolgt nicht mechanisch, sondern vermittels eines speziellen magnetischen Systems, mit dem zusätzlichen Vorteil, dass dabei das Beleuchtungssystem auch gedreht werden kann, sodass die Probe unter verschiedenen Winkeln betrachtet werden kann.

Wichtig zu wissen
Durch die Verwendung zusätzlicher elektronenoptischer Elemente können die chromatische und die sphärische Aberration in einem Elektronenmikroskop korrigiert werden. Seit der Einführung dieser Korrekturelemente sind der Auflösung eines Elektronenmikroskopes praktisch keine Grenzen gesetzt, sodass mittlerweile die Abbildung einzelner Atome möglich ist. Eine wesentliche Hilfe für die Interpretation der Struktur und des Habitus kleiner Teilchen ist die Möglichkeit, zwischen dem Hell- und dem Dunkelfeldbetrieb zu wechseln. Bei dem Dunkelfeldbetrieb wird der direkte, die Probe durchdringende Strahl (nullte Beugungsordnung) blockiert.

12.3.3 Wechselwirkung der Elektronen mit der Probe

In diesem Abschnitt ...
Elektronen werden in einer Probe elastisch und inelastisch gestreut. Beide Arten der Streuung nehmen mit zunehmender Ordnungszahl der Streuenden Atome zu. Das ist die Ursache dafür, dass es praktisch nicht möglich ist, Atome niedriger Ordnungszahl neben solchen hoher Ordnungszahl sichtbar zu machen. Elastisch gestreute Elektronen werden für die Abbildung genutzt, während inelastisch gestreute Elektronen sich störend auf die Abbildung der Probe auswirken. Andererseits tragen inelastisch gestreute Elektronen wertvolle Informationen über die streuenden Atome, die in geeigneten Vorrichtungen analysiert werden.

Für die Transmissionselektronenmikroskopie verwendet man Proben, die im Allgemeinen dünner als 100 nm sind. Je dicker die Probe ist, umso höher muss die Energie der Elektronen sein, um die Probe zu durchdringen. Die Rasterelektronenmikroskopie kann im Gegensatz dazu sowohl in Transmission als auch in Reflexion arbeiten. Arbeitet man in Reflexion bei hinreichend geringer Elektronenenergie, so kann man auch Informationen über die Oberfläche der Probe erhalten. Bei der Transmissionselektronenmikroskopie verwendet man ausschließlich elastisch gestreute Elektronen; das schließt aber nicht aus, dass man auch den besonderen Informationsinhalt der inelastisch gestreuten Elektronen für das Generieren von Bildern mit erweitertem Informationsinhalt verwenden kann. Die Abb. 12.12 zeigt eine Zusammenstellung aller Signale, die man aus der Wechselwirkung zwischen der Probe und den energiereichen Elektronen gewinnen kann.

Die elastisch gestreuten Elektronen tragen die Informationen über die Probe, die zu einem Bild führen. Die elastische Streuung der Elektronen hängt von deren Energie V sowie der Atomnummer Z des streuenden Atoms ab. Die elastische Streuung ist $(\frac{Z}{V})^2$ proportional. Das hat entscheidende Konsequenzen, die am Beispiel von Zirkonoxid (ZrO_2) erläutert werden. Für Zirkonium gilt $Z = 40$ und deshalb $Z^2 = 1600$; für Sauerstoff sind diese Werte $Z = 8$ und $Z^2 = 64$. Das Streuvermögen von Zirkonium ist also 25-mal höher als das von Sauerstoff. Wegen des großen Unterschiedes in der Ordnungszahl besteht deshalb keine Chance,

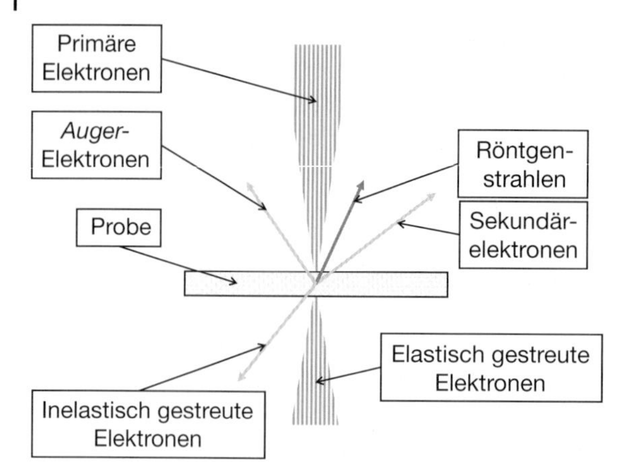

Abb. 12.12 Zusammenstellung der Signale, die man durch die Wechselwirkung energiereicher Elektronen mit einer Probe gewinnen kann. Mit Ausnahme der elastisch gestreuten Elektronen ist jedes dieser Signale charakteristisch für die chemische Zusammensetzung der Probe.

Sauerstoffatome neben Zirkoniumatomen sichtbar zu machen. Diese Problematik ist in Abb. 12.13 gut sichtbar. Es handelt sich um das Bild eines kristallisierten Zirkonoxid-Teilchens mit Gitterauflösung. Das Teilchen ist von einer amorphen Al_2O_3-Schicht umgeben. In dem Zirkonoxidkern sieht man die Positionen der Zirkoniumatome, die Sauerstoffatome sind aber, wegen ihres im Vergleich zum Zirkonium geringen Streuvermögens, nicht zu sehen. Auch die Beschichtung mit Aluminiumoxid ist nur schwach sichtbar; nicht erstaunlich, denn Aluminium hat eine Ordnungszahl von $Z = 13$, $Z^2 = 169$; demnach ist auch das Streuvermögen von Aluminium viel geringer als das von Zirkonium. Da die Umhüllung amorph ist, erscheint diese im Bild völlig strukturlos.

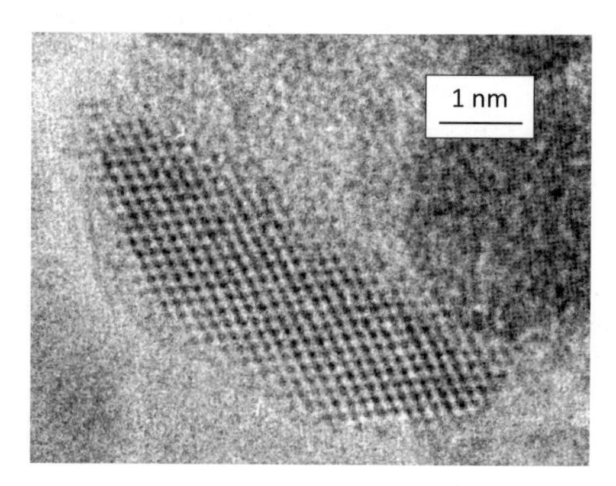

Abb. 12.13 Zirkonoxid-Teilchen, das mit Aluminiumoxid beschichtet ist. Wegen der großen Differenz der Ordnungszahlen sind im Kern nur die Positionen der Zirkoniumatome sichtbar. Wegen der niederen Atomnummer des Aluminiums ist auch die Umhüllung kaum sichtbar [7]. Diese Aufnahme wurde mit einer Elektronenenergie von 200 keV aufgenommen. (Mit Erlaubnis von World Scientific Publishing Company.)

Die Abb. 12.13 zeigt eine hochauflösende Abbildung eines Zirkonoxid-Teilchens. Das Bild zeigt ein „Abbild" des Kristallgitters. Man erhält solche Bilder, wenn der Elektronenstrahl genau parallel zur Richtung einer möglichst niedrig indizierten kristallografischen Richtung verläuft. Der Betrachter sieht dann die Positionen von Säulen aus Atomen sowie deren kristallografische Nachbarschaft. Durch Kippen der Probe gegenüber dem Elektronenstrahl ist es möglich, zusätzliche Informationen über das Gitter zu gewinnen.

Die Wahrscheinlichkeit für die inelastische Streuung nimmt in guter Näherung linear mit der Ordnungszahl zu. Deshalb sind Verfahren zur Analyse und Bildgebung, die auf der inelastischen Streuung beruhen, auch bei Proben, die Atome hoher Ordnungszahl enthalten, besser anwendbar. Die inelastisch gestreuten Elektronen verlieren einen Teil ihrer Energie durch Wechselwirkung mit den Atomen der Probe. Diese Energie wird zumeist in Röntgenstrahlen konvertiert. Dabei werden zwei Prozesse beobachtet:

- Abbremsen der Elektronen. Dabei entsteht Bremsstrahlung, die zwar für den Vorgang des Abbremsens, nicht aber für die Zusammensetzung charakteristisch ist. Die Bremsstrahlung hat ein kontinuierliches Spektrum, die Maximalenergie der Bremsstrahlung ist gleich der der Elektronen.
- Ionisation der inneren Elektronenschalen. Dieser Prozess führt zur Emission charakteristischer Röntgenstrahlung. Diese ist typisch für die Elemente in der Probe, sie kann daher für die qualitative und quantitative chemische Analyse herangezogen werden.

Die Ionisation einer inneren Elektronenschale hinterlässt eine Fehlstelle, die durch den Übergang eines Elektrons aus einer weiter außen liegenden Schale wieder gefüllt wird. Dieser Prozess ist mit der Emission eines charakteristischen Röntgenquantes verbunden. Dieser Prozess ist in Abb. 12.14 grafisch dargestellt. Grundsätzlich besteht die Möglichkeit, das das emittierte Röntgenquant eine weitere, außen liegende Schale ionisiert. Das führt zur Emission eines Elektrons, dessen Energie ebenfalls für das Element charakteristisch ist. Die Wahrscheinlichkeit für die Emission dieser *Auger*-Elektronen ist bei Elementen kleiner Ordnungszahl am größten und nimmt mit steigender Ordnungszahl ab.

In Ergänzung zu Abb. 12.14 gibt die Tab. 12.1 eine Zusammenstellung der Emissionsserien von Röntgenlinien für Elemente mit einer maximalen Hauptquantenzahl $n = 4$. Grundsätzlich könnte diese Tabelle bis zu einer Hauptquantenzahl $n = 7$ erweitert werden.

Die charakteristischen Röntgenstrahlen erlauben eine eindeutige Bestimmung der emittierenden Elemente. Die Wellenlänge der charakteristischen *Röntgen*strahlen folgt dem *Moseley*'schen Gesetz

$$\nu = \alpha (Z - \beta)^2 \tag{12.21}$$

In Gl. (12.21) steht ν für die Frequenz der emittierten Linie und Z für die Atomnummer. Die Größen α und β sind Konstanten, die für die einzelnen Liniensysteme unterschiedlich sind. Das *Moseley*'sche Gesetz besagt, dass die Frequenz (Energie) der emittierten Röntgenlinien quadratisch mit der Ordnungszahl zu-

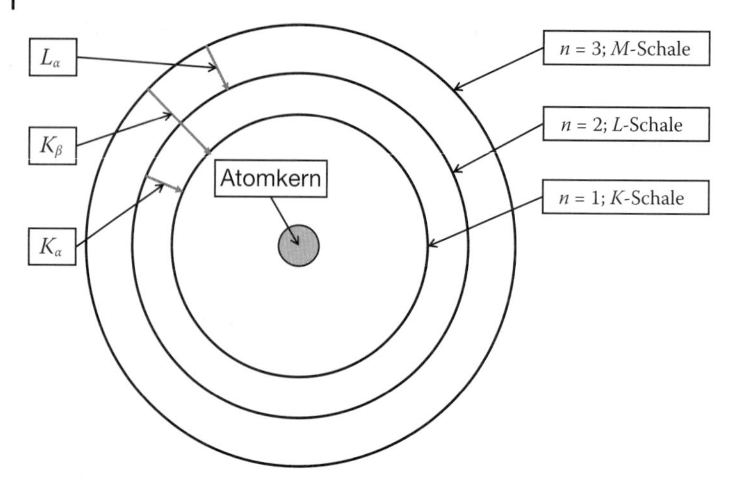

Abb. 12.14 Vereinfachte Darstellung der Struktur eines Atoms. Diese Skizze zeigt die verschiedenen Elektronenschalen sowie deren Namen und Hauptquantenzahl. Des Weiteren sind die wichtigsten Elektronenübergänge sowie die Bezeichnung der zu diesen Übergängen gehörigen Gruppen von *Röntgen*linien angegeben.

Tab. 12.1 Bezeichnung und Hauptquantenzahlen der vier energiereichsten Elektronenschalen. Die Tabelle gibt die Elektronenübergänge sowie die Bezeichnung der Serien der emittierten charakteristischen Röntgenstrahlen wieder.

Schale der primären Elektronenlücke		**Schale, aus der das füllende Elektron kommt**		**Bezeichnung der Serie der Emissionslinie**	**Differenz der Hauptquantenzahlen**
Bezeichnung	**Hauptquantenzahl**	**Bezeichnung**	**Hauptquantenzahl**		
K	1	L	2	K_α	1
K	1	M	3	K_β	2
K	1	N	4	K_γ	3
…					
L	2	M	3	L_α	1
L	2	N	4	L_β	2
…					
M	3	N	4	M_α	1

nimmt. Der Tab. 12.1 kann man entnehmen, dass für die Energie der charakteristischen *Röntgen*linien die Beziehung

$$E_K > E_L > E_M \tag{12.22}$$

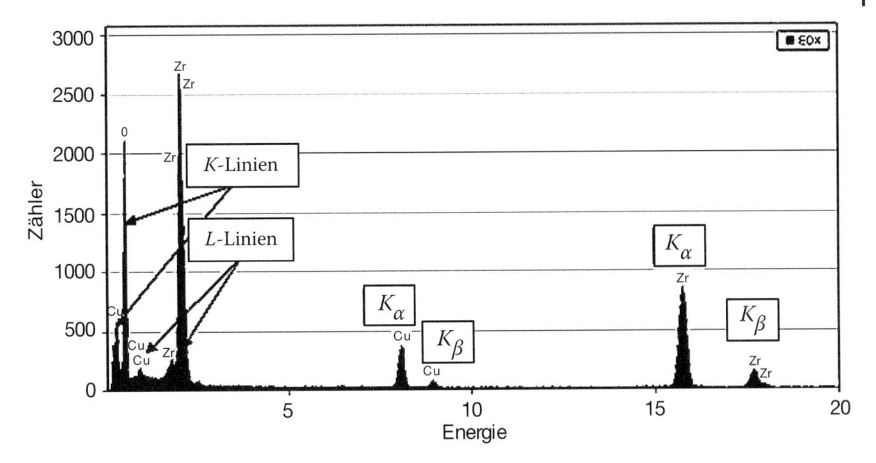

Abb. 12.15 Röntgenspektrum einer Zirkonoxidprobe aufgenommen mit einem energiedispersiven System (D.V. Szabó (2007) private Mitteilung).

gilt. Die Größen E_K, E_L und E_M sind die Energien der K-, L- und M-Emissionslinien. Neben der Information über das emittierende Element tragen die emittierten Emissionslinien Informationen über die Wertigkeit des Emitters. Das führt jedoch nur zu einer recht geringen Veränderung der Linienlage; im Allgemeinen ist eine entsprechende Auswertung nur bei Linien mit einer Energie von weniger als 1 keV möglich.

Die emittierten *Röntgen*linien können energie- oder wellenlängendispersiv analysiert werden. Während wellenlängendispersive Systeme eine deutlich bessere Energieauflösung haben, werden in der Elektronenmikroskopie vorwiegend energiedispersive Systeme benutzt. Letztere sind deutlich schneller und besser automatisierbar.

Die Abb. 12.15 zeigt ein typisches Spektrum, das mit einem energiedispersiven System aufgenommen wurde. Die Probe bestand aus Zirkonoxid-Teilchen.

Das in Abb. 12.15 dargestellte Spektrum zeigt einige Charakteristika und typische, die Interpretation betreffende, Fallen. Zunächst sieht man, erwartungsgemäß, die Linien des Sauerstoffes (K-Linien) und die des Zirkoniums (L-Linien). Das sind die Linien mit der höchsten Intensität. Mit geringerer Intensität erkennt man die K_α- und K_β-Linie des Zirkoniums. Des Weiteren erkennt man, mit guter Intensität, die K-Linien des Kupfers und des Kohlenstoffes. Diese Linien stammen in diesem Fall nicht von der Probe, sondern vom Trägernetz der Probe (Kupfer) und dem Kohlefilm, einem für die Elektronen transparenten Träger. Dieses Beispiel zeigt, dass man bei der Interpretation dieser Spektren sehr vorsichtig sein muss, um nicht Material des Probenhalters oder ähnliches der Probe selbst zuzuordnen.

Bei der inelastischen Streuung verlieren die Elektronen Energie. Dieser Energieverlust ist exakt so groß wie die Energie, die durch *Röntgen*strahlung emittiert wurde. Der Energieverlust ist genau wie die charakteristische *Röntgen*strahlung der Probe und deren Zusammensetzung eindeutig zuordenbar. Die Energiever-

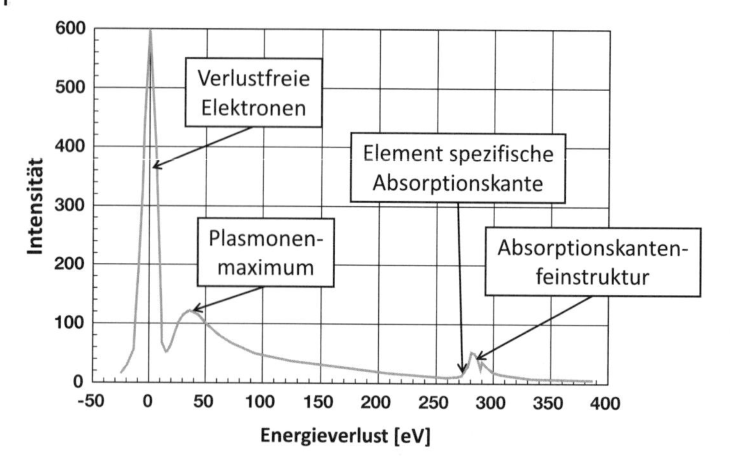

Abb. 12.16 Typisches Elektronenenergieverlustspektrum (EELS). Neben dem Maximum, das die elastisch gestreuten Elektronen repräsentiert, findet man als nächstes das Absorptionsmaximum der Plasmonen, gefolgt von den elementspezifischen Absorptionskanten mit der zugehörigen Feinstruktur.

lustspektroskopie (electron energy loss spectroscopy, EELS) ist daher ein Analysenwerkzeug ähnlich wie die Röntgenspektroskopie. Die Abb. 12.16 zeigt ein typisches EELS-Spektrum. In einem solchen Spektrum trägt man die Intensität der Elektronen gegen den Energieverlust auf. Bei dem Maximum (bei dem Energieverlust null) findet man die elastisch gestreuten Elektronen. Als Nächstes, bei einem Energieverlust von weniger als etwa 10 eV, findet man, insbesondere bei Metallen, die an den Plasmonen (siehe Kapitel 9) gestreuten Elektronen. Anschließend, bei deutlich höheren Energieverlusten, erkennt man die Absorptionskanten der Bestandteile der Probe mit ihrer Feinstruktur.

Elektronenenergieverlustspektren werden im Allgemeinen nicht für die quantitative Analyse von Proben verwendet. Die Hauptanwendung dieser Spektren liegt in der Analyse der Plasmonenspektren sowie der Feinstruktur der Absorptionskanten, die Aufschluss über die Art der Bindung in der Probe geben. Erfolg versprechend sind diese Analysen jedoch nur im Bereich von Energieverlusten, die geringer sind als 1 keV. Diese Bedingung ist aber für die meisten L- oder M-Linien gegeben. Als Beispiel zeigt die Abb. 12.17 das Elektronenenergieverlustspektrum von drei verschiedenen Vanadiumoxid-Proben im Bereich der Vanadium L- und der Sauerstoff K-Kante [8].

Die Abb. 12.17 demonstriert die Leistungsfähigkeit der Elektronenenergieverlustspektroskopie. Anhand von drei Oxiden des Vanadiums, V_2O_3, VO_2 und V_2O_5, in denen das Vanadium drei-, vier- und fünfwertig auftritt, kann gezeigt werden, dass sich die Lage der L-Absorptionskanten stark mit der Wertigkeit ändert. In jedem dieser Oxide sind die Sauerstoffionen in einer anderen Koordination zum Vanadium. Das hat Einfluss auf die Lage und die Struktur der K-Absorptionskante. Anhand dieses Beispiels erkennt man die große Leistungs-

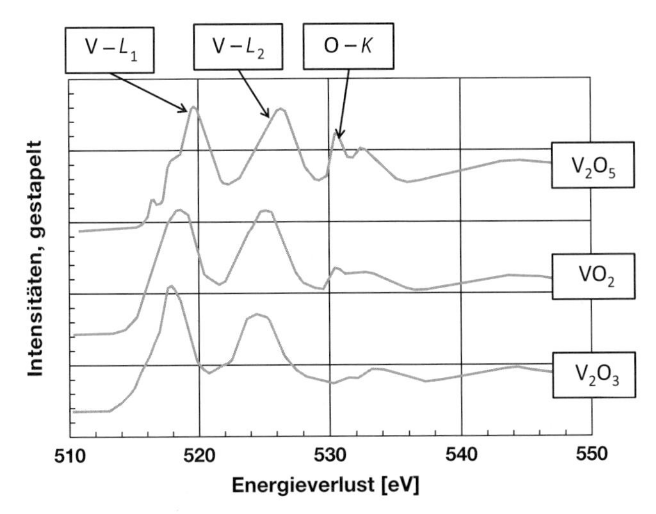

Abb. 12.17 Elektronenenergieverlustspektren verschiedener Vanadiumoxide im Bereich der *L*-Absorptionskanten von Vanadium und der Sauerstoff *K*-Kante [8]. Um die Leistungsfähigkeit dieser Technologie zu demonstrieren, wurde die Lage der Absorptionskanten von drei Vanadiumoxiden mit verschiedener Wertigkeit des Metallions V^{3+}, V^{4+} und V^{5+} dargestellt. Man sieht den deutlichen Einfluss auf die Lage der *L*-Kanten des Vanadiums. Wegen der unterschiedlichen Koordination ist auch ein Einfluss auf die Sauerstoff *K*-Kante zu sehen.

fähigkeit dieses Verfahrens. Kennt man diese Muster, so ist es möglich, sehr weitgehende Aussagen über unbekannte Proben zu machen.

Wichtig zu wissen
Bei dem Passieren einer Probe werden Elektronen elastisch und inelastisch gestreut. Die elastische Streuung, die für die Bildentstehung wesentlich ist, nimmt mit dem Quadrat der Ordnungszahl der streuenden Atome zu. Bei der inelastischen Streuung verlieren Elektronen Energie. Dieser Energieverlust ist für die streuenden Atome charakteristisch und kann zur Analyse genutzt werden. Bei der inelastischen Streuung entstehen Röntgenstrahlen, die für die streuenden Atome charakteristisch sind. Die inelastische Streuung nimmt etwa linear mit der Ordnungszahl der streuenden Atome zu. Zusätzlich kann man aus der inelastischen Streuung Informationen über die Wertigkeit und Koordination der streuenden Atome erhalten.

12.3.4
Einige Beispiele aus der Transmissionselektronenmikroskopie

In diesem Abschnitt …
Durch den Vergleich von Hell- und Dunkelfeldbilder der Stelle einer Probe ist es möglich, kristallisierte und amorphe Bereiche einer Probe zu identifizieren. Zu diesem Zweck betrachtet man die Probe unter den verschiedensten Winkeln im Dunkelfeld. Da bei Verwendung einer weitgehend korrigierten Elektronenoptik das ho-

he Auflösungsvermögen die Darstellung einzelner Atome gestattet, ist es z. B. möglich, die Atome einer einzelnen Graphenlage auch bei vergleichsweise niedriger Elektronenenergie darzustellen.

Betrachtet man eine unbekannte Probe im Elektronenmikroskop, so kann es zum Erlangen eines schnellen Überblickes angebracht sein, die Probe zuerst im Dunkelfeld zu betrachten. Durch Variation des Kippwinkels und Rotation bekommt man recht schnell einen Überblick darüber, ob die Probe ganz oder teilweise kristallisiert ist. Wenn im Dunkelfeld kristallisierte Bereiche in einem günstigen Winkel zum Elektronenstrahl stehen, so leuchten diese hell auf. Ein typisches Beispiel ist in Abb. 12.18 dargestellt. In dieser Abbildung sind ein Hell- und ein Dunkelfeldbild derselben Stelle einer Probe gegenübergestellt.

Die in Abb. 12.18 dargestellte Probe bestand aus amorphen Aluminiumoxid-Teilchen, die kristallisierte Ausscheidungen von Zirkonoxid enthielten. Die kristallisierten Ausscheidungen machen sich in der Dunkelfeldaufnahme durch helle Punkte bemerkbar. Abhängig von der Rotation und dem Kippwinkel des Elektronenstrahls in Bezug auf die kristallografische Orientierung der Teilchen, erkennt man andere kristallisierte Teilchen.

Bei der optischen Durchlichtmikroskopie entsteht der Kontrast vorwiegend durch unterschiedliche Absorption. Bei der hochauflösenden Elektronenmikroskopie, wenn man das Kristallgitter abbilden will, spielt die Absorption nur eine eher untergeordnete Rolle. Solche hochaufgelösten Bilder entstehen durch Interferenz der elastisch gestreuten Elektronen (Beugungskontrast). Es spielt also die relative Orientierung des Elektronenstrahls zum Gitter eine entscheidende Rolle (siehe auch Abb. 12.13). Daher ist der Winkel zwischen dem Elektronenstrahl und den Gittervektoren entscheidend für die Abbildung. Je niedriger indiziert die Gitterebene ist, umso besser ist deren Abbildung. Gelingt es durch Kippen der Probe gegenüber der Mikroskopachse für eine zweite Richtung eine Gitterabbildung zu bekommen, so erlauben diese beiden Bilder sehr weitgehende Schlüsse

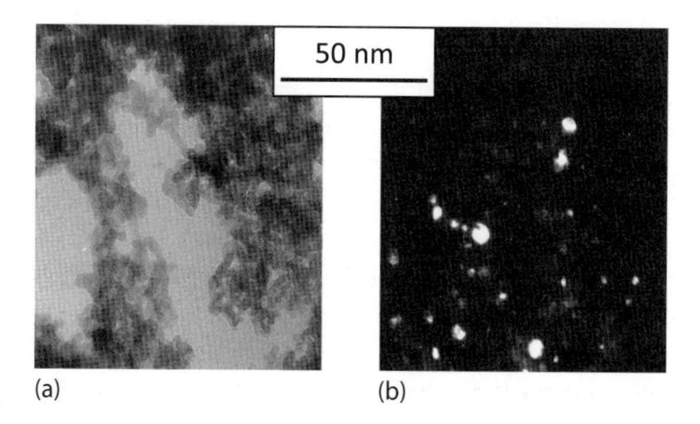

Abb. 12.18 Vergleich einer Hell- (a) und einer Dunkelfeldaufnahme (b) einer Probe aus amorphen Aluminiumoxid-Teilchen, die Ausscheidungen von kristallisiertem Zirkonoxid enthielt. (Mit Erlaubnis von D. Vollath, K.E. Sickafus, Los Alamos National Laboratory.)

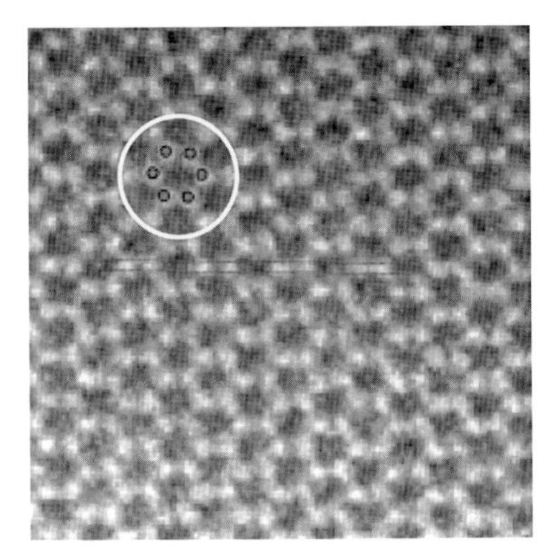

Abb. 12.19 Hochaufgelöste Aufnahme einer Graphenschicht. Man erkennt die aus Sechsecken bestehende Grundstruktur des Graphens. Diese Aufnahme wurde mit einer Elektronenenergie von nur 80 keV aufgenommen [10]. Eines dieser Sechsecke ist durch einen weißen Kreis hervorgehoben und die Positionen der Kohlenstoffatome schwarz markiert. Der Abstand zweier benachbarter Kohlenstoffatome beträgt 0,14 nm. (Mit Erlaubnis der FEI Company, 2012. Die Mikrofotografien wurden aufgenommen mit einer Titan G2 Probe und Cs Korrektor.)

im Falle einer unbekannten Struktur. Lediglich im Falle einer amorphen Probe ist die Absorption der Elektronen entscheidend für die Ausbildung eines Kontrastes.

Da eine wesentlich größere numerische Apertur möglich ist, benötigen Elektronenmikroskope, bei denen sowohl die chromatische als auch die sphärische Aberration korrigiert, sind wesentlich niedrigere Elektronenenergien als konventionelle Elektronenmikroskope, um z. B. atomare Auflösung zu erhalten. Die Abb. 12.19 zeigt als Beispiel das Bild einer Graphenprobe, die nur aus einer einzigen Lage bestand. Diese Aufnahme wurde mit einer Elektronenenergie von 80 keV aufgenommen. In dieser Aufnahme erkennt man deutlich die Sechsecke, aus denen Graphen aufgebaut ist (siehe auch Kapitel 5). Zur besseren Übersicht ist eines dieser Sechsecke mit einem weißen Kreis umgeben und die die Kohlenstoffatome repräsentierenden Punkte sind zusätzlich markiert. Der Abstand zweier Kohlenstoffatome im Graphen beträgt 0,14 nm. In diesem Fall handelt es sich bei der Gitterabbildung nicht um einen Interferenzeffekt.

Wichtig zu wissen

Bei dem ersten Durchmustern einer Probe ist die Möglichkeit des Wechselns zwischen den Hell- und dem Dunkelfeldbetrieb besonders hilfreich, da das die Unterscheidung zwischen kristallisierten und amorphen Bereichen oder Teilchen erlaubt. Das hohe Auflösungsvermögen von Elektronenmikroskopen, deren chromatische und sphärische Aberration korrigiert sind, erlaubt die Abbildung einzelner Atome. Dies wird am Beispiel einer einzelnen Graphenlage demonstriert. In diesem Bild sieht man exakt die Lage jedes einzelnen Atomes.

12.3.5 Hochauflösende Rasterelektronenmikroskopie

In diesem Abschnitt …
Seit der Einführung von Elektronenmikroskopen mit Korrekturelementen für die chromatische und sphärische Aberration ist es auch bei der Rasterelektronenmikroskopie möglich, Bilder mit atomarer Auflösung zu erhalten. Um ein Maximum an Informationen zu erhalten, benutzt man vorwiegend inelastisch gestreute Elektronen für die Auswertung. Das erlaubt es Bilder zu erzeugen, die eine Gitterabbildung der Probe enthalten, bei der gleichzeitig jedes Atom identifiziert wird.

Bis zur Entwicklung von Korrekturelementen für die chromatische und sphärische Aberration hatte die Rasterelektronenmikroskopie wegen ihrer nur sehr geringen Auflösung im Bereich der Nanowerkstoffe kaum Bedeutung. Bei Verwendung dieser Korrekturelemente ist es nun möglich, auch einzelne Atome abzubilden. Das hat zur Entwicklung von äußerst leistungsfähigen Abbildungsverfahren geführt, die mit einer Identifizierung der einzelnen Atome kombiniert werden können. Die Abb. 12.20 gibt einen Überblick über die von der Probe stammenden Informationen, die auch zu einer bildlichen Darstellung genutzt werden können.

Bei einem Elektronenstrahlrastermikroskop können die folgenden Signale für eine laterale oder lokale chemische Analyse genutzt werden:

- Rückgestreute Elektronen. Diese enthalten Informationen über die Ordnungszahl des streuenden Elementes sowie über die Topografie.

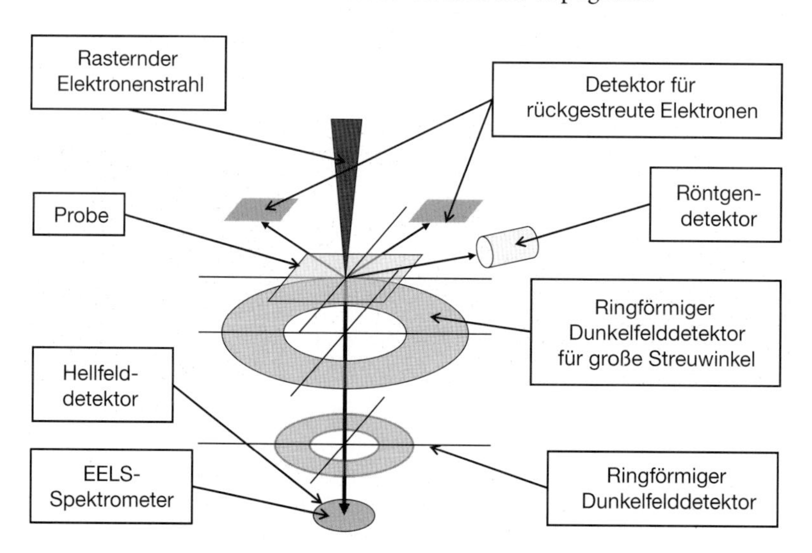

Abb. 12.20 Mögliche Informationen, die in Verbindung mit einem rasternden Elektronenstrahl zur Verfügung stehen.

- Charakteristische Röntgenstrahlung. Diese wird zumeist mithilfe eines energiedispersiven Systems (energy dispersive X-ray system, EDX) analysiert. Man erhält ortsaufgelöste Informationen über die Zusammensetzung der Probe.
- Ringförmige Detektoren für inelastisch gestreute Elektronen. Diese enthalten Informationen über die Ordnungszahl der streuenden Atome. Den besten Z-Kontrast erhält man mit einem Detektor für große Streuwinkel (high angle annular dark field detector, HAADF).
- Elektronenenergieverlustspektrometer (EELS) geben in reziproker Weise zu den Röntgenstrahlen lokalisierte Informationen über die Zusammensetzung der Probe.

Die Systeme zur lokalisierten chemischen Analyse erlauben auch die Identifikation einzelner Atome. Dies sei am Beispiel einer $SrTiO_3$-Probe in Abb. 12.21 demonstriert [11]. Dieses Bild zeigt die Verteilung von Strontium und Titan, jeweils gemessen mit energiedispersiver Analyse der charakteristischen Röntgenemission, wobei jeweils die K-Linien verwendet wurden. Schließlich, als drittes Bild, wird noch das zusammengesetzte Bild gezeigt, in dem man die relative Zuordnung der einzelnen Atome im Gitter sieht. Bei der Betrachtung dieses Bildes muss man sich klar machen, dass für diese Bilder eine chemische Analyse in atomarer Auflösung vorgenommen wurde. Diese Bilder enthalten die ursprünglichen Messdaten. Würde man zusätzlich noch etwas Bildverarbeitung anwenden, könnte man diese Bilder noch wesentlich „schöner" machen. Das liefert aber keine zusätzliche Information. Das angewandte Messverfahren würde auch die Bestimmung der Lagen der Sauerstoffatome zulassen. Die Darstellung dieser zusätzlichen Ergebnisse macht aber einen Farbdruck nötig.

In dem Beispiel, das in Abb. 12.21 dargestellt ist, sind letztlich Säulen von Atomen abgebildet. Grundsätzlich ist es auch möglich, einzelne Atome abzubilden

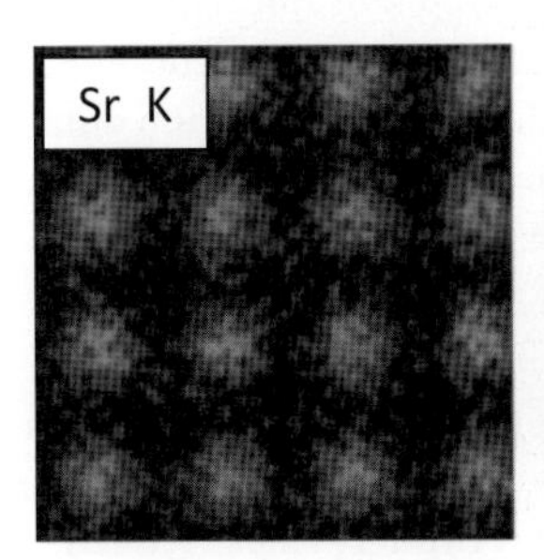

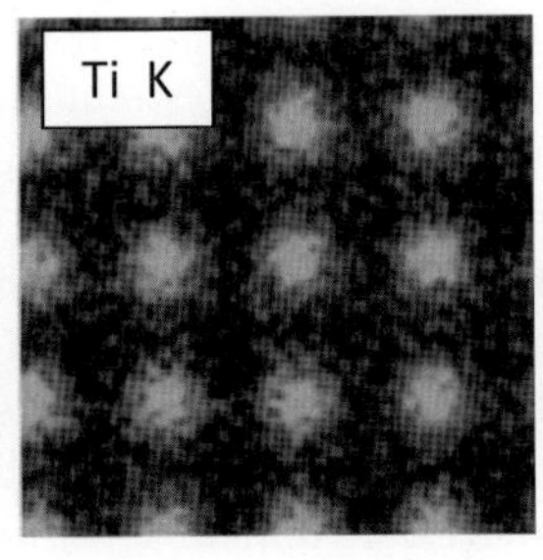

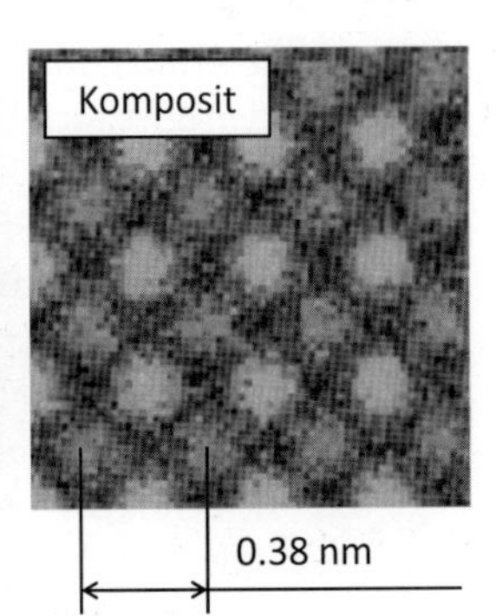

Abb. 12.21 Identifikation der einzelnen Bausteine im Gitter einer $SrTiO_3$-Probe. Diese Elementverteilungen wurden mithilfe der mit energiedispersiver Analyse der charakteristischen Röntgenemission gemessen, wobei jeweils die K-Linien verwendet wurden [11]. Von der verwendeten Messtechnik her ist es auch möglich, die Positionen der Sauerstoffatome zu bestimmen. Durch Anwendung von etwas Bildverarbeitung kann man diese Bilder auch „schöner", jedoch ohne zusätzlichen Gewinn an Information, darstellen. (Mit Erlaubnis von FEI Company, 2012. Die Mikrofotografien wurden aufgenommen mit einer Titan G2 Probe und Cs Korrektor.)

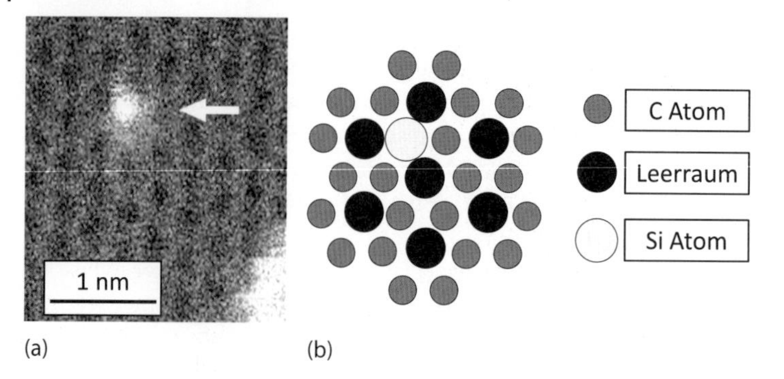

Abb. 12.22 HAADF-Bild einer Graphenlage, die ein Siliciumatom als Verunreinigung enthält [12]. Neben der elektronenmikroskopischen Aufnahme (a) wurde eine Skizze eingefügt (b), die die einzelnen Elemente des Bildes erläutert. In der elektronenmikroskopischen Aufnahme ist der Leerraum zwischen den Atomen dunkel, weil dort keine Elektronen gestreut werden. Wegen seiner höheren Ordnungszahl erscheint das Siliciumatom ($Z = 14$, $Z^2 = 196$) heller als die Kohlenstoffatome ($Z = 6$, $Z^2 = 36$). (Mit Erlaubnis von AIP.)

und zu identifizieren. Das ist in Abb. 12.22 gezeigt. In dieser Abbildung wird eine einzelne Graphenschicht gezeigt, die ein einziges Siliciumatom als Verunreinigung enthält. Da Silicium, wie auch Kohlenstoff, vierwertig ist, kann dieses Atom ein Kohlenstoffatom auf einem Gitterplatz ersetzen. Das gezeigte Bild wurde mithilfe eines HAADF-Systems aufgenommen, das Fremdatom wurde auf der Basis seiner charakteristischen K-Linie identifiziert. In dieser Abbildung ist neben der elektronenmikroskopischen Aufnahme (Abb. 12.22a) noch zusätzlich eine Skizze (Abb. 12.22b) gezeichnet, die bei der Interpretation behilflich sein soll.

Für die Interpretation der elektronenmikroskopischen Aufnahme in Abb. 12.22 ist es wesentlich, sich klar zu machen, dass der HAADF-Detektor nur inelastisch gestreute Elektronen registriert. Da der Raum zwischen den Kohlenstoffatomen leer ist, werden dort auch keine Elektronen gestreut; daher wird dieser Raum dunkel dargestellt. Die inelastische Streuung nimmt mit dem Quadrat der Ordnungszahl zu, daher wird das Fremdatom Silicium ($Z = 14$) heller dargestellt als die Atome der Kohlenstoffmatrix ($Z = 6$). Da das Silicium, wie der Kohlenstoff, vierwertig ist, nimmt dieses Fremdatom einen regulären Gitterplatz ein.

Kennt man die Struktur der Probe, so kann man die einzelnen Atome allein aufgrund ihres Streuvermögens identifizieren. So zeigt die Abb. 12.23 eine einzelne Lage von Bornitrid (BN). Auch diese Aufnahme wurde vermittels eines HAADF-Systems aufgenommen. Bornitrid hat die gleiche hexagonale Struktur wie Graphen (siehe Kapitel 5), es wechseln sich jedoch jeweils die Bor und die Stickstoffatome ab. Bor ($Z = 5$, $Z^2 = 25$) hat ein geringeres Streuvermögen als Stickstoff ($Z = 7$, $Z^2 = 49$), also sind die helleren Punkte in der elektronenmikroskopischen Aufnahme die Stickstoff- und die dunkleren die Boratome [12].

Abschließend muss noch darauf hingewiesen werden, dass es mithilfe der Elektronenenergieverlustspektroskopie möglich ist, auch Plasmonen sichtbar zu machen. Ein Beispiel dafür ist im Kapitel 9 zu sehen.

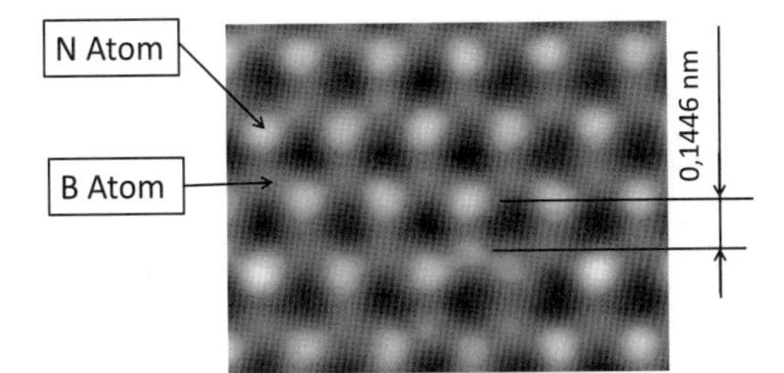

Abb. 12.23 HAADF-Aufnahme von Bornitrid [12]. Wegen des höheren Streuvermögens sind die Stickstoffatome ($Z = 7$) heller abgebildet als die Boratome ($Z = 5$). Im Übrigen sieht man, dass die Struktur exakt der theoretisch erwarteten entspricht (siehe Kapitel 5). (Mit Erlaubnis der Nature Publishing Group.)

Wichtig zu wissen
Durch die Entwicklung von Korrekturelementen zur Eliminierung der chromatischen und sphärischen Aberration ist es möglich, auch bei Rasterelektronenmikroskopen atomare Auflösung zu erhalten. Das macht es möglich, Bilder von der Verteilung der Atome einschließlich deren Identifizierung vermittels der emittierten charakteristischen Röntgenspektren zu erhalten. Es ist sogar möglich – in günstigen Fällen – einzelne Atome eindeutig zu identifizieren. In vielen Fällen reicht sogar das unterschiedliche Streuvermögen der verschiedenen Atome aus, um diese zu bestimmen. Diese neuen Möglichkeiten sind ein wesentliches Hilfsmittel zu einem vertieften Verständnis kristallografischer Strukturen.

Literatur

1 Brunnauer, S., Emmett, P.H. und Teller, E. (1938) *J. Am. Chem. Soc.*, **60**, 309–319.
2 Scherrer, P. (1918) *Göttinger Nachrichten, Math. Phys.*, 98–100, Band 2.
3 Schlabach, S., Szabó, D.V., Vollath, D., de la Presa, P. und Forker, M. (2006) *J. Appl. Phys.*, **100**, 024305.
4 Suzuki, K. und Kijima, K. (2006) *J. Alloys Comp.*, **419**, 234–242.
5 Du, J., Liu, Z., Wu, W., Li, Z., Han, B. und Huang, Y. (2005) *Mater. Res. Bull.*, **40**, 928–935.
6 Rose, H. (1990) *Optik*, **85**, 19–24.
7 Vollath, D. und Szabó, D.V. (2002) *In Innovative Processing of Films and Nanocrystalline Powders*, (Hrsg. K.-L. Choy), Imperial College Press, London, S. 210–251.
8 Laffont, L., Wu, M.Y., Chevallier, F., Poizot, P., Morcrette, M. und Tarascon, J.M. (2006) *Micron*, **37**, 459–464.
9 FEI AN033 11 11 (2011) The monochromator with X-FEG electron source.
10 FEI AN 0032 10 11 Titan™ G2 with ChemiSTEM Technology.
11 Lovejoy, T.C., Ramasse, Q.M., Falke, M., Kaeppel, A., Terborg, R., Zan, R., Dellby, N. und Krivanek, O.L. (2012) *Appl. Phys. Lett.*, **100**, 154101 1–4.
12 Krivanek, O.L., Chisholm, M.F., Nicolosi, V., Pennycook, T.J., Corbin, G.J., Dellby, N., Murfitt, M.F., Own, C.S., Szilagyi, Z.S., Oxley, M.P., Pantelides, S.T. und Pennycook, S.J. (2010) *Nature*, **464**, 571–574.

Stichwortverzeichnis

Nanowerkstoffe für Einsteiger, Erste Auflage. Dieter Vollath.